普通高等教育"十三五"规划教材

全国高等医药院校规划教材

生命支持技术与设备

主　编　漆小平　俞世强　付　峰

主　审　易定华

副主编　尤富生　杨　剑　张　鹏　李立新
　　　　王军学　董海龙　金振晓　孙世仁

科学出版社

北　京

内 容 简 介

本书从临床应用角度系统介绍生命支持的主流技术和设备,重点阐述现代生命支持的生理学与工程学原理,构成生命支持设备的关键技术。全书共分四章,主要内容包括生命救治链和急救流程,基础生命支持、高级生命支持和后续生命支持的救助原则、步骤和关键技术与设备;呼吸生理与肺功能评价、常频呼吸机、高频呼吸机、正压通气管理模式;心血管系统及功能评价、心脏疾病常规检查技术、心脏手术技术、心脏电生理支持设备、体外循环设备、主动脉内球囊反搏技术、心室辅助装置与全人工心脏;血液成分分选技术、透析器、血液透析机、血液透析滤过机、连续性血液净化设备、血液灌流技术、腹膜透析及腹膜透析机、透析用水处理设备以及透析器复用机等。

《生命支持技术与设备》是本医学仪器与设备系列教材之四,在姊妹篇《医用电子仪器》、《医学检验仪器》、《手术室设备》基础上,秉承"描述生理学意义与临床背景、阐述工程学原理及关键技术"的一贯宗旨,围绕着生命救治链的各技术环节,讲述生命支持相关技术与设备的工作原理和临床应用,突出生命支持技术与设备"解决的医学问题、应用的工程学原理、实现的生理学功能"等内容。

本书可作为生物医学工程、临床医学及护理学等相关专业本科生的专业课教材,也可作为相关专业研究生、专科生的选修课教材,以及医学工程技术人员、临床医护人员的参考读物。

图书在版编目(CIP)数据

生命支持技术与设备 / 漆小平,俞世强,付峰主编.—北京:科学出版社,2018.5
普通高等教育"十三五"规划教材·全国高等医药院校规划教材
ISBN 978-7-03-057187-8

Ⅰ.①生… Ⅱ.①漆… ②俞… ③付… Ⅲ.①应急生命维持系统–医学院校–教材 Ⅳ.①TH789

中国版本图书馆 CIP 数据核字(2018)第 077120 号

责任编辑:李 植 / 责任校对:郭瑞芝
责任印制:赵 博 / 封面设计:王 融

科学出版社 出版
北京东黄城根北街 16 号
邮政编码:100717
http://www.sciencep.com

北京富资园科技发展有限公司印刷
科学出版社发行 各地新华书店经销
*

2018 年 5 月第 一 版 开本:787×1092 1/16
2025 年 3 月第二次印刷 印张:36
字数:812 000
定价:128.00 元
(如有印装质量问题,我社负责调换)

编委会人员

主　编　漆小平　俞世强　付　峰
主　审　易定华
副主编　尤富生　杨　剑　张　鹏　李立新
　　　　　王军学　董海龙　金振晓　孙世仁
编　者（按姓氏笔画排序）

于　艳（空军军医大学西京医院）　　　　于　巍（白求恩和平医院）
于颖群（解放军307医院）　　　　　　上官林峰（白求恩和平医院）
马　锐（西安市儿童医院）　　　　　　马晓兵（解放军205医院）
王　丹（解放军305医院）　　　　　　王　晓（空军军医大学唐都医院）
王　磊（解放军307医院）　　　　　　王玉同（空军军医大学西京医院）
王延辉（白求恩和平医院）　　　　　　王军学（空军军医大学唐都医院）
王明刚（解放军401医院）　　　　　　王彦军（空军军医大学西京医院）
王梅玲（泰安市妇幼保健院）　　　　　云庆辉（空军军医大学西京医院）
尤富生（空军军医大学）　　　　　　　牛国喻（解放军181医院）
方成龙（解放军88医院）　　　　　　　帅万钧（解放军总医院第一附属医院）
田　竞（解放军沈阳总医院）　　　　　史学涛（空军军医大学）
付　峰（空军军医大学）　　　　　　　付　磊（解放军401医院）
代　萌（空军军医大学）　　　　　　　丛玉孟（北京谊安医疗）
冯庆祥（天津汇康）　　　　　　　　　邢　飞（博鳌恒大国际医院）
朱　霞（解放军150中心医院）　　　　乔龙学（解放军总医院第一附属医院）
刘　宇（解放军沈阳总医院）　　　　　刘　芯（西安儿童医院）
刘　洋（空军军医大学西京医院）　　　刘　鹏（解放军181医院）
刘本源（空军军医大学）　　　　　　　刘建萍（西安市儿童医院）
刘锐岗（空军军医大学）　　　　　　　刘韶林（成都威力生）
齐晓琳（解放军123医院）　　　　　　米永巍（解放军武汉总医院）
孙世仁（空军军医大学西京医院）　　　孙喜文（总后药检所）
苏红森（解放军181医院）　　　　　　苏斌虓（空军军医大学西京医院）
李　伟（辽宁德澜医院管理集团）　　　李　丽（解放军88医院）
李　莎（铁法煤业总医院）　　　　　　李　辉（解放军303医院）
李　雷（解放军422医院）　　　　　　李　巍（解放军307医院）
李业博（空军军医大学唐都医院）　　　李立新（火箭军峨眉疗养院）
李兰兰（空军军医大学西京医院）　　　李向东（空军军医大学西京医院）
李林鸽（中国医学装备协会）　　　　　李岩峰（解放军总医院第一附属医院）
李信政（白求恩和平医院）　　　　　　李彦博（解放军307医院）
李洋平（空军军医大学西京医院）　　　李鹏社（解放军181医院）

李耀明（解放军 425 医院） 杨 军（解放军 301 医院海南分院）

杨 剑（空军军医大学西京医院） 杨 滨（空军军医大学）

杨丽芳（西安市儿童医院） 杨德武（北京卫生职业学院）

轩永波（解放军 181 医院） 吴 刚（解放军 88 医院）

吴运福（空军军医大学西京医院） 吴佳铭（白求恩医务士官学校）

吴建刚（总后药检所） 邱泽武（解放军 307 医院）

何 云（重庆康心医院） 宋佳丽（解放军 307 医院）

张 伟（空军军医大学） 张 硌（解放军 307 医院）

张 鹏（解放军 307 医院） 张红远（解放军 303 医院）

张昊鹏（空军军医大学西京医院） 张祖进（解放军 303 医院）

张鹏飞（解放军 307 医院） 陈 迈（空军军医大学西京医院）

陈 宇（空军军医大学西京医院） 陈友东（解放军 123 医院）

陈文霞（解放军 307 医院） 武 婷（天津市胸科医院）

武文君（总后药检所） 林庆禄（解放军 88 医院）

易 甫（空军军医大学西京医院） 易 蔚（空军军医大学西京医院）

易定华（空军军医大学西京医院） 罗克品（解放军 181 医院）

罗惠超（博鳌恒大国际医院） 季振宇（空军军医大学）

金振晓（空军军医大学西京医院） 周怡敏（空军军医大学）

周建辉（解放军总医院） 郑小溪（解放军武汉总医院）

郎 朗（重庆新桥医院） 赵 荣（空军军医大学西京医院）

赵 鹏（总后药检所） 赵汉卫（解放军 123 医院）

赵璧君（空军军医大学西京医院） 荆 斌（解放军 307 医院）

柏长青（解放军 307 医院） 俞世强（空军军医大学西京医院）

闻 巍（解放军总医院） 姚国庆（解放军武汉总医院）

袁 华（空军军医大学西京医院） 夏军营（空军军医大学）

晁 勇（解放军总医院第一附属医院） 徐 娴（空军军医大学西京医院）

徐灿华（空军军医大学） 徐海琴（解放军 323 医院）

徐博翎（苏州大学） 高 蕊（西安市儿童医院）

郭建英（空军军医大学西京医院） 唐 伟（解放军 88 医院）

唐嘉佑（空军军医大学西京医院） 姬 军（解放军 305 医院）

黄仁春（汉中市中心医院） 黄奕江（解放军 123 医院）

崔景辉（大连德澜医院） 梁宏亮（空军军医大学西京医院）

随加虹（解放军 307 医院） 董海龙（空军军医大学西京医院）

程 亮（空军军医大学西京医院） 程 冕（解放军 123 医院）

程云松（解放军 307 医院） 焦亮强（解放军 123 医院）

递新宇（空军军医大学西京医院） 蔡玉琴（解放军总医院）

漆小平（解放军 307 医院） 薛 蓬（重庆康心医院）

薛芊芊（徐州医科大附属医院） 霍 江（解放军 307 医院）

魏旭峰（空军军医大学西京医院） 濮黄生（空军军医大学）

序 言 1

历时两年，由漆小平、俞世强、付峰等教授领衔的专家团队终于完成了《生命支持技术与设备》一书的中文编撰，衷心祝贺。

随着临床医学和科学技术的快速发展，越来越多用于临床的生命支持技术与设备相继问世，新型的治疗方法、技术手段、器材设备层出不穷，极大提升了医疗服务质量。毋庸置疑，先进的医学设备为现代临床治疗提供了技术保障，使一些原本困难或无法开展的救助成为可能。

然而，国内医疗器械产业与发达国家尚有差距，大多高端设备依赖进口，许多仪器设备虽然已经普遍应用，但使用和维护的医务人员对这些技术、设备的工程学实现过程却知之甚少，难以发挥其最佳效用。究其原因是，许多重要的现代医学设备至今尚未纳入教材体系，没有完整、系统的原理性论述资料。基于这一现状，《生命支持技术与设备》编写团队集中了来自临床医学和生物医学工程的专家，收集并整理了大量资料，结合临床实践，精心撰写了这部内容翔实、原理准确的教材。

《生命支持技术与设备》一书为读者系统介绍了生命支持仪器设备（包括呼吸机、体外膜肺氧合、心脏除颤器和心脏起搏器、主动脉内球囊反搏、人工心脏、血液透析机等）的工作原理，以及应用方法、关键技术与工作流程。该书深入浅出，从基础生命支持手段到高级生命支持方法，从呼吸机、血液净化仪器等基础生命支持仪器，到体外膜肺氧合、全人工心脏等高级生命支持设备，结合国内外最新前沿技术和文献报道资料，详细阐述了生命支持主流设备的核心技术与生理学、工程学原理。

本书的内容填补了我国医疗机构中临床工程与医学设备领域中的空白，尤其适用于临床医学和生物医学工程专业本科生的在校学习，对从事急救、重症监护、手术麻醉、心血管、呼吸等生命支持相关工作的临床医护人员也有较好的参考价值。

借此，向所有参与本书编写和组织工作的朋友致意！

（庄建）

中华医学会胸心血管外科学分会主任委员

广东省人民医院院长

序 言 2

医学工程技术的进步，为推动人类医学发展做出了巨大贡献。随着我国对医疗健康领域的不断投入，大量先进的仪器设备普遍用于临床，熟练运用生命支持技术与设备已成为临床医务人员的基本技能。然而，国内有关医疗设备的培训教材相对滞后，不利于医学各专业的学科建设和人才培养。无论是在校教学还是临床培训，都迫切需要一系列能够反映临床医学工程最新技术、理论性与实用性并重的教材。由漆小平、俞世强等教授编写的《生命支持技术与设备》是医学设备系列教材之四，内容包括了各阶段生命救治链、关键技术与设备应用等，可以满足相关专业的教学与培训。

本书为普通高等教育"十三五"规划教材，由具有丰富经验的专家执笔。全书分为四章，内容涵盖了心肺复苏、肺功能检测、肺通气支持、心肺功能支持以及血液净化等技术，较全面地阐述了现阶段生命支持的主流技术和相关设备。

本书应用原理清晰、物理概念准确、内容翔实、可读性强，特别突出了当今国内外发展现状和前沿技术。书中系统介绍了十几种新型医学仪器，其中，辅助人工心脏和全人工心脏等内容是首次出现在专业教科书中，同时作者摘选并绘制了近千张插图，便于课堂教学和理解。本书的出版是医学领域继承与创新的结晶，也是心血管外科、急诊医学、肾脏医学、呼吸内科等多学科专业人员共同努力的成果。

It is not the technology that changes the world, it's the dreams behind the technology that change the world. 技术和设备固然重要，但责任感和人文情怀在抢救患者时可能更具有临床价值，作为一名在临床工作近40年的医生，我衷心希望大家在尊重科学的同时，更加敬畏生命，这正是本书作者所要达到的目标。相信本书的出版，将会受到广大医学界师生的欢迎，对我国生命支持技术的发展发挥积极作用！

（熊利泽）

中华医学会麻醉学会主任委员

亚洲和澳洲麻醉学会主席

《中华麻醉学杂志》总编辑

空军军医大学西京医院原院长

前　言

延续生命、治病救人是临床医学亘古不变的核心目标，随着社会文明和科学技术的进步，赋予现代医学更多期待，集中体现于生命支持的时效性与精准性。生命支持是针对人体基本生命指征采取的一系列医疗干预措施，是运用各种技术手段，辅助或替代某类器官的生理功能，以维系基础生命活动（如呼吸、心动等），为濒危患者转归赢得机会。

生命支持源于对人体生理功能的认知与理解，生命支持技术既是对临床实践中蕴涵的物理原理的科学归纳，也是运用工程学方法替代和辅助生理功能的关键技术，由此产生了一系列的生命支持设备。众所周知，医疗仪器已成为现代医疗行业的技术支撑，无法想象，如果没有呼吸机，呼吸衰竭患者何以长期维持基础氧代谢；如果没有除颤器，心脏骤停如何来纠正室颤。

生命支持设备的工作原理通常与经典的临床救治技术相关，这些设备运用现代科学与工程技术手段，使得生命支持更为便捷、有效、安全。比如，徒手胸外按压能够短时间内辅助停搏的心脏维持血液循环，根据其"心泵"和"胸泵"的生理学原理，心肺复苏机利用机械装置模拟徒手按压，以替代人工操作；为强化按压效果，第三代心肺复苏机采用全胸腔包裹的三维按压模式，使得心肺复苏更为有效，并大幅降低了徒手按压可能发生的并发症。

生命支持技术与设备具有鲜明的医学认知和技术发展的局限性，并非所有技术都与所支持的生命活动的物理学原理完全一致。比如，呼吸机是临床支持肺通气的主要设备，它采用的正压机械通气方式就有悖于人体的自然呼吸，在没有研制出更完美的通气设备之前，正压机械通气还要在临床长期使用。生命支持技术不是单纯的生理学模仿，它通过对某些生理现象的本质追溯，寻求一种现代技术可以实现的支持方法，最为典型的实例是主动脉内球囊反搏（IABP）技术。由于心肌灌注主要发生在舒张期，主动脉内球囊反搏术采用物理学方法，人为提高主动脉根部的舒张压，进而改善心肌供血。现代医学设备为临床治疗提供了技术保障，使一些原本困难或无法开展的救治成为可能。如，人工心肺机通过暂时性替代心脏泵血与肺换气的技术措施，使得心脏直视手术能够在无血（或少血）、心脏停搏（或缓搏）的环境下开展；又比如，体外膜式氧合技术（ECMO）能够快速建立体外循环，迅速改善血流灌注及氧代谢，使心肺衰竭患者的抢救成功率显著提高。

自20世纪80年代起，我国一直处于经济的快速发展期，居民收入和生活质量得到大幅提升，人们对健康与生存质量有了更高的期许。这促进了我国医疗行业的快速发展，许多大型综合性医院的医疗水平逐渐接近于发达国家，大量先进的仪器设备普遍在临床应用，熟练运用生命支持技术与设备已成为临床医务人员的基本技能。

本书是医学设备系列教材之四，在姊妹篇《医用电子仪器》、《医学检验仪器》、《手术室设备》基础上，秉承"描述生理学意义与临床背景、阐述工程学原理及关键技术"的一贯宗旨，围绕着生命救治链的各技术环节，讲述生命支持相关技术与设备的工作原理和临床应用，重点突出生命支持技术与设备"解决的医学问题、应用的物理学原理、实现的生理学功能"等内容，紧扣临床需求、实现原理、关键技术、应用规范等要素，从临床应用角度，阐述生命支持技术与设备的为什么（目的与需求）、是什么（概念与机理）、如何实现（技术与功能）、如何用好（安全与高效）等基本问题。希望通过对每一项技术与设备的临床医学来源、生理病理机制和工程技术解决方案的系统阐述，潜移默化地启迪思考，提高分析问题和解决问题的能力，实现从学习知识到提高能力的转化；更期望通过教与学，在掌握解决问题的途径、方法和关键技术的基础上，进一步培养"追溯"的科学素养。

现代生命支持技术主要包括：生命救助链、肺通气支持、心肺功能支持以及血液净化等技术，为此，全书安排了四章内容。第一章系统介绍生命救治链的概念和急救基本流程，全面阐述基础生命支持、高级生命支持和后续生命支持的救助原则、步骤和关键技术与设备。第二章是呼吸支持设备，通过介绍呼吸生理、肺功能评价，引出机械通气的概念，重点阐述常频正压机械通气的应用价值与关键技术，介绍高频通气技术与设备，结合呼吸机的构成与工作原理，介绍呼吸机的通气管理模式。第三章心肺支持技术与设备是本书的重点内容，将全面、系统地介绍当今主流的心肺支持技术与人工干预手段，包括心血管系统及功能评价、心脏疾病检查技术、心脏手术治疗技术、心脏电生理支持设备、体外循环设备、主动脉内球囊反搏技术、心室辅助装置与全人工心脏等。第四章为血液净化设备，根据血液成分的分选技术，系统介绍透析器、血液透析机、血液透析滤过机、连续性血液净化设备、血液灌流技术、腹膜透析及腹膜透析机、透析用水处理设备以及透析器复用机等。

《生命支持技术与设备》是普通高等教育"十三五"规划教材，涉及内容为现阶段急救医学和生命支持中的常用技术和主流设备，适用于生物医学工程、临床医学及护理学等相关专业的本科教学，既可以作为临床工程和医务人员了解生命支持技术与设备的参考资料，也能用于急救医学、危重症医学的培训教材。

需要特别说明，伴随临床医学与现代科技的进步，临床医学及生命支持技术正向高效化、信息化、智能化方向发展，生命支持技术与设备始终处于快速更新与发展过程，因此，本教材无法穷举，仅利用有限篇幅介绍当今的主流技术和设备，在实际教学中还应结合实际，及时更新并完善相关内容，以实现更好的教学效果。

在教材编写过程中参考了大量已经公开发表的相关论文和专著，在此特别对原文作者表示感谢。同时，还获得了北京、西安、天津、石家庄、南宁、重庆、成都、桂林、泰安、大连等医学院校和医疗单位以及中国医学装备协会、中华医学会胸心血管外科学分会、中国生物医学工程学会体外循环分会、北京成曦生物科技有限公司、天津汇康医用设备有限公司和上海纽脉医疗科技有限公司等大力支持，借此表示诚挚的谢意！

需要注意，本教材中的相关急救指南和临床操作内容，仅为教学参考，不作为临床应用标准和规范，急救及临床操作请务必依据国家权威机构发布的最新指南为准，由此带来的一切后果，本编委会不承担责任。

本书虽经多次校审，但因时间紧、内容广，加之学识有限，难免错误和纰漏，敬请批评指正！

编　者

2017 年 11 月于北京

目　　录

第一章 生命支持

生命支持（life support，LS）泛指由专业或非专业人员采取的一系列紧急救治的医疗措施，是运用现代心肺复苏（cardio-pulmonary resuscitation，CPR）等手段，实现濒危患者的转归。根据生命救治的紧迫性、所处场地和可能投入的人力、物力，将生命支持过程划分为三个紧密衔接的阶段，即基础生命支持、高级生命支持和后续生命支持。

基础生命支持发生在第一现场，以争取时间、抢救生命为主，意义在于快速恢复或维持至关生命安全的基本体征（心跳、呼吸等），有效缓解病（伤）情，或避免其进一步恶化，由于第一现场条件受限，徒手心肺复苏是基础生命支持最为重要、基础的救助方法；高级生命支持是基础生命支持的继续，是指有专业救护人员参与、有基本救助设备支持的抢救过程，这个过程通常发生在条件允许的第一救助现场、救护转运途中及急诊救助中心等，目的是通过打开呼吸和静脉通道，利用各种设备资源和救助手段，实施更为专业的生命支持，使之恢复自主循环与呼吸；后续生命支持为院内医学救助，是在基本生命体征相对平稳、自主循环与呼吸恢复后，通过病因诊断采取的针对性治疗，进行后续生命支持的患者将转入重症监护病房（或导管室），利用各类诊断技术与治疗设备，为其提供全面、有效的生命支持，目的是恢复与维护重要脏器功能，使患者脱离危险，为进一步的专科治疗创造条件。在现代急救医学体系中，高级生命支持与后续生命支持并没有明确的界限，其救助功能与治疗范围有许多交叉。

基础生命支持是以"快"、"救命"为核心目标，高级生命支持为更专业的救助，目的是稳定与恢复生命体征，后续生命支持则是全面、专业的系统性治疗，由此可以构成现代急救医学一个完整的生命救助链条，统称"生存链"。本章将围绕生存链及采取的连续性医疗行为，系统介绍各级生命支持的概念、原则与方法及主要的支持技术。

第一节 心搏骤停的急救生存链

挽救生命、治病救人是促进临床医学发展亘古不变的动力，随着社会文明和科学技术的进步，赋予急救医学更多期待，集中体现于紧急救治的时效性与精准性。针对心搏骤停这一猝死率最高的突发性急症，现代急救医学提出了"黄金 5 分钟"的救助理念，旨在最短的时间内调动一切资源，尽最大可能现场施救，以挽救患者生命。

快速徒手心肺复苏（CPR）是最常用且有效的急救措施，它可以在第一时间、第一现场为心搏骤停患者提供"救命"的生命支持。然而，快速徒手心肺复苏仅能临时性维持，目的是为后续抢救争取时间，这就要求专业急救团队的快速响应，及时到达现场，实施更为有效的救助及后续治疗。急救生存链（chain of survival）是针对心搏骤停救治制定的通用策略链环，即从现场施救提供基础生命支持的挽救生命——"救命"，到专业急救团队提供较为全面高级生命支持的维持生命——"保命"，最后再由院内重症监护室、导管室提供更为全面、有效的后续生命支持，以维持和恢复重要脏器功能，最终使患者康复。

一、心搏骤停

心搏骤停（cardiac arrest）也称为心脏性猝死（sudden cardiac death）或心源性猝死，是指各种原因所致的心脏突然停搏、有效泵血功能终止，从而造成循环中断、呼吸衰竭、意识丧失，引起重要器官（如脑）及全身性缺血、缺氧和代谢障碍，是最为严重的心血管急症。心搏骤停已成为心脏病患者的第一杀手，其主要原因在于，患者心搏骤停前无明显特异性症状，一旦病发，如无立即抢救，一般在数分钟内进入死亡期，罕有自发逆转者。

（一）心搏骤停的原因

心搏骤停者绝大多数患有器质性心脏病，主要包括冠心病、肥厚型和扩张型心肌病、心脏瓣膜病、心肌炎、非粥样硬化性冠状动脉异常、浸润性病变、传导异常（QT 间期延长综合征、心脏传导阻滞）和严重室性心律失常等。另外，洋地黄和奎尼丁等药物中毒亦可引起心搏骤停。大多数心搏骤停是由室性快速心律失常所致，一些暂时的功能性因素，如心电不稳定、血小板聚集、冠状动脉痉挛、心肌缺血及缺血后再灌注等都可能使原有稳定的心脏结构异常，从而发生不稳定状况。自主神经系统不稳定、电解质失调、过度劳累、情绪压抑及致心律失常的药物等因素，都可触发心搏骤停。

根据《美国心脏学会心肺复苏和心血管急救指南》，心搏骤停的常见原因见表 1-1。

表 1-1　心搏骤停的常见原因

分类	原因	疾病或致病因素
心脏	心肌损伤	冠心病、心肌病、心脏结构异常、瓣膜功能不全
	心律失常	心室颤动、缓慢性心律失常或心室停顿、持续性心动过速
呼吸	通气不足	中枢神经系统疾病、神经肌肉接头疾病、中毒或代谢性脑病
	上呼吸道梗阻	中枢神经系统疾病、气道异物阻塞、感染、创伤、新生物
	呼吸衰竭	哮喘、慢性阻塞性肺疾病、肺水肿、肺栓塞
循环	机械性梗阻	张力性气胸、心脏压塞、肺栓塞
	有效循环血量过低	出血、脓毒症、神经源性休克
代谢	电解质紊乱	低钾血症、高钾血症、低镁血症、高镁血症、低钙血症
中毒	药物	抗心律失常药、洋地黄类药物、β 受体阻滞剂、钙通道阻滞剂、三环类抗抑郁药
	毒品滥用	可卡因、海洛因
	中毒	一氧化碳、氰化物
环境		雷击、触电、低/高温、淹溺

根据心搏骤停的病理生理机制，按年龄段划分高发病因：婴幼儿主要为呼吸道感染；中青年多为心肌病；老年人则以冠心病及脑卒中（脑中风）为主。

（二）心搏骤停的临床表现

心搏骤停或心源性猝死的临床过程可分为 4 个时期，前驱期、发病期、心搏骤停期和生物学死亡期。

1. 前驱期　许多患者在发生心搏骤停前,数天或数周甚至数月有可能出现胸痛、气促、乏力、软弱、持续性心绞痛、心律失常、心力衰竭等前驱症状，也有些患者可能无任何前驱症状。由于这些前驱症状并非心搏骤停所特有，多见于任何心脏病的发作前期，因此并不能明确辨别心搏骤停。有资料显示，50%的心搏骤停者在猝死前一个月内曾经求诊过，但患者主诉常不一定与心脏疾病有关；在医院外发生心搏骤停的存活者中，28%在心搏骤停前有心绞痛或气急症状。前驱症状仅是提示有发生心血管疾病的危险，并不能有效甄别可能发生心搏骤停的亚群。

2. 发病期 发病期是心搏骤停前的急性心血管改变时期，通常不超过1h。典型的临床表现包括长时间的心绞痛或急性心肌梗死的胸痛，急性呼吸困难，突然心悸，持续心动过速，头晕目眩等。若心搏骤停瞬间发生，事前无预兆警告，则95%为心源性，并常伴有冠状动脉病变。从心脏猝死者所获得的连续心电图记录中可见，在猝死前数小时或数分钟内常有心电活动的改变，其中以心率增快和室性期前收缩的恶化升级最为常见。猝死于心室颤动者，常先有一阵持续或非持续的室性心动过速，这些心律失常的发病患者，在发病前大多清醒并能正常活动，发病期（自发病到心搏骤停）非常短，心电图异常大多由心室颤动引起。另有部分患者以循环衰竭发病，在心搏骤停前已处于活动功能障碍，甚至昏迷，其发病期相对较长，在临终心血管改变前常已有非心脏性疾病，心电图异常以心室停搏较心室颤动更为多见。

3. 心搏骤停期 意识完全丧失是心搏骤停期的主要特征，如果不立即采取相应的救助措施，患者一般会在数分钟内进入临床死亡期。心搏骤停是临床死亡的主要标志，从外表看，人体生命活动已经消失，但组织内微弱的代谢过程仍在继续，此时，尽管脑中枢功能已经难以维系正常的生理活动，但是尚未进入不可逆转的生物学死亡期。临床死亡的典型三联症包括突发意识丧失、呼吸停止和大动脉搏动消失，其临床症状和体征表现为：①心音消失；②触不到脉搏、无血压；③意识突然丧失或伴有脑缺氧引起的短暂抽搐（抽搐常为全身性），有时伴眼球偏斜，上述症状多发生于心脏停搏后的 10s 内；④呼吸断续，呈叹息样，随后即停止，多发生在心脏停搏后 20～30s 内；⑤昏迷，多发生于心脏停搏 30s 之后；⑥瞳孔散大，多在心脏停搏后 30～60s 出现。

心电图表现为：①心室颤动（ventricular fibrillation，VF）；②无脉性心动过速（pulseless ventricular tachycardia，VT）；③心室静止（ventricular asystole）；④无脉性心电活动（pulseless electric activity，PEA）。

心搏骤停期尚未到生物学死亡阶段，如给予及时恰当的抢救，仍有复苏的可能。复苏的成功率主要取决于以下几点。

（1）复苏开始的时间，越早实施心肺复苏，其成功率越高。

（2）心搏骤停发生的场所，若心搏骤停发生在可立即进行心肺复苏的场所，则复苏成功率较高。

（3）心脏电活动的异常类型，救助成功率由高至低为室性心动过速、心室颤动、心电机械分离、心室停顿。

（4）心搏骤停前患者的临床体征。

在医院或重症监护病房，如果具备完善的心肺复苏抢救条件，复苏的成功率主要取决于患者在心搏骤停前的临床表现。若为急性心脏病发作或暂时性代谢紊乱，则预后较佳；若为慢性心脏病晚期或严重的非心脏疾病（如肾衰竭、肺炎、败血症、糖尿病或癌症），则复苏的成功率并不比院外心搏骤停的复苏成功率高。后者的成功率主要取决于心搏骤停时心电活动的类型，其中以室性心动过速的预后最好（成功率可达 67%），心室颤动其次（成功率为 25%），心室停顿和心电机械分离的预后很差。另外，高龄与患者体况也是影响复苏成功率的重要因素。

4. 生物学死亡期　心搏骤停（临床死亡）向生物学死亡的演进，主要取决于心搏骤停心电活动的类型和心脏复苏的及时性。心室颤动或心室停搏，如在 4～6min 内未给予心肺复苏，则预后很差；如在 8min 内未给予心肺复苏，除非是在低温等特殊条件下，否则几乎没有存活的可能。

大量医学统计表明，目击者立即施行心肺复苏术并及早除颤，是避免（或延缓）心搏骤停患者演进至生物学死亡的关键。心脏复苏后住院期死亡的最常见原因是中枢神经系统的损伤，缺氧性脑损伤和长期使用呼吸器所致的继发性感染占死因的 60%，低心排血量占死因的 30%，而由于心律失常的复发致死者仅为 10%。急性心肌梗死并发的心搏骤停，其预后取决于原发性和继发性，前者心搏骤停发生时血流动力学并无不稳定表现，后者系继发于不稳定的血流动力学状态。因而，如果能立即对原发性心搏骤停予以心肺复苏，成功率可达 100%，继发性心搏骤停的预后较差，复苏成功率仅为 30% 左右。

（三）心搏骤停后的黄金救助时间

心搏骤停是人类最危险的急症，就其紧急和危险程度没有任何一种疾病能够与之相比，心搏骤停是猝死前奏，如果处理措施得当，可以转危为安。心搏骤停并不意味着死亡，通过紧急、有效的人工干预有可能逆转，甚至不遗留任何后遗症。对心搏骤停患者的施救，"快"是第一要素，即快速拨打"120"急救电话，尽快实施徒手心肺复苏。

心搏骤停发生后，由于脑血流突然中断，3s 头晕，10～20s 昏厥，20～30s 内呼吸不规则、呈叹息样，30s 后进入昏迷，30～40s 瞳孔散大，40s 左右出现抽搐，60s 后呼吸停止、大小便失禁，4min 糖无氧代谢停止，5min 脑内能源物质三磷腺苷（ATP）等枯竭，6min 以后脑细胞就会出现不可逆转的损伤。一般而言，人的最佳黄金抢救时间为 4～6min，如果在 4min 内得不到有效救助，患者随即进入生物学死亡阶段，生还的希望极为渺茫。因此，急救医学定义 4～5min 是心搏骤停的"黄金救治时间"。如果在第一现场能够得到及时的复苏救助，可以挽救生命，复苏干预的越早，存活率越高。大量实践表明，4min 内进行徒手心肺复苏，有一半的患者可能获救。

二、生 存 链

心搏骤停发生后的生存机会取决于一系列及时、有效的救助措施，其中任何一项环节迟缓，都可能丧失生机。美国心脏协会（American Heart Association，AHA）最早在 1992 年就提出了生存链的概念，2015 版的心肺复苏指南中对生存链的理念进一步明确，生存链是目前公众所接受的急救专用术语，可以用来描述救治"链条"中一系列的医疗行为。

生存链是针对现代社区生活模式提出来的急救理念，意义在于调动"全民"参与救助，实现尽早呼救、尽早心肺复苏、尽早除颤、尽早实施院前专业救助及高级生命支持。生存链的救助原则是"及早"、"快速"，由此构成了一系列快速响应的复苏策略链环。心肺复苏生存链源于现代人文理念，该理念明确提出，发病现场第一目击者（第一反应人）、急救调度与服务人员、急救医护人员三者是现场救助的整体,需要通力合作,并有着各自应该承担的责任与义务。现场急救还应当与高级生命支持及可能的后续生命支持有效衔接,快速开辟生存链的绿色通道,以进一步提高救治效率和成功率。

（一）院外心搏骤停生存链

心搏骤停多发生在医院以外,它的救助更依赖于患者家人及所在社区。在发病的第一现场,第一目击者(通常是非专业救护人员)应尽快启动紧急救助机制,尽快实施徒手心肺复苏,直到专业急救团队接手。院外心搏骤停生存链包含 5 环 5 步,5 环为识别与呼救、有效心肺复苏、早除颤、基础与高级院前急救、高级生命支持与骤停后治疗;5 个步骤包括非专业施救者的徒手心肺复苏施救、专业急救团队(emergency medical service,EMS)的救助与转运(院前急救组)、急诊室急救、导管室及重症监护室等的对症治疗。

院外心搏骤停救助的 5 环 5 步,如图 1-1 所示。

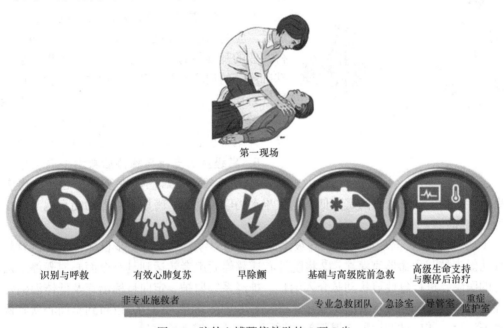

第一现场

| 识别与呼救 | 有效心肺复苏 | 早除颤 | 基础与高级院前急救 | 高级生命支持与骤停后治疗 |

非专业施救者　　　　　　　专业急救团队　急诊室　导管室　重症监护室

图 1-1　院外心搏骤停救助的 5 环 5 步

1. **识别与呼救**　患者心搏骤停时,有目击者发现并能及时呼救至关重要。在第一发病现场,施救者若发现有人突然倒地,应立即观察患者是否出现无反应(肢体、听觉、视觉等)症状,检查有无呼吸或叹息样呼吸,并大声呼喊求救,及时拨打急救电话"120"。

2. **有效心肺复苏**　呼救与徒手心肺复苏,如图 1-2 所示。

如果仅有 1 名现场施救者,可先使用手机拨打急救电话,再立即进行徒手心肺复苏,一般不要远离患者去寻人求救。若有 2 名以上的现场施救者,可以 1 人电话求救,另 1 人立即实施徒手心肺复苏。

图 1-2　呼救与徒手心肺复苏

徒手心肺复苏的步骤是，首先做 30 次胸外心脏按压，再开放气道进行 2 次人工呼吸，如此周而复始（按压/通气比，30∶2，5 组/2 分），直至恢复自主循环（recovery of spontaneous circulation，ROSC）或复苏无效。

3. **早除颤** 对于心搏骤停的患者，早除颤是最为重要的复苏环节，它直接关乎救助的成功率。由于心搏骤停多以心室颤动为起因，而纠正心室颤动的最有效方法就是电除颤，成功除颤的机会转瞬即逝，未行转复心室颤动，数分钟内就可能转为心脏停搏。根据"黄金救治时间"观点，争取在心脏停搏发生后的 5min 内完成第一次电除颤。

早期现场除颤，如图 1-3 所示。

目前，大型公共场所一般都配备有体外自动除颤仪（automated external defibrillator，AED），施救者（非专业救护人员）可以按照除颤仪的提示开启 AED，并进行自动体外除颤。

4. **基础与高级院前急救** 当专业急救人员到场后，应询问患者体况及施救过程，并立即接手进行专业的基础与高级救护。急救人员不仅能够实施基础规范的现场心肺复苏，同时根据需要，可以开展气管插管、简易呼吸器（呼吸球囊）辅助呼吸、建立静脉通路给予血管活性药物、再次分析心律等，并结合患者心律及时给予除颤和对应治疗。

5. **高级生命支持与骤停后救治** 高级生命支持与骤停后救治是对已经恢复自主循环的患者采取更有针对性的治疗，目的是降低早期血流动力学不稳定、晚期多脏器功能衰竭与脑损伤的死亡率和致残率。

图 1-3 早期现场除颤

（1）初步目标与后期目标。高级生命支持与骤停后救治的初步目标：①提供有效的心肺功能支持与生命器官灌注；②将院外心搏骤停后患者转运到具有全面心搏骤停后治疗能力的医院，进行急性冠状动脉介入治疗、神经系统监护、定向目标治疗及低体温治疗等对症救助；③转到相关重症监护病房（intensive care unit，ICU），以得到全面心搏骤停后的系统治疗；④应试图诊断心搏骤停的诱因，防止心搏骤停复发。

高级生命支持与骤停后救治的后期目标：①控制体温（低温治疗），以提高骤停后救治的存活率并促进神经系统的恢复；②病因治疗，如诊断与治疗急性冠状动脉综合征（acute coronary syndrome，ACS）；③机械通气支持，减少肺损伤；④降低多器官损伤风险，必要时采用器官辅助支持，例如，应用体外膜式氧合技术（extracorporeal membrane oxygenation，ECMO）、心室辅助装置（ventricular assist device，VAD）等；⑤客观评估预后；⑥需要时，给予恰当的康复帮助。

综上，高级生命支持与骤停后救治的目的包括：①提供更为有效的循环支持；②通过目标体温管理，保护颅脑神经系统，改善预后；③病因诊断，尽快实施病因治疗，防止心搏骤停复发。

（2）心搏骤停后的诊疗要点如下。

1）通气和氧疗：通过气管插管进行机械通气支持，通气频率为 10～12 次/分；监测呼气末二氧化碳分压（PETCO$_2$）、脉搏，调整吸氧浓度，保证血氧饱和度≥94%。确保足够的氧供，避免过度通气和组织氧过度。

2）纠正低血压：如果收缩压低于 90mmHg，则通过静脉途径 / 骨髓腔内途径快速输液，以改善组织灌注，尽快达到以下目标：

中心静脉压（CVP）	8～12mmHg
平均动脉压（MAP）	65～90mmHg
中心静脉血氧饱和度（ScVO$_2$）	＞70%
血细胞比容（Hct）	＞30%
乳酸	＜2mmol/L
尿量	＞0.5ml/kg·h

必要时，使用血管活性药物，如血管加压素、肾上腺素、去甲肾上腺素、多巴胺等。

3）可逆病因治疗：对呼吸及心血管系统实施监护，监测血糖、血清离子、血气等内环境，进行 12 导联心电图及肌钙蛋白检测，行超声心动图检查，查找常见的引起心搏骤停可逆病因，开展病因治疗，如对 ST 段抬高型心肌梗死进行血管再通治疗。

4）采取以低温治疗为核心的神经系统保护治疗：通过体表或血管内降温的方式使得核心温度降到 32～36℃，并至少保持 24h。常见体表降温的方式包括冰袋、冰帽置于头部或大血管走行处，血管内降温的方式包括冰冻盐水快速输注、热交换导管置入大血管等方式行血管内导管降温，还可以应用 ECMO 体外循环、血液透析等低温治疗方法。

（二）院内心搏骤停生存链

随着院前急救——医院急诊——重症监护三位一体的急救医疗服务体系（emergency medical service system，EMSS）的建立与完善，目前，无论是日常急诊接待还是大型灾害或意外事故等院前抢救都有了长足进步。然而，院内心搏骤停的急救（普通住院患者的非预见性心脏性猝死的干预与紧急纠正）容易被忽视，如果救助不及时，也可能导致猝死。

院内心搏骤停救助是以重症医学为核心，按病房早期预警——院内快速反应——院内医疗抢救（medical emergency team，MET），构建了三级干预模式的院内急救体系，以提高院内生存链的高效运转机制。院内心搏骤停生存链包含 5 环 4 步，5 环是监测与预防、识别与呼叫、高质量心肺复苏、早期除颤、高级生命支持与骤停后治疗；4 步包括初级急救人员（一线急救）、高级生命支持团队（二线团队急救）、导管室、重症监护室。

院内心搏骤停生存链的 5 环 4 步，如图 1-4 所示。

监测与预防	识别与呼叫	高质量心肺复苏	早期除颤	高级生命支持与骤停后治疗
初级急救人员			高级生命支持团队	导管室　重症监护室

图 1-4　院内心搏骤停生存链的 5 环 4 步

1. 监测与预防 与院外心搏骤停救助不同，院内有相对完善的防控体系，可以为心搏骤停患者提供更为快速、有效的抢救。由于影响到气道、呼吸、循环和内环境的疾病，都可能引发心脏停搏。因而，临床上将这类疾病列入"心搏骤停高危因素"，并对高危人群进行重点监护，一旦发病，立即启动快速救助机制。

2. 高质量心肺复苏 由于院内急救团队接受过专门训练，施救者能够迅速完成诊断，立即开始首次胸部按压，启动团队式高质量心肺复苏。院内心肺复苏流程，如图 1-5 所示。

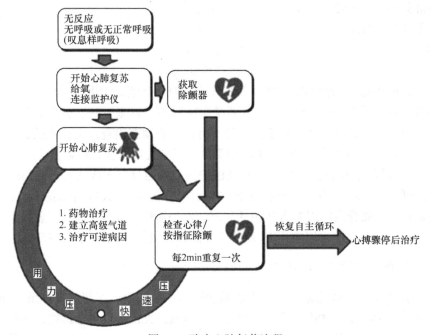

图 1-5　院内心肺复苏流程

院内心搏骤停的高级生命支持和骤停后救治，与院外一样，也要通过快速通道进入导管室或重症监护室，运用辅助设备和专科治疗技术维持更有效的血液循环和肺通气，尽最大可能恢复患者的自主心跳与呼吸。

通过上述院内和院外心搏骤停的急救措施可以看出，无论是非专业人员还是专业人员的现场救助，以及急诊室和 ICU 的救治，只有各环节的密切配合、无缝转接，才有可能完成整个生存链的救助过程，实现保命、保功能的目的。

第二节　基础生命支持

基础生命支持（basic life support，BLS）又称为现场急救、基本救命术或初期复苏救助，是抢救濒危患（伤）者最为基础、重要的初期急救技术，是指在发病或灾害现场，由专业或非专业人员徒手采取的一系列抢救措施，目的是尽可能迅速恢复循环和呼吸，维持重要器官供血与供氧，维持基础生命体征，为进一步的高级生命支持等创造条件。

对于不同类型的急救，BLS 的方法、内容与流程不尽相同。例如，心搏骤停采用及时、高效的心肺复苏最为关键；如果是创伤救治，则需要止血、固定、包扎、搬运等基本院前操作；对于异物哽住呼吸道的状况，应立即实施哈姆立克法疏通气道。所以，基础生命支持技术包含成人及儿童心肺复苏术、基本创伤救命术和哈姆立克气道开放术等。

一、现场判断与呼救

在发病现场，快速判断并呼救尤为重要。现场快速判断主要包括确认现场安全、判断神志、立即呼救、判断呼吸循环等。

1. 确认现场安全　施救者首先要判断患者所处的环境是否安全，确认不会由于环境因素继发或加重伤害。如果不甚安全，应根据情况转场。

2. 判断神志　判断神志即判断患者有无意识，基本方法是"轻拍、重喊"，需要在患者耳边大声呼叫，同时轻轻拍打患者肩部，如图 1-6 所示。

如果对呼叫和轻轻拍打无反应，可判断为意识丧失。应注意以下几点。

（1）判断时间应在 5～10s 内完成，时间不可过长，以免耽误救助。

（2）摇动肩部时不要用力，以防加重骨折等损伤，严禁摇动头部。

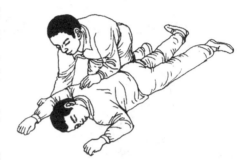

图 1-6　呼叫与轻轻拍打

（3）如果患者有头颈部创伤或怀疑有颈部损伤，切勿轻易搬动，以免造成二次伤害。

无意识只是判断心搏骤停的第一步，但是无意识并不足以说明无循环体征。所以，必须配合呼吸、脉搏检查，若明确心跳呼吸骤停，应立即实施心肺复苏。

3. 立即呼救　一旦判定患者意识丧失，第一目击者应立即呼喊附近的人参与急救，并拨打急救电话"120"，启动紧急医疗服务系统。拨打急救电话时，应简明扼要告之发病地点、患者状态、已经采取的急救措施和需要紧急处置要求等。

4. 判断呼吸循环　对于意识丧失患者，鼓励经过培训的施救者同时进行呼吸和脉搏检查，以缩短首次胸部按压的开始时间。判断呼吸循环的方法，如图 1-7 所示。

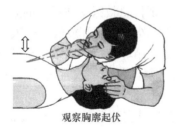
观察胸廓起伏

触摸颈动脉

图 1-7　判断呼吸循环方法

判断呼吸循环前，解开患者上衣，充分暴露胸廓，观察有无自主呼吸。然后，将一只手置于患者前额保持头后仰，另一只手的食指、中指并拢触摸喉部的甲状软骨，再下滑到颈侧面气管与胸锁乳突肌的间隙内，即可触及颈总动脉搏动。触摸脉搏区时要轻，以避免过度用力压迫颈动脉窦。如果无脉搏判定为心搏骤停，应立即进行胸外心脏按压。若是脉搏触摸不清，应结合无意识、无呼吸、面色苍白或发绀、瞳孔散大等来综合判断。患者如果出现眼球活动、四肢活动或疼痛感，说明患者存在脉搏，不是心搏骤停，一般不需要胸外心脏按压。

二、现场心肺复苏

现场心肺复苏是基础生命支持的基本措施，意义在于提供胸外人工循环支持。现场心肺复苏包括徒手心肺复苏的三项内容和电除颤，以共同构成心肺复苏的"CABD"四大关键技术。其中，C（circulation support）是循环支持，即持续不间断的胸外按压；A（airway control）为开放气道，仰头抬颏法开放气道；B（breathing support）是呼吸支持，即口对口或口对鼻人工呼吸；D（defibrillation）尽早 AED 电除颤。

现场心肺复苏术流程，如图 1-8 所示。

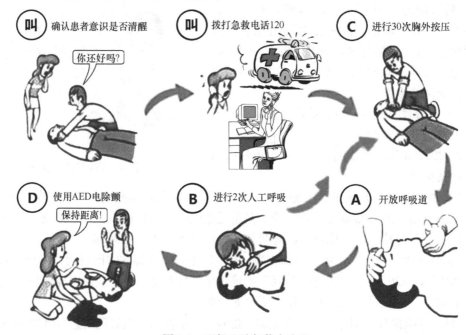

图 1-8　现场心肺复苏术流程

现场心肺复苏作为抢救生命的最初处置，是现代急救医学体系中的第一个 CABD，其核心要素就是"快速"、"有效"。它通过徒手"胸外按压、开放气道、人工通气"方式和现场可能配备的 AED 设备，提供人体最为基础的循环支持，以维持全身重要脏器供氧，延长机体耐受临床死亡的时间。因而，现场心肺复苏仅为"权宜之计"，其主要目的是为高级生命支持赢得救助时间。

1. 胸外按压　心搏骤停的最初几分钟，应及早实施胸外按压（chest compressions）。因为在心搏骤停初始，患者体内的血氧仍保持在较高水平，心脏停搏、心排血量减少是导致心脑缺氧的主要原因。因而，第一时间通过胸外按压，可以支持循环，维持心脑供氧。几分钟后，机体内的氧消耗殆尽，血液中氧含量降低，则需要人工呼吸配合胸外按压。

（1）胸外心脏按压机制：胸外心脏按压是重建循环的重要方法，正确的操作能够使心排血量约达到正常时的 30%，可以保证机体最低限度的循环需要。胸外按压能够产生人工循环效果，其主要机制是"心泵机制"和"胸泵机制"，如图 1-9 所示。

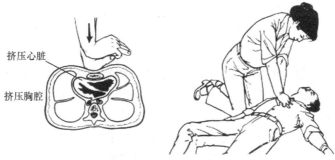

图 1-9　挤压心脏与胸腔

1）心泵机制：胸外心脏按压是通过挤压胸骨与脊柱之间的心室，在二尖瓣和三尖瓣功能正常的情况下，产生经过主动脉瓣和肺动脉瓣的前向血流，即在体外按压胸骨时，将心脏向后压于坚硬的脊柱上，通过挤压心腔，心室内的血液排出，此时，二尖瓣、三尖瓣关闭可以阻止血液逆流，使血液流向肺动脉和主动脉；胸外按压放松时，胸廓因弹性回缩而扩张，心脏恢复原状，静脉血被动吸入心内。通过反复的胸外按压可以驱动血液流动，建立人工辅助循环。研究发现，体外心脏按压，可以使心脏各腔室之间存在着一个承受和传导压力的梯度，即左心室压＞右心室压＞右心房压，这一现象在很大程度上支持了心泵机制。

2）胸泵机制：胸泵机制的有效性是胸外按压使整个胸膜腔内压力上升，足以导致主动脉和肺血管内的血液流向外周血管。胸外按压时，主动脉、左心室、上下腔静脉的压力同时增高，由于动脉对抗血管萎陷的压力大于静脉压，按压时动脉保持开放，且动脉管腔相对狭小，等量血液在动脉可产生较大压力，使血压上升。同时，在胸腔入口处的大静脉被压陷（静脉壁比动脉壁薄），颈静脉瓣及下腔静脉瓣防止血液反流，血液只能沿动脉方向前行。按压放松时，胸腔内压力下降，形成了胸外和胸内的静脉压差，静脉管腔开放，血液可以从外周静脉返回至右心房。此时，动脉血也从胸腔外反向流向主动脉，由于受主动脉瓣的阻挡，反流的部分血液从冠状动脉开口流入冠脉，以营养心肌。

（2）胸外按压的操作要点：患者仰卧于硬板床或地上，如果是软床，身下应放置木板，以保证按压效果。胸外按压时，抢救者应紧靠患者胸部一侧，为保证按压时力量垂直作用于胸骨，抢救者可根据患者所处位置的高低采用跪式或用脚凳等不同体位。

胸外按压的操作要点，如图 1-10 所示。

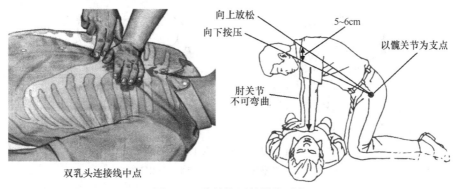

图 1-10　胸外按压的操作要点

正确的按压部位是胸骨下 1/3 交界处或双乳头连线中点。按压时，抢救者的上半身前倾，双肩在患者胸骨上方正中，腕、肘、肩关节伸直，以髋关节为支点，借助上半身的重力垂直向下用力按压。下压深度为 5～6cm，按压频率为 100～120 次/分，按压与放松时间大致相等。

2. **开放气道**　开放气道是口对口人工呼吸前必须完成的操作。对于发生心跳、呼吸停止没有意识的患者，肌肉已经松弛、舌根后坠、气道阻塞是常见的体况，如果在进行人工呼吸前不开放气道，很可能无法实现口对口的人工呼吸。

（1）去除气道内异物：开放气道应先去除气道内异物，如无颈部创伤，清除口腔中的异物和呕吐物时，可一手按压开下颌，另一手用食指将固体异物抠出。

（2）仰头抬颏法：是最常用的一种开放气道方法，如图 1-11 所示。

抢救者将一手掌置于患者前额，下压使其头部后仰，另一手的食指和中指置于靠近颏部的下颌骨下方，将下颌部向前抬起，帮助患者头部后仰，气道开放。必要时拇指可轻牵下唇，使口微微张开，注意抬颏时，应避免用力过大压迫气道。

（3）托颌法：如图 1-12 所示。

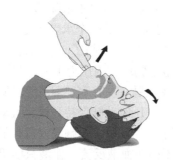 

图 1-11　仰头抬颏法　　　　　　　　　　图 1-12　托颌法

患者平卧，抢救者用双手从两侧抓紧双下颌并托起，使头后仰，下颌骨前移，即可打开气道。

3. **人工呼吸**　开放气道后，应立即予以人工呼吸（artificial respiration），以保证基本循环，防止重要器官因缺氧造成不可逆的损伤。人工呼吸包括口对口人工呼吸、口对鼻人工呼吸、口对面罩人工通气等。

（1）口对口人工呼吸：口对口是最为常用的人工呼吸方式，如图 1-13 所示。

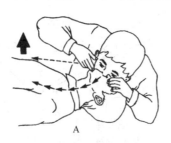 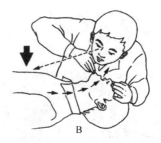

图 1-13　口对口人工呼吸

A. 口对口吹气，观察胸廓上浮；B. 排气，观察胸廓回收

人工呼吸是一种典型的正压机械通气方式，它利用施救者的吹气动作（为防止空气从鼻孔逸出，施救者应用拇指和食指夹住患者鼻翼使其紧闭），在患者的口腔与气道间产生正压，空气可以充盈肺泡使其扩张，并能观察到胸廓明显上浮，这一过程相当于吸气；施

救者停止吹气，开放呼吸道，依靠胸廓的弹性回缩，可将完成血气交换的肺泡气体排出，类似于自然呼气。人工呼吸的临床意义是通过正压通气，维持患者的基础氧代谢。

正常空气中氧浓度约为21%，经呼吸后人体可利用3%～5%，也就是说，施救者吹出气体中的氧浓度为16%～18%。由于施救者吹气的氧浓度有所降低，为保证供氧需求，进行人工呼吸时应适当加大通气量。每次吹气要持续1s左右的时间，通气量一般为500～600ml（6～7ml/kg），应能够观察到胸廓起伏。吹气时要暂停按压胸部，心脏按压与人工呼吸的比率为30:2。

（2）其他人工呼吸方式：如果患者的牙关紧闭不能张开或口部严重外伤等，不能进行口对口人工呼吸时可进行口对鼻人工呼吸。如果条件允许，也可以采用口对面罩人工呼吸，以及使用简易呼吸器支持人工通气。其他人工呼吸方式，如图1-14所示。

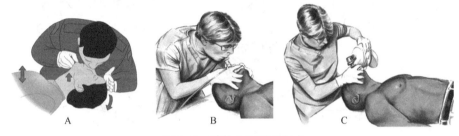

图1-14　其他人工呼吸方式

A. 口对鼻人工呼吸；B. 口对面罩人工呼吸；C. 简易呼吸器人工通气

4. **电除颤**　《美国心脏学会心肺复苏和心血管急救指南》中对于电除颤治疗强调，在给予高质量心肺复苏的同时，进行早期除颤是提高心搏骤停救助存活率的关键。电除颤，如图1-15所示。

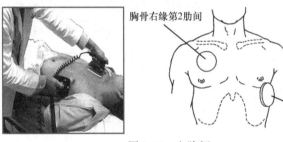

图1-15　电除颤

现场徒手心肺复苏与电除颤的联合应用，称为"关键性联合"，要求力争在开始急救的几分钟内，对可除颤性心搏骤停实施第1次电击，电击之后还应再进行徒手心肺复苏。在电除颤与心肺复苏的衔接上，推荐采用"1次电击+5组心肺复苏"的方案。

三、基本创伤救命术

基本创伤救命术（basic trauma life support，BTLS）不仅包括心肺复苏术，更为重要的是针对创伤（骨折、出血等），采取的一系列现场外伤急救措施。也就是说，对于创伤患者只有外伤（出血）得到有效控制，才可能进一步实施心肺复苏。现场外伤急救主要包括止血术、包扎术、固定术和搬运术等基本技术。

1. 止血术（近心端） 血液是人体物质转运的载体，尤其是能够转运氧气与二氧化碳，以维持人体的基础代谢。成年人血容量占体重的 7%～8%，即 4000～5000ml。如果失血量超过总血量 20%（800～1000ml），会出现头晕、脉搏增快、血压下降、出冷汗、肤色苍白、少尿等症状；出血量达 30%（1200～1500ml），就会有生命危险。因而，出血创伤急救的首要任务就是快速实施止血术。

外伤出血分为内出血、外出血，内出血原因较为复杂，处理困难，多需到医院后酌情处置，现场急救的重点是对外出血进行止血。现场止血术，如图 1-16 所示。

图 1-16　现场止血术

A. 指压止血法；B. 敷料加压包扎法；C. 止血带止血法；D. 加垫屈肢止血法

2. 包扎术 伤口包扎在急救现场应用范围较广，目的是帮助止血、保护创面、固定敷料、防止污染、减轻疼痛、利于转运。常用的包扎用品有创可贴、尼龙网套、绷带、三角巾及多头带等，也可现场取材，如衣物、毛巾等。现场包扎应做到动作轻巧，不要触碰伤口，以免增加出血量和疼痛。接触伤口面的敷料必须保持无菌，以避免伤口感染。包扎时要快且牢靠，松紧度适宜，打结应避开伤口和不宜压迫的部位。包扎术，如图 1-17 所示。

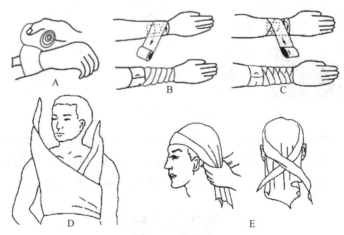

图 1-17　包扎术

A. 环形包扎法；B. 蛇形包扎法；C. "8"字形包扎法；D. 三角巾胸部包扎；E. 三角巾头部包扎

3. 固定术 固定术是针对骨折的急救措施，目的是防止骨折部位移动，减轻伤员痛苦，同时能够有效避免因骨折断端的移动导致损伤血管、神经等周围组织，造成更为严重的并发症。

实施骨折固定术前，应观察患者的体况，如心脏停搏要先行心肺复苏；如有休克应先行抗休克处理；如有大出血必须先进行止血包扎，然后固定。急救固定的目的并不是让骨折复位，而是防止骨折断端的移位。行固定术时，动作要轻巧，固定要牢靠，松紧要适度，皮肤与夹板之间应垫适量的软物，尤其是夹板两端骨突出处和空隙部位更应注意，以防局部受压引起缺血性坏死。

4. 搬运术 患（伤）者经过现场的初步处置后必须要转场送往医院，搬运术就是这一转场过程的规范操作，是整个现场急救链条中的重要环节。搬运时可根据患（伤）者的情况，因地制宜，选用不同的搬运工具和方法，并注意搬运体位，动作要轻且迅速，避免震动，尽量减少患（伤）者痛苦。简易的现场搬运术，如图1-18所示。

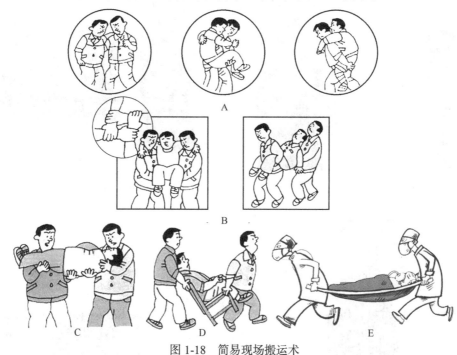

图1-18 简易现场搬运术

A. 徒手单人搬运；B. 徒手双人搬运；C. 平卧托搬运；D. 椅式搬运；E.担架搬运

四、哈姆立克气道开放术

我国每年有大量的因呼吸道异物窒息导致死亡的病例，根据资料分析，由意外损伤造成的死因中主要为意外窒息，约占婴儿意外死亡的90%，而导致窒息的主要原因就是气道异物阻塞导致不能呼吸。因此，一旦气道异物阻塞意外发生，几乎没有入院急救的机会。

食物、异物的卡喉意外，常见于进食期间，临床表现为突然呛咳、不能发音、呼吸急促、皮肤发紫，严重者可迅速出现意识丧失，甚至呼吸、心跳停止。

1. 哈姆立克信号 当异物哽住患者的呼吸道，使其不能说话，不能呼吸，也不能咳嗽。此时，患者可能会用一只手或双手抓住自己的喉咙，这是呼吸道阻塞的自然反映，即为哈姆立克信号，如图1-19所示。

此时可以询问："你被东西卡了吗？"，如患者点头表示"是的"，应即刻实施哈姆立克手法（Heimlich Maneuver）开放气道，以解除患者的气道哽塞。

2. 哈姆立克急救手法 哈姆立克急救手法分为三个基本步骤。

第一步，如图 1-20 所示。施救者站在患者后面，脚成弓步状，前脚置于患者双脚间。以大拇指侧与食指侧对准患者剑突与肚脐之间的腹部，具体位置在肚脐上两横指处。

第二步，如图 1-21 所示。用左手将患者背部轻轻推向前，使之处于前倾位，头部略低，嘴要张开，有利于呼吸道异物被排出。

第三步，如图 1-22 所示。一只手握拳，另一手置于拳头上并握紧，双手急速冲击性地向内上方压迫患者腹部，通过反复有节奏、有力地进行，以形成的气流把异物冲出。

图 1-19　哈姆立克信号

图 1-20　第一步

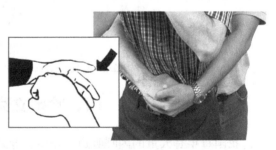

图 1-21　第二步　　　　　　　　　　　　图 1-22　第三步

哈姆立克急救手法的原理在于，当发生气管异物时，冲击患者下腹部及膈肌下软组织，可产生向上的压力，压迫两肺下部，从而驱使肺部残留的气体形成一股向上的气流，将堵塞气道的异物冲出体外。因而，这一急救法又被称为"余气冲击法"。

基础生命支持因受现场条件所限，只能实现应急、保命的短期效果，如果要进行更为有效的专业救治，需要专业急救人员应用辅助设备、特殊技术和药物等提供系统的循环与呼吸支持等，以尽快恢复自主心肺功能。由此，急救生存链从基础生命支持转入第二级——高级生命支持。

第三节 高级生命支持

第一目击者出现在发病现场多为"偶遇",所采取的徒手心肺复苏通常是"唯一"的选择,然而,徒手心肺复苏提供的基础生命支持是有限的,意义仅在于"维持"基本生命体征,为后续专业救助赢得时间。因此,专业救护人员到达现场后开展的医学救助,更具有临床意义。

高级生命支持（advanced cardiac life support, ACLS）是现场急救的后续阶段,是指专业救护人员到达发病现场,在现场或救护车、医院急救中心,通过应用辅助设备、专门技术及药物等建立更为有效的肺通气和循环支持,目的是恢复患者的自主心跳与呼吸,使之度过急救的"高危期"。高级生命支持（ACLS）是基础生命支持（BLS）的继续,是现代急救体系中的第二个ABCD,其中,A（airway）是建立人工气道、B（breathing）是人工正压通气、C（circulation）是循环支持、D（differential diagnosis、defibrillation 及 druggery）是病因诊断、鉴别与对因治疗。

一、建立人工气道

人工气道是将导管经上呼吸道置入气管或切开气管直接置入所建立的气体通道,目的是使生理气道与空气或其他气源建立有效的连接,以保证通气通畅,为气道的有效引流和机械通气等提供条件。

人工气道主要包括咽部气道、喉罩导气管、联合气管插管、气管插管、气管切开、环甲膜穿刺等。最常用的人工气道是气管插管,对于困难气道或气管插管术失败者,可以选用喉罩导气管、联合气管插管。特别要注意,在行气管插管时切不可中断胸外心脏按压,如必须中断按压时,按压中断的时间不得超过5s。

1. 经口气管插管 经口气管插管方法快速、方便,在呼吸、心搏骤停抢救时较为常用。经口气管插管时需要借助喉镜暴露声门,可以在直视条件下将导管经口腔插入气管内,建立人工气道。经口气管插管,如图1-23所示。

经口气管插管的基本步骤如下。

（1）将患者头部后仰,双手将下颌向前、向上托起,使口张开。

（2）左手持喉镜由右口角放入口腔,将舌推向左侧后缓慢推进,可见到悬雍垂。

（3）将镜片垂直提起前行,直到看见会厌,再将弯镜片置于会厌与舌根交界处（会厌谷）,用力向前上方提起,使舌骨会厌韧带紧张,会厌翘起紧贴喉镜片,即显露声门。

（4）右手拇指以持笔式握住导管的中上段,由口右角进入口腔,双目经过镜片与管壁间的狭窄间隙监视导管的前进方向,准确轻巧地将导管尖端插入声门。

（5）导管插入气管内的深度,成人为4～5cm,导管尖端至中切牙（门齿）的距离为18～23cm。

（6）气囊充气,以密封气道。

（7）固定导管。

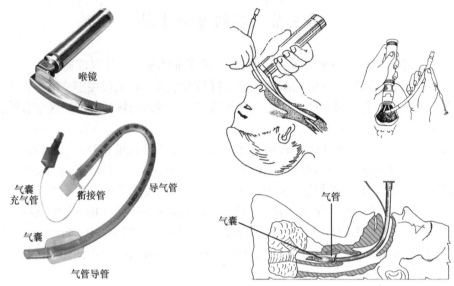

图 1-23 经口气管插管

确认导管进入气管内有多种方法，例如，按压胸部时，导管口有气流；人工通气时，能观察到双侧胸廓对称起伏；听诊双肺可听到清晰的肺泡呼吸音等。

经口气管插管的使用方法简洁、较为常用，但是，大多数患者在意识恢复初期，会产生烦躁不安或难以耐受，导致过早拔管撤机。对于这类患者应予以适当的镇静或改变插管方式，以保证适时撤机。经鼻气管插管也是一种便捷的方法，尤其是对于清醒患者也能耐受，且易固定，不影响口腔护理和进食，不致因较长时间使用引起营养不良和电解质紊乱。但经鼻气管插管气道无效腔较大，容易导致痰液引流不畅、形成痰栓，甚至阻塞管腔。相比之下，气管切开无效腔较小，固定良好，患者能耐受，痰液易吸出，不影响进食和口腔护理，并发症少，是较为理想的人工气道。因而，需要较长时间机械通气或昏迷者，以及痰液较多排痰不畅者，以气管切开建立人工气道为宜。

2. 喉罩气道导管 气管插管是建立人工气道、保持气道畅通、恢复通气的常用措施。但是，气管插管存在着技术操作要求较高，遇到插管困难病例时会延误通气，导致缺氧加重。应用喉罩可以回避复杂的气管插管操作，因而，更适用于现场急救。喉罩气道导管不需要使用喉镜，可以盲插，建立人工气道简单、快捷、损伤小，是一种介于通气面罩与气管插管之间维持呼吸道通气的装置。喉罩气道导管如图 1-24 所示。

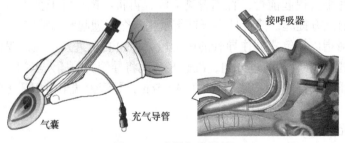

图 1-24 喉罩气道导管

3. 食管气管联合气管插管 在急救现场，快速建立人工气道是解除缺氧的关键，一旦患者出现窒息、呼吸困难等插管指征，就应在第一时间为患者施行急诊插管。食管气管联合插管是一种快速建立人工气道的方法，由于它对插管操作的技术要求较低，即使是非专业急诊医生也能够掌握其操作要领，并能够一次成功，因此，食管气管联合插管方式更适用于重大灾害、战争等特殊急救场合。食管气管联合气管插管如图 1-25 所示。

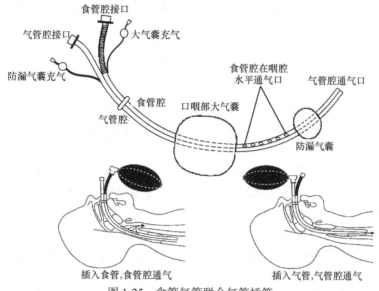

图 1-25　食管气管联合气管插管

呼吸道和消化道在口腔和咽腔段为共用通道，从喉部开始分叉，形成各自的管道，即气管与食管。气管和食管纵向排列，气管在前，食管在后。食管气管联合气管插管时，无须借助喉镜，盲插成功率较高，无论是插入到食管还是气管均能建立有效的人工气道。例如，导管插入到食管，可将口咽部大气囊（密封咽腔）和防漏气囊（封堵食管）充气，由食管腔通过咽腔水平通气口通气；反之，若导管插入到气管，防漏气囊充气，密封气管，由气管腔前端的通气口通气。

4. **咽部气道**　口咽气道又称为口咽导气管或口咽通气管，是一种非气管导管性通气管道，是最简单且有效的辅助气道，在现场急救及全身麻醉术后复苏中应用广泛。咽部气道分为口咽气道和鼻咽气道，咽部气道的临床意义是防止舌后坠等原因导致的上呼吸道阻塞。咽部气道为气管插管的临时代替措施，有效性逊于气管插管，但其建立更为迅速，通过"临时替代方式"，可为插管创造条件。

口咽气道由弹性橡胶或塑料制成，呈弯曲状，其弯曲度与舌及软腭相似，如图 1-26 所示。

图 1-26　口咽气道

5. **确认气管插管位置**　无论采取何种气管内插管方法，插管完成后，均需要确认导管已进入气管内后才可以进行固定和通气。判断导管进入气管内的方法主要有以下几种。

（1）按压胸部时，导管口有气流。

（2）人工呼吸时，可见双侧胸廓对称起伏，并能听到清晰的呼吸音。

（3）如用透明导管，吸气时管壁清亮，呼气时可见明显的"白雾"。

（4）应用呼气末二氧化碳检测仪，若插管接于气管，检测仪上就可看到有二氧化碳波形变化，若没有二氧化碳波形，说明导管在食管里。

二、人工正压通气

人工正压通气是利用口对口人工呼吸或各种呼吸器，以正压方式进行的人工通气，目的是辅助、替代或控制自然呼吸，维持氧代谢，使患（伤）者可以安全度过突发创伤或基础性疾病所致的呼吸功能衰竭，为紧急施救与后续治疗创造条件。

人工正压通气的运行机制是建立肺内压与大气压间的压力差，当肺内压小于大气压时，产生吸气相；反之，为呼气状态。现阶段，可用于呼吸支持的通气装置主要有简易呼吸器和呼吸机。

1. 简易呼吸器 简易呼吸器（simple respirator）又称复苏球或加压给氧气囊，是最为简单、可以在急救现场替代人工呼吸的一种正压通气器具，适用于心肺复苏及需要人工呼吸的急救场合，具有使用方便、痛苦小、并发症少、便于携带、没有氧气源时也可行通气支持的特点，尤其是在紧急救助来不及气管插管时，可利用简易呼吸器的加压面罩直接给氧。

简易呼吸器，如图 1-27 所示。

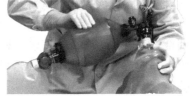

氧气袋

手动气囊

面罩

图 1-27　简易呼吸器

简易呼吸器由橡皮手动气囊、通气面罩、氧气储气袋等组成。在橡皮气囊舒张时，空气与氧气按比例混合后进入手动气囊；通过徒手挤压手动气囊（橡皮囊），可将气囊内的混合气体压送至患者的呼吸道。在手动气囊的后方接有一氧气储气袋，可辅助供氧，支持氧代谢。

2. 呼吸机 呼吸机（respirator）作为一项能够人工替代自主通气功能的有效技术手段，已普遍用于各种原因所致的呼吸衰竭、大手术期间的麻醉呼吸管理、呼吸支持治疗和心肺复苏，是治疗呼吸衰竭，挽救及延长患者生命的重要医疗设备。现代呼吸机的通气方式为正压机械通气，根据正压通气的频率又分为常频呼吸机和高频呼吸机，其中，常频呼吸机是目前临床主流的机械通气装置。呼吸机，如图 1-28 所示。

呼吸机的基本原理是，通过物理方法人

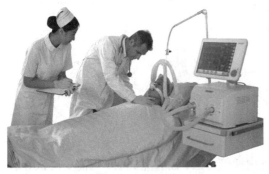

图 1-28　呼吸机

为建立肺内压与大气压间的压差，即利用增加气道内压力的方法，将高于大气含氧量的气体送入肺部，进而导致肺内压增大，致使肺泡扩张气体被压入，形成吸气相；当失去外来压力时，由于呼吸管道与大气相通，依靠胸廓和肺组织的弹性回缩，排出肺泡气，形成呼气相。如此往复，构成机械通气。

三、循　环　支　持

在高级生命支持中，循环支持最为重要的任务仍然是胸外心脏按压，由于专业的医务人员及支持设备的介入，通过使用心肺复苏机等辅助设备，能够提高心肺复苏的有效性。另外，高级生命支持中的循环支持还包括开放静脉或骨髓通路，意义在于提供血管活性药物支持。

1. **心肺复苏机**　心肺复苏机（cardiopulmonary resuscitator）的设计思路源于徒手胸外心脏按压，初衷是利用机械装置替代徒手心肺复苏，减轻急救医务人员的工作强度。心肺复苏机是急诊和 ICU 常用的急救设备之一，可以在第一时间为心脏与呼吸骤停的患者提供可靠、持续、理想的心肺复苏术，能够快速、安全、有效地开展救助。

心肺复苏机根据动力源分为电动式心肺复苏机和气动式心肺复苏机。心肺复苏机，如图 1-29 所示。

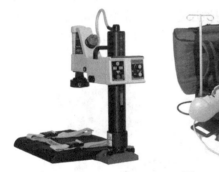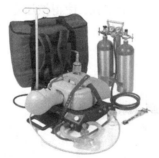

图 1-29　心肺复苏机

心肺复苏机的临床用途是，可持续执行标准化的心肺复苏技术；能够减轻施救者的劳动强度，节省人力；转运途中可保持患者接受不间断的正确按压；避免口对口吹气导致的交叉感染风险。更为重要的是，第三代心肺复苏机模拟"心泵"和"胸泵"机制，可以明显改善血流动力学效果，提高心肺复苏的有效性。应用于临床的心肺复苏机品种繁多，从工作原理上可大致分为三代。

（1）第一代心肺复苏机：主要是模拟徒手胸外心脏按压的原理，采用的是点式（或活塞式）胸骨按压方式，如图 1-30 所示。

第一代心肺复苏机的点式胸骨按压与徒手胸外按压的效果相当，只是较好地解决了徒手心肺复苏容易产生疲劳及换人时可能会引起的按压中断，并能够保持按压频率与按压幅度的一致性。但是，与徒手胸外按压比较，第一代心肺复苏机并没有明显提高心脑血流的灌注效果。为此，对第一代心肺复苏机的按压头进行了改进，引入了如图 1-31 所示的主动加压减压心肺复苏机。

图 1-30　第一代心肺复苏机的按压方式

图 1-31　主动加压减压心肺复苏机

主动加压减压心肺复苏机的关键装置是吸盘式按压头。吸盘式按压头的原理是，胸腔按压结束按压头回收时，通过吸盘向上拉升胸廓，使得胸廓充分回弹，可在胸腔内产生一定的负压，以促进静脉血液更充分的回流。

（2）第二代心肺复苏机：突破了第一代复苏机单调的点式按压方式，它利用胸泵原理，外来压力可覆盖全胸腔，使得按压在胸腔上的负荷均匀分布。第二代心肺复苏机的负荷分布式按压，如图 1-32 所示。

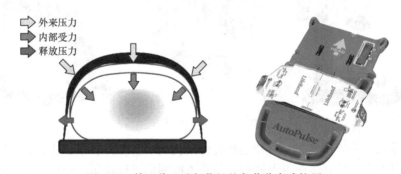

图 1-32　第二代心肺复苏机的负荷分布式按压

第二代心肺复苏机类似于一个巨大的测血压袖带，将胸腔的上半部包裹，通过气泵以 60 次/分的频率及 250mmHg 的压力使其周期地充气、放气，实现心肺复苏。

（3）第三代心肺复苏机：采用全胸腔包裹式的三维按压方式，在重点做点式按压的基础上，增加了对胸腔的挤压。第三代心肺复苏机的三维按压方式，如图 1-33 所示。

第三代心肺复苏机的技术特点是，模拟自然心脏的"心泵"与"胸泵"机制，采用三维按压模式，按压时仅使用点式按压一半的按压深度即可获得更好的灌注效果。采用三维按压方式的患者复苏后神经系统表现良好，肋骨骨折等并发症也大幅降低。另外，第三代心肺复苏机的设备轻巧、便携、操作简单，主机重量仅为 2kg，更适合于现场应用。

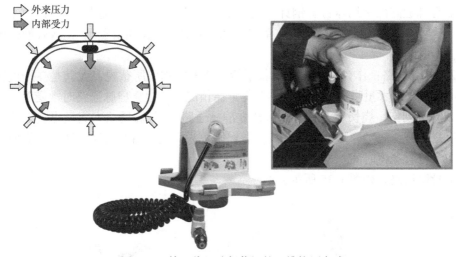

图 1-33　第三代心肺复苏机的三维按压方式

2. 体外心肺复苏术　以胸外心脏按压为基础的心肺复苏术（CPR）应用广泛，但是，单纯依靠胸外心脏按压产生的血流灌注量非常有限，通常仅能提供正常生理状态下10%～30%的心脑灌注血流量，不足以长时间维持心搏骤停后的生物学复苏。因此，现代急救医学开始引用体外膜式氧合技术（ECMO），提出了体外心肺复苏术（external cardiopulmonary resuscitation，ECPR）这一现代心肺复苏方法，目的是迅速改善血流灌注及氧代谢，使心肺衰竭患者的抢救成功率显著提升。ECMO 的应用，如图 1-34 所示。

ECMO 是利用血管插管进行的心肺支持技术，它利用血泵辅助循环，应用氧合器

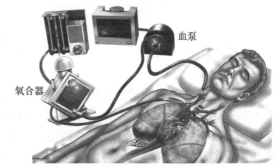

图 1-34　ECMO 的应用

支持氧代谢，可以为可逆性心肺功能衰竭提供临时性的生命支持。由于 ECMO 直接参与血流灌注与氧供，也就是说，只要及时完成了 ECMO 支持，就意味着心搏骤停患者暂时脱离了危险。作为高级生命支持的重要手段之一，ECMO 的及早应用，可以最大程度提高心搏骤停患者的救治成功率。

3. 建立给药途径　在心肺复苏的紧急状况下，迅速建立可靠的血管给药通路是决定抢救成败的关键，尽可能在复苏的第一时间建立血管给药途径，并及时给药补液，可以提高复苏的成功率。因而，建立复苏药物给药途径及应用复苏药物也属于高级生命支持的重要内容。

（1）静脉通路：分为两类，一是建立外周静脉通道，优点是方便、操作时不需要中断心脏按压、并发症少，缺点是药物峰值低、循环时间较长。为保证心肺复苏的药物快速注入，最常用的外周静脉是肘正中静脉（通常不选择如手部的远端静脉）；二是建立中心静脉通道，优点是药物起效快，可同时对血流动力学监测。建立中心静脉通道的缺点是操作技术及时间要求较高，一般只是在外周静脉通道无法建立，又有充足的时间时才考虑进行中心静脉穿刺。

建立静脉通路的常用器材有钢针、头皮钢针、留置套管针（短期留置），中心静脉器材-中心静脉导管 CVC（中期留置）、静脉导管 PICC（中长期留置）、植入式静脉输液港 PORT（长期留置）等。

（2）骨髓通路：作为一种现代急救手段，逐渐被临床所重视，尤其是在严重创伤或烧伤、心搏骤停、大量咯血、失血性休克等危急情况下，建立静脉通路时常受阻（如失血性休克或严重创伤、烧伤患者有时无法建立静脉通路），骨髓通路即突显出重要的临床价值。简言之，特殊病例静脉可能不好找，骨骼则更为方便，由此能够快速、可靠的建立给药通路，为抢救赢得时间。

建立骨髓通路，如图 1-35 所示。

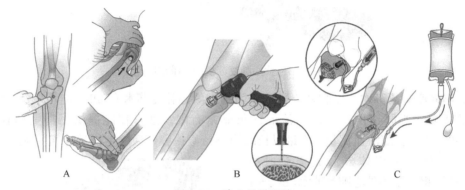

图 1-35　建立骨髓通路

A. 确定穿刺点；B. 行穿刺术；C. 骨髓输液

骨髓腔内充满海绵状静脉窦，经中央管滋养静脉等与血循环相通，因此，输入骨髓腔内的药物、液体可迅速进入全身循环。骨髓输液的持续时间可长达 24h，但是考虑到骨髓输液的感染机会远大于静脉输液，因而，通常是在骨髓输液的 1～2h，血容量逐渐稳定，则建议立即选择常规静脉通路。

（3）复苏用药途径选择：静脉内给药是最常规的给药途径，包括中心静脉和外周静脉；骨髓腔内给药也是较好的给药途径，目前不推荐经气管插管给药为首选给药途径。当静脉/骨髓通路建立困难，需通过气管插管进行给药时，给药用量为静脉用药的 2.5 倍，并经 10ml 生理盐水稀释即可。心肺复苏时不可以皮下或肌内注射（唯独使用肾上腺素抢救过敏性休克时例外）。心内注射给药曾一度被认为是传统的复苏方法，但该给药途径弊大于利，除非万不得已，一般不主张心内给药。

（4）常用的复苏药物：复苏时，常用的药物有肾上腺素、胺碘酮、利多卡因、碳酸氢钠、阿托品、纳洛酮、钙剂、葡萄糖、多巴胺等。

肾上腺素，具有 α-肾上腺素能受体激动剂的特性，心肺复苏时可增加心脑供血，对复苏有利，无论心电图呈一条直线、室性逸搏还是心室颤动都可选用。即使是心室颤动，只要有除颤仪，该药可变细小心室颤动为粗大心室颤动，大大提高电击除颤的成功率，故属首选用药。用药方法，多采用标准剂量肾上腺素即 1mg 稀释为 10ml，每 3～5min 静脉注射。如果没有静脉通道，气管内给药的剂量为 2～2.5mg，并用 10ml 注射用水或生理盐水稀释。

胺碘酮静脉注射适用于已无心跳的可电击心律，如无脉性室性心动过速或者心室扑动、心室颤动，称之为"药物除颤"（但效果远较电击除颤差），首剂 300mg 静脉推注，可追加每次 150mg。

利多卡因在心搏骤停时可作为胺碘酮的替代药物（在心搏骤停时不建议常规使用），用于无脉性室性心动过速。用药方法为，起始剂量为静脉注射 1.0～1.5mg/kg，如无脉性室性心动过速仍持续存在，可每隔 5～10min 追加 0.5～0.75mg/kg，最大量为 3mg/kg。

镁剂，如心律为尖端扭转性室速，可应用镁剂。用药方法，1～2g 镁加入 10ml5%GS 液中 5～20min 内静脉注射。如果尖端扭转性室性心动过速患者脉搏存在，可将 1～2g 的镁剂加入 50～100ml5%GS 液中，5～60min 内缓慢静脉滴注。

碳酸氢钠在心搏骤停时不建议常规使用，考虑在有代谢性酸中毒、高钾血症、抗抑郁药物过量时，建立人工气道后应用碳酸氢钠。用药方法 1mmol/kg 起始量，根据血气分析结果调整碳酸氢钠的用量。

四、病因诊断、鉴别与对因治疗

心肺复苏只是对症治疗，而真正有效的医疗措施应该是对因治疗，就是高级生命支持里的病因诊断与鉴别、对因治疗。美国 AHA 将心搏骤停的常见病因与基本体征表象归纳为 5 个 H 和 5 个 T，其中，5H 包括低血容量、低氧、代谢性酸中毒、高钾血症和低钾血症、低体温；5T 分别为药物过量、心脏压塞、张力性气胸、急性冠脉综合征（如心肌梗死）和肺动脉栓塞。5H 与 5T 及基本处置见表 1-2。

表 1-2　5H 与 5T 及基本处置

常见原因（5H）	基本处置方法	常见原因（5T）	基本处置方法
低血容量（hypovolemia）	输液、输血	中毒（toxins）	解毒，拮抗毒性
缺氧（hypoxia）	氧疗改善缺氧，必要时可 ECMO 治疗	心脏压塞（cardiac tamponade）	心包穿刺减压
酸中毒（hydrogen ion/acidosis）	改善微循环，纠正心功能衰减，必要时可连续肾脏替代疗法（CRRT）辅助治疗	张力性气胸（tension pneumothorax）	抽气减压或胸腔闭式引流
高钾血症/低钾血症（hyper-/hypokalemia）	调控血钾，必要时可 CRRT 治疗	血栓（冠状动脉和肺）（thrombosis）	溶栓，急诊经皮冠状动脉腔内血管成形术（PTCA）
体温过低（hypothermia）	保温、复温	创伤（trauma）	优先处理致命性创伤

第四节　后续生命支持

从发病现场的院前基础生命支持到专业救助团队的高级生命支持，患者恢复自主循环与呼吸，基本生命体征趋于平稳，紧急救助告一段落，急救生存链转入第三个技术环节——后续生命支持阶段。

后续生命支持（prolonged life support，PLS）是患（伤）者恢复自主循环后心肺复苏的院内救治环节，是脑复苏及重要脏器功能支持（恢复）的后续阶段。后续生命支持为院内治疗，患者将在重症监护病房，通过对病情及器官功能进行的全面评估，可以获得更有针对性的专科护理及病因治疗。

一、后续生命支持的基本原则

后续生命支持是恢复自主循环后的院内救治，患者由急诊中心转入专科重症监护病房，通过应用各类医学仪器与专门的临床技术，对患者进行更为系统、有效的病因治疗。后续生命支持包括4个紧密相关的环节，也简称为院内急救的"ABCD"，其中包括 A（assist）为多器官功能支持；B（brain）是脑保护及功能恢复；C（care）为重症监护；D（diagnosis）是确诊并祛除病因。

1. 多器官功能支持

多器官功能支持（assist）及治疗的主要内容包括以下几点。

（1）改善患者的心肺功能和重要脏器的组织灌注。

（2）将患者转运到具备冠状动脉介入治疗、神经系统监测治疗、重症监护和低温治疗条件的医院或科室。

（3）明确病因、对症治疗，预防心搏骤停再次发生。

（4）控制体温，促进神经功能的恢复。

（5）改善血流动力学指标。

（6）诊断与治疗急性冠脉综合征。

（7）完善机械通气策略，使肺损伤率降低。

（8）降低多器官损伤的风险，必要时提供气管功能支持。

（9）评估患者预后，对复苏成功者进行针对性康复治疗。

2. 脑保护及功能恢复

心搏骤停导致的全脑缺血会造成脑损伤，其损伤程度取决于全脑的缺血时间（心搏骤停至开始实施心肺复苏的时间）和心肺复苏过程中相对脑缺血时间。在心搏骤停的紧急施救过程中，即使是采用高效且标准的心肺复苏术，心排血量也不过是正常灌注量的20%～30%，加之肺通气环境差、供氧大幅减少，血气交换严重不足，必然会导致大脑的缺血、缺氧。因此，脑保护及功能恢复（brain）是后续生命支持的治疗要务，心肺复苏后迅速启动脑保护策略，对于减轻脑损伤、改善预后有着重要的临床意义。

（1）尽快纠正脑部缺血与缺氧：心肺复苏后的首要任务就是改善并纠正脑部的缺血与缺氧，促进脑复苏。改善脑部缺血、缺氧的主要方法是设法增加脑灌注压、降低脑血管阻力，以增加脑血流量（cerebral blood flow，CBF）。

1）增加脑灌注压：心肺复苏后的低血压是导致脑部组织灌注不足的主要原因，因而，快速提升患者的血压是当务之急。由于缺血性脑损伤，脑代偿机制将不同程度的丧失，自主循环恢复（ROSC）后脑血流量主要取决于动脉血压。低血压将明显降低脑灌注量，当收缩压低于90mmHg、平均动脉压低于65mmHg时，可引起脑灌注不良，必须尽快纠正，必要时予以补充血容量和血管活性药物（首选多巴胺）治疗。维持一定的高血压状态，对提高脑血流量促进脑复苏是有利的；既往有高血压病史患者，要适当增加外周血压，以保证灌注。但是，如果血压过高，可能会损伤血脑屏障、加重脑水肿，需要及时纠正。

2）降低脑血管阻力：脑血管阻力也是影响脑血流量的另一要素，因而，脑复苏时可以应用血管扩张药物，以降低脑血管阻力，提高脑部的血流灌注量。

（2）心肺复苏后的低温治疗：治疗性低温（therapeutic hypothermia，TM）是为缓解患者神经系统损伤而进行诱导的轻中度低温（32～36℃）治疗，是对心搏骤停患者经过心肺复苏恢复自主循环后采取的进一步脑复苏治疗措施，是改善患者远期预后和神经功能恢复的常规方法。为了规范治疗性低温，《2015 心肺复苏和心血管急救指南》更新了"目标温度管理"（targeted temperature management，TTM）的概念。TTM 就是应用物理方法，将患者体温快速降到既定目标水平（32～36℃），经过一段时间（至少 24h）的低温维持，再缓慢恢复至基础体温。

1）目标温度管理的临床意义：目标体温管理推荐应用于心搏骤停后恢复自主循环的昏迷成年患者。TTM 时，低温对脑和全身性保护的可能机制包括降低脑代谢、保护血脑屏障、减轻脑水肿、降低脑热稽留、改善脑对缺氧的耐受性、减轻氧化应激、抑制免疫反应和炎症、抗凝效应等多方面。进行目标温度管理可以改善重症患者由于缺血、缺氧所诱发的细胞凋亡、线粒体功能障碍、血脑屏障受阻等，可防止或减轻重度脑缺血患者神经功能的永久性损伤。

2）目标温度管理的方法：根据低温的实施方法，将目标温度管理分为局部亚低温与全身亚低温治疗。局部亚低温治疗包括大动脉冰敷、擦浴、冰水灌肠、鼻内制冷等；全身亚低温治疗包括冰垫、冰毯、冷空气循环、静脉内置降温导管等。水循环降温冰毯是目前临床最为常用的亚低温治疗设备，它操作简便，能够较准确地控制目标温度。国外常用水凝胶降温贴及静脉内置导管降温法来获得亚低温，研究发现其降温速率比水循环降温毯更快，且患者舒适度高，特别是对老年患者，但目前国内相关报道较少。

目标温度管理分为诱导期、维持期和复温期三个时间段，TTM 过程中要密切关注可能出现的并发症并积极干预。目标温度选定在 32～36℃，至少需要维持 24h，同时精确控制核心体温，如直肠、膀胱或食管的温度；复温时，升温速度为 0.25～0.5℃/h，复温以后也应该把核心体温控制在 37.5℃以下，至少维持到复苏后的 72h。

（3）脑缺血损伤后的高血糖处理：有研究表明，高血糖可通过多种途径加重神经功能损伤，正常血糖或胰岛素诱导的轻度低血糖能够改善全脑缺血或局部缺血后的脑功能。因此，建议对脑缺血损伤后的患者采用血糖监测与目标控制，对于出现的高血糖症应及时给予胰岛素治疗。

（4）全脑缺血后癫痫发作的处置：全脑缺血后的癫痫发作可增加脑代谢 300%～400%，恶化心搏骤停后氧释放和需求的平衡，加重脑损伤。但是，对心搏骤停患者在心肺复苏过程中是否预防性应用抗惊厥药仍存在争议，不过对于已经癫痫发作的患者，必须给予快速有效的控制。由于外界刺激反应可以增加脑代谢，因此，使用镇静麻醉药和肌松药能够预防氧供和氧需之间的失衡，在一定程度上可以改善脑功能。

3. 重症监护 重症监护（intensive care）是一种对危重患者进行监测、护理和治疗的组织形式，是由专门医护人员运用各种医疗技术和监护、抢救设备，对收治的各类危重症患者实施集中的加强治疗与护理，以最大可能保障患者的生存机会及预后。

4. 确诊并祛除病因 无论何种原因导致的危重症，只有明确病因，才可能实施有效的院内救助，使后续生命支持具有针对性，达到病因治疗的目的。确诊（diagnosis）并祛除病因目的是通过后续生命支持过程中的院内全面检查、综合治疗、全程护理、隔离防护等，逐渐祛除病因，最大限度地实现患者生命体征稳定、重要脏器基本功能恢复或能够代偿工作，消除危及生命的隐患。

二、重症监护室

重症监护室（intensive care unit，ICU）为重症加强护理病房，是随着临床护理的专业化、治疗技术的现代化和管理体制的科学化而形成的一种集医疗、护理、技术为一体的现代医疗管理模式。ICU 作为生命救治链中的最后一个救助环节，是危重病患的治疗中心，在这里，患者能够得到更为有效的护理与救治。ICU 在 EMSS 体系中具有重要作用，它对生命支持的技术水平可以直接反映医院的综合救治实力，是现代化医院的重要标志。

重症监护室，如图 1-36 所示。

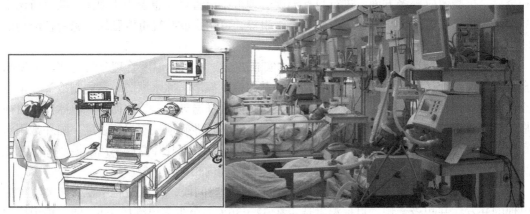

图 1-36 重症监护室

1. **重症监护理念** ICU 已成为急危重症患者接受治疗与护理的主要场所，依照生物——心理——社会——精神的现代护理理念，强调监护重点是人及人对疾病的反应上，从而使急危重症患者得到全方位的护理。重症监护能够为患者提供个性化护理，可以帮助患者尽快适应机体的功能障碍，减轻患者及亲友所承受的心理压力。

2. **ICU 床位及单元设置** ICU 的设置应与医院的规模与功能要求相匹配，一级医院不设 ICU；二级医院仅设置综合性 ICU；三级综合性医院设置综合性 ICU，并设置重症监护中心下的专科 ICU，综合性 ICU 和专科性 ICU 应集中管理，资源共享。综合性的重症监护病房一般设在医院内较为中心的位置，并与麻醉科及各手术科室相近，专科重症监护病房可设置在各专科病区内。ICU 一般倾向于使用大病房结构，室内常用大平板透明玻璃分隔为半封闭单元。病房宽畅，内分清洁区和非清洁区，放有各种药物、医疗仪器及其他医疗用品。ICU 设有一个中心监护站，能够观察到所有被监护患者。重症监护病房的室内建筑和设施要求高于普通病房，以最大限度地方便及时监护与抢救。

综合性和各专科 ICU 的床位总数一般不超过全院床位总数的 5%。二级医院一般设置 4～8 张 ICU 床位；三级医院 ICU 应分隔单元设置或分组管理，每个 ICU 单元设置 8～12 张床位；每张 ICU 床位的面积不小于 $15m^2$；通过吊桥，每张 ICU 床位应备有多套电源系统、负压吸引、空气和氧气等基本设施。

3. **ICU 医护人员配备** 重症监护病房的医护人员必须具有独立处理危重病患的能力，了解各类患者的抢救流程，能够熟练操作各种医疗监护和治疗仪器。ICU 人员配置取决于医院规模、性质等，监护床位的医护比约为床位：医生：护士=1：1：3。

4. ICU 仪器设备配置 由于 ICU 具有的重症监护和加强治疗属性,决定了 ICU 是设备密集型病房,它的仪器设备必须具备易用性、可靠性和先进性。其仪器设备配备除了普通病房需要的诊疗器械外,还要有生命体征的监护设备、急救设备、重要脏器功能支持设备及专科重症监护与治疗设备等。ICU 的配套设备,如图 1-37 所示。

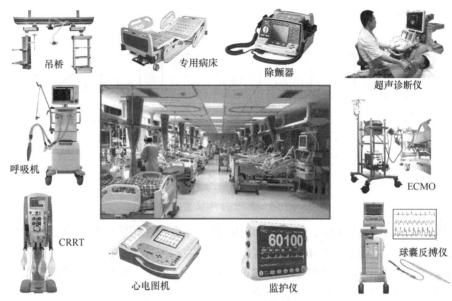

图 1-37 ICU 的配套设备

(1)病床旁设备:ICU 的设备基本上是通过吊桥或吊塔围绕病床来设置,目的是方便使用。因此,每个床位的床头面板上应设有 1 个电源开关、可同时连接 6~8 个多用途电源插座、2~3 套中心供氧供气接口、2 套压缩空气装置、2~3 套负压吸引装置、1 套亮度可调的头灯、1 套应急灯。两个床位之间设立 1 个两面使用的功能柱,其上设有电源插座、设备搁置架、气体接口、呼叫装置等。

(2)常规设备:每个 ICU 单元必须配置常规设备,由于加强监护的对象不同,ICU 配备的常规设备也有所不同。以心脏外科 ICU 为例,应配备的常规设备包括心电监护仪、呼吸机、输液泵、微量注射泵、除颤器及装载心肺复苏器械车、纤维支气管镜、纤维喉镜、手动辅助换气囊等。在放置备用输液泵和注射泵的设备架上,还需放置设备附件及相关物品,如血压袖带、脉氧探头、备用电源接线板、呼吸机管道、湿化器、各种接头、深静脉插管、呼吸气囊、面罩、球囊反搏导管等与设备配套使用的材料和器具。

(3)常规消耗器械:在 ICU 的药品器械室内应备有急救药品柜、冰箱和消耗器械柜,器械柜为抽屉式,各类消耗器械分类存放,便于快速取用。在消耗器械柜内备有气管插管、输液泵管、吸痰管、引流管、引流器、鼻导管、负压引流袋及注射器、输液器、手套、胶布、纱布、棉签等普通护理用品。

(4)监护设备:监护设备是 ICU 的基础设备,分为床旁监护设备和中央监护系统。

(5)特殊设备:根据 ICU 性质,除配备常规设备和器械外,还需配备特殊设备,如在心脏外科 ICU 中,必须配有持续性血流动力学监测仪、主动脉内球囊反搏仪(IABP)、血气分析仪、小型快速生化分析仪、喉镜、支气管镜;小型手术设备包括手术灯、消毒用品、开胸手术器械包、手术器械台等。

5. ICU 的感染控制 ICU 是院内易感人群和危险因素的集中场所，发生感染的概率高于其他临床科室，需要采取严格的管控措施，以有效预防和控制感染。

（1）合理布局：ICU 的位置应靠近主要服务对象病区、手术麻醉科、影像科、输血科、检验科等，医疗用房和医疗辅助用房面积比约为 1∶1.5。例如，某心胸外科 ICU 平面结构图，如图 1-38 所示。

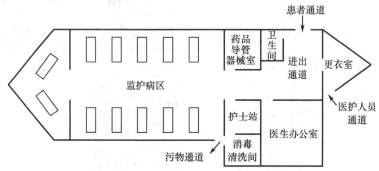

图 1-38　某心胸外科 ICU 平面结构图

重症监护病区内应为安静、舒适、相对隔离的环境，在布局中要明确划分治疗区和监护病区、医护办公区及污物处理区，要有合理的污物和医疗垃圾流向。ICU 通常设有 3 个不同的进出通道，以最大限度保证患者安全，防止交叉感染。ICU 监护区的床位要合理安排，应设有隔离病房以有效控制交叉感染，每个床边通常设一套洗手盆和干手装置。

（2）室内空气的净化、消毒及监测：空气净化，可通过减少出入人员数量，定时自然通风来实现空气净化；空气消毒，可采用紫外线辐照及药物熏蒸或喷雾进行室内空气消毒，通过各项消毒措施最终使室内空气细菌总数≤200CFU/m³，物体表面≤5CFU/cm²。

（3）污染用物及一次性医疗用品的清洁与消毒：患者使用后的医疗用品，应及时送到供应室进行消毒处理；用后的一次性医疗用品，应在科室进行初次消毒后，由供应室收回集中销毁。

（4）医疗设备与器具的清洁与消毒：患者所用的各种医疗设备及器械应严格按照其设备的消毒流程进行清洁和消毒处理。

（5）ICU 的工作人员要求：进入病区前必须更衣、换鞋、戴好帽子及口罩，外出时应更换工作服；严格执行各项无菌技术操作规程及医疗常规，操作前后均应认真洗手，医护人员手≤5CFU/cm²；凡患有感染性疾病或带有致病菌者，应立即调换工作。

（6）特殊重症患者的保护性隔离监护：需隔离监护的患者分为两类，一类是传染病患者，对他人有传染性；另一类本身无传染性疾患，但因病情易受感染。危重传染病患者的隔离技术和处理与一般传染病的防控规范相同，至于本身无传染性疾患而需要保护性隔离的危重症患者，应在 ICU 内采取特殊感控措施。严重烧伤（面积＞15%、Ⅱ度或Ⅲ度烧伤）、免疫功能受损的患者（特别是接受骨髓移植）需保护性隔离。一般需要将保护性隔离区与传染病隔离区分开，若因条件所限只能用同一隔离区，则同一护士不能同时护理两种需要隔离的患者。

（7）多重耐药菌的隔离措施：多重耐药菌（multiple resistance，MDR）主要指针对临床使用的三类或三类以上抗菌药物、同时呈现耐药的细菌。由 MDR 引起的感染呈现复杂性、难治性等特点，主要感染类型包括泌尿道感染、外科手术部位感染、医院获得性肺炎、导管相关血流感染等。近年来，MDR 已经成为医院感染重要的病原菌。

临床科室根据检验报告单结果，在隔离房间门上或 MDR 患者的病床栏挂上接触隔离标志，由科室负责人和院感监控员负责监管病区内 MDR 患者隔离措施的落实情况，感控医师（质控医师）和护士（质控护士）应积极配合。对于多重耐药菌感染患者或定植者（是指局部培养出病原微生物，但患者并没有表现出感染症状，一般不需要采用抗感染治疗）实施隔离的措施，首选是单间隔离，也可以将同类多重耐药菌感染者或定植者安置在同一病区。隔离病房不足时才考虑进行床边隔离，但是应避免与气管插管、深静脉留置导管、有开放伤口或者免疫功能抑制患者安置在同一房间。当感染者较多时，应保护性隔离未感染患者。

6. ICU 监护诊疗技术 ICU 团队应具有承担所有急危重病患者抢救能力，并可以开展下述诊疗。

（1）体温、呼吸、血压、心电、氧饱和度等常规监测术。

（2）气管插管术、气管切开术。

（3）机械通气术。

（4）心肺脑复苏术。

（5）电复律术。

（6）深静脉置管术。

（7）胸腹腔引流术。

（8）肠内、外营养术。

（9）血流动力学和氧动力学监测术。

（10）系统与分级监测术。

（11）床旁血液净化术。

（12）支气管镜诊疗术。

（13）呼吸力学、呼气末二氧化碳监测术。

（14）体外心内膜临时和永久起搏术。

（15）开胸心脏按压术。

（16）低温治疗术。

（17）氧疗术。

（18）床旁 X 线摄片及超声检查术。

上述技术既有通用的急救技术，也有专科救治技术，综合性 ICU 及各专科 ICU 的医护人员应当在熟练掌握通用救治技术的基础上，结合专科及收治患者特点，开展特殊的、针对性的救治技术。

三、重症监护技术

对于ICU收治的危重症患者,需要应用各种现代的监护技术与治疗策略,通常分为ICU一般监护和ICU 特殊监护。ICU 一般监护是基本的日常监护，监护流程包括监测心率、心电及脉搏血氧饱和度，至少每小时记录一次呼吸频率和血压，每 2h 记录体温一次，记录出入液体量，每 8h 检测一次尿液和便潜血，每日测量一次体重，并精确记录热卡摄入量等。ICU 特殊监护是对危重患者的特殊监护，需要采取更有针对性的综合监护措施，主要包括对患者病情危重程度评估；持续监测关键生命参数，形成动态变化曲线；比对治疗数据、评估治疗效果并判断预后等。

（一）血流动力学监测

血流动力学（hemodynamics）是指血液在心血管系统中流动的力学体系，主要研究血流量、血流阻力、血压及它们之间的相互关系。血流动力学监测（hemodynamics monitoring）是 ICU 最为重要的监测技术，它可以反映危重患者的循环系统功能，表达重症患者当前的供血与供氧状况，为进一步实施生命支持及临床治疗提供基础数据。

1. **心率** 心率（heart rate，HR）是指心脏每分钟跳动的次数，也可解释为"心脏跳动频率"，成人安静时，心率的正常值范围为 60～100 次/分。心率是血流动力学重要的监测参数，它与心脏的供血状态密切相关。

（1）影响心排血量：由于心排血量（cardiac output，CO）为

$$CO=SV \times HR$$

式中，SV 为每搏量（stroke volume）。

心率适当加快有助于增加心排血量。但当心率>160 次/分时，心室舒张期缩短，心室充盈会明显不足，引起每搏量减少，直接导致心排血量的下降；如果心率<50 次/分，则会因为心搏次数的减少，导致心排血量降低。

（2）计算休克指数：休克是指人体急性循环功能不全，尤其是微循环血流障碍，造成重要组织器官灌注不足，组织缺血缺氧，代谢紊乱，导致的重要生命器官急性功能障碍。休克指数（shock index）可以帮助临床判断是否发生休克，或发生休克时的程度。

休克指数为

$$休克指数 = \frac{HR}{SBP}$$

式中，SBP 为收缩压（systolic blood pressure）。

当患者休克指数<0.5 时，说明患者无休克体征；如果休克指数在 0.5～1 时，说明患者的失血量接近血容量的 20%～30%，可能存在休克风险；当休克指数>1 时，提示失血量达到血容量的 30%～50%，患者发生失血性休克。

（3）估计心肌耗氧：心肌耗氧与 3 个因素有关，一是心脏室壁张力（收缩压）；二是心率；三是收缩压，稳定型心绞痛常在同一"心率×收缩压"水平上发生。

心肌耗氧（MVO_2）为

$$MVO_2 = HR \times SBP$$

MVO_2 正常值为 12000，若 MVO_2>12000，说明心肌负荷增加，心肌耗氧加大。当患者的心率在短期内上升至 150 次/分或下降到 50 次/分，往往提示患者的预后不良，需要进行及时的干预治疗。一个危重病患者的心率骤降，预示可能即将出现心搏骤停。

2. **心律与心电监护** 心律（heart rhythm）是指心脏跳动的节奏和规律，通过心电监护设备可以检测到心脏的节律。心律对于判断致命性心律失常，如心室颤动、室性心动过速、电-机械分离、房室传导阻滞等具有重要的临床意义。心电监护亦可以对某些心律失常有良好的预警作用，如室性期前收缩、低钾性 U 波等，另外，对 ST 段改变及 T 波的监测也能够提供有价值的临床信息。

3. **动脉血压** 动脉血压（arterial blood pressure，ABP）是指血液对单位面积主动脉管壁的侧压力（压强），一般是指主动脉内的血压。动脉血压是血流动力学的常规监测项目，血压的正常值是收缩压 90～139 mmHg、舒张压 60～89 mmHg。

影响血压的因素包括心排血量、循环血容量、周围血管阻力、血管壁的弹性和血液黏滞度等。动脉血压是影响器官灌注的重要因素之一，低血压会导致组织和器官的灌注不足。临床上，根据监测途径可将动脉血压分为无创动脉血压和有创动脉血压。

（1）无创动脉血压：是最为常用的血压检测指标，主要是通过使用多参数监护仪或血压计（表）进行测量。现阶段，常规的无创动脉血压还是以间断的间接测量方法为主，因而，存有一定的误差，不适用于血流动力学不稳定的患者监测。

无创动脉血压测量，如图 1-39 所示。

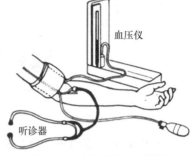

图 1-39 无创动脉血压测量

（2）有创动脉血压：是将导管置入动脉内的直接测量方法，一般可以连续监测动脉血压、中心静脉压（central venous pressure，CVP）、肺动脉压（pulmonary artery pressure，PAP）、左房压（left atrial pressure，LAP）等，适用于休克、重症疾病、严重的周围血管收缩、大手术或有生命危险手术的术中和术后监护及存在其他高危重症患者的监护。

有创动脉血压监测，如图 1-40 所示。

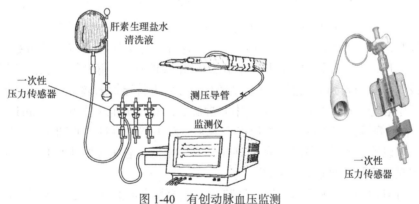

图 1-40 有创动脉血压监测

有创动脉血压的测量原理是，首先将导管通过穿刺置于被测部位的血管内（常用的部位有桡动脉、足背动脉、肱动脉、股动脉等，以桡动脉为首选），导管的外端直接与一次性压力传感器连接，由于液体具有压力传导作用，血管内的压力将通过导管内的液体传递到外部的压力传感器上，从而可获得血管内实时压力变化的动态波形，通过计算，得到被测部位血管的收缩压、舒张压和平均动脉压。

4. **中心静脉压** 中心静脉压是指上、下腔静脉与右心房交界处的压力，是衡量右心房回心血能力的重要指标，可以了解有效循环血容量和心功能。

（1）中心静脉压测定方法：通过中心静脉置管术，在上、下腔静脉或右心房内置入导管，可以直接测量中心静脉压。常用的入路主要包括右颈内静脉、锁骨下静脉、颈外静脉和股静脉。

中心静脉压测量原理示意图，如图 1-41 所示。

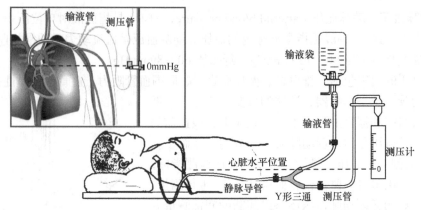

图 1-41　中心静脉压测量原理示意图

应用 Y 形三通接头连接好测压装置。三通的前端与静脉导管（套管针）相连，侧端连接测压管，并将测压管垂直固定于有刻度的标尺上，或连接压力传感器，通过监测仪测压，可以观察到中心静脉的波形变化。三通的尾端与输液器相连，不测压时可用于输液。

1）零点调节：将测压管刻度上的"0"调到与右心房相平行（相当于平卧时腋中线第 4 肋间）水平处，或者用水平仪标定右心房水平在测压管上的读数为零点。如果使用监护仪测压，则可直接按调零钮，仪器会自动校准至零点。

2）测压或输液：转动三通，关闭测压管路，使输液管与测压管相通，液面在测压管内上升，液面要高于患者实际的中心静脉压值，同时不能从上端管口流出，可开放输液通路；调节三通，关闭输液通路，使测压管与静脉导管相通，测压管内液面下降，当液面不再降时的读数即为中心静脉压的测压值。目前，临床上是采用压力传感器和专用监测仪器测量中心静脉压，方法是将中心静脉导管由颈内静脉或锁骨下静脉插入至上腔静脉，也可经股静脉或肘静脉插入到下腔静脉或上腔静脉，然后再将导管末端与压力传感器连接，可以连续测量中心静脉压的数值与波形。中心静脉压的正常值范围为 6～12cmH_2O。

（2）中心静脉压临床意义：测定中心静脉压对了解血容量、心功能、心脏压塞有着重要意义，可以鉴别不明原因引发的急性循环衰竭是低血容量性的还是心源性的；少尿或无尿的原因是血容量不足还是肾衰竭。

1）中心静脉压是监测静脉回流、反映患者血容量和心脏充盈是否匹配的良好指标。当中心静脉压降低时，提示有效血容量不足；中心静脉压增高的影响因素很多，包括肺动脉高压、三尖瓣反流、右心室顺应性下降、正压机械通气及呼气末正压（positive end expiratory pressure，PEEP）等因素。

2）中心静脉压能够反映静脉血液回流与心脏搏出量之间的关系。因为中心静脉压主要能够反映右室舒张末压，可以间接地反映肺静脉压和左心房压力的改变。

3）中心静脉压可作为补液速度与补液量的指标，指导液体复苏的患者进行容量负荷试验。

由于在进行中心静脉压监测时会受到诸多因素的影响，因而，同时监测患者的动脉血压可以更为准确地了解血流动力学状况。

5. 肺动脉楔压　肺动脉楔压（pulmonary artery wedge pressure，PAWP）也称为肺毛细血管楔压，是临床上进行血流动力学监测时最常用的一项监测指标。

（1）测量方法：1970 年，Swan 和 Ganz 等首先研制了顶端带气囊的多腔、不透 X 线的聚氯乙烯导管，在床边经静脉插入右心房，顶端气囊充气后，使导管顺血流漂入右心室、肺动脉及其分支，使其楔嵌在肺小动脉上，测定肺小动脉楔压的同时还可测定中心静脉压、右房压（right atrial pressure，RAP）、右室压（right ventricular pressure，RVP）、肺动脉压。除测压外，肺动脉导管（pulmonary artery catheterization，PAC）还可进行心排血量、混合静脉血氧饱和度、右心功能监测及肺动脉造影、小儿心导管术、心内膜起搏术等。Swan-Ganz 气囊漂浮导管测量肺动脉楔压，如图 1-42 所示。

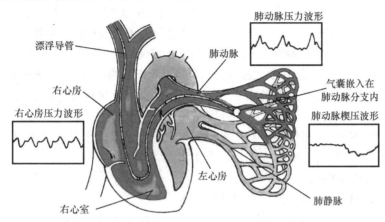

图 1-42　Swan-Ganz 气囊漂浮导管测量肺动脉楔压

应用 Swan-Ganz 气囊漂浮导管经血流漂浮并楔嵌到肺小动脉部位，阻断该处的前向血流，此时导管头端所测得的压力即是肺动脉楔压。当肺小动脉被楔嵌堵塞后，堵塞的肺小动脉段及与其相对应的肺小静脉段内的血液停滞，成为静态血流柱，其内压力相等，由于大的肺静脉血流阻力可以忽略不计，故肺动脉楔压等于肺静脉压即左心房压。

（2）肺动脉楔压的临床意义：肺动脉楔压能够反映左心房充盈压，可用于判断左心房功能。对于失血性休克患者，如果肺动脉楔压降低，则提示应补充血容量；对于心源性休克患者，如果肺动脉楔压升高，提示可能发生左心衰竭或肺水肿。肺动脉楔压的正常值范围为 12～18mmHg，如果＞20mmHg，说明左心功能轻度减退，应采取限液治疗；若＞25～30mmHg，提示左心功能严重不全，有肺水肿发生的可能；若＜8mmHg，伴心排血量的降低，周围循环障碍，说明血容量不足。

6. 心排血量　心排血量为每分钟一侧心室射出的血液总量，又称每分输出量，可以反映心脏的射血能力，是评价人体循环系统效率的重要指标。心排血量能够辅助判断心脏功能与前、后负荷的关系，诊断心力衰竭和低心排综合征，估计预后，指导输血、补液、心血管用药等。心排血量的测定是一个生理学难题，现阶段心排血量的测定方法主要有 Fick 法、指示剂稀释法（染料稀释法、热稀释法等）、阻抗法和成像法（有超声法、磁共振法等）。由于应用微创或无创的方法可以检测动脉压波形，动脉压波形又与心排血量相关，因此，通过动脉波轮廓法换算心排血量已经成为当前的重要方法。

（1）脉搏波形轮廓法：由于每搏排血量与主动脉压力曲线的收缩期面积成正比，动脉压又依赖于血管系统的顺应性和阻力，因而有

$$SV = k\frac{AS}{SVR}$$

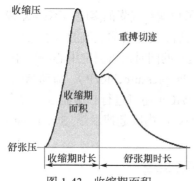

图 1-43 收缩期面积

式中，AS 为主动脉压力波收缩期面积，SVR 为全身血管阻力，k 为校正系数。

主动脉压力波收缩期面积，如图 1-43 所示。

由于每搏量，是指一次心搏中一侧心室射出的血量，简称每搏量。根据每搏量和心率可以计算出心排血量

$$CO = cal \times SV \times HR$$

式中，cal 为个体校正因子。

（2）心排血量的正常范围：人体静息时，每搏量约为 70ml（正常范围为 60～80ml），如果心率为 75 次/分，则每分钟输出的血液量约为 5000ml（正常值范围为 4500～6000ml）。心排血量是评价循环系统效率的重要指标，心排血量在很大程度上与全身组织细胞的新陈代谢率相适应。

一般健康成年人静息心排血量为 5～6L，但是，事实上机体静息时心脏的最大输出量（容许输出量）可高达 13～15L，只要外周循环回心血量增加，心排血量即相应地增加，即使排除了神经调控的增强作用，心排血量仍可达到容许输出水平。这说明，健康心脏的射血能力远超过其静息时实际射血水平，有很大贮备能力。

7. 其他间接监测指标

其他间接监测指标包括体温、皮温和尿量等。

（1）体温和皮温：患者的体温和皮温往往预示着患者的血流动力学状态是否良好，当血流动力学不稳定时，患者的体温或皮温得不到正常的生理调节，会出现体温与皮温的异常。若体温在血流动力学纠正后出现骤然上升，患者可能有严重的感染。肢体末梢的温度作为反映肢体灌注的指标之一，在进行危重患者监测时，需要定时检查患者肢体末梢的温度和颜色，若出现肢体末梢发凉或发绀，提示灌注量不足。

（2）尿量：尿量也是血流动力学监测中的重要参数，可以反映患者的肾脏灌注水平。如果患者全身有效容量不足时，尿量会突然减少，甚至出现无尿状态。当患者平均动脉压<60mmHg 时，导致通过肾脏的血流量明显减少，会出现尿量减少。

（二）呼吸功能监测

正常的呼吸是维系基础氧代谢、稳定机体内外环境的重要生理活动，如果患者发生呼吸功能障碍，会不同程度地影响其生命体征，增加死亡率。呼吸监测的主要目的是对患者的呼吸运动、呼吸功能状态、呼吸障碍的类型与严重程度做出判断，了解危重患者呼吸功能的动态变化，以便于观察病情、调整治疗方案，并对呼吸治疗的有效性进行评价。

1. 呼吸运动观察 呼吸运动的变化，可以反映呼吸中枢功能、呼吸肌功能、胸廓完整性、肺功能、循环功能的状态，临床上主要是监测呼吸的频率、呼吸幅度及节律。

（1）呼吸频率（respiratory rate，RR）：是评价危重疾病的一个敏感指标，能够反映患者通气功能及呼吸中枢的兴奋度。正常成人的呼吸频率通常为 10～18 次/分，当呼吸频率>24 次/分或<8 次/分，均预示患者呼吸功能不全。尤其是当呼吸频率小于 8 次/分时，患者有可能会随时发生呼吸骤停；一个呼吸频率很快的患者突然出现呼吸减慢，要警惕出现呼吸功能衰竭。

（2）呼吸幅度和节律：呼吸幅度和节律的变化，如浅速呼吸要比相同潮气量的深而

慢的呼吸效率低，表明患者的呼吸代偿功能严重不足；深而大的呼吸，则预示患者存在代谢性酸中毒；若为哮喘患者，则呼吸频率增快转变为深而慢的呼吸，甚至出现反常呼吸，提示患者的呼吸肌疲劳。此外，在监测患者呼吸的过程中，还需要注意患者神志，皮肤黏膜有无发绀，心率和血压有无增高的迹象。

在床旁呼吸监测过程中，若发现以下情况则需要紧急医疗处置。

1）呼吸频率＞24次/分或＜8次/分。

2）不能连续讲完整句话。

3）躁动、意识模糊或昏迷。

4）呼吸频率进行性增快，心率也随之进行性增加，发绀明显加重。

2. 呼吸功能监测 通过对危重患者的肺功能测定，可以全面了解肺功能及评估疗效和预测风险。

（1）潮气量（tidal volume，VT）：为平静呼吸时一次吸入或呼出的气量，健康成年人在8～10ml/kg，男性一般高于女性。潮气量增加多见于中枢神经性疾病，酸血症所致的过度通气；潮气量降低主要为间质性肺水肿、肺纤维化、肺梗死、肺瘀血。当潮气量小于5ml/kg时，即为需要接受人工通气的指征。

（2）肺活量（vital capacity，VC）：为最大吸入后尽其所能呼出的气量，正常肺活量为30～70ml/kg，临床上肺活量＜15ml/kg即为气管插管、气管造口或应用呼吸机指征。临床上任何引起肺实质损害的疾病，胸廓活动度减低、膈肌活动受限制或肺扩张受限制的疾病均可使肺活量降低。

（3）每分通气量（minute ventilation，VE）：是在静止状态下每分钟呼出或吸入的气量，是肺通气功能最常用的测定项目之一。每分通气量为潮气量与呼吸频率的乘积

$$VE = VT \times RR$$

正常值为5～7L/min，当大于10L时提示通气过度，小于3L时为通气不足。

（4）每分肺泡通气量（aeolar vntilation，VA）：有效通气量，是在静息状态下，每分钟吸入气量中能到达肺泡进行气体交换的有效通气量，为

$$VA = (VT - VD) \times RR$$

式中，VT为潮气量，VD为无效腔量，RR为呼吸频率。

肺泡通气量不足可致缺氧及二氧化碳潴留、呼吸性酸中毒，通气量过大导致呼吸性碱中毒。解剖或生理无效腔的增大，也可致肺泡通气减低。

潮气量和肺泡通气量关系（假设生理无效腔为150ml），见表1-3。

表1-3 潮气量和肺泡通气量关系

潮气量（ml/kg）	呼吸频率（次/分）	每分肺泡通气量（ml/min）	每分通气量（ml/min）
1000	6	5100	6000
500	12	4200	6000
250	24	2400	6000

可见，潮气量越大，每分钟肺泡通气量越大，气体交换效能也越高。从气体交换角度来看，浅而快的呼吸不利于肺泡有效通气，深而慢的呼吸通气效能最高。

（5）功能残气量（functional residual capacity，FRC）：是平静呼气后肺内所残留的气量，正常男性约为2300ml，女性约为1580ml。功能残气量在生理功能上起着稳定肺泡气

体分压的缓冲作用，可以缓解呼吸间歇对肺泡内气体交换的影响，能够防止每次吸气后新鲜空气进入肺泡所引起的肺泡气体浓度的变化过大。当功能残气量减少时，在呼气末部分肺泡发生萎缩，流经肺泡的血液就会因无肺泡通气而失去交换的机会，产生分流。功能残气量减少见于限制性通气患者，如肺纤维化、肺水肿、血气胸等；阻塞性通气功能障碍患者的呼气阻力增大时，呼气流速减慢，待气体未全呼出，下一次吸气又重新开始，使功能残气量增加。肺容量监测的主要指标正常值及临床意义，见表1-4。

表 1-4　肺容量监测的主要指标正常值及临床意义

项目	正常值	临床意义
潮气量（VT）	8～10ml/kg	<5ml/kg 是进行人工通气的指征之一
肺活量（VC）	35～75ml/kg	<10～15ml/kg 是进行人工通气的指征 >15ml/kg 为撤机指征之一
每分通气量（VE）	6～10L/min	>10 L/min 提示过度通气 <3 L/min 提示通气不足 急性呼吸衰竭时，FRC 减少
功能残气量（FRC）	40ml/kg	使用 PEEP 或持续气道正压通气（continuous positive airway pressure, CPAP）时，FRC 增加

3. 脉搏血氧饱和度　人体的新陈代谢实际上是生物氧化过程，在代谢过程中所需要的氧通过呼吸系统进入人体血液，与血液红细胞中的血红蛋白（Hb）结合成氧合血红蛋白（HbO_2），再输送到人体各部分组织细胞中。因而，可以应用血氧饱和度（SpO_2）来评价血液携带与输送氧气的能力。

（1）测量方法：传统的血氧饱和度测量方法是首先进行人体采血，再利用血气分析仪进行电化学分析，检测血氧分压（PaO_2）后再换算得到血氧饱和度。这种方法比较麻烦，不能进行连续监测。目前，临床普遍应用脉搏血氧饱和度的监测方法，它通过监测动脉搏动期间毛细血管床的光吸收度的改变量，利用其差异可以估计患者的血氧饱和度。

脉搏血氧饱和度的监测方法，如图 1-44 所示。

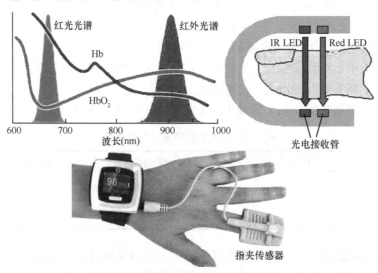

图 1-44　脉搏血氧饱和度的监测方法

测量时，只需将传感器套在手指上，血氧传感器上有两个入射光源（波长 660 nm 红光和 940 nm 近红外光），通过光电接收管检测透射指端组织床的光传导强度，可以测定手指端血红蛋白随心脏搏动的周期性变化，由此计算出血红蛋白浓度及血氧饱和度。脉搏血氧饱和度（SpO_2）监测是一种无创性动脉氧饱和度的监测方法，正常值为大于 95%。

（2）缺氧危害：缺氧是机体氧供与氧耗之间出现的不平衡，即组织细胞代谢处于乏氧状态。机体是否缺氧取决于各组织接受的氧运输量和氧储备能否满足有氧代谢的需要。缺氧的危害与缺氧程度、发生速度及持续时间有关，临床上将 $SpO_2 < 90\%$ 定为低氧血症的标准。

缺氧对机体伤害巨大，长时间大脑缺氧会造成不可逆转的损伤，甚至脑死亡；一般性的"体内缺氧"，即使不直接危及生命，也会对身体健康造成伤害。低氧时，首先出现代偿性心率加速，心搏及心排血量增加，循环系统以高动力状态代偿氧含量的不足，同时产生血流再分配，脑及冠状血管通过选择性扩张以保障足够量的血供。但是，在严重的低氧状况下，由于心内膜下乳酸堆积，ATP 合成降低，产生心肌抑制，导致心动过缓、期前收缩，血压下降与心排血量降低，以及出现心室颤动等心律失常乃至心脏停搏。另外，缺氧患者本身的疾病也可能对内环境稳态造成影响。

4. 血气分析 血气分析（blood gas analysis）可以测定血液中的酸碱度（pH）、二氧化碳分压（PCO_2）和氧分压（PO_2）等相关指标，主要用于判断机体是否存在酸碱平衡失调，评估缺氧和缺氧程度等。由于几乎所有的危重病患者均可能引起机体内环境的改变，尤其是酸碱平衡紊乱，因而，血气分析也是重症监护的重要监测项目。

（1）检测方法：测定血气的仪器主要由专门的气敏电极分别测出 O_2、CO_2 和 pH 三个基础数据，并由此推算出一系列血气参数。血气分析仪器的核心装置是测量电极（pH、PO_2、PCO_2），通过对测量电极检测的电信号进行处理，可以得到相应的检测数据。

1）pH 电极：是一个对氢离子（H^+）敏感的玻璃电极，与水接触时 $NaSiO_3$ 晶体骨架中 Na^+ 与水中 H^+ 发生交换，在膜的表层形成 0.05μm 左右的水化层。由于内部溶液与待测溶液的 pH 不同，电极的敏感膜与样本溶液接触会形成外膜电位、与参比液接触形成内膜电位，内膜电位与外膜电位之间构成跨膜电位。pH 测量原理，如图 1-45 所示。

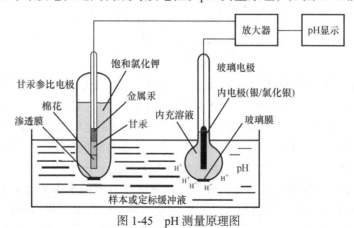

图 1-45 pH 测量原理图

测量时，动脉血样本中的 H^+ 与玻璃电极膜中的金属离子进行交换，产生的电位差与血样的 H^+ 浓度成正比，放大器通过对检测的电位差放大可以测量 pH。

2）PCO_2 电极：是一个气敏电极。测量原理，如图 1-46 所示。

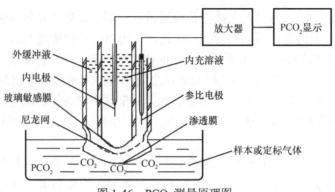

图 1-46 PCO$_2$测量原理图

当电极的端部插到样本室时，溶解在血液样本中的 CO_2 通过渗透膜扩散进入电极内。扩散一直进行到样本与电极内充溶液的 CO_2 浓度相同为止。进入电极内的 CO_2 和水生成碳酸（$CO_2+H_2O \rightarrow H_2CO_3$），碳酸（$H_2CO_3$）又会分解成氢离子（$H^+$）和碳酸氢根离子（$HCO_3^-$），（$H_2CO_3 \rightleftarrows H^+ + HCO_3^-$）从而改变了电极内溶液的 pH。样本溶液中 CO_2 含量越高扩散到电极内的 CO_2 越多，生成的 H_2CO_3 越多，从而使溶液的 pH 的下降幅度越大。电极内的玻璃电极与参比电极将此 pH 的变化测量出来，即可间接地测出 PCO$_2$。

3）PO$_2$电极：是一个气敏电极，也是氧化还原电极，对氧的测量是基于电解氧的原理。PO$_2$ 的测量原理，如图 1-47 所示。

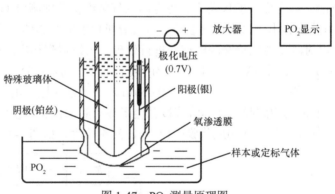

图 1-47 PO$_2$测量原理图

电极前端为允许 O_2 分子通过的氧渗透膜，渗透膜由约 $20\mu m$ 的聚丙烯膜或聚四氟乙烯膜制成。电极内由一个铂电极和一个银-氯化银（Ag-AgCl）电极浸在电解液（KH_2PO_4、NaH_2PO_4、KCl 和蒸馏水）中。KH_2PO_4 和 NaH_2PO_4 可稳定电解液的 pH，KCl 能增加电解液的电导，并参与离子导电。在两极之间加有 0.7V 左右的极化电压。在极化电压的作用下，进入内充溶液的 O_2 被电解。此电解电流的大小正比于 PO$_2$。

（2）血气分析的临床意义：血气分析可以评估患者酸碱平衡的紊乱程度，监测氧合指数、肺泡-动脉氧分压差、血乳酸等，为重症监护纠正内环境提供基础数据。

1）反映酸碱平衡紊乱：对于原发疾病所导致的单纯酸碱平衡紊乱见表 1-5。

表 1-5 单纯酸碱平衡紊乱

参数	正常值范围	小于正常值的意义	大于正常值的意义
pH	7.35～7.45	酸中毒	碱中毒

续表

参数	正常值范围	小于正常值的意义	大于正常值的意义
$PaCO_2$	35~45mmHg	呼吸性碱中毒	呼吸性酸中毒
HCO_3^-	22~26mmol/L	代谢性酸中毒	代谢性碱中毒

2）反映机体氧合功能：血气分析能够较好反映患者的氧合状态，对判断患者缺氧程度有重要的临床意义。动脉血氧分压（PaO_2）是指血浆中物理溶解的氧分子产生的张力，青壮年正常值范围为 80~110mmHg。轻度缺氧时，PaO_2 为 60~90mmHg；中度缺氧 PaO_2 为 40~60mmHg；重度缺氧 PaO_2 为 20~40mmHg。

血氧饱和度（SaO_2）的正常值为 95%~100%。氧合指数为动脉血氧分压与吸入气体氧浓度分数之比（PaO_2/FiO_2），是监测患者肺换气功能的重要指标，对急性呼吸衰竭的判断有着重要的临床意义。当 PaO_2/FiO_2<300 时，提示急性肺损伤；<200 时，提示急性呼吸窘迫综合征。肺泡动脉氧分压差能够反映患者肺泡氧弥散入血的压力差，若降低说明患者的氧气交换功能存在障碍。

3）反映机体组织缺氧—血乳酸（lactic acid）：是体内糖代谢的中间产物，主要由红细胞、骨骼肌和脑组织产生，血液中的乳酸浓度主要取决于肝脏及肾脏的合成速度和代谢率。在某些病理情况下（如呼吸衰竭或循环衰竭时），可引起组织缺氧，由于缺氧导致体内乳酸升高。另外，体内葡萄糖代谢过程中，如糖酵解速度增加，剧烈运动、脱水时，也可引起体内乳酸升高。

乳酸作为细胞无氧代谢的标志，常用来衡量机体的氧代谢和组织灌注状态。对极易出现氧供和氧耗失衡及组织灌注异常的严重脓毒症和脓毒性休克患者，乳酸监测具有十分重要的临床意义。在脓毒症早期的复苏治疗中，除积极进行早期目标复苏治疗外，动态监测动脉血乳酸及乳酸清除率是评价疗效和预后的指标，血乳酸进行性升高，常预示危重病患者预后不良。

5. 胸部 X 线检查 胸部 X 线检查可以了解患者胸内病变的性质、部位及严重程度，有助于观察肺、纵隔、气管的解剖状况，协助临床诊断占位病变、气道有无梗阻和移位、判断病变是否压迫重要器官等。另外，胸部 X 线片也是气管插管或中心静脉置管术的常规检查，可以了解气管插管和中心静脉置管导管尖的位置。

床旁胸部 X 线检查，如图 1-48 所示。

6. 呼气末二氧化碳 呼气末二氧化碳（$PetCO_2$）作为一种无创监测技术，已广泛应用于手术麻醉和重症监护，呼气末二氧化碳检测具有较高的灵敏度，不仅可以监测通气，也能够反映循环功能与肺血流的状况，是重症监护不可或缺的常规监测。

（1）呼气末二氧化碳监测原理：组织细胞代谢产生的 CO_2，经毛细血管和静脉转运到肺脏，形成肺泡气，通过呼气排出

床旁X线机

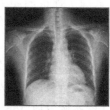

胸部X线片

图 1-48　床旁胸部 X 线检查

到体外。体内二氧化碳产量（VCO_2）和肺通气量（VA）决定了肺泡内二氧化碳分压（$PACO_2$），即

$$PACO_2 = 0.863 \frac{VCO_2}{VA}$$

式中，0.863 是气体容量转换成压力的常数。

CO$_2$ 的弥散能力很强（是氧气的 200 倍），极易从肺毛细血管进入肺泡内，肺泡和动脉的 CO$_2$ 几乎完全平衡，最后呼出的气体应为肺泡气。肺泡的 CO$_2$ 交换，如图 1-49 所示。

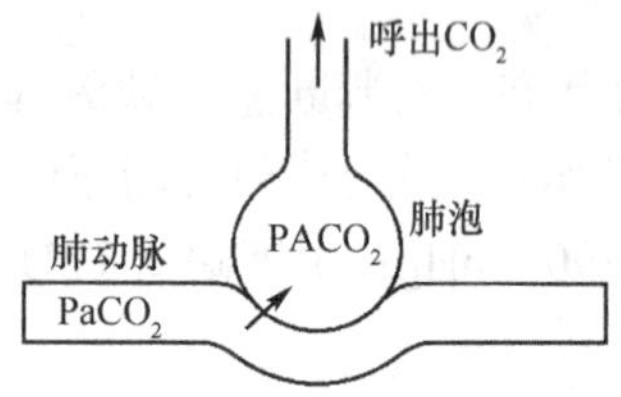

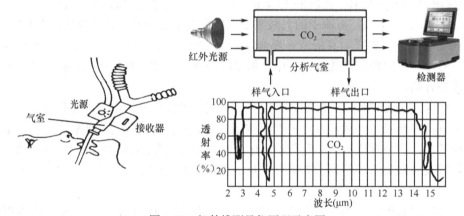

图 1-49　肺泡的二氧化碳交换水平。

在肺泡通气/肺血流（V/Q）正常的情况下，PaCO$_2$ 与 PACO$_2$ 只有很小的差别（1～5mmHg），所以，监测 PACO$_2$ 便能够表达 PaCO$_2$ 水平。但实际上，PACO$_2$ 在临床上不易测出，因而，通常采用呼气末二氧化碳来反映 PACO$_2$ 和 PaCO$_2$ 水平。

目前，呼气末二氧化碳的测量方法主要有红外线法、质谱仪法和比色法等，常用的方法是红外线法。

（2）红外线测量呼气末二氧化碳方法：红外线测量仪的原理示意图，如图 1-50 所示。

图 1-50　红外线测量仪原理示意图

红外线 CO$_2$ 测量仪所发出的红外线穿过气体时，气体中的 CO$_2$ 会部分吸收红外线，使接收的红外线强度减弱，通过检测红外线 CO$_2$ 测量仪的红外线接收强度，可以换算出患者呼出的 CO$_2$ 成分含量，即呼气末二氧化碳。

（3）呼气末二氧化碳的临床意义

1）评价循环功能：如果通气功能保持不变，呼气末二氧化碳的降低多见于心排血量减少。在低血压、低血容量、休克和心力衰竭时，随着肺血流量的减少，呼气末二氧化碳会逐渐降低；呼吸，心搏骤停，呼气末二氧化碳急剧降至零，复苏后逐渐回升；肺栓塞时，呼气末二氧化碳也会突然降低。

2）评价呼吸功能：全身麻醉期间或呼吸功能不全使用呼吸机时，可根据呼气末二氧化碳来调节通气量，避免发生通气不足和过度，造成高或低碳酸血症。对于有自主呼吸的患者，通过监测呼气末二氧化碳水平有助于评估麻醉深度；控制呼吸中，监测呼气末二氧化碳可减少对血气分析的需要；可以用于评估气管插管的位置（是在气管还是在食管）；评估转运过程中患者的气管插管有否发生移位；评估气道通畅状况：气管和导管部分阻塞时，呼气末二氧化碳和气道压力升高，压力波形高尖，平台降低；气管和导管完全阻塞时，呼气末二氧化碳降至为零。

目前，临床上确认气管导管在气管内的方法，一是明确看到导管在声门内；二是观察呼气末二氧化碳的图形。临床利用纤维支气管镜技术是判断导管位置的"金标准"，但方法较为复杂，需要使用插管术。呼气末二氧化碳对于判断导管位置迅速、直观，非常敏感，特别是口腔手术经鼻插管，利用呼气末二氧化碳波形导引，当导管越接近声门口，波形会越明显，以此作为指导将，导管插入声门；如果导管插入食管，则不能观察到呼气末二氧化碳波形，所以呼气末二氧化碳对导管误入食管有较高的辅助诊断价值。

3）判断通气功能：通过对呼气末二氧化碳监测，可以间接评价 $PaCO_2$。在呼吸治疗或麻醉手术过程中，可随时调节潮气量和呼吸频率，以保证合理通气，避免通气过度或通气不足。$PaCO_2$ 的正常值为 $35\sim40mmHg$，超过 $40mmHg$ 可能存在通气不足；低于 $30mmHg$ 多为通气过度。

7. 呼吸力学监测 呼吸力学是应用工程学的观点和方法研究呼吸系统中的力学问题，是以压力、容积和流速的相互关系来解释呼吸运动现象。呼吸力学监测的参数包括与呼吸相关的压力、容量、流量、顺应性、阻力和呼吸做功等，通过对这些参数的密切监测，可以在进行机械通气过程中及时发现病情变化，指导合理地应用呼吸机。

（1）气道的压力梯度：沿上呼吸道至肺泡的压力梯度（气压差）是产生呼吸的基本条件。气道的压力梯度，如图 1-51 所示。

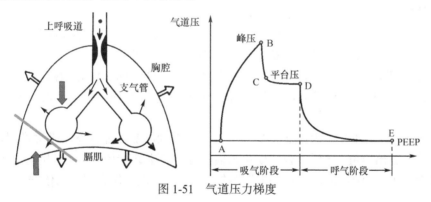

图 1-51 气道压力梯度

如图，A-B 段为快速吸气阶段，人体通过膈肌的收缩扩张胸腔，使得肺容积增大，进而引起肺内压的下降，以致呼吸道口的压力大于肺内压（到达峰压），空气即会向肺内流入；随着外部空气的不断流入，肺内压慢慢接近外部大气压，空气流速减缓，逐渐进入平台期（C-D 段），在平台期，肺泡可以充分进行血气交换。快速吸气阶段和平台期（A-D 段）共同构成吸气相。在 D 点，人体通过膈肌的舒张，收缩胸腔，使得肺容积减小，进而引起肺内压升高，以致肺内压大于呼吸道口的压力，这就迫使肺内的气体向呼吸道口外流，形成呼气相。

在呼吸过程中，肺内压在吸气末和呼气末与大气压达到平衡，气体流动将停止，因而，在吸气相和呼气相各有一段气道压平台期，分别为吸气相的平台压和呼气相的 PEEP。膈肌和肋间肌在吸气时可以使胸膜腔的压力下降 $5\sim8cmH_2O$，呼气阶段肺泡压搏动在 $-1\sim+1cmH_2O$。

（2）压力监测方法

1）气道压（Paw）监测：自主呼吸时，气道压的测定是通过压力传感器来完成的。机械通气时，压力传感器的理想位置是位于呼吸机的 Y 形管近患者端，不同类型呼吸机压力的传感器位置有所不同。例如，Hamilton 将压力传感器放置在送气通道、PB7200a 和鸟牌6400ST 放置在排气通道、熊牌 5 放置在气道的近端。压力传感器位置对检测结果有一定的影响。例如，位于通道的送气端，将会受到湿化器和通道阻力的影响。尽管 Paw 受众多因素的影响，但如果在其他因素稳定的前提下，气道压可以间接反映气道阻力和肺顺应性的变化。此外，Paw 波形也有助于判断机械通气时的人机协调状态，指导通气参数设定。

2）胸膜腔压（Ppl）的监测：监测胸膜腔压主要是采用食管囊管法，通过检测食管中下 1/3 交界处附近的压力来检测胸膜腔压。方法是先将囊管送至胃内，然后嘱受试者稍用力吸鼻；囊管在胃内时，示波器显示为正压；逐渐将囊管拉出，当吸鼻时囊管的压力变为负压，提示囊管已进入食管贲门附近，再将囊管外拉 10cm 左右，即为常规的定位点。如果压力的基线受心跳影响较明显时，可适当调整位置。

3）内源性呼气末正压（PEEPi）的监测：PEEPi 常用的测定方法是呼气末气道阻断法和食管压力监测法。

（3）容量监测：呼吸容量的参数包括吸气潮气量、呼气潮气量、呼气末肺容积和深吸气量，此外，在正压通气时，还应该注意呼吸机通路的压缩容量，压缩容量的大小与呼吸机管道的顺应性和吸气-呼气压力差有关。

临床上，通常采用呼吸流量与时间的积分方法测定容量，容量监测会因容量传感器安置的部位不同而有不同的内涵。在呼吸机送气端监测的容量代表进入呼吸管道压缩气体容量和进入患者呼吸系统的容量的总和；Y 形接口前监测的容量能反映进入患者呼吸系统的气体容量；呼吸机呼气端监测的容量为患者呼出气量和呼吸机管道压缩气量的总和。

（4）流量-容量曲线监测：流量-容量曲线可以反映呼吸功能状态，通常采用呼吸流量测定的方法计算出容量，然后以容量变化为横坐标、流量变化为纵坐标来显示流量-容量曲线。流量-容量曲线不仅是反映容量和流量的相关指标，也可作为用药的依据。

（三）脑功能监测

脑为机体的重要器官，其结构与功能非常复杂，与全身各脏器组织密切相关。目前认为脑功能完全丧失，并持续一定时间且无可挽救时，即可诊断为"脑死亡"。许多国家法律认定，"脑死亡"可作为人类死亡的标志，因此，脑功能监测具有重要意义，尤其对昏迷患者更有临床价值。脑功能的监测主要包括神经系统检查、脑电图、颅内压、昏迷指数、脑血流量及代谢平衡监测等。

1. 神经系统检查　神经系统检查包括严密观察患者神志、瞳孔大小、对光反应及眼球运动等，同时通过下述系列检查进一步了解大脑和脑干的功能状态，以及脑功能障碍的部位、性质和程度，颅内外疾病对脑功能障碍的相互关系等。

（1）高级神经活动状态检查，包括意识状态（清醒、嗜睡、昏睡、昏迷）、精神状态（智能、思维、判断、情感）、语言（失语、失读、失写）。

（2）脑神经（12 对）检查。

（3）运动功能检查分为随意运动检查和不随意运动检查，包括检查肌张力、肌萎缩、瘫痪、抽搐、震颤等。

（4）感觉功能检查分为浅感觉检查、深感觉检查和复合感觉检查，浅感觉检查主要项目包括痛觉检查、触觉检查和温度觉检查；深感觉检查将测试深部组织的感觉，包括运动觉、关节位置觉、震动觉、压觉、深痛觉等检查；复合感觉检查还分为皮肤定位觉、两点识别觉、实体辨别觉、体表图形觉、重量觉等检查内容。

（5）神经反射检查，将检查机体对环境刺激的不随意定型反应，包括浅反射、深反射、病理反射等。

（6）脑膜刺激反应检查包括颈部有无抵抗、克氏征是否阳性等。

针对意识状态，临床上普遍采用国际通用的格拉斯哥（Glasgow）昏迷分级来评估患者的昏迷程度，简称昏迷指数法（Glasgow coma scale，GCS）。GCS通过相应的刺激，观察颅脑损伤患者的睁眼反应、运动反应及语言行为，并分别列表记分，计算出总分可以判断昏迷程度。GCS昏迷评分，见表1-6。

表1-6 GCS昏迷评分

睁眼反应	计分	运动反应	计分	语言行为	计分
自动睁眼	4	能听从命令活动	6	语言切题	5
闻声后睁眼	3	局部痛刺激有反应	5	语不达意	4
痛刺激后睁眼	2	正常回缩反应	4	语言错乱	3
从不睁眼	1	屈曲性姿势	3	糊涂发音	2
		伸直性姿势	2	无语言	1
		无运动反应	1		

昏迷评分是简单有效的中枢神经系统功能评估方法，满分为15分，分值越低，中枢神经功能越差。格拉斯哥昏迷评分法最高分为15分，表示意识清楚；12～14分为轻度意识障碍；9～11分为中度意识障碍；8分以下为昏迷，分数越低则意识障碍越重。注意，运动评分时左、右侧可能会有所不同，应采用较高的分数进行评价。

2. 脑电图 脑电图（electroencephalogram，EEG）是通过脑电记录仪将脑部产生的自发性、节律性生物电信号放大后获得的曲线波形图，是一种无创性体表电极检查方法，能够综合反映大脑皮质神经细胞群的电位变化，可以辅助临床诊断。

（1）脑电图记录仪：是检测和记录脑细胞群电活动的专用医学诊断设备，它通过脑电电极导联系统，可以记录脑细胞群的自发性和节律性的电生理活动。为服务于临床医学诊断，现代脑电图机除了具有采集脑电信号的基本功能外，还具备诱发脑电的某些刺激功能（如视觉刺激、听觉刺激等），更重要的是，脑电图机通过配有专用软件系统的计算机，可以实现脑电图机控制、脑电信息存储、运算、分析和专项数据处理等功能。

脑电图机基本构成示意图，如图1-52所示。

现代脑电图机实际上是由电极盒、脑电信号采集器和计算机系统组成。根据不同的设计需要，有些脑电图机将电极盒与脑电信号采集器合为一体，或将脑电信号采集器的部分电路分解至电极盒和计算机系统。

（2）脑电图的主频成分：现代脑电图学中根据波形的主频成分，可以将脑电图分解为β波、α波、θ波、δ波4个波形类别，如图1-53所示。

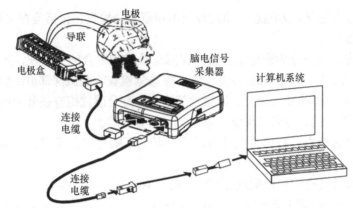

图 1-52　脑电图机基本构成示意图

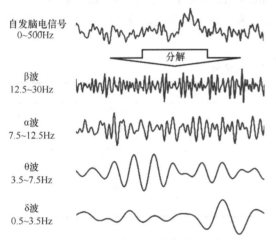

图 1-53　自发脑电图的主频成分

脑电信号的幅度、频率和相位等特征可以对应人的意识活动，从而了解大脑的功能状态。脑电图技术曾经主要用于癫痫的诊断，近来逐渐用于昏迷患者、麻醉监测、复苏后脑功能的恢复和预后及脑死亡等方面的判断。

3. 颅内压监测　颅内压（intracranial pressure，ICP）是指颅内容物对颅腔壁的压力，通过监测与分析颅内压的变化，可以帮助判断患者的病情，评估治疗效果和预后。

（1）颅内压：正常人颅缝闭合，颅腔的容积为恒定，颅腔容积所含内容物主要为脑组织（占 80% 以上）、血液（占 2%～11%，变动较大）和脑脊液（占 10% 左右）。三种成分在正常情况下，颅腔容积及其所含内容物的体积是相适应的，并在颅内保持一定的压力，这种压力称为颅内压。颅内压的正常值：成人平卧时，腰椎穿刺检测脑脊液压力为 5～15mmHg；儿童为 4～7.5mmHg。

颅内压增高是许多颅脑疾病（外伤、肿瘤、脑血管疾病、炎症等）共同的临床病例综合征，当颅内压持续在 15mmHg 以上，引起相应的症状及体征，称为颅内压增高；颅内压大于 20mmHg 且持续 5min，就称为颅内高压。颅内压大于 20～25mmHg 时，需要临床及时处置。颅内压过高，将导致脑灌注压下降，严重时可导致脑缺血甚至为"零灌注"。

（2）颅内压监测方法：颅内压监测是将导管或微型压力传感器探头安置于颅腔内，导管或传感器的另一端与颅内压监护仪连接，颅内压监护仪可以将压力动态变化转为电信号，经处理后由颅内压监护仪连续描记出颅内压力曲线。颅内压监护系统，如图 1-54 所示。

颅内压监护主要有两种测压方式，植入法和导管法。植入法是通过在头皮上造口或颅骨钻孔，将微型传感器植入颅内进行直接测压；导管法则是应用侧脑室穿刺引流法，在侧脑室内置入一条引流管，凭借引流出的脑脊液或生理盐水充填导管，通过导管内液体传导颅内压力。

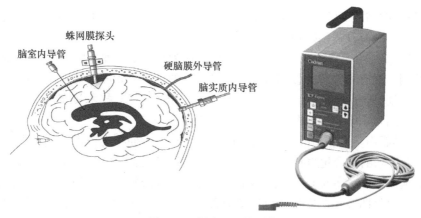

图 1-54 颅内压监护系统

有创颅内压监测具有一定的创伤性，操作复杂，易造成颅内感染、出血、脑脊液漏、脑疝等严重并发症，并有可能因技术原因如探头阻塞、移位等，导致监测的失败和结果不准确。目前，临床上还采用无创颅内压检测的方法，主要有经颅多普勒、闪光视觉诱发电位、鼓膜移位法、视网膜测压法、生物电阻抗法、近红外光谱技术等。

4. 脑血流监测 由于脑的新陈代谢旺盛、生理功能复杂，能量来源主要是依赖糖的有氧代谢，几乎没有能量储备，因此，脑组织对缺血缺氧性损害十分敏感。如果脑组织的血供中断，2min 内脑电活动将停止，5min 后会出现严重的不可逆性损伤。

多种原因可引起缺血性脑血管疾病，导致脑血流的改变，其中，最常见的原因是头颈部血管的狭窄，主要由动脉粥样硬化或渐进性的胆固醇沉积所引起。当出现脑血流灌注减低时，颅内血管将通过侧支循环（如颅底动脉环的前后交通支的开放、脑血管的自身调节）等代偿机制维持脑细胞的正常代谢。此时，只要尽早恢复脑的血氧供应，可以保证脑组织细胞的结构完整和功能恢复。如果时间较长，则会出现细胞代谢失常，导致细胞缺血性坏死，进而引起各种神经功能障碍性疾病。因此，及时准确地评估缺血性脑血管疾病的血流灌注状态是临床脑复苏治疗的关键。

（1）脑血流的调节机制：正常情况下，大脑具有完善的维持脑血流稳定的生理机制，虽然动脉压具有一定的波动，但脑血流可以保持相对稳定。这种调节机制主要是通过脑血管阻力变化来实现的，称为脑血管的自动调节功能。例如，当平均动脉压（mean arterial pressure，MAP）降低到 90mmHg 以下时，开始是大血管出现扩张，随后是小血管出现扩张，脑血管阻力下降，以维持脑血流量的稳定性。

脑血流量（cerebral blood flow，CBF）的大小取决于脑灌注压（cerebral perfusion pressure，CPP）和脑血管阻力（cerebral vascular resistance，CVR）。脑灌注压越大，脑血流量也越大，两者成正比；如果脑血管阻力加大，脑血流量将越少，两者为反比。脑血流量不是被动地随着血压的升降而增多或减少，在正常情况下，可凭借脑血管的舒张和收缩将脑血流量控制在所需要的水平上。这就是脑血流的自动调节功能，也就是说，如果调节机制正常，脑血管阻力能够随着平均动脉压的变化而自行调节，从而保持脑血流量的恒定。

（2）数字减影血管造影（digital subtraction angiography，DSA）：通过导管等介入器材将造影剂注入至目标血管，经数字化减影处理，真实再现脑血管形态、结构、循环时间，可清楚地显示动脉管腔狭窄、闭塞的部位、程度及原因，判断脑血流的代偿及侧支循环建立等状况，为诊断及介入治疗提供直接影像数据。

DSA 的特点是图像清晰，分辨率高，因此被认为是诊断脑血管疾病的"金标准"。DSA 在脑血流监测方面有着独特的显像优势，减影呈现的动态血管图像能够指示脑血流从动脉期、毛细血管期到静脉期的变化过程，有整体感。由于 DSA 技术具有一定的创伤性，故在临床应用中通常用于病因诊断及治疗前后的对比研究。

（3）经颅超声多普勒（transcranial doppler，TCD）：使得无创性监测颅内血流动力学成为可能。近年来脑血管超声技术发展迅速，TCD 以其无创、价廉、简单易行、可重复性，能够探测血流动态参数等优点，广泛用于脑血管的疾病诊断。TCD 通过检查颅内血管血流速度变化，可以早期客观地反映缺血性脑血管病患者血流动力学改变，由于检测的血流速度与血管直径成反比关系，因此，狭窄处血流速度异常增高；狭窄前后的血流速度较狭窄处低；血流速度随着狭窄程度增快等。

TCD 是一种盲探法，容易受颅骨厚度、血管走行及操作技术等诸多方面的影响，因此在临床应用中将 TCD 与彩色多普勒超声血流显像（color Doppler flow image，CDFI）相结合，可以直接观测颅内、颅外整个动脉系统的血流动力学状态。

近年以 TCD 为基础发展出经颅双功能彩色多普勒（transcranial color Doppler，TCCD）技术。TCCD 将颅脑的二维超声图像与 CDFI 有机结合，对颅内血管的探测较 TCD 更为敏感，可同时观察颈内动脉狭窄和侧支循环情况，最大限度地避免了 TCD 的盲探性，能够获得精准的血流动力学参数。此外，颅脑声学造影亦是近年超声检查技术的突破性进展，利用对比剂使后散射回声增强，明显提高超声诊断的分辨力、敏感性和特异性，能有效反映和观察正常组织与病变组织的血流灌注。与 CT 和 MRI 相比，声学造影拥有更多的优越性，如安全性好、无过敏反应，实时性的检查费用相对较低等。

（4）CT 灌注成像（CT perfusion，CTP）：是近几年发展起来的一种研究脑血流动力学的影像学方法，具有成像快速简便、空间分辨力高、经济实用等特点，对急性脑缺血的诊断，显示了很高的应用价值。CTP 通过经静脉快速注入对比剂，可对选定的层面行连续多次同层动态扫描，以获得该层面内每一像素的时间-密度曲线，该曲线能反映对比剂在脑实质内浓度的变化，间接反映脑组织的血流灌注量，根据曲线可计算出局部脑组织的相关参数，提供脑血流动力学信息，以此来评价组织器官的灌注情况。

（5）磁共振灌注加权成像（perfusion weighted imaging，PWI）：是应用平面回波技术快速获得对比剂首次通过感兴趣区的一系列动态图像信息，根据增强剂通过组织的时间-浓度曲线，可计算出多种参数及形态图，以此直观显示缺血脑组织血流灌注状况。磁共振弥散加权成像（DWI）是唯一能够反映分子弥散特性的成像方法，对水分子弥散运动的敏感性、特异性极高。一般常规 MRI 也只有在缺血 5~6h 后才开始出现图像的异常改变，而 DWI 在脑组织缺血 30min 内图像就可能发生明显的变化。

（四）重症医学支持设备

在对重症疾患的医学救助中，现代医疗技术与支持设备起着决定性的支撑作用，不可想象，如果没有呼吸机，呼吸衰竭患者何以长期维持基础氧代谢；如果没有除颤器，心搏骤停患者如何来纠正心室颤动。随着基础医学与科学技术的快速发展，各种新型医学设备不断涌现，充实并拓展着重症监护的支持技术，使得紧急救助的成功率与专科治疗效果大幅度提升。重症医学设备的分类，见表1-7。

表1-7 重症医学设备分类

监护设备	中央监护系统/床旁多参数监护仪（心率、心电、呼吸、脉搏、血压、血氧饱和度等）、心电监护仪、呼气末二氧化碳分压监测仪、颅内压监测仪、脑血流图仪、胃黏膜pH监护仪等
诊断设备	心排血量测定仪、心电图机、超声诊断仪、经颅多普勒仪、床旁X线机、DSA、生化分析仪、血常规分析仪、尿常规分析仪、血气分析仪、血糖仪、尿比重计、支气管镜、肺功能仪等
治疗设备	简易呼吸器、呼吸机、除颤器、心脏起搏器、主动脉内球囊反搏仪（IABP）、ECMO、亚低温治疗仪、麻醉机、血液透析机、CRRT、腹膜透析、心室辅助装置（VAD）、全自动洗胃机等
护理设备	输液泵、微量注射泵、负压吸引器、吸痰器、吸氧装置、输液管理工作站、雾化吸入器、变温毯、防褥气垫床等

习 题 一

（1）生命支持的过程分为哪三个阶段？每阶段的实施地点、意义、救治手段和方法分别包括什么？

（2）急救生存链是针对心搏骤停救治制定的通用策略链环，请按时间顺序写出急救生存链各环节的任务。

（3）以下可能会成为心搏骤停的原因的有（　　　）

A. 冠心病　　　　B. 哮喘　　　　　　C. 滥用海洛因　　　　D. 电解质紊乱

（4）心搏骤停或心源性猝死的临床过程分为4个时期，按顺序依次为（　　　）

A. 前驱期　　　　B. 心搏骤停期　　　C. 发病期　　　　　　D. 生物学死亡期

（5）院外心搏骤停生存链包含的5环5步分别指什么？院内心搏骤停生存链具有哪些优势？

（6）如何理解"在第一急救现场，实施基础生命支持至关重要"这一理念？

（7）表述现场心肺复苏术流程。

（8）现场外伤急救的基本技术主要包括哪几个方面。

（9）简要描述哈姆力克信号及其急救手法。

（10）分别说明高级生命支持相较于基础生命支持在设备、人员、技术和目的方面的不同。

（11）说明三代心肺复苏机的特点及优势。

（12）基础生命支持、高级生命支持和后续生命支持中的"ABCD"分别指什么？

（13）重症监护室（ICU）相较于普通病房在功能、设备、技术、人员配备和感染控制等方面的特殊之处包括哪些？

（14）重症监护室需要对人体哪些功能进行重点监护？各器官功能中需要监护的主要参数包括哪些？

（15）以下属于呼吸功能相关设备的有（　　　）

A. 超声诊断仪　　B. 血液透析机　　C. 除颤器　　D. 呼气末二氧化碳分压监测仪

（16）以下属于脑功能监测相关设备的有（　　　）

A. ICP监护系统　B. 脑电图机　　　C. 经颅多普勒仪　　　D. 生化分析仪

第二章　呼吸功能检测与支持技术

呼吸管理（respiratory management）又称为呼吸支持，是生命支持的基本技术，也是最为关键、有着决定性意义的生命救治环节。早期且有效地进行呼吸支持，对于维持患者的基础生命体征，降低死亡率、致残率，为紧急施救赢得时间，提高救治成功率具有十分重要的临床意义。在现代急救医学体系中，呼吸支持是一项基本医疗措施，其技术包括徒手人工呼吸、胸外按压式心肺复苏及各种机械通气。

呼吸支持的基本目的有以下几点。

（1）维持适当肺通气，满足肺泡气血交换的需求量。

（2）改善肺换气质量，满足组织器官的基础代谢。

（3）减少呼吸肌做功，降低心肺负荷。

（4）预防性机械通气，主要用于开胸术后或严重脓毒症、休克、严重创伤等状况下的呼吸衰竭预防性治疗。

第一节　呼吸与肺功能检测技术

呼吸（respiration）是机体与外界环境进行气体交换的过程，其核心的人体器官是肺。通过呼吸，机体从大气中摄取代谢所需要的氧气（O_2），排出二氧化碳（CO_2）。因此，呼吸是维持基础代谢和机体功能的基本生理活动之一，一旦呼吸停止，生命也将终结。

生命活动需要能量，能量来自于体内糖类、脂类和蛋白质等有机物的氧化分解，生物体内的有机物在细胞内经过一系列的氧化分解，最终生成二氧化碳和其他产物，并同时释放能量。因此，呼吸的意义就在于及时补充代谢过程中所消耗的氧气，排除代谢生成的二氧化碳。

人体呼吸有三个相互衔接并同时进行的基本环节。

（1）外呼吸，是指大气环境通过肺泡与肺泡毛细血管间的气血交换过程，包括肺通气（肺与外界空气的气体交换）和肺换气（肺泡与肺泡毛细血管的气血交换）。

（2）气体运输，氧气与血红蛋白结合形成氧合血红蛋白，通过血液循环系统输送到各组织器官。

（3）内呼吸又称为组织换气，是血液与组织细胞进行的气体交换过程，用以维持细胞的新陈代谢。

人体呼吸过程，如图 2-1 所示。

由人体的呼吸过程可见，呼吸不仅依赖于呼吸系统的肺换气功能，还需要通过血液循环系统进行气体转运，呼吸系统与血液循环系统的协同配合，以及与机体代谢水平的相适应，这些都将受控于神经系统和体液环境。

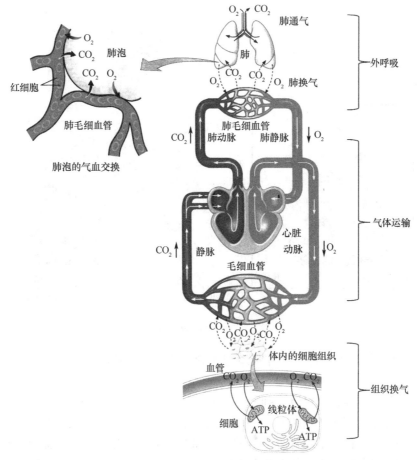

图 2-1　人体呼吸过程

一、呼吸系统

呼吸系统（respiratory system）是与外部环境进行气体交换的组织器官总称。呼吸系统的功能是气体交换，即吸入新鲜气体（含氧浓度约为 21%）、呼出二氧化碳，完成气体在体内的吐故纳新。呼吸系统包括呼吸道（鼻、咽、喉、气管、支气管）和肺，肺是进行气体交换的器官，主要由肺实质（支气管树和肺泡）及肺间质（结缔组织、血管、淋巴管和神经）组成。呼吸系统，如图 2-2 所示。

（一）呼吸道

呼吸道（respiratory tract）是输送气体的管道，也称为气道，包括鼻、咽、喉、气管和各级支气管。临床上通常以环状软骨下缘为界分为上、下呼吸道，其中，上呼吸道包括鼻、咽、喉；下呼吸道包括气管、支气管及肺内的各级支气管（细支气管、终末支气管、呼吸支气管）。

1. 呼吸道功能　人体所处环境的气温、湿度均不恒一，且不同程度的含有尘粒等有害气体，这些将会不同程度地影响机体健康。因此，呼吸道具有对吸入气体的加温、润湿、过滤、清洁和防御反射等保护性生理功能。

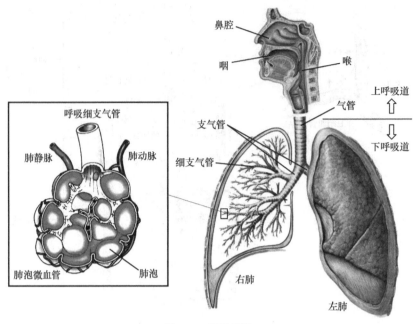

图 2-2 呼吸系统

（1）提供气体流通通道。上呼吸道与气管、各级支气管连接，最基本的功能就是运送气体，构成呼吸通道。

（2）加温、润湿吸入气体。上呼吸道的黏膜富含血管，经鼻毛、黏液、血管等作用，可以使吸入气体变得温暖、清洁与湿润。加温与湿化主要发生在鼻腔和咽腔，气管与支气管的作用较小。一般情况下，外界空气的温度和湿度都低于肺气（包括肺泡气和解剖无效腔气），由于鼻、咽黏膜有丰富的血流和腺体分泌的黏液，所以吸入的气体在到达气管前已经被加温和水蒸气所饱和，转换为温暖、湿润的气体。如果外界气温高于体温，则通过呼吸道血流的作用，也可将吸入气体的温度均衡至体温水平。呼吸道的这种空气调节功能对肺组织有着重要的保护作用。经气管插管呼吸的患者，由于失去了呼吸道的空气调节功能，因此，呼吸机需要为送入气体做加温与湿化处理。

（3）过滤清洁作用。通过呼吸道的过滤清洁功能，可以阻挡和清除随空气进入呼吸道的颗粒、异物，使进入肺泡的气体清洁。呼吸道具有各种机制能够阻止异物到达肺泡，其一是在上呼吸道，鼻毛可以阻挡较大的颗粒进入呼吸系统，鼻甲的形状则使许多颗粒直接撞击在黏膜上或因重力而沉积在黏膜上，使直径大于 $10\mu m$ 的颗粒几乎完全从鼻腔空气中清除掉；其二是在气管、支气管和细支气管，直径为 $2\sim10\mu m$ 的颗粒可通过鼻腔进入下呼吸道，由于下呼吸道管壁黏膜富有分泌黏液的杯状细胞和纤毛上皮细胞，所分泌的黏液覆盖在纤毛上，众多纤毛有力且有节奏地摆动，将黏液层和附着的颗粒向喉咽方向挪移，使之通过咳嗽排出。咳嗽属于防御性呼吸反射，作用是排出呼吸道内的异物和过多的分泌物，可以清洁、保护和维持呼吸道的通畅。值得注意的是，吸入干燥或含有刺激性物质的气体，如二氧化硫等，将损害纤毛运动，影响呼吸道的防御功能。

2. 下呼吸道 临床上通常把气管、支气管及肺内的各级支气管，统称为下呼吸道（low respiratory tract），又称为支气管树（bronchial tree）。支气管树的器官特征与解剖分级，如

图 2-3 所示。

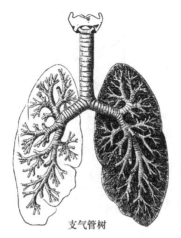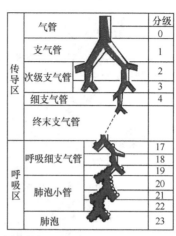

图 2-3 支气管树的器官特征与解剖分级

支气管树由气管分支为左、右主支气管（一级支气管），再下分支为肺叶支气管（二级支气管），进入肺叶。肺叶支气管在各肺叶内再分解为肺段支气管（三级支气管），之后经数级分支，整个支气管呈树状。人的支气管（第 1 级）至肺泡约有 24 级分支，随着呼吸道的不断分支，气道数目越来越多，管径越来越小，管壁越来越薄，总横切面积却越来越大。所以，吸入气体时，气流速度在运行过程中逐级减缓，这样有利于气体均匀分布到广阔的肺泡内。

支气管树的功能是终点连接肺泡进行气体交换，可以将大气中的氧气交换到血液中，再由血液运送到全身的各器官组织；同时，血液也可将器官组织中代谢的二氧化碳带入肺泡，通过气血交换排出至体外。因此，若要实现氧气的吸入和二氧化碳的呼出，肺内必须具备两条管道，其一是封闭的血液循环管道，由心脏、动脉、毛细血管网和静脉等组成，依靠心脏的泵血功能推动血液在体内循环流动，因而心血管系统亦称为循环系统，可以转运氧气和二氧化碳；与肺泡连通的另一条管道是对外开放的气体输送系统，呼吸运动通过这一气体输送管道可将新鲜空气（氧气）带入体内，同时排出二氧化碳等代谢产物。

（二）肺泡

肺泡（alveoli）为气管分支的终末结构，是肺器官气血交换的场所，呈多面形囊泡，成人肺泡直径为 100～300μm。每个成年人的肺里有 3 亿～4 亿个大小不等的肺泡，总面积可超过 70m^2，比人体的皮肤总表面积大几倍。

肺泡也是肺器官的功能单位，氧气通过肺泡向血液弥散，要依次经过肺表面活性物质液体层、肺泡上皮细胞层、上皮基底膜、肺泡上皮和毛细血管之间的间隙、毛细血管基底膜、毛细血管内皮细胞层六层膜，这六层膜合称为呼吸膜。呼吸膜平均厚度不到 1μm，具有很高的通透性，因而气体交换十分迅速。

肺泡，如图 2-4 所示。

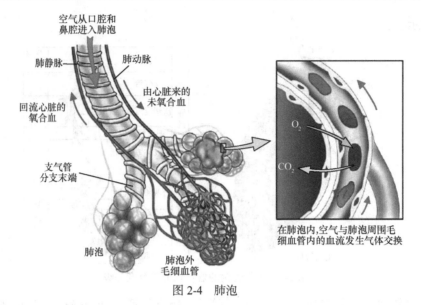

图 2-4　肺泡

吸入肺泡的气体根据氧分压、二氧化碳分压，通过弥散机制与肺泡外的毛细血管进行气血交换，由于肺泡的氧分压（氧浓度）远大于毛细血管的氧分压，可将氧气弥散至血液系统，由此静脉血会转变为富氧的动脉血，并随着血液循环输送到全身各组织器官。同理，肺泡周围毛细血管血液中的二氧化碳则可以透过毛细血管壁和肺泡壁进入肺泡，通过呼气排出到体外。

肺泡内的表面液膜含有表面活性物质，起着降低肺泡表面液体层表面张力的作用，使肺泡不易萎缩，且吸气时又较易扩张。肺泡与肺部毛细血管紧密相连，两者的膜大部分融合，有助于气体的快速扩散。肺泡表面的液体层包括肺泡细胞与基膜等，是薄层结缔组织，由此构成了一个气血屏障，如同疏水器，仅允许气体流通，血液不能通过。

二、肺 通 气

肺通气（pulmonary ventilation）是指外界空气经呼吸道进入肺泡内的过程，这个过程仅为气体的进入（吸气）与排出（呼气），并不包含气血交换。执行肺通气的主要器官包括呼吸道、肺泡和胸廓等，其中，呼吸道是肺泡连接大气的通道；肺泡是肺泡气与血液气进行交换的场所；而胸廓的节律性呼吸运动则是实现肺通气的原动力。

（一）肺通气动力

气体能否进入肺泡取决于大气与肺泡气之间存在的压力差。在自然呼吸的条件下，这个压力差源于胸廓扩大与弹性收缩所产生的肺容积变化。吸气时，由吸气肌肉收缩，导致胸膜腔压力下降，克服肺组织弹性阻力，引起肺泡内压力降低，形成与大气压之间的压力差，形成吸气气流；平静呼气时，吸气肌肉舒张，肺组织弹性回缩，引起肺泡内压力升高并高于大气压，形成呼气气流。

1. 呼吸运动　呼吸运动（respiratory movement）是呼吸的原动力。引起呼吸的运动肌为呼吸肌，使胸廓扩大产生吸气动作的肌肉称为吸气肌，主要有膈肌和肋间外肌；使胸廓缩小产生呼气动作的是呼气肌，主要有肋间内肌和腹直肌。此外，还有一些辅助呼吸肌，如斜角肌、胸锁乳突肌和胸背部的其他肌肉等，这些肌肉只在用力呼吸时才参与呼吸运动。

呼吸肌与呼吸过程肋骨、膈肌的位置变化，如图 2-5 所示。

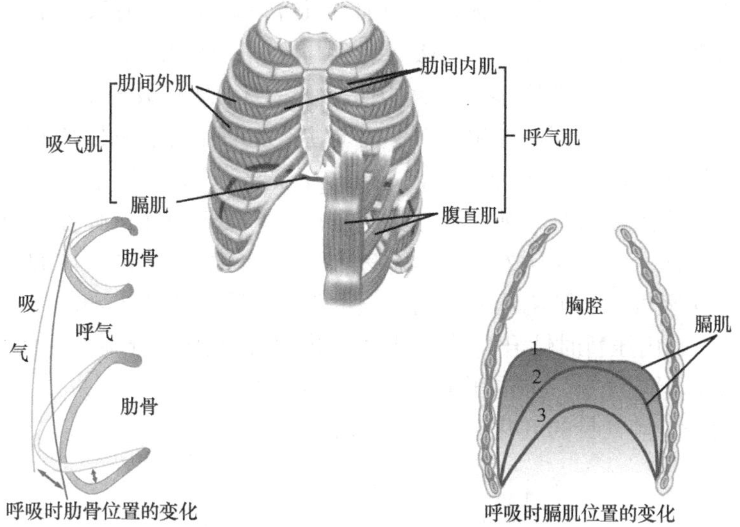

图 2-5　呼吸肌与呼吸过程肋骨、膈肌位置的变化
1. 平静呼气；2. 平静吸气；3. 深吸气

（1）吸气运动：只有在吸气肌收缩时，才会发生吸气运动，因而吸气是一个主动性的生理过程。膈肌的形状似钟罩，静止时向上隆起，位于胸腔和腹腔之间，构成胸腔的底部。膈肌收缩时，隆起的中心下移，进而增大了胸腔的上下径，胸腔和肺容积的增大，产生吸气运动。膈肌下移的距离与其收缩的强度有关，平静吸气时，下移 1～2cm；深度吸气时，下移可达 7～10cm。由于胸廓呈圆锥形，其横截面积上部较小，下部明显加大。因此，膈稍稍下降就可使胸腔容积大大增加。平静呼吸时，因膈肌收缩而增加的胸腔容积相当于总通气量的 4/5，所以膈肌的舒缩在肺通气中起着重要的作用。膈肌收缩发生下移，腹腔内的器官因受到压迫使腹壁突出；膈肌舒张时，腹腔内脏恢复。因而，膈肌舒缩引起的呼吸运动伴以腹壁起伏，所以这种形式的呼吸也称为腹式呼吸（abdominal breathing）。

肋间外肌的肌纤维起自上一肋骨的近脊椎端的下缘，斜向前下方走行，止于下一肋骨近胸骨端的止缘。由于脊椎的位置是固定的，而胸骨可以上下移动，所以当肋间外肌收缩时，肋骨和胸骨都向上提，肋骨下缘还向外侧偏转，从而增大了胸腔的前后径和左右径，产生吸气。肋间外肌收缩越强，胸腔容积增大的就越多。由肋间肌舒缩使肋骨和胸骨运动所产生的呼吸运动，称为胸式呼吸（thoracic breathing）。

腹式呼吸和胸式呼吸通常是同时存在的，只有在胸部或腹部活动受到限制时，才可能单独出现某一种类型的呼吸。

（2）呼气运动：平静呼气时，呼气运动不是由呼气肌收缩所引起的，而是肋间外肌舒张，肺依靠自身的回缩弹性自行归位，并牵引胸廓缩小，恢复其吸气开始前的位置，产生呼气。所以，平静呼吸时，呼气是被动性的生理状态。只有在用力呼吸时，呼气肌才参与收缩，使胸廓进一步缩小，这时呼气才有了主动的成分。肋间内肌走行方向与肋间外肌相反，收缩时使肋骨和胸骨下移，肋骨还向内侧旋转，使胸腔前后、左右缩小，产生呼气。腹直肌的收缩，一方面压迫腹腔器官，推动膈上移；另一方面也牵拉下部的肋骨向下向内移位，两者都使得胸腔的容积缩小，协助形成呼气运动。

（3）平静呼吸和用力呼吸：安静状态下的呼吸称为平静（平和）呼吸，特点是呼吸运动较为平衡均匀，呼吸频率为 12～18 次/分，吸气是主动的，而呼气则为被动。机体活动量增加，或者吸入气中的二氧化碳含量增加、氧含量减少时，呼吸将加深、加快，成为深呼吸或用力呼吸，这时不仅有更多的吸气肌参与收缩，使收缩加强，而且呼气肌也主动参与收缩。在缺氧或二氧化碳增多较严重的情况下，会出现呼吸困难（dyspnea），这时，不仅呼吸大大加深，而且出现鼻翼扇动等，同时主观上有不舒服的困压感。

2. 肺内压　肺内压也称为肺泡压（alveolar pressure），是指肺泡内的压力。当呼吸暂停、声带开放、呼吸道畅通时，肺内压与大气压相等。吸气初期，肺容积增大，肺内压渐进下降，低于大气压，空气在压差的推动下进入肺泡，随着肺泡内气体的逐渐增加，肺内压也逐渐升高，至吸气末，肺内压升至与大气压相等，吸入气流也随之停止；反之，呼气初，肺容积减小，肺内压暂时性升高并超过大气压，肺内气体流出肺泡，使肺内气体渐少，肺内压逐渐下降，至呼气末，肺内压降到与大气压相等。

呼吸时肺内压、潮气量的变化，如图 2-6 所示。

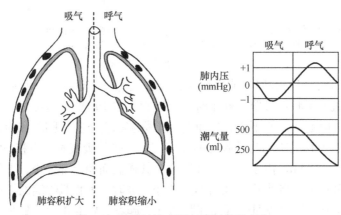

图 2-6　呼吸时肺内压、潮气量的变化

呼吸过程中，肺内压的变化程度，视呼吸的缓急、深浅和呼吸道是否通畅而定。若呼吸慢，呼吸道通畅，则肺内压变化较小；若呼吸较快，呼吸道不够通畅，则肺内压的变化较大。平静呼吸时，呼吸缓和，肺容积的变化也较小，吸气肺内压较大气压低 1～2mmHg；呼气时，高于大气压 1～2mmHg。用力呼吸时，呼吸深快，肺内压变化的程度增大。

由此可见，在呼吸过程中由于肺内压的周期性交替"升"与"降"，造成肺内压和大气压之间的"正"、"负"压力差，这一推挽式压力差的变化，构成了气体进出肺器官的直接动力。根据这一原理，在急救医学中，可利用人为制造肺内压与大气压的压力差方法来维持肺通气，这就是常用的人工呼吸。

徒手人工呼吸，如图 2-7 所示。

人工呼吸的方法很多，如应用人工呼吸器进入正压通气，行口对口的人工呼吸，有节律地举臂压背或挤压胸廓等。

图 2-7　徒手人工呼吸

（二）肺通气阻力

肺通气的动力需要克服肺通气阻力才能实现肺通气，阻力增高是临床上肺通气障碍的最常见病因。肺通气的阻力有两种表现形式，弹性阻力和非弹性阻力。

1. **弹性阻力与顺应性** 弹性阻力是弹性组织在外力的作用下产生变形时具有对抗变形和回缩倾向的力，通常用顺应性衡量。肺通气的弹性阻力包括肺的弹性阻力和胸廓的弹性阻力两部分，是平静呼吸时的主要阻力成分，约占总阻力的 70%。

（1）顺应性（compliance）：是指在外力作用下弹性组织的可扩张性，容易扩张者，顺应性大，弹性阻力小；不易扩张者，顺应性小，弹性阻力大。肺的顺应性为

$$C_L = \frac{\Delta Q}{\Delta P}$$

式中，C 为顺应性（单位：L/cmH$_2$O），ΔP 为跨肺压的变化量，跨肺压为肺内压与胸膜腔内压之差，ΔQ 为容积变化量。顺应性的正常值肺为 0.2，胸廓为 0.2，因为胸廓与肺为串联系统，所以呼吸系统总的顺应性约为 0.1。

因而，肺顺应性是指单位压力改变时所引起的肺容量变化程度，它反映了胸腔压力改变对肺容积的影响。肺在被动扩张时，产生的变形回缩力是吸气的阻力，同时也是呼气时的动力。肺弹性阻力来自于两个方面，一是肺组织本身的弹性回缩；二是肺泡内侧的液体层与肺泡内气体间液气界面的表面张力所产生的回缩力，这两者均使肺具有回缩倾向，因而，共同构成肺扩张的弹性阻力。肺组织的弹性阻力仅约占肺总弹性阻力的 1/3，表面张力的弹性阻力约占 2/3，因此，肺泡液气界面的表面张力对肺的张缩有重要的作用。

（2）顺应性与弹性阻力：弹性组织在外力的作用下发生变形，如图 2-8 所示。

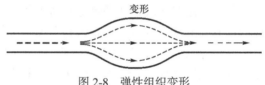

图 2-8　弹性组织变形

顺应性反映了在外力作用下弹性组织的可扩张性，因而，用同等大小的外力作用弹性组织时，不易扩张的顺应性小，变形程度小，弹性阻力大；容易扩张的顺应性大，变形程度大，弹性阻力小。由此可见，顺应性与弹性阻力成反比。

肺顺应性的改变可以反映一些肺部疾患，如各种类型纤维化、肺气肿、肺水肿、充血等。正常及几种异常情况下顺应性曲线，如图 2-9 所示。

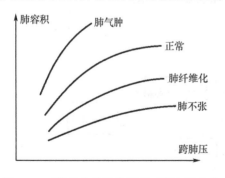

图 2-9　正常及几种异常情况下顺应性曲线

顺应性降低，肺弹性阻力增加，使吸气困难；反之，顺应性增大，肺弹性阻力减小，会导致呼气费力。

2. **非弹性阻力** 非弹性阻力包括气道阻力、惯性阻力和组织的黏滞阻力，约占总阻力的 30%，其中气道阻力占非弹性阻力的 80%～90%。气道阻力由气流流速、气流形式和气道管径决定的（主要来自主支气管以上的大气道，细支气管、终末细支气管尽管口径很小，但数量极多，因而总阻力很小），并随流速加快而增加，故为动态阻力。健康人平静呼吸时的总气道阻力为 1～3cmH$_2$O/（L·S）。在疾病情况下，细支气管对气道阻力影响会很大，气道阻力增加是临床上通气障碍最常见的病因。

3. **肺顺应性的测定** 测定肺顺应性时，一般采用分步吸气或分步呼气的方法。测试时，要求受试者吸气或呼气后屏气并保持气道通畅，由于此时呼吸道内没有气体流动，肺内压

等于大气压，所以只需测定胸膜腔内压就可换算出跨肺压（胸膜腔内压与大气压之差）。

胸膜腔内压指的是胸膜腔内的压力，胸膜腔内压可采用直接法或间接法进行测定。直接法是将与检压计相连接的注射针头斜刺入胸膜腔内，直接测定胸膜腔内压，这种方法的缺点是有刺破脏胸膜和肺的危险；间接法是让受试者吞下带有薄壁气囊的导管至下胸段食管内，通过测定食管内压间接检测胸膜腔内压。由于食管在胸腔内介于肺和胸壁之间，食管壁薄而软，在呼吸过程中食管内压的变化值与胸膜腔内压的变化值基本一致，所以可以用食管内压的变化来间接反映胸膜腔的内压变化。

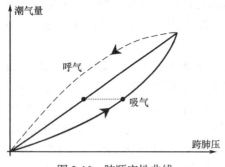

图 2-10　肺顺应性曲线

根据每次测得的数据，可以绘制出压力—潮气量曲线，即肺的顺应性曲线，如图 2-10 所示。

曲线的斜率反映不同潮气量下的顺应性，曲线斜率大，表示肺顺应性大，弹性阻力小；反之，肺顺应性小，弹性阻力大。正常人平静呼吸时，肺顺应性约为 $0.2L/cmH_2O$，且位于顺应性曲线斜率最大的中段，故平静呼吸时肺的弹性阻力较小，呼吸较为省力。由图 2-10 还可以看出，呼气和吸气的肺顺应性曲线并不重叠，这一现象称为呼吸滞后现象。

如果测定时屏气，即呼吸道暂时无气流，那么所测得的顺应性为肺的静态顺应性。相应的还有肺的动态顺应性，指的是急速呼吸下测定的顺应性数值。

（1）静态法：正常呼气末及吸入了已知容积的气体后，屏住呼吸，测量胸膜腔内压，用更大的吸气量反复若干次，绘出压力和容积之间的关系，其斜率就是顺应性。

（2）动态法：每一个呼吸周期都存在两个零气流点（分别为吸气至呼气、呼气到吸气的转换期间），由于没有呼吸气流（不需要克服气道阻力），这时的跨肺压就是用来克服弹性回缩，即可反映肺弹性组织的可扩张性。测量受试者逐渐增加潮气量（逐渐用力呼吸），将这两点压力绘出一条容积相对胸膜腔内压的变化曲线，其斜率即为顺应性。

（3）肺顺应性测量：肺顺应性的测量原理，如图 2-11 所示。

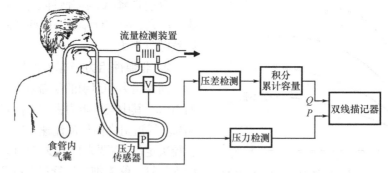

图 2-11　肺顺应性测量原理

首先通过食管内的气囊传导压力来实时监测食管内压，由食管内压间接得到胸膜腔内压，即可换算跨肺压（ΔP）；再由流量检测装置测量一段压差（ΔV），由于检测装置的气流阻力（由结构决定）是已知量，根据压差（ΔV）能够换算呼吸流量，然后根据呼吸流量积分，可以得到容积变化量（ΔQ）。通过跨肺压的变化量（ΔP）和容积变化量（ΔQ），能同步描记出压力信号与气体容积信号的变化 P—Q 曲线，即可得到肺的顺应性。

（三）肺通气功能的评价

肺通气是指肺与外界环境进行气体交换的能力，通常用交换（吸气或呼气）的气体量来评价。

1. 肺容量　在呼吸运动中，由于呼吸肌动作引起胸廓的扩张与回缩，导致胸腔内肺组织容纳的气体量发生相应的变化。肺容量（lung volume）是指肺可以容纳的气体量，能够反映外呼吸的容积空间，即呼吸道与肺泡的总容积，是具有静态解剖学意义的指标。

在呼吸周期中，肺容量随着进出肺的气体量而变化，吸气时，肺容量增大；呼气时，肺容量减小。其变化幅度主要与呼吸的深度相关，可用肺量计测定和描记。按呼吸运动的特点，肺容量可以分解为如图 2-12 所示的各部分指标。

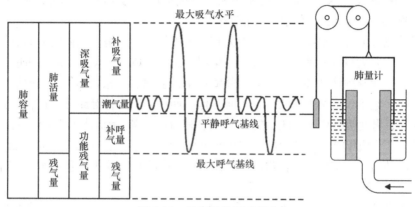

图 2-12　肺容量的组成部分

肺容量又称为肺总量（total lung capacity，TLC），可以分为 4 个基础容积：潮气量、补吸气量、补呼气量和残气量，由其中两个或两个以上的基础容积指标可以分别构成肺活量、深吸气量和功能残气量等。

（1）潮气量（tidal volume，TV 或 V_T）：是指静息状态下每次吸入或呼出的气量，它与年龄、性别、体表面积、呼吸习惯及机体的新陈代谢有关，正常人的潮气量为 450～500ml。潮气量与呼吸频率决定了每分通气量，因而，为保证有足够的通气量，潮气量较小者需要配合更快的呼吸频率。例如，限制性疾病患者表现为潮气量偏小，呼吸频率偏快。

（2）补吸气量和深吸气量：补吸气量（inspiratory reserve volume，IRV）或最大吸气水平，是指平静吸气末再尽力吸气所能吸入的气体量，成人平均值：男性 2100ml、女性 1500ml。深吸气量（inspiratory capacity，IC）为平静呼气后再深度吸入的最大气量，IC =VT+ IRV，成人平均值：男性 2600ml、女性 2000ml。

深吸气量与吸气肌力量大小、胸肺弹性和气道通畅程度都有关系，它是最大通气量和肺活量的主要成分（约占肺活量的 75%），因此，足够的深吸气量能够保证肺活量和最大吸气水平的正常。当深吸气量降低，往往预示有限制性通气功能障碍的可能。若补吸气量减小，而深吸气量正常时，可能与体质衰弱使呼吸肌无力有关，待体力恢复后，其补吸气量会增加。

（3）补呼气量（expiratory reserve volume，ERV）：是指平静呼气后还能呼出的最大气量，正常成人约为 1000ml，补呼气量反映了肺的气储备功能和呼气肌、腹肌的能力。在仰卧、肥胖、妊娠、腹水、肠胀气时，补呼气量减少。成人平均值：男性 900ml、女性 600ml。

补呼气量反映了呼气肌和腹肌的力量。在正常人中变动较大，体位对其有显著影响，仰卧位因膈肌上抬、肺血容量增加，较立位补呼气量明显减少。妊娠、肥胖、腹水和肠胀气等都可减少补呼气量。细支气管在呼气相关闭使其陷闭时，补呼气量降低，见于阻塞性通气功能障碍患者。

（4）肺活量（vital capacity，VC）：是指一次尽力吸气后，再尽力呼出的气体总量，包括潮气量、补吸气量和补呼气量三部分。肺活量是一次呼吸的最大通气量，在一定意义上可反映呼吸功能的潜在能力。肺活量与人的呼吸功能密切相关，主要取决于胸腔壁的扩张与收缩的宽舒程度，生理学研究表明，人体的各器官、系统、组织、细胞每时每刻都在消耗氧，机体只有在氧供应充足的情况下才能正常工作。人体内部的氧供给全部靠肺的呼吸来获得，在呼吸过程中，肺不仅要摄入氧气，还要将体内代谢的二氧化碳排出，肺是机体气体交换的中转站，这一中转站的容积大小直接决定着每次呼吸气体交换的量，因而肺活量是评价肺通气功能最为客观的生理指标。

肺活量检测数值低，说明机体摄氧能力和排出废气的能力差，人体内部的氧供应会不充裕，一旦机体需要大量的氧消耗（如长时间学习、工作、剧烈运动时）就将可能出现氧供应的严重不足，从而导致诸如头痛、头晕、胸闷、精神萎靡、注意力不集中、记忆力下降、失眠等不良反应，它不仅会影响正常的学习与工作，而且会给身体健康造成伤害。肺活量因性别和年龄而异，男性明显高于女性。在20岁前，肺活量随着年龄增长而逐渐增大，20岁后增加量就不明显了，成年男子的肺活量为3500～4000ml，成年女子为2500～3000ml。体育锻炼可以明显提高肺活量，例如，中长跑运动员和游泳运动员的肺活量可达6000ml以上。

引起肺活量降低的常见疾病有如下。

1）肺组织损害，如弥漫性肺间质纤维化、肺炎、肺充血、肺水肿、肺不张、肺肿瘤及肺叶切除术后等。

2）胸廓或肺活动受限，如胸廓畸形、膈神经麻痹、胸廓改形术后、广泛胸膜增厚、渗出性胸膜炎、气胸、膈疝、气腹、腹水、腹部巨大肿瘤等。

3）气道阻塞，如支气管哮喘、慢性支气管炎、慢性阻塞性肺疾病、肺气肿、支气管癌和肿大淋巴结压迫支气管等。

前两类属于限制性通气功能障碍，肺活量下降比较显著；后一类属于阻塞性通气功能障碍，在早期肺活量正常，往往在病情严重时，才逐步降低。

（5）功能残气量（functional residual capacity，FRC）：是指平静呼气后肺腔内残留的气体量，FRC = RC + ERV，成人平均值：男性2300ml，女性1600ml。功能残气量在生理上起着稳定肺泡气体分压的缓冲作用，可以减少通气间歇期对肺泡内气体交换的影响。如果没有功能残气量，呼气末期肺泡将完全陷闭，流经肺泡的血液将失去进行气体交换的机会，就会产生静动脉分流。

功能残气位时，吸气肌和呼气肌都处于松弛状态，此刻胸廓向外的弹性力与肺泡向内的弹性回缩力及表面张力平衡，肺泡内压为零。功能残气量有利用于通气间歇期的肺泡气血交换，若功能残气量减少，肺泡内氧和二氧化碳浓度随呼吸周期的波动变大，在呼气时，肺泡内没有充分的气体继续与肺循环血流进行气体交换，因而形成静动脉分流；若功能残气量过大，则吸入气中的氧被肺内过量的功能残气稀释，造成肺泡气氧分压降低，二氧化碳分压增高，减弱了肺换气效能。功能残气量在体力劳动者和运动员中亦可增大，不应视为病变。

（6）残气量（residual volume, RV）：是指深呼气后，肺内剩余的气量，其生理意义与功能残气量相同。临床上必须结合残气量占肺总量百分比（RV/TLC%）进行综合分析，以排除体表面积对残气量绝对值的影响。任何可引起残气量绝对值增加或肺总量减少的疾患，都将导致 RV/TLC% 的增高。

2. 肺通气功能　肺通气功能是单位时间随呼吸运动进出肺的气体容积，是衡量空气进入肺泡及废气从肺泡排出过程的动态指标。肺通气功能反映的是呼吸气体的流动能力，涉及肺容积的改变及改变过程中所需要的时间，因而它是一个动态的时间概念，凡是影响呼吸频率、呼吸幅度和气体流量的生理、病理因素均可影响肺通气功能。

肺通气功能包括每分通气量、肺泡通气量、最大通气量、时间肺活量等。肺量计是最为常用的肺通气功能检查设备，它除了肺泡通气量外其他参数均能直接测定，因而肺量计检查是临床上最常用的检查方法。

（1）每分通气量（minute ventilation，MV）：是在静息状态下每分钟吸入或呼出的气量，反映基础代谢状态下机体所需的通气量。每分通气量为潮气量与呼吸频率的乘积，即

$$MV = TV \times RR$$

式中，RR 为呼吸频率。

在静息状态，每分通气量正常值为 6~8L，大于 10~12L 为通气过度，小于 3~4L 反映通气不足。

（2）肺泡通气量（minute alveolar ventilation，VA）：是指静息状态下，单位时间内进入肺泡进行有效气体交换的新鲜空气总量。由于气体进出肺泡必然要经过呼吸道，呼吸道内气体不能与血液进行气血交换，构成了解剖学意义上的无效腔。因而，肺泡通气量等于每分通气量减去生理无效腔通气量

$$VA = (MV - VD) \times RR$$

式中，VD 为生理无效腔通气量。

正常呼吸中，呼吸性细支气管以上的气道仅起气体传导作用，不参与肺泡气体交换，是为解剖无效腔或无效腔；部分进入肺泡的气体因无相应的肺泡毛细血管血流与之进行气体交换，也无法进行气体交换，称为肺泡无效腔，解剖无效腔和肺泡无效腔合称为生理无效腔（生理无效腔），不能进行气体交换的这部分气体称为无效腔通气（dead space ventilation，VD）。正常情况下，因通气/血流比例正常，肺泡无效腔量极小，可忽略不计，因此，生理无效腔量基本等于解剖无效腔量。解剖无效腔量一般变化不大（除支气管扩张外），故生理无效腔量变化主要反映肺泡无效腔量的变化。

肺泡通气量能较客观反映有效通气量。每分通气量降低或者无效腔比例增加都可导致肺泡通气量的不足，从而使肺泡氧分压降低，二氧化碳分压增高。深慢呼吸的无效腔比例较浅速呼吸为小，因此潮气量大，呼吸频率低，对提高肺泡通气量有利。

（3）最大通气量（maximum voluntary ventilation，MVV）：是在单位时间内以尽可能快的速度和尽可能深的幅度，重复最大努力呼吸所得到的通气量。最大通气量是一项负荷测试，其大小与呼吸肌的力量、胸廓和肺组织的弹性、气道阻力均相关，是综合评价肺通气功能储备量的可靠指标。MVV 取决于 3 个因素，一是胸部的完整结构和呼吸肌的力量；二是呼吸道的通畅程度；三是肺组织的弹性。

我国成年人正常男性最大通气量约为 100L/min，女性约为 80L/min，最大通气量的大小与年龄、性别、体表面积、胸廓、呼吸肌和肺组织是否健全及呼吸道是否畅通等因素有关。确定被检者最大通气量是否正常时，应将实测值与预测值比较，若实测值占预测值的

80%～100%，为基本正常，60%～70%为稍减退，40%～50%为显著减退。最大通气量的生理意义与时间肺活量的意义相同，因其测定困难，故常用时间肺活量代替。

（4）时间肺活量：也称为用力呼气量（forced vital capacity，FVC），是指最大深吸气后用力做快速呼气直至残气位，是在一定时间内所能呼出的空气量。测验时，要求被检者在深吸气后，以最短时间将全部气体呼尽，所测得的肺活量称为时间肺活量。

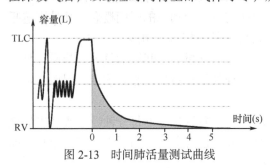

图 2-13　时间肺活量测试曲线

时间肺活量测试曲线，如图 2-13 所示。

时间肺活量测试时，首先尽力最大吸气再用力做最快速度呼气，直至呼完为止。与此同时分别记录第 1、2、3s 末呼出的气量，正常成人应分别呼出其肺活量的 83%、96% 和 99%。阻塞性肺病病患者往往需要 5～6s 或更多时间才能呼出全部肺活量；呼吸运动受限患者的许多病理状态下，第 1s 末时间肺活量增加，并可提前呼完全部肺活量。所以，时间肺活量可作为鉴别阻塞性或限制性通气障碍的参考。

三、肺功能检查技术

肺功能检查（pulmonary function test，PFT）是胸肺疾病及呼吸生理的基本检查内容，具有重要的临床意义。通过肺功能检查可以明确呼吸功能障碍的类型、严重程度，鉴别呼吸困难的原因，推断呼吸系统的病变性质，协助并支持临床诊断。另外，肺功能检查在观察病情变化、反映治疗方法的疗效、评价手术和麻醉的耐受能力、预测疾病转归等均有重要价值。

肺功能检查通常包括通气功能、换气功能、呼吸调节功能及肺循环功能等检查，检查项目繁多。临床上最为常用的是通气功能检查，它可以对大多数胸肺疾病做出诊断，其他检查如弥散功能测定、闭合气量测定、气道阻力测定、膈肌功能测定、运动心肺功能试验、气道反应性测定、血气分析等可对通气功能检查做不同程度的补充。随着医学工程技术的发展及临床对肺功能评估认识的深入，肺功能检查已经成为继病因诊断和病理诊断之后，临床肺部疾病的第三大诊断技术。

肺功能检查，如图 2-14 所示。

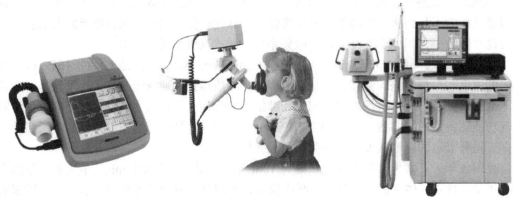

图 2-14　肺功能检查

肺功能仪是针对肺功能检查的专用医学仪器，主要由肺量计、气体分析仪及压力计等组成，由此可以检测出肺功能的大多数指标，如肺容量、通气功能、换气功能、呼吸动力学、氧耗量、二氧化碳产生量等。

（一）肺量计

肺量计（spirometer）是指用于测定肺的气体容量和流量的专用医学仪器，是肺功能仪的重要组成部分。依据物理学概念，设某一瞬间的流量为 Q，在一定时间 Δt 内流过的流体容积为 V，则有

$$V = Q\Delta t \quad 或 \quad Q = \frac{\mathrm{d}V}{\mathrm{d}t}$$

由于流量是流体流速 V 与流体截面积 A 的乘积，即

$$Q = A \times V$$

可见，流体截面积 A 一定时，流速与流量成正比，通过测定吸气/呼气体的流速及吸气/呼气体时间，可以求出吸气/呼气的流量。肺量计能够直接测量的参数有潮气量、补吸气量、补呼气量、深吸气量和肺活量。

1. 容量型肺量计　容量型肺量计的检测原理是通过测定呼吸气体的容量，间接计算出流量。容量型肺量计的测试方法较多，主要有水封式肺量计、干式滚桶式肺量计等。

（1）水封式肺量计（water-sealed spirometer）：是最早研发并应用于临床的肺量计，其结构简单、测量准确，但测量指标较少，不易于自动转换为流速参数，所测容量为室温容量，应将其矫正为体温容量。水封式肺量计的原理结构，如图 2-15 所示。

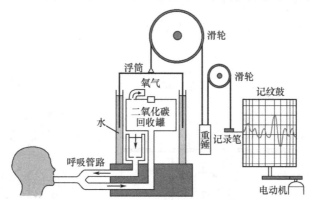

图 2-15　水封式肺量计的原理结构

水封式肺量计通过水将浮筒内外的气体隔离，浮筒内气体以密封闭回路的方式与患者呼吸管连接，为保证患者呼吸的安全性，患者呼出的气体要经过二氧化碳回收罐后（内置钠石灰二氧化碳吸收剂）再作为呼吸气体。检测时，患者的呼吸状态反映为吸气或呼气，吸气过程中，浮筒内的气体量减少，浮筒下移，吸气的容量越大，下降的幅度也就越大；反之，呼气浮筒内的气体量增加，浮筒上升，呼气的容量越大，上升的幅度就越大。

浮筒经滑轮悬拉连至另一端的记录笔，记录笔能将浮筒位置上下移动的呼吸状态信息记录于记纹鼓上，移动的幅度取决于吸气、呼气的容量大小。记纹鼓由电动机驱动低速旋转，电动机的不同转速可以选择不同的描记笔记录速度。记纹鼓描记图的横轴为时间轴，纵轴为容量轴，测试中描记出一条容量—时间曲线，从中可以求出多个容量及流速的呼吸参数。

（2）干式滚桶式肺量计（dry-rolling seal spirometer）：的原理结构，如图 2-16 所示。

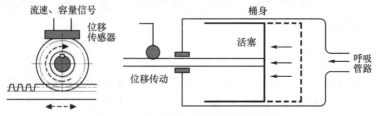

图 2-16　干式滚桶式肺量计原理结构

患者的呼吸气体驱使活塞水平移动，活塞的移动带动位移传动装置，由位移传感器感知活塞的位移状态，并换算出流速及容量信息。较大的活塞面积可以减少活塞运动时的机械阻力。

干式滚桶式肺量计的核心装置是位移传感器，所使用的位移传感器多为直线位移传感器。直线位移传感器的意义在于，实时感知物体在直线运动过程中的位置变化状态，并将直线机械位移量成比例地转换为电信号。为实现这一检测效果，最常用的方法是将可变电阻的滑轨定置在传感器的位移部位，通过滑片在滑轨上的位移来得到不同位置的电阻值，即通过滑线电位器的阻值变化可以检测出位置移动状态。

2. 流速型肺量计　流速型肺量计是先测定出流经一定截面积管路（测量管路）的流体速度，然后求出流量，再做时间的积分转换为呼吸容量。流速型肺量计是一种间接式肺量计，其核心装置为流量传感器，依据流量测定原理可分为涡轮式流量传感器、压差式流量传感器、质量式流量传感器和热敏式流量传感器等。

（1）涡轮式流量传感器：由壳体、导流体、叶片、光电信号检测器组成，其原理结构，如图 2-17 所示。

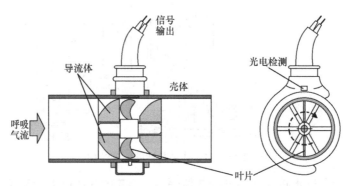

图 2-17　涡轮式流量传感器

涡轮式流量传感器的壳体是传感器的主体结构件，采用透明塑料制造。当有气流通过时，气体沿导流体驱使叶片转动，通过光电检测装置可以获得叶片的转动速度。在一定的流量范围内，叶片转速与流经传感器处的流量成正比，根据光电管信号的脉冲频率，可换算出气体流速。

（2）压差式流量传感器：当充满管路的流体流经管路内的节流元件时，会在节流元件处形成局部收缩，如图 2-18 所示，导致流速增加，静压力下降，于是在节流元件前后便产生了压力差，流体流量越大，产生的压差也越大。

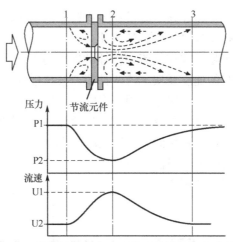

图 2-18 流体经管内节流元件时的压力与流速变化

由于流体通过管路中的节流元件时产生的压力差与流量之间有确定的函数关系，因而通过测量压差值可以换算出气体流量。压差式流量传感器有多种形式，可以构成各种不同的压差式流量计，其中应用最为广泛的是节流式流量计，其他形式的压差式流量计还有均速管、弯管、靶式流量计、转子流量计等。

节流式流量计，如图 2-19 所示。

在呼吸回路通道安装节流式流量计，分别采样两个测试点压力，通过采样点的压差，传感器得到气压差，可以换算出呼吸通道的气体流量。

Fleish pneumotachograph 是目前较为常用的一种压差式流量计，其原理结构如图 2-20 所示。

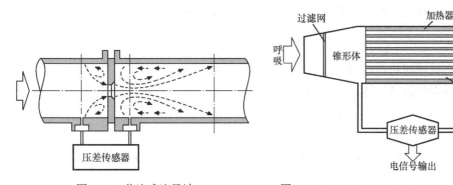

图 2-19 节流式流量计　　　　图 2-20 Fleish pneumotachograph 压差式流量计
　　　　　　　　　　　　　　　　　　　原理结构

Fleish pneumotachograph 压差式流量计的流速传感器上有一筛状隔网或毛细管网，气流通过网管时受到阻力，使得网管另一端的压力轻微下降，形成压差。压差传感器敏感地检测出压差信息，并以电信号的形式输出。通过管网流速越快，压差越大，则产生的压差电信号越强。流量计上的加热器可以对毛细管网加温，能避免呼出的饱和水蒸气在筛状隔网上冷凝沉积，阻塞网眼。Fleish pneumotachograph 压差式流量计可用于测量气体流速、容量及呼吸频率，与其他分析仪结合可做诸如残气量、气体分布等测定。

（3）超声式流量计：常用的测量方法为传播速度差法、多普勒法等。传播速度差法又包括直接时差法、相差法和频差法，其基本原理都是利用检测超声波脉冲顺流和逆流的速度差来测定流体的流速，从而计算出流量；多普勒法的基本原理则是应用声波中的多普勒效应测得顺流和逆流的频差来测量流体的流速。

气体超声式流量计利用超声波在气流中传播的速度与气流速度的对应关系，即顺流时的超声波传播速度比逆流时的速度要快，这两种超声波传播的时间差越大，则表达出流量越大。在实际测量中，处在上下游的超声探头将同时对射超声波脉冲，显然一个是逆流传播，另一个则为顺流传播，气流的作用会使两束超声脉冲以不同的传播时间到达接收换能器。由于两束脉冲传播的实际路程相同、传输的时间不同，则可以得到气体的流速，进而计算流量，这一方法又称为时差测量法。

时差测量法的测量原理，如图 2-21 所示。

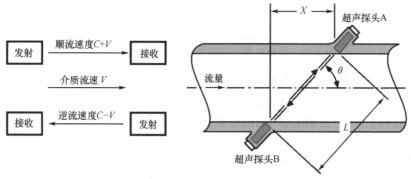

图 2-21　时差测量法测量原理

当管道中有气体流过时，超声探头 A 和超声探头 B 所发射的超声波脉冲分别被对方接收，由于超声波脉冲在气流中传播速度受到气流的影响，导致超声波脉冲顺流传播的速度快于逆流传播，在超声波声道长度内，其顺流、逆流方向的传播时间分别为

$$t_S = \frac{L}{C + V\cos\theta} \qquad t_N = \frac{L}{C - V\cos\theta} \qquad \cos\theta = \frac{X}{L}$$

式中，t_S 为超声波顺流传播时间，t_N 为超声波逆流传播时间。

由此，可以得到被测气体沿声程的平均流速为

$$V = \frac{L}{2\cos\theta}\left(\frac{1}{t_S} - \frac{1}{t_N}\right)$$

这是沿声道长度上的平均的线性加权气体流速，需要进行气体流速的修正，即可计算出气体流量 Q

$$Q = K \times A \times V = K \times \frac{\pi D^2}{4} \times \frac{L}{2\cos\theta}\left(\frac{1}{t_S} - \frac{1}{t_N}\right)$$

式中，K 为速度分布剖面的修正系数，A 为管路截面积，D 为管路内径。

（二）残气检测技术

功能残气量（FRC）和残气量（RV）分别是平静呼气后或深呼气后残留于肺内的气体容量，由于这部分容量为解剖无效腔容量，不参与气体交换，因此，不能直接通过肺量计进行测定，只能采用间接的测量方法。目前，氮气冲洗法、稀释平衡法（一口气法）和体积描记法是用来测定功能残气量的常用方法，再将功能残气量减去补呼气量，可以得到残气量和肺总量。

1. **氮气冲洗法**　氮气（N_2）通常状况下是一种无色、无味、无毒的气体，占大气总量的 78.12%，是空气的主要成分。人体进行呼吸时，吸收了部分氧气、排出二氧化碳气体和少量水蒸气，对于氮气进入肺泡后并不会被吸收利用，将原封不动地排出到体外。

根据人体不会吸收氮气的原理，肺功能仪利用足够的时长（一般为 7min）吸入医用纯氧，通过收集呼出气体并测量稀释后的氮气浓度，可以换算出功能残气量和残气容积。

氮气冲洗法的原理示意图，如图 2-22 所示。

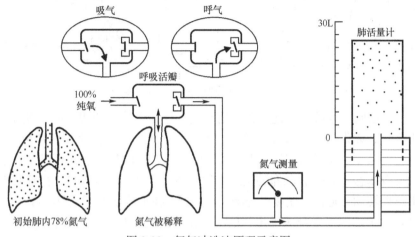

图 2-22　氮气冲洗法原理示意图

检测系统为封闭回路，利用呼吸活瓣进行呼吸控制。测量初始，肺内氮气的含量约为 78%。测试时，患者吸入 100% 医用氧气（不含氮气），呼出的气体被收集到肺活量计。经过 7min 的反复用力呼吸，患者肺内的氮气几乎被"清洗"干净，肺内的初始氮气存留在肺活量计的气囊，由氮气计测量出呼气末残余氮浓度，并根据质量守恒定律，可以计算出功能残气量（FRC）。

例如，7min 呼吸后氮浓度为 8%，气囊收集的气体容量为 30L，则氮气含量为

$$30L \times 8\% = 2.4L$$

即可得到功能残气量

$$FRC = \frac{2.4}{0.78} = 3.10L$$

2. **稀释平衡法**　根据质量守恒原理，某一已知浓度的指示气体被另一未知容量的气体稀释，通过测定稀释后气体中指示气体的浓度即可获得该未知气体的容量。有关系式

$$C_1 \times V_1 = C_2 \times V_2$$

式中，C_1、C_2 为初始和稀释末指示气体的浓度，V_1、V_2 为初始和稀释末指示气体的容量。

在临床应用时，应选择机体不产生、不代谢、不会泄露、还易于测定的气体。氦气（He）和氮气（N_2）符合上述要求，可作为指示气体用于静态肺容积的检查。气体稀释平衡法以氦或氮为指示气体，受检者在平静呼气末开始重复呼吸肺量计内含氦或氮的指示气体，使肺量计中气体与功能残气充分混匀达到浓度平衡，然后根据肺量计中的氦或氮浓度计算出功能残气量。

稀释平衡法的检查方法分为密闭式和开放式两种。密闭式检查法测定准确，但因需要储气装置，设备结构相对复杂；开放式检查法设备结构简单，可快速实施测定气体浓度变化，能满足气体分析要求，是目前主流的检查方法。

（1）密闭式氮气稀释法：密闭式氮气稀释法的示意图，如图 2-23 所示。

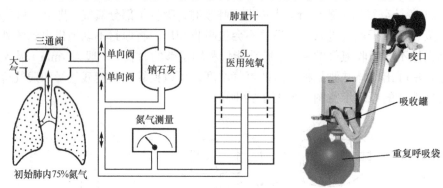

图 2-23　密闭式氮气稀释法示意图（初始状态）

肺量计、三通阀与连接管相连，首先用空气充分冲洗肺量计和管道，然后压下肺量计浮筒，排出空气，以保证肺量计和连接管内无效腔气为空气。向密闭的肺量计内充入 5L 的医用纯氧，记录 5L 纯氧和肺量计无效腔气混合后气体的氧浓度，可以推算出混合气的氮浓度。受检者休息 20min 后取仰卧位或坐位，加上鼻夹，口含咬口，待呼吸平稳后，在平静呼气末迅即转动三通阀，使接口与肺量计相通，在平静状态下重复呼吸 7min，使肺内的氮气与肺量计中的氮气平衡（呼出气的二氧化碳由钠石灰吸收罐吸收）。之后迅速转动三通阀开关，使患者咬口通大气，并关闭肺量计管道，读取平衡后肺量计的氮浓度。

由于氮气不参与气体交换，故测定前肺功能残气与肺量计中的总含氮量应等于 7min 后肺脏和肺量计中含氮量。

设：X 为功能残气量，a 为测试前充入肺量计中的容量（即 5000ml），b 为重复呼吸 7min 中氧的吸收量（ml），y 为重复呼吸 7min 后肺与肺量计内气体平衡的氮浓度，d 为肺量计及连接管的无效腔容量（ml），e 为肺量计充入氧气时的含氮量。

因此有，测定前功能残气含氮量为 $0.78X$，测定前无效腔含氮量为 $0.78d$，测定后功能残气含氮量为 $X \cdot y$，测定后无效腔含氮量为 $d \cdot y$，测定后肺量计中含氮量为 $(a-b)y$。测试前后氮气分布，如图 2-24 所示。

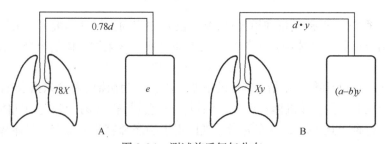

图 2-24　测试前后氮气分布

A. 稀释前氮气分布；B. 稀释后氮气分布

根据质量守恒原理，测定前肺功能残气与肺量计中的总含氮量应等于 7min 后肺脏和肺量计中含氮量，即

$$0.78X + 0.78d + e = Xy + dy + (a-b)y$$

整理后，得到功能残气量为

$$X = \frac{(a-b)y - e}{0.78 - y} - d$$

（2）密闭式氦气稀释法：氦气稀释法的测定原理与氮气稀释法基本相同。在密闭的肺量计中，充入一定量的氦与氧的混合气体，氧气根据受检者消耗情况加以补充。受检者做重复呼吸，直到肺量计中的氦与肺泡气平衡为止，然后根据肺量计中氦浓度的变化来计算功能残气量。

检测时，受检者取坐位，口含咬口，加上鼻夹，连接三通阀，待呼吸平稳后，在平静呼气末转动三通阀开关使咬口与肺量计相通，重复呼吸氦与空气的混合气体（含氦10%），使氦浓度达到平衡。由于人体不产生、吸入氦气，根据质量守恒原理，检测前后的氦气总量不变，有

$$(c + d + FRC)b = (c + d)a$$

式中，a 为氦气初始浓度，b 为氦气终末浓度，c 为肺量计气体容量，d 为肺量计及连接管的无效腔量。整理后，可以得到功能残气量为

$$FRC = \frac{(a-b) \times (c+d)}{b}$$

（3）一口气法：采用一次深呼吸来测定残气量和肺总量。检测时，以10%的氦（He）、0.3%的一氧化碳（CO）与空气混合为指示气体，由残气量（RV）位进行快速吸气达到肺活量（VC）位后，屏气8s（氦气均匀分布），缓慢呼气至残气位，由呼出肺泡气中氦浓度 X 换算出残气量（RV）和肺总量（TCL）。

由于人体的呼吸过程不会消耗氦气，那么，呼吸前后的氦气总量相等，有

$$VC \times 10\% = (VC + RV)X$$

整理后，得到残气量和肺总量

$$RV = \frac{VC(0.1 - X)}{X}$$
$$TCL = VC + RV$$

3. **体积描记法** 根据波尔定律（Boyle law），气体的温度和质量一定时，其容量和压力成反比关系，即

$$P \times V = K \ 或 \ P = \frac{K}{V}$$

式中，P 为气体的压力，V 为气体容量，K 为测量条件下的测定常数。

波尔定律也可以理解为在气体的温度和质量不变时，如果气体的压力或容量发生改变，则变化前的压力（P_1）和容量（V_1）的乘积等于变化后的压力（P_2）和容量（V_2）的乘积。即

$$P_1 V_1 = P_2 V_2$$

体容积描记法的核心装置是体描箱，体描箱一般有三种类型：压力型、容积型和流量型，目前多使用压力型体描箱。体描箱，如图2-25所示。

图2-25 体描箱

压力型体描箱的原理示意图，如图 2-26 所示。

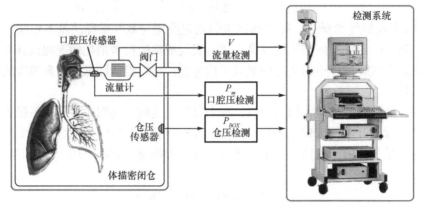

图 2-26 压力型体描箱的原理示意图

在平静呼吸末流速为"0"，胸腔内肺泡压等于大气压（P_B），胸腔内空气容积为"平静呼气末胸腔气容积"（Vtg），即功能残气量。这时，如果关断气道阀门，阻断了气道通气，在保持会厌开放的情况下做呼吸动作，胸腔内空气容积和肺泡压随呼吸动作发生周期变化。吸气相时，胸腔内空气容积增加（ΔV_A）、肺泡压降低（ΔP_A）。根据波尔定律，有

$$P_B \times \text{Vtg} = (P_B - \Delta P_A) \times (\text{Vtg} + \Delta V_A)$$

整理后，平静呼气末胸腔气容积 Vtg，即功能残气量 FRC 为

$$\text{FRC} = (P_B - \Delta P_A) \times \frac{\Delta V_A}{\Delta P_A}$$

在实际检查时，阻断气道后是以浅快节奏呼吸，因而胸廓内的容积变化较小，肺泡压变化也小，ΔP_A 与 P_B 相比，可以忽略不计。由此，上式简化为

$$\text{FRC} = P_B \times \frac{\Delta V_A}{\Delta P_A}$$

呼吸时，空气进入气道和肺泡后，即被水蒸气所饱和，其饱和水蒸气分压值不受大气压（P_B）影响，而会受到温度影响。正常体温（37℃）下，肺内水蒸气分压（P_{H_2O}）为 6.28kPa（47mmHg）。因此，计算肺泡压时应减去水蒸气分压，上式变为

$$\text{FRC} = (P_B - 6.28) \times \frac{\Delta V_A}{\Delta P_A}$$

由此可见，只要能测量出 ΔV_A 和 ΔP_A，并根据当时的大气压 P_B，即可计算出平静呼气末胸腔内气容积，即功能残气量（FRC）。

（1）测定 ΔV_A：压力型体描仪的密闭仓内置有非常灵敏的压力传感器，测试中可以感受到仓内因容积变化（ΔV）而引起的压力改变（ΔP）。由于容积与压力变化呈线性关系，因此，ΔV 和 ΔP 的比值为一常数 C，即

$$C = \frac{\Delta V}{\Delta P}$$

当受检者在仓内检查，关闭气道阀门后继续呼吸时，胸廓内容积变化为 ΔV_A，引起仓内的容积变化为 ΔV、压力变化为 ΔP。因此，得到容积压力常数 C_{sub}，即

$$\Delta V_A = C_{\text{sub}} \times \Delta P$$

根据密闭仓设计定标，有

$$C_{sub} = C_{box} \times \frac{V_{box} - \dfrac{W}{1.07}}{V_{box}}$$

式中，C_{box} 为密闭仓本身的容积压力常数，V_{box} 为仓的容积，W 为受检者的体重，人体比重的平均值为 1.07。整理后得到

$$\Delta V_A = \Delta P \times C_{box} \times \frac{V_{box} - \dfrac{W}{1.07}}{V_{box}}$$

（2）测定 ΔP_A：在受检者平静呼吸末关闭气道阀门，此时由于阻断了呼吸气流，使得口腔压与肺泡压相等。因此，可以通过检测口腔压的变化（ΔP_m）代表肺泡压（ΔP_A）变化。即

$$\Delta P_A = \Delta P_m$$

综上方法比较，氮气冲洗法和氦稀释法具有方法简便、费用低廉等特点，易于普及推广；氦稀释法则成本相对较高；体积描记法不受气道阻塞等因素影响，但需要较为昂贵的体容积描记仪，首期需要较高的投资。

（三）肺换气评估技术

呼吸作为人体最基本的生命体征，其核心任务是气体交换，其中包括肺通气和肺换气两个生理学的层面。肺通气是指将外界空气经呼吸道吸入到肺泡内，然后再排出废气，它仅是一个气体流通过程，并不关心气体是如何交换的；而肺换气则是指吸入肺泡内的空气与肺泡上的毛细血管进行的气血交换，即氧气进入肺毛细血管参与血循环，肺毛细血管内的二氧化碳扩散到肺泡内随呼吸道排出体外。

如果出现肺换气障碍，呼吸运动不能及时摄入氧气或排出血液中的二氧化碳，将导致缺氧和血液中的二氧化碳增多，严重时会发生呼吸性酸中毒等。因此，肺通气关注的是呼吸过程，仅能够反映人体的通气功能；而肺换气则是呼吸的"目的"，可以评价呼吸的生理学效果，评估人体与外界环境进行气体交换的能力。

人体呼吸主要的气体成分，见表 2-1。

表 2-1　人体呼吸主要的气体成分

气体成分	空气中气体	呼出的气体
氮气（N_2）	78%	78%
氧气（O_2）	21%	16%
二氧化碳（CO_2）	0.03%	4%
水（H_2O）	0.07%	1.1%
其他成分	0.9%	0.9%

1. 肺换气过程　肺换气（pulmonary ventilation）是指氧气与二氧化碳在肺泡与肺泡毛细血管间的气体交换过程，它包括肺泡换气和组织换气两个阶段。肺泡换气与组织换气，如图 2-27 所示。

肺泡换气是肺泡气与血液的气血交换，组织换气则是血液与组织细胞的换气，全部过程始终贯穿着氧浓度或氧分压（PO_2）、二氧化碳浓度或二氧化碳分压（PCO_2）的周期性变化，

即气体从分压高处（高浓度）向分压低处（低浓度）的物理性弥散。因而，肺泡换气后血液中的氧分压增高、二氧化碳分压下降，组织换气后氧分压下降、二氧化碳分压增高。

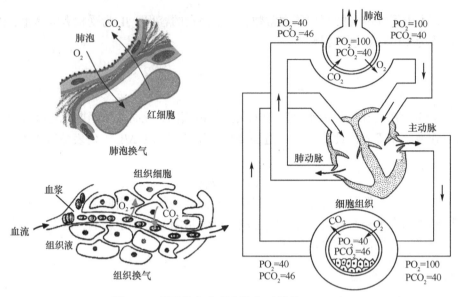

图 2-27　肺泡换气与组织换气（单位 mmHg）

肺换气有如下基本过程。

（1）肺泡换气。经肺通气进入肺泡的新鲜空气（氧浓度为 21%）与血液进行气体交换，氧气从肺泡顺着分压差弥散到静脉血，同时，静脉血中的二氧化碳则向肺泡弥散，静脉血氧合后转换成富氧的动脉血。这一过程使得血液中的氧分压逐渐升高，二氧化碳分压随之降低，最后接近于肺泡气的氧分压和二氧化碳分压。

（2）通过血液循环系统输送气体。

（3）组织换气。当富含氧的动脉血经由组织器官时，根据氧分压和二氧化碳分压气体弥散原则，体循环的毛细血管与组织细胞可进行气血交换，将氧气摄入给组织细胞、二氧化碳扩散到血液，形成贫氧的静脉血。

由于氧气和二氧化碳的扩散速度极快，通常仅需约 0.3s 即可完成肺部气体交换，使静脉血在流经肺部之后迅速变成了动脉血。一般血液流经肺毛细血管的时间约为 0.7s，因此，当血液流经肺毛细血管全长约 1/3 时，肺换气过程已基本完成。

2. 肺换气的影响因素　影响肺换气的因素较多，主要有以下几个方面。

（1）气体分压：气体交换的动力是气体的分压差（difference of partial pressure，ΔP）。气体的分压差越大，则扩散越快，扩散速率越大；反之，分压差小则扩散速率低。气体的分压差也将决定气体交换的方向。

（2）气体的溶解度与分子量：在其他条件相同时，气体扩散速率与气体在溶液中的溶解度（S）成正比，与气体分子量（MW）的平方根成反比，气体的溶解度与分子量的平方根之比称为扩散系数。即

$$扩散系数 = \frac{S}{\sqrt{MW}}$$

由于二氧化碳在血浆中的溶解度（51.5%）约为氧气的（2.14%）25 倍，二氧化碳的

分子量（44）大于氧气（32），这样二氧化碳的扩散系数是氧气的 20 倍。尽管氧气的分压差比二氧化碳的分压差大将近 10 倍，二氧化碳的扩散速度仍为氧气的 2 倍。因此，临床上易出现缺氧而二氧化碳潴留较少见。

（3）呼吸膜的厚度：呼吸膜又称为肺泡-毛细血管膜，如图 2-28 所示。

呼吸膜由含肺表面活性物质的液体分子层、肺泡上皮细胞层、上皮基底膜层、肺泡上皮和毛细血管基膜之间含有胶原纤维和弹性纤维的组织间隙、毛细血管基膜层及毛细血管内皮细胞层 6 层组成。但呼吸膜的总厚度不到 1μm，最薄处只有 0.2μm，气体易于扩散通过。此外，由于肺毛细血管平均直径不足 8μm，血液层很薄，红细胞膜通常能接触到毛细血管壁，使氧气和二氧化碳可不经大量的血浆层即

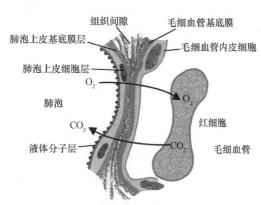

图 2-28　呼吸膜示意图

可到达红细胞或进入肺泡，扩散距离较短，气体交换速度加快。病理情况下，如肺纤维化、肺水肿时呼吸膜增厚或扩散距离加大都会降低扩散速度，减少氧气和二氧化碳扩散量。此时若增加运动，可因血流加速缩短气体在肺部的交换时间，进一步降低气体交换，加重呼吸困难。

（4）呼吸膜的面积：正常成人约有 3 亿个肺泡，呼吸膜总面积约为 70m²。在安静状态下，机体仅需 40 m² 的呼吸膜便足以完成气体交换，因此呼吸膜有近 30 m² 的贮备面积。人体运动时，肺泡毛细血管开放数量和开放程度增加，使呼吸膜的面积增加，加快氧气和二氧化碳扩散的速度。反之，肺不张、肺实变、肺气肿时呼吸膜扩散面积减小，气体交换能力降低。

（5）温度：肺泡内气体的温度愈高，气体分子运动速度愈快，故气体扩散的速度与温度成正比。

（6）通气/血流比值（ventilation/perfusion ratio，VA/Q）：是指每分肺泡通气量（VA）和每分肺血流量（Q）（心排血量）的比值。

正常成年人安静时，肺泡通气量约为 4200ml/min，心排血量为 5000ml/min。因此，VA/Q 为 0.84，这就意味着肺泡通气量与肺血流量的比例适宜，气体交换的效率最高，即流经肺部的静脉血可以顺利转换成动脉血。如果 VA/Q 比值增大，表明通气过度或血流不足，使得部分肺泡气未能与血液气体充分交换，造成肺泡无效腔增大；反之，VA/Q 下降，则意味着通气不足或血流相对过剩，会造成部分血液流经通气不良的肺泡，混合静脉血中的气体未能得到充分氧合，在流经肺部之后仍然是静脉血，相当于功能性动—静脉短路。因此，从气体交换角度来看，VA/Q 增大或减小，肺换气的效率都较差。如果肺内某一区域，或者整个肺的肺泡通气量和血流量按比例同向变化，保持 VA/Q 值为 0.84，则能维持气体的交换效率。

3. 肺弥散　肺弥散（lung dispersion）指氧和二氧化碳通过肺泡及毛细血管膜进行气体交换的生理过程，主要反映了气体透过肺泡膜进入肺泡毛细血管时的肺换气功能状态。

弥散功能是肺换气功能中的一项测定指标，可用于评价肺泡毛细血管膜进行气体交换的效率。对于早期检出肺及气道病变、评估疾病的程度及预后、评价药物或其他治疗方法

的疗效、鉴别呼吸困难的原因、诊断病变部位、判断肺功能对手术的耐受力或劳动强度耐受力，以及对危重病患者的监护等方面有重要意义。

（1）弥散速率：呼吸气体的弥散途径有肺泡气、肺泡毛细血管壁、肺毛细血管内血浆、红细胞及血红蛋白等，因而呼吸气体的转运过程包括气体在肺泡内与弥散的气体混合，以及气体通过肺泡毛细血管膜的血气弥散。

根据气体扩散定律（Graham law），在同温同压的条件下，各种气体弥散的相对速率与该气体分子量平方根成反比。因而在肺泡内，氧气与二氧化碳的相对速率为

$$\frac{CO_2弥散量}{O_2弥散量} = \frac{\sqrt{O_2分子量}}{\sqrt{CO_2分子量}} = \frac{\sqrt{32}}{\sqrt{44}} = \frac{0.85}{1}$$

可见，在肺泡气中氧气弥散略快于二氧化碳弥散。伴随着肺泡内气相弥散，气体到达肺泡毛细血管膜的液体表面继续进行弥散，其速率取决于气体分子量与该气体在液体中的溶解度。根据亨利定律（Henry law），氧气与二氧化碳的相对速率为

$$\frac{CO_2弥散速率}{O_2弥散速率} = \frac{\sqrt{O_2分子量}}{\sqrt{CO_2分子量}} \times \frac{CO_2溶解度}{O_2溶解度} = \frac{\sqrt{32}}{\sqrt{44}} \times \frac{51.5}{2.14} = \frac{20.4}{1}$$

由此表明，二氧化碳通过肺泡膜的弥散速率约为氧气的 20 倍。氧的弥散速度比二氧化碳要慢得多，这是因为氧不易溶解体液。因此，当患者弥散功能发生异常时，氧的交换要比二氧化碳更易受到影响，在临床上肺弥散功能的障碍可明显影响动脉血氧水平。

（2）影响弥散的主要因素

1）弥散面积。肺弥散量与有效肺泡容积（指能与有血流的毛细血管接触的肺泡面积）成正比关系。

2）弥散路径的距离，包括肺泡与肺泡毛细血管、红细胞膜及血红蛋白等的距离，弥散路径与弥散量成反比关系。

3）肺泡与毛细血管内血液的气体分压差密切相关。

4）弥散量大小与供气肺泡的肺毛细血管血容量及气体在红细胞内与血红蛋白反应的速率成正比关系。

4. 弥散的测量原理　通过一个膜的气体弥散速率 V，可用菲克定律（Fick law）表示为

$$V = K\frac{A}{L} \times (P_1 - P_2)$$

式中，K 为弥散系数，A 为弥散面积，L 为膜厚度，（$P_1 - P_2$）为膜两侧气体分压差（跨膜压）。

由上式可见，决定气体弥散速率的驱动力为膜两侧的分压差，在分压差一定的条件下，弥散速率与弥散系数（与气体溶解度及气体与膜的反应有关）、弥散面积和膜厚度相关。用肺弥散 D_L 表示弥散膜的特征，有

$$D_L = \frac{V}{(P_1 - P_2)}$$

肺的气体弥散主要为氧气与二氧化碳的弥散。二氧化碳弥散能力很强，故很少存在弥散障碍，弥散功能一般是对氧气而言，但直接测定肺毛细血管中氧分压是极其困难的，通常使用一氧化碳（CO）作为测试气体。一氧化碳透过呼吸膜的速率及与血红蛋白反应的速率与氧气基本相同，结合力比氧气大 210 倍。正常人血液中一氧化碳的含量接近于零，

可以忽略不计，所以肺泡气一氧化碳分压即为呼吸膜两端一氧化碳分压差，可以代替肺泡毛细血管内一氧化碳分压。因此，现阶段临床多应用肺一氧化碳弥散量（D_L一氧化碳）来表达肺弥散（D_L）。

D_L一氧化碳（或 TLCO）系指气体在单位时间内及单位压力差下所能转移的一氧化碳量。公式表示为

$$D_L CO = \frac{V_{CO}}{(P_A CO - P_C CO)}$$

式中，V_{CO} 为肺一氧化碳摄取率，$P_A CO$ 为肺泡一氧化碳分压，$P_C CO$ 为肺泡毛细血管一氧化碳分压，由于正常人血浆中一氧化碳的含量接近零，可以忽略不计 $P_C CO$。则有

$$D_L CO = \frac{V_{CO}}{P_A CO}$$

根据气体扩散定律和亨利定律，可以换算出 D_L

$$D_L = \frac{\sqrt{CO分子量}}{\sqrt{O_2分子量}} \times \frac{O_2溶解度}{CO溶解度} \times D_L CO = \frac{\sqrt{28}}{\sqrt{32}} \times \frac{2.14}{1.85} \times D_L CO \approx 1.23 D_L CO$$

利用一氧化碳进行肺弥散功能检查有许多方法，主要包括一氧化碳摄取量法、一口气呼吸法、恒定状态法及重复呼吸法等。其中，一口气呼吸法由于操作简捷、测量快速，在临床应用更为广泛。

5. 一口气呼吸法　一口气呼吸法又称为屏气法、单次呼吸法（single-breath method）。

（1）测试原理：根据气体在单位时间内及单位压力差下所能转移的一氧化碳量 $D_L CO$，有

$$D_L CO = \frac{V_{CO}}{P_A CO}$$

要得到肺一氧化碳摄取量 V_{CO} 必须知道未弥散前肺泡内一氧化碳浓度，以及吸入的一氧化碳气体到达肺泡的容积 V_A，计算出进入肺泡未弥散前的一氧化碳量，还要得到弥散后肺泡内一氧化碳浓度及肺泡容积，算出弥散后所剩余的一氧化碳量。将两者相减，即为肺的一氧化碳摄取量 V_{CO}。但是，吸入的含有一氧化碳混合气体，在到达肺泡时已经被残气与无效腔气体所稀释，且一氧化碳一旦到达肺泡，会很快进入肺毛细血管，因而未弥散前肺泡内的一氧化碳浓度无法测量。为此，需要使用惰性气体氦气（He）与一氧化碳配置成混合气一同吸入肺，由于惰性气体氦气不被人体利用，也不能弥散入肺毛细血管，故从肺泡中氦气存在的比例即可得知一氧化碳的稀释比。

因此，弥散开始前（已被稀释，尚未弥散）肺泡内的一氧化碳浓度 $F_A CO_I$ 为

$$F_A CO_I = F_I CO \times \frac{F_E He}{F_I He}$$

式中，$F_I CO$ 为吸入气一氧化碳浓度，$F_I He$ 为吸入气氦气浓度，$F_E He$ 为弥散终了时呼出肺泡气氦气浓度。

由于氦气与一氧化碳具有相同的稀释比，吸入的一氧化碳气体到达肺泡的容积 V_A 为

$$V_A = VC \times \frac{F_I He}{F_E He}$$

平均 $P_A CO$ 的计算比较复杂，在屏气前的 $P_A CO$ 与 $F_A CO_I$ 和（$P_{大气} - P_{水蒸气}$）有关，但

困难的是在屏气时，由于一氧化碳的弥散作用，而使 $P_A CO$（即与 $F_A CO$）不是恒定的，在呼气前 $F_A CO$ 是呈自然对数形式地下降，因此，可以得到弥散终了时呼出肺泡气一氧化碳的浓度 $F_E CO$ 为

$$F_E CO = F_A CO_I \times e^{KT_b}$$

式中，T_b 为屏气时长。

K 值可由下式来计算

$$K = \frac{D_L CO \times (P_B - P_{H_2O})}{V_A \times 60}$$

再经过一系列整理，得出最终 $D_L CO$ 的计算公式

$$D_L CO = \frac{V_A}{(P_B - P_{H_2O})} \times \frac{60}{T_b} \times \ln \frac{F_A CO_I}{F_A CO}$$

式中，P_B 为大气压，P_{H_2O} 为水蒸气压（47mmHg），T_b=屏气时间（1min =60s），$F_A CO_I$ 为屏气前肺泡气一氧化碳浓度，$F_A CO$ 为屏气 T_b 后肺泡气一氧化碳浓度。

一氧化碳的肺弥散量

$$D_L CO = \frac{VC}{(P_B - P_{H_2O})} \times \frac{F_I He}{F_E He} \times \frac{60}{T_b} \times \ln \frac{F_E He \times F_I CO}{F_I He \times F_E CO}$$

最后，可以得知氧气的肺弥散量

$$D_L = 1.23 D_L CO$$

由此可见，检测系统只要可以测定吸入气体的氦气浓度 $F_I He$ 和一氧化碳浓度 $F_I CO$、呼出气体的氦气浓度（$F_E He$）和一氧化碳浓度（$F_E CO$），即可检测出氧气的肺弥散量。

（2）检测方法：一口气呼吸法的测试设备主要为两部分，一是可以检测呼吸通气量的肺量计、体描仪等；二是气体成分（一氧化碳、氦气）浓度检测设备，如红外气体分析仪、气相色谱仪等。另外，为配合一口气呼吸法检测，需要使用标准的测试混合气体，气体成分包括 0.3% 的一氧化碳、10% 的氦气、20% 的氧气及氮气平衡气。

一口气呼吸法检测原理示意图，如图 2-29 所示。

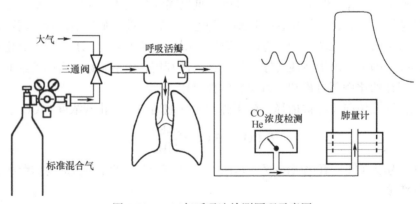

图 2-29　一口气呼吸法检测原理示意图

临床测试时，受试者用鼻夹夹闭鼻孔、口含咬口后平静呼吸 4～5 个周期，待潮气末基线平稳，指导呼气至完全（残气量位，RV），立即切换三通阀，接通标准测试混合气，令受试者快速匀速吸气至完全（肺总量位，TLC），屏气 10s，最后均匀中速呼气至残气

位。一口气呼吸法的测试过程，如图 2-30 所示。

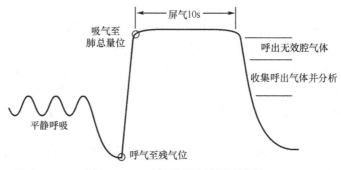

图 2-30　一口气呼吸法的测试过程

在呼气过程中，气体中水蒸气被吸收，为了保证避开无效腔气体的干扰，测定一般是在呼出约 1000ml 的气体之后再开始连续测定一氧化碳及氦气浓度。

（3）检查的质控要求

1）快速均匀吸气：吸气容积应大于 90% 肺活量，吸气时间应小于 2.5s（健康人）或不超过 4.0s（气道阻塞者）。为保证受检者足够的吸气容量，必须首先尽可能呼气到残气位。

2）屏气 10s：屏气时间过短，气体在肺内的弥散会不充分，导致弥散量下降。

3）均匀中速呼气至完全：呼气时间应控制在 2～4s，呼气过快或过慢会影响呼出气体采样与分析，尤其需要注意呼气过程中不要中断。

6. 其他检测方法　一口气呼吸法检测肺弥散是一种十分重要的方法，几乎现阶段所有的肺功能检测仪上都配备了这一功能。但是，由于一口气呼吸法在检测过程中需要受试者有 10s 的屏气时间，使得一些身体虚弱的老年患者难以承受，造成测试失准或失败。因此，肺弥散功能还有不需要屏气的其他检测方法，如一氧化碳摄取量法、重复呼吸法、内呼吸法和恒定状态法等。

（1）一氧化碳摄取量法：应用一氧化碳摄取量法（Fractional CO uptake），可以根据一氧化碳的摄取量 $F_U CO$，为临床判断肺部是否发生弥散功能障碍提供参考数据。一氧化碳摄取量法的检测示意图，如图 2-31 所示。

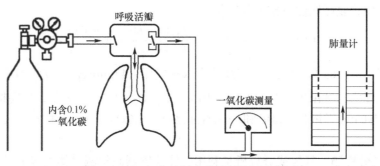

图 2-31　一氧化碳摄取量法的检测示意图

检测时，受试者吸入含有少量的一氧化碳（0.1%）气体（$F_L CO$），呼出的气体被收集到肺量计内，几分钟后，测量呼出的一氧化碳浓度（$F_E CO$），那么一氧化碳的吸入量（$F_U CO$）可有

$$F_U\text{CO} = \frac{F_L\text{CO} - F_E\text{CO}}{F_E\text{CO}} \times 100\%$$

$F_U\text{CO}$ 的测试结果与受试者的通气水平有关。若受试者分钟通气量低，可造成 $F_U\text{CO}$ 的值偏小，甚至在某些肺弥散功能正常的人群也会发生这一现象。

这种方法并不能测出肺弥散量 $D_L\text{CO}$，因为测试过程中没有测定 $P_A\text{CO}$。$F_U\text{CO}$ 仅是一个简单的筛选方法，即在保持恒定的分钟通气量的基础上，如果 $F_U\text{CO}$ 正常，那么受试者的肺弥散功能一般来说是正常的；如果 $F_U\text{CO}$ 有所下降，则表明受试者的肺弥散功能有可能受损。

（2）重复呼吸法（rebreathing methods，RB）：是在受试者进行自然潮气呼吸的条件下，进行的肺弥散功能测定。重复呼吸法有两种方法：储气袋法和气体冲洗法，目前主要是应用储气袋法。

重复呼吸法是让受试者重复呼吸储气袋内的标准混合测试气体，混合气体内含有 0.3% 一氧化碳、10% 氦气、21% 氧气、其余由氮气平衡，储气袋内的气体量应与受试者的肺活量大致相当，即每次吸气时均能将袋内的气体全部吸入。

测试时，受试者首先呼气至残气位后，接通储气袋，在肺活量位与残气位之间的水平上重复呼吸混合气，T_{RB} 时间为 30～45s，以保证储气袋内的气体与肺泡气充分混合。经充分混合后，测定储气袋内的一氧化碳、氦气及氧气浓度。与单次呼吸法的计算公式相似，肺弥散量为

$$D_L\text{CO}_{RB} = \frac{V_{SR}}{(P_B - P_{H_2O})} \times \frac{60}{T_{RB}} \times \ln\frac{F_A\text{CO}_I}{F_A\text{CO}_F}$$

式中，$F_A\text{CO}_I$ 为重复呼吸前储气袋内一氧化碳的浓度，$F_A\text{CO}_F$ 为重复呼吸终了时储气袋内 CO 浓度，V_{SR} 为受试者的残气量与储气袋气体容积之和，其计算方法是先测量重复呼吸前储气袋的气体容积（V_R），有

$$V_{SR} = V_R \times \frac{F_I\text{He}}{F_E\text{He}}$$

式中，$F_I\text{He}$ 为重复呼吸前储气袋内氦气的浓度，$F_E\text{He}$ 为重复呼吸终了时储气袋内氦气的浓度。

因此，采用重复呼吸法测定的弥散量为

$$D_L\text{CO}_{RB} = \frac{V_R}{(P_B - P_{H_2O})} \times \frac{F_I\text{He}}{F_E\text{He}} \times \frac{60}{T_{RB}} \times \ln\frac{F_A\text{CO}_I}{F_A\text{CO}_F}$$

如前所述，式中的 P_B 为大气压，P_{H_2O} 为水蒸气压（47mmHg），T_{RB} 为重复呼吸时间，吸入的混合气体为已知浓度，其中 $F_I\text{He}=10\%$、$F_A\text{CO}_I=0.3\%$。因此，只要检测出重复呼吸后储气袋内的氦气浓度 $F_E\text{He}$ 和一氧化碳浓度 $F_A\text{CO}_F$，即可由上式得到肺弥散量 $D_L\text{CO}_{RB}$。

7. 气体成分检测　气体成分分析是利用气体传感器来检测气体的成分及含量，主要是用来对气体成分进行定性分析和定量分析（浓度或压力）。现阶段，肺功能测试中需要检出的气体成分主要有氧气、二氧化碳及一氧化碳、氦气等，此外，还根据情况检测一些挥发性的有机化合物，如乙烷、戊烷、丙酮、异戊二烯等。

（1）氧浓度检测——氧电池（oxygen battery）：又称为氧气传感器、氧电极，是一种

电化学传感器，主要用于测量混合气体的氧浓度，氧浓度的测量范围为 0～100%。氧电池及内部结构，如图 2-32 所示。

氧电池是一个密封容器，其内充满电解质溶液，使不同的离子得以在电极之间交换。氧电池内部包含有两个电极，其中，阴极是涂有活性催化剂的一片 PTFE（聚四氟乙烯），阳极为一个铅块，也称为铅阳极。在铅阳极和阴极之间装有两块集流体为工作电极，工作电极通过绝缘体隔离，并连接至传感器引线。

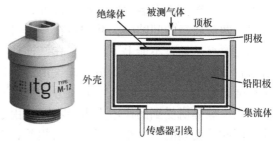

图 2-32　氧电池及内部结构

当氧气到达工作电极时，立刻被还原释放出氢氧根离子：

$$O_2 + 2H_2O + 4e^- = 4OH^-$$

这些氢氧根离子通过电解质到达铅阳极，与铅发生氧化反应，生成对应的金属氧化物：

$$2Pb + 4OH^- = 2PbO + 2H_2O + 4e^-$$

上述的两个化学反应可在集流体上生成电流，电流的大小取决于氧气反应速度，即与被测气体的氧浓度成正相关，如果外接一个已知电阻可产生的电势差，这样氧电池的输出电压即为氧气浓度。

由于铅阳极直接参与氧气的电化学反应，使得这类传感器具有一定的使用期限，一旦所有可利用的铅完全被氧化，传感器将停止运作。通常氧电池的使用寿命为 1～2 年期，但也可以通过增加阳极铅的含量或限制接触铅阳极的氧气量来延长传感器的使用寿命。

（2）氧浓度检测——顺磁氧传感器（paramagnetic oxygen sensor）：是一款应用顺磁氧技术检测氧浓度的传感器。顺磁氧传感器为非消耗型器材，从而可以免去定期更换电化学氧电池的麻烦，降低了使用成本。

氧气是一种顺磁性气体，它的顺磁性明显大于其他气体。当在外界强磁场的作用下，可以将原有趋向杂乱的氧分子磁矩定向化，从而表现出顺磁性。顺磁氧传感器利用了氧气具有顺磁性的物理特性，可以将氧气与其他气体区别。

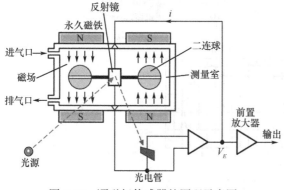

图 2-33　顺磁氧传感器的原理示意图

由于顺磁氧传感器采用的是物理测量原理，具有良好的测量稳定性，因此，顺磁氧传感器出厂校准后，无须日常校验，理论上来讲，顺磁氧传感器的使用寿命没有期限。当然，在实际的临床应用过程中，传感器不可避免地要接触污染物（如灰尘、腐蚀性物质等），从而导致传感器性能的退化。顺磁氧传感器的量程通常为 0.05%～100%。

顺磁氧传感器的原理示意图，如图 2-33 所示。

如图 2-33，在一个封闭的测量室中装有两对永久磁铁，它们的磁场强度梯度正好相反。由导电体连接的两个充满氮气的玻璃球（俗称"哑铃"，玻璃球充氮气的目的是氮气顺磁性很小，在磁场中不会发生运动；另外，充一定压力氮气可以防止玻璃球破碎），二连球置于两对磁极的间隙中，并固定在一个可以转动的同轴支架上，这样，哑铃只能以固定轴为原点转动，不能上下移动。在二连球与金属带交点处装有一平面反射镜，可以反射来自于光源的投射光。当被测样气由进气口进入气室，两个玻璃球被样气所包围，在对称强磁场的作用下，样气中的氧分子被顺磁化，样气的氧含量不同，其体积磁化程度也不同，球体所受到的作用力也会不同。由于二连球的两个球体积相同，体积磁化值相等，因此，受到的力大小相等、方向相反，对于中心支撑点的转轴而言，它受到的是一个对转轴的力矩，这个力矩使得二连球偏转一个角度，反射镜随之偏转，反射出的光束也相应发生偏移。

二连球转动时，光束偏移，放大器发生输出电压 V_E 会使回路有一定强度的电流 i，电流在传导线产生一个相反的电动力，使得二连球有恢复到原始位的动力。此时，电流产生的电动力与氧气的顺磁性产生的力相等，通过检测前置放大器的输出电压即可得到样气的氧浓度。

（3）二氧化碳浓度检测——红外气体分析：红外线一般指波长从 0.76～1000μm 范围内的电磁辐射波，在红外气体分析中，实际使用的红外线波长在 1～400μm。红外气体分析利用不同气体对红外光波具有的吸收特性来进行气体成分与浓度分析，当红外线通过某些物质时，其中某一频段的光波被吸收，使得强度减弱甚至消失，通过检测被吸收光波的频率和强度，可以分析气体成分与浓度。

红外二氧化碳气体分析仪主要由红外光源、分析气室和检测器组成，基本工作原理是，红外光源发出二氧化碳敏感（吸收率高）的红外辐射光谱，光线穿透分析气室，检测器可以实时检出透光率，由于检测的透光率与气室的二氧化碳浓度成反比，据此，能够测定分析气室内的二氧化碳浓度。

红外二氧化碳气体分析仪的组成，如图 2-34 所示。

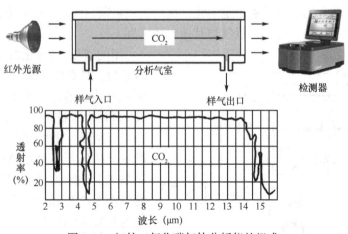

图 2-34 红外二氧化碳气体分析仪的组成

从二氧化碳对红外线的透射率可见，二氧化碳气体能吸收红外线 4 个区段的能量，吸收峰的波长分别为 2.66μm、2.77μm、4.26μm、14.99μm，吸收率分别为 0.54%、0.31%、

23.2%、3.1%。其中，峰值为 4.26μm 的吸收率最高，在二氧化碳浓度较低时，在特性波长（4.26μm）下，被二氧化碳气体吸收的红外线辐射能量与二氧化碳气体的浓度呈线性关系，尤其适合对呼出二氧化碳气体的即时测量。因此，红外二氧化碳气体分析主要是使用 4.26μm 这一频段。

目前，红外二氧化碳气体分析仪主要采用双光束、双气室的测量原理，即有等量的红外线辐射通过两个平行的气室，一个为分析气室，另一个作为参比气室。分析气室是一个通过气室，有连续的含二氧化碳样本气流通过；参比气室多采用氮气气室，可以反映出没有二氧化碳气体的光透性能，由此能修正因光源等带来的红外辐射强度偏差，以及环境温度、大气压等差异引起的共模干扰。

红外气体分析仪测量原理示意图，如图 2-35 所示。

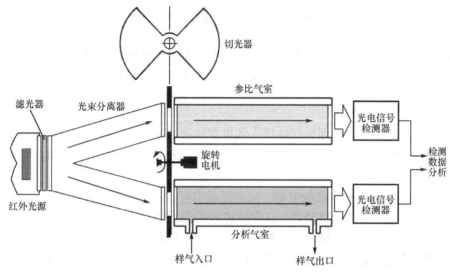

图 2-35　红外气体分析仪测量原理示意图

红外二氧化碳气体分析仪测量工作过程是，光源产生红外辐射，通过滤光器和光束分离器向分析气室和参比气室同时发出两束等量的二氧化碳气体敏感的红外光，光线穿透气室，由光电信号检测器检出透光率，根据两个气室的透光数据可以得到分析气室的二氧化碳浓度。

红外线二氧化碳气体分析仪的气室要求透光性好，气室两端用透光材料密封，要求既能保证气室的密封性，又要具有良好的透光性，常用的透光材料有蓝宝石（Al_2O_3）、氟化锂（LiF）等。所有气室的内壁保持光洁，要求不吸收红外线，不能吸附气体，对气体不起任何化学反应，因而气室内壁通常镀金，以最大限度地使光线透过气室。

（4）一氧化碳浓度检测——红外气体分析：一氧化碳的红外线特征吸收峰图，如图 2-36 所示。

由于一氧化碳对红外光也具有较高的吸收特征，因此，同样可以应用红外气体分析法检测一氧化碳浓度。

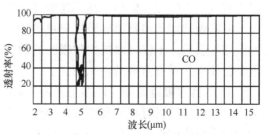

图 2-36　一氧化碳红外线特征吸收峰图

第二节 机械通气

机械通气（mechanical ventilation）也称为人工通气，是在患者自然通气和氧合功能出现障碍时，运用机械装置（或徒手口对口人工呼吸）辅助、替代或控制人体呼吸运动的一类通气方式，用来维持气道通畅、改善通气与氧合、防止机体缺氧和二氧化碳蓄积，使患者安全渡过突发创伤或基础性疾病所致的呼吸功能衰竭，为紧急施救与治疗创造条件。

机械通气从单独作为肺通气支持治疗开始，经过多年基础医学的研究和通气技术的进步，现已形成涉及气体交换、肺损伤修复、改善呼吸做功、调节胸腔内压及容积环境、支持与监测循环功能等系列技术体系，由此，大幅提高了对呼吸功能不全治疗的成功率。

一、机械通气的临床意义

机械通气是运用器械（主要是指呼吸机）人工建立气道口与肺泡间的压力差，给予呼吸功能不全的患者以通气支持，使之恢复有效呼吸并改善氧合。

（一）机械通气的目的

机械通气是通过外力将新鲜气体压入到患者的肺脏（吸气），经过肺泡换气和组织换气，再依靠肺弹性回缩将肺泡气排出（呼气），并依次往复循环。机械通气的临床目的主要包括以下几个方面。

1. **改善通气，纠正呼吸性酸中毒**　应用呼吸机可以克服由呼吸动力不足、呼吸阻力过大等多种原因引起的通气功能障碍，以保证患者所需要的肺泡通气量，排出体内增高的二氧化碳，维持动脉血二氧化碳分压（$PaCO_2$）接近于正常，纠正呼吸性酸中毒。

2. **改善换气，纠正低氧血症**　一般轻度或中度的低氧血症常可以通过鼻导管或面罩的吸氧方式得到改善。但较为严重的低氧症主要是由肺内分流量增加和通气/血流比（$\dot{V}/\dot{Q}$）的失衡所致，一般的氧疗难以奏效。正压机械通气可改善萎陷肺泡的充气状况，使通气/血流比例趋于正常，从而达到纠正低氧血症的治疗目的。例如，使用呼气末正压（PEEP）通气是治疗急性呼吸窘迫综合征（ARDS）的重要方法。

3. **减少呼吸肌做功，节约氧耗**　一些呼吸系统疾病的患者虽然动脉血气分析的结果还在正常范围或偏离正常值不多，但临床上已表现出明显的呼吸肌做功增加，如鼻翼扇动、明显的腹式呼吸和奇脉等，提示已经出现呼吸肌疲劳。这种呼吸肌做功的增加源于气道阻力增大、肺和胸壁顺应性降低、内源性呼气末正压（PEEPi）等，临床上应适时使用呼吸机以有效减小呼吸肌做功，达到缓解呼吸肌疲劳的治疗目的。

呼吸做功增加将直接导致耗氧量的加大，极度呼吸时耗氧量可占全身氧耗的50%。因而应用呼吸机，不仅可以减少呼吸肌的做功，也能大幅降低呼吸过程中的氧耗，这对于缺氧性机体损伤具有重要的临床意义。

4. **保持呼吸道通畅**　许多患者因为未能及时清除气道增多的分泌物，导致肺泡通气量减少，使用呼吸机有利于气道湿化和分泌物的引流。机械通气可增大潮气量，有预防肺不张和呼吸衰竭的作用。对于一些意识障碍，呼吸和吞咽肌麻痹使得咳嗽排痰能力减弱，适时地进行气管切开、应用呼吸机，不但能够保障肺的通气量，更重要的是可以维持气道通畅、防止肺不张甚至窒息的发生。对阻塞性睡眠呼吸暂停综合征（OSAS）患者进行连续气道正压（CPAP）通气，可以解除患者睡眠中出现的气道机械性阻塞，保证气道通畅。

5. 改善压力—容积关系　机械通气时肺容积与肺内压的关系，如图 2-37 所示。

正常肺通气时的潮气量始于功能残气位，此点位于压力—容积曲线陡直部分的起点，此时，如果有一个较小的压力变化即可获得较大的肺容积变化。但是，在萎陷的气道和肺泡情况下，其功能残气位处于较低水平，为曲线的平坦区，虽施加较大的胸膜腔内压，肺容积却增幅不大，不能保证有效通气量。因此，对于气道和肺泡萎陷的患者，

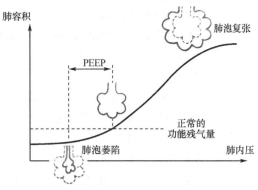

图 2-37　机械通气时肺容积与肺内压的关系

通过应用呼吸机的 PEEP 功能，可以通过建立呼气末正压，适量增加功能残气量，使呼气末肺容积点在曲线上右移至顺应性较优的陡直区，以改善压力—容积关系，从而起到防止气道和肺泡萎陷、改善肺顺应性、防止肺损伤进一步恶化的功效。

（二）机械通气的适应证

成人的呼吸生理指标达到下列任何一项标准时，即可考虑进行机械通气治疗：①自主潮气量小于正常 1/3；②自主呼吸频率大于正常值的 3 倍或小于 1/3；③肺活量＜10～15ml/kg 者；④最大吸气负压绝对值＜25cmH$_2$O；⑤肺内分流＞15%；⑥PaO$_2$ 小于正常值的 1/3；⑦PaCO$_2$＞50mmHg（慢性阻塞性肺疾病除外），且持续升高，或出现精神症状者；⑧氧合指数＜300mmHg。

1. 急性呼吸窘迫综合征　ARDS 是一种由各种原因引起的急性非心源性肺水肿、进行性肺泡陷闭，晚期肺泡内可有透明膜形成。临床上表现为顽固的进行性低氧血症和呼吸窘迫。常规氧疗对于 ARDS 的治疗奏效不佳，机械通气加用 PEEP 是治疗此疾病的重要手段之一。当 FiO$_2$ 达 60%，PaO$_2$＜60mmHg 或 PaCO$_2$＞45mmHg、pH＜7.30、氧合指数＜200mmHg 时，应及时予以机械通气。

2. 急性通气性呼吸衰竭　药物中毒、脑炎、脑外伤、脑血管病等原因导致的呼吸中枢抑制，吉兰-巴雷综合征（又称为格林-巴利综合征）、重症肌无力、脊髓灰质炎、多发性肌炎等神经-肌肉疾病均会引起肺泡通气不足，导致急性通气性呼吸衰竭，对此类患者及时采取机械通气是重要的救命措施。

3. 慢性呼吸衰竭的急性恶化　慢性阻塞性肺病（COPD）患者虽然已出现呼吸衰竭，如无急性恶化过程，在相当程度的低氧和二氧化碳潴留的状态下仍能耐受，一般不需要采用机械通气支持。但是，如果发生肺部感染或其他因素引起急性恶化，在短时间内 PaCO$_2$ 迅速上升、PaO$_2$ 明显下降，如不及时纠正，可能危及生命，因此应及时给予机械通气。关于 COPD 呼吸衰竭急性加重期，何时进行机械通气支持目前尚无统一标准，例如，出现明显的缺氧和二氧化碳潴留症状（如发绀、烦躁不安、神志恍惚、嗜睡等），或经积极治疗但呼吸性酸中毒仍进行性加重，当 PaO$_2$＜45mmHg、呼吸频率＞30 次/分、pH＜7.25、PaCO$_2$＞（70～80）mmHg 时，应当进行机械通气。

4. **重症哮喘** 支气管哮喘急性发作经常规治疗但病情持续加重，并开始出现呼吸肌疲劳、$PaCO_2$ 上升时应考虑机械通气支持。具体指征如下。

（1）$PaCO_2 > 45mmHg$。

（2）由于低氧或二氧化碳潴留，引起神志改变。

（3）极度呼吸困难，但哮鸣音却明显减轻。

（4）濒死状态。

（5）由呼吸衰竭引起的循环功能障碍等。

5. **阻塞性睡眠呼吸暂停综合征** OSAS 是由于睡眠时软腭、舌根、咽部等肌群松弛，引起气道狭窄，患者表现为睡眠中反复发生呼吸暂停。对于 OSAS 患者，由于适当的正压对气道能够起到空气支架作用，所以在睡眠时经鼻面罩进行持续气道正压通气（CPAP）或双水平气道正压通气（BiPAP），可预防性治疗睡眠呼吸暂停。

6. **外科术后的呼吸管理** 心脏外科手术常辅助体外循环，体外循环时的肺循环停止致使肺泡表面活性物质减少，可引起弥漫性肺不张，加之形成微小血栓、肺毛细血管通透性增加等因素，易发生 ARDS，早期进行机械通气对 ARDS 有预防作用。此外，胸外科手术直接创伤胸廓和肺，上腹部手术影响膈肌运动均会使呼吸运动受限、咳嗽功能减弱，术后发生呼吸衰竭的机会增多。对接受此类手术的患者必要时应尽早应用机械通气，以防发生呼吸衰竭。

7. **心搏骤停复苏术后** 心搏骤停复苏术后，只有保证了有效的肺通气，循环支持才能发挥作用，因此有必要进行短期机械通气支持。

8. **全身麻醉** 胸心、腹部和神经外科手术的麻醉历时较长且需使用肌肉松弛剂等，应酌情给予机械通气支持。

9. **慢性病的康复** 对于慢性阻塞性肺病（COPD）或某些神经—肌肉疾病引起的呼吸衰竭，发达国家已开展家庭式通气治疗，小型负压呼吸机和双水平正压（BiPAP）呼吸机可供上述患者的康复支持。

10. **预防呼吸衰竭** 对于脓毒症、昏迷、严重创伤等严重疾病，若临床判断会发生呼吸衰竭，可预防性应用机械通气。

二、机械通气的应用技术

机械通气是应用物理学方法，通过人工方式建立肺内压与大气压间的压力差，实现人工通气支持。机械通气的过程是，由外力将新鲜气体压入患者的肺泡，形成吸气相；经过肺泡换气和组织换气，再依靠肺弹性回缩将肺泡气排出，为呼气相；并依次往复循环。因此，机械通气必须具备两个基本要素，一是推送富氧气体，协助人体获得氧代谢所必需的通气量；二是提供满足人体正常呼吸的节律（指常频呼吸机）。现阶段，临床应用的机械通气技术主要包括人工呼吸、负压通气、正压通气和高频通气等。

（一）人工呼吸

人工呼吸（artificial respiration）是指徒手（或使用简易呼吸器）的辅助呼吸施救措施，是自主呼吸停止时的临时性急救方法，是一种最为常见的机械通气方式。人工呼吸运用肺内压与大气压之间的压差原理，使呼吸骤停者获得被动式呼吸，以短时间内获得机体代谢所需的氧气，排出二氧化碳，维持最为基础的生命体征。

1. **徒手人工呼吸**　徒手人工呼吸的方法很多，有口对口吹气（特殊情况下也可以对鼻吹气）法、俯卧压背法、仰卧压胸法等，但以口对口吹气式人工呼吸最为方便和有效。口对口吹气式人工呼吸，如图2-38所示。

口对口吹气式人工呼吸是一种典型的正压通气方式，吹气时，施救者用力将气体压入肺内，再利用胸廓和肺组织的弹性回缩力使肺泡气排出，如此有节律地吹气、排气，以代替患者的自主呼吸运动。

图2-38　口对口吹气式人工呼吸

A. 吹气；B. 呼气

2. **简易呼吸器**　简易呼吸器（simple respirator）又称为复苏球或加压氧气囊，是最为简单、可以在急救现场替代人工呼吸的一种机械通气器械，具有使用方便、痛苦轻、并发症少、便于携带、有无氧源均可立即通气的特点，尤其是患者病情危急来不及气管插管时，可利用简易呼吸器的加压面罩直接给氧。

简易呼吸器，如图2-39所示。

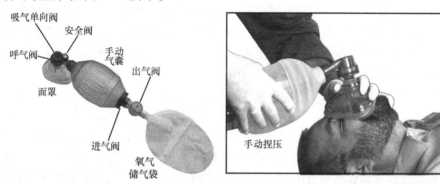

图2-39　简易呼吸器

简易呼吸器由面罩、手动气囊、氧气储气袋、安全阀及各阀瓣（呼气阀、吸气单向阀、进气阀）等组成。通过挤压手动气囊，可将氧气储气袋和手动气囊中的混合气通过面罩输送给患者，从而完成人工呼吸。

简易呼吸器的结构，如图2-40所示。

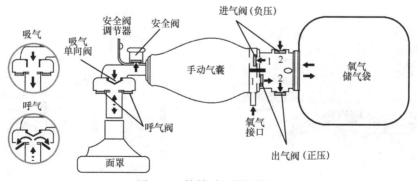

图2-40　简易呼吸器的结构

（1）氧气从氧气接口接入，随着手动气囊复原（气囊内压力小于大气压）进气阀1

开放，气体暂存于气囊内；若氧气流量不足，则由于腔内为负压，进气阀 2 开放，空气补充进入简易呼吸器的手动气囊内。气囊复原后多余的氧气储存于氧气储气袋中，若氧气压力过大，则出气阀 2 开放，可将多余的气体排出。

（2）挤压手动气囊，气囊内产生正压，内部气体强制性推动吸气单向阀打开，并封堵呼气阀，气囊内气体即由吸气单向阀经面罩输送给患者，形成正压通气。

（3）呼气时，松开被挤压的手动气囊，吸气单向阀复原，处于闭合状态，患者呼出的气体可由呼气阀排放。与此同时，由于手动气囊开放，气囊将产生负压，进气阀 1 开放，储气袋内氧气送入球体，直到手动气囊完全复原。

然后，再次挤压，重复以上循环，形成有节律的人工呼吸。安全阀的作用是避免手动捏压气囊时的气道压过高，导致气压伤。例如，设定的气道压为 60cmH$_2$O，当压力高于这个限制时，安全阀开放，排出气体，将呼吸器内的压力维持在安全范围内。

（二）负压机械通气

气体进出肺部是由肺泡和呼吸道间的压力差来实现的，因此，通过在胸腔外提供的负压或在气道内施加的正压，均可以使上呼吸道与肺泡间产生压力差，从而使气体随压力梯度的变化进出肺泡。也就是说，根据吸气相人为改变胸膜腔内压的方式，形成了两种不同的通气形式。负压通气是呼吸器在胸腔表面产生负压，使胸腔和肺被动的扩张以产生压力差，气体被动地引入肺泡；相反，正压呼吸器则是应用一种外力（压力）把气体从上呼吸道直接压入肺泡，进而使胸腔扩张进行通气。由于人体的自然呼吸实际上是一个负压通气过程，显然，负压通气更接近于生理学特点。人体平静吸气时，膈肌和肋间肌收缩，胸廓扩张，致使胸腔内容积增大，肺内压较大气压低 1~2mmHg，上呼吸道与肺泡间的压力差使气体进入肺泡。

负压通气机（negative pressure ventilation，NPV）是一种无创伤性机械通气方式，通过通气装置周期性地对胸廓施加负压以达到通气支持的目的，负压通气机有以下几种形式。

1. 箱式通气机 箱式通气机（tank ventilator）又称为铁肺（iron lung），这种通气机为一个长方形的封闭箱子或圆桶，患者平躺在箱体内的床垫上，头从一端开口处伸出箱外，并固定于特制的头托上，颈部周围保持密封，同时应保证患者舒适和防止上呼吸道阻塞。铁肺大多设有窗口，以便观察患者的状态，并通过窗口进行必要的护理操作。

铁肺及负压通气过程，如图 2-41 所示。

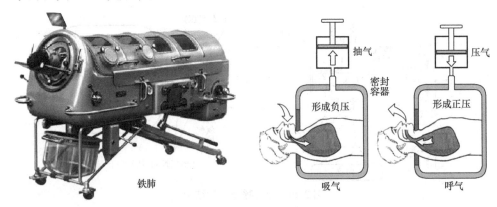

图 2-41 铁肺及负压通气过程

当铁肺箱体内的空气被抽出，箱内密封容器形成一定的负压，使患者胸廓扩张、胸腔内容积增大，肺泡的压力低于大气压，空气可进入肺泡，构成吸气相；当对铁肺内充气，容器内的压力转为正压，胸廓受到压迫而缩小，肺泡内压逐渐增高至大于大气压，肺泡气排出体外，为呼气相。

　　"铁肺"是人类历史上第一个用来替代人体器官功能的仪器，并具有持久使用和操作简便等优点，但因体积过于笨重、噪声大而且把患者置于其中，给医疗护理带来了不便。另外，铁肺负压也会对患者造成伤害，它不仅可以引起胸腔的扩大而且还会对无骨骼支持的腹腔产生影响，引起静脉血潴留于腹腔大静脉使右心回心血量减少，导致心排血量的降低，偶发"铁肺性休克"。

　　2. 夹克式通气机　夹克式通气机（jacket ventilator）是一件用合成纤维制成的双层不透气的紧身胸衣，在胸衣内紧靠患者胸壁安放金属或塑料制作的内支架，使之存在一定的间隙，以便能产生负压，也可避免胸衣与胸腹壁的直接接触。紧身胸衣穿戴后可包裹胸腹部，将颈、臂和腰部捆扎密封，然后连接与之专门配置的负压泵，通过调整负压的大小、频率及持续时间来辅助患者通气。

　　夹克式通气机一般不限制患者的胸腹扩张，包裹胸腹后也较为舒适，通气时很少发生局部压痛和皮肤磨损。缺点是穿戴不甚方便，在相同的负压状态下产生的潮气量小于箱式通气机。

　　3. 胸甲式通气机　胸甲式通气机（cuirass ventilator）将一胸甲固定于胸部，与胸壁之间密闭。胸甲内面与负压气泵相连，使胸甲内的压力产生周期性变化，以达到辅助通气的目的。胸甲式通气机的胸甲一般需要根据患者的胸廓形状特殊定制，以保证其密封性。胸甲定制时，首先用熟石膏制作模型，再以质地轻、密封性及组织相容性好的合成材料（如玻璃纤维膜）制作，然后边缘用密封材料（如氯丁橡胶）衬垫和包裹。

　　胸甲式通气机，如图 2-42 所示。

　　胸甲式通气机轻便耐用，大部分患者无须他人协助即可自行穿戴，较好地解决了腹部血流淤积等问题。主要不足是在胸甲与患者间的接触部位可能存在压力区，随着患者的生长发育，胸甲需重制；睡眠时患者常需仰卧位，长时间使用可致腰背疼痛；另外，它的通气模式及吸气流速不便于调整。

　　胸甲呼吸机一直没有解决好密封的难题，因而限制了胸甲的推广和应用。后来也一度出现过如图 2-43 所示的摇床呼吸器，它利用胸腹带有节奏地对腹部器官上下摇晃挤压，辅助膈肌运动产生腔内负压带动呼吸。

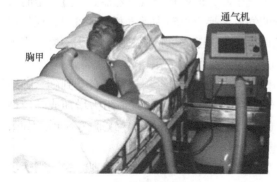

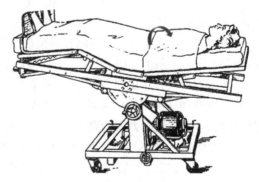

图 2-42　胸甲式通气机　　　　　　　　图 2-43　摇床呼吸器

负压通气方式符合人体呼吸的生理学特点，负压通气机在神经—肌肉疾病所致的呼吸衰竭的治疗及协助脱机等方面也取得了一定的进展。但是，目前的负压通气在技术上仍不够成熟，存在许多缺陷，如通气效果不及常规正压呼吸机、气体交换纠正不够理想、气道分泌物清除困难及血流动力学的不稳定等。由于无创且负压通气更符合自然呼吸的生理学特点，相信随着材料与制作工艺的改善，负压呼吸机在未来会有更好的发展前景。

（三）正压机械通气

进入 20 世纪 50 年代，随着人工气道技术的完善，逐步解决了人工通气的密闭难题，使得正压通气开始在临床广泛应用，各种人工通气机应运而生，由此正压机械通气成为近代呼吸机的主流通气形式。由于正压通气改变了人体正常的生理状况，因此，应用时必须对生命体征进行监测，以保证通气安全。

1. 正压机械通气原理 正压机械通气（positive pressure mechanical ventilation）是利用增加气道压力，使通气压力高于大气压的方法将空气压入肺部，由于肺内压增大导致肺腔扩张，气体被压入肺泡，即形成吸气相；吸气相结束，终止机械送气，由于呼吸管道与大气相通，依靠胸廓和肺组织的弹性回缩，使肺内压高于大气压，肺泡气自行排出，直至与大气压相等，这一过程称为呼气相。

正压机械通气的示意图，如图 2-44 所示。

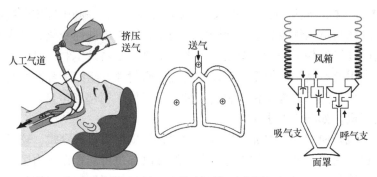

图 2-44　正压机械通气示意图

现阶段，正压机械通气主要有两种管理方式，分别为定压型通气管理和定容型通气管理。

（1）定压型通气管理：采用压力切换方式，即通过监测气道压来管理通气过程。吸气时，气源开始供气，正压气流进入气道和肺部，呼吸道内压力不断升高，胸廓和肺被动性的扩张，使肺泡膨胀，当达到预设的压力值后，供气中断，即停止吸气。然后，经过一定时长的屏气，使肺泡气均匀（再分配）并进行充分的气血交换，再转为呼气相。呼气时，通气机关闭吸气阀、打开呼气阀，胸廓和肺被动回缩产生呼气，随之气道压、肺内压力下降，当下降至设定压力下限值（PEEP 压）时再次启动送气，重复吸气环节。

定压型通气产生的潮气量和流速除了受呼吸机工作压力的影响外，还会受到胸、肺组织的顺应性和气道阻力的影响，因而通气量不够稳定，即当患者的气道阻力增加或顺应性降低时，同一预设压力下的潮气量和每分通气量可能将会有所降低，导致通气不足。因此，定压型呼吸机一般不适用于肺部严重病变的患者。

（2）定容型通气管理：是通过控制潮气量和流速进行机械通气的管理方式。当达到预设的潮气量时，通气机停止供气，送气中断，进入屏气或直接进入呼气状态。呼气时，呼气阀打开，肺和胸廓被动回缩，气体排出，即产生呼气。这种由预设潮气量控制与调节呼吸相转换方式的通气机称为定容型呼吸机。

当然,定容型通气管理也可以预设每分通气量和呼吸频率来确定潮气量,定容型呼吸机通过设定压力上限以避免气道压力过高。当呼吸阻力、顺应性发生变化时,这种通气方法可以保证稳定的潮气量,此时,吸气压力会随之做出相应的调整。

除了定压型通气管理和定容型通气管理,正压机械通气还有定时型通气管理、流速控制型通气管理和复合型通气管理等模式。复合型通气管理的呼吸机为多功能型呼吸机(versatile ventilation),是指在同一台呼吸机上兼有定容、定压、定时等多种转换装置和通气管理模式。

2. 人工气道 正压通气装置之所以能够安全地将气体输送至患者肺泡,实现有效的通气支持,其基本前提是要保证气道畅通,维持通气过程的密闭性,使输送的气体不发生泄露。

人工气道(artificial airway)是将导管经上呼吸道置入气管或气管切开造口直接置入气管所建立的气体通道。建立人工气道的目的,一是保证气道通畅,即在生理气道与空气或其他气源之间建立的有效连接,为气道的有效引流、通畅、机械通气、治疗肺部疾病提供条件;二是封闭通气管路,使通气机输送的气体能够完整到达肺泡,以保证通气的有效性,并便于通气管理(呼吸机可以实时监测气道压和通气量)。建立人工气道是长时间应用正压通气支持(有创机械通气)的先决条件,也是有创机械通气与无创机械通气的主要区别。现阶段,用于机械通气的人工气道技术主要包括气管插管、气管切开术和放置喉罩。

(1)气管插管(endotracheal intubation):是指将一特制的气管导管由口或鼻经声门置入气管的技术,是临床上最为常见的人工气道,这一技术不受体位限制。气管插管的意义是,维持气道通畅、便于清除气道分泌物、减小气道阻力,利于供氧、机械通气、气管内给药及呼吸道管理等。

气管导管和经口、鼻腔建立的人工气道,如图 2-45 所示。

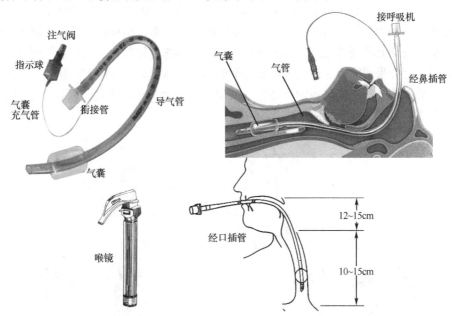

图 2-45 气管导管和经口、鼻腔建立的人工气道

现在临床使用的导气管主要由聚氯乙烯材料制成,多为高容量、低压套囊。临床应用时,借助喉镜将导气管插入至患者气管内,再通过注气阀对导气管前端的气囊充气,使之

封闭患者的气管（避免漏气），注气阀端的指示球与气囊连通，可以指示或测量封闭气囊的压力。气管插管的过程，如图 2-46 所示。

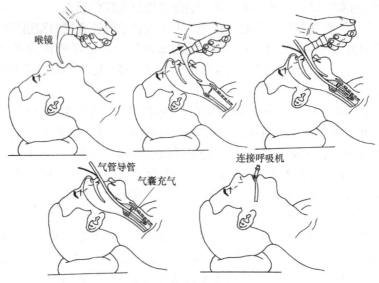

图 2-46　气管插管的过程

插管前，应利用面罩和简易呼吸器给予辅助呼吸，以避免低氧血症和二氧化碳潴留，尽可能当经皮血氧饱和度在 94%以上时再行气管插管，如插管不顺利，或经皮血氧饱和度低于 90%以下，应立即停止操作，重新辅助呼吸，直到经皮血氧饱和度恢复后再重新行插管术。插管前、插管过程中及插管后均应密切关注患者的心电图、血压和经皮血氧饱和度的变化。

（2）气管切开术（tracheotomy）：是切开颈段气管前壁，置入适当的气管套管，建立新的呼吸通道的手术。气管切开术不仅可以解除喉梗阻，而且能有效降低呼吸阻力，便于气道管理，并可减少上呼吸道无效腔，减少无效腔内气体的重复吸入。相对于气管插管，气管切开更适用于上呼吸道梗阻、长期机械通气的患者，可以解放患者口腔，利于口腔护理、气道管理及脱机锻炼，能提高患者的舒适度，使患者更好地交流、进食，而且易于固定。

气管套管，如图 2-47 所示。

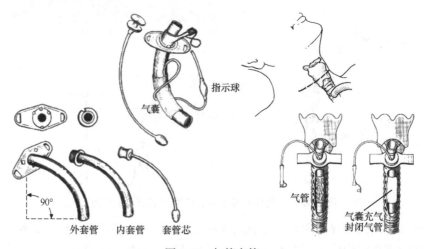

图 2-47　气管套管

目前，气管切开术的方法有气管切开术、经皮扩张气管切开术、环甲膜切开术和微创气管切开术等。其中的经皮扩张气管切开术，由于其操作简便，更适用于重症监护室，是需要长期带管进行有创通气的一项通用技术。

经皮扩张气管切开术的操作过程，如图 2-48 所示。

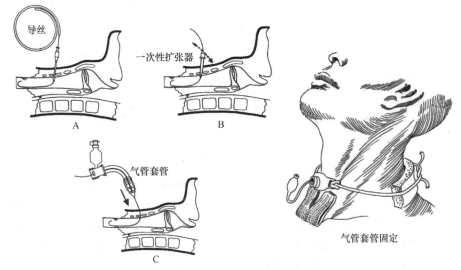

图 2-48　经皮扩张气管切开术的操作过程

如图 2-48，在第 2 和第 3 气管软骨间隙经皮置入引导导丝（图 2-48A）；用刀切开 1cm 的作用切口，并采用一次性扩张器直接扩开环状软骨间隙（图 2-48B）；退出扩张器，并沿着导丝置入气管切开套管（图 2-48C）。

经皮扩张气管切开术始于 20 世纪 80 年代，与传统技术不同，经皮扩张气管切开术无须暴露颈前解剖结构，通过导丝穿刺引导，经皮肤用一次性扩张器扩开皮下及气管组织，并置入气管套管，具有出血少、不损伤气管软骨等优点。

（3）放置喉罩：喉罩（laryngeal mask，LMA）于 20 世纪 80 年代中期研制成功并应用于临床。由于喉罩使用简单，未经训练的医护人员也有很高的放置成功率，因此常用于急救现场时快速建立人工气道。目前，临床上使用的喉罩主要有普通喉罩、可弯曲喉罩、双管喉罩和一次性使用的双管喉罩。喉罩，如图 2-49 所示。

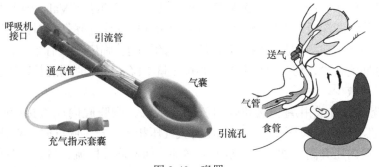

图 2-49　喉罩

喉罩的放置方法，如图 2-50 所示。

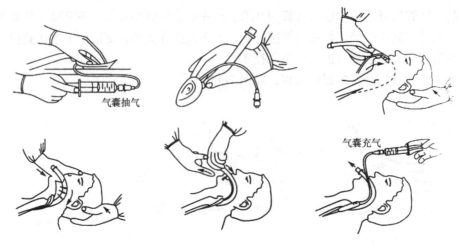

气囊抽气

气囊充气

图 2-50 喉罩的放置方法

喉罩与气管插管相比，不需要使用喉镜，刺激和心血管反应小。喉罩为声门上气道，放置相对方便，对于一些困难气道、暂时无法建立高级气道的患者，作为紧急开放气道的设备使用。使用喉罩进行机械通气，多见于手术麻醉通气、保持平卧位（部分侧卧位手术可以应用，俯卧位手术禁止使用）、无体动患者的短期使用，主要危险是喉罩移位及反流误吸。

3. 正压通气时的心肺交互作用　呼吸支持技术是抢救危重症患者的重要治疗措施，然而，正压通气将导致胸膜腔内压和肺容积的改变。其中，改变胸膜腔内压不仅影响心房充盈（前负荷）、心室排空（后负荷）、心率和心肌收缩性，而且其压力的改变还会向心包、心脏、大动脉、大静脉传递；肺容积的改变也会对胸腔内大血管和肺循环产生影响。因此，了解不同生理条件下的心肺交互作用，有助于在实施正压通气时根据具体情况采取相应的通气措施，通过调节适宜的机械通气参数，可以提高机械通气的应用水平，并最大限度地减少正压通气对心肺功能的负面影响。

（1）胸膜腔内压改变对静脉回流和右心功能的影响：正压机械通气与自然呼吸主要的不同点是胸膜腔内压。正压机械通气时，呼吸道内压力及肺泡内压力均为正压，而自然吸气为负压；呼气时，自然呼吸由于胸廓自然回缩将气体排出，而机械通气在呼气相末端仍维持有一定的正压力（PEEP）。可见，正压机械通气改变了胸膜腔内压状态，必然会对人体正常呼吸的生理状态产生影响。

正压通气的临床实例。应用咽鼓管充气检查法[瓦尔萨尔瓦（Valsalva）动作]，令患者行强力闭呼动作，即深吸气后紧闭声门，再用力做呼气动作，呼气时对抗紧闭的会厌，通过增加胸膜腔内压来检测胸膜腔内压对血液循环的影响。临床上早有结论，Valsalva 动作可以导致静脉回流减少，动脉血压升高和心排血量下降，动作时间过长，还会导致脑血流和冠状动脉血流减少。

循环系统近似看成由胸、腹和外周三部分组成，胸膜腔内压直接影响心脏右房压（P_{RA}），膈肌下降影响腹压，外周静脉压与大气压相关。自主吸气时，心脏右房压下降，膈肌下移导致腹内压升高。这一压力阶差的增加，加速静脉回流，右心室前负荷和每搏量均有所增加。相反，当行 Valsalva 动作和正压通气时，心脏右房压增加，压力阶差减少，静脉回流减速，胸内正压较大时可导致右心室前负荷和心排血量的降低，尤其是呼气末正压（PEEP）使胸膜腔内压在呼气末保持正压，它足够高时，将导致整个呼吸周期的心排血量下降。

因而，在进行正压机械通气时，应尽量通过调节呼吸机的通气参数，减轻胸膜腔内压增加对静脉回流的影响。如果患者自主呼吸触发良好，可采用同步辅助控制通气、压力支持通气（PSV）或者持续气道正压（CPAP）通气，以降低胸膜腔内压。

（2）肺容积改变对右心室后负荷和右心功能的影响：由于正压机械通气能使气道及肺泡扩张，肺血容量减少，因此，正压机械通气时的肺容积将扩大。肺血管阻力（PVR）是右心室后负荷的主要因素，受肺容积的直接影响。在肺容积过小或过大的情况下，肺血管阻力均会增加。当肺充盈超过功能残气量时，由于肺泡的扩张使肺血管受到挤压，肺血管阻力将明显升高。当肺容积从功能残气量下降接近残气量时，一方面，由于肺泡外血管急剧扭曲而倾向于塌陷；同时，由于周边气道塌陷引起肺泡缺氧，可使缺氧性肺血管收缩。这两个方面因素均可导致肺血管阻力升高，肺动脉压升高，直接影响右心室射血。因此，在正压机械通气时，要适时调节呼吸机的参数，减少肺动态过度充气，避免额外的气体陷闭和肺容积的大幅度波动，防止血流动力学恶化。

（3）正压通气对心血管的影响：自主呼吸时，胸内为负压状态，有利于静脉血回流到右心房，而机械通气时的胸内正压不利于静脉血回流。在呼气、吸气时附加压力的通气方式对静脉血回流影响更大，尤其是呼气末正压。静脉血回流与正压机械通气的吸气压力、吸呼比、呼吸频率、呼气末正压有关，如果伴有心功能减弱则会使血压下降。

（4）正压通气对通气/血流比的影响：正压机械通气适当时，由于气体分布均匀，增加肺泡通气量，使通气效果差的肺泡通气量增加，可以改善通气/血流比，再加上氧疗作用可进一步改善机体缺氧及二氧化碳潴留。由于缺氧的改善，使肺血管扩张，血流量增加，以进一步改善原来缺血肺泡的血流，进而改善通气/血流比失调。但机械通气不当，压力过大，吸气时间过长，肺泡过度膨胀、压力增加，血流减少，也同时使这部分肺泡血流分流到通气差的肺泡，这样会影响心功能，加重通气/血流比的失调。

综上，正压机械通气是一种与自然呼吸不同的被动通气方式，对机体正常生理功能有着积极和消极的双重影响。正压通气产生的血流动力学效应非常复杂，因而，在实施正压通气时，应分析不同生理病理状态下的心肺交互作用，通过调节呼吸机参数，维持适宜的血容量。必要时，应使用血管活性药物和正性肌力药物等方法，以避免和减轻正压通气时产生的心肺负面效应。

（四）高频机械通气

正压机械通气在临床上的广泛应用，使呼吸衰竭、心肺复苏等危重患者的预后有效改善，但其正压通气的特征也必然会给机体带来不同程度的不良影响。例如，较大幅度增加了胸膜腔内压，可能会造成气压伤、减少回心血流量，使心排血量和血压降低等，特别是在吸气时间较长或进行呼气末正压通气时尤为明显。为了减少正压机械通气对血流动力学的干扰，人们试图依靠气管内吹气法以减少无效腔，或应用较少的潮气量和较高的通气频率，使得既可以保证适当的通气量，又能维持较低的气道内压和胸膜腔内压，由此，产生了一种新的通气方式——高频通气（high frequency ventilation，HFV）。

高频通气是以较高通气频率（大于 60 次/分）、低潮气量、低气道压为特征的通气方法，其通气频率至少为常规机械通气频率的 4 倍，如成人的通气频率可在 60～3000 次/分，潮气量接近或小于解剖无效腔量。与传统常频机械通气相比较，高频通气有其独特的技术优点，如不与自主呼吸对抗、不会因通气干扰手术区、对循环功能干扰轻微等，尤其适用于婴幼儿的通气需求。

1. 高频机械通气的安全性　传统的常频机械通气方式可能会造成肺损伤,究其主要原因，一是大潮气量和高气道压会致肺泡过度扩张，造成气压伤；二是肺泡在完全塌陷的情况下，反复地复张—塌陷—再复张形成剪切应力，导致肺损伤。对此，提出了"安全窗通气"的概念。安全窗，如图 2-51 所示。

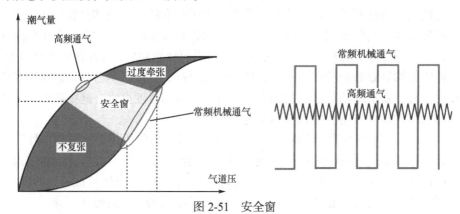

图 2-51　安全窗

可见，常频机械通气有可能跨越肺泡不复张、安全窗和过度牵张的三个区域，导致肺泡过度牵张或肺不张（肺泡萎陷）；而高频通气的整个周期都发生在安全窗内，可提高机械通气的安全性。高频通气与常频机械通气不同，它采用较高的平均气道压（mPaw），使复张萎陷的肺泡维持较高的肺容积；通气潮气量近似于无效腔量，使肺泡压力波动小但气体分布较均匀，在有利于氧合的前提下，减少剪切应力导致的肺损伤。

高频通气与常频机械通气的气道压-时间波形，如图 2-52 所示。

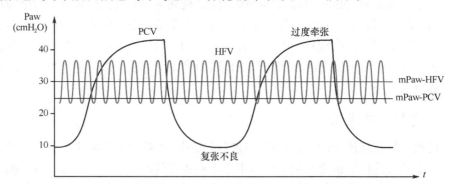

图 2-52　高频通气（HFV）与常频机械通气（PCV）的气道压-时间波形

高频通气是一种肺保护通气策略，与常频机械通气相比的特点如下。

（1）高频通气的基础气流在气道内产生较高的平均气道压，维持较高肺容积，使肺内气体分布更为均一，有利于改善氧合。

（2）尽管高频通气的平均气道压高，但由于频率高，潮气量小（1～4ml/kg），肺泡内峰值压力较低，而且压力变化幅度小，仅为传统正压通气的 1/15～1/5，可明显减少肺过度牵张和终末气道反复开闭（复张不良）造成的肺损伤。

2. 高频机械通气的机制　常频通气过程中的气体混合主要依赖于对流机制实现对肺泡的直接通气，肺泡通气量应等于呼吸机输送的通气量减去通气无效腔量（通气管路容量+解剖无效腔量），只有提供足够大的潮气量，才可能有效填补解剖无效腔及扩张和填充肺泡。如果机械通气量小于解剖无效腔量，将会导致肺不张，膨胀压力的未充分传递也会使肺泡氧合功能受损，肺泡内的气体无法进行有效交换。

高频机械通气通过高效的氧合与废气清除机制，在气道和肺泡内充分混合新鲜气体和肺泡内呼出的气体，使得高频通气可以应用非常低的潮气量进行机械通气。这种增强气体混合的机制是多方面的，呼吸机的波形（正弦或复杂，多谐波）、参数设置（频率，平均气道压力和振幅）及呼吸力学（气道和肺实质）、通气的均匀性和心功能均会对其产生影响。

高频振荡和常频通气的气道压力比较，如图 2-53 所示。

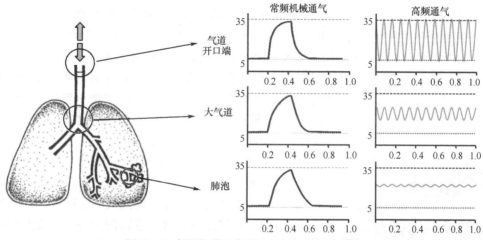

图 2-53　高频振荡和常频通气的气道压力比较

常频机械通气时的肺泡通气（VA）为

$$VA = f \times (V_T - VD)$$

式中，f 为机械通气频率，V_T 为潮气量，VD 为无效腔容积。由上式可见，如果 V_T 小于 VD 时，不可能维持正常生理的 PaO_2 水平。

高频机械通气时，为什么小于解剖无效腔的潮气量还能到达肺泡并进行气体交换？在较大潮气量的低频率通气过程中，通气分布取决于气道的局部阻力和肺实质的顺应性（resistance-compliance，RC），对流（团块）是气体交换主要机制；相反，对于低潮气量的高频通气，由于通气时间小于肺的局部阻力——顺应性时间常数（resistance-compliance time constant，RCTS），通气分布不完全依赖于 RCTS，而是根据气道的局部阻力——惰性（resistanc-inertance，RI）的特性分布。

高频通气实际上是在持续气道正压通气（CPAP）的基础上增加高频震荡（High frequency oscillation，HFO）的通气方式，即 HFV = CPAP + HFO。持续气道正压通气提供足够的呼气末正压，使肺适宜复张，较好解决了肺泡通气过程的流变伤，改善氧合。

常频通气与高频通气肺泡复张的变化比较，如图 2-54 所示。

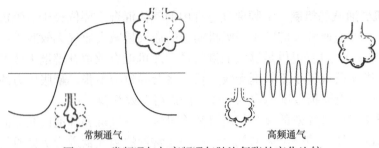

图 2-54　常频通气与高频通气肺泡复张的变化比较

可见，常频机械通气肺泡复张的变化幅度较大，容易发生流变伤或通气不足；与常频通气相比，高频通气肺泡的复张变化较快，幅度相对平稳，利于肺泡内气体交换和弥散功能，改善氧合效果。

高频通气有效解决了小气团的运送与交换，其气体交换及运输机制有别于传统的机械通气，主要包括高频通气的气体交换机制和高频通气的气体运输与混合机制。

3. 高频通气的气体交换机制　无论通气频率如何，气体交换均可通过气体对流（速度不同，如团块运动）和分子弥散（浓度不同，如布朗运动）的方式来实现。其中，气管及大气道的气体交换以对流为主，弥散则是小气道及肺泡气体交换的主要形式，或者两者同时兼行。对于高频通气，气体的输送机制主要为增强扩散（Taylor 扩散）和分子弥散。

（1）增强扩散：先看一个实验。向玻璃管吹入一口烟，可以观察到管腔内部形成又长又细的烟雾尖峰，如果以更快的速度吹烟，所形成的烟雾会更细、尖峰更尖，这说明加大流速

低流速平缓的剖面

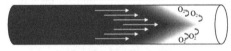

高流速呈现尖峰的流速剖面

图 2-55　不同流速通气剖面

（增加通气频率）对气体扩散有显著的增强作用。不同流速通气剖面，如图 2-55 所示。

由于氧在气体中的速度和浓度分布是不均匀的，高浓度氧在流动剖面的中心，尽管潮气量很低，新鲜气体仍可以推进至肺泡。泰勒（Taylor）提出，高浓度氧中心推进的气流方式有助于纵向混合气体的进入，是分子弥散的多倍。因此，这种气体混合机制在大气道气体交换中有着重要的作用。新鲜气体被推进的同时，也有横向（径向）气体分子沿浓度梯度从中心向外围运动，导致气体扩散增强。

增强气体扩散可以看作是对流和弥散的叠加，当高速流动的气体失去层流时，会发生湍流（turbulence）现象。湍流扩散（turbulent diffusion）是轴向速度剖面与径向浓度梯度相互作用的结果，引起气体的径向混合，它们与轴向对流共同作用，使气流在气道内的运动紊乱，气体分子依从不规则的路径运动，这些不规则活动的气体分子可以激动相邻气体分子加速活动，进而增强气体的弥散，这一现象称为泰勒（Taylor）扩散。

高频通气时气体移动速度很快，上气道的气流主要为湍流；在较远端气道，弥散和对流同时存在。高频通气与正常呼吸相比，同一级气道时对流速度更快，这一现象在肺泡管尤为明显，使扩散增强、有效弥散更大。

（2）分子弥散（molecular diffusion）：是指气体分子不停顿地进行无定向运动，其结果使气体分子从分压高处（浓度高）向分压低处（浓度低）发生净转移，最后达到分压平衡、浓度一致。再看一个分子弥散实验，如图 2-56 所示。

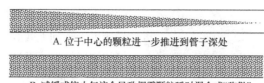

A. 位于中心的颗粒进一步推进到管子深处

B. 减缓或停止气流会导致烟雾颗粒瞬时混合或"弥散"

图 2-56 高频时的增强扩散（A）；低频时的分子弥散（B）

可以观察到，在相同烟雾量下，图 2-56A 中位于中心的颗粒可更进一步推进到管子的深处，即为 Taylor 扩散现象；图 2-56B 中减缓或停止气流（如气体到达肺泡），会导致烟雾颗粒瞬时混合或"弥散"，主要为分子弥散现象。分子弥散在肺泡及气体交换中尤为重要，且发生非常迅速。在高频通气过程中，利用高频率的搏动或震动，增加了气体分子的动能，进一步促进了肺泡-微血管膜间的分子弥散。

总体上，高频通气中的气体交换机制是 Taylor 增强扩散和分子弥散共同作用的结果。

4. 高频通气的气体运输与混合机制 在高频通气条件下，压力衰减程度会受到呼吸动力学特性的影响，由于气道阻力（流速依赖）和气流在气管插管和大气道中的惯性，作用于气道内的振荡压力会逐渐衰减。在近端的肺泡暴露于大气道的振荡压力下，主要是应用对流机制；在气道中部，由于振荡压力衰减，肺泡通气为对流加弥散机制并存；由于终末阻力增加所致流速逐渐下降，末梢段肺泡内的振荡压力较低，主要是应用分子弥散机制。高频通气的气体运送，如图 2-57 所示。

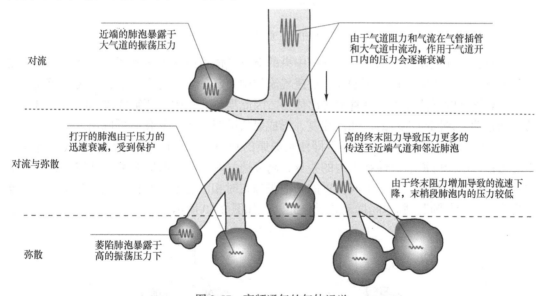

图 2-57 高频通气的气体运送

高频通气的详尽机制并未被完全认知，但高频通气的应用效果已得到确认，并获准在临床使用。目前普遍认为，高频通气气体的运送效率是多种机制共同作用的结果。

（1）近端直接肺泡通气：高频通气时，即使潮气量（V_T）接近或小于解剖无效腔量（VD），可在气道近端肺泡（靠近中心气道的肺泡）持续通过团状的对流气流进行直接通气。肺泡单位与呼吸道出入口的距离远近不一，例如，中等气道平均长 28cm，其范围在 18～36cm 短路径的肺泡在每次呼吸中均有可能接受新鲜的空气，而较远的气道可能未获得直接通气。因此，在每次通气中有一部分肺泡通过宏观对流的方式直接通气。有研究认为，由于高频通气频率

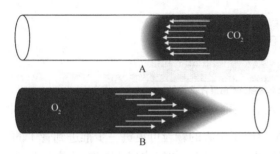

图 2-58　吸气与呼气的气流剖面

A. 呼气流速剖面；B. 吸气流速剖面

较生理呼吸和常频机械通气大很多，只要潮气量接近于解剖无效腔量的 50%~75%，通过直接肺泡通气仍可保证一定比例的气体交换。

（2）吸气、呼气流速分布不同引起的对流扩散：吸气与呼气过程，由于不同的流速剖面（velocity profiles）使气体混合得到进一步加强。如图 2-58 所示，吸气的气流剖面是尖而突出的，呼气流速剖面在外观上更为圆钝。

高频通气时，因吸气与呼气流速不同，吸气流速的尖峰剖面可刺透呼气流速剖面，允许新鲜气体（O_2）向远端（肺泡）运动，呼出的二氧化碳通过侧面通路向气道开口（近端）移动，如图 2-59 所示。

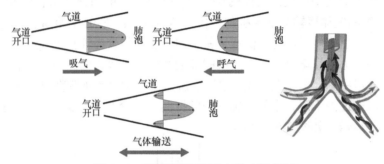

图 2-59　高频震荡通气的气体交换机制

　　经过多个通气循环周期之后，管道中央的新鲜气体可以在支气管树中向远端输送，在一系列分叉后总扩散面积显著增大，快速气流的中央部分可以达到肺泡，直接进行气体交换；而靠管壁的气体分子会沿管壁排出体外。因此高频通气中，新鲜气体和肺泡呼出气体的定向移动，是同时进行的，如此往复，形成氧气的吸入和二氧化碳的呼出。

　　（3）肺泡间摆动式反复充气：即使是健康的肺泡，也存在不同区域间充气与排气的不均匀性。由于肺泡顺应性和阻力的差异，高频通气时，不同时间常数的肺泡在充气、排空的不同步表现明显，处于不同位置的肺泡张缩在时相上也不尽相同，似跳摇摆舞，故也称之为"迪斯科肺"。肺泡间摆动式反复充气，如图 2-60 所示。

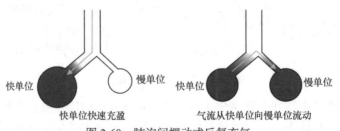

图 2-60　肺泡间摆动式反复充气

　　相邻的肺泡单元之间发生平衡通气，使先获得充气的肺泡（快单位）回缩时，气体可进入邻近慢单位肺泡，产生肺内并行的摆动式再通气（Pendelluft 摆动呼吸），肺泡间存在的这种循环气流，是高频通气气体运输的重要形式。通过肺泡间的气体交流，可加速肺内气体的混合，使肺内的气体浓度更为均衡。

（4）心源性气体混合：心脏节律性搏动产生的振动经肺脏向胸腔传播，低频的心源性振动增加了心旁区域的肺部气体混合。因而，在呼吸完全暂停时，超过半数的氧摄取量将取决于心源性混合。

综上，高频通气气体运输和交换的总效率是多种机制共同作用的结果。在高频通气条件下，呼吸系统不同部位的气体运输方式有所不同，但作为一个整体，呈"串联"式共同完成气体运输。在气管和气管的主要分支中，高速下的湍流和增强弥散起到主要作用；在中等大小的气道出现气体连续纵向运输和快速往返气流，使这些区间的气体有效混合；在很小的外周气道和呼吸区，快速往返气流和摆动呼吸最明显；在肺泡和接近交换膜的部位则以分子弥散为主要作用。因此，在呼吸系统的不同部位高频气体运输呈现不同机制，共同完成气体的运送。

5. 高频机械通气的分类与工作原理　在过去的 30 年里，高频通气从最初的一种新型的通气工具，逐渐成为常规的通气策略，尤其是针对婴幼儿的通气支持。高通气频率（超过 60Hz）、小潮气量是各类高频通气的共同特征，但由于气流形式、驱动压力波形及实施通气的方法各有不同，所使用的频率范围也相差甚大，目前尚缺少公认的高频通气分类标准。根据高频机械通气原理，主要分为高频正压通气、高频喷射通气和高频振荡通气。

（1）高频正压通气（high frequency positive pressure ventilation，HFPPV）：的通气频率为 60～110 次/分，是 1967 年最早出现于临床的高频通气形式。阻断式 HFPPV 的原理示意图，如图 2-61 所示。

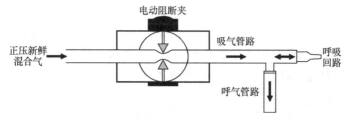

图 2-61　阻断式高频正压通气原理示意图

高频阻断式高频正压通气的工作原理是，在吸气管路中安装一个电动阻断夹，通过间断阻断正压新鲜混合气流产生压力波动和流体改变，以实现高频正压通气。高频正压通气的应用特点是，可以减少常规正压通气对颅内压的影响，为神经外科手术创造条件；缺点是，有效通气量较小，通常仅能维持较短时间的呼吸支持，是一种极端化的小潮气量通气策略。

Babylog 8000 呼吸机在呼吸回路中提供连续气流（最大为 30L/min），通过如图 2-62 所示的呼气阀快速开启和关闭，以产生高频正压通气效果。

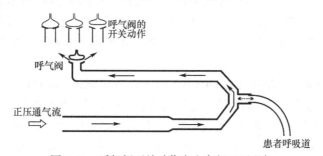

图 2-62　呼气阀开关动作产生高频正压通气

（2）高频喷射通气（high-frequency jet ventilation，HFJV）：的通气频率为 60～600 次/分，通过喷嘴直接将气体以小于或等于解剖无效腔量的潮气量按较高的频率快速喷入患者气道和肺内。高频喷射通气结构示意图，如图 2-63 所示。

高频喷射通气采用射流技术，其工作原理是，由常规机械通气维持气道内的基础正压，再通过喷射导管、喷射头，经加湿器湿化，将高频高压的气流喷射入气道。由此可见，高频喷射通气是一种高频和低频联合喷射的通气技术。

目前，临床上已经应用声门上双重喷射通气法，如图 2-64 所示。

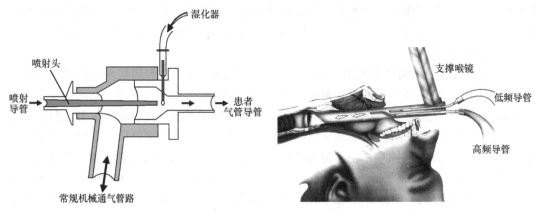

图 2-63　高频喷射通气结构示意图　　　　图 2-64　声门上双重喷射通气法

双重喷射通气法使用特制的支撑喉镜可使声门暴露无阻碍，在镜管上合适位置处有开口较大的侧孔，放置两根喷射管，一根行频率 150～300 次/分的高频通气，另一根行频率 10～20 次/分低频通气。根据临床需要，高频喷射通气可以选择如图 2-65 所示的声门上喷射通气、声门下喷射通气和经气管穿刺喷射通气。

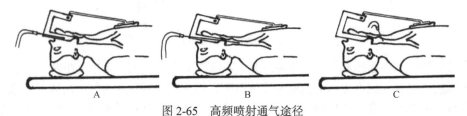

图 2-65　高频喷射通气途径

A. 声门上喷射通气；B. 声门下喷射通气；C. 经气管穿刺喷射通气

高频喷射通气的主要缺点是，由于高频喷射需要一定的通气压力，有可能会造成气道伤。因而，后来又引出了喷射+文丘里装置的通气方式，如图 2-66 所示。

喷射+文丘里通气方式的适应证与 HFJV 相似，通过文丘里装置可在呼气时对高速气流进行部分缓冲，避免直接对气道上皮造成损伤。由于有较长的喷射间期，二氧化碳的排出效果较好。

（3）高频振荡通气（high frequency oscillatory ventilation，HFOV）：高频喷射通气需要在正压通气的基础上增加一路高频喷射通气装置，实际上是高频与常频两路通气的叠加。高频振荡通气的工作原理与高频喷射通气不同，它只有一路正压通气以维持气道内的基础正压（平均气道压），同时在通气腔内应用高频活塞泵或动圈式振荡器（如同扬声器喇叭的振动膜）以产生机械振动，可将约等于解剖无效腔量的少量气体，以频率为 180～3000 次/分的高频方式送入气道，高频振荡已经成为应用最为广泛的一种高频通气形式。

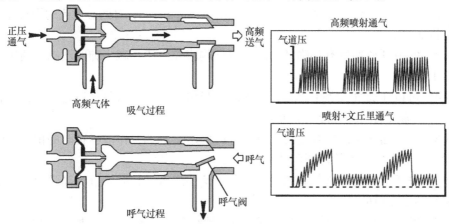

图2-66　喷射+文丘里通气方式

活塞泵高频振荡通气原理，如图2-67所示。

活塞泵式高频振荡通气与其他高频通气最大的不同点在于主动呼气，活塞的往复运动不仅能够提供向气道内输送气体的"推"力，也提供了从气道往外的"拉"力，这就使得从气道往外排气的时候得到一个助力。因而，这种活塞式往复运动呈现一种特殊的双向性，有助于排出二氧化碳，活塞驱动力越大，排出二氧化碳的效果就越好。

动圈式振荡器高频振荡通气原理，如图2-68所示。

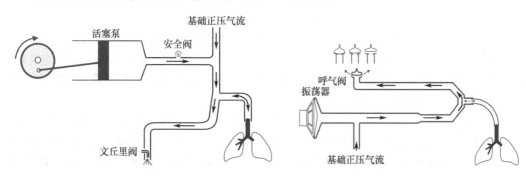

图2-67　活塞泵高频振荡通气原理　　　图2-68　动圈式振荡器高频振荡通气原理

早期的高频振荡通气仅是直接在气道上加用振荡器，后来发现这种方法短时间内虽然可以保证通气与氧合效果，但是，较长时间的临床应用会造成不同程度的二氧化碳潴留。现代高频振荡通气设备是在高频振荡装置和患者之间增加了持续偏流（bias flow）——基础正压气流，该持续气流由高压气源提供，可以通过空氧混合器控制偏流的氧浓度，并得到足够的温湿化。这样，不但可以控制吸入氧浓度从而更好地改善氧合，也利于排出二氧化碳。

高频振荡通气通过压力控制阀可以调节气道平均压，以改善氧合，维持肺泡及气道的开放与稳定。由于提供的气道压较为稳定且波动幅度小，有效降低了气流阻力和肺循环阻力，改善通气/血流比值。

6. 高频通气的特点与临床适应证　高频通气的特点使其非常适合早产儿、新生儿及小孩的机械通气支持，其临床适应证如下。

（1）高频通气时，气道处于开放状态，适宜采用小的无气囊的通气导管，同时其呼气阻力小，有利于排出二氧化碳。

（2）高频通气的气道内压较低，通常为 $8\sim12cmH_2O$，对回心血流的干扰小，有利于改善心排血量。

（3）气道开放通气有利降低脑压、降低胸膜腔内压、减少肺的波动，便于肺、脑手术的精细操作。

（4）可以在通气过程中进行气道灌洗、吸引，有利于清除气道分泌物，改善通气效果，并可在通气的同时进行气道抗菌治疗。

（5）高频通气可以配合进行相关气管的手术，例如，钳取异物时的供氧，既不影响手术操作又能提供较大的视野而且安全可靠。

（6）高频通气适宜支气管胸膜瘘、食管瘘的患者，长时间进行高频通气既能有效地给氧又有助于瘘口的修复。

（7）可经鼻塞通气导管进行射流给氧（即经鼻高频通气），这种方法对中期的呼吸衰竭治疗有着明显的效果，由于易于耐受，利于患者早期使用通气支持。

（8）高频通气无须与自主呼吸同步配合便能产生较好的氧合效果。

（9）高频通气对无自主呼吸的患者进行控制呼吸时，如果自主呼吸恢复，只需适当地减少通气量即可进行辅助通气，高频通气能够有效地帮助患者机械通气后的脱机。

（10）高频通气安全，适应性强，只要注意湿化，不会形成痰痂阻塞，也不易造成气压伤。

（11）新型的高频呼吸机还配置有加压湿化器、恒温湿化器，以及配备雾化衔接头，可以方便地与各种雾化器、湿化器连接，以提高湿化效果。

高频通气无绝对禁忌证。但阻塞性肺疾病如哮喘可能不是最佳适应证，因哮喘患儿存在肺过度充气，而高频通气较为常见的并发症即为一侧或两侧肺出现过度充气。其他疾病，如急性气道痉挛、严重酸中毒、颅内压升高、难以纠正的低血压（使用血管活性药物的情况下），使用高频通气时应特别谨慎。

在过去的 30 年，通气研究和设备发展的重点是致力于发现新的治疗方法，目的是促进生命支持，减少医源性损伤。其中，引起高度重视并取得临床进展的代表性技术主要包括体外膜肺（ECMO）和高频通气，它们均能提供肺保护性通气策略，尤其是高频通气机制通过较高频周期性的容量振荡，可以实现塌陷区域的肺泡单元重新膨胀，在提供适量潮气量的同时，有效降低了通气流变伤。

未来高频通气旨在非均匀性肺部疾病中提供更有效的肺保护通气策略，通过按需气流分配，能够在高频振荡通气时避免深度镇静（肌肉松弛药）带来的并发症，使患者尽快复苏及脱机。理想的高频通气策略依赖于有效的临床监护技术，通过体积描记、电阻抗成像等技术，可帮助确定通气过程中最佳的肺膨胀容积，以及早期诊断并避免如气胸等不良事件的发生。

第三节 呼 吸 机

呼吸机（respirator）是一种能够替代、控制或改善人体正常生理呼吸、增加肺泡通气、改善呼吸功能、降低呼吸功耗、节约心脏储备能力的人工装置，是呼吸衰竭治疗、麻醉呼吸管理、危重症急救复苏不可或缺的医疗设备。现代呼吸机的通气支持主要为正压机械通气方式，并根据正压通气的频率又分为常频呼吸机和高频呼吸机，其中，常频正压通气的呼吸机仍然是目前临床主流的机械通气设备。

呼吸机是一系列肺通气装置（lung ventilator）的总称，与人工心肺机、ECMO 和人工心脏等人工脏器不同，呼吸机仅限于支持肺泡通气，不能代行完整的呼吸功能，对于气体交换过程的弥散、肺循环等功能影响甚少，故也称之为通气机（ventilator）。

呼吸机的临床应用，如图 2-69 所示。

为适应患者的呼吸生理需求，现代呼吸机应具备三大核心技术，一是通过建立气道压，提供适宜的呼吸节律和气体输送动力；二是可以实时监测通气管路的压力、流量及氧浓度；三是根据临床需要，能够提供多种通气管理模式。

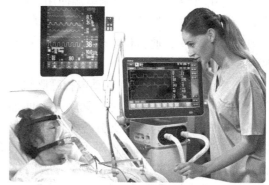

图 2-69　呼吸机的临床应用

一、呼吸机分类

呼吸机作为一项人工通气替代自主呼吸的技术手段，已普遍应用于各种原因所致的呼吸功能衰竭的呼吸支持治疗和急救复苏，以及麻醉手术期间的麻醉呼吸管理，在现代医学领域中占有十分重要的位置。因而，呼吸机必须能够自动完成 4 个基本的通气过程，即提供送气动力（正压力）对肺泡充气、由吸气状态向呼气状态转换、提供呼气通道并建立呼气末正压、呼气状态转换为吸气相，并依次循环往复。因此，呼吸机应具备的基本功能包括以下几个方面。

（1）提供输送气体的动力，以代替人体呼吸肌的作用。

（2）产生一定的呼吸节律，包括呼吸频率和吸呼比，以代替人体呼吸中枢神经支配呼吸节律的功能。

（3）供给适宜的潮气量或每分通气量，以满足机体的代谢需求。

（4）提供高于大气含氧量的混合气体，以改善氧合。

（5）能够对吸入的气体进行加温、湿化和过滤处理，以代替口鼻腔功能。

呼吸机发展到现阶段已经形成了一个庞大的设备集群，按我国现行呼吸机行业标准，可大致分为三类，急救转运型呼吸机、治疗型呼吸机和家用型呼吸机。

（一）常规通气技术

从机械通气的技术层面，只要能够建立肺内压与大气的压差，即可实现机械通气。

1. **简易呼吸器**　简易呼吸器是一种无源（无须电源和高压气源）的通气装置，小巧轻便、便于携带、操作简单，常用于取代人工呼吸，一般是适合于短时间急救转运的通气支持。

2. **气动气控呼吸机**　气动气控呼吸机（pneumatic pneumatic control ventilator）主要由氧气瓶（提供的高压氧兼做控制用气）、主机、通气管路等组成，在相同的设置参数下，氧气瓶的储气容量将决定使用时间，考虑到呼吸机移动的便捷性，便携气瓶的容积一般较小，适用于短时间的通气支持。由于这类呼吸机便于携带和移动、操作与使用方便，可以为现场抢救与转运节省时间，因而，气动气控的通气方式常用于急救转运型呼吸机。

气动气控呼吸机由高压气源（通常使用氧气瓶）驱动，全部通气过程不需要使用电力能源，适用于没有电源、限制电源使用、对电磁干扰要求较为严格的急救现场，如飞机上、高压氧舱、矿井、野外、易燃易爆等场合。由于气动气控呼吸机采用全气动控制，其实现的功能比较单一，通常仅限于最基本的 IPPV 控制通气模式，缺少通气功能监测是这类呼吸机的致命缺欠。

3. **气动电控呼吸机**　气动电控呼吸机（pneumatic electric control ventilator）以高压气体（压缩空气或高压氧）为通气动力，通过现代电子技术实现对整机的全程监控。因而，它的功能相对完善，可以支持各种复杂的通气管理模式，拥有较完备的呼吸功能监测与报警体系，适用范围广泛，相对于气动气控呼吸机，这类呼吸机的体积和重量都要大一些，操作也比较复杂，主要用于治疗型呼吸机。

4. **电动电控呼吸机**　电动电控呼吸机（electric control ventilator）不需要压缩空气（包括高压氧），能够在普通大气压的条件下实现对患者的通气支持。因此，这类呼吸机可以不携带氧气瓶（如果要求增加吸氧浓度，需要配带氧气，但它不作为动力源），适用于仅需维持通气的急救转运场合。

随着现代气体增压技术的进步，以涡轮（turbo）增压技术为代表的应用技术逐渐成熟，使得电动电控呼吸机的性能与气动电控呼吸机相当。因而，电动电控呼吸机的应用范围也逐步扩大，不仅可以在急诊转运、ICU、导管室等使用，对于在临床长时间的通气支持（治疗型呼吸机）也有良好的应用前景。电动电控呼吸机无须压缩空气，也不需要随机配备空气压缩机，其设备可以小型化，使用更为方便。

5. **双模呼吸机**　针对气动电控呼吸机和电动电控呼吸机各自的技术特点，近年来发展出一类双模呼吸机，即气动电控和电动电控一体化呼吸机，目的是联合应用气动电控呼吸机和电动电控呼吸机的技术优势，使呼吸机的性能更强。

当压缩空气管路的供气符合要求时，双模呼吸机可工作在气动电控模式下，以发挥气动电控呼吸机的性能优势。相比于电动电控呼吸机，气动电控呼吸机可以提供更高的输出压力，也可以使小流量下的流速控制更加平稳、准确；另外，气动电控呼吸机的通气感染风险更小。由于电动电控呼吸机要吸入周边环境中的空气，如果维护与灭菌不当，可能将环境中的病菌引入到呼吸机中，特别是在 ICU 等场所。如果管路压缩空气较低，无法正常供气，或者需要临床转运时，可转换为电动电控模式，以发挥其无须压缩空气的优势。

双模呼吸机与传统的气动电控呼吸机+空压机的组合相比，噪声更低（对患者和医护人员而言非常有益）、体积更小和重量更轻（更利于转运和移动）、成本与功耗也更低。

（二）急救转运型呼吸机

急救转运（emergency transport）是指急危重症患者院前院内抢救、监护和运送的全过程，其中，建立有效的人工通气是急救转运过程中最基本、最关键的医疗环节。呼吸机作为抢救、医治呼吸衰竭患者的重要工具，如何适应急救转运的特殊需要，实现快速、有效的呼吸支持是急救转运型呼吸机（emergency transport type of breathing machine）的技术关键。

急救与转运是有区别的医疗行为，急救的服务对象是急、危、重症患者或是突发灾难的受害者，其病情突发、紧急、垂危，具有时间的紧迫性，即"时间就是生命"；转运则是因患者病情复杂，为了进一步确定诊断与救治，需要转运至其他科室甚至医院的过程。因此，呼吸机行业也常将急救转运型呼吸机进一步细分为急救呼吸机和转运呼吸机。

1. 急救呼吸机 急救呼吸机（emergency ventilator）多为气动气控结构，是用于急救现场的呼吸机。急救呼吸机通常按 1 台/车或 1 台/组的原则配备于"120"或"999"急救中心的救护车中，有条件的地方亦可配置在急救直升机或舰船内。随着城市急救体系的完善，像候机楼、体育场馆等大型人员密集场所的医疗救助站，同样也需要装备急救呼吸支持设备。

由于身处事故灾难现场的患者情况危急，需要施救者快速提供呼吸支持，这就决定了急救呼吸机必须具有"应急"能力。针对"应急"的医疗需求，急救呼吸机的基本结构特点为如下。

（1）呼吸机要能够支持快速操作，即呼吸模式、通气参数要一步设置到位，以保证最短的时间内给予患者通气支持。

（2）体积小、重量轻、便于携带。

（3）能够在缺少能源供给（如缺少电源、气源）的环境下进行工作。

（4）设备要坚固耐用，环境适应能力强。

这要求急救呼吸机能够适应室外的高温严寒、沿海的高湿高盐、光线暗弱及设备跌落与雨淋等。因此，对于急救呼吸机来说，功能不是第一位的，满足"应急"才是首要的任务。急救呼吸机，如图 2-70 所示。

2. 转运呼吸机 转运呼吸机（transshipment ventilator）的应用场合，一是患者在救护车内的转运（比如送诊、转院）；二是患者在转运床上进行科室间短途转运（如患者全身麻醉术后带气管插管进入监护室等）。

根据转运特点，转运呼吸机应具备以下条件。

（1）能够适应移动所带来的颠簸与机械振动。

（2）患者在转运中可能具有一定的自主呼吸，所以转运呼吸机需要检测自主呼吸，并具备同步触发功能。

图 2-70 Shangrila935 急救呼吸机

（3）在转运过程中呼吸机需要持续的能源供给，因而转运呼吸机应具有较强的环境适应能力，能够配备便携氧气瓶、内置电池（部分设备提供外置电池），可以衔接车载电源等。

（4）转运中耗时会比急救现场长，虽然患者处于相对稳定的状态，但突发因素较多，所以要对患者的呼吸状态进行持续监测，特别是要监测气道压、潮气量、呼吸频率、每分通气量等，有些转运呼吸机还能提供波形显示，以便于快速掌握患者的呼吸状态。

鉴于急救与转运的延续性，将两种呼吸机功能结合，形成急救转运型呼吸机。急救转运型呼吸机，如图 2-71 所示。

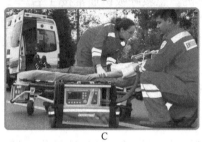

图 2-71　Shangrila510 急救转运型呼吸机

A. 急救转运型呼吸机；B. 携带方便；C. 现场施救

　　对于 ICU 的有创机械通气患者和重症 ARDS 患者，尤其是需要呼气末正压较高水平才能维持氧合的患者，在进行院内转运时，对呼吸机的要求较高，不能因更换呼吸机带来的气道暂时开放，造成对循环系统或呼吸系统的负面影响，特别是由于呼气末正压的丢失或人机对抗造成患者心脏负荷变化、血压变化、肺泡广泛塌陷等形成的循环障碍或呼吸衰竭。因此，现代转运型呼吸机还应该具有与治疗型呼吸机同等的性能，特别是对呼气末正压的控制和人机同步方面，希望能将转运与治疗的呼吸机功能"合二为一"，实现患者机械通气的"无缝衔接"。双模呼吸机的结构形式，使治疗与转运"合二为一"成为可能，它可以较好地解决转运与治疗过程中呼吸机的不间断应用。

　　现代转运呼吸机主要以电动电控结构为主流形式，由于电动电控呼吸机的性能提升，它兼有的转运与治疗功能必然会有良好的应用前景。

　　（三）治疗型呼吸机

　　治疗型呼吸机（therapeutic ventilators）泛指应用于重症监护病房、呼吸病房的各类呼吸机，这类呼吸机的通气模式较为完善，可以实现从无自主呼吸到完全自主呼吸全过程的通气支持，通俗来讲，就是可以支持从没有呼吸到部分有意识呼吸，直至完全自主呼吸的全过程。因此，治疗型呼吸机无论从功能还是性能上，都与患者有较好的协调性，能够替代或辅助患者进行呼吸。现阶段，治疗型呼吸机的主流形式仍然是气动电控呼吸机。

　　治疗型呼吸机应能够提供控制通气、辅助控制通气、支持通气和自主通气的多种通气管理模式，具备各类呼吸波形、图形和呼吸动力学的监测功能，可以支持更宽范围和更高精度的容量或压力控制，具有灵敏的人机同步触发机制，有完备的监控与报警体系。

　　治疗型呼吸机，如图 2-72 所示。

　　治疗型呼吸机能够实现多种人工气道的连接方式，临床上根据建立人工气道的方式分为有创通气和无创通气两大类。

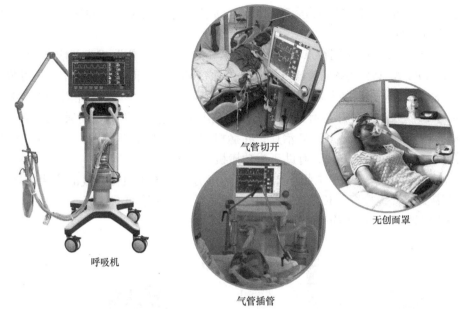

气管切开

无创面罩

气管插管

图 2-72　治疗型呼吸机

1. 有创机械通气　有创机械通气（invasive mechanical ventilation）是指应用有创的方法建立如图 2-73 所示的人工气道（以口咽气管插管和气管切开为常见），通过呼吸机进行通气支持。

由于有创机械通气采用密封性的通气管路，具有的主要技术特点为如下。

（1）可以支持多种机械通气的治疗模式。

（2）能够准确感知自主呼吸，避免人机对抗。

（3）通过调整空氧混合气配比，可以准确设置吸入气体的氧浓度。

（4）便于气道管理，避免呼气末正压丢失。

（5）完善的通气参数和报警机制，能够完成精确通气，并可及时发现不良通气事件。

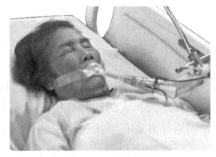

图 2-73　气管插管

有创机械通气临床应用范围广泛，是目前危重病医学治疗各种原因导致的呼吸衰竭及 AROS 治疗的主要技术手段，有创机械通气也适用于无气道反射能力，呼吸肌神经系统等疾病患者的治疗。因而，临床上无自主呼吸的重症患者通常应首选有创机械通气的治疗模式。

2. 无创机械通气　无创机械通气与有创机械通气的区别仅在于呼吸机与患者的连接方式上，无创机械通气（noninvasive mechanical ventilation）是不需要经气管插管而增加肺泡通气的一系列方法，广义的无创通气应包括体外负压通气、经鼻面罩正压通气、胸壁震荡及膈肌起搏等，但目前临床上所指的无创通气主要是针对经口鼻面罩等方式与患者相连的无创正压机械通气（non-invasive positive pressure ventilation，NPPV）。通常功能齐全的有创呼吸机也可用于无创通气支持，但一般专用无创通气的呼吸机因其工作压力等性能所限，一般不适合进行有创通气。

无创机械通气主要用于呼吸衰竭的早期干预，避免发展为危及生命的呼吸衰竭，也可以用于辅助早期撤机。NPPV 的临床应用被认为是近十余年机械通气领域的重要进步之一，体现在以下几方面。

（1）由于 NPPV 的无创特点，使得机械通气的"早期应用"成为可能。

（2）NPPV 减少了气管插管或气管切开的医疗环节，从而降低了人工气道并发症。

（3）患者的不适程度明显降低，能够正常吞咽、进食，可以讲话和生理性咳嗽。

（4）NPPV 在单纯氧疗与有创通气之间，提供了"过渡性"的辅助通气选择。在有创通气应用有困难时，可尝试 NPPV 治疗；在撤机过程中，NPPV 可以作为一种"桥梁"或"降低强度"的辅助通气方法，有助于成功撤机。

（5）NPPV 作为一种短时或间歇的辅助通气方法扩展了机械通气的应用领域，如辅助进行纤维支气管镜检查、长期家庭应用、康复治疗、插管前准备等。

无创机械通气与通气面罩，如图 2-74 所示。

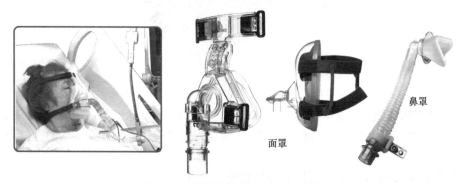

图 2-74　无创机械通气与通气面罩

近年来，有创通气技术得到快速的发展与普及，与其相比，无创机械通气还留有相当大的发展空间与潜力。新一代无创呼吸机在吸氧浓度调节、气道湿化、同步性能等方面，以及配套的鼻面罩的密闭性、舒适性、减少重复呼吸等方面都有了大幅改进，因此，其适应证有逐渐扩大的趋势。相信随着患者对生命支持要求的提高，能保留进食及语言功能的无创通气方式在临床应用中会逐渐增多。但是，无论在我国还是在发达国家，临床对无创通气疗效的信心不足，相关技术还不够成熟，仍是阻碍无创通气发展的主要障碍之一。

无创机械通气的主要缺点是不能完全代替自主呼吸，痰液引流不甚方便，容易发生胃肠胀气，在通气压力高的情况下难以保持密闭或会引起面部损伤。所以，在提倡应用无创通气的同时，也应当避免另一种倾向，就是不恰当、过于勉强地强调以无创来代替有创机械通气。虽然，有创与无创机械通气之间并没有严格与绝对适应证的界定，但对于已失去或接近失去自主呼吸功能、明显神志障碍、气道分泌物多且引流不畅或肺顺应性过低、需要高通气压力的患者，应不失时机地建立人工气道进行有创通气治疗。

随着 NPPV 技术的进步和临床应用水平的提升，必将会形成有创与无创通气密切配合的机械通气格局，以提高呼吸衰竭救治的成功率。

（四）家用型呼吸机

家用型呼吸机（home ventilator）是居家使用的自助型通气设备，适用于呼吸机依赖患者和其他需要呼吸支持的人群，主要是用于家庭护理和呼吸支持，也可在其他医疗保健场所使用。家用呼吸机主要是为治疗呼吸暂停而设计的，同时能够监测到呼吸骤停、低通气、OSAS、气流受限等事件，并能够针对不同的呼吸事件自动做出应对及压力调整。这类呼吸机的使用场所往往动力源不甚可靠，且通常是由非专业医护人员进行监控使用，因此，家用型呼吸机应具有更强的自适应性，必须有较高的通气参数管控和安全防护能力。

家用型呼吸机，如图 2-75 所示。

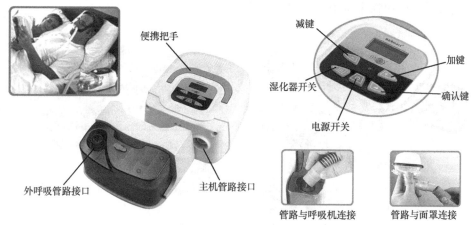

图 2-75　家用型呼吸机

家用型呼吸机在欧美等发达国家较为成熟，基本涵盖了医用呼吸机主要功能，而现阶段我国家用型呼吸机主要指治疗 OSAS（俗称打鼾）为主的睡眠呼吸机（单水平无创，仅控制吸气上限压力），仅有少数 COPD 患者、肺源性心脏病患者在家使用双水平（不仅控制吸气上限压力，还控制呼气末正压）无创家用呼吸机。这类呼吸机（以睡眠呼吸机为主）以压力控制模式为工作基础，具有良好的人机同步和漏气补偿功能，能够给予患者单水平（或双水平）的气道压力支持。但是，家用型呼吸机在适应证和性能上还远不及治疗型医用呼吸机，往往不能调节吸入氧浓度，湿化效果也不尽如人意，多数产品仅能配合面罩或鼻罩进行无创通气，并且最高吸入压力通常固定维持在 20cmH$_2$O 或 25cmH$_2$O 水平。

目前，有些高端家用呼吸机同时兼具有创通气和无创通气功能，应用有创通气功能时，通常使用双管路或单管配合呼气阀管路；应用无创通气时，主要为单管路，并配合使用漏气面罩。因此，高端家用呼吸机应具有以下功能特点。

（1）简明的人机交互模式，具有清晰直观的彩色屏幕和操作界面，能快速设置并保存呼吸参数，以便于非医护人员操作使用。

（2）参数监控清晰易懂，具有声、光、色报警，有护士呼叫及远程报警功能。

（3）体积轻便，便于家庭安置与携带。

（4）除外部电源供电外，应有内置可较长时间工作的备用电池，有出色的续航能力。

（5）具有治疗数据记录、存储功能，便于医护人员读取和分析数据。

（五）其他形式的呼吸机分类

除了按用途分类外，呼吸机还有其他的分类方法。

1. 按患者发育阶段分类　按照患者发育阶段可以将呼吸机分为成人/儿童型呼吸机、婴儿型呼吸机、成人/婴幼儿通用型呼吸机。由于成人/儿童人工气道建立方式与婴儿、新生儿、早产儿的差异较大，因此，用于婴幼儿患者的机械通气方法也不尽相同。成人/儿童型呼吸机最常使用的是正压、常频的通气方式，涵盖容量控制、压力控制、同步、自主等呼吸模式；而婴儿型呼吸机以定压通气为主，根据呼吸频率大致分为两种，一种为持续气道正压的吸氧型，解决常见的低氧血症；另外就是采用高频通气（以高频震荡通气为常见），以满足患儿的通气需求。

婴儿型呼吸机的临床应用，如图 2-76 所示。

图 2-76　婴儿型呼吸机的临床应用

现在部分高档治疗型呼吸机已经推出了成人、婴儿一体化的概念。这些呼吸机多数以成人/儿童呼吸机为基础，加装相应的软件和硬件配置，使得呼吸机可以兼顾成人、儿童和婴儿的机械通气（常频）。部分呼吸机以高频振荡呼吸机为基础，适当增加成人、儿童通气所需的模式与潮气量，也是希望能达到成人、婴儿一体化通气的目的。但是，一体化通气的概念在临床反应不一，有些专家认为由于婴儿、新生儿的生理结构特殊，器官娇嫩，最好还是使用专用呼吸机进行通气治疗。

2. 按驱动方式分类　所谓的驱动方式，简单地说就是指呼吸机输入空气的动力源，分为气动呼吸机和电动呼吸机两大类。通过外接压缩空气或高压氧气源后才能获得空气输出的呼吸机，被称为气动呼吸机；通过内置涡轮泵或者活塞泵从室内空气获得气体输出的呼吸机，被称作电动呼吸机。电动呼吸机通常也需要高压氧，主要是用来调节输出气体的氧浓度，并不是作为动力的来源。

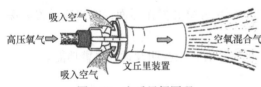

图 2-77　文丘里阀原理

另外，根据空气的不同来源，气动呼吸机又分为两种形式，一是需要压缩空气和高压氧气的双气源，常见于治疗型呼吸机；另一种是只需要高压氧气，应用如图 2-77 所示的文丘里阀原理，以高压氧气的动力从外界吸入空气来为呼吸机供气，这一气动方式多应用于急救转运呼吸机。

上述两种气动呼吸机在临床应用中可明显表现出以下四个不同点。

（1）吸入氧浓度调节范围的不同。双气源气动呼吸机能够进行 21%～100% 的氧浓度调节，而文丘里式呼吸机仅限于调节 40%（或 48%、60%）～100% 某一范围的氧浓度。

（2）潮气量、氧浓度的设置方式的不同。双气源气动呼吸机能够在操作面板上直接数字化设置潮气量，而文丘里式呼吸机需要调节流速（或潮气量）、氧浓度旋钮进行粗略调节，同时通过监测系统观察调节后的效果。

（3）对气道阻力、弹性阻力变化后的反应也不同。气道阻力、弹性阻力对双气源气动呼吸机的潮气量影响较小，而文丘里式气动呼吸机的潮气量（输出气体流速）、氧浓度将会受到明显影响，当外界阻力发生变化时，上述参数会有一定的浮动。

（4）呼气末正压装置的不同。双气源气动呼吸机的控制更为精确、响应更为快速，可使用电子呼气末正压阀，而文丘里式气动呼吸机采用的是结构更为简单、需要模拟调节、成本更低的机械呼气末正压阀。

双气源气动电控呼吸机和电动电控呼吸机是目前在 ICU 最常见的两种不同风格的治疗型呼吸机。由于呼吸机涡轮增压控制技术突破较晚，目前一般高端治疗型（有创）呼吸机仍以双气源气动电控结构为主。另外，如 ICU 等注重交叉感染防控的科室，使用压缩空气要比室内空气更加洁净、安全。

随着科学技术的进步和临床对呼吸机备用气源及供气流速要求的提高，也出现了数款混合动力型的呼吸机，它在双气源气动电控治疗呼吸机基础上内置了一个涡轮装置，可以起到补充空气源动力不足的作用，只要呼吸机控制系统判断现有空气压力或流速不能满足目标通气的要求，即会自动启动内置涡轮泵进行空压补充。

3. 按控制方式分类　按控制方式分类可以将呼吸机分成气控呼吸机和电控呼吸机两大类。所谓的控制方式，通常是指控制呼吸节律、呼吸切换、报警机制等。

根据现有的工程技术手段，呼吸机可以采用气控手段或者电控技术。采用前者的呼吸机被称作气控呼吸机，它最大的特点就是不需要任何电源就可以完成呼吸节律、吸气相与呼气相的相互切换及数据的监测与报警等。但是，由于缺少电控手段，使得它的控制功能受到了很大的限制，一般只能够提供间歇正压通气或者辅助控制通气。另外，由于控制部分是由气体完成，使得它的气体消耗量会比电控呼吸机要高。现在，气控呼吸机主要用于野外急救、灾难抢救等无法保障电力供应的急救现场。与之相对应的电控呼吸机由于采用电子控制技术，使它的性能更为完善，现占据了呼吸机的主导位置。需要说明的是，气控呼吸机的动力来源一定是气源，所以气控呼吸机一定是气动气控呼吸机。

4. 按通气频率分类　这种分类方式主要依据呼吸频率的控制范围，分成常频呼吸机和高频呼吸机。常频呼吸机呼吸频率通常在 100 次/分以内，临床常规使用范围为在 5～20 次/分。高频呼吸机是呼吸机家族中比较特殊的一个类别，其呼吸频率至少大于常频呼吸机的 4 倍。

5. 按驱动气体回路分类　常见的呼吸机都有一个共同特征，就是驱动装置输出的气流直接供给患者，但是，如果呼吸机的应用范围扩展至麻醉呼吸机，其呼吸环境会更为复杂，需要对患者的供气与呼气进行封闭管理。麻醉呼吸机是现代吸入麻醉的专用支持设备，需要兼顾麻醉药吸入供给和患者呼吸管理的双重功能，由于吸入麻醉药剂应用的特殊性（会污染室内空气），患者吸入的新鲜气体及呼气需要相对封闭，也就是麻醉呼吸机的驱动气体并不是供气，而是要通过风箱或者滚膜等密封装置，将空氧混合气体与一定量的麻醉气体混合为新鲜气体间接地传送给患者。因此，按驱动气体回路形式又可将呼吸机分成直接驱动呼吸机和间接驱动呼吸机。

（1）直接驱动呼吸机：为单回路系统，也就是驱动装置产生的驱动气体直接为患者通气，目前大多数呼吸机都是直接驱动呼吸机。单回路系统示意图，如图 2-78 所示。

（2）间接驱动呼吸机：如果驱动装置产生的驱动气体并不直接为患者供气，而是作用于一个风箱或者折叠皮囊，使之产生气体推拉，将新鲜气体送给患者。由于间接驱动通气采用两个相互隔离通气回路，因而这一系统也称为双回路系统，如图 2-79 所示。

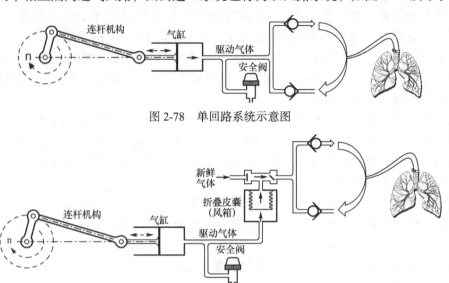

图 2-78　单回路系统示意图

图 2-79　双回路系统

麻醉呼吸机就是一个典型的间接驱动系统，通过双回路系统可以使供给患者的麻醉气体封闭，以保证麻醉通气的安全性。

二、气动电控呼吸机

气动电控呼吸机是以外接压缩空气和高压氧为通气源，以电力为控制能源的通气设备，气动电控呼吸机只有在压缩空气和电力同时提供动力时才能正常运转。其中，压缩空气和高压氧按不同比例混合后，既可输出氧浓度适宜的吸入气体，也为机械通气提供了恰当的动力（压力）；电力是控制系统的能量来源，由此可以采用现代电子控制技术，通过采集流量传感器、压力传感器等在线测试信号，精准控制与调节各类控制阀的工作状态，实现对呼吸参数的连续监测、实时描记呼吸力学曲线及进行趋势分析等，并能提供丰富的通气支持模式。现阶段，气动电控呼吸机是临床应用的主流治疗型呼吸机形式。

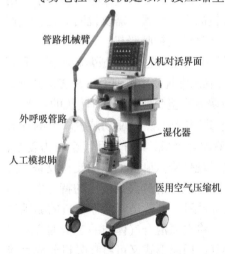

图 2-80　SynoVent E5 气动电控呼吸机

现以迈瑞生物医疗的 SynoVent E5 气动电控呼吸机为例，介绍气动电控呼吸机的结构与工作原理。SynoVent E5 气动电控呼吸机，如图 2-80 所示。

（一）气动电控呼吸机的构成

气动电控呼吸机的基本构成，如图 2-81 所示。

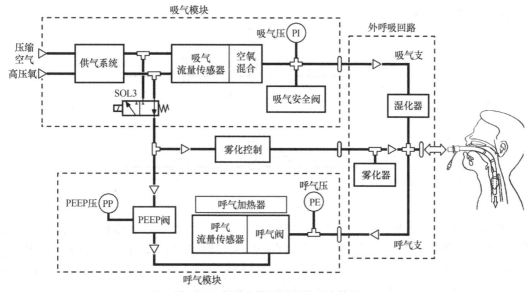

图 2-81 气动电控呼吸机的基本构成

气动电控呼吸机主要由吸气模块、呼气模块、外呼吸回路及电气控制系统和内嵌的软件系统等组成，可以实现各种通气支持模式。

（二）吸气模块

吸气模块的管路系统，如图 2-82 所示。

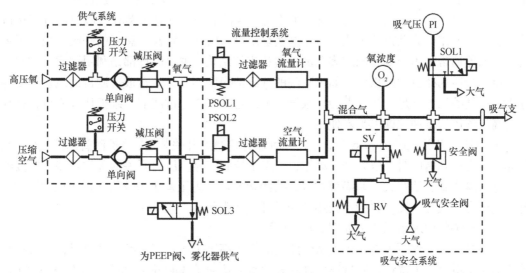

图 2-82 吸气模块管路系统

吸气模块的作用是，根据临床设定的通气参数，提供适宜流速（或压力）和氧浓度的吸入气体，即在吸气阶段，吸气阀（两个比例阀 PSOL1、PSOL2）打开，压缩空气和高压氧气源按比例输入到呼吸机内部后，经过供气系统、流量控制系统，形成特定氧浓度、特定流速或压力的混合气，由外呼吸管路的吸气支输送至患者呼吸道。

1. 供气系统 供气系统是气动电控呼吸机的气路动力源，作用是安全引入外部的压缩空气和高压氧气。供气系统，如图 2-83 所示。

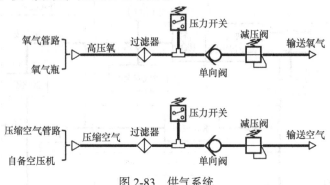

图 2-83　供气系统

供气系统有两路功能完全一致的气体输送环节，高压氧输送管路和压缩空气输送管路。通常，二级以上的医疗机构都设有医院集中的气体供应系统，可以由内部管路提供床旁高压氧和压缩空气。为扩大适用范围，气动电控呼吸机一般还自配医用空气压缩机，可以提供符合通气安全要求的压缩空气。另外，也能够外接氧气瓶，输送高压氧气。

由于外界供气的压力较高（必须高于呼吸机的应用气压，通常为 200~650kPa）且不够稳定，并含有一定杂质，为此，供气系统必须能够滤除气体中的杂质，实时监测供气管路压力（提供欠压报警），按系统要求精准减压。供气系统工作过程是，高压氧和压缩空气分别连接到呼吸机上的相应接口，经过滤器（滤除杂质）和单向阀（防止气体反向流动），由减压阀对高压气体进行减压与稳压，使之达到预设气压值后进入流量控制模块。供气管路中安装有压力开关，可以对气源的压力进行实时监测，若气源压力低于设定值（150~170kPa）时，发出气源气压过低报警。

（1）过滤器（filter）：是送气管道上不可缺少的装置，通常安装在呼吸机的进气接口处，以过滤气体中的颗粒性杂质，防止这些杂质进入内部管路甚至患者的呼吸系统。呼吸机的过滤器通常采用金属丝网或多孔的金属粉末烧结块，主要原理都是利用过滤介质的孔径截留比介质孔径更大的物质。如果医院的气源洁净度不高，会造成过滤器的阻塞，使得呼吸机的气源压力不足，严重者会导致设备无法正常工作。过滤器的维护比较简单，通常使用高压气体反复冲洗即可重新使用。

（2）压力开关（pressure switch）：是一种压力控制的开关装置，当被测管路的气体（或液体）压力达到阀值时，压力开关动作，可发出控制信号。压力开关的种类较多，按接触介质分为隔膜式、活塞式、非隔膜式等；按测量要求分为压差压力开关、微压压力开关、电接电压力开关等；按开关的形式还分为常开式和常闭式压力开关。

压力开关的原理示意图，如图 2-84 所示。

压力开关的工作原理是，当测试管路内的压力高于（或低于）额定阀值时，弹力隔膜（或活塞）瞬时发生位移，通过连杆推动开关触点接通（或断开）；当压力下降至阀值时，弹力膜恢复，压力开关自动复位。通过压力开关触点的接通或断开，可以改变外接电路的工作状态，实现控制被测管路压力的目的。

（3）减压阀（reducing valve）：的作用是将气源的压力减压并稳定到一个恒定值，以便于后续各级调节阀能够获得稳定的气源动力。呼吸机输入气体的允许压力范围一般为 280~600kPa，为了使后端的流量控制系统（如比例阀）更加稳定可控，呼吸机的供气系统通常会应用减压阀，使输出气压稳定在 200kPa 左右。这样，在不同的输入气源状态下，流量控制系统都能有稳定的输入气体压力。

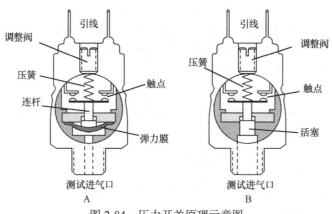

图 2-84　压力开关原理示意图

A. 隔膜式压力开关；B. 活塞式压力开关

　　气动减压阀按压力调节方式分为直动式减压阀和先导式减压阀，由于先导式减压阀主要适用于较大通径的场合，对于输出气压较低的呼吸机设备，目前采用的减压阀多为直动式减压阀。直动式减压阀的内部结构，如图 2-85 所示。

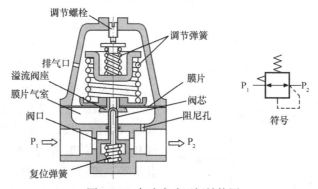

图 2-85　直动式减压阀结构图

　　直动式减压阀又称为溢流减压阀，输入为 P_1 压力的压缩空气，由左端输入经进气阀口，压力降为 P_2 输出。P_2 的压力大小可由调节（调压）弹簧进行调节，顺时针旋转调节螺栓，压缩调节弹簧及膜片，使阀芯下移，以增大阀口的开度，P_2 随之增大；若逆时针旋转调节旋钮，阀口的开度减小，P_2 则减小。

　　在实际应用中，减压阀具有稳定管路压力的功能。如果输入压缩空气的压力 P_1 瞬时升高，P_2 将会随之升高，使膜片气室的内压力升高，进而在膜片上产生的推力也相应增大，这一推力破坏了原有的压力平衡，使膜片向上移动，有少部分气流经溢流孔、排气孔排出。由于膜片的上移，在复位弹簧的作用下，阀芯也随之向上移动，以减小进气阀口的开度，节流作用加大，使输出压力 P_2 下降，直至达到新的平衡，输出压力又回到原来的稳定值。若输入压力瞬时下降，输出压力也下降、膜片下移，阀芯随之下降，进气阀口开度增大，节流作用减小，使之输出的压力保持稳定。

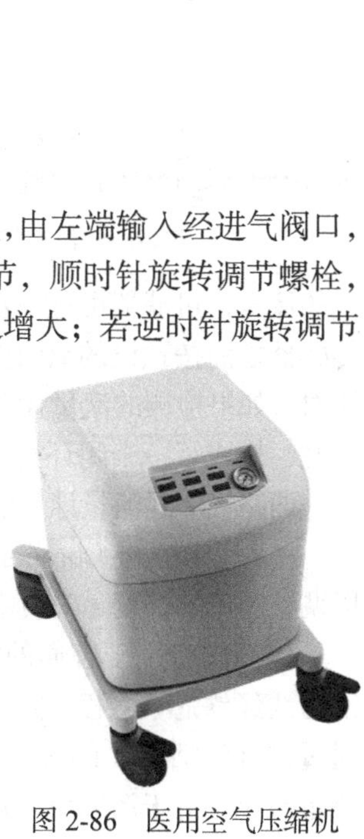

图 2-86　医用空气压缩机

（4）医用空气压缩机（mcdical air comprcssor）：是气动电控呼吸机必配的辅助装置，用于生产压缩空气。医用空气压缩机，如图 2-86 所示。

呼吸机对于医用空压机的基本要求是，输出气体干燥、无油、噪声低、排气量大、排气压力高、移动方便等，可以适用于各种型号的呼吸机。

医用空气压缩机的管路，如图 2-87 所示。

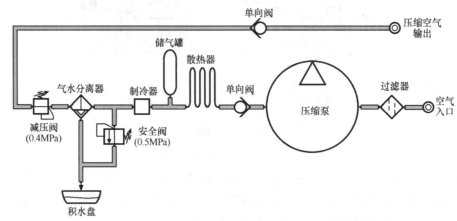

图 2-87　医用空气压缩机管路

医用空气压缩机的工作原理是，空气经过滤器进入压缩泵产生压缩空气，途中经散热器平衡温度后入储气罐进行气体缓冲，由制冷器降温，通过气水分离器脱水，再经减压阀输出400kPa 的安全压缩空气。若管路中的压力过高，可由安全阀排气，安全阀排气标定为 500kPa。

2. 流量控制系统　流量控制（flow control）系统的意义是，根据设定的氧浓度和通气流量，按比例精准提供适宜流量的空气和氧气，将其混合后输出至吸气支，为患者供气。流量控制系统，如图 2-88 所示。

流量控制系统对应于供气系统，也分为空气、氧气两个完全相似的平行支路。通过两个比例阀（PSOL1、PSOL2）分别调控空气、氧

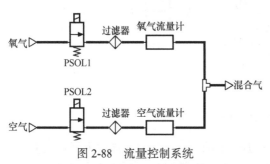

图 2-88　流量控制系统

气的流量，过滤器可进一步滤出杂质，再由流量计实时监测气体流量，以确保气体在流经氧传感器之前按预设的氧浓度充分混匀。流量计检测的信号进入控制系统，并与预设流量进行比对，如果检测的流量大于设定流量，控制系统则降低比例阀的输出；反之，提升输出流量。由此，构成了一个闭环检测与控制系统，可以实现对通气流量和氧浓度的精准控制。空气和氧气两路气体经流量计后汇合，形成流量和比例（氧浓度）符合期望的混合气流。

（1）比例阀（proportional valve）：是一种电流控制型电磁阀，通过改变驱动电流，可以调整阀口的开度（对应不同的流量），以此实现精确控制流量。比例阀，如图 2-89 所示。

比例阀有别于普通的电磁阀，它的工作原理是，比例电磁铁的线圈通电，产生磁场，磁力线经铁芯、磁极、间隙到衔铁，由于磁场的作用，衔铁克服弹簧推力朝磁极方向移动，通过推杆使活塞（阀芯）向右联动，使得阀口渐大，进气口与出气口的流量增加；反之，流量减小。由于活塞移动的距离与磁场强度有关，磁场又与线圈的激磁电流成正比，因此，

激磁电流与气体流量呈正相关，就是说，激磁电流越大，流量就越大。比例阀应用于呼吸机的流量控制回路，可以通过控制激磁电流来调节两个比例阀（PSOL1、PSOL2）的开度，从而确定空气与氧气的流量。

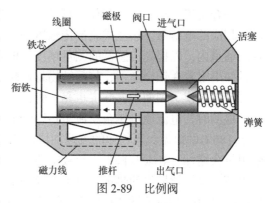

图 2-89　比例阀

（2）压差式流量传感器：目前，用于呼吸机的流量传感器有多种形式，主要有压差流量传感器、热丝式流量传感器、超声式流量传感器等。

压差式流量传感器（differential pressure flow meters）是根据安装于管道中气阻（节流器）产生的压差来测量流量的传感器。压差式流量传感器，如图 2-90 所示。

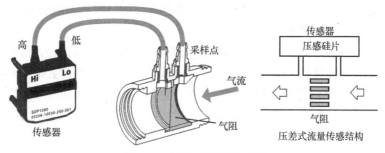

图 2-90　压差式流量传感器

在氧气和空气的管路通道中安装一个气阻（目的是增加两个采样点之间压力差，以提高检测的灵敏度），并在气阻的两端引出压力采样点，分别接到传感器高压和低压的接口上。当有气流经过，这两个压力采样点之间会因气阻产生一定的气压差，传感器内的压感硅片会产生形变，进而得到与气压差相对应的电信号。根据采集到的气压差电信号，可以换算出管路的气体流量。

（3）热丝式流量传感器（thermal-convection flow meters）：由于采用铂金材料也称为铂金丝流量传感器。铂金为贵金属，呈银白色，具有金属光泽。它延展性强，可拉成很细的铂金丝，轧成极薄的铂金箔，其强度和韧性也比其他贵金属高得多。铂金丝导热、导电性能好，化学性质极其稳定，不溶于强酸强碱，在空气中不发生氧化。由于铂金丝具有良好的电热性能，因此，可用于流量传感器的敏感器件。

铂金丝流量传感器的工作原理，如图 2-91 所示。

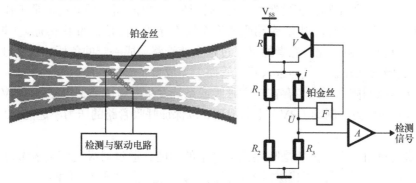

图 2-91　铂金丝流量传感器的工作原理

铂金丝流量传感器的工作原理是，由于气体经过时带走热量，造成温度的变化，进而产生相应的电信号。热丝式流量传感器一般不需要进行分流，可以将热丝直接放置在被测管路通道内，以提高传感器的测量精度，但是，由于主流量通道中会含有大量的杂质和水汽，如果附着在铂金丝上，其凝结物将影响传感器的采样精度。所以，铂金丝传感器通常需要定期更换，因而它实际上也是一种高值耗材。

检测时，电流通过铂金丝流量传感器的热丝（铂金丝）产生热量，传感器要求铂金丝处于180℃的恒温。当气体的流速加快，热丝的温度随之下降（低于180℃），铂金丝的等效阻抗会增加，电压 U 降低，导致电桥失去平衡，反馈放大器 F 会立即做出反应并加大驱动电流，以补偿散失的热量。由于 U 下降，F 的输出改变，使得驱动电流增加，铂金丝产生的温度也会相应地增加；反之，降低驱动电流，铂金丝的温度下降。电压 U 的变化能够反映铂金丝阻抗和通道温度的变化，因此，通过检测 U，可以换算出气体的流量。

3. 吸气安全系统　吸气安全系统有两个主要作用，一是通过一个压力安全阀，确保吸气支的压力不超过安全范围；二是如果系统发生断电，可以打开旁路吸气安全阀，维持自主吸气。吸气安全系统，如图 2-92 所示。

（1）压力安全阀：根据呼吸机的安全使用标准，要求送气的压力不得超过安全范围（本机设定为 110cmH$_2$O）。所以，在吸气支路上安装了一个压力安全阀（pop-off valve），作用是如果吸气支的压力过高（超过设定值），气体会通过安全阀自动排气泄压，以避免压力过高发生气道伤。压力安全阀，如图 2-93 所示。

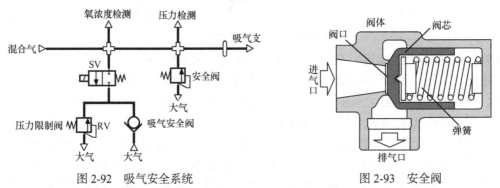

图 2-92　吸气安全系统　　　　　　　　图 2-93　安全阀

压力安全阀的工作原理是，如果吸气管路的压力在安全范围内，由于有弹簧压力，阀芯堵住阀口，安全阀不能排气；只有当管路压力超过设定安全值时，管路压力克服弹簧力，使阀口开启，由排气口泄气减压。

（2）旁路吸气安全阀：旁路吸气安全阀就是一个单向阀，呼吸机正常工作时，电磁阀（SV）断开（为常闭电磁阀），旁路吸气安全阀不导通。但是，如果系统发生断电事故，电磁阀（SV）闭合，由于此时患者的吸气过程会使管路形成一定的负压，致使自主吸气入口的单向阀对吸气支开放，气体进入吸气管路，完成自主吸气"应急"。

（3）压力限制阀：当患者存在自主呼吸或系统发生断电故障，电磁阀（SV）闭合，如图 2-94 所示的压力限制阀（RV）主动泄压，以保证呼吸管路的压力不超过 10cmH$_2$O 的限定范围。

4. 氧浓度检测　安全供氧是呼吸机最基本的功能，通过对吸气管路氧浓度的实时监测，可以保证机械通气时的氧代谢需求。目前，氧浓度检测主要有两种方法，氧电池和顺磁氧传感器。

（1）氧电池（oxygen battery）：又称为氧电极，是一种电化学氧传感器，主要用于检测吸气管路混合气体的氧浓度，测量范围为 0~100%氧浓度。在恒定（压力、温度）的条件下，氧电池产生的电压值与氧浓度成正比关系。

氧电池，如图 2-95 所示。

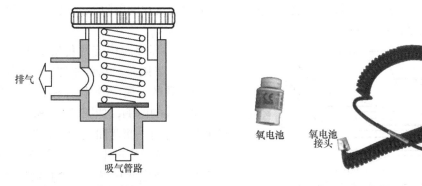

图 2-94　压力限制阀图 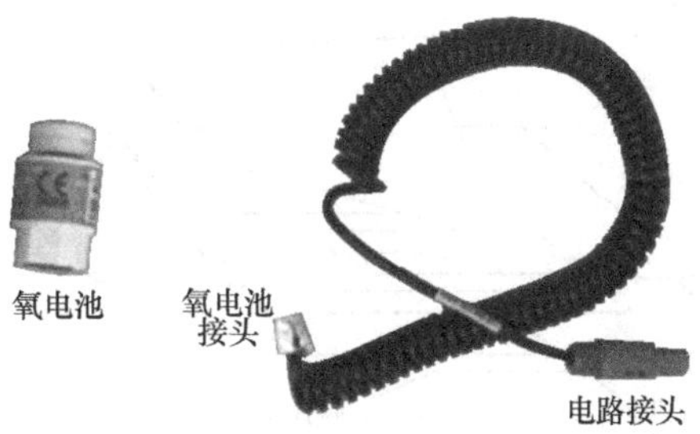　　　　　　　　　　图 2-95　氧电池

氧电池的使用寿命通常只有 1~2 年，在氧电池的使用寿命内，随着氧电池的电量消耗，其输出电压也逐渐降低，所以氧电池需要定期标校。氧电池的输出是线性，即输出电压与氧浓度成正比，所以，这类氧传感器只需要进行两点（21%和 100%）标校。

（2）顺磁氧传感器（paramagnetic oxygen sensor）：是一种应用顺磁氧技术检测氧浓度的氧传感器。顺磁氧传感器是一种非消耗型器材，从而可以免去定期更换电化学氧电池的麻烦，降低使用成本。

5. 吸气压力检测　实时监测呼吸管路压力是呼吸机临床应用的一项重要功能，一是提供气道压的上限保护，如果气道压力超过上限（默认值为 40cmH$_2$O，也可根据用户需要自行设定），呼吸机可以发出气道压过高报警；二是配合流量、容积和时间的记录信息，描记气道压力、流速和容量的变化过程，由此构成压力与时间的变化曲线和压力与容量（P-V）环。为保证气道压检测的精度，呼吸机通常分别检测吸气压力和呼气压力。

呼吸管路压力检测采用压力传感器，并要求压力传感器的输出应与气道压力成正比，检测的范围通常至少为–40~120cmH$_2$O。现代压力传感器的性能已经得到大幅提升，在正常应用的条件下，其线性特性通常不会改变，只是零点有可能发生偏移，因此，呼吸机需要对压力传感器进行零点校准。为使零点校准不影响正常的压力检测，呼吸机通常是在呼气阶段校吸气压，在吸气阶段校呼气压。

（1）零点校准：零点校准的方法是将压力传感器与大气直接连通，并由测试软件设置该压力为"零"。零点校准，如图 2-96 所示。

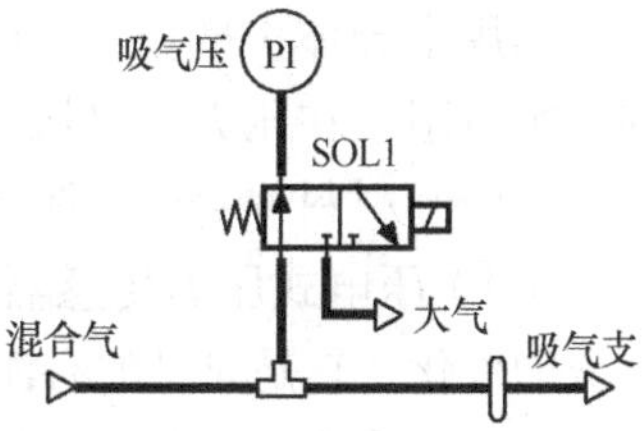

零点校准时，三通电磁阀（SOL1）开启，常开管路闭合，压力传感器（PI）与大气连通，可将此时的压力设定为"零"压力。由于呼吸机开机后，设备会发热，温度升高将影响压力测量的精度，因而，呼吸机在未到达热平衡期间，需要进行多次的零点校准；达到热平衡后，采取定时校准。

图 2-96　零点校准

（2）金属应变片式压力传感器：压力传感器（pressure sensor）种类繁多，主要有金属应变片式压力传感器、半导体扩散型压阻式压力传感器、压电式压力传感器、电感式压力传感器、电容式压力传感器等。

金属应变片压力传感器是使用金属丝或金属箔作为敏感元件制成的片状传感器，它由弹性元件、金属应变片和其他附件组成。当金属应变片受力发生变形时，应变片中的金属丝或箔的长度与截面积会发生相应的改变，从而引起应变片的电阻值变化。金属应变片结构原理图，如图 2-97 所示。

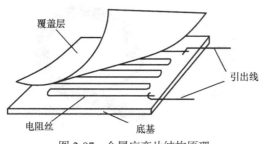

图 2-97　金属应变片结构原理

为提高金属应变片传感器的测量灵敏度，通常采用差动测量原理，即将两片性能完全一致的金属应变片 R_1 和 R_2 分别粘贴于弹性元件的两侧，如图 2-98 所示。当弹性元件受力向一侧弯曲变形时，两个应变片发生变形，导致它的电阻值一个增大、另一个减小。金属应变片组成一个直流电桥，当金属应变片的电阻 R_1 和 R_2 改变时，传感器的输出电压 U_O 会产生相应变化。

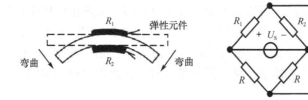

图 2-98　双金属应变片式传感器组成与应用原理图

（3）半导体扩散型压阻式压力传感器：是近年发展起来的新型压力传感器。半导体扩散型压敏电阻结构图，如图 2-99 所示。

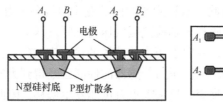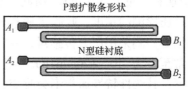

图 2-99　半导体扩散型压敏电阻结构图

利用半导体扩散技术，在 N 型半导体衬底上扩散两条 P 型电阻条，形成两个性能一致的压敏电阻。在压力（机械应力）的作用下，半导体材料的载流子间相互作用，产生压阻效应，引起材料本身的电阻率改变，通过测量压敏电阻值，可以检测到压力。

（4）压电式压力传感器：是一种利用材料的压电效应，可以将压力信息转换成电荷或电压的变化。它是典型的有源传感器，具有体积小、重量轻、频带宽、灵敏度高等优点。通常，某些物质沿一定方向受到外力作用产生机械形变时，内部会发生极化现象，同时在它的表面产生电荷，撤掉外力后，这些物质又重新回到不带电的状态，这种将机械能转换成电荷的现象称为压电效应。具有压电效应的物质称为压电材料或压电元件，常见的压电材料有石英晶体、压电陶瓷、高分子压电薄膜等。

压电式压力传感器结构示意图,如图 2-100 所示。

压电式压力传感器通过压块将压力传递到双晶体压电元件,压电元件可以实时地将压力信息转换成为电信号输出。

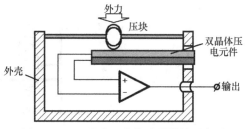

图 2-100 压电式压力传感器结构示意图

（三）呼气模块

呼气模块的基本作用就是通畅排出患者氧代谢后产生的废气,实现呼气阶段的压力控制、压力监测、流量监测等功能。呼气模块与吸气模块的不同点在于,流经的气体都是患者呼出的气体,因而,呼气模块中各元件需要清洁消毒后才能再次使用。

呼气模块的管路系统,如图 2-101 所示。

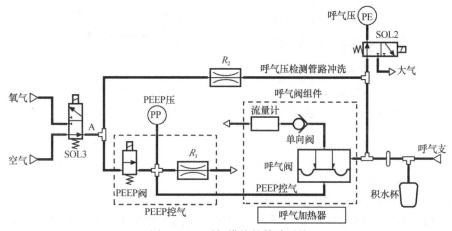

图 2-101 呼气模块的管路系统

呼气支管路连接到呼气模块入口,呼吸机工作时,患者呼出的气体经过管道进入呼气模块,呼气模块入口处有积水杯,可以收集管道及呼气阀内的冷凝水。

1. PEEP 控气 进入呼气周期,吸气阀关闭（停止供气）,呼气阀打开,通过患者肺的自主弹性收缩,将肺泡气呼出。对于呼吸衰竭患者,气道和肺泡多为萎陷状态,其功能残气位处于较低水平,为适量提升功能残气位,呼吸机在呼气模块上都设有 PEEP 功能,目的是适量抬高呼气末的气道压,以防气道和肺泡萎陷,改善肺顺应性。提供 PEEP 控气是呼吸机的核心功能之一,意义是能够维持一个稳定的呼气末段气压。PEEP 控气管路,如图 2-102 所示。

SOL3 是空气、氧气二选一的三通电磁阀,其中,优先选通空气作为呼气阀的控制气体,当空气压力较低时可选通氧气,以确保呼气阀具有稳定的 PEEP 控气压力。PEEP 阀是一个比例阀,输出的气体经气阻 R_3（当气体通过小孔导管时产生一定的阻力为气阻,在标称范围内,其阻值为常数）,使 PEEP 控气端保持一个稳定的压力,PP 压力传感器可以实时监测 PEEP 控气压。气阻 R_3 可以将 PEEP 的控气压力控制在 $0\sim120cmH_2O$。

2. 呼气阀组件 呼气阀组件包括呼气阀、呼气单向阀和呼气流量计、呼气加热器。

（1）呼气阀（exhalation valve）:是呼气阀组件的核心器件,它实际上就是一个气压控制的开关阀,即呼气阀的开放与关闭受控于 PEEP 控气压。呼气阀,如图 2-103 所示。

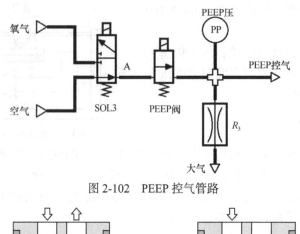

图 2-102 PEEP 控气管路

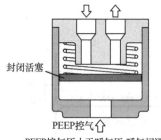 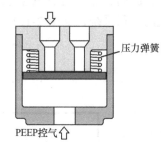

图 2-103 呼气阀

应用时，如果呼气压大于控气压，封闭活塞下移，打开通道，呼气阀处于开放状态，通过呼气支管路能够顺畅地排气出肺泡气；反之，当呼气压小于控气压时，封闭活塞上移封堵通道，呼气阀关闭，以维持一定的呼吸末段气道压。

（2）呼气阀的呼吸管理功能：呼吸机通过吸气阀（两个比例阀）与呼气阀的交替动作，实现对患者有节律的通气支持。呼气阀的呼吸管理，如图 2-104 所示。

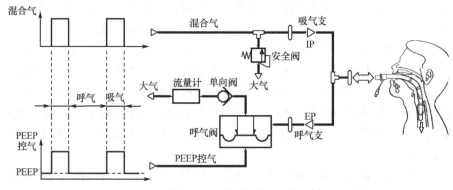

图 2-104 呼气阀的呼吸管理

在吸气阶段，系统给予 PEEP 阀一个相对较大的控制电流，将呼气阀封闭到一定水平的压力上，保证呼吸机送出的空氧混合气体能够顺畅地进入患者呼吸道。但是，如果在吸气过程中出现意外，导致送出气体压力高于限制压力（PEEP 控气压），呼气阀则立即开放泄压，以保证吸气的安全性。

呼气阶段，PEEP 阀的控制电流维持在一个相对较低的水平，对应于呼气阀形成一定封阀压力，使患者的呼气末段保持在一个正压水平。如果 PEEP 控气压为零，呼气阀可以完全打开，相当于患者直接对大气呼气（与正常人的呼气相同）。

（3）呼气单向阀和呼气流量计：呼气单向阀的作用是确保气流的单向流动，即呼气阀的气体只能经单向阀、流量传感器流出，气体不能反向进入呼气阀。呼气流量计可以实时监测患者呼出的气体流量。

（4）呼气加热器：是一个加热装置，通过对呼气阀、单向阀和呼出流量传感器进行加热，可以防止呼出气体发生冷凝，影响测量精度。

3. **自主呼吸通道** 患者病情好转，逐渐开始有自主呼吸。为避免呼吸对抗，呼吸机设有专门的自主呼吸通道，如图 2-105 所示。

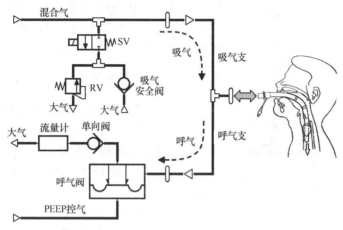

图 2-105 自主呼吸通道

当患者有自主吸气时，可在吸气支内产生一定的负压，控制系统判断有自主呼吸，电磁阀（SV）连通，外界气体经吸气安全阀、外呼吸管路等进入患者的呼吸道；患者自主呼气时，呼出的气流经过外呼吸管路、呼气阀、单向阀、呼出流量计排到大气。在患者自主吸气与呼气期间，吸气安全阀和呼气单向阀交替打开与关闭，可以保证自主呼吸过程中气体的单向流动，避免重复呼吸。

4. **呼气模块的消毒** 患者呼出的气体需要经过呼气阀与呼气流量传感器等管路系统，临床应用后应该进行必要的消毒处理，目前呼气模块主要采用高温高压蒸汽消毒（最高温度 134℃）方法。因此，呼气阀与呼气流量传感器的结构设计应当便于临床拆装。PEEP控制气源直接来自吸气模块未经污染的干净气体，通常 PEEP 控制组件无须进行清洁消毒。

5. **呼气压检测** 呼气压检测的方法如同吸气压测量，这里不再重复赘述。但呼气压的测量环境有别于吸气管路，原因是呼气管路流经的是患者呼出的气体，气体中水分含量较大并可能带有微粒，长期应用会堵塞测试管路，影响测量精度。因此，呼吸机在呼气压的测试管路中设计有管路冲洗环节，目的是利用一个微小气流连续冲洗呼气压管路，以保证测试管路始终处于干燥的状态。

呼气压测试管路，如图 2-106 所示。

在呼气压的冲洗管路上接入一路气体（冲洗气流），这路气体经气阻 R_2，将流量调整为 10ml/min，以保证测压管路的干燥与

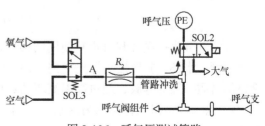

图 2-106 呼气压测试管路

通畅。由于冲洗气流的流量很小，不会影响呼气压的在线测量。

呼吸机有吸气和呼气两个压力测量点，在管路没有气体流动时，吸气与呼气压力相等。在控制吸气的阶段，吸气支路有气体流动，呼气支路几乎没有气体，因此，呼气压力传感器的测量值更接近于患者端的压力，而吸气支路的测量值略高（实际呼吸机的吸气压力，会进行管路阻力补偿计算，使其更接近于患者端压力）。所以，在控制通气时，通常以呼气压力传感器的测量结果来控制送气压力精度。临床应用中，吸气与呼气的测压值可以进行比对，以判断管路的异常（如脱管、堵塞）。吸气压与呼气压都能反映气道压，如果气道压超过压力报警上限（默认值为 40cmH$_2$O），呼吸机会报警并主动释放压力。

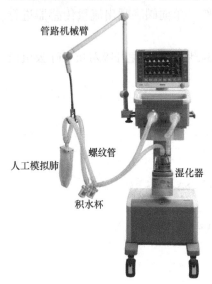

图 2-107　呼吸机外呼吸管路

（四）外呼吸管路

外呼吸管路是呼吸机的外围气路，独立于呼吸机主机，临床使用中可根据需要选择不同的配置，其主要作用是建立呼吸机与患者的气路连接，并对吸入气体进行加温和湿化处理。呼吸机外呼吸管路，如图 2-107 所示。

外呼吸管路包括螺纹管、湿化器、积水杯及雾化器，通过对接呼吸机的吸入端、呼出端和患者气道（如气管插管、喉罩或口鼻面罩）实施机械通气。

1. 螺纹管　螺纹管是呼吸机连接患者的通气软管，可以分段连接积水杯、湿化器等。螺纹管，如图 2-108 所示。

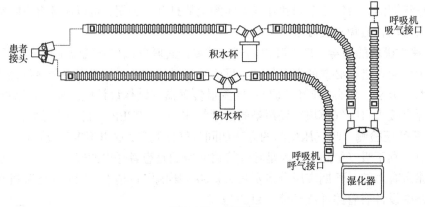

图 2-108　螺纹管

螺纹管分为一次性和可重复使用两种形式。其中，一次性管路采用 PVC 材料，通常将螺纹管、水杯、Y 形接头等集成到一起，成本相对较低，一次使用后扔弃。可重复使用管路的材质一般为硅胶，经过高温高压消毒可以多次使用。

2. 积水杯　积水杯又称为落水杯，用于收集外呼吸管路中的冷凝水。积水杯，如图 2-109 所示。

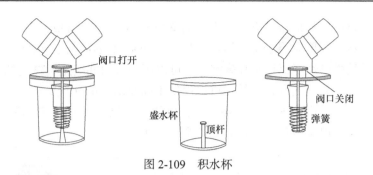

图 2-109 积水杯

在积水杯内部有一个单向阀，当安装好盛水杯后，通过顶杆挤压弹簧将单向阀打开，可以收集呼吸管路的冷凝水。盛水杯内的积水达到一定量，可取下盛水杯倒掉积水，由于取下盛水杯后，弹簧失去顶杆的挤压，使其压力释放，单向阀关闭，因而取下盛水杯不会造成呼吸管道漏气。

3. 湿化器　建立人工气道后，上呼吸道完全丧失了对吸入气体的加温、湿化与过滤等生理功能，如果对机械通气的湿化不充分，将在人工气道或上呼吸道上形成痰痂，可能阻塞支气管，使气道阻力增大，引起周围性呼吸困难甚至窒息。因此，患者长时间使用机械通气时，应对吸入气体进行加温与湿化处理，以预防和减少呼吸道并发症。

实现吸入气体湿化功能的装置称为湿化器，目前，在呼吸机上主要应用加热湿化器，如图 2-110 所示。

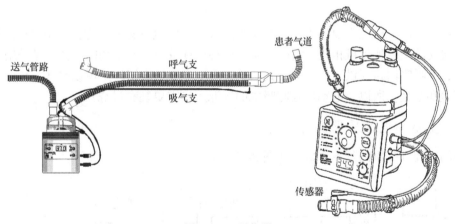

图 2-110 湿化器

加热湿化器采用加热湿化原理，通过电热器对灭菌注射用水的加热（水温约 70℃），产生水蒸气，再与吸入气体进行混合，形成加温湿化吸入气体。在外吸气管路的近端安装有传感器，可以实时监测管路中气体的温度与湿度，并传送至湿化器，以构成一个温湿度闭环控制系统。当温度低于设定温度时，湿化器可增加水温。湿化器温度的设置范围通常为 34～41℃（在近端 Y 形三通处端），能够提供相对湿度 100%、含水量 33～44mg/L 的吸入气体。

三、电动电控呼吸机

电动电控呼吸机由内置的电动器件（如涡轮风扇）提供通气动力，因而无须使用压缩空气即可实现与气动电控呼吸机类似的机械通气效果。由于电动电控呼吸机可以自行提升通气动力，不需要使用外接压缩空气，设备的体积更小，临床上的应用更为方便、灵活。以往电动电控呼吸机主要应用于急救转运型呼吸机和家用型呼吸机，但随着气体升压技术的完善，这类呼吸机已经广泛用于临床治疗，可以床旁长时间实施机械通气。电动电控呼吸机一般还需要外接氧气气源，目的是可以提供不同氧浓度的通气支持。

以下仅以迈瑞生物医疗 SV300 型电动电控呼吸机为例，介绍电动电控呼吸机的结构与工作原理。SV300 型电动电控呼吸机，如图 2-111 所示。

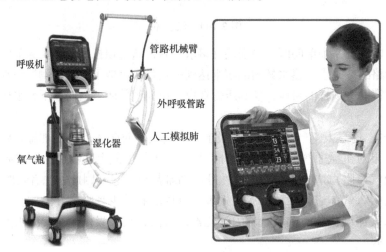

图 2-111　SV300 型电动电控呼吸机

电动电控呼吸机的主要特点是无须压缩空气，当然也不必随机配备医用空气压缩机。因而，与气动电控呼吸机相比，它的管路系统必须具备两个基本功能，其一是采用气体增压技术，为呼吸回路提供通气动力；其二是，由于呼吸机应用的是现场空气，环境中难免存有灰尘和细菌，所以，电动电控呼吸机的气源入口需要装有过滤器。

（一）电动电控呼吸机的构成

电动电控呼吸机的基本构成，如图 2-112 所示。

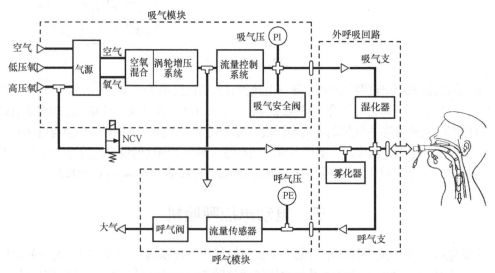

图 2-112　电动电控呼吸机的基本构成

（二）吸气模块

吸气模块的管路系统，如图 2-113 所示。

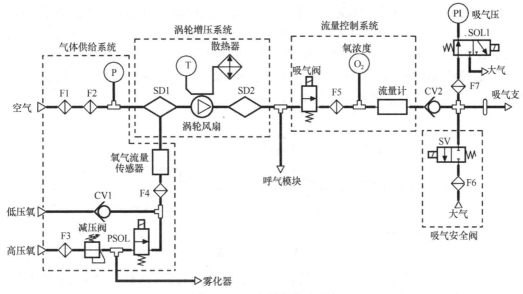

图 2-113　吸气模块管路系统

1. **气体供给系统**　电动电控呼吸机的气体供给系统，如图 2-114 所示。

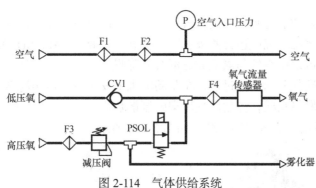

图 2-114　气体供给系统

气体供给系统有三路接入气体，包括室内低压空气、低压氧和高压氧。

（1）空气接入：当涡轮风扇工作时，将产生负压，可抽吸周围环境的空气，为防止室内空气的灰尘和细菌进入呼吸机，空气的接入支路上装有两层过滤装置，F1 过滤器用于过滤空气中的灰尘，F2 过滤器可以隔断细菌的进入。

当呼吸机使用或放置一段时间后，空气入口的两层过滤器表面不可避免地会吸附灰尘或杂质，这些灰尘、杂质积累到一定程度将造成空气入口的堵塞，可能导致进入机内的空气流量不足，影响正常的通气性能。因而，在空气入口上安装有压力传感器，能够实时监测空气入口的负压状态，如果负压值过高，说明过滤器已经发生堵塞，控制系统可以及时发出更换过滤器的提示。

（2）氧气接入：为适应不同的临床应用环境，氧气接入有高压氧接入或低压氧接入两种方式。低压氧为床旁的管路氧气源，一般不需要处理可以直接引用。在低压氧支路上安装有单向阀（CV1），它的作用是保证低压氧单向流动，防止高压氧气经低压氧支路漏气。

高压氧通常是由氧气瓶提供的氧气，管路上应用过滤器（F3）能够过滤氧气瓶气源中的杂质，通过减压阀可以降低高压氧的气源压力[（2.0±0.1）bar]并保持稳定，以确保后端比例阀（PSOL）输出流量的稳定性。在低压氧和高压氧的汇合出口处设有过滤器（F4）和氧气流量传感器，过滤器（F4）置于流量传感器前，目的是稳定气流，以保证流量传感器测量的准确性，氧气流量传感器采用热丝式质量传感器，使用中无须校准。

2. 涡轮增压系统　涡轮增压系统是电动电控呼吸机特有的装置,意义在于提供机械通气动力。涡轮增压系统，如图 2-115 所示。

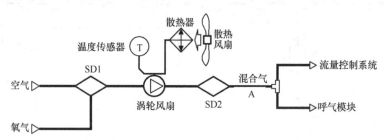

图 2-115　涡轮增压系统

涡轮增压系统的核心装置是涡轮风扇（blower），电动电控呼吸机对涡轮风扇的性能要求很高，通常要求涡轮风扇能够提供 80cmH$_2$O 以上压力，输出气体可达到 240L/min 的流速，它的驱动电动机最高转速为每分钟 40 000r/min。另外，呼吸机对涡轮风扇还有静音要求，体积也不能太大。

涡轮风扇的主要功能是吸入室内空气和外部接入的氧气，经过涡轮增压后输出到吸气支路的后端。涡轮增压系统还包含两级迷宫（空氧混合腔，SD1、SD2），分别位于涡轮风扇的上游和下游，可以将空气与氧气充分混合并降噪。

为避免涡轮风扇的驱动电机过热，在驱动电机上安装有温度传感器和散热器，温度传感器可以根据电机发热状况，控制散热风扇强制散热。

3. 流量控制系统　流量控制系统，如图 2-116 所示。

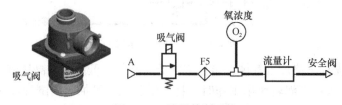

图 2-116　流量控制系统

流量控制系统由吸气阀、过滤器（F5）、氧浓度传感器、流量计组成。在吸气阶段，吸气阀开启、呼气阀关断，经过空氧混合形成特定氧浓度的气体，由吸气阀将气体流量转换为预设流量（或压力），通过吸气支输送至患者呼吸道。

吸气阀实际上就是一个比例阀，通过控制阀口的开度，可以按预先设定的潮气量进行机械通气。氧浓度传感器和流量计可以在线实时监测气体氧浓度和流量，如果氧浓度与预设不符，控制系统可以自动调节氧气流量；若管路流量有误差，则通过控制吸气阀的开度予以调节。

4. **安全阀系统** 安全阀系统处于吸气流量计的下游，直接与外呼吸管路连接。安全阀系统兼有两个主要功能，一是主动泄压功能，防止吸气管路的压力超出设定压力；二是在系统完全断电或待机时，提供自主呼吸通道，防止患者窒息。安全阀系统，如图 2-117 所示。

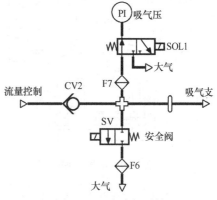

单向阀 CV2 的作用是防止患者呼出的气体污染吸气模块的上游器件。安全阀（SV）用于确保吸气支路的压力保持在安全范围内，且当系统断电时可提供患者自主吸气通道。安全阀为常闭型电磁阀，泄放压力的机制采用软件控制，泄放压力值可根据操作者需求预先设置。在呼吸机正常工作的状态下，电磁阀上电，安全阀处于关闭状态；当吸气支路的压力超过设定值，电磁阀断电，安全阀开启、自动泄压。如果呼吸机发生断电，电磁阀处于掉电状态，安全阀默认打开，患者可通过自主吸气通路（SN、F6）吸入外界空气。

图 2-117 安全阀系统

吸气压的检测原理与气动电控呼吸机一致，这里不再赘述。

（三）呼气模块

呼气模块的主要功能是实现对患者呼气阶段的压力和流量的监控，与吸气模块不同，呼气模块流经的是患者呼出气体，因而，每次应用后需要进行清洁和消毒处理。呼气模块的管路系统，如图 2-118 所示。

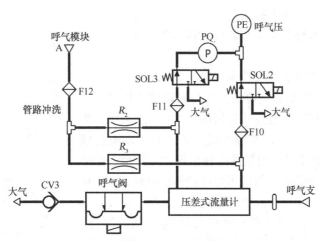

图 2-118 呼气模块的管路系统

1. **呼气压检测** 呼气压检测的方法与吸气压相同，可以实时监测呼气管路的压力，为防止呼气水汽堵塞测试管路，由吸气模块经气阻（R_3）引入一路管路冲洗气体。三通电磁阀（SOL2）的作用是定时对压力传感器进行零点校准。

2. **压差式流量计** 压差式流量计与呼气管路串联，通过两个采样口可以检测流经气体的压差，由差压传感器（PQ3）能够检测呼气管路的流量。F10、F11、F12 为过滤器，用于保护上游器件（吸气管路）不会受到患者呼出气体的污染。R_2 为气阻，可将微弱流量的气体引入呼气阀组件进行管路冲洗，防止水汽冷凝堵塞压力测量管路。

3. 呼气阀 与气动电控呼吸机不同，电动电控呼吸机采用电控式呼气阀，目的也是保证呼气阀存在一定的封阀压，使患者呼出气体始终保持在一个正压力水平，即患者呼气末段的压力为设定的呼气末正压值。

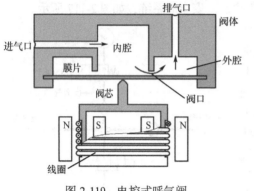

图 2-119 电控式呼气阀

电控式呼气阀是一种电控压力阀，它的作用是通过调整驱动电流，可以设定呼气末段的压力。电控式呼气阀，如图 2-119 所示。

电控式呼气阀的工作原理是，呼气阀封阀压力由阀芯上线圈的加载电流强度决定，当线圈的电流为零时，呼气阀完全打开，相当于直接对大气呼气；如果控制系统给予线圈一定的加载电流，阀芯上移，其推动力使膜片封堵于阀口，若患者呼出的气体要通过阀口到排气口，必须使内腔的压力大于膜片封堵压，由于膜片封堵压与线圈的加载电流相关，因而，通过控制线圈电流可以调整呼气末正压。在呼气阀的出口设有单向阀（CV3），作用是防止呼出的气体反向流动。

四、双模呼吸机

双模呼吸机是气动电控和电动电控的一体化呼吸机，可以兼顾治疗与转运等临床应用，是符合呼吸机发展趋势的一类结构形式。下面以迈瑞生物医疗 SV800 呼吸机为例，介绍双模呼吸机的技术特点及工作原理。SV800 呼吸机，如图 2-120 所示。

双模呼吸机具备以下两大技术优势。

（1）联合应用压缩空气管路供气与涡轮增压技术，兼备气动电控呼吸机和电动电控呼吸机的技术特点。当供气管路的压缩空气符合要求时，双模呼吸机可运行气动电控模式，以提供更高、更平稳、更精准的输出压力与流量；如果集中供气管路无法提供正常供气压力或进行临床转运时，可自动转换为电动电控模式，以维持常规通气支持。

（2）比较传统的气动电控呼吸机+医用空压机的组合，双模呼吸机可大幅降低医用空压机的噪声，整机的体积、重量、功耗和成本等得到明显优化。

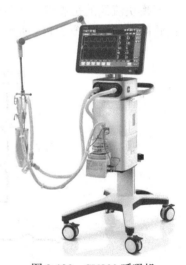

图 2-120 SV800 呼吸机

与电动电控呼吸机、气动电控呼吸机相比，SV800 双模呼吸机的结构改进主要体现在供气系统，其他管路设计如同 SV300 电动电控呼吸机。SV800 双模呼吸机吸气模块（呼气模块如同 SV300 电动电控呼吸机），如图 2-121 所示。

SV800 双模呼吸机的基本原理是，由压力传感器（PS2）实时监测压缩空气管路的供气压力，并根据集中供气管路的信息，自动（或手控）调节先导阀和三通阀的运行状态，以实现气动电控和电动电控模式间的切换。也就是说，SV800 双模呼吸机通过智能控制先导阀和三通阀的状态，既可以实现类似于 SynoVent E5 气动电控呼吸机的通气功能，也能够脱离压缩空气供气管路，完成 SV300 电动电控呼吸机的功能。

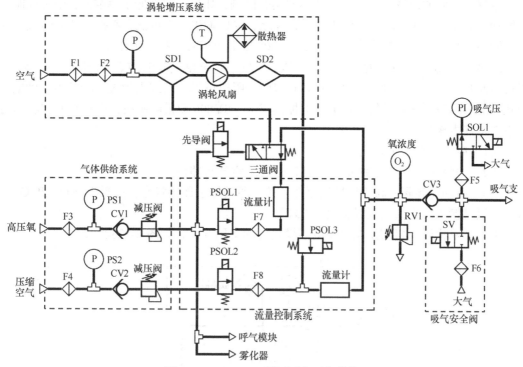

图 2-121　SV800 双模呼吸机吸气模块

1. 压缩空气管路供气　如果压缩空气管路供气正常，压力传感器（PS2）的检测数据符合气动电控呼吸机的供气要求，SV800 双模呼吸机的中央控制器关闭涡轮增压系统和电磁阀（PSOL3），其双模呼吸机的供气系统，如图 2-122 所示。

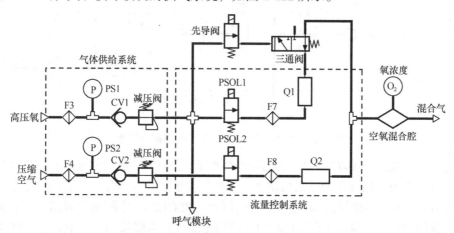

图 2-122　管路供气正常时的供气系统

管路压缩空气正常，气体供给系统的工作原理如前，不再赘述。由于 PS2 压力传感器的检测符合供气门限，先导阀断电，无高压氧控气输出，气控三通阀处于关闭状态。此时，三通阀的常开管路关闭，断开涡轮增压系统的供氧管路；三通阀的常闭管路连通，由供氧比例阀（PSOL1）输出的高压氧直接进入空氧混合腔。同理，压缩空气经气体供给系统减压、过滤，由压缩空气比例阀（PSOL2）输出的空气也进入空氧混合腔。

空氧混合腔的氧浓度可以由氧传感器实时监测，如果氧浓度低于设定值，中央控制器将增加供氧比例阀（PSOL1）输出流量；反之，降低输出。空氧混合腔提供的混合气进入后续管路，其压力监测和安全保护等如 SV300 电动电控呼吸机的工作原理。

2. 关断压缩空气管路的供气　如果压缩空气不符合供气要求，或者用于临床转运，呼吸机将断开压缩空气的管路供气，SV800 双模呼吸机可以自动或人为设置转换为电动电控模式，即采用备用气源供气。在电动电控模式下，SV800 双模呼吸机的中央控制器将执行如下 3 个基本操作。

（1）启动涡轮增压系统。

（2）关闭压缩空气比例阀（PSOL2），压缩空气管路供气中断。

（3）启动先导阀，高压氧控气驱使气控三通阀处于连接状态，供氧比例阀（PSOL1）输出的氧气接入降噪与空氧混合腔（SD1）。

SV800 双模呼吸机切换至电动电控模式时的备用气源，如图 2-123 所示。

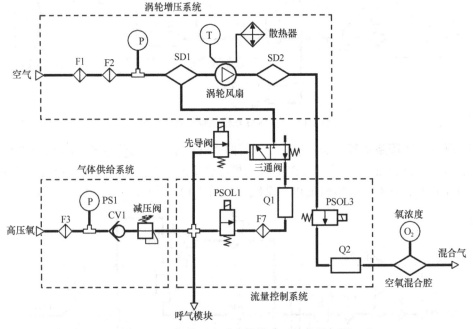

图 2-123　切换至电动电控模式时的备用气源

涡轮增压系统的主要功能是弥补管路集中供气不符要求，或者在临床转运呼吸机断开管路供气时，作为备用气源为呼吸机供气。备用气源的工作原理是，当管路压缩空气气源的供气失效时，中央控制器关闭压缩空气比例阀（PSOL2），中断集中管路供气；开启先导阀，三通阀连通，供氧比例阀（PSOL1）的输出氧气进入降噪与空氧混合腔（SD1），经涡轮风扇增压、第二级降噪与空氧混合腔（SD2）的气体混合，由比例阀（PSOL3）控制空氧混合气的输出流量。

SV800 双模呼吸机切换至备用气源模块时，流量传感器（Q2）可实时监测吸气支的流量，氧传感器能检测吸气支混合气的氧浓度。

第四节 呼吸机的通气模式管理

通气模式（ventilation mode）是机械通气的管理规则，意义在于呼吸机能够按照预设的应用程序实施通气管理。现代呼吸机依据其内部的微处理器控制系统，可以实现丰富的通气管理模式，使得机械通气的临床应用安全、有效。

机械通气的目标是辅助或支持有呼吸障碍的患者完成有效的肺泡通气，从而改善呼吸氧合功能。因此，应用呼吸机时，首先要判断患者的自主呼吸状态，并根据其临床症状，采取适宜的通气管理。如果患者自主呼吸完全停止，呼吸机可以代行全部通气功能；如果尚有自主呼吸，则采用呼吸机辅助或支持通气策略；若存在肺泡气交换障碍，应适量提高呼吸机的呼吸末正压（positive end expiratory pressure，PEEP），以增加功能残气量。

现代呼吸机的终极追求是，通过建立尽可能低的气道压，维持满足于人体氧代谢所需要的通气量，目的是通过选择恰当的通气管理模式，使机械通气既能够弥补患者的通气不足，又可最大限度地降低对生理功能的干扰。

一、正压通气与模式类型

现阶段，临床上主流的机械通气形式仍然是正压通气，在正压通气过程中，其肺内压、肺容量与自主呼吸的比较，如图 2-124 所示。

可见，正压机械通气的肺内压（一般大于 20cmH$_2$O）明显高于自主呼吸（通常小于±3cmH$_2$O）。正是由于这一正压通气的非生理特征，在使用呼吸机时，应恰当建立肺内压，以保证在不引起气压伤的前提下，维持人体代谢所需要的基本通气量。正压通气可能造成的气压伤与足够的通气量是一对矛盾，如何恰到好处地运用正气压，是正压通气问世以来一直面临的技术难题。随着对

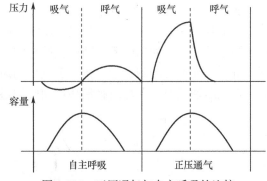

图 2-124 正压通气与自主呼吸的比较

正压通气呼吸生理的研究深入及长期临床应用，现代呼吸机已经积累了大量且成熟的临床经验，在控制系统中采取了相应的保护措施，形成了一系列标准化的通气管理策略，意在追求满足通气量的更低送气压力。也就是说，只要临床能够正确选择通气模式与参数，呼吸机可以基本保证正压通气的安全性与有效性。

1.正压通气的转换机制 实施正压通气时，呼吸机必须要解决，如何触发送气，呼气→吸气；如何持续正压送气；如何进行呼气切换，吸气→呼气；如何维持呼气期的状态，并由此构成一个完整的正压通气周期。正压通气周期，如图 2-125 所示。

（1）送气触发：机械通气的"触发"（trigger）是指导呼吸机由呼气转换为送气（吸气）状态的控制指令，触发方式主要包括时间触发、压力触发、容量触发和流速触发。如果触发指令受控于呼吸机的定时系统或通气压力、通气容量，称为控制通气；若受控于患者的用力吸气水平，则称之为辅助通气、支持通气或自主通气。

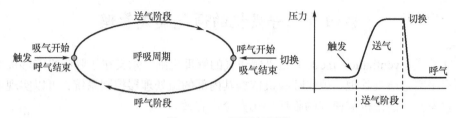

图 2-125　正压通气周期

送气触发方式是界定控制通气的关键特征，由此，在通气模式中引入了"同步"的概念。"同步"是指呼吸机的送气与患者吸气"意愿"同节奏，具有明确的临床应用指征，意义是呼吸机可以采纳患者的用力吸气信息并触发送气，避免人机对抗。

（2）正压送气：是正压通气的核心功能，目的是通过建立气道正压来维持通气量，并要求避免气压伤。为此，呼吸机对正压送气过程有多种"限制"措施，包括压力控制（pressure control）和容量控制（volume control），即分为"定压型"和"定容型"两大类正压通气模式。

定压型通气为目标压力管理模式，当吸气达到预设压力时，停止送气，经一定时长的屏气后转换为呼气。定压型通气的气道压是限制参数，通气容量为从属变化（与肺顺应性和气道阻力相关），因而存在过度通气或通气不足的治疗隐患。

定容型通气是目标容量管理，通过预设的通气量和限制流速（正弦波、减速或恒速波型）实施送气，如果呼吸机送气达预设容量，立即停止送气，依靠肺胸的弹性回缩力被动呼气。定容通气时，气道压和肺泡内压将从属变化，因而，呼吸机应持续监测气道压并设置上限报警机制。如果患者的肺顺应性异常，导致气道阻力增大，定容型通气可致较高的气道峰压，使部分肺泡过度扩张，有气压伤风险。

在正压通气时，非均质肺疾病可使肺泡过度扩张，如图 2-126 所示。

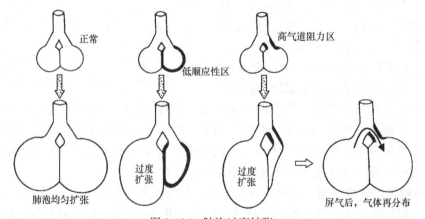

图 2-126　肺泡过度扩张

（3）呼气切换（cycle）：是呼吸机由送气阶段转换为呼气状态的机械动作，呼气切换形式分为压力切换、容量切换、时间切换和吸气末流量切换。压力切换和容量切换是如果达到预设的通气压力或通气容量，呼吸机即切换为呼气状态；时间切换则根据系统设定的通气时间进行呼气切换；吸气末流量切换主要用于支持通气或自主通气模式，当系统检测到患者的呼气意愿（吸气量明显减小），呼吸机即可进行呼气切换。

（4）呼气阶段：呼吸机对于呼气期的状态控制主要表现为维持一定量的呼气末正压，目的是提高功能残气量，避免肺泡萎陷。

2. 自主呼吸与通气模式　在正压机械通气的过程中，由于患者呼吸状态不尽相同，需要解决呼吸机与自主呼吸的人机协调。因此，现代呼吸机必须能够实时监测患者的自主呼吸，并采取恰当的通气管理模式。根据患者自主呼吸的状态，可以将呼吸机的通气类型分为四大类，控制（指令）通气、辅助控制通气、支持通气和自主通气，如图 2-127 所示。

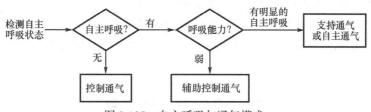

图 2-127　自主呼吸与通气模式

控制通气是针对患者没有自主呼吸，由呼吸机全程控制机械通气的节奏和通气量；辅助控制通气时，患者有间断且微弱的自主呼吸，呼吸机仍主导通气的节奏与通气量，但如果患者有呼吸动作且达到吸气触发水平时，呼吸机会适时地给予辅助通气（由患者的自主呼吸触发通气）；支持通气过程，患者已经有明显的自主呼吸能力，但呼吸功能较弱，这时通气节奏和通气量均可由患者的呼吸状态实施控制，呼吸机只是配合通气支持；自主通气是指完全由患者自主完成的通气过程，呼吸机仅需要维持一定的气道正压，持续提供高于大气氧浓度的混合气体。

3. 完全通气支持与部分通气支持　尽管呼吸机有许多通气管理模式，但对于患者来说，无外乎就是由机械通气完全替代自主呼吸或者是部分支持自主呼吸功能。机械通气对生理功能的影响，如图 2-128 所示。

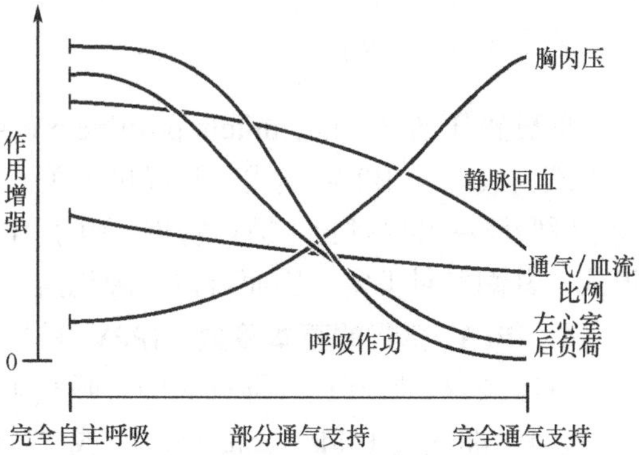

由此可见，机械通气对患者的生理功能存在不同程度的干扰，其中，全部代替自主呼吸功能的控制通气影响最大。因此，在临床应用正压通气时，应尽可能采取部分通气支持方式（包括辅助控制通气、支持通气或自主通气模式），以降低机械通气并发症。

（1）应避免胸膜腔内压对血流动力学的不良影响。

（2）降低机械通气所引起的肺气压伤。

图 2-128　机械通气对生理功能的影响

（3）尽可能保留自主呼吸，不增加自体呼吸做功。

（4）不影响通气/血流的正常比值。

现代呼吸机通过其强大的微处理器功能，实时监测患者呼吸能力的变化，并"智能"调节通气模式与正压支持水平，以实现应用最低的气道压、最适宜的呼吸频率满足机械通气的治疗目标。

4. 正压通气的保护性策略　正压通气时，保护性肺通气的策略主要包括以下 3 个方面。

（1）低潮气量、低气道压通气，以减小气压伤。

（2）足够的呼气末正压（5～12cmH_2O），支持肺复张，避免肺泡塌陷，促进二氧化碳的排放。

（3）及早过渡到自主通气模式，避免呼吸机依赖。

5. 机械通气模式的"一式多名"　呼吸机技术的发展涉及商业利益和市场竞争，某一呼吸机生产厂家在研制出一种通气新模式并取得专利和应用许可证以后，就会禁止其他厂家应用相同的通气模式名称，这就导致相同的通气管理模式，其名称会有所不一。同一种或基本相同的通气模式，不同的呼吸机品牌可能使用不同的名称，这种"一式多名"的现象给临床应用带来了概念上的混乱和学术交流的不便。

因此，在学习通气管理模式时，不能仅停留在名称上，而是要理解各种通气模式的工作原理，通过分析通气模式的压力-时间曲线，认知各通气模式的关键技术特征，以澄清"一式多名"。

二、控 制 通 气

控制通气（controlled ventilation，CV）又称为持续指令通气（continuous mandatory ventilation，CMV），其特点是，无论患者的自主呼吸状态如何，呼吸机仅按照预设的运行模式，有规律、强制性地为患者通气。所以，控制通气主要是采用时间触发方式，其通气频率仅取决于呼吸机设定的呼吸频率或呼吸周期，人与呼吸机的交互反应由呼吸机运行参数决定，呼吸机将根据定时指令完成呼吸功能转换。

控制通气的临床适应证是患者没有自主呼吸或自主呼吸极其微弱，呼吸机完全代行肺通气，即患者的呼吸方式（呼吸频率、潮气量、吸呼比和吸气时间）均由呼吸机来完成，呼吸机提供全部的呼吸做功。控制通气的常用模式主要有定容型的间歇正压通气模式、定压型的压力控制通气模式等。

（一）间歇正压通气

间歇正压通气（intermitent positive preesure ventilation，IPPV）是呼吸机最为基础的通气管理模式。在 IPPV 模式，呼吸机不关心患者的自主呼吸，仅根据设定的通气参数（容量、呼吸频率和吸呼比）进行管理。由于 IPPV 为定容型（定压型 IPPV 已较少应用）通气模式，其潮气量恒定，因而可以保障稳定的每分通气量。

1. IPPV 模式的基本参数　IPPV 是最常用的控制通气模式，基本设置参数包括潮气量、呼吸频率、吸呼比、屏气时间、呼气末正压和最大压力等。

（1）潮气量（tidal volume，V_T 或 TV）：是指每次呼吸设定的通气量，单位为 ml。通常成人的设置范围为 20～1500ml，儿童的设置范围为 20～300ml。

（2）呼吸频率（respiratory rate，RR）：是指每分钟设定的呼吸次数，单位为次/分。通常设置范围为 2～100 次/分。

（3）吸呼比（$I:E$）：是指每一呼吸周期中吸气与呼气的时间占比，设置范围 4:1～1:8，临床通常为 1:1.5～1:2.0。

（4）屏气时间（T_P）：是指屏气在吸气时间中所占的百分比，单位为%。通常设置范围 0～60%。屏气时间的作用是保证肺腔内的气体充分扩散，使不易扩张的肺泡获得充气。

以上设置参数中，根据呼吸频率、吸呼比和屏气时间可以确定通气节律。

（5）呼气末正压：是指呼气结束后的气道压力，单位为 cmH_2O。通常的设置范围为 $0\sim30cmH_2O$。

（6）最大压力（P_{max}）：又称压力限制，是指在吸气过程中的保护压力，单位为 cmH_2O。通常设置范围为 $10\sim70cmH_2O$。在吸气过程中，如果气道压力达到最大压力，呼吸机立刻停止送气，开始屏气或呼气。

（7）呼吸周期（$T_{呼吸周期}$）：是指一次呼吸所用的时间，单位为 s。

$$T_{呼吸周期} = 60 \times \frac{1}{RR}$$

（8）吸气周期（T_I）：又称吸气相，是指一个呼吸周期中的吸气时间，单位为 s。

$$T_I = T_{呼吸周期} \times \frac{I}{I+E}$$

式中，I 和 E 分别为吸呼比中的吸气和呼气的比例。

由于在吸气周期中还有屏气时间，所以，实际的给气时间为

$$T_{给气时间} = T_I \times (1 - T_P)$$

（9）呼气周期（T_E）：又称呼气相，是指一个呼吸周期中呼气所占用的时间，单位为 s。

$$T_E = T_{呼吸周期} - T_I$$

（10）吸气流速（v）：是指在吸气周期呼吸机的给定流速，单位为 L/min。IPPV 模式通常是恒流通气，所以，可以计算出吸气流速为

$$v = \frac{V_T}{T_{给气时间}}$$

由于吸气流速的常用单位是 L/min，潮气量的常用单位是 ml，给气时间的常用单位是 s，所以，计算过程需要进行单位转换。

（11）峰压（P_{peak}）：是指吸气周期中最大的气道压力，单位为 cmH_2O。通常给气结束时的气道压力为峰压，峰压是克服气道阻力和肺顺应性产生的压力。

（12）平台压（P_{plat}）：是指在屏气期间气体在肺泡内充分扩散后形成的压力，单位为 cmH_2O。通常以屏气时间结束时的气道压力定义为平台压，峰压降低至平台压的原因有，一是没有流速，克服气道阻力的压差减小；二是气体在肺泡内扩散或再分布，使气道压有所下降。

由于气体扩散造成的压差比较小，所以，通常认为峰压和平台压的差值是克服气道阻力产生的压力。由此，可以推导出气道阻力（R）为

$$R = \frac{P_{peak} - P_{plat}}{v}$$

（13）动态肺顺应性和静态肺顺应性：肺顺应性是指肺潮气量变化与对应压力的比值，分为静态肺顺应性和动态肺顺应性，前者反映了肺组织的弹性，后者受肺组织弹性和气道阻力的双重影响。动态肺顺应性（$C_{动态}$）以峰压与呼气末正压的压差为对应压力变化，静态肺顺应性（$C_{静态}$）以平台压与呼气末正压的压差为对应压力变化。为

$$C_{动态} = \frac{V_T}{P_{peak} - PEEP}$$

$$C_{静态} = \frac{V_T}{P_{plat} - PEEP}$$

2. IPPV 通气管理　IPPV 模式的通气流程大致为以下步骤。

（1）根据设定的潮气量、呼吸频率、吸呼比和屏气时间得到的给气时间，计算初始供气流速为

$$初始供气流速 = \frac{V_T}{T_{给气时间}}$$

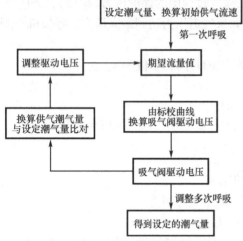

图 2-129　IPPV 模式的吸气管理流程

（2）通过吸气阀的标校曲线（生产厂家提供的流速与驱动电压曲线）计算吸气阀的驱动电压（对应吸气阀的开度），调整吸气阀的供气流速。

（3）监测供气流速，换算出供气潮气量。

（4）通过对供气潮气量与设置潮气量的比对，修正第二次呼吸的供气流速。

（5）如此循环往复，直到供气潮气量达到设置潮气量。

IPPV 模式的吸气管理流程，如图 2-129 所示。

IPPV 模式的通气过程，如图 2-130 所示。

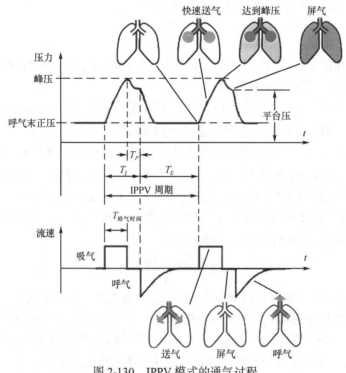

图 2-130　IPPV 模式的通气过程

IPPV 模式采用时间控制通气方式，吸气周期（T_I）开始，吸气阀打开，呼气阀关闭，向患者肺腔压入气体。此时，呼吸机按照给气时间（$T_{给气时间}$）以恒定的流速供气，气道压随之上升至峰压（P_{peak}），停止送气。吸气周期末有一段屏气时间（T_P），称为屏气期。在屏气期，呼吸机的吸气阀关闭，停止供气，这时呼气阀并未开启，气道压有一个下降坡，

形成平台压。平台压的意义是，肺泡内的气体发生如图 2-131 所示的再分布，使肺泡通气更为均一，有利于肺泡充气和气血交换。

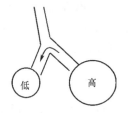

呼气时，吸气阀关闭，呼气阀打开，通过患者肺组织的自主弹性收缩将肺泡气排出，气道压快速下降，直至呼气末正压水平。流速 "—"（与吸气流向相反）为呼气，呼气流速上升至基线（流速为零），呼气周期结束，即完成一次的呼吸周期。在整个机械通气过程中，吸气与呼气交替转换，始终伴随气道压力的变化。

图 2-131　肺泡气再分布

3. IPPV 的通气特点　IPPV 是一种完全容量控制通气模式，呼吸机按照设定潮气量、吸气流量、吸气时间和呼吸频率给予正压通气。优点是可以保证潮气量和每分通气量，通气管理简单、使用方便，所以，特别适合于无明显自主呼吸及手术麻醉期间应用肌肉松弛药的患者。缺点是气道压力变化较大，有可能出现过高的送气压力，造成气压伤（因而 IPPV 模式需要配备完善的气道压上限报警体系）；如果通气参数设置不当，可能发生过度通气或通气不足；人机同步性较差，对于有明显自主呼吸的患者，容易发生人机对抗。

IPPV 模式通气时的自主呼吸，如图 2-132 所示。

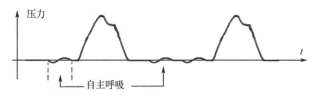

图 2-132　IPPV 模式通气时的自主呼吸

进行 IPPV 模式通气时，若发生自主呼吸，可以通过呼吸机在两次控制通气的间歇期进行呼吸换气，但这时患者的自主呼吸并没有得到呼吸机的辅助支持，自主呼吸需要克服按需阀（吸气阀、呼气阀）开放和呼吸回路阻力的做功，由此，可能会加重呼吸肌疲劳，增加氧耗，甚至使循环功能恶化。

（二）压力控制通气

压力控制通气（pressure control ventilation，PCV）是根据预设的目标压力实施通气的管理模式，通气容量（流速）为从属变化，呼吸节律根据设定的吸呼比和呼吸频率来执行。PCV 也是一种常规的控制通气模式，在临床上通常用于儿童、婴儿和新生儿，其采用目标压力管理，可以避免气压伤。

1. PCV 模式的设置参数　PCV 模式的设置参数通常包括目标压力、呼吸频率、呼吸比、压力上升斜坡时间和呼气末正压。其中，呼吸频率、吸呼比和呼气末正压与 IPPV 模式中的参数相同。

（1）目标压力（P_{target}）：是指设定的每次呼吸需要达到的气道压力值，通常设置范围为 5～70cmH$_2$O。

（2）压力上升斜坡时间（T_{slope}）：是指每次呼吸达到目标压力的时间，单位为 s。通常设置范围为 0～2.0s。压力上升斜坎时间表示压力上升的速度，与肺顺应性和气道阻力直接相关。

2. PCV 模式的通气过程 PCV 的通气工作流程与 IPPV 类似，区别主要是第一步初始供气流速的计算。PCV 是根据设定目标压力、上升斜坡时间、顺应性阻力，计算出初始供气流速。

$$初始供气流速 = \frac{目标压力}{T_{slope} \times 顺应性}$$

PCV 通气模式根据呼吸频率换算呼吸周期，通过吸呼比计算出吸气周期和呼气周期。吸气周期开始，呼吸机给予一个较大的送气流速，使气道压力在设定的压力上升斜坡时间（T_{slope}）内达到设定的目标压力（P_{target}）；达到目标压力后，通过反馈系统使送气减速，即在剩余的吸气周期内给出减速波，用以补充由于气道阻力和气体扩散造成的压力损失。到达吸气周期时间，呼吸机进入呼气周期，呼气阀打开，呼吸管路排气（呼气），直至气道压为呼气末正压，呼吸周期结束。

PCV 的通气过程，如图 2-133 所示。

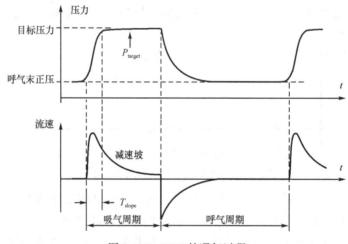

图 2-133　PCV 的通气过程

PCV 通气模式表现为压力波的上升支较陡直、平台期时间较长，没有明显的压力波尖峰。与 IPPV 相比，PCV 在平台期仍存有送气，只不过气流减缓，而 IPPV 模式的吸气平台期完全无送气。

3. PCV 模式通气特点 PCV 模式的通气特点如下。

（1）吸气周期开始阶段，呼吸机给出一个较大的送气流速，使气道压快速达到设定的目标压力，有利于肺复张。

（2）达到目标压力后，送气为流量减速波，使气道压平缓、没有尖峰，可明显降低气压伤的危险性。

（3）吸气流速依据胸肺的顺应性及气道阻力变化，以保证适当水平的潮气量。

（4）利于不易充盈的肺泡充气，可以改善气体分布和通气/血流，气体交换良好，适用于肺顺应性较差的患者。

PCV 模式的主要缺点是，潮气量随胸肺顺应性和气道阻力变化，容易产生通气不足或过度通气，因而需要完善监测体系，以保障 PCV 的通气安全与有效。

（三）压力调节容量控制通气

压力调节容量控制通气（pressure regulated volume control ventilation，PRVCV）（西门子 300/300A），又称为适应性压力通气（adaptive pressure ventilation，APV）（Hamilton 伽利略呼吸机）、自动流量（auto-flow）（Dräger Evita 4 呼吸机）、容量控制+（volume control+，VCV+）（PB840 呼吸机）、可变型压力控制（variable pressure control，VPC）（Venturi 呼吸机），兼具定压型通气和定容型通气两种模式的技术特点，是以压力控制通气（PCV）的方式来进行容量管理的通气模式，即通过调整 PCV 的压力水平来控制通气容量。在吸气阶段，尽可能保持较低的压力水平，同时维持送气量等于预设的潮气量。

PRVCV 的通气过程，如图 2-134 所示。

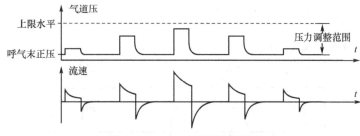

图 2-134 PRVCV 的通气过程

PRVCV 模式的设置参数通常包括潮气量、呼吸频率、吸呼比、压力上升斜坡时间、呼气末正压和气道压上限水平，其中潮气量、呼吸频率、吸呼比、呼气末正压和最大压力与 IPPV 模式中的参数相同，压力上升斜坡时间与 PCV 模式中的参数相同。PRVCV 的通气过程与 PCV 模式相同，区别仅在于 PRVCV 通过 PCV 通气过程需要达到的不是目标压力（目标压力随潮气量改变），而是潮气量。

PRVCV 的通气过程大致分为以下三步。

（1）根据设定的潮气量和检测到的肺顺应性计算出理论上要达到的目标压力为

$$P_{\text{target}} = \frac{V_T}{C}$$

（2）再由目标压力、呼吸频率、吸呼比和压力上升斜坡时间给出 PCV 通气，同时监测潮气量。

（3）根据监测潮气量与设定潮气量的差值，调整目标压力。一般在 3 个呼吸周期左右，可以达到设定的潮气量并稳定通气。

三、辅助控制通气

辅助控制通气（assist control ventilation，A-CV）结合了辅助通气（assisted ventilation，AV）和控制通气（CV）的特点，在吸气阶段自主呼吸可以触发送气，并以控制通气的预设频率作为备用补充，即患者无力触发或自主呼吸频率低于预设频率时，呼吸机则以预设的最小通气频率（有的定容型呼吸机设定最小每分通气量）实施控制通气。在临床中，辅助控制通气与控制通气并没有明确的应用界定，如果呼吸机能够感知自主呼吸并采纳其"同步"触发，即可将控制通气转换为辅助控制通气。也就是说，前面介绍的 IPPV、

PCV 等控制通气模式，只要增加了与自主呼吸的"同步"触发功能，就可以实现辅助控制通气模式。

现代呼吸机已经很少采纳控制通气（主要用于麻醉呼吸机），临床主流的通气模式应当是辅助控制通气。辅助控制通气的特点是，既允许患者的用力吸气触发送气，建立起自主呼吸频率，也能够在自主呼吸抑制或暂停时，应用控制通气来满足通气量的需求。

（一）同步间歇正压通气

同步间歇正压通气（synchronized intermitent positive pressure ventilation，SIPPV）是自主呼吸与控制通气相结合形成的辅助控制通气模式，"同步"是指允许自主呼吸触发。SIPPV 通气模式能够感知患者的自主呼吸，并"同步"触发 IPPV 通气，即自主通气+IPPV。

SIPPV 通气，如图 2-135 所示。

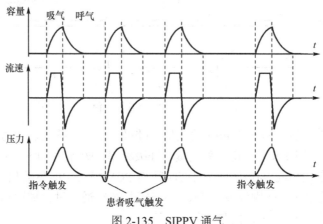

图 2-135　SIPPV 通气

采用 SIPPV 模式时，患者自主吸气能够被呼吸机所感知，并触发送气，其技术优势是提高了人机协调性，避免人机对抗。

1. 自主呼吸触发方式　自主呼吸有两种触发送气方式，分别为压力触发和流量触发。

（1）压力触发（pressure trigger）：患者吸气触发发生在呼吸机的吸气阀和呼气阀均处于关闭状态（相当于封闭容量腔）下，若此时患者有用力吸气动作，其膈肌收缩做功，使得呼吸管路内的压力下降，如果压力下降值达到预设的触发水平（触发灵敏度），即触发呼吸机开始送气。

压力触发，如图 2-136 所示。

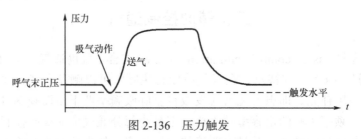

图 2-136　压力触发

压力触发可在-5～0cmH$_2$O 调节，通常为-3～-1cmH$_2$O（呼气末正压之下）。触发压力过高使患者触发呼吸机的做功增加；过低会出现误触发，导致人机对抗。

（2）流量触发（flow trigger）：流量触发，如图 2-137 所示。

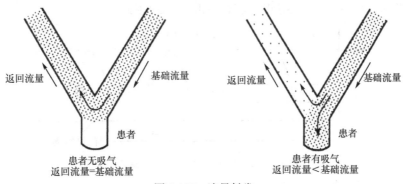

图 2-137　流量触发

患者的吸气动作必然会影响到呼吸回路的流量，当流量变化超过预设的触发水平，呼吸机开始送气。例如，如果选择流量触发灵敏度为 3L/min，呼吸机在呼吸管路内建立一个 5.5L/min 的基础流量，当患者的吸气达到 3L/min 时，基础流量则下降了 3L/min，即可触发呼吸机送气。

（3）两种触发方式比较：压力触发较为确实，不易发生误触发，但呼吸机明确感知气道压力的下降，需要经过一段如图 2-138 所示的吸气压力信号传导时间，因而从触发到呼吸机送气的延迟一般较长，最大延迟可达 110～120ms。

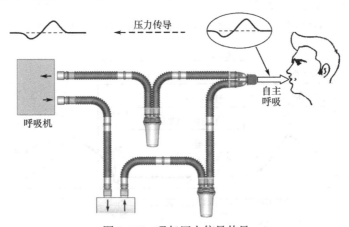

图 2-138　吸气压力信号传导

流量触发可以直接检测呼吸管路内的流量改变，反应更为灵敏、快速，流速触发时间通常可低于 100ms。由于这两种触发方式存在检测技术上的差异，各有特点，因此现代呼吸机通常都配备这两种触发方式，以供临床选用。

2. SIPPV 的技术特点　SIPPV 模式与 IPPV 模式的区别是感知患者的自主呼吸，并触发呼吸机送气。

（1）能够调节触发灵敏度，如能够感知吸气负压、流速或容量的水平。

（2）只要患者的自主呼吸达到触发灵敏度，即可触发呼吸机给予一个预设的 IPPV 通气。所以，SIPPV 的呼吸频率和节律不稳定。

（3）为防止自主呼吸停止或呼吸微弱不足以触发呼吸机，SIPPV 设有时间触发备用，即预设的 IPPV 频率。例如，若在 SIPPV 所设定的呼吸周期内无自主呼吸触发时，该呼吸周期结束呼吸机自动给予一个 IPPV 通气。也就是说，SIPPV 通气频率必然大于或等于预设的 IPPV 频率。自主呼吸与 SIPPV 通气，如图 2-139 所示。

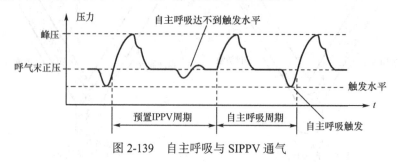

图 2-139　自主呼吸与 SIPPV 通气

（4）当自主呼吸强而快时，SIPPV 频率将明显增加，可能会发生过度通气，此时应及时调整通气量和触发灵敏度。

（二）同步间歇指令通气

同步间歇指令通气（synchronized intermittent mandatory ventilation，SIMV）为自主通气+IPPV 通气，是对 SIPPV 改进后应用更为普遍的一种辅助控制通气模式。与 SIPPV 模式的不同点在于，它在 IPPV 呼吸周期末段设置了一个等待触发期，称为同步触发窗，在触发窗内的通气管理采用 SIPPV 模式；在触发窗外（指两个间歇期内及触发窗外）有自主通气触发区间，如果出现自主呼吸，SIMV 还可以给予支持通气（PS）。

1. **触发窗与 SIMV 通气**　触发窗与 SIMV 模式的通气过程，如图 2-140 所示。

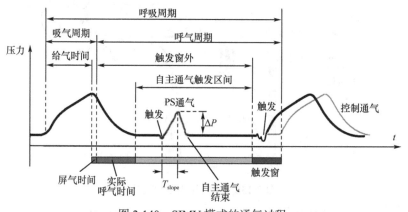

图 2-140　SIMV 模式的通气过程

在触发窗内，可以由自主呼吸触发同步机械通气；若在触发窗内无自主呼吸触发，呼吸机即按预置参数自动给予一次强制控制通气；在触发窗外、两次指令通气之间，患者可以自主通气，并能通过 PS 支持模式增强通气效果。

2. **SIMV 模式的参数**　SIMV 模式的设置参数通常包括潮气量、呼吸频率、吸气时间、屏气时间、呼气末正压、最大压力、触发灵敏度、压力支持水平和压力上升斜坡时间，其中潮气量、呼吸频率、屏气时间、呼气末正压和最大压力与 IPPV 模式中的参数相同，压力上升斜坡时间与 PCV 模式中的参数相同，触发灵敏度和压力支持水平与 PS 模式中的参数相同。

（1）吸气时间（T_{insp}）：是指吸气周期的时间，单位为 s。在 SIMV 模式中没有设置吸呼比参数，呼吸节律由吸气时间、呼吸频率和屏气时间决定。

由于

$$T_{呼吸周期} = \frac{60}{RR}$$

有

$$T_{给气时间} = T_{insp} \times (1 - T_P)$$

（2）呼气周期：根据呼吸周期和吸气时间（T_{insp}）可以得到呼气周期

$$T_{呼气周期} = T_{呼吸周期} - T_{insp}$$

（3）触发窗：是指在呼气周期结束前可以"同步"触发 IPPV 送气的时间段，触发窗一般为 IPPV 呼吸周期的 25%，位于每次 IPPV 通气之前。例如，IPPV 的呼吸频率为 10 次/分，其呼吸周期 6s，触发窗为 1.5s，若在 6s 的后 1.5s 时间段内有明显自主呼吸，即触发呼吸机给予一次 IPPV 通气；如果在此期间无自主呼吸或呼吸较弱不足以触发（未到达触发水平），则 6s 结束后给予一次 IPPV 控制通气。

3. **SIMV 模式通气流程**　SIMV 模式的工作流程，如图 2-141 所示。

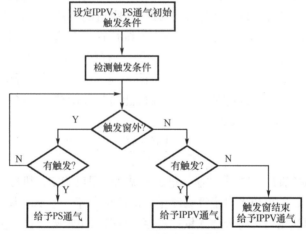

图 2-141　SIMV 模式的工作流程

SIMV 模式的工作流程如下。

（1）设定呼吸频率、吸气时间，并计算出触发窗。

（2）根据触发窗和设定的触发灵敏度，检测触发状态。

（3）在自主通气触发区域给予支持通气（PS），遵循 PS 模式的流程；在触发窗内可以触发 IPPV 通气，依循 IPPV 模式的流程；在触发窗结束时若没有自主呼吸触发，则给予一次 IPPV 强制通气。

4. **SIMV 模式的特点**　SIMV 模式是自主呼吸与 IPPV 控制通气的有机结合，可以保证有效通气。由于允许患者在控制通气期间保留自主呼吸，可明显减少人机对抗，降低呼吸生理干扰。SIMV 主要用于呼吸衰竭早期，患者容易接受；在撤机前使用时，可适度降低呼吸频率和通气量，有利于恢复呼吸肌功能。

SIMV 主要缺点是，若病情恶化，自主呼吸突然停止时可能会发生通气不足或缺氧。

如果控制通气频率过高，会抑制自主呼吸，导致呼吸肌萎缩，严重者出现呼吸机依赖，造成脱机困难；若控制通气的频率过低，患者呼吸做功增加，易出现通气不足及呼吸肌疲劳。

（三）分钟指令性通气

分钟指令性通气（minute mandatory ventilation，MMV）也称为智能撤机模式，主要是保证患者从控制通气到自主通气的平稳过渡，避免过度通气或通气不足，以实现临床的安全撤机。

1. MMV 的通气原理 呼吸机的工作方式与 SIMV 相似，需要设置潮气量、呼吸频率、吸气时间和自主呼吸压力支持等参数，并设置同步触发窗（通常成人为 5s、小儿为 1.5s），由此得到目标每分通气量（MV）。运用 MMV 模式通气时，呼吸机能够自动监测自主每分通气量（MV_S）、机械每分通气量（MV_m），或自主潮气量（TV_S）、自主呼吸频率（f_S）、机械通气量（TV_m）、机械频率（f_m）。若机械通气中存有自主呼吸，目标每分通气量（MV）可以表达为

$$MV = MV_S + MV_m = TV_S \times f_S + TV_m \times f_m$$

在患者无自主呼吸时，呼吸机通过设置的潮气量和呼吸频率给予患者预设的每分通气量。如果患者出现部分自主呼吸，其自主呼吸会在压力支持通气的支持下产生一定量的自主分钟通气量。与 SIMV 的工作方式不同，MMV 预设的呼吸频率为最大呼吸频率，随着患者自主呼吸的能力加强，MMV 将会自动减少呼吸机的机控频率，通过减少机械通气的次数可以降低机械每分通气量，使得每分通气量维持在一个恰当的范围（等于或略大于预设的每分通气量），不会发生过度通气或通气不足，有利于临床撤机。

2. MMV 的闭环通气管理 MMV 是一种闭环通气管理方式，呼吸机按照预设的每分通气量给患者通气，如果存在自主呼吸，呼吸机能适时地调整机控频率，仅补充自主呼吸不足的每分通气量。机控频率 f_m 为

$$f_m = \frac{MV - MV_S}{TV_m}$$

在应用 MMV 通气时，目标分钟通气量、机械通气量已确定，机控频率仅与自主分钟通气量有关。由此可见，如果患者自主呼吸停止，机控频率等于呼吸频率，呼吸机将以 SIMV 的形式全额通气，以满足目标每分通气量；若存有部分自主呼吸，且自主每分通气量小于目标每分通气量，呼吸机将降低机控频率，同步给予差额通气补充；若自主每分通气量≥目标每分通气量，呼吸机不行正压通气（$f_m = 0$），只是维持新鲜气体的供给，相当于自主通气。

MMV 的目标管理，如图 2-142 所示。

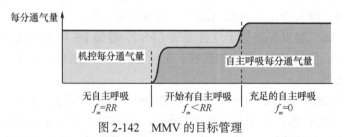

图 2-142 MMV 的目标管理

MMV 模式采用现代开放式通气"想吸就吸，想呼就呼"的理念，能够最大限度地满足患者的气体需求量，同时保留自主呼吸功能，不论是吸气相还是呼气相，呼吸机可与患者同步，人机协调性较好。

3. **MMV 通气的潜在危险及对策** MMV 通气时，潜在的危险可能发生在以下两种特殊情形。

（1）浅快的自主呼吸：由于胸肺顺应性降低（见于肺充血、肺水肿、肺纤维化、肺不张、肺炎等）或呼吸肌力量不足，会出现浅而快的自主呼吸。这种浅快自主呼吸的潮气量（TV_S）通常太小，仅发生于无效腔，难于支持肺泡换气。然而，在运用 MMV 模式时，会将其无效腔通气核算为目标每分通气量，这使得患者的肺泡有效通气量严重不足，导致缺氧和二氧化碳潴留。因此，对于自主呼吸浅快的患者不宜应用 MMV 通气模式。

为应对浅快的自主呼吸，现代呼吸机设有频率过高报警，如果得到呼吸频率超限报警提示，临床可以适当增加压力支持水平或者更换通气模式。

（2）呼吸暂停：当患者的自主呼吸旺盛，自主每分通气量可能超过目标每分通气量，呼吸机将停止强制通气，机械每分通气量为"零"。由于 MMV 模式的强制通气量通常取决于前 1min 内的自主每分通气量（如果自主每分通气量≥目标每分通气量，机械每分通气量= 0），此时，如果突发呼吸暂停（apnea），强制通气还来不及做出反应，可能会发生严重的窒息事故。

为此，德尔格呼吸机采用了一种改良的 DMMV 通气模式。在 DMMV 模式中，呼吸机将持续监测患者的呼吸状态，若患者 7.5s 内（成人平静时的呼吸频率为 16～18 次/分）没有自主呼吸动作，则立即予以强制通气，可有效避免窒息。

四、支 持 通 气

支持通气（support ventilation，SV）是指由患者控制通气节奏（包括吸气触发和呼气切换）、呼吸机正压供气（潮气量由通气压力和自主呼吸能力共同决定）的通气方式。支持通气有别于辅助控制通气，SV 不仅可以触发送气，也能够自主切换呼气。

（一）压力支持通气

压力支持通气（pressure support ventilation，PSV）是一种最为常用的支持通气模式，也是无创机械通气的主要模式。PSV 的应用指征是患者有较强的自主呼吸意识，特别适用于临床体征渐好，但存在呼吸费力的患者。PSV 常与辅助控制通气联合应用，可以明显改善辅助控制通气过程中的自主通气效果，避免人机对抗。

1. **PSV 的通气管理** PSV 通气过程，如图 2-143 所示。

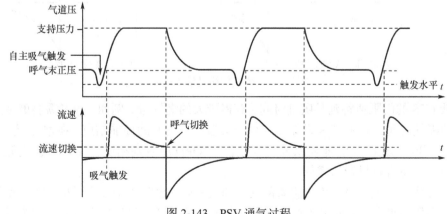

图 2-143 PSV 通气过程

（1）吸气触发：患者的用力吸气达到触发水平（包括压力触发和流量触发），呼吸机立即快速送气，以克服吸气阻力，使肺泡扩张。

（2）正压送气：进入吸气相，呼吸机开始送气，使气道压迅速上升至预设的目标支持压力（通常＜20cmH₂O）。快速建立通气管路正压关系到 PSV 的送气速率，临床常采用压力上升时间指标来评价呼吸机的送气能力。压力上升时间（rise time）是指呼吸机的支持压力从低压水平（呼气末正压）上升到预设的支持压力水平（PS 压）所需要的时间，也可以使用压力上升斜率（sloop ramp）或流量加速百分比（FAP）来评估。压力上升时间，如图 2-144 所示。

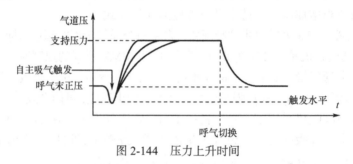

图 2-144　压力上升时间

压力上升时间越短，起始流速越大，气道压的波形也就越陡直。起始流速的大小关系到对患者通气的舒适度，过高会引起中心静脉压（CVP）升高，患者难以耐受；过低，又易出现气短的感觉（反映潮气量不足）。呼吸机送出的气体流速应与患者的吸气流速相适应，并根据患者的病理生理及自主呼吸能力调整支持压力水平，提供恰当的呼吸辅助功。PSV 的潮气量取决于压力支持水平和患者的吸气力度，由于通气时的气道峰压和平均气道压较低，可明显减少气压伤等机械通气并发症。

（3）呼气切换：PSV 模式的呼气切换取决于呼气触发灵敏度，即当自主吸气流速降低至最高流速的 20%～25%（根据临床需要可自行设定）时，呼吸机停止送气并自动切换到呼气相，这个流速临界值称为呼气切换灵敏度（expiratory trigger sensitivity，ETS）。

呼气切换灵敏度门限，如图 2-145 所示。

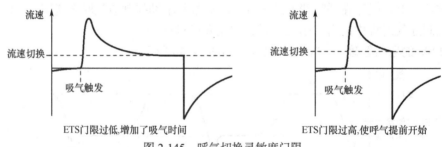

图 2-145　呼气切换灵敏度门限

降低 ETS 的门限值将延长吸气时间，获得较大的潮气量。例如，患者需要更多的供气或较长的吸气时间，常规 ETS 设在 25% 可能会造成吸气时间提前结束，在这种情形下，较低的 ETS 门限（如 15%），能使患者更为舒适。COPD 患者则相反，其 ETS 设定值可能要大于 25%，让患者较早开始呼气。

PSV 可作为自主呼吸较稳定患者的支持通气模式，也常用于临床撤机。PSV 需要呼吸机设置的参数比较少，主要是支持压力水平和触发灵敏度，部分呼吸机还可设置吸气时的压力上升时间。

2. PSV 的通气特点

（1）患者自己控制呼吸节律（包括呼吸频率、吸呼比），同步性能良好，可明显减少人机对抗，患者较为舒适。

（2）潮气量取决于 PSV 支持压力水平和自主吸气的强度，支持压力 $<20cmH_2O$ 时，大部分潮气量由患者自主获得；若支持压力 $\geqslant30cmH_2O$，潮气量多由呼吸机提供，过程相当于 SIMV 通气。

（3）PSV 是吸气压力辅助支持通气，即患者稍微张嘴就可以吸气，能有效克服通气管路产生的阻力，减少患者呼吸做功，有利于恢复呼吸肌疲劳。

PSV 通气模式适用于呼吸肌功能减弱者，可以明显降低患者呼吸做功。通过合理地调节 PSV 支持压力水平，可改善患者的呼吸做功，若逐渐降低 PSV 水平，有利于锻炼呼吸肌，使患者的呼吸频率减慢，有助于临床撤机。PSV 通气模式常与 SIMV、MMV 联合应用，可以保证支持通气的有效与安全。

3. PSV 通气的不足

PSV 作为一种常规的支持通气方式，支持压力水平是重要的参数，但临床上设定出相对准确的支持压力水平是比较困难的（通常根据患者的每分通气量调节）。由于潮气量根据患者的吸气力量变化，每分通气量又与潮气量和呼吸频率相关，若患者自主呼吸的频率、吸气力量和吸气时间改变，有可能发生通气不足或过度通气。也就是说，当患者气道阻力增加或肺顺应性降低时，如不及时增加 PS 水平，将难以保证足够的潮气量，因此，对于呼吸力学不稳定或病情在短期内可能发生变化的患者应慎用 PSV 通气模式，可联合应用 SIMV、MMV 模式。

目前，呼吸机通常都配置了窒息后备通气（自主呼吸通道）功能，可以避免在 PSV 模式下由于发生通气不足给患者带来潜在的危险。

（二）容量支持通气

PSV 作为一种支持通气方式，具有良好的人机协调性，能够有效促进患者自主呼吸功能的恢复，及早脱机。但是，它的最大缺欠是难以保证潮气量的稳定性，有通气不足或过度通气的治疗风险。

1. 双重控制概念

PSV 定压型通气具有人机协调性好、能够较好地限制气道峰压、有利于气体交换等优点，缺点是不能保证恒定的潮气量；定容型通气的特点是能保证潮气量的稳定。为此，现代呼吸机陆续引用了双重控制的通气理念，意义是在定压型通气的过程中，如果潮气量欠缺，不足的通气量可由定容型的通气方式予以补充；或者在应用定容型通气中，通过调节支持压力水平来满足通气量。

双重控制（dual controls）是由呼吸机建立的一个自动反馈系统，可以按照肺顺应性的监测指标自动设置和调整呼吸机参数，以利于限制过高的肺泡压和过大潮气量，改善人机协调性，能够以最低的气道压来实现目标潮气量，可预防机械通气并发症。

2. VS 的通气原理

容量支持通气（volume support，VS）是一种典型的定容型双重控制通气模式，是 PSV 通气模式与定容型通气的有机结合。VS 的基本通气模式是 PSV，但为了保证 PSV 时潮气量的稳定性，呼吸机需要根据每次呼吸测定的肺胸顺应性的压力—容量关系，自动调节 PS 水平，以保证潮气量达预设值。

VS 与 PSV 的区别在于，VS 能够根据患者自主呼吸能力，适时调整 PS 水平，通过应用较低的吸气压力水平，保障目标潮气量。容量支持通气的气道压与流速，如图 2-146 所示。

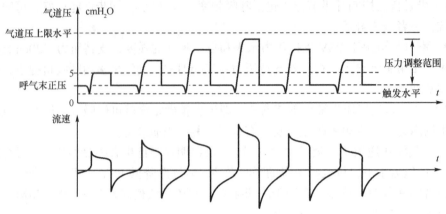

图 2-146　容量支持通气的气道压与流速

VS 模式的核心应用技术是 PS 水平调整，为适应临床应用，将 VS 的吸气压力调整分为两个阶段。一是启动阶段称为试验性通气，刚启用的呼吸机由于没有患者的基础通气数据，常应用一个较低的吸气压力支持通气，然后根据实测的潮气量快速调整 PS 水平；二是通气保障阶段，呼吸机实时监测潮气量，并通过比对通气量调整 PS 水平。

（1）试验性吸气压力调整：VS 模式的第一次通气为试验性通气，此时，吸气压力通常设定为 5cmH$_2$O，在吸气过程中呼吸机测定胸肺顺应性，并通过顺应性换算出下一次通气若达到预设潮气量可能需要的吸气压力。同理，第二次通气还需要测定顺应性，再计算下一次通气的吸气压力。以此类推，一般经过 5 次通气周期可以达到预设的潮气量。

（2）通气过程的压力调整：VS 模式正常运行后，呼吸机的每次通气依然要进行潮气量—吸气压力的测算，并根据实测的结果调节下一次的吸气压力水平，以保证实际潮气量与预设潮气量相符。如果实际潮气量大于预设潮气量，呼吸机将在下一次通气时使吸气压力下调 3 cmH$_2$O，并以此类推，直至实际潮气量等于预设潮气量；反之亦然。若实际潮气量超过预设值的 50%，呼吸机立即停止吸气，转向呼气。

吸气压力水平可在呼气末正压水平至设置的气道压力上限水平以下 5cmH$_2$O 的范围内自动调节，相邻两次通气间的吸气压力差小于 3cmH$_2$O。如果呼吸管路脱接（如吸痰等），重新连接管路后，呼吸机应将再次启用试验性吸气压力调整过程。

3. VS 的通气管理　VS 的通气管理过程主要有以下几个方面。

（1）呼吸机由自主吸气启动，需要设置吸气触发灵敏度。

（2）由自主呼吸控制吸呼比，当吸气流速下降至峰流的 25% 或吸气时间超过预设呼吸周期的 80% 时，停止吸气，转为呼气。若自主潮气量超过预设值的 75%，呼吸机也能停止吸气，转为呼气。

（3）由于自主呼吸决定通气频率，当实际通气频率高于预设频率，若潮气量稳定，每分通气量可能会有所增加；如果实际通气频率低于预设频率，呼吸机将会根据预设的每分通气量和实际通气频率计算出自主潮气量，并能够适时提高支持压力水平，使每分通气量达到预设值。注意，自主潮气量不宜超过预设潮气量的 1.5 倍，最大吸气压力应为气道压力上限以下 5cmH$_2$O。

（4）吸气支持压力水平可随自主呼吸能力的增加而自动降低，如果无须压力支持也能达到预设潮气量和每分通气量，VS 可自动转换为自主通气模式（PS 水平为零）。

（5）当患者两次呼吸间隔超过呼吸暂停报警时间（apnea alarm limit）时，呼吸机自动将 VS 模式转为辅助控制通气，并发出声光报警。呼吸暂停报警时间通常成人为 20s，儿童为 15s，新生儿为 10s。

4. VS 通气与 PSV 通气的区别　VS 通气与 PSV 通气均为支持通气模式，都是由患者的自主呼吸控制通气频率和吸呼比。PSV 模式是由吸气支持压力水平来支持自主呼吸，PS 水平不能自动调节，当患者自主呼吸能力发生变化时，潮气量也将随之改变；VS 则不同，呼吸机可通过监测自主呼吸能力自动调节 PS 水平，因而 VS 通气较 PSV 通气更具有技术优势，主要包括以下几点。

（1）能够使自主潮气量和每分通气量稳定在目标水平。

（2）可以使自主呼吸能力与支持压力水平的配比处于一个合理的范围。

（3）可自动维持气道压在较低水平。

五、自 主 通 气

自主通气（sponteniens）是指由患者自主完成全部通气过程的通气管理方式，与支持通气相比，自主通气的患者不仅可以自己掌控通气节奏，还能够把握通气量，患者仅提供呼吸做功。在自主通气过程中，呼吸机主要的作用是，维持一定的呼气末压力，持续提供高于大气含氧量的混合气体。

自主通气能够较完整地保留患者的自主呼吸功能，其临床意义如下。

（1）可明显降低胸膜胸内压，使正压通气更少地影响血流动力学，增加各重要脏器的血流灌注。

（2）通过提供呼气末正压，能够改善和促使萎陷的肺泡复张，自主呼吸的效率较高。

（3）有较好的通气/血流比值。

（4）便于患者主动咳嗽来改善气道分泌物的廓清，有利于临床撤机。

（一）持续气道正压通气

持续气道正压通气（continuous positive airway pressure，CPAP）是气道压在吸气相和呼气相都保持在一定正压水平的通气方式，是患者通过按需比例阀或快速正压气流进行的自主通气，基础气流要求大于吸气量。在整个呼吸过程中，呼气阀系统给呼出气流以一定的阻力，使之维持一个稳定的气道正压。由于 CPAP 的自主呼吸稳定在呼气末正压的水平上，因而，CPAP 也称为"单水平"气道正压通气。

CPAP 模式只能用于呼吸中枢功能正常、有自主呼吸能力的患者。CPAP 作为自主呼吸的辅助，可锻炼呼吸功能、增加肺容积、改善氧合，凡是因肺内分流量增加引起的低氧血症都可以应用 CPAP 通气模式。CPAP 是临床撤机前的重要通气模式，对于呼吸功能转好的患者，通过与 SIMV、MMV、PSV 等模式的联合应用，有利于撤机。

1. CPAP 的通气原理　由于呼吸机设有灵敏的气道压监测与调节系统，可以随时调整正压气体的流速，用以维持气道压基本稳定在预设的 CPAP 水平。CPAP 模式气道压与流速，如图 2-147 所示。

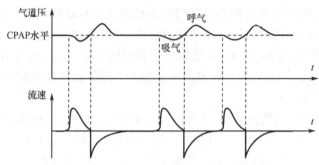

图 2-147　CPAP 模式气道压与流速

CPAP 模式属于自主通气模式，整个呼吸过程中，吸气阀和呼气阀均打开，呼吸机的控制系统仅对气道压力进行监控（保持在设定的 CPAP 水平），通常对气道流量不作要求。如果患者的呼吸造成气道压力变动，可以适当调节供气阀以保证气道压力的恒定。当患者的吸气使气道压低于 CPAP 水平（呼气末正压值）时，呼吸机能够通过持续气流或按需气流供气，以使气道压维持在 CPAP 水平；呼气时，气道压升高，通过呼气阀释放肺泡气，使气道压仍然位于 CPAP 水平。CPAP 通气模式实质上是在完全自主呼吸的基础上叠加了一个呼气末正压。

2. CPAP 与 PSV 通气　PSV 与 CPAP 实际上都是呼气末正压支持的通气模式，只不过 PSV 在呼气末正压的基础上增加了一个正压，以支持呼吸费力的患者改善肺通气，PSV 提供的正压可替代患者吸气做功，因而它归属于支持通气管理模式。如果临床上将 PSV 在呼气末正压之上的正压设置为"零"，即为 CPAP 自主通气模式，由于这时患者的吸气没有支持压力，需要依靠呼吸肌的用力来完成吸气做功，故称为自主通气。

临床应用 PSV 通气时，如果患者呼吸功能渐好，可以适时降低 PS 水平，当 PS 水平降为"零"，即转为 CPAP 模式。

3. CPAP 的通气特点　CPAP 通过对呼吸回路内的持续供气，保证了吸气与呼气均呈正压且压力波动在一个较小限定范围。在吸气相，由于稳定的正压气流大于吸气气流，可以增加潮气量，患者的吸气更为省力，自觉舒适。在呼气相，气道内维持一定的正压（CPAP 水平），起到了呼气末正压的作用，可防止和逆转小气道闭合和肺泡萎陷。

CPAP 是建立在呼气末正压单水平气道正压的通气管理方式，通过合理治疗量的呼气末正压，可以实现对 ARDS 和肺水肿患者的治疗，帮助患者恢复功能残气量（FRC），减少肺内分流，调整呼吸—容积曲线到达最适合位置，避免呼气末潮气量突然下降。但是，呼气末正压的治疗并非完全无伤害，如果对正常肺泡的扩张过度，可能会加剧呼吸机相关肺损伤（ventilator-induced lung injury，VILI），会增大无效腔，增加肺血管阻力，引起右心衰竭；同时，也可能减少静脉回流，降低心排血量。

（二）双水平气道正压通气

双水平气道正压通气（bilevel positive airway pressure，BiPAP）也称为气道压力释放通气（airway pressure release ventilation，APRV），是对 CPAP 改进后形成的自主通气模式。双水平气道正压是指在保留患者自主呼吸条件下，可以分别调节两个气道正压水平和持续时间的通气模式。BiPAP 模式的两个压力均为正压控制，相当于存有两个 CPAP 水平在交替转换，利用其高低压交替产生的压力差，可以增加肺泡通气量。应用中，无论是在高压力水平阶段还是低压力水平阶段，均允许患者有自主呼吸。

1. **BiPAP 的通气原理**　BiPAP 通气模式可视为两个不同压力水平的 CPAP 交替应用，实际上是压力控制通气（PCV）结合自主呼吸的通气模式，如图 2-148 所示。

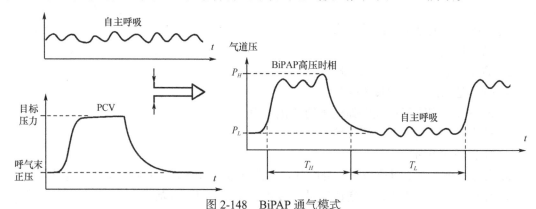

图 2-148　BiPAP 通气模式

BiPAP 模式主要有 4 个通气参数，分别为 P_H、P_L、T_H、T_L，由此可以得到双水平气道正压的频率 f_B

$$f_B = \frac{60}{T_H + T_L}$$

根据临床应用需要，BiPAP 模式可选择不同的高压力相时间（T_H）和低压力相时间（T_L），并定义双压力相的时间比为相时比（phase-time ratio，PhTR），即

$$PhTR = \frac{T_H}{T_L}$$

通常情况下，PhTR 可设置为 1:2，其中 T_H 的时间短、T_L 的时长是 T_H 的一倍。

2. **BiPAP 的应用**　BiPAP 通气模式用途较广，根据临床的不同需要，通过调节参数可实现无自主呼吸到有自主呼吸的全过程通气治疗，因而，BiPAP 也称为万能通气模式，如图 2-149 所示。

（1）如果患者无自主呼吸，可将参数 P_H 调整为吸气压力、T_H 为吸气时间、P_L 等于 0 或呼气末正压、T_L 为呼气时间，则 BiPAP 模式即为压力控制通气（PCV）。

（2）如果患者存在间断自主呼吸，参数可调整 P_H 为吸气压力、T_H 为吸气时间、P_L 等于 0 或呼气末正压、T_L 为控制呼吸周期减去吸气时间 T_H，BiPAP 模式即为同步间歇指令通气（SIMV）方式。

（3）如果患者的自主呼吸不稳定，即为 BiPAP 通气模式。

（4）如果患者自主呼吸状态良好，通过调整参数使 P_H 等于呼气末正压、T_H 为无穷大、P_L、T_L 为"零"，即相当于 CPAP 单

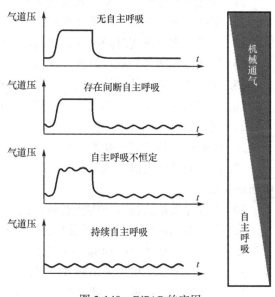

图 2-149　BiPAP 的应用

水平正压通气模式。

习 题 二

1. 呼吸支持的基本目的是什么?

2. 简述呼吸道的功能。

3. 简述肺泡内气体交换的原理。

4. 什么是胸式呼吸和腹式呼吸?

5. 简述呼气和吸气过程中肺内压的变化原因。

6. 什么是弹性阻力和肺顺应性?

7. 什么是呼吸滞后?

8. 什么是潮气量、补吸气量、补呼气量、残气量、肺活量、深吸气量和功能残气量?

9. 什么是每分通气量、肺泡通气量、最大通气量和时间肺活量?

10. 肺量计可以直接测量哪些参数?

11. 简述水封式肺量计和干式滚桶式肺量计的原理。

12. 气体超声式流量计的工作原理是什么?

13. 简述氮气冲洗法和稀释平衡法检测残气量的基本原理。

14. 简述肺换气的基本过程。

15. 影响肺换气的主要因素有哪些?

16. 影响弥散的主要因素有哪些?

17. 简述氧电池和顺磁氧传感器的工作原理。

18. 机械通气的目的是什么?

19. 机械通气的适应证有哪些?

20. 正压通气和负压通气分别是什么?

21. 简述箱式通气机、夹克式通气机和胸甲通气机的优缺点。

22. 正压机械通气的原理是什么?

23. 胸膜腔内压改变对静脉回流和右心功能有哪些影响?

24. 简述高频通气的基本原理及优点。

25. 简述高频通气的气体交换机制和高频通气的气体运输与混合机制。

26. 高频通气主要分为哪几类?它们的工作原理分别是什么?

27. 现代呼吸机应具备哪些核心技术?

28. 呼吸机应具备哪些基本功能?

29. 简述简易呼吸机、气动气控呼吸机、气动电控呼吸机、电动电控呼吸机及双模呼吸机的优缺点。

30. 急救呼吸机的基本结构特点是什么?

31. 简述有创机械通气和无创机械通气的主要技术特点。

32. 什么是气动呼吸机和电动呼吸机?

33. 气动电控呼吸机主要由哪几个模块组成?它们的作用分别是什么?

34. 简述压差式流量传感器和热丝式流量传感器的工作原理。

35. 电动电控呼吸机主要由哪几个模块组成?它们的作用分别是什么?

36. 电控式呼气阀的工作原理是什么？

37. 双模呼吸机具备哪些技术优势？

38. 简述正压通气周期。

39. 机械通气主要触发方式？

40. 简述呼气切换主要形式。

41. 呼吸机通气类型分类？

42. 简述正压通气的保护性策略。

43. 控制通气特点及临床适应证。

44. 简述间歇正压通气模式的通气过程及特点。

45. 简述压力控制通气模式的通气过程及特点。

46. 简述辅助控制通气及特点。

47. 同步间歇正压通气定义。

48. 自主呼吸触发送气方式及区别？

49. 简述同步间歇正压通气的技术特点。

50. 同步间歇指令通气模式通气过程及特点。

51. 说明分钟指令性通气的特点。

52. 简述分钟指令性通气原理及目标管理。

53. 什么是支持通气？特点是什么？

54. 说明压力支持通气的应用指征及通气过程。

55. 双重控制定义？

56. 简述容量支持通气原理。

57. 简述容量支持通气吸气压力调整两个阶段.

58. 容量支持通气与压力支持通气的区别是什么？

59. 简述自主通气定义。

60. 什么是持续气道正压通气？

61. 持续气道正压通气的通气原理是什么？

62. 简述双水平气道正压通气的工作原理。

63. 简述双水平气道正压通气为万能通气模式的原因。

第三章 心肺支持技术与设备

心肺支持（cardiopulmonary support）是指在心脏（包括呼吸）衰竭或骤停情况下，采取的一系列及时、规范、有效的救治措施，意义在于延长与维持生命活动。心肺支持的核心任务主要包括两个方面，一是提供循环支持，旨在心脏不能独立承担循环期间，维持稳定的全身灌注；二是建立有效的换气支持，是指肺脏无法满足基础氧代谢时，通过体外气血交换通道辅助氧供。

心肺支持最早源于心脏外科手术时的体外循环技术，这一技术通过应用人工管道，将人体血液从右心房（或左心房）引出，通过氧合器（人工肺）体外氧合，再由血泵（人工心脏）泵回动脉。由于体外循环技术可以使血液绕行自体心肺系统，从而为心脏手术创造了无血界面；也可为重度心力衰竭患者提供氧合与循环支持，提高抢救的成功率。

1953 年，吉勃（Gibbon）在临床成功应用体外循环技术之后，机械循环辅助技术及装置得到快速发展。1962 年，克劳斯（Clauss）等报道了在主动脉中置入气囊实施舒张期的反搏法，这一方法后来逐渐发展为近代的"主动脉内球囊反搏"（intra-aortic balloon pump，IABP）技术。1966 年，德贝基（Debakey）第一次成功应用心室辅助装置（ventricular assist device，VAD），支持一位心脏术后休克患者的康复。随后库里（Cooley）第一次应用可植入气动式 VAD 支持心力衰竭患者过渡到心脏移植。20 世纪 70 年代诞生的体外膜式氧合技术（extracorporeal membrane oxygenation，ECMO），通过由离心泵和膜式氧合器组成的辅助循环系统，将患者的回心静脉血引流至体外，完成氧合后再回输至循环系统，为患者提供呼吸辅助循环支持，使常规心肺转流（cardiopulmonary bypass，CPB）在时间和功能上得到了延伸。1972 年，希尔（Hill）报道了应用 ECMO 技术成功抢救了外伤患者；1975 年，ECMO 成功用于治疗新生儿严重呼吸衰竭。80 年代以来，全人工心脏（total artificial heart，TAH）与人工肺技术成功应用于临床，为心脏移植前提供过渡治疗，甚至起到终生替代作用。

现代心肺支持涉及众多新兴技术学科，发展迅速，已经形成了从临时循环辅助（temporary mechanical circulatory support）到长期循环辅助（long-term mechanical circulatory support）及 TAH 心脏替代等技术手段的一系列阶梯式治疗方法。尤其是近年来，以心血管导管术为代表的多种微创心脏治疗技术与设备的出现，进一步拓展了心肺支持的治疗领域。本章将从常见心脏与心血管疾病的救治角度，系统介绍起搏与除颤技术、体外循环术、体外膜式氧合（ECMO）、主动脉内球囊反搏（IABP）、心室辅助装置、全人工心脏及微创心脏治疗技术与设备等。

第一节 心血管系统及功能评价

心血管系统（cardiovascular system）是由心脏与血管共同构成的封闭管道系统，其中，心脏为血液流动的动力器官，血管是血液运输的管道。心血管系统通过心脏有节律性的收缩与舒张，驱动血液在血管中按照一定方向不停顿地循环流动，因此，心血管系统也称为血液循环系统。

血液循环的基本功能如下。

（1）将肺弥散获得的氧气和消化道吸收的营养物质运送到全身各器官组织与细胞。

（2）将机体代谢产物转运至肺、肾、皮肤等，并排出到体外。

（3）运送激素、平衡体温等。

血液循环是生物体赖以生存的最重要生理机能，正是由于血液持续的循环流动，得以实现体内的物质转运，保证机体内环境的相对稳定和新陈代谢。一旦血液循环停止，机体各器官组织将因失去能量支持，发生代谢障碍，导致一些重要器官的结构和功能损伤，尤其是对缺氧敏感的大脑皮质，血液循环停顿 10s 将出现昏厥，3～4min 丧失意识，6min 后脑细胞发生不可逆转的损害。为此，在临床进行心脏外科手术时，利用体外循环技术就是为了保持患者周体血液循环的不停顿；对于各种原因造成的心搏骤停，紧急采用心脏按压、人工呼吸等救治措施也是为了支持心脏节律性活动，以维持血液循环和氧代谢。

一、心 脏

心脏（heart）是人和脊椎动物的重要器官，是循环系统的动力来源。人的心脏在胸腔中部稍偏左方，呈圆锥形，大小约与自身的拳头相仿，其内部有四个空腔，通过腔体的交替舒张与收缩，驱动血液在体内循环流动。

（一）心脏结构

心脏有四个腔室（左心房、右心房、左心室和右心室），四个瓣膜（三尖瓣、肺动脉瓣、二尖瓣和主动脉瓣），六个血管（左冠状动脉、右冠状动脉、主动脉、肺动脉、上腔静脉和下腔静脉）。

心脏结构，如图 3-1 所示。

1. 心壁 心壁（heart wall）由心内膜、心肌层和心外膜组成，分别与血管的三层膜相对应。

（1）心内膜（endocardium）：简称心膜，是覆盖在心房（心耳）和心室内表面的一层组织，是血管内膜的延续，衬于心肌内面。心内膜的内层是一层扁平的内皮细胞，为较疏松的结缔组织，含血管、神经及心搏传导系的浦肯野纤维，连接心内膜和心肌层。心瓣膜（房室瓣和半月瓣）是心内膜延伸的皱襞，功能是保证血液定向流动，阻止逆流。

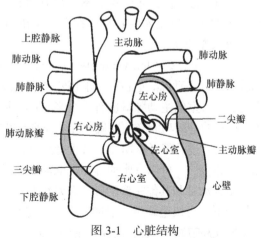

图 3-1 心脏结构

（2）心肌层（myocardium）：是心壁的主要结构，包括心肌细胞和心肌间质（结缔组织和纤维支架），主要的功能是通过心肌细胞有节律的同步搏动（收缩与舒张），为血流提供动力。心房肌较为薄弱，心室肌相对肥厚，左室肌更为发达。心房肌与心室肌并不连接，两者都附着于心脏的结缔组织支架即纤维环上。因此，心房肌和心室肌可以不同时收缩。

心室肌分为三层，浅层斜行，肌纤维在心尖部捻转形成心涡，然后进入深部移行为纵行的深层肌，形成肉柱和乳头肌；中层为环形状，位于浅深层之间，为各室所固有，左心室环形肌特别发达。

（3）心外膜（epicardium）：被覆于心脏的表面，为浆膜性心包脏层。

2. 心房与心室 心脏有四个相互间不直通（由瓣膜连接）的房室，分别为左心房和右心房、左心室和右心室。心房是心脏内上部的两个空腔，为左心房和右心房。血液由心房压入心室后，再由心室收缩将血液压送至动脉血管，分别输送到肺部与全身的各组织器官。

心房与心室是功能不同的腔体，心房实为储血器，主要的作用是收集静脉血；心室是肌肉泵，用来射血，以完成血液的体循环和肺循环。

（1）右心房（right atrium，RA）：位于左心房的右前方，右心室的右后上方，壁薄腔大。右心房有三个入口，一个出口。入口分别为上腔静脉口、下腔静脉口和冠状窦口，通过上腔静脉口、下腔静脉口，可以吸纳全身静脉血液的回流，冠状窦口较小，是心脏自体静脉血的回流口。右心房的出口即是右心室的入口，右心房借助三尖瓣有节奏的开合，将血液挤压入右心室，当右心室收缩时，三尖瓣的瓣膜合拢封闭房室口，以防血液向右心房逆流。

（2）右心室（right ventricle，RV）：位于右心房左前下方，是心脏中居于最前面的部分，右心室壁薄，其横切面呈半月形，整体呈三角锥形，锥体底即为右房室口，尖朝向左前下方，室腔通道分为入口和出口。右心室的入口是右心房的出口，其周缘附有右房室瓣膜（三尖瓣），出口为肺动脉瓣。当右心室收缩时，挤压室内血液，三尖瓣关闭，血液不会倒入右心房；肺动脉瓣膜（半月瓣）被冲开，血液由此送入肺动脉；若右心室舒张，肺动脉瓣关闭，血液不会倒流入右心室。

（3）左心房（left atrium，LA）：是构成心底的部分，左心房有四个入口，一个出口。在左心房后壁的两侧，各有一对肺静脉入口，为左右肺静脉的入口；左心房的前下有左房室出口（二尖瓣），通向左心室。由肺进行气体交换后的富含氧血液经肺静脉流入左心房后，经左房室口流入左心室，在左房室出口处有二尖瓣（左房室瓣），血液由左心房经二尖瓣流入左心室。

（4）左心室（left ventricle，LV）：上方有一个出口，即主动脉口，左心室的血液经主动脉口射入主动脉。左心室将承担着全身血液输送的功能，所以左心室的肌层较右心室更为发达，左心室的主动脉口也有一个半月瓣，称为主动脉瓣，以防主动脉内的血液逆流至左心室。正常的心脏功能必须要确保左心室肌的做功能力，一是左心室肌在每一次收缩后能够迅速放松，通过心脏舒张期使来自于肺静脉富含氧的血液快速充盈；二是具有迅速且激烈的收缩与外排能力，可以克服动脉压，推动足够量的血液进入主动脉，并能提供额外的压力，以延伸至大动脉和其他主要动脉，为突然上升的血量供给提供足够的能量空间；三是在中枢系统控制下，可快速调整（增加或降低）左心室的抽泵量，以适应机体不同的生理需求。

3. 心脏瓣膜 心脏瓣膜（heart valve）在心脏的血液循环活动中承担着单向阀的功能，它可以疏通血液，并阻止回流，使血液始终处于单向流动状态。心脏在心房与心室、心室与动脉（肺动脉、主动脉）之间，都有瓣膜。血液压送过后，瓣膜会闭合，并发出心跳声，使用听诊器可以分辨出心脏瓣膜的工作状态（心跳音的清脆程度能表达瓣膜合拢是否良好）。

人体心脏共有四组瓣膜，分别为二尖瓣、三尖瓣、主动脉瓣和肺动脉瓣。主动脉瓣位于心脏的中心，二尖瓣位于主动脉瓣的左下方，居于四个瓣膜中最后方，肺动脉瓣位于主动脉瓣的上方偏左侧，三尖瓣位于主动脉瓣右下方、二尖瓣的右侧。

四个心脏瓣膜，如图3-2所示。

房与室、室与室之间基本上都是无肌纤维联结，有房室环结缔组织。为保持各房室的独立，心房和心室处有房室瓣，左边为二尖瓣、右边为三尖瓣，每一室与大动脉间有半月瓣，与肺动脉连接的是肺动脉瓣，与主动脉连接的是主动脉瓣。这些瓣膜只能朝一个方向开启，以保证血流不逆向，即瓣膜为"单向阀"。

瓣膜的单向阀示意图，如图3-3所示。

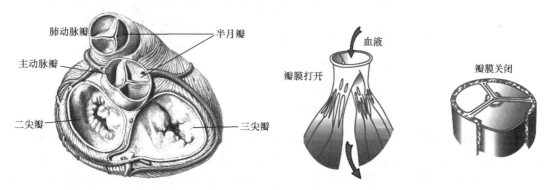

图3-2　四个心脏瓣膜　　　　　　图3-3　瓣膜的单向阀示意图

（1）主动脉瓣（aortic valve）：位于左心室与升主动脉之间，在心脏收缩期主动脉瓣开放，使左心室的射血通过主动脉瓣瓣口进入升主动脉，然后进入体循环的动脉系统。

（2）二尖瓣（mitral valve）：位于左心房与左心室的交通口上，在左心室舒张期开放，允许左心房内的血液流入左心室；在左心室收缩期则关闭，以阻止左心室内的血液反流。瓣叶由二尖瓣前瓣（或称大瓣）和二尖瓣后瓣（或称小瓣）组成，正常成人二尖瓣瓣口面积达 $4\sim6cm^2$。

（3）三尖瓣（tricuspid valve）：是右心系统的房室瓣，由前瓣、隔瓣和后瓣这三个瓣叶组成。前瓣是维持三尖瓣启闭功能的主要瓣膜结构，隔瓣与冠状静脉窦开口及下腔静脉瓣的延续部分构成三角，因房室结位于其中，所以成为外科手术避免损伤房室传导系统的重要识别标志。

（4）肺动脉瓣（pulmonary valve）：的解剖结构与主动脉瓣相似，但肺动脉瓣下有动脉圆锥结构，将肺动脉瓣环与三尖瓣瓣环隔开。在心脏收缩期肺动脉瓣开放，使右心室的射血通过肺主动脉瓣进入肺动脉，完成血液的氧合。

4. 心脏的血管系统　心脏的血管系统包括循环系统血管和冠状动脉。

（1）循环系统血管：包括主动脉、肺动脉、上腔静脉和下腔静脉，是体循环系统的供血与回血血管。

循环系统血管，如图3-4所示。

（2）冠状动脉（coronary artery）：人体各组织器官要维持正常的生命活动，需要心脏不停地搏动以保证血运。心脏作为一个泵血的肌性动力器官，

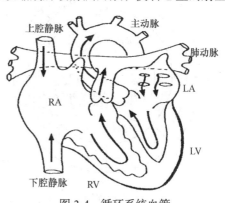

图3-4　循环系统血管

本身也需要足够的营养和能源，供给心脏营养的血管系统就是冠状动脉和静脉，也称为冠脉循环。冠状动脉分为左冠状动脉和右冠状动脉，起于主动脉根部，行于心脏表面。

冠状动脉，如图 3-5 所示。

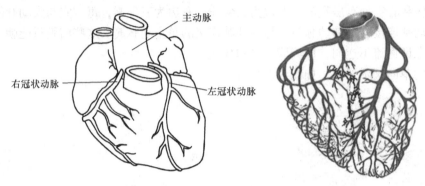

图 3-5　冠状动脉

冠状动脉因如同戴在心脏（形状像人的头部）的王冠而得名。流入左、右冠状动脉的血液通过其分支进入心壁血管系，其中，一类称为丛支，呈分散丛状，可将血液分配于心室壁的外、中层心肌；另一类称为穿支，垂直进入室壁直达心内膜下。丛支和穿支在心肌纤维间形成丰富的毛细血管网，为心肌供血。由于冠状动脉在心肌内行走，显然会受制于心肌收缩挤压的影响。也就是说，心脏收缩时，血液不易流通，只有当舒张时，心脏才能得到足够的血流灌注。

（二）心脏的泵血功能

心脏的主要功能是泵血，目的是满足机体血液循环的动力需求。其中，右心室的射血进入肺循环，左心室的泵血进入体循环。

1. 心动周期　心脏每收缩与舒张一次所构成的一个机械活动周期，称为心动周期（cardiac cycle），包括心房收缩、心房舒张、心室收缩、心室舒张四个过程。正常心脏的活动由一连串的心动周期组合而成，因此，心动周期可作为分析心脏机械活动的基本单元。

成年人心率每分钟为 75 次时，心动周期历时大约为 0.8s。在一个心动周期中，心房首先收缩，持续 0.1s，随后舒张 0.7s；在心房收缩结束后不久，心室开始收缩，收缩持续时间 0.3s，随后舒张 0.5s。

每一心动周期心脏的泵血过程，如图 3-6 所示。

一次心动周期中，心房和心室各自按一定的时程和顺序先后进行舒张与收缩交替活动。左右两侧心房、心室的活动也几乎同步。在一个心动周期中，心房、心室共同舒张的时间约为 0.4s，这一时间段称为全心舒张期。心脏收缩后能得到充分的舒张，有利于血液流入心室及心脏冠状动脉的灌注。心

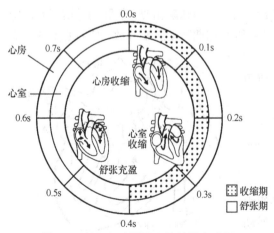

图 3-6　每一心动周期心脏的泵血过程

脏完成泵血功能主要取决于两个因素，一是心脏节律性收缩与舒张，造成心室和心房及动脉之间的压力差，形成推动血液流动的动力；二是心脏内四套瓣膜的启闭控制着血流的方向。因而，心脏泵血的特点如下。

（1）舒张期时间大于收缩期时间。

（2）全心舒张期 0.4s 时，有利于心肌灌注和心室充盈。

（3）心率的快慢主要影响舒张期。

2. **心率** 心率（heart rate）为单位时间内心脏搏动的次数，称为心跳频率，简称心率。正常成年人安静状态下，心率为 60～100 次/分，平均 75 次/分。

心率对心脏泵血的影响见表 3-1。

表 3-1 心率对心脏泵血的影响

心率（次/分）	心动周期(s)	室缩期	室舒期
		0 0.1 0.2 0.3 0.4 0.5 0.6 0.7 0.8	
40	1.5	0.35	1.15
75	0.8	0.30	0.50
150	0.4	0.25	0.15

可见，心率的快慢主要影响舒张期。

3. **心脏的泵血过程** 血液在心脏中按单方向流动，即血液经心房流向心室，再由心室射入动脉。心脏在射血的过程中，心室舒缩活动所引起的心室内压力的变化是血液流动的动力，而瓣膜的开放和关闭则决定着血流的方向。心室在射血过程中，心室内压、主动脉血流、心室容积的变化，如图 3-7 所示。

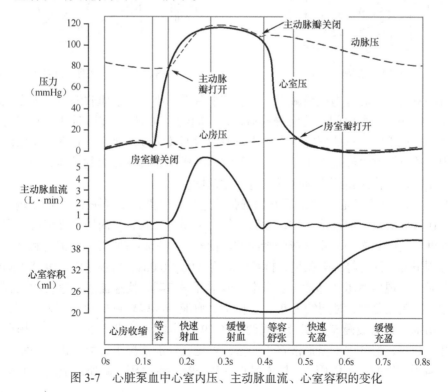

图 3-7 心脏泵血中心室内压、主动脉血流、心室容积的变化

（1）心房收缩期：心房开始收缩前，整个心脏处于舒张状态，心房、心室内压均较低，这时半月瓣（动脉瓣）处于关闭状态。由于静脉血不断地流入心房，心房内压力逐渐高于心室压，房室瓣即可开启，血液由心房流入心室，使心室充盈。心房收缩期，如图3-8所示。

当心房收缩时，心房容积减小，内压升高，将心房中的血液挤入心室，使心室充盈血量进一步增加。心房收缩的持续时间约为0.1s，随后进入舒张期。心房的收缩可使心室的充盈量再增加10%～30%，起到初级泵或起动泵的作用。

（2）心室收缩期：心房进入舒张期后不久，心室开始收缩，心室的收缩使内压逐渐升高，当心室内压超过心房内压时，心室内血液即推动房室瓣使之关闭，血液不致倒流入心房。由于此时心室内压仍低于主动脉压，动脉瓣处于关闭状态，心室形成了一个封闭腔，这时心肌的强烈收缩，不能改变心室容积，只能使心室内压急剧升高，故此期间称为心室等容收缩期，持续0.06～0.08s。之后，心室肌仍在收缩，心室内压继续升高，当心室内压超过主动脉压，血液推开动脉瓣开始对动脉射血，这一时期称为射血期。在射血期开始的时候，由于心室肌仍在进行强烈收缩，心室内压上升至顶峰，故射入动脉的血量多、流速快，这段时间段称为快速射血期，时间约为0.11s。心室收缩快速射血期，如图3-9所示。

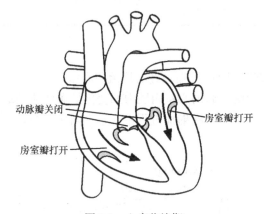

图3-8　心房收缩期

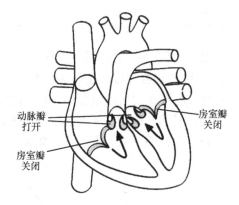

图3-9　心室收缩快速射血期

随着心室射血，心室内血液减少，心室容积缓慢缩小，心室肌收缩力量随之减弱，射血速度逐步减慢，这段时间称为缓慢射血期，时间约为0.19s。在这时期，心室内压和主动脉压皆相应地下降。目前研究认为，快速射血后期及缓慢射血期，心室内压已低于主动脉内压力，这时心室血液是由于受到心室肌收缩的作用而具有较大的动能，因此，血液能够依靠血流的惯性作用逆压力梯度继续进入主动脉。

（3）心室舒张期：心室收缩后开始舒张（这时心房仍处于舒张期），心室内压下降，主动脉内血液向心室方向反流，推动动脉瓣使之关闭，这时心室内压仍高于心房内压，房室瓣依然处于关闭状态，心室又成为封闭腔。此时，由于心室肌舒张，但容积并不改变，室内压急剧下降，称为等容舒张期，持续时间为0.06～0.08s。当心室内压继续下降到低于心房内压时，出现房室压力梯度，心房中血液推开房室瓣，快速流入心室，心室容积迅速增加，称为快速充盈期，时间约为0.11s。随后，血液继续以较慢的速度流入心室，心室容积进一步增加，称为缓慢充盈期，时间约为0.19s。由此开始进入下一个心动周期，心房再一次开始收缩，把其中少量血液挤入心室。可见在一般情况下，血液进入心室主要不是靠心房收缩所产生的挤压作用，而是依据心室舒张时心室内压下降所形成的"抽吸"效果。

在心脏的泵血活动中，心房有两个重要作用，一是心房的舒张，可以有利于接纳、储存从静脉回流的血液；二是心房的收缩，能够使心室的充盈增加 10%～30%，有利于心室每搏的射血量。

综上所述，心脏的泵血特点如下。

（1）心脏有节律性的收缩与舒张，造成心室和心房及动脉之间的压力差，形成推动血液流动的动力。

（2）心脏内四套瓣膜的启闭，控制着血流的方向。

（3）在一个心动周期中，室内压变化最快的时期是等容收缩期和等容舒张期。

（4）每次的射血量仅为充盈量的 55%～65%。

4. 心音　心动周期中，心肌收缩、瓣膜启闭、血液加速度和减速度对心血管壁的加压与减压作用及形成的涡流等力学效应均会引起机械振动，并通过周围组织传递到胸壁，如将听诊器放在胸壁的某些部位，即可听到声音，称之为心音（heart sound）。若用换能器将这些机械振动转换成电信号，便可以得到心音图。

心音可以客观反映心室容积的变化情况，心室容积、心电图、心音图与听诊区域，如图 3-10 所示。

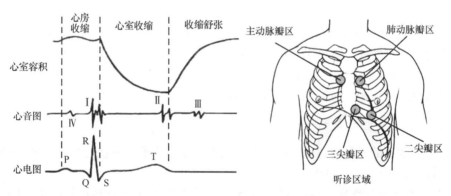

图 3-10　心室容积、心音图、心电图与听诊区域

心音发生在心动周期的某些特定时期，其音调和持续时间也有一定的规律，正常的心脏可以发出四个心音，即第一、第二、第三和第四心音。但多数情况下，只能听到第一和第二心音，在某些健康儿童和青年人中也可听到第三心音，40 岁以上的健康人也有可能出现第四心音。心脏某些异常活动可以产生杂音或其他异常心音，因此，听取心音或记录心音图对于诊断心脏疾病具有一定的临床意义。

（1）第一心音：发生在心脏收缩期，标志心室收缩的开始，在心尖搏动处（人胸壁前第 5 肋间锁骨中线内侧）可以清晰听到。第一心音的音调较低，振动频率为 40～60Hz，持续时间较长为 0.14～0.16s。

第一心音可分为三个成分，第一成分来自心室收缩开始时心室肌的低频振动，有时可能听不清楚。第二成分较响，这与房室瓣关闭和心室内压上升引起瓣膜叶片的张力变化有关，它常分裂为两个 M_1 与 T_1 音，M_1 与二尖瓣关闭有关，T_1 则与三尖瓣的关闭有关，通常 M_1 比 T_1 早发生约 0.04s。第三成分源于肺动脉瓣和主动脉瓣的开放，心室冲出的血流撞击肺动脉壁与主动脉壁并产生涡流所引起的振动，在正常时听不到，但在异常情况下可能有所加强。

第一心音的响度取决于心室收缩力量和心室收缩开始时的房室瓣位置，心室收缩力越强，第一心音越响；房室瓣张开的程度越大，瓣膜关闭时所造成的振动越大，第一心音表现亢进。

（2）第二心音：发生在心室收缩期末段，标志心室舒张的开始。第二心音的音调较高，振动频率为 60～100Hz，持续时间为 0.08～0.10s，在主动脉和肺动脉听诊区（胸前第 2 肋间胸骨左及右缘）听得最清楚。它是因动脉瓣迅速关闭，血流冲击使主动脉和肺动脉壁根部及心室壁振动所引起的。

第二心音分两个成分，第一成分（A_2）由于主动脉瓣关闭所致，第二成分（P_2）源于肺动脉瓣关闭，与低压的右心室比高压而有力的左心室射出相同的输出量所花费较长的时间有关。但这种关系随呼吸周期发生变化，吸气时胸内负压增大，有较多血液回流入右心，使右心室射血时间稍微延长，A_2 与 P_2 间隔加大（0.05s）；呼气时左右心室射血时间的差异减小，A_2 与 P_2 间隔减小（0.02s）。主动脉压与肺动脉压增高时第二心音有所增强。

（3）第三心音：正常第三心音发生在第二心音后约 0.08s，持续 0.04s，频率为 20～40Hz 的微小声音。它由舒张期血液从心房快速冲入心室时振动心室壁或牵引腱索与房室环所引起的，心室充盈量大或心室扩大时易于产生。故第三心音多见于青年人，特别是在运动时能够听到，老年人有第三心音多属异常，提示左室充盈压、左房压和肺动脉压明显增高。

（4）第四心音：为心室舒张晚期，心房波顶峰后，历时 0.01～0.02s 柔弱音，与心房收缩所引起的心室快速充盈有关。由于时间上的相近，常与第一音分裂或第一音后出现的喷射音相混淆。大多数正常人可在心音图上记录到低小的第四心音，单凭听诊则很难听到，心房压力增高或心室肥大时第四心音可能会增强。

（三）心脏泵血功能评价

心脏舒缩的目的是射血，因而通过检测其射血量，即通过一次心脏收缩或 1min 的射血量可以评价心脏的泵血功能。

1. 心脏输出的血液量　　心脏在循环系统中的作用就是射出足够量的血液，以满足机体基础代谢需要，因此，心脏输出的血液量是衡量心脏功能的基本指标。临床上，通常用每搏量和心排血量来评价心脏输出的血液量。

（1）每搏输出量（stroke volume，*SV*）：为一个心动周期中心室射入动脉的血液量，又称为搏出量或每搏量。左、右心室的每搏量基本相等，每搏量是舒张末期容积与收缩末期心室的容积差值，即

$$每搏量 = 舒张末期容积 - 收缩末期容积$$

正常成人，心舒末期容积（心室充盈量）为 130～145ml，心缩末期容积（心室射血期末留存于心室的余血量）为 60～80ml，故每搏量为 65～70ml。

如果每搏量增大，收缩期射入主动脉的血量增多，收缩期中主动脉和大动脉内增加的血量变多，管壁所受的张力也更大，故收缩期动脉血压的升高更为明显。由于动脉血压升高，血流速度外周阻力和心率的变化不大，则大动脉内增多的血量仍可在舒张期流至外周，到舒张期末，大动脉内存留的血量与每搏量增加之前相比，增加的并不多。因此，当每搏量增加而外周阻力和心率变化不大时，动脉血压的升高主要表现为收缩压的升高，舒张压可能升高不多，故脉压增大。反之，当每搏量减少时，则主要使收缩压降低，脉压减小。可见，在一般情况下，收缩压的高低主要反映心脏每搏量的变化。

（2）每分输出量：每分钟射出的血液量为每分输出量，简称心排血量（cardiac output，*CO*），为一侧心室每分钟射入动脉的血液量（正常生理情况下，左右两侧心室的输出量基本相等），等于每搏量（*SV*）与心率（*HR*）的乘积。即

$$CO = HR \times SV$$

心排血量可以反映心脏的射血能力，是评价人体循环系统效率的重要指标。

（3）心力储备：正常情况下，心排血量与机体新陈代谢水平相适应，成人在安静时的心排血量一般为 5～6L/min，女性比男性约低 10%。在不同的生理情况下有相当大的差异，中等速度的步行约可增加 5%，情绪激动可增加 50%～100%。体力劳动或体育运动时，心排血量可以增加很多，在强体力运动时，心排血量甚至可达安静时的 5～7 倍。

心脏为适应机体需要而提高心排血量的能力，称为心力储备（cardiac reserve）。心脏病变时心力储备会有所下降，经常进行体力劳动，坚持适当的体育锻炼，可以提高心力储备能力。

（4）心排指数：由于身材矮小与高大的个体其新陈代谢水平会有较大差异，使用心排血量的绝对值进行不同个体间的心功能比较，显然不够准确。实验表明，人体静息时的心排血量与个体的表面积成正比。因此，以单位体表面积计算的心排血量，称为心排指数（cardiac index，*CI*）。

$$CI = \frac{CO}{BSA}$$

式中，*BSA* 为人体体表面积。

人体体表面积（body surface area，*BSA*）的计算方法较多，对于中国人的体表面积，目前临床上多采用许文生氏公式

$$BSA = 0.61 \times 身高 + 0.0128 \times 体重 - 0.1529$$

式中，体重的单位为 kg，身高的单位为 m。

另外，鉴于计算机系统的介入，许多专用设备还普遍应用图表法，区分不同种族、性别及年龄段（10 岁以下儿童、婴儿）等，使 BSA 的数据更为准确。

心排指数（*CI*）是比较不同个体之间心脏泵血功能的指标，通常中等身材的成人体表面积为 1.6～1.7m²，静息时心排血量为 4.5～6.0L，心排指数则为 3.0～3.5 L/（min·m²）。在不同的生理条件下，单位体表面积的代谢率亦不同，故其心排指数也不同。新生婴儿的静息心排指数较低，约为 2.5；到 10 岁左右时，静息心排指数最高，可达到 4.0 以上，以后随年龄增长而逐渐下降，80 岁时其静息心排指数接近于 2.0。从性别上来看，由于女性的基础代谢率一般较同年龄男性低，所以女性的心排指数较男性低 7%～10%。运动可增加心排血量，训练良好的运动员运动时心排血量可较静息时增加 6 倍，即可达 30L/min 以上。例如，睡眠时的心排血量较清醒时约降低 25%，热水浴时心排血量可增加 50%～100%。

2. 射血分数　射血分数（ejection fractions，*EF*）是指每搏量（*SV*）占心室舒张末期容积量的百分比。即

$$EF = \frac{SV}{心室舒张末期容积量} \times 100\%$$

由于心室收缩时并不能将心室的血液全部射入动脉，正常成人静息状态下，心室舒张期的容积：左心室约为 145ml、右心室约为 137ml，每搏量为 60～80ml，即射血完毕时心

室尚有一定量的余血，将每搏量占心室舒张期容积的百分比称为射血分数（EF），一般 50% 以上属于正常范围，人体安静时的射血分数为 55%～65%。射血分数与心肌的收缩能力有关，心肌收缩能力越强，则每搏量越多，射血分数也越大。

一般情况下，每搏量与心室舒张末期容积相适应，即心室舒张末期容积增大时，每搏量也相应增加，射血分数基本不变。但是，在心室异常扩大时，其每搏量可能与正常人没有明显差别，但它并不能与已经增大了的舒张末期容积相适应，射血分数将明显下降，心室功能减退。因而，若单纯依据每搏量来评定心脏功能，则可能做出错误判断。

3. 心脏做功量 根据能量守恒原则，血液在循环过程中所消耗的能量等于心脏活动时所做的功，故心室所做的功是衡量心室功能的主要指标之一。心室一次收缩所做的功，称为每搏功（stroke work），心室每分钟所做的功，称为每分功（minute work）。

心室每搏功可以用下式表示

$$每搏功 = 每搏量 \times （射血期心室内压 - 左心室舒张末期压）$$

为了计算方便，通常用平均动脉压（MAP）代替射血期左室内压，左室舒张末期压力几乎等于心房压（约 0.8kPa），有

$$每搏功 = 每搏量 \times （平均动脉压 - 心房压）$$

由于心脏收缩不仅仅是排出一定量的血液，而且这部分血液还具有很高的压力及流速，因而用心脏做功量来评价它的泵血功能，更具有临床意义。例如，在动脉压增高的情况下，心脏要射出与原先同等量的血液，心肌就必须加强收缩；如果此时心肌收缩的强度不变，那么，每搏量必然会下降。

二、血　管

血管（blood vessels）是指血液流过的一系列管道，人体除了角膜、毛发、指（趾）甲、牙齿及上皮外，血管遍布全身。如果把毛细血管也算在内，人体内的血管长度可达 9.6 万km 以上。

（一）血管系统

血管是血液流动的"密闭"管道，根据形态结构和功能特点，分为动脉、静脉和毛细血管。动脉起于心脏（心室），经不断分支，管径渐细、管壁渐薄，最终分解成大量的毛细血管，分布到全身各器官组织和细胞间。毛细血管再逐渐汇合形成静脉，最后返回至心脏（心房）。动脉和静脉的功能是输送血液，而毛细血管则是血液与组织进行物质交换的场所。

血管系统（vascular system）布散于全身，承担着将心脏搏出的血液转运至全身各个组织器官，以满足机体活动所需的各种营养物质，并且将代谢终产物（或废物）通过肺、肾、皮肤等器官排出体外。

血管系统，如图 3-11 所示。

人类的封闭式血管系统为双循环体系，包括由左心室到右心房的体循环、右心室至左心房的肺循环。因而，无论是体循环还是肺循环，都是将心室射出的血液流经由动脉、毛细血管和静脉串联管网构成的血管系统，再返回心房。在体循环系统中，血管又呈并联管

网形式，以供给并调节各组织器官的血流量。

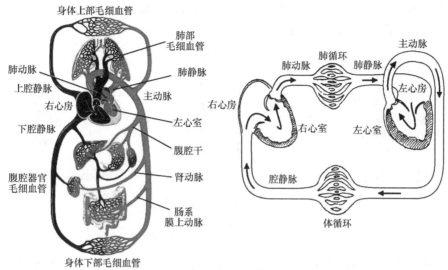

图 3-11　血管系统

1. 体循环　体循环（systemic circulation）的血管包括从心脏发出的主动脉及其各级分支，以及返回心脏的上腔静脉、下腔静脉、冠状静脉窦及其各级属支。体循环又称为大循环，是携带氧和营养物质的动脉血经过一系列交换的循环，是血液在心血管系内两大具体循环途径之一，与另一循环途径——肺循环同时进行。

在体循环中，左心室的血液射入主动脉，沿各级动脉到全身各部的毛细血管，然后汇入小静脉、大静脉，最后经上腔静脉和下腔静脉回流到右心房。体循环静脉分为三个系统，上腔静脉系、下腔静脉系（包括门静脉系）和心静脉系。上腔静脉系是收集头颈、上肢和胸背部等处的静脉回心血管道，下腔静脉系为收集腹部、盆部、下肢部静脉回心血的一系列管道，心静脉系是收集心脏的静脉血液管道。血液流经身体各部分组织细胞周围的毛细血管网时，通过气体扩散与组织细胞进行物质交换，将运来的养料和氧供给组织细胞。

体循环的途径是左心室→主动脉→各级动脉→毛细血管网→各级静脉→上、下腔静脉、心静脉系→右心房。经过体循环，组织细胞与毛细血管发生物质交换后，颜色鲜红、含氧丰富的动脉血变成颜色暗红、含氧稀少的静脉血。

2. 肺循环　肺循环（pulmonary circulation）也称为小循环，是血气交换通路，可以将静脉血变成富含氧的动脉血。肺循环的过程是，从右心室射出的血液进入主肺动脉干，向左后上斜行至并分别进入左、右肺动脉；左肺动脉较短，经食管、胸主动脉前方至肺门，分两支进入左肺；右肺动脉较长；左、右肺动脉在肺内的各级分支，与支气管的分支伴行，最后达肺泡壁，形成肺毛细血管网，在此进行血气交换，使静脉血变成含氧丰富的动脉血，再经肺内各级肺静脉属支汇流于肺静脉，最后注入左心房。

肺循环的途径：右心室→肺动脉→肺部的毛细血管网→肺静脉→左心房。肺循环的特点是路程短，只通过肺器官，主要功能是完成血气交换。

（二）动脉、静脉和毛细血管

血管分为动脉、静脉和毛细血管，其名称是根据它输送血液的方向来确定的。动脉是运送血液离开心脏的血管，从心室发出后，反复分支，越分越细，最后移行于毛细血管；静脉是把血液送回心脏的血管，静脉起始于毛细血管，末端止于心房。

动脉、静脉和毛细血管，如图 3-12 所示。

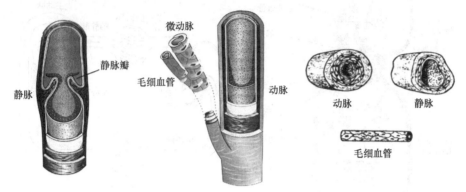

图 3-12　动脉、静脉和毛细血管

1. 动脉　动脉（artery）是由心室发出的血管，为"离心"血管，具有舒缩性和一定的弹性，可随心脏舒缩、血压变化发生明显的搏动。动脉的管壁较厚，能承受较大的血流动力（压力）。大动脉管壁弹性纤维较多，具有较大的弹性，心室射血时管壁扩张，心室舒张时管壁回缩，促使血液始终维持前向流动。中、小动脉，特别是小动脉管壁的平滑肌较发达，可在神经体液的调节下收缩或舒张，通过改变管径，影响局部的血流阻力。动脉多分布在身体较深处，但在颈部、腕部可以摸到颈动脉和桡动脉的搏动。

（1）动脉的结构特点：动脉的血管壁由内膜、中膜、外膜组成，内膜位于血管壁的最内层、最薄，由内皮和结缔组织等构成；中膜最厚、由平滑肌和弹性纤维等构成；外膜较厚、主要是结缔组织。血管壁，如图 3-13 所示。

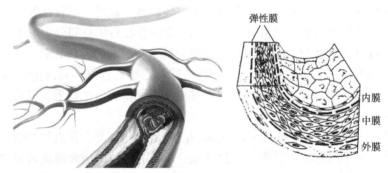

图 3-13　血管壁

动脉血管的内膜包括内皮、内皮下层、内弹性膜，内皮下层位于内皮之外，为较薄的疏松结缔组织，内含少量平滑肌纤维，内弹性膜由弹性蛋白构成，弹性膜上有许多小孔。中膜较厚，主要由 10～40 层平滑肌组成，故称为肌性动脉，在平滑肌之间有少量弹性纤维和胶原纤维。平滑肌纤维的舒缩可控制管径的大小，调节器官的血流量，此外平滑肌纤维具有产生结缔组织和基质的功能。外膜厚度与中膜相近，由疏松结缔组织组成。在外膜与中膜交界处有外弹性膜相隔，外膜中有小血管、淋巴管及神经分布。

（2）动脉类型：动脉管系包括大动脉、中动脉和小动脉。大动脉为弹性动脉，管壁内富有弹力纤维，如主动脉、头臂干动脉、锁骨下动脉、颈总动脉、肺动脉等；中动脉也称为肌性动脉，为弹性动脉的续行段及其分支，管壁内弹力纤维由多减少而平滑肌逐渐增多，体内大多数的动脉都属于中动脉，如腋动脉、桡动脉等；小动脉的直径<0.1cm，其壁内的平滑肌相对较多，肌的收缩和减少甚至可以阻断进入毛细血管的血流。

（3）动脉功能：心脏规律地收缩与舒张，将血液断续地射入动脉。心脏收缩时，大动脉管腔扩张，而心脏舒张时，大动脉管腔回缩，以维持动脉血流的连续性。中动脉中膜平滑肌发达，平滑肌的收缩和舒张使血管管径缩小或扩大，可以调节分配到身体各部和各器官的血流量。小动脉和微动脉的舒缩，能显著调节器官和组织的血流量，正常血压的维持在相当大程度上取决于外周阻力，而外周阻力的变化主要在于小动脉和微动脉平滑肌的收缩程度。

动脉血管壁内有一些特殊的感受器，如颈动脉体、颈动脉窦和主动脉体。颈动脉体位于颈总动脉分支处管壁的外面，是直径为 2～3mm 的不甚明显的扁平小体，主要由排列不规则的许多上皮细胞团或索组成，细胞团或索之间有丰富的血窦。生理学研究表明，颈动脉体是感受动脉血氧、二氧化碳含量和血液 pH 变化的化学感受器，可将信息传入神经中枢，能调节心血管系统和呼吸系统。

2. 静脉 静脉（intravenous）起于毛细血管，止于心房，是心血管系统中引导、运送血液返回心脏的管道。静脉血分为体静脉血和肺静脉血，体静脉中的血液含有较多的二氧化碳，血色暗红；肺静脉中的血液含有较多的氧，血色鲜红。小静脉起于毛细血管，在回心过程中逐渐汇合成中静脉、大静脉，最后汇合至心房。

静脉的结构特点如下。

（1）接受属支，管径逐渐变粗。

（2）血流缓慢、压力较低、管径较粗且管壁较薄，由于平滑肌和弹性纤维均较少，静脉缺乏收缩性和弹性。

（3）属支庞杂，数量比动脉多，静脉的总容量超过动脉的一倍以上。

（4）分为浅静脉、深静脉，浅静脉位于皮下浅筋膜内，又称皮下静脉，多不与动脉伴行；深静脉位于深筋膜的深面或体腔内，大多与同名动脉伴行，有些部位一条动脉常有两条静脉伴行。

（5）浅静脉与深静脉之间有丰富的吻合，浅静脉最后都汇入深静脉。当深静脉发生阻塞时，该部位的浅静脉便成为侧支循环的重要途径。

（6）由静脉内膜折叠形成的静脉瓣，能防止血液逆流，尤其是受重力影响严重的下肢静脉，静脉瓣较多且发达。静脉瓣，如图 3-14 所示。

3. 毛细血管 毛细血管（capillary）是管径最细（平均为 6～9μm），分布最广的血管，由它连接微动脉和微静脉，使之互相吻合，形成"闭合"管网。

由毛细血管构成的闭合管网，如图 3-15 所示。

（1）分布特点：毛细血管是体内分布最广、管壁最薄、管径最小的血管，管径一般仅能容纳 1 个红细胞通过，其管壁主要由一层内皮细胞构成，在内皮外面有一薄层结缔组织。毛细血管的内径平均约为 8μm，长 0.2～4mm，它们互相联系成网状，除软骨、角膜、毛发上皮和牙釉质外，布满全身，毛细血管总横断面积大于主动脉数百倍。平时仅有小部分毛细血管轮流开放。由于毛细血管壁薄，并有较高的通透性，使血液中的氧气和营养物质能通过管壁进入组织，组织中的二氧化碳和代谢产物也能随管壁进入血液，从而完成血液与组织间的气体交换与物质交换。据电镜观察，肾等器官内的毛细血管的内皮有许多小孔，有利于物质的通透。

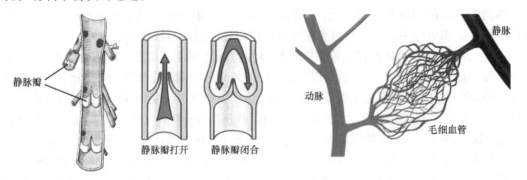

图 3-14　静脉瓣　　　　　　　　图 3-15　毛细血管闭合管网

各器官和组织内毛细血管网的疏密程度差别很大，代谢旺盛的组织和器官（如骨骼肌、心肌、肺、肾和许多腺体等）的毛细血管网很密，代谢较弱的组织（如骨、肌腱和韧带等）的毛细血管网相对稀疏。

（2）结构功能：毛细血管是新旧物质交换的场所，也称为微循环，其生物功能显著，可以将静脉血液中带来的二氧化碳和代谢废物等排泄出去，例如，肺部的毛细血管就能在人的呼吸运动中将二氧化碳排出，也能在呼吸中将氧气引入，再将这些新鲜氧气输入至动脉系统，使鲜红的动脉血流到全身，供给各组织器官；肝脏的毛细血管还能将肝脏制造的蛋白转运至其他需要的组织；肾脏的毛细血管可将人体代谢产生的尿酸、尿素等废物滤出，并随尿液排出；人脑需要大量氧气供给，流入脑组织的动脉携带大量氧气，也要通过这里的毛细血管进行血气交换，为脑组织氧供。

（3）物质交换：毛细血管是血液与周围组织进行物质交换的主要部位。人体毛细血管的总面积很大，体重 60kg 的人，毛细血管的总面积可达 $6000m^2$。毛细血管管壁很薄，并与周围的细胞相距很近，这些特点有利于进行物质交换。物质透过毛细血管壁的能力称为毛细血管通透性（capillary-permeability）。毛细血管结构与通透性关系的研究表明，内皮细胞的孔透过液体和大分子物质，吞饮小泡能输送液体，细胞间隙则因间隙宽度和细胞连接紧密程度的差别，其通透性有所不同。基板能透过较小的分子，但能阻挡一些大分子物质，如蛋白质。另外一些物质，如氧气、二氧化碳和脂溶性物质等，可直接透过内皮细胞的胞膜和胞质。

（三）血管生理

血管是联系各组织器官、通过血液输送营养物与代谢物的管路，其血流动力学的状态直接影响着血液的物质输送和灌注的稳定性。根据血流动力学的三要素：流量（心排血量，CO）、压力（平均动脉压，MAP）、阻力（全身血管阻力，SVR），有血流动力学关系式

$$SVR = \frac{MAP - CVP}{CO}$$

式中，CVP 为中心静脉压，其正常值较小，为 3.675～8.85mmHg，常可忽略不计。

因此，影响血液在血管内转运（血流量）效率的主要因素是血管阻力，以及关系到运输安全性的血管壁压力（血压）。

1. **血管功能分类**　从生理功能上看，血管可按如图 3-16 所示分类。

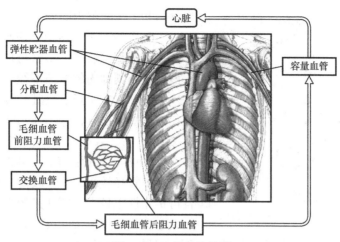

图 3-16　血管功能分类

（1）弹性贮器血管：指主动脉干及其最大的分支，这些血管的管壁坚厚，富含弹性纤维，有明显的可扩张性和弹性。左心室射血时，主动脉压升高，一方面能够推动动脉内的血液向前流动，另一方面使主动脉扩张，容积增大。因此，左心室射出的血液在射血期内只有一部分（约 1/3 的血容量）进入外周，另一部分则被储存在大动脉内。心室舒张期，主动脉瓣关闭，被扩张的大动脉管壁发生弹性回缩，将在射血期多容纳的血液继续向外周方向推动，大动脉的这种功能称为弹性贮器作用。

弹性贮器血管，如图 3-17 所示。

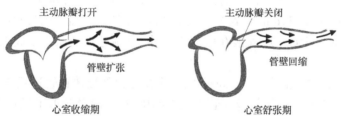

图 3-17　弹性贮器血管

（2）分配血管：是从弹性贮器血管分支到小动脉前的动脉管道，功能是将血液输送至各器官组织，故称为分配血管。

（3）毛细血管前阻力血管：小动脉和微动脉的管径小，对血流的阻力大，因而称为毛细血管前阻力血管。微动脉的管壁富含平滑肌，舒缩活动可使血管管径发生明显变化，可以根据不同的生理需求改变血流阻力和所在器官、组织的血流量。

（4）交换血管：是指真毛细血管，其管壁仅由单层内皮细胞构成，外面有一薄层基膜，故通透性很高，成为血管内血液和血管外组织液进行物质交换的场所。在真毛细血管的起始部常有平滑肌环绕，称为毛细血管前括约肌（precapillary sphincter）。它的收缩或舒张可控制毛细血管的关闭或开放，因此，毛细血管前括约肌可决定某一时段内毛细血管开放的数量。

微动脉-真毛细血管-微静脉管系，如图 3-18 所示。

（5）毛细血管后阻力血管：为微静脉。微静脉因管径小，对血流会产生一定的阻力，它的舒缩可影响毛细血管前阻力和毛细血管后阻力的比值，从而改变毛细血管压和体液在

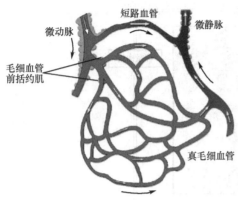

图 3-18 微动脉-真毛细血管-微静脉管系

血管内和组织间隙内的分配状况。

（6）短路血管：是指一些血管床中小动脉和静脉之间的直接联系，不参与物质交换的血管，它们可使小动脉内的血液不经过毛细血管而直接进入小静脉。在手指、足趾、耳郭等处的皮肤中存在许多短路血管，它们在功能上与体温的调节有关。

（7）容量血管：静脉与相应的动脉比较，数量较多，管径较粗，管壁较薄，因而容量较大，且可扩张性也较大，即使是较小的压力变化也可能引起容积发生较大的改变。在安静状态下，循环血量的 60%～70%容纳在静脉系统中。即使静脉的管径发生较小变化，静脉内容纳的血量也可能发生较大的改变，而反映到压力变化却较小。因此，静脉在血管系统中起着血液储存库的作用，在生理学中将静脉称为容量血管。

2. 血流量与血流速度 血液在心血管系统中流动的一系列物理学现象属于血流动力学的范畴，血流动力学和一般的流体力学类似，其基本的研究对象是流量、阻力和压力之间的关系。由于血管是有弹性和可扩张（不是硬质）性的管道系统，血液又是含有血细胞和胶体物质等多种成分的液体（不是理想液体），因此，血流动力学除了具有一般流体力学的共同性质外，又有它自身的特点。

单位时间内流过血管某一截面的血液量称为血流量（blood flow），也称为容积速度，其单位通常以 ml/min 或 L/min 来表示。血液中的一个质点在血管内移动的线速度，称为血流速度（blood flow velocity）。血液在血管流动时，血流速度与血流量成正比，与血管的截面积成反比。

（1）泊肃叶定律：泊肃叶（Poiseuille）定律是解释液体在管道系统内流动的基本规律，指出单位时间内液体的流量 Q 与管道两端的压力差 ΔP 及管道半径 r 的 4 次方成正比，与管道的长度 L 成反比。即

$$Q = K\frac{r^4\Delta P}{L}$$

式中，K 为常数。后来的研究证明，常数 K 与液体的黏滞度 η 有关。因此，泊肃叶定律又可为

$$Q = \frac{\pi r^4 \Delta P}{8\eta L}$$

（2）层流和湍流：血液在血管内流动主要有两种形式，分为层流和湍流。层流与湍流，如图 3-19 所示。

在层流的情况下，血液每个质点的流动方向都一致，与血管的长轴平行；但各质点的流速却不相同，在血管轴心处流速最快，越靠近管壁，流速越慢，这一流体现象类似于趋肤效应。因此，可以设想血管内的血液由无数层同轴的圆柱面构成，在同一层的液体质点流速相同，

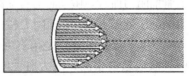

层流

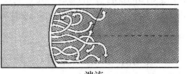

湍流

图 3-19 层流与湍流

由轴心向管壁，各层液体的流速依次递减。泊肃叶定律适用于层流。但当血液的流速加快到一定程度后，会发生湍流现象。此时，血液中各个质点的流动方向不再一致，出现旋涡状。在湍流的情况下，泊肃叶定律不再适用，血流量不是与血管两端的压力差成正比，而是与压力差的平方根成正比。

关于湍流的形成条件，有雷诺兹（Reynolds）经验公式

$$Re = \frac{\sigma VD}{\eta}$$

式中，Re 为雷诺数（无量纲），V 为血液在血管内的平均流速（单位 cm/s），D 为管腔直径（单位 cm），σ 为血液密度（单位 g/cm^3），η 为血液黏滞度。根据经验，雷诺数 $Re <$ 1000 时为层流，$Re > 1500$ 容易发生湍流。

在正常生理情况下，血液中的 σ、η 基本保持恒定。那么，管腔直径 D、血管内血液平均流速 V 越大，Re 也就越大。因而，中小血管的血流一般为层流，湍流通常发生在心腔、大动脉和大静脉静的近心端。

3. 血流阻力 血液在血管内流动时所遇到的阻力，称为血流阻力（blood flow resistance）。发生血流阻力的物理学原理是，血液流动时存在血液成分间的摩擦和与血管壁的摩擦而消耗能量，表现为血流动能转换为热能。这部分热能不可能再转换成血液的势能或动能，故血液在血管内流动时压力逐渐降低。在湍流的状态下，血液中各个质点不断变换流动的方向，故消耗的能量较层流时更多，血流阻力也就较大。

现阶段，血流阻力还没有直接的测量方法，主要通过血流量 Q（或心排血量）和血管的压力差来换算，其中，血流量与血管两端的压力差 ΔP 成正比，与血流阻力 R 成反比，即

$$Q = \frac{\Delta P}{R}$$

在一个血管系统中，若能测量出血管两端的压力差 ΔP 和血流量 Q，就可根据上式计算出血流阻力 R。通过比较泊肃叶定律的方程式，可以得到血流阻力为

$$R = \frac{8\eta L}{\pi r^4}$$

由此可见，血流阻力与血管的长度 L 和血液的黏滞度 η 成正比，与血管半径 r 的 4 次方成反比。由于血管的长度 L 变化很小，因此，血流阻力主要由血管半径和血液黏滞度决定。对于人体的血管系统，各类血管占血流阻力的比例分配：

主动脉及大动脉	9%
小动脉及分支	16%
微动脉	41%
毛细血管	27%
静脉系统	7%

可见，血流阻力最大的血管是微动脉和毛细血管。

对于某一指定器官来说，如果血液黏滞度不变，器官的血流量主要取决于该器官的阻力血管（主要包括小动脉和微动脉）截面积。阻力血管截面积增大时，血流阻力降低，血流量会增多；反之，当阻力血管截面积缩小时，器官血流量就会减少。机体对循环功能的调节中，就是通过控制各器官阻力血管的管径来调节各器官之间的血流分配。

血液黏滞度是决定血流阻力的另一主要因素。全血的黏滞度是水的 4～5 倍，血液黏

滞度的高低取决于以下几个因素。

（1）血细胞比容：一般说来，血细胞比容是决定血液黏滞度的最重要的因素，血细胞比容愈大，血液黏滞度就愈高。

（2）血流切率：在层流的情况下，相邻两层血液流速的差和液层厚度的比值，称为血流的切率（shear rate）。如图 3-20 可见，切率也就是抛物线的斜率。

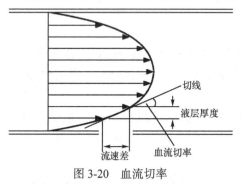
图 3-20　血流切率

匀质液体的黏滞度不随切率的变化而改变，称为牛顿液，血浆就属于牛顿液。非匀质液体的黏滞度则随着切率的减小而增大，称为非牛顿液，全血属非牛顿液。当血液在血管内以层流的方式流动时，红细胞有向中轴部分移动的趋势，这种现象称为轴流（axial flow）现象。当血流切率较高时，轴流现象更为明显，红细胞集中在中轴，其长轴与血管纵轴平行，红细胞移动时发生的旋转及红细胞相互间的撞击都很小，故血液的黏滞度较低；反之，在血流切率低时，红细胞可发生聚集，使血液黏滞度增高。

（3）温度：血液的黏滞度随温度的降低而升高。人体的体表温度比深部温度低，故血液流经体表部分时黏滞度会升高。如果将手指浸在冰水中，局部血液的黏滞度可增加 2 倍。

4. 血压　血液之所以能够从心脏搏出，自大动脉依次流向小动脉、毛细血管，再由小静脉、大静脉，反流入心脏，是因为血管间存在着递减性压力差。就是说，血管的递减性压力差是血液循环的动力，没有这个压差，血液循环将停止。

（1）血压形成机制：血管递减性压力差反映在血管壁上，即是临床评价血管生理功能的一项重要指标——血压（blood pressure）。血压是血管内的血液对于单位面积血管壁的侧压力，要保持血管内具有一定的血压，需要三个基本条件。

1）心室收缩射血：当心室收缩时，室腔容积急剧减小，将形成射血。由心脏射出的血液必然会对血管壁产生一定的压力，这就是动脉压形成的直接原因，如果心脏停止搏动，也就不可能形成血压。血液在血管内流动时，由于存在有形成分之间及血液与血管之间的摩擦会产生阻力，使血液不可能全部且迅速通过，其中部分血液潴留在血管腔内，充盈和压迫血管壁，形成动脉血压。相反，如果不存在这种外周阻力，心脏射出的血液将迅速流向外周，致使心室收缩的能量全部或大部分转为动能，因而也就不会形成侧压力。也就是说，只有在外周血流阻力的配合下，心脏射出的血液不能迅速流走，暂时存留在血管近心端的较大动脉血管内，这时心室收缩的能量才能大部分以侧压形式表现出来，形成较高的血压水平。所以，动脉血压的形成是心脏射血和外周血流阻力相互作用的结果。

2）有足够的循环血流量：足够的循环血容量（血液充盈度）是形成血压的重要因素，如果血容量不足，血管壁处于塌陷状态，便失去了形成血压的基础。例如，失血性休克在临床的主要表现是血压下降，导致血压下降的原因就是快速、大量的失血，造成血容量严重不足；又例如，血液透析中的超滤脱水过量，会导致血容量的降低，可以引发透析低血压。

3）大血管壁的弹性：正常情况下，大动脉具有弹性回缩的功能。在心室收缩射血的过程中，由于外周阻力的存在，大动脉内的血液不可能迅速流走，在血液压力的作用下，大动脉壁的弹力纤维被拉伸，管腔扩大，心脏收缩时所释放的能量，一部分由动能转变成势能，暂时储存在大动脉壁上。当心脏舒张时，射血停止，血压下降，于是大动脉壁原被拉长的纤维发生回缩，管腔变小，势能又转化为动能，推动血液继续前行，以维持血液对血管壁的侧压力，这也是血液在体内连续流动的原因。

（2）动脉血压：是在足够循环血容量的前提下形成的，心脏收缩射血，血液对血管壁施加侧压力，使大动脉发生弹性扩张，部分动能储存并转换成势能；心脏舒张关闭供血时，又可将势能转换为动能，以维持血液对血管壁始终具有一定的侧压力，由此保证了血液的持续流动。

动脉血压波形，如图 3-21 所示。

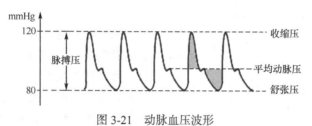

图 3-21　动脉血压波形

如图 3-21 可见，心室收缩时，血流迅速流入大动脉，大动脉内压力急剧上升，在心室收缩中期达到最高峰，此时的血压称为收缩压（systolic blood pressure，SBP）；当心脏舒张时，收缩期进入大动脉的血液借助血管的弹性和张力作用继续向前流动，此时动脉内压力逐渐下降，于心室舒张末期达最低值，称为舒张压（diastolic blood pressure，DBP）。收缩压与舒张压之差即为脉搏压（简称脉压）。

每一个心动周期中，瞬间动脉血压的平均值称为平均动脉压（mean arterial pressure，MAP）。临床上常用的估算方法为

$$MAP = \frac{SBP + 2 \times DBP}{3}$$

当血液从主动脉流向外周时，因不断克服血管对血流的阻力而消耗能量，血压也将随之逐渐降低。在各段血管中，血压降落的幅度与该段血管对血流的阻力的大小成正比，如图 3-22 所示。

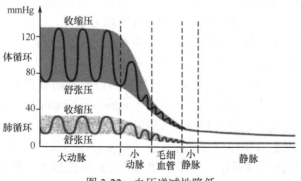

图 3-22　血压递减性降低

在主动脉和大动脉段，血压降落较小。如果主动脉的平均动脉压为 100mmHg，到直径为 3mm 的动脉处，平均动脉压仍在 95mmHg 左右，到了小动脉，血流阻力增大，血压降落的幅度也增大。在体循环中，小（微）动脉段的血流阻力最大，血压降落也最为显著。

如果微动脉起始端的血压为85mmHg，则血液流经微动脉后压力降至55mmHg，故在毛细血管起始端，血压仅为30mmHg。

5. 脉搏 脉搏（pulse）主要是指动脉压搏动，为体表可触摸到的动脉血管跳动，是心脏收缩时左心室射血所引起的动脉压变化，显然，脉搏数与心脏跳动的次数相同且同步。脉搏产生的原因是，在每个心动周期，随着心脏的收缩与舒张活动，动脉内的压力和容积发生周期性变化，进而导致富有弹性的脉管壁发生周期性波动。脉搏是以波的形式沿血管壁传播，因此会产生脉搏波。

（1）脉搏波：使用脉搏描记仪可以记录浅表动脉搏动的波形，这一记录的波形即为脉搏波。脉搏波，如图3-23所示。

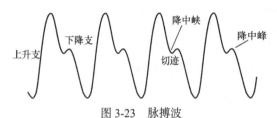

图3-23　脉搏波

脉搏波分为上升支和下降支。在左心室快速射血期，动脉血压迅速上升，管壁被扩张，形成脉搏波形中的上升支。上升支的斜率和幅度受射血速度、心排血量及射血所遇阻力的影响。射血遇到的阻力大、心排血量小、射血速度减缓，则脉搏波形中上升支的斜率变小，幅度也会有所降低；反之，射血所遇的阻力小、心排血量大、射血速度快，则上升支较陡，幅度也较大。大动脉的可扩张性减小时，弹性贮器作用减弱，动脉血压的波动幅度增大，脉搏波上升支的斜率和幅度也会加大。主动脉瓣狭窄时，射血阻力高，脉搏波上升支的斜率和幅度都将减小。

心室射血的后期，射血速度逐渐减慢，进入主动脉的血量少于由主动脉流向外周的血量，故被扩张的大动脉开始回缩，动脉血压随之降低，形成脉搏波形中的下降支前段。随后，心室舒张，动脉血压继续下降，形成下降支的其余部分。在记录脉搏波时，其下降支上出现了一个降中峡，称为"切迹"，切迹发生在主动脉瓣关闭的瞬间。因为心室舒张时室内压下降，主动脉内血液有向心室方向反流的趋势，使主动脉瓣快速关闭，主动脉瓣关闭瞬间，欲反流的血液受到闭合的主动脉瓣阻挡，发生一个反折波，并且使主动脉根部的容积增大，因此，在降中峡的后面形成一个短暂的向上的小波，称为降中峰（波）。

动脉脉搏波形中下降支的形状可大致反映外周阻力的高低。外周阻力高时，脉搏波下降支的下降速率较慢，切迹的位置偏高。如果外周阻力较低，则下降支的下降速率较快，切迹位置较低，切迹以后下降支的坡度小，较为平坦。主动脉瓣关闭不全时，心肌舒张期有部分血液倒流入心室，故下降支很陡，降中峰不明显或者消失。

（2）脉搏波的传播速度与血管硬化：脉搏波可以沿着动脉管壁向外周血管传播，其传播的速度远高于血流速度。脉搏波传导速度（pulse wave velocity，PWV）取决于血管壁的物理与几何性质，即动脉血管的弹性、管腔的大小、血液的密度和黏性等，特别是与动脉管壁的弹性、管径及血管壁厚度密切相关。一般来说，动脉管壁的可扩张性越大（顺应性越大），脉搏波的传播速度越慢。由于主动脉的可扩张性最大，故脉搏波在主动脉的传播速度最慢，为3～5m/s，在大动脉的传播速度为7～10m/s，到小动脉段可加快到15～35m/s。老年人主动脉管壁的可扩张性减小，脉搏波的传播速度可增加到约10m/s。

血液经血管流向外周的过程中，由于心脏舒缩会在动脉血管壁上形成前向传导的脉搏波，这一前向脉搏波的传导速度在很大程度上取决于血管壁的僵硬度。弹性好的血管会吸收脉搏波产生的压力，使传导速度减缓；反之，硬化血管无法吸收压力，导致脉搏波快速传送，如图 3-24 所示。

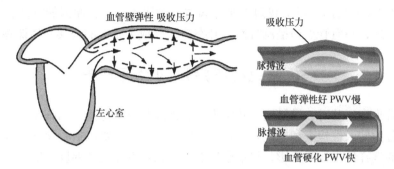

图 3-24　脉搏波传导

因此，通过测量动脉壁上的脉搏波传导速度（PWV），可以评估动脉血管（特别是大血管）的僵硬度。脉搏波传导速度的检测原理，如图 3-25 所示。

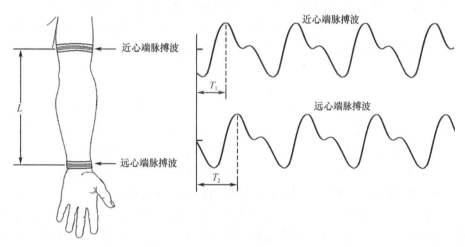

图 3-25　脉搏波传导速度检测原理

如图 3-25，在人体两个的不同部位分别检测体表脉搏波，通过这两个测试点之间的距离和脉搏传导时间差 ΔT，即可计算出脉搏波传导速度

$$PWV = \frac{L}{T_2 - T_1} = \frac{L}{\Delta T}$$

由于脉搏波传导速度与动脉血管僵硬度有明确的正相关性，且测量方法简单、没有创伤，所以，脉搏波传导速度作为评估动脉僵硬度的一个指标逐渐被临床所接受。例如，应用在动脉硬化监测仪上，可以对老年性血管硬化进行筛查。

第二节　心脏疾病检查与手术治疗技术

心脏病（heart disease）是心脏疾病的总称，是一类较为常见的循环系统疾病。由于循环系统由心脏、血管和调节血液循环的神经体液组织构成，因而循环系统组织器官的病理改变统称为心血管疾病，其中以心脏病最为多见，心脏病主要包括先天性心脏病、风湿性心脏病、高血压性心脏病、冠状动脉粥样硬化性心脏病（简称冠心病）、心肌病等。

心血管疾病是威胁人类健康的严重病患，尤其多发于 50 岁以上中老年人群，据《2016 年度中国心血管病报告》，目前我国心血管病占城乡居民总死亡原因的首位。随着人口老龄化进程的加速，心血管疾病呈流行性上升态势，已成为重大的公共卫生课题。

一、常见心脏疾病的检查方法

对于心脏疾病，及时、尽早检查并做出正确诊断具有十分重要的临床意义。目前，心脏功能检查分为侵入性检查和非侵入性检查。侵入性检查主要包括心导管检查和与该检查相结合进行的选择性心血管造影，包括通过选择性指示剂（包括温度）稀释曲线测定心排血量，由心导管术开展的心腔内心电图检查、希氏束电图检查、心内膜和外膜心电标测、心内膜心肌活组织检查及心血管内超声检查等，这些检查通常具有一定的创伤性，但可以获取直接的病理资料，有明确的诊断意义；非侵入性检查包括各种类型的心电图检查、超声心动图、超声多普勒血流图检查、实时心肌声学造影、心脏 CT 血管造影（CTA）和心脏磁共振等，这类检查基本无创伤，因而更容易被患者接受，但得到的资料较为间接。随着诊断仪器性能和检查技术的进步，非侵入性检查的诊断意义与价值也将快速提升。

（一）实验室检查

心血管疾病具有"发病率高、致残率高、死亡率高、复发率高、并发症多"的"四高一多"的特点。实验室检查的目的是，快速准确地为心血管疾病诊断、危险分层、治疗方案选择及预后评估等提供体内环境数据。目前，临床检验主要是通过采集患者血液、尿液或其他样本，建立相关的生化、免疫等实验室指标体系，以支持临床诊断。

1. **主要检验项目** 临床上，用于心血管疾病的主要检验指标如下。

（1）血脂七项。血脂七项主要用于动脉粥样硬化、高脂血症及冠心病的辅助诊断，通常包括总胆固醇、三酰甘油、高密度脂蛋白胆固醇、低密度脂蛋白胆固醇、载脂蛋白 AI、载脂蛋白 B、脂蛋白 α。

（2）心肌酶谱。心肌酶谱是存在于心肌的多种酶的总称，可作为心肌损伤或坏死的标志物，辅助诊断心肌炎、心肌梗死（acute myocardial infarction，AMI），主要包括天门冬氨酸氨基转移酶、肌酸激酶、肌酸激酶-MB 同工酶、乳酸脱氢酶、α-羟丁酸脱氢酶。

（3）心肌梗死三项。心肌梗死三项是心肌梗死早期诊断和危险分层的重要标志物，通常包括肌钙蛋白 I 和（或）肌钙蛋白 T、肌红蛋白、肌酸激酶-MB 同工酶。

（4）高血压四项。高血压四项主要用于高血压的鉴别诊断和疗效评估，通常包括血管紧张素 I、血管紧张素 II、肾素活性、醛固酮。

除以上组合项目外，检验指标还有超敏 C-反应蛋白、C-反应蛋白、D-二聚体、同型半胱氨酸、N 端脑钠肽前体等。心血管疾病的主要检验项目对心血管病的临床意义，见表 3-2。

表 3-2　心血管病的主要检验项目对心血管病的临床意义

检验项目		临床意义
中文	英文缩写	
总胆固醇	TC	增高见于家族性高胆固醇血症、动脉粥样硬化、冠心病

检验项目		临床意义
中文	英文缩写	
三酰甘油	TG	增高见于家族性高三酰甘油血症、动脉粥样硬化
高密度脂蛋白胆固醇	HDL-CH	降低见于冠心病、高三酰甘油血症
低密度脂蛋白胆固醇	LDL-CH	增高是动脉粥样硬化、冠心病的危险信号
载脂蛋白 AI	apo-AI	降低是动脉粥样硬化、冠心病的危险信号
载脂蛋白 B	apo-B	增高是动脉粥样硬化、冠心病的危险信号
脂蛋白 α	LP-α	增高见于缺血性心、脑血管疾病、心肌梗死，是动脉粥样硬化的独立危险因素
天门冬氨酸氨基转移酶	AST	增高见于心肌梗死、心肌炎
肌酸激酶	CK	增高见于急性心肌梗死（4~6h 开始升高，18~36h 可达峰值，2~4 天恢复正常）、风湿性心肌炎、病毒性心肌炎、多发性肌炎、急性脑血管意外
肌酸激酶-MB 同工酶	CK-MB	急性心肌梗死特异性较高，增高见于急性心肌梗死（4~8h 开始升高，12~24h 可达峰值，48~72h 恢复正常）、风湿性心肌炎、病毒性心肌炎、多发性肌炎、急性脑血管意外
乳酸脱氢酶	LDH	增高见于急性心肌梗死（12~48h 开始升高，2~4 天可达峰值，8~9 天恢复正常）、心力衰竭
α-羟丁酸脱氢酶	HBDH	是心肌损伤的指标，急性心肌梗死（升高峰值可维持两周）、活动性风湿性心肌炎、急性病毒性心肌炎等
超敏 C-反应蛋白	Hs-CRP	心血管疾病独立风险预测指标，对心血管病变存在和发生的预测和预防具有重要意义
C-反应蛋白	CRP	增高见于炎症、创伤、心肌梗死、感染等
D-二聚体	D-D	是继发性纤溶的特异性标志，增高见于弥散性血管内溶血、深静脉血栓、急性心肌梗死、不稳定性心绞痛、溶栓治疗及与血栓有关的疾病
肌钙蛋白 T	cTnT	目前诊断心肌梗死最好的指标。AMI 患者胸痛开始后 6~8h 升高，10~24h 达峰值，10~15 天恢复正常，敏感性接近 CK-MB，特异性较 CK-MB 高
肌钙蛋白 I	cTn I	是目前公认的、特异性最高且持续时间最长的诊断心肌梗死的可靠指标一般在急性心肌梗死发作后 4~8h 在外周血中逐渐增高，12~24h 达高峰。在心肌损伤后 7~10 天外周血中仍可探测到增高的心肌肌钙蛋白。主要用于对心肌损伤（特别是微小损伤）的诊断，还可用于心脏手术时心肌缺血、急性心梗后溶栓治疗的指示物、判断再灌注效果
肌红蛋白	Mb	是目前心肌受损后最早发生异常增加的心肌蛋白标志物,急性心肌梗死发作后 1~3h 升高，4~12h 达高峰，72h 恢复正常，若持续不降，反而升高或下降后又异常升高，说明梗死继续扩大、心肌坏死加重或有新梗死发生，可作为判断心肌梗死扩展或再梗死及预后的指标。阴性则有助于排除 AMI 的诊断
同型半胱氨酸	HCY	心、脑血管疾病的独立危险因子
N 端脑钠肽前体	NT-ProBNP	心力衰竭患者早期诊断和预后评估
血管紧张素 I		用于高血压的鉴别诊断和疗效评估
血管紧张素 II		用于高血压的鉴别诊断和疗效评估
肾素活性	PRA	用于高血压的鉴别诊断和疗效评估
醛固酮	ALD	与高血压、动脉粥样硬化、心肌肥厚、血管中层硬化、心力衰竭密切相关

2. 其他常规检验项目　临床诊疗中，除了以上与心血管疾病相关的主要检验项目外，还需要根据情况进行其他疾病鉴别诊断及对患者病情、危险因素等做综合评估，这些常规检验项目主要有血细胞计数、尿液分析、粪便分析、红细胞沉降率（血沉）、血液流变学、凝血功能、电解质、肝功能、肾功能、葡萄糖、肿瘤标志物、微量元素及肝炎血清学检查等。

3. 常用的检验仪器　用于心血管疾病实验室检查的主要仪器包括全自动生化分析仪、

电化学发光仪、快速检测仪器 POCT（point of care testing）等。

（1）全自动生化分析仪（biochemical analyzer）：是利用光谱分析方法进行生化信息检测的专用检验仪器，可以对人体血液或其他体液的各种生化指标进行量化分析。通过检查血脂七项、心肌酶谱、同型半胱氨酸等，能够为心血管疾病诊断提供实验室数据。自动生化分析仪，如图 3-26 所示。

（2）电化学发光仪（electrochemical luminescence instrument）：是采用电化学发光技术检测人体内分泌激素等的专用医学仪器，可以用于检查高血压四项、N 端脑钠肽前体、心肌梗死三项等实验室指标。电化学发光仪，如图 3-27 所示。

图 3-26　自动生化分析仪

图 3-27　电化学发光仪

（3）即时检验（point-of-care testing，POCT）：是指在床旁快速进行的临床检验，通常操作者不一定是专业人员。由于可以在采样现场即刻进行分析，省去样本在实验室检验时的复杂处理程序，得到的检验结果快速，因而这一技术更受欢迎。POCT 即时检验，如图 3-28 所示。

图 3-28　POCT 即时检验

为了快速诊断的需要，常用于心肌酶谱、心肌梗死三项、N 端脑钠肽前体、超敏 C-反应蛋白、C-反应蛋白、D-二聚体等的床旁快速检测。

除以上主要设备外，常用的检验仪器还有血细胞分析仪、尿液干化学分析仪、尿液有形成分分析仪、粪便沉渣分析仪、血流变分析仪、酶标仪、血凝分析仪、化学发光仪、电解质分析仪、特种蛋白分析仪等。

（二）体表生理参数检查

在众多的心脏功能的检查方法中，体表生理参数检查是最为常规的无创心脏疾病诊断方法。主要的检查项目有心电图、无创血压、血氧饱和度等，并根据需要进行心肺运动试验（cardiopulmonary exercise testing，CPET），通过增加运动负荷，人为诱发心肌缺血，由此同步观察患者心电图、血压的变化，以帮助临床诊断。

1. 心电图　心脏的每一个心动周期均伴随着生物电变化，这种生物电变化可传达到身体表面，通过体表电极将信号检测出来，即可获得心电图波形。心电图（electrocardiogram，

ECG）是心脏搏动时产生的生物电位变化曲线，是客观评价心脏电兴奋的发生、传播及恢复过程的重要生理指标。典型心电图波形，如图 3-29 所示。

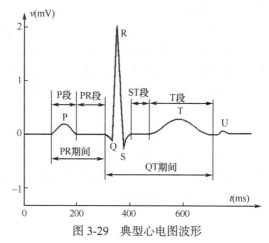

图 3-29 典型心电图波形

（1）P 波：心脏的兴奋发源于窦房结，最先传至心房。因此，心电图各波中最先出现的是代表左右两心房兴奋过程的 P 波。心脏兴奋在向两心房传播过程中，其心电去极化的综合向量先指向左下肢，然后逐渐转向左上肢。如将各瞬间心房去极的综合向量联结起来，便形成一个代表心房去极化的空间向量环，简称 P 环。P 环在各导联轴上的投影即得出各导联上不同的 P 波。P 波形小而圆钝，随各导联而稍有不同。

P 波的宽度一般不超过 0.11s，多在 0.06～0.10s。电压幅度（高度）不超过 0.25 mV，多为 0.05～0.20mV。

（2）PR 段：是从 P 波的终点到 QRS 复合波起点的相隔时间，它通常与基线为同一水平线。PR 段代表从心房开始兴奋到心室开始兴奋的时间，即兴奋通过心房、房室结和房室束的传导时间。

成人一般为 0.12～0.20s，小儿的时间稍短。这一期间随着年龄的增长而有加长的趋势。

（3）QRS 复合波：代表两个心室兴奋传播过程的电位变化。由窦房结发生的兴奋波，经传导系统首先到达室间隔的左侧面，然后按一定的路线和方向，由内层向外层依次传播。随着心室各部位先后去极化形成多个瞬间综合心电向量，在额面的导联轴上的投影，便是心电图肢体导联的 QRS 复合波。典型的 QRS 复合波包括三个相连的波动。第一个向下的波为 Q 波，继 Q 波后一个狭高向上的波为 R 波，与 R 波相连接的又一个向下的波为 S 波。由于这三个波紧密相连且总时间不超过 0.10s，故合称 QRS 复合波。QRS 复合波所占时间代表心室肌兴奋传播所需时间，正常人为 0.06～0.10s，一般不超过 0.11s。

（4）ST 段：是从由 QRS 复合波结束到 T 波开始的相隔时间，为水平线。它反映心室各部在兴奋后处于去极化状态，故无电位差。正常时接近于基线，向下偏移不应超过 0.05 mV，向上偏移在肢体导联不超过 0.1 mV。

（5）T 波：是继 QRS 复合波后的一个波幅较低而波宽较长的电波，它反映心室兴奋后复极化的过程。心室复极化的顺序与去极化过程相反，它缓慢地由外层向内层进行，在外层已去极化部分的负电位首先恢复到静息时的正电位，使外层为正，内层为负，因此与去极化时向量的方向基本相同。连接心室复极各瞬间向量所形成的轨迹，就是心室复极化心电向量环，简称 T 环。T 环的投影即为 T 波。复极化过程同心肌代谢有关，因而较去极化过程缓慢，占时较长。

T 波与 ST 段同样具有重要的诊断意义。如果 T 波倒置说明发生心肌梗死。在以 R 波为主的心电图上，T 波不应低于 R 波的 1／10。

（6）U 波：是在 T 波后 0.02～0.04s 出现宽而低的波，波幅多在 0.05 mV 以下，波宽约为 0.20s。

一般临床认为，U 波可能是由心脏舒张时各部产生的后电位而形成的，也有人认为是浦肯野纤维再极化的结果。正常情况下，不容易记录到微弱的 U 波，当血钾不足、甲状腺功能亢进及服用强心药洋地黄等都会使 U 波增大而被捕捉到。

2. 体表生理检查设备　体表生理检查的设备主要包括心电图机、动态心电图机、多参数监护仪等。

（1）心电图机（electrocardiogram machine）：是用来检测和记录心脏活动时心肌激动产生的生物电信号的专用医学仪器。由于心电图机的诊断技术成熟、可靠，操作简便，对患者无创伤，因此，它是最为普及的心脏生理功能检测与诊断仪器。

心电图机，如图 3-30 所示。

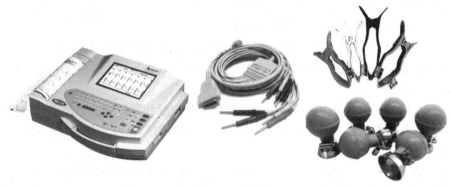

图 3-30　心电图机

常规心电图机是在安静状态下描记心电图的专用设备，可以描记静息心电图，是心脏病诊断的常规检查，这种方法简便、无痛苦，但缺点是敏感性不高，也就是说，如果没有心绞痛发作，多数冠心病患者的心电图表现为正常。如果在心绞痛发作时检查心电图，90%以上可以出现心肌缺血性改变，待心绞痛缓解后心电图又会逐渐恢复正常。由于常规心电图的检测时间较短，难以捕捉到心绞痛发作时的心电图表现，容易漏诊。

（2）动态心电图机：于 1949 年由美国 Holter 公司首创，故又称 Holter 心电图机或"背包"心电图机。动态心电图可连续长时间（24～48h）记录患者在自然生活状态下的心电信号，是普通体表心电图的发展与延伸，由于信息量大，能够发现心律失常和心肌缺血等普通体表心电图难以捕捉的心脏疾病，是临床分析病情、确立诊断、判断疗效的重要客观数据。

Holter 心电图机，如图 3-31 所示。

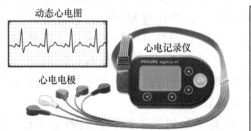

图 3-31　Holter 心电图机

Holter 可连续记录患者 24～48h 内，甚至更长时间的心电图，无论是心肌缺血还是心律失常，是持续性还是阵发性发作，均可通过这种检查被发现。而且，Holter 还可以将心电图出现改变的时间，与患者当时的活动及症状相对照。例如，动态心电图可以记录患者在各种状态下的心电图变化，如进餐、上楼、休息、跑步等，便于分析患者的心脏储备功能和各种状态下的反应性；还可通过心电图与症状结合分析，鉴别患者发病原因。不过，Holter 的缺点是，不能为缺血心肌进行定位。

近年来，随着动态监护领域的进一步拓展，如动态血压、动态脑电图、动态睡眠呼吸监测等技术在医学临床及科研中的得到应用，Holter 的全新诠释应包括动态心电/动态血压/动态睡眠呼吸等多种参数的监测与记录。

（3）多参数监护仪（multi-parameter monitor）：是监测患者基本生理参数的重要设备，通过多种功能模块的选配，可以实时监测人体的心电信号、心率、血氧饱和度、血压、呼吸频率、体温和脉率等生理参数，并实现对各参数的上下限报警。

多参数监护仪，如图 3-32 所示。

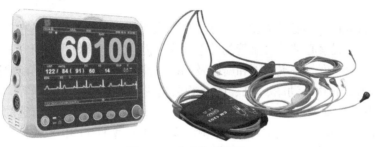

图 3-32　多参数监护仪

3. 心脏负荷试验　除了正在医院接受救治的患者，绝大多数的冠心病在心绞痛发作时，都很难及时接受心电图检查。所以，可以在做好抢救准备的条件下，通过服用某些药物或增加运动负荷，以诱发患者的心脏功能性缺血，同时观察心脏的"表现"，这一检测方法称为心脏负荷试验（cardiac stress test）。

平板运动试验是临床最常用的心脏负荷试验，是目前诊断冠心病最常用的一种辅助手段。许多冠心病患者，尽管冠状动脉扩张的最大储备能力已下降，通常静息时冠状动脉血流量尚可维持正常，无心肌缺血现象，心电图可以完全正常。为揭示已减少或相对固定的冠状动脉血流量，通过运动可以给心脏以更多负荷，增加心肌耗氧量，诱发心肌缺血，辅助临床对心肌缺血做出诊断。

在平板运动试验中，患者在带有能自动调节坡度和转速的运动平板（类似于跑步机）上跑步，医生持续观察患者心电图和血压的改变。平板运动试验，如图 3-33 所示。

平板运动试验通过运动增加心脏的负荷使心肌氧耗增加，当负荷达到一定量时，由于冠状动脉狭窄的心肌供血不能相应的增加，从而诱发静息状态下不能表现出来的心血管系统的异常，用以明确诊断。平板运动

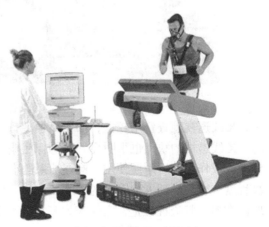

图 3-33　平板运动试验

试验是对冠心病诊断及病情评估的无创性检查手段之一，一直以来以 ST 段水平型或下斜型压低作为平板运动试验阳性的主要指标。

平板运动试验传统阳性标准如下。

（1）运动中或运动后出现缺血性 ST 段下移≥0.1mV，持续 2min 以上。

（2）运动中或运动后发作典型心绞痛。

（3）运动中或运动后出现 ST 段抬高≥0.20mV。

活动平板步行（跑步）运动，简单易行是其主要优点，但由于患者在不停运动，其检测的心电图基线波动较大，有时难以辨认 ST 段改变，测量血压亦较困难。然而，脚踏车试验时，患者上身可保持相对平稳，故监测心电图基线较为稳定，亦可测量血压，缺点是不会骑车的人下肢很快会疲劳，难以达到目标心率。由于平板运动试验要求患者慢跑数分钟，所以很多下肢关节活动不便的老年患者不适合做此项检查。

（三）X 线成像心血管检查

影像学（imaging）心脏功能检测对于心脏、大血管疾病的诊治，具有非常重要的临床价值。它不仅可以观察心脏、大血管的外形轮廓，而且还能够观察与研究其内部状态，如心脏、大血管壁的厚度、房室间隔和瓣膜及动态功能等。影像学心脏功能检测主要包括传统 X 线成像检查、超声心动图、CT、DSA 血管造影、核素显像、MRI 等。就目前我国的实际情况，心脏、大血管的超声成像（USG）和 X 线检查是最常用及首选的影像学检查方法，核素显像、CT 和 MRI 成像可选择应用，以解决一些 USG 和 X 线检查不能解决的诊断问题。

1. X 线透视 X 线透视（fluoroscopy）所需设备简单、操作方便、价格低廉、耗时短，检查结果"立等可取"，最重要的是它可以从多个角度、连续、动态地观察到人体的活动图像，如呼吸的运动、心脏的搏动等。X 线透视，如图 3-34 所示。

图 3-34 X 线透视

X 线透视检查费用较低，操作简便，曾一度广泛应用于心脏及大血管的常规检查。但是，X 线透视的缺点也很明显，其图像粗略、模糊，难以看清细节，不能留存随访记录以供会诊或作为前后对照使用，检查结果的准确性更多取决于现场检查医生的诊断水平和认真程度，容易受到人为因素的影响，造成不同程度的漏诊、误诊。所以，目前大多医院已取消常规心脏透视检查，它仅作为多角度动态观察的辅助诊断。

2. X 线摄片 X 线摄片（roentgenography）可以部分弥补透视的缺憾，通过 X 线投照可以得到影像清晰、层次分明的摄片（也称为平片）。X 线摄片的优势有二，一是摄片的曝光时间较短，患者接受的 X 线辐射量远小于透视，提高了安全性；二是，由于影像资料记录于 X 线感光胶片或数据存储器的载体上，可永久保存，以供反复阅读，并可借助于现代图像处理技术细化疑似病变区域，以提高诊断的准确性。另外，这些影像资料可以作为疾病档案以供前后对照，有利于追踪确诊和评价治疗效果。

X 线摄片（平片）检查简便，通过常规标准体位，能够获得心脏、大血管的轮廓、形态、瓣膜及动脉壁上的钙化，因而可以对心脏疾病进行初步诊断。X 线摄片，如图 3-35 所示。

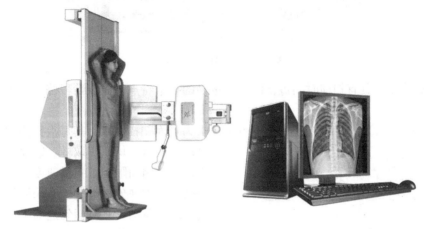

图 3-35 X 线摄片

X 线摄片是影像学检查中最基本的方法，称为普通放射检查，适用于所有的心脏大血管病变检查，对于常见而典型的心脏病理改变，如风湿性心脏病和一些先天性心脏病等，可结合临床资料做出初步诊断；对于某些复杂或不典型的病例，X 线摄片虽然不能给出明确结论，但可以为进一步检查提供影像学数据；对于尚未或已经确诊病例，可以出具随访及术后复查的重要印证资料。

3. CT 成像 X 线透视与摄片是最早并延续至今的影像学检查方法，可以用来探测体内病变。但由于人体的胸腔、腹腔是一个立体性结构，许多器官组织前后重叠，且对 X 线的吸收率差别极小，因而，通过单一的垂直 X 线束进行投照得到的 X 线片，难以发现那些前后重叠的组织病变，给临床诊断带来困难。这时，更多是依赖临床经验和多角度投照平片的比对，尽管如此，也难免出现误诊、漏诊。于是，临床上开始引用断层扫描成像技术，以弥补 X 线平片的不足。

CT（computed tomography）即为计算机断层扫描成像技术，是利用准直 X 线束对人体确定层面（一定厚度的断层）进行扫描，由探测器接收透过该层面的 X 线，并将透射 X 线转换为可见光，经过光电转换和数字化，由计算机处理技术得到选定层面各组织的 X 线吸收系数，并重建图像。CT 的成像原理是，根据人体组织对 X 线具有不同的吸收与透过率，应用高灵敏度的探测器获取与人体组织相关的图像信息，再通过计算机强大的图像处理功能，可以还原得到被检查部位的断面或立体的图像信息，从而发现体内任何部位的细小病变。

（1）CT 成像设备已经发展到螺旋 CT 阶段：CT 设备自 20 世纪 70 年代问世以来，技术得到不断改进，已经从第一代发展到第五代。1989 年，由于解决了高压发生器与 X

线球管一起旋转的技术难题，将 CT 技术推上了一个新阶段，推出了具有技术领先的多层螺旋 CT。多层螺旋 CT 设备，如图 3-36 所示。

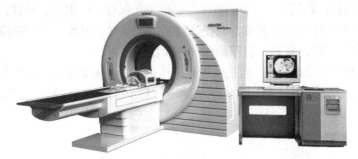

图 3-36　多层螺旋 CT 设备

多层螺旋 CT 具有扫描时间短，图像质量高的技术特点，是现阶段临床主流的 CT 诊断设备。

（2）螺旋 CT 的体积扫描技术：传统的 CT 为层面扫描技术，其每次扫描都必须经过启动、加速、均速、取样、减速、停止等几个过程，因而限制了扫描速度。为克服层面扫描的技术缺欠，螺旋 CT 采用体积扫描方式，即在驱动 CT 床面匀速前进或后退的同时，进行连续的旋转扫描，这不仅将扫描速度提高数倍甚至数十倍，而且这种螺旋扫描不再只是针对人体某一层面，而是围绕着人体某一段腔体进行螺旋式的图像数据采集，因而被称为体积扫描技术。

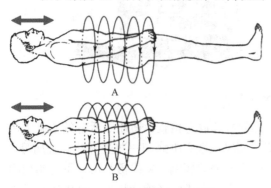

图 3-37　层面扫描与螺旋扫描
A. 层面扫描方式；B. 螺旋扫描方式

层面扫描与螺旋扫描，如图 3-37 所示。

螺旋 CT 采集方式的基础是滑环技术，由此解决了高压发生器与 X 线球管一起旋转的技术难题。滑环，如图 3-38 所示。

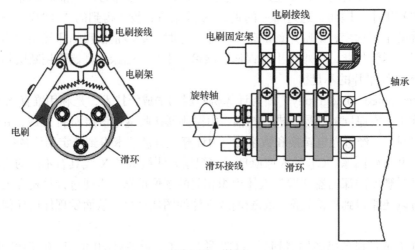

图 3-38　滑环

滑环由电刷和滑环两部分组成，电刷是一束细金属丝，具有良好的导电性能和弹性；滑环也称为集电环，是圆形薄片导电体，嵌在机架旋转支架圆内，具有良好的导电性和耐磨性。电刷固定在机架不旋转，电源和数据线缆通过电刷传输给旋转的滑环。这种滑环结构，使得旋转机架在旋转的任何时刻都能可靠地与电源和数据线传输，从而高压发生器和X线球管能够摆脱传统的电缆，在滑轨上连续绕行患者旋转和不断发射X线束。

螺旋CT的技术优势主要有以下几个方面。

1）扫描层面之间不需再做停顿，可连续快速扫描，大大提高了扫描速度，每层采集时间可减少到0.75～1.5s。

2）在层面采集CT检查过程中，由于是逐次屏气扫描，体部，如肝胆胰脾的微小病变很容易在不同屏气时被遗漏，螺旋CT连续扫描可防止体部微小病变的遗漏。

3）螺旋CT的扫描和重建方式有利于数据进行三维后处理，为CT后处理技术的发展打下了基础。

（3）心脏大血管CT检查：是现阶段心血管生理病理检查的重要项目，通过CT成像检查，可以多角度观察心腔和心室壁的结构、心脏与大血管的连接形态、半月瓣数量、冠状动脉开口位置、大血管腔内及气管内情况等。因而，CT成像检查对于冠心病、瓣膜病、心脏肿瘤、心包疾病、大血管疾病及先天性心脏病等具有重要的临床诊断价值。

心脏CT检查通常分为两种模式，一种为冠状动脉扫描；另一种是心脏大血管扫描。冠状动脉扫描需要极高的密度分辨率，在视野选择上要尽量做到最适宜范围，而心脏大血管扫描则需要兼顾范围和视野。目前，冠状动脉多层螺旋CT血管造影（CTA）已广泛用于临床，主要是针对冠心病的诊断、经皮冠状动脉介入治疗（percutaneous coronary intervention，PCI）术后评价及冠状动脉旁路移植术术后评价。冠状动脉CTA具有重要的冠心病诊断价值，尤其适用于门诊、急诊冠心病的筛查，在表达冠状动脉解剖走行、病变程度、累及分支数和范围、斑块的特性等方面是理想的无创影像学方法。

冠状动脉旁路移植术的术后评估图像，如图3-39所示。

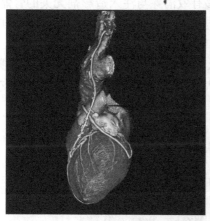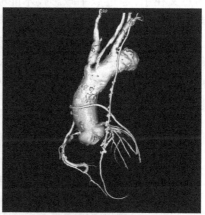

图 3-39　冠状动脉旁路移植术的术后评估图像

通过冠状动脉CTA，可清晰地观察各桥血管的走行及吻合口位置，冠状动脉旁路移植术后桥血管的通畅情况，吻合口是否存在再狭窄。

4. 数字减影血管造影　数字减影血管造影（digital subtraction angiography，DSA）是通过造影剂实现血管成像的方法，是一种常用的介入式血管疾病诊断与治疗手段。基本原

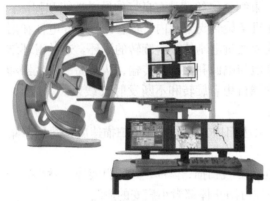

图 3-40 双 C 臂血管造影 X 线机

理是利用注入血管的造影剂来表达血管特征，并根据造影产生的差异对血管进行分析。目前，临床的应用主要集中在对脑血管和心脏冠状动脉的诊断和治疗。

双 C 臂血管造影 X 线机，如图 3-40 所示。

DSA 是 20 世纪 70 年代开始应用于临床的一种 X 线诊断技术，它的核心技术是两次成像的数字减影技术。数字减影技术，如图 3-41 所示。

数字减影的基本原理是，在注入造影剂前，首先进行第一次成像，并利用计算机将图像转换成数字信号储存起来；然后，通过动脉介入导管对待查血管系统注入造影剂，并再次成像、转换为数字信号，将这两次成像的数字信号相减（数字减影），以消除两次成像相同的信号，由此可以得到仅由造影剂显像的血管图像信息。

 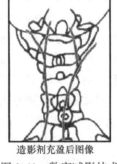 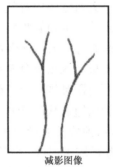

造影前图像　　　　　　造影剂充盈后图像　　　　　　减影图像

图 3-41 数字减影技术

DSA 的意义在于，通过数字减影技术能够有效消除与注入造影剂无关的骨骼与软组织等，突显待查血管系统。如果血管造影图像与 CT、MRI 图像的融合能够更加准确地显示血管解剖结构，与 PET 图像的融合还能反应靶器官和靶病变的病理特征。DSA 常用于心血管造影术、球囊成型及支架置入术、临时/永久起搏器安置、心律失常的电生理射频治疗、先天性心脏病介入封堵、夹层动脉瘤支架植入、右心导管检查等。行冠状动脉支架术前后的血管造影图像，如图 3-42 所示。

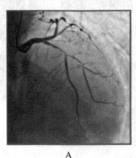 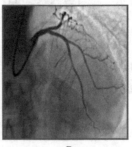

A　　　　　　　　　B

图 3-42 行冠状动脉支架术前后的血管造影图像

A. 支架植入前；B. 支架植入后

DSA 不但能清楚地显示颈内动脉、椎基底动脉、冠状动脉、颅内大血管及大脑半球的血管图像，还可测定动脉血流，所以，被广泛应用于冠心病、脑血管病的检查，特别是对于动脉瘤、动静脉畸形等的定性定位诊断，它不但能提供病变的确切部位，而且对病变的范围及严重程度，亦可清楚表达，为手术提供较为可靠的数据。DSA 的出现，不仅使血管影像学的临床诊断技术提高到一个新层次，还促进了血管造影介入治疗的普及与发展。

（四）超声心动图

由于 X 线透视和摄片得到是投影图像信息，具有局限性，通常仅用于心脏疾病形态学的初步筛查，CT 成像的检测费用相对较高，DSA 又具有一定的创伤，因而，目前临床主流的心脏疾病影像学方法是超声检查（ultrasound）技术。超声检查不仅能实时地显示心脏各部分的形态、结构、活动情况，各房室腔体的大小及舒缩功能，瓣膜的形态、活动状况、增厚程度及关闭情况和附着位置等，还能观察血流动力学的变化，在诊断心瓣膜病、先天性心脏病、心肌病、心包积液及缩窄性改变、心腔内良性恶性肿瘤及进行心室壁厚度的测量等方面有着重要的临床价值，超声检查已经是临床上首选的心血管系统影像学检查方法。

现阶段，超声心动图（echocardiography）是心血管疾病诊断的最重要技术，可以探查心脏结构、大血管及心脏做功的解剖学和生理学信息。超声心动图在重症医学科中最常见适应证是左心室功能的评价、不明原因的低血压、心包填塞、充血性心力衰竭、可疑急性心肌梗死。

1. 超声心动图的检测原理 超声（ultrasonic，US）检查是利用人体组织结构（包括血液结缔组织）对超声波反射和减弱规律进行疾病诊断的一种方法，属于形态学检查范畴。超声检查的基本原理是，由于超声波具有良好的方向性，在人体内传播的过程中，若遇到密度不同的组织和器官界面，即产生反射、折射和吸收等物理现象，根据在监视器上显示的回波距离、强弱及衰减程度，可以评价体内某些脏器的活动状态与功能，并能明确鉴别其组织器官是否含有液体、气体，或为实质性组织。

超声心动图检查，如图 3-43 所示。

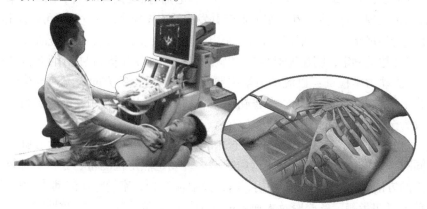

图 3-43 超声心动图检查

超声心动图检查的特点是，通过灵活的操作手法、多方位、多角度地实时动态扫查，可以观察分析心脏多个切面上的具体形态结构。因此，对于心脏超声检查来说，一是可以明确心血管系统在形态结构上有否发生异常改变；二是判断血流动力学是否正常；三是观察心脏局部或整体运动状况及测定心功能。

（1）形态学检查：根据超声波对不同密度的组织器官产生的反射、折射、吸收等物理现象，超声检测能够鉴别组织器官，显示心脏的形态学结构。

超声形态学结构，如图 3-44 所示。

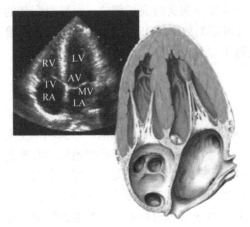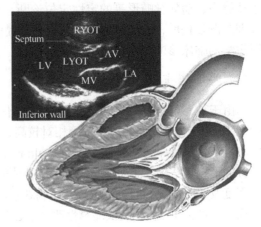

图 3-44　超声形态学结构

1）检查先天性心血管的结构异常。对于先天性心血管发育异常的疾病，超声检查能够较准确地显示出其病变部位、大小、性质及邻近大体解剖结构的连接关系，有助于临床诊断，如诊断房间隔缺损、室间隔缺损、法洛四联症、动脉导管未闭、心内膜垫缺损、大动脉转位、肺静脉畸形引流、先天性主动脉瓣瓣叶发育畸形等。

2）判断瓣膜病变。超声心动图能清晰地显示各瓣膜的形态结构、开闭活动状态、瓣口大小、相应腱索的连接等，对瓣膜狭窄、关闭不全、瓣叶钙化、脱垂、穿孔、瓣环钙化、赘生物附着、瓣叶发育畸形等病变，并均能做出明确诊断。

3）可以用于高血压心脏病、肺源性心脏病、甲状腺功能亢进性心脏病、心肌病、主动脉夹层动脉瘤、主动脉窦瘤及破裂、冠心病等心血管病的诊断和病情预后，能指导临床治疗及疗效评价。研究表明，左心室肥厚（LVH）为高血压性心血管病的常见特征，LVH 不仅是高血压所致心肌损害的表现，而且是发生明显心血管并发症的不祥预兆，其危险性可随左心室心肌体积的增加而进行性增高。在高血压患者采用超声心动图测定时，发现 LVH 症状最为常见，其对解剖学心脏肥厚的确定，明显优于 ECG 和胸片等检查，为临床提供提示性治疗依据。

（2）血流动力学检查：血流动力学主要研究血液运行的方向、流速与流量，以及心腔、血管腔中的压力和容积变化。多普勒超声心动图的发展与应用，为心脏血流动力学分析提供了较为全面而准确的图像数据。

1）基本血流动力学参数测定：在检查中，运用二维超声直观地显示心脏及大血管形态结构的同时，以彩色多普勒叠加或运用频谱多普勒定点定位测量、分析、计算，可以获得腔内血流的方向、速度、性质、时相、途径及血流容积、流量等血流动力学指标。另外，彩色多普勒可以初步测定各心腔及大血管的压力、压力阶差等，这些数据对于心血管的病理诊断、鉴别诊断、评估病情、疾病发展趋势，以及指导心外科手术术式、药物或非药物手段疗效评定、预后等，具有重要的临床意义。研究表明，心腔大血管压力的测评结果与心导管介入检查的测定结果有明显的相关性。

2）心功能测定：由于 M 型、二维超声及脉冲多普勒能够分别显示心肌收缩与舒张特性、心腔大小的变化及收缩期、舒张期进入与射出心脏血液的特点，据此通过测量相关数值、运用各种经验公式进行计算、对比分析,可间接估测心脏整体和局部的收缩、舒张功能。例如,左室短轴缩短率、室壁增厚率、面积长轴法能够评价左室功能,通过二尖瓣口血流、肺静脉血流频谱可以估测左室舒张功能、右心功能等。

在胸骨旁、心尖部、剑突下和胸骨上窝,应用超声探头对心脏和大血管进行多角度扫描,如图 3-45 所示。

通过对心脏和大血管的扫描,可以得到一系列二维切面图像。经胸超声心动图在临床常用的超声技术主要包括 M 型超声、二维超声和多普勒超声心动图。

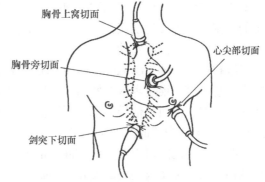

图 3-45 应用超声探头对心脏和大血管进行多角度扫描

2. M 型超声心动图 M 型超声心动图(M-mode echocardiography)属于一维超声技术,其探头发射声束,超声波束从一个方向由浅入深地穿过人体组织及心脏各层结构,在密度不一致的界面上产生反射,即可在监视器上显示由上向下的回声点。应用时,换能器以固定的位置与方向对心脏某部位扫描,随着心脏有节律地收缩与舒张,心脏各层组织与探头之间的距离发生节律性变化,进而该超声波束产生不同深度的回波信号,在屏上将呈现出随心脏的搏动而上下摆动的一系列亮点,当扫描线从左到右匀速移动时,上下摆动的亮点便横向展开,可形成心动周期中心脏各层组织结构的活动曲线。

M 型超声心动图图成像原理示意图,如图 3-46 所示。

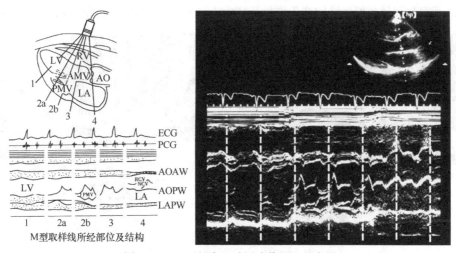

图 3-46 M 型超声心动图成像原理示意图

在心动周期中,随着线上各点的运动,整幅图像可以显示活动的 M 型心动图,图中的纵坐标代表深度,横坐标为时间。M 型超声心动图显示的是扫描线(图 3-46 右图中的虚线就是代表扫描线,左图的 1、2a、2b、3、4 代表五次扫描的五条扫描线,形成的五幅 M 型超声心动图图像)经过组织的各个点在不同时间的位置,通过各个点在不同时间点的位置回波,可以判断出该组织的某个点在某个时间段的位移,进而测算出组织运动的幅度和速率。

现阶段，常用的超声诊断仪都具有 M 型超声心动图模式，一般不会单独使用。检查时，可在二维切面图的某一部位取样，显示心脏或血管组织结构及其运动规律的曲线图，以供详细测量结构的深度、厚度、运动幅度、速度、时间等参数。在临床应用中，心室壁运动幅度、短轴缩短率就是通过 M 型超声心动图测算出来的。

3. 二维超声心动图 由于 M 型超声心动图只能记录心脏结构的一维图像，因而受到一定的限制。心脏实时切面显像——二维超声心动图克服了 M 型的限制，更适用于评价心肌收缩异常和估计心室功能。

二维超声心动图（two dimensional echocardiography）又称为切面超声心动图，简称二维超声。它通过二维超声探头发射一个扇形扫描的声束，当遇到体内组织结构界面，即产生反射与散射，由回声信号显示扇形图像，其中，纵坐标代表深度（即组织结构与探头间的距离），横坐标为切面的方位（纵切面图代表上下方向，横切面图代表左右方向）。

二维超声心动图可以在二维空间上清晰、直观、实时地显示心脏、大血管不同方位的断层结构与毗邻关系及动态的变化，是临床基本的检查方法。二维超声心动图的基本图像

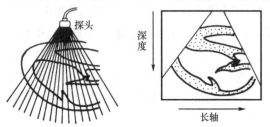

图 3-47 二维超声心动图成像原理示意图

多为扇形，扇尖为近场，代表身体表浅结构的反射；扇弧为远场，代表体内深处的反射。

二维超声心动图成像原理示意图，如图 3-47 所示。

二维超声心动图可以显示心脏及大血管各部位结构的切断面图，以及在心动周期中的实时动态图像，并能冻结、储存、逐帧回放，以供详细观察与测量各部位结构变化细节及其功能状态。二维超声心动图图像，如图 3-48 所示。

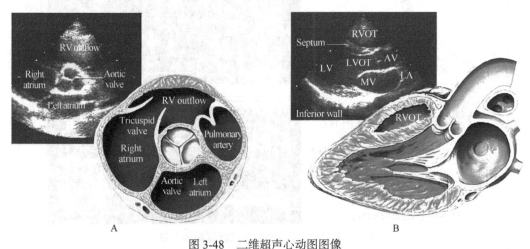

图 3-48 二维超声心动图图像

A. 胸骨旁大动脉短轴切面；B.左心室长轴切面

超声成像的方位、探头间有固定的关系，图像随探头位置变化而改变。为了避免混淆，超声图像均以解剖学方位的上、下、左、右、前、后为标准。二维超声心动图的探查图像会因为探头的位置和声束扫查的方向不同，而获得众多显示心脏和大血管结构的不同断面图像。为便于分析掌握及临床诊断，对于常规检查推荐使用标准切面，这些切面可根据探头的位置不同分为四组，每组包括若干系列切面图像。

4. **多普勒超声心动图** 生活中有这样一个现象，当一辆救护车迎面驶来的时候，听到声调越来越高，说明声波的频率升高；而车离去的时候声调会越来越低，声波频率下降。这一物理现象与彩超多普勒超声同属一个原理，即为多普勒效应（Doppler effect）。多普勒效应产生的原因是，当波源与观察者有相对运动时，观察者接收到的信号频率会所改变。在单位时间内，观察者接收到的波数增多，即接收到的频率增大，说明观察者逐渐靠近波源；同理，当观察者远离波源，在单位时间内接收到的波数会减少，接收频率下降。

（1）多普勒超声检测血流：当声源与接收体做相对运动时，接收体在单位时间内接收到的频率，除声源发出的频率外，另外附加一个增加或降低的频率，若接收体向着声源方向运动，收到的附加频率增加，背离声源运动则收到的频率降低，这种附加频率的增加或降低，即为多普勒效应。

利用多普勒效应，当超声射入人体心脏或血管内某一血液流动区域，超声波信号被红细胞散射，部分回声被探头接收，根据血流方向，接收到的频率较发射频率可能发生增加或减少。使朝向探头的血流，接收频率增加，背离探头运动的血流，接收频率减低，与发射频率相比，增加或减少的频率是多普勒频移（Doppler frequency shift）。

频移 fd 与发射频率 f_0、入射超声束、血流方向的夹角 θ、超声在血液中的传播速度 V 的关系为

$$fd = \frac{V\cos\theta}{C} \times 2f_0$$

由于，式中的超声波发射频率 f_0、声速 C 为已知量，频移 fd、血流方向角 θ 角能计算得到，因此，可以得到血流速度 V 为

$$V = \frac{C \cdot fd}{2f_0\cos\theta}$$

根据血流速度和相应腔体（心脏、大血管）的解剖结构，可以计算出血流量。

（2）频谱多普勒心动图：频谱多普勒（spectral Doppler）可以实时显示频谱心动图，其中又分为脉冲多普勒（pulsed wave Doppler，PWD）和连续波多普勒（continuous wave Doppler，CWD）。脉冲多普勒（PWD）由单组晶片发射单个脉冲波，在一个脉冲到达所需要的探察深度并返回探头后，再发射第二个脉冲波，可以确定较好的探察深度。因而，脉冲多普勒具有距离选通功能，能确定血流的部位、方向及性质，但脉冲重复频率较低，测定高速血流容易出现混叠现象。连续多普勒（CWD）无距离选通功能，声波的发射和接收分别由两组独立的晶片完成，不能准确判断血流部位，但最大可测血流速度不受限制。因此，脉冲多普勒（PWD）被用于测定某个固定点上的血流速度，而连续多普勒（CWD）主要用来测量某条直线上最快的血流速度。

由于超声探头接收到的多普勒血流信息含有来自采样容积内血细胞运动方向和速度的多普勒频移信号，为了便于超声心动图分析，对多普勒血流频谱的规定为横坐标为血流持续时间；纵坐标为频谱的振幅，代表血流速度，基线上方为正向频谱，代表朝向探头运动的血流，基线下为负向频谱，表示背离探头运动的血流；灰度为血细胞的相对数量。另外，频谱多普勒与心电图同步记录时，可明确血流出现的时相；并能区分血流性质，脉冲波多普勒频谱显示层流的血流速度较一致呈空窗型，湍流的流速分布广时呈充填型。脉冲多普勒成像及频谱显示，如图3-49所示。

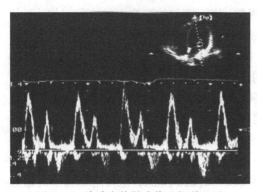

图 3-49　脉冲多普勒成像及频谱显示

图的上方是二维超声心尖四腔切面,下方为二尖瓣口血流频谱,呈正向、双峰、空窗型。

（3）彩色多普勒超声心动图：频谱多普勒又称为一维超声心动图,因而在频谱多普勒血流分析的基础上,运用彩色图像处理技术,将多普勒信息进行彩色编码叠加到二维图像上,即形成彩色多普勒。彩色多普勒（color Doppler）为二维多普勒,可以以伪彩色（彩色为人为定义）的方式显示血流的剖面图。

彩色多普勒成像原理是,利用多道选通技术,在同一时间内获得多个采样容积上的回波信号,结合相控阵扫描对其断层上采样容积的回波信号进行频谱分析或自相关处理,获得速度、方向、方差（方向差异）等有效期信息;同时,滤去迟缓部位的低频信号,再将提取的信号转变为红色、蓝色、绿色的色彩显示。由此,彩色多普勒不仅可以展现解剖图像,还可以显示在心动周期不同时相上的血流状态。

彩色多普勒层流血流图,如图 3-50 所示。

彩色多普勒层流血流图的人为定义如下。

1）血流方向,红色代表朝向探头流动的血流、蓝色代表背离探头的血流。

2）血流速度,在红色、蓝色基础上以亮度反映血流速度,明亮的代表血流速度快,深暗色表示血流速度慢。

3）血流性质,以纯红或纯蓝代表层流,绿色代表湍流,湍流处出现红、绿、黄、蓝、紫等小点说明相互交织镶嵌。

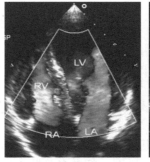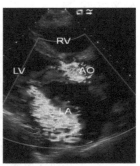

图 3-50　彩色多普勒层流血流图

A. 层流血流图；B. 湍流血流图

心血管彩色多普勒血流图规律是,正常的心脏各瓣膜口及心内血流、正常的血管内血流均为层流,动脉内呈脉动型层流血流图,静脉内呈持续性低速血流图;当发生瓣口狭窄、反流、流出道狭窄、心内分流或血管分流、动脉或静脉明显狭窄、动静脉瘘、假性动脉瘤等病理现象,则均会出现湍流图。通过湍流的形状,可以推测出分流口或畸形（如狭窄）的大小和形态,可以对比和印证二维超声图像,弥补其在二维上显示分流口狭窄口上的不足。通过湍流颜色的明亮程度,可以推测分流口或狭窄口的血流速度,可以指导频谱多普勒采样点和连续多普勒采样线的放置。

二维超声心动图与彩色多普勒套叠显示,可以在直观显示心脏及血管形态结构的同时显示腔内的血流方向、性质、速度的实时动态图像,因而,信息量更大、敏感性更高,临床上也将这一超声心动图称之为无创性心血管造影。

（五）心排血量监测

心排血量（cardiac output, CO）,指单侧心室每分钟射出的总血量,为心率（heart rate, HR）与每搏量（stroke volume, SV）的乘积,又称为每分输出量。心排血量是反映心脏功能的重要指标，可以评价心脏的射血能力和心血管的生理功能。

心排血量的测定是一个生理学难题，其检测方法一直是相关学科的研究重点。现阶段，心输出量的测定方法主要有 Fick 法、指示剂稀释法（染料稀释法、热稀释法等）、阻抗法和成像法（有超声法、磁共振法等）。

近年来，动脉压波轮廓法有成为心排血量主流监测技术的趋势。动脉波轮廓法是一种间接计算心排血量的方法，由于主动脉压波形与左心室的射血量直接相关，且动脉压波形也有多种比较成熟的检测技术（包括微创或无创方法），因此，通过动脉波轮廓法换算心排血量是现阶段心排血量检测的重要方法。其中，具有代表性的有 PiCCO 技术、Vigileo 技术、CNAP 技术等。

1. 热稀释法　热稀释法是心排血量重要的检测技术，被认为是心排血量测量的金标准。热稀释法是用一种已知温度的指示剂（5%葡萄糖溶液或冷生理盐水）定量注入回心静脉系统中，经过足够时间的混合，通过检测温度的变化可换算出心排血量。

（1）飘浮导管：热稀释法使用的导管为气囊飘浮导管（swan-ganz），所谓飘浮导管就是可以在心脏内沿血流漂浮游动的导管，因而飘浮导管插入右心房后能够随血流自动地漂浮至肺动脉。Swan-Ganz 导管，如图 3-51 所示。

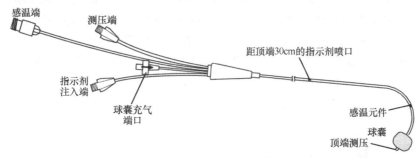

图 3-51　Swan-Ganz 导管

热稀释法通常采用四腔 Swan-Ganz 导管，分别为指示剂腔、感温腔、测压腔和球囊充气腔，可以分别用来喷射指示剂（冷生理盐水）、监测肺动脉血液温度变化、测量压力和对球囊充放气。飘浮导管的指示剂喷口距离导管顶端约为 30cm，使得飘浮导管的顶端位于肺动脉处时指示剂喷口停留在右心房，即可以在右心房喷射冷生理盐水，通过前端的热敏元件感知肺动脉血液温度。飘浮导管前端的充气球囊有两个作用，一是球囊充气后能将导管头包裹，以避免刺伤心脏内壁；二是充气球囊相当于"船帆"，能帮助导管随着血流前行。

（2）插入 Swan-Ganz 导管：热稀释法采用中心静脉导管（central venous catheter，CVC）术，检测时，需要通过锁骨下静脉、颈内静脉或股静脉穿刺置入 Swan-Ganz 导管。插入飘浮导管并准确定位是热稀释法检测的关键技术，其引入 Swan-Ganz 导管的过程，如图 3-52 所示。

通过导入鞘建立中心静脉通路，将 Swan-Ganz 导管沿中心静脉通路进入右心房，当导管通过鞘管达到右心房后即可对球囊充气，并同时监测压力波形（RA）。由于充气后的球囊漂浮力增加，使导管能顺着血流穿过三尖瓣进入右心室，其压力波（RV）的幅度也相继大幅度增大；Swan-Ganz 导管随血流继续前行，通过肺动脉瓣达到肺动脉后，即出现肺动脉压力波形（PA）；若 Swan-Ganz 导管再向前漂浮进入肺动脉分支，球囊会嵌顿在肺动脉的某一个分支，此时压力波幅明显下降，即为肺动脉嵌顿波形（类似于右心房波），在得到嵌顿压后，可以将 Swan-Ganz 导管缓慢回撤，并同时观察压力波形，如果再次出现稳定的肺动脉压力波，即为 Swan-Ganz 导管的正确定位。

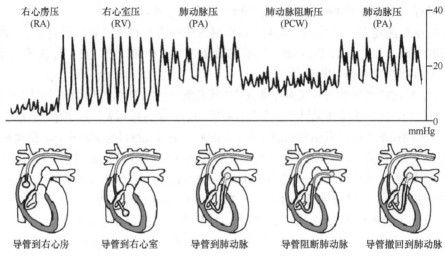

图 3-52　引入飘浮导管的过程

（3）检测心排血量：插入 Swan-Ganz 导管并准确定位后，通过 Swan-Ganz 导管向右心房注入已知温度的冷生理盐水（或葡萄糖溶液），冷溶液与周围血液混合后会发生温度变化，当混合冷生理盐水的血流进入肺动脉时，在导管前端的温度传感器可以感知肺动脉血液的温度变化，并描绘出热稀释曲线。根据冷生理盐水注射后引起血液温度的变化状况，利用心排血量换算方程式可以计算出心排血量。

心排血量检测，如图 3-53 所示。

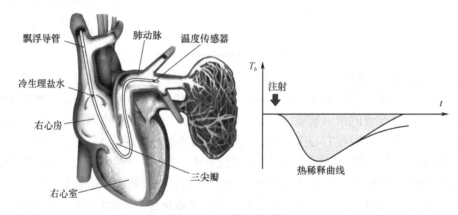

图 3-53　心排血量检测

心排血量 CO 换算方程式（Stewart-Hamilton 公式）为

$$CO = K\frac{(T_b - T_i) \times V_i}{\int_0^\infty \Delta T_b dt}$$

式中，K 为厂家校正系数，T_b 为血液温度，T_i 为注射冷生理盐水的温度，V_i 为注射冷生理盐水的剂量，$\int_0^\infty \Delta T_b dt$ 为热稀释曲线下的面积。

2. 多普勒超声法　多普勒（Doppler）超声法是利用超声和多普勒效应测量心排血量的一种微创技术，是血流动力学参数床边监测的重要手段之一。根据探头位置和操作方法，可分为经食管多普勒法和经气管多普勒法。

测量基本原理是，将一定频率（4MHz 或 5MHz）的超声探头经食管或气管置于胸正中位置，调整探头方向使其正对主动脉，使信号质量达到最好。根据多普勒效应原理，由于血液具有一定流速和方向，经多普勒效应，探头的反射波频率较入射波频率会发生改变。因此，通过检测到的反射波频率可以计算出血流速度，并得到血流速度-时间图像。

经食道多普勒法，如图 3-54 所示。

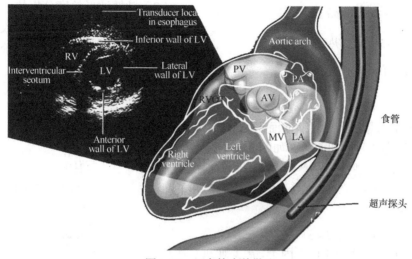

图 3-54 经食管多普勒法

多普勒超声法的特点是，创伤程度低，可重复、连续操作，与热稀释法相关性好，还能获得心排血量以外更全面的心脏功能与状态信息，如心脏前、后负荷、心肌收缩性及心脏轮廓信息等。

3. PiCCO 技术 PiCCO（pulse indicator continuous cardiac output）是联合应用经肺热稀释技术和脉搏波形轮廓分析技术，可以用于血流动力学监测和容量管理。

PiCCO 技术，如图 3-55 所示。

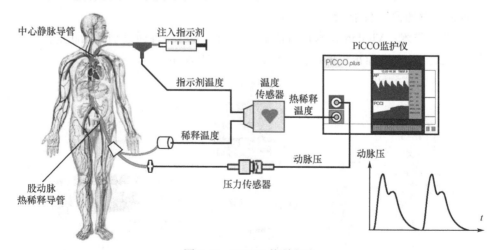

图 3-55 PiCCO 热稀释法

（1）经肺热稀释技术：如图 3-56 所示。

经肺热稀释技术需要两个导管，即中心静脉导管和股动脉导管，分别用于注射冷生理盐水

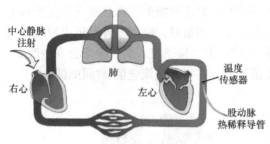

图 3-56 经肺热稀释技术

和检测热稀释温度的变化。经肺热稀释的检测过程是，向中心静脉内注射冷（<8℃）生理盐水作为指示剂，同时由股动脉导管顶端的温度传感器测量热稀释温度，并获得热稀释下降曲线，通过热稀释曲线可以计算出心排血量。

（2）脉搏波形轮廓分析技术：由于每搏量（SV）与主动脉压力曲线的收缩期面积成正比，动脉压又依赖于血管系统的顺应性和阻力，因而有

$$SV = K \frac{AS}{SVR}$$

式中，AS 为主动脉压力波收缩期面积，SVR 为全身血管阻力，K 为校正系数。

主动脉压力波收缩期面积，如图 3-57 所示。

每搏量（SV）是指一次心搏中一侧心室射出的血量，根据每搏量（SV）和心率（HR）可以计算出心排血量

$$CO = cal \times SV \times HR$$

式中，CAL 为 PiCCO 个体校正因子，需要通过三次热稀释法测定 CO 来确定。

与普通热稀释法相比，PiCCO 技术具有明显的应用优势。一是不需要复杂的肺动脉插管术，仅要求置入中心静脉导管和带有温度、压力传感器的股

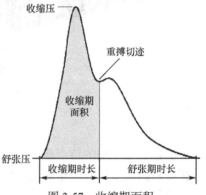

图 3-57 收缩期面积

动脉导管；二是不用反复地灌注冷生理盐水，经肺热稀释法测定的心排血量仅是用于定标；三是利用主动脉压力曲线的收缩期面积可以实时换算心排血量，并能对每一次心脏搏动进行分析和测量。由于 PiCCO 技术不需要反复灌注冷生理盐水，因此，可以较长时间并连续监测心排血量。

4. Vigileo 技术 Vigileo 技术是目前临床应用最多的一种通过动脉波轮廓法换算心排血量检查方法。Vigileo 监护仪的硬件系统，如图 3-58 所示。

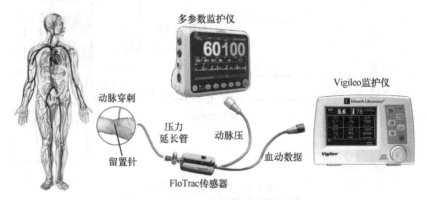

图 3-58 Vigileo 监护仪的硬件系统

Vigileo 监护仪工作时，首先将动脉留置针置入到外周动脉（桡动脉、股动脉或足背动

脉等），通过压力延长管连接至专用耗材 FloTrac 传感器，由 FloTrac 传感器实时监测外周动脉压信号，并通过多参数监护仪和 Vigileo 监护仪分别显示动脉压和心排血量。

（1）动脉置管：采用一次性动脉留置针的动脉置管是 Vigileo 检测动脉压的第一步，由此可以直接测量动脉压。动脉留置针，如图 3-59 所示。

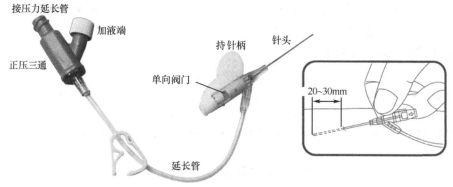

图 3-59　动脉留置针

动脉留置针通常是置入桡动脉，也可根据需要用于足背动脉、肱动脉或股动脉，针头的置入深度为 20～30mm。在置入过程中其单向阀门能阻断管路，以避免留置针刺入动脉的瞬间血液喷出。正压三通能连接压力延长管（长度大于 1m），通过压力延长管内的液体可以向 FloTrac 传感器传送动脉压信号。另外，正压三通上还有一个加液端，通过加液端可以随时对管路添加抗凝剂肝素或其他临时用药。

（2）FloTrac 传感器：是与 Vigileo 监护仪配套使用的灭菌、一次性压力监测组件，当它与动脉留置针或压力监测导管相连时，其内部的压力传感器可以实时监测动脉压。

FloTrac 传感器，如图 3-60 所示。

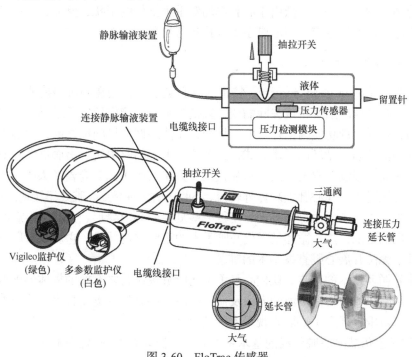

图 3-60　FloTrac 传感器

FloTrac 传感器内的压力传感器可以将血压搏动转换为电信号，再经滤波与放大处理，通过电缆线接口传送动脉血压信息。

（3）换算 *APCO*：根据生理学原理，主动脉脉压与每搏量（*SV*）成正比例，且与主动脉顺应性成反比。Vigileo 监护仪正是基于这个原理，通过动脉压计算出心排血量。由于 Vigileo 监护仪测出的心排血量是通过动脉压得到的，因而，临床上将这一方法检测的心排血量也称为动脉压心排血量（*APCO*）。

根据传统的心输出量计算公式

$$CO = HR \times SV$$

Vigileo 系统计算心输出量的公式为

$$APCO = PR \times sd（AP）\times X$$

式中，*PR* 为脉率，sd（AP）为脉压标准差，X 为血管常数（Khi 系数）。

二、心脏手术治疗技术

心脏手术（heart surgery）是针对各类心脏疾病进行的一系列主动性、有创伤的医疗行为，根据手术干预形式，现代心脏外科分为心脏直视手术、心脏微创（小切口）手术和心脏介入手术等。

心脏是由心肌、瓣膜、冠状动脉等构成的有机整体，任何一个或多个组织发生病变，都会导致心脏疾病，例如，先天性心脏病，包括室间隔缺损、法洛四联症等；后天性心脏病，如风湿性心脏瓣膜病、冠心病等。由于心脏是血液循环的动力源，始终处于搏动状态，因而在麻醉手术中应考虑，一是完全或部分提供循环支持，现代循环支持主要是指体外循环技术，支持设备包括人工心肺机（完全体外循环）、ECMO 及 VAD（心室辅助装置）；二是采用药物和物理方法，降低由于心脏搏动对手术操作的干扰，例如，应用药物或低温处理使心脏停搏，使用稳定器对心脏手术部位进行局部固定等。

（一）心脏直视手术

心脏直视术（open-heart surgery）特指开胸心脏手术，是在心脏停搏或者不停跳的情况下，打开心脏进行缺陷矫正或去除病变、置换瓣膜、血管搭桥等手术操作，以修复心脏的解剖结构、恢复生理功能为治疗目的。早期，在体外循环机问世之前，大多采用浅低温阻断腔静脉和深低温停循环的手术方式，由于这类手术的时限短、出血量大和安全性等没有得到很好解决，限制了它的开展。自从血泵（人工心脏）和氧合器（人工肺）的出现，血液可以暂时性脱离自体心肺实现体外转流，心腔内暂无血流，心脏处于缓搏或停搏状态，为心脏直视手术提供了无血操作界面，使得一些复杂的心内畸形、大动脉疾病纠治等手术成为可能。也就是说，体外循环是现代心脏手术的重要支持技术，它从技术层面上解决了在常规条件下无法开展心脏直视手术的难题。

随着体外循环技术的进步，现代心脏手术还能够提供行之有效的机体温度调控、手术野血液回收、心肌和肺脏保护液的灌注及血液超滤等多方位的支持技术，从而大幅拓展心脏手术的治疗范围，提升了心脏直视手术的安全性。

1. 直视手术仍然是心脏外科的基本手术方式　长久以来，心脏手术就是指开胸后的心脏直视手术。但是，随着介入及微创手术技术的快速发展，使部分原来需要开胸进行的心脏外科手术逐渐被其取代，而且有不断扩大的趋势。然而，这并不意味着心脏直视手术即将"消亡"，相反，在介入与微创技术快速发展的今天，心脏直视手术更加凸显它存在的价值。其主要原因有如下几个原因。

（1）心脏直视手术仍然是心脏病主要的治疗方式，特别是对于复杂重症、先天性心脏病、心脏瓣膜病、冠心病、大血管疾病、心脏和人工心脏移植等，目前仍主要依赖于直视手术。随着体外循环技术、手术器械与支持设备的进步，心脏直视手术的诊疗范围不断扩大，既往许多风险性极高甚至无法开展的手术得以进行，且手术的安全性和治疗效果也得到极大提升。

（2）心脏直视手术是心脏介入与微创手术治疗的补救医疗措施，也可以说是其手术安全性的终极保障。在介入或微创手术过程中，一旦发生严重的并发症，无法通过介入或微创自身技术进行补救时，开胸后的心脏直视手术是当前唯一确保患者安全的应急措施。例如，临床进行介入冠状动脉支架术时发生的出血导致心脏压塞，实施先天性心脏病封堵术时发生的封堵器脱落，以及经导管瓣膜置换术出现支架瓣膜堵塞冠状动脉等紧急情况，必须依靠心脏直视手术来进行紧急处理，否则，将会危及患者生命。因此，国家卫生部门有强制规定，在实施介入或微创手术的医疗单位周边必须有健全的心脏外科。

（3）部分心血管疾病还可以通过多种技术联合的"杂交"方法来完成治疗。例如，冠心病可以联合介入支架与外科开胸搭桥手术，发挥各自的优势，最大程度再血管化，降低了手术风险；再例如，大血管手术可以联合外科的去分支手术和介入的腔内技术，避免体外循环和心脏停搏，大大降低了手术风险，提高了手术成功率。

2. 开胸　开胸是心脏直视手术的第一步，目的是充分暴露心脏的手术部位。开胸的基本过程，如图 3-61 所示。

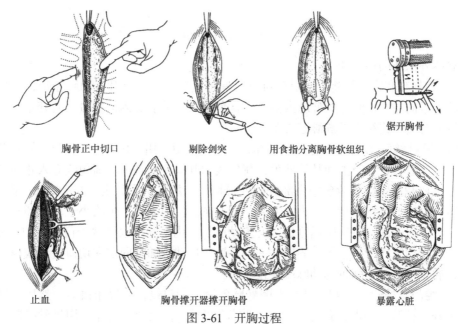

| 胸骨正中切口 | 剔除剑突 | 用食指分离胸骨软组织 | 锯开胸骨 |

止血　　胸骨撑开器撑开胸骨　　暴露心脏

图 3-61　开胸过程

心内直视手术开胸的基本过程如下。

（1）通常采用胸骨正中切口，切口自胸骨切迹上缘 1～2cm 起，止于剑突，逐层切开皮肤和皮下组织。

（2）用电刀分离胸骨上方肌肉及胸骨前骨膜，必要时可以剔除剑突。

（3）胸骨暴露后，可用食指钝性分离胸骨体后面的软组织，再使用胸骨锯自下而上沿胸骨中线位置纵行锯开胸骨。

（4）利用骨蜡填充胸骨进行止血，骨膜则需要用电凝的方式止血。

（5）用胸骨撑开器撑开胸骨，分离胸骨后组织。

（6）纵行正中切开心包，上达升主动脉反折部、下达膈肌，切口下段向两侧各切一侧口以利于显露心脏。

心脏充分暴露后需要进行心外探查，主要是检查主动脉、肺动脉、左右心房、左右心室、上下腔静脉和肺静脉的大小、张力及是否有震颤，还要检查是否存在左上腔静脉及其他心外结构，以发现畸形病变。

3. 建立体外循环　心脏暴露后，可以建立如图 3-62 所示的体外循环。

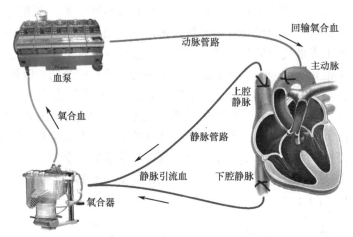

图 3-62　建立体外循环

建立体外循环的过程如下。

（1）腔静脉套带：先将主动脉和肺动脉间的间隙分开，行升主动脉套带，牵拉升主动脉上的套带向左，显露上腔静脉内侧，用直角钳沿上腔静脉内侧绕过其后套带，再用同样方法将下腔套带钳绕下腔静脉套带备用。

（2）动脉插管：在升主动脉的远端靠近心包反折处，用 3-0 涤纶线做两个同心荷包缝合，均不穿透血管，缝于主动脉的外膜，荷包线的开口左右各一。荷包线套入止血器，以备插管时止血和固定，将荷包中央部分的外膜切除。静脉给予肝素（3mg/kg），维持活化凝血时间（ACT）>480s 后，用小圆（尖）刃刀在荷包中央切一个略小于动脉插管口径的切口，退出刃刀的同时将动脉插管送入升主动脉切口内，立即收紧两个荷包线的止血器，并用粗丝线将动脉插管与止血器固定在一起。最后将动脉插管固定在切口边缘或撑开器的叶柄上，插管与人工心肺机的动脉端连接。

（3）腔静脉插管：于右心耳和下腔静脉各缝一荷包线，套以止血器，然后切口，插入上下腔静脉插管（一般先行经右心耳上腔静脉插管），收紧止血器。用粗丝线围绕插管结扎切口以下 2～3mm 的心耳和心房壁，并用此结扎线固定上下腔插管以防滑脱。将上、下腔插管与人工心肺机的静脉管路连接。

（4）冷心停搏液灌注插管：在升主动脉根部前侧外膜做一褥式缝合，将其套入止血器。将冷心停搏液灌注针头排尽气体后刺入褥式缝合线的中央部位进入升主动脉内，抽紧止血器，将插管和止血器用粗线固定在一起。将插管与灌注装置连接。

（5）左心引流：于右上肺静脉根部与左房的连接部做一荷包缝合，套以止血器，在褥式缝线圈内切一小口后，将左心房引流管插入左心房，收紧止血器，并用粗丝线结扎，把引流管与止血器固定在一起，将引流管与人工心肺机连接。

（6）阻断升主动脉：在应用体外循环全身温度降到30℃左右时，提起升主动脉套带，用主动脉阻断钳阻断升主动脉。立即由主动脉根部的灌注管灌入4℃冷心停搏液（10～15ml/kg），同时心脏表面用4℃冰盐水或冰屑降温，以使心脏迅速停搏。此时，可以进行心内手术操作。

体外循环的运转指标：

平均动脉压	5.33～9.33kPa（60～90mmHg）
中心静脉压	0.59～1.18kPa（6～12cmH$_2$O）
体温	一般手术 28℃左右 复杂心脏手术可用深低温 20～25℃
心肌温度	保持在 15～20℃
流量	每分钟 50～60ml（kg·min）为中流量、>80ml（kg·min）为高流量，临床常用高流量，儿童与婴幼儿流量应高于成人
稀释度	血细胞比容一般在 25%～30%
血气分析	PaO$_2$　13.3～26.6kPa（100～200mmHg） PvO$_2$　3.3～5.3kPa（25～40mmHg） pH　7.35～7.45 PaCO$_2$　4.6～6.0kPa（35～45mmHg）
尿量	2～10ml（kg·h）
血钾	在体外循环运转过程中 K$^+$保持在 4～6mmol/L，每小时应给予氯化钾 1～2mmol/kg
肝素化	人体按 3mg/kg，预充液 1mg/100ml；运转 1h 后，经人工心肺机补充肝素半量。运转过程中 ACT 应保持在 480s 左右

4. 人工瓣膜置换术　以风湿性心脏病、二尖瓣狭窄合并主动脉瓣关闭不全的患者为例，介绍人工瓣膜置换术。人工瓣膜置换术，如图 3-63 所示。

图 3-63　人工瓣膜置换术现场

由于患有二尖瓣和主动脉瓣联合的疾病，无法通过介入的方法治疗，最直接有效的方法是在开胸体外循环的支持下进行二尖瓣及主动脉瓣膜的人工瓣膜置换术。

心脏直视术通常采用浅低温或中度低温的体外循环方法，动脉供血应用升主动脉插管，静脉引流采用上下腔静脉或双级管行右心房插管，并需要进行左心房、肺静脉或左心心尖引流。心肌保护采用含血心肌保护液持续或间断顺行或逆行灌注，也可以使用 HTK 液单次灌注。心脏充分停跳后，依靠左心引流及心内吸引，创造无血的手术术野。此时，打开右心房、房间隔，做主动脉斜行切口，充分显露病变的二尖瓣及主动脉瓣膜，剪除病变的瓣膜组织，选用人工心脏瓣膜（生物或机械瓣），通过间断/连续缝合的方法，将人工心脏瓣膜缝合于自体瓣环的位置，关闭心房及主动脉切口，排气后开放循环，心脏复跳，辅助循环一定时间后终止体外循环，完成全部心脏直视手术操作。

随着介入及微创手术技术的完善及新型人工心脏瓣膜的研发，目前心血管外科常见的先天性心脏病、瓣膜病、冠心病及大血管的疾病，已有部分的疾病种类可以通过胸腔镜或介入技术来完成，无须行心脏直视手术。例如，全胸腔镜行单纯二尖瓣的修复或置换手术，介入下经导管主动脉瓣置换术（TAVR）治疗老龄、高危、主动脉瓣狭窄患者，介入下应用封堵器的方法进行简单先天性心脏病及瓣周漏等的治疗。

（二）心脏介入手术

心脏介入手术（heart intervention operation）是指采用心血管导管术，将各种专用器械导入至心脏或大血管等病变部位，用以施行手术治疗的方式。心脏介入手术是一种现代诊断与治疗兼行的心血管专项技术，它经过穿刺皮表血管，在数字减影图像的支持下，送入心血管导管，通过特有的心导管器械和操作技术对心脏及大血管疾病进行诊治。心脏介入手术介于内科治疗与外科手术之间，是当今较为先进的心脏病诊疗方法与技术手段。

现阶段，临床上已经普遍开展的心脏介入手术，主要包括经静脉心内膜人工心脏起搏器植入术、经皮冠脉腔内血管成形术和支架术、心律失常的射频消融治疗、部分先天性心血管病的介入治疗、经皮心脏瓣膜成形术等。

1. 导管手术室 导管手术室简称导管室（international room），是实施介入性诊疗的专用手术室，它兼有常规手术室及放射科的双重特点。导管室，如图 3-64 所示。

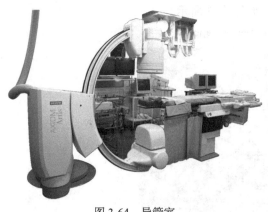

导管室是实施心导管术的医疗场所，它通过外周血管（静脉或动脉）插管进入心腔及血管系，由相关设备进行生理监测或选择性血管造影，从而获得精确解剖及生理功能的图像资料，为介入手术提供依据。心导管按其应用的目的分为诊断性心导管术和治疗性心导管术两大类，诊断性心导管术可以对心脏疾病做出全面的解剖和生理检查，并对主动脉及周围血管病变做出评价；治疗性心导管术又称为介入性治疗，是目前治疗心血管疾病的一种重要手段，它通过特殊的导管

图 3-64 导管室

和递送装置进入所需治疗的心腔，以替代传统直视外科心脏手术治疗，例如，现在心脏内

科常采用的房间隔缺损、室间隔缺损和动脉导管未闭等封堵术，以及肺动脉狭窄、主动脉瓣狭窄和周围动静脉狭窄的球囊扩张术。

现代导管室的主要设备及器材包括影像设备、心电和压力监测系统、手术器材和抢救及防护设备等。

（1）影像设备：导管术专用的数字减影血管造影机（digital subtraction angiography，DSA）主要由影像增强器、X线球管、C形臂及导管检查床构成，可以选择性和非选择性进行血管造影，具有瞬间减影、实时显影、图像存取和后处理等功能。应用导管术时，高压注射器可产生 $5\sim20kg/cm^2$ 压强、$15\sim25ml/s$ 速度将造影剂注入心脏或大血管内，在短时间内使心血管在放射线下显影。

导管术专用影像设备，如图 3-65 所示。

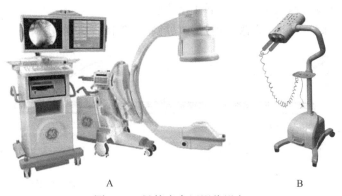

A   B

图 3-65 导管术专用影像设备

A. 数字减影血管造影机；B. 高压注射器

DSA 不但能够清楚显示颈内动脉、椎基底动脉等的血管图像，还可以测定动脉的血流量，所以，被广泛应用于心血管的病理检查，特别是对于动脉瘤、动静脉畸形等定性定位诊断更具有临床价值，它不仅可以对病变定位，而且能表达病变的范围及严重程度，为手术提供较可靠的图像数据。尽管 DSA 是一种有效的诊断方法，由于它是一种创伤性检查，所以不应作为首选或常规检查项目。

（2）血流动力学监测系统：心导管检查和介入治疗时，需要借助心电、血压监测设备以获得能够反映患者生命体征的相关数据。多导生理记录仪能够记录体表 12 导联心电信号，并同步获取心腔内多导联心电图。多导生理记录仪与压力传感器、三联三通、冲洗装置等连接组成压力监测系统，可连续测量患者有创血压。导管室还应配备自动监测患者无创血压及血氧饱和度功能的多参数监护仪。

（3）器材：器材主要包括用于介入手术的器械与材料，如器械台、方盘、刀片、药碗、止血钳、卵圆钳、麻药杯、弯盘、穿刺针、各种导管，引导钢丝、球囊和支架等。所有手术器械使用前应保证无菌，一次性材料不可重复使用。

（4）抢救设备：常用抢救设备有电复律除颤器、人工心脏起搏装置、主动脉内球囊反搏仪、供氧设备、吸引器、简易人工呼吸器、心包穿刺包、气管插管器械等。

2. 经皮冠状动脉成型术 经皮冠状动脉成型术（percutaneous transluminal coronary angioplasty，PTCA）也称为球囊（气囊）扩张术，是应用经皮穿刺的方法送入球囊导管以扩张狭窄和梗阻冠状动脉的一种治疗手段，是不用外科手术开通冠状动脉的方法，也是目前最为基础性的冠心病介入性治疗技术。经皮冠状动脉成型术，如图 3-66 所示。

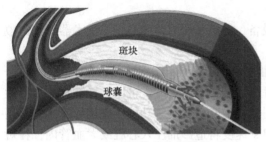

图 3-66 经皮冠状动脉成型术

PTCA 的操作类似于冠状动脉造影，也是采用经皮穿刺的方法（穿刺腹股沟部位的股动脉或手腕部的桡动脉部位），将带有球囊的扩张导管沿引导钢丝传送至冠状动脉的狭窄部位，然后充气加压扩张。通过对冠状动脉壁上粥样斑块的机械挤压及牵张作用，使狭窄血管腔扩张，以降低血管的狭窄程度，增加冠脉的血流量，改善局部心肌血液供应，从而使心肌缺血引起的各种症状[如胸痛和（或）胸闷]减轻或消失。

经皮冠状动脉成型术大致分为以下 4 个步骤。

（1）植入动脉鞘：对股动脉穿刺植入动脉鞘，如图 3-67 所示。

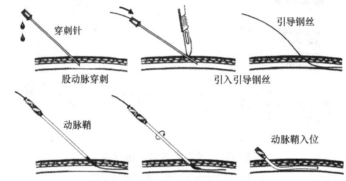

图 3-67 植入动脉鞘过程

（2）建立输送通路：首先送入引导钢丝至主动脉根部，再沿引导钢丝送入指引导管（guiding）到达冠状动脉开口，撤出引导钢丝，然后沿指引导管送入工作导丝至病变冠状动脉远端。放置指引导管的目的是使发生病变的冠状动脉部位与体外建立连接，如图 3-68 所示。

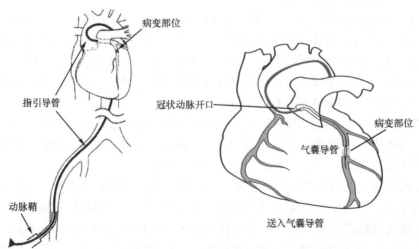

图 3-68 建立输送通路并送入气囊导管

（3）送入气囊导管：沿工作导丝将气囊导管送到病变部位，并通过造影成像确认。

（4）气囊充气扩张：PTCA 的气囊扩张过程，如图 3-69 所示。

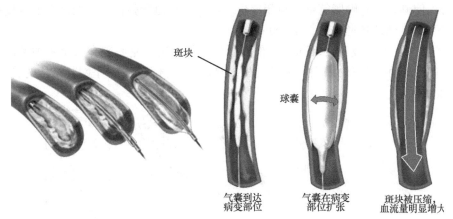

图 3-69　PTCA 气囊扩张过程

气囊充气的压力一般为 6～10 大气压，加压扩张需要重复 2～4 次，直至由造影图像所见其狭窄部位已经获得满意的扩张效果为止。

为便于行 PTCA 成形术，现在临床上普遍应用如图 3-70 所示的标准 PTCA 成形术装置。

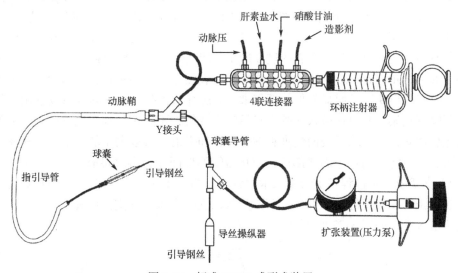

图 3-70　标准 PTCA 成形术装置

标准 PTCA 成形术装置由扩张装置（手动压力泵）、环柄注射器、连接器、动脉鞘、球囊导管和导丝操纵器等组成，其中，环柄注射器的作用是手动推射连接器选择的造影剂、肝素盐水、硝酸甘油或连接动脉压传感器，扩张装置可以为球囊充气提供压力，以实施成形术。

3. 冠状动脉支架植入术　对于冠状动脉的介入治疗，现阶段临床采用的基本治疗机制是管腔重塑，即通过球囊扩张和植入支架重塑血管腔，进而疏通病变的血管。管腔重塑的基本方法主要包括 PTCA 球囊扩张术和支架植入术，PTCA 球囊扩张术可将病变斑块撕裂和挤压以实现扩张血管，但 PTCA 球囊扩张术存在着先天的技术缺欠，就是扩张术完成后由于血管的弹性回缩，使得被扩张的冠脉血管会重新发生狭窄，或者由于挤压的血管发生内膜撕裂而导致形成血栓。为减少 PTCA 术后的再狭窄及其他并发症，临床上常会在被扩张的血管部位放置一个永久性支撑架，这一方法称为冠脉支架植入术。

支架植入术（stent implantation）除了上述球囊扩张机制外，更重要的是通过支撑被扩张的血管，使撕裂碎片贴紧管壁、封闭夹层，这种防止血管弹性回缩及修复血管壁损伤的重塑机制会更有效地疏通血管，减少并发症。

（1）支架：心脏支架（stent）又称为冠状动脉支架，是心脏介入手术中常用的医疗器械，具有疏通动脉血管的作用。冠脉支架多是由合金材料制成，呈网状结构的管柱样体，如图3-71所示。

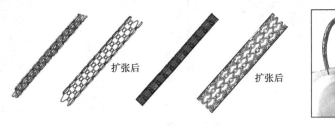

扩张后　　扩张后

图 3-71　支架

通过球囊导管植入血管内，充盈球囊使支架扩张，直至其撑开血管壁，一旦球囊减压并撤出导管，支架将永远留在病变血管处，以保证血管通畅，增加心肌的血供。临床对冠脉支架的基本要求除了支架材料具有良好生物相容性，还对其机械性能的收缩比、弯曲性、径向支撑强度，以及X线下的可视性、适中的空间占有面积比等有明确的质量要求。

早期使用的支架只是具备支撑作用，没有药物参与，称为裸支架。部分患者植入裸支架后，在晚期会由于内膜和平滑肌的过度增生，使支架内再次形成狭窄。2003年，药物洗脱支架（drug-eluting stent，DES）投入临床，其表面涂有某些药物，可抑制内膜和平滑肌的增生，支架的再狭窄率明显降低。近年来，冠脉介入治疗方面又陆续研发了用生物材料制成的可降解支架，其可在植入血管2年后完全降解，不残留异物于血管壁内。另外，还有药物包裹球囊，即在球囊表面包裹有抑制内膜和平滑肌过度增生的药物，在球囊于狭窄部位扩张后，可将药物贴于病变部位，防止血管弹性回缩和再次狭窄。

（2）支架植入术过程：支架植入术大致分为两个步骤，第一步应用PTCA成形术，通过球囊扩张管腔病变的狭窄部位；第二步放入支架来永久性支撑血管。

支架植入术，如图3-72所示。

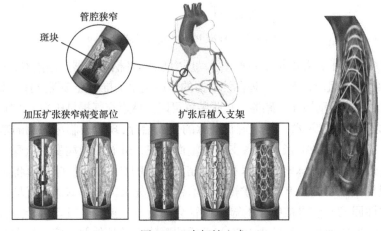

斑块　　管腔狭窄

加压扩张狭窄病变部位　　扩张后植入支架

图 3-72　支架植入术

4. 冠脉腔内斑块消蚀术　支架植入可以防止血管和斑块的弹性回缩，通畅血管腔。然而，如果冠脉粥样硬化斑块有质地坚硬的环状纤维帽，或者钙化严重，单纯应用 PTCA 球囊扩张术在挤压血管腔内斑块时，常使局部发生无规则的撕裂，有可能导致内膜和中层损伤，内膜与肌层过度增生而产生再狭窄，这些现象限制了 PTCA 的临床应用。例如，血管病变过长、血管扭曲、病变有钙化、纤维化，以及血管闭塞性病变等，使得 PTCA 并发症的发生率较高。因此，近年来又发展了多种非外科的血管成形术，其中，定向冠脉内斑块旋切术和斑块旋磨术就是临床最为常用的斑块消蚀术。

定向冠脉内斑块旋切术、斑块旋磨术、冠脉内切吸术及冠脉内激光血管成形术等，都是通过切除、磨碎、吸除及气化等机制来去除斑块及（或）血栓性病变，从而达到减轻血管阻塞程度的目的。这些方法常需要辅以球囊扩张术或支架植入术，能够获得更加满意的血管开通状态。冠脉内斑块旋切术、斑块旋磨术，如图 3-73 所示。

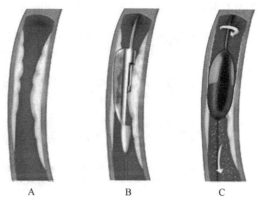

图 3-73　冠脉内斑块旋切术、斑块旋磨术

A. 管腔狭窄；B. 斑块旋切；C. 斑块旋磨

（1）冠脉内斑块旋切术：有些斑块富含胶原纤维和钙离子，难以消除，这时可以将特制的导管和旋切装置引入病变血管内，通过在斑块上形成切口，使球囊易于挤压斑块，扩大动脉管腔，这一术式称为粥样斑块旋切术（atherectomy，ATH）。斑块旋切，如图 3-74 所示。

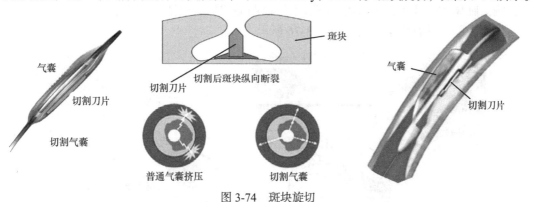

图 3-74　斑块旋切

旋切装置的核心是切割气囊，切割气囊实际上是一种特殊气囊，它将微切割术与气囊扩张机制完美结合，通常在气囊表面装有 3～4 枚、高度 0.20～0.33mm 的刀片，刀片纵行镶嵌在非顺应性气囊壁上。开始扩张时，气囊未完全打开，这时嵌入刀片逐渐露出于气囊表面，切割气囊上的刀片沿血管纵轴方向辐射状切开纤维帽、弹力纤维和平滑肌，形成一个扩开的几何型。由于切割气囊采用低气压扩张方式，具有减轻血管弹性回缩及血管内膜损伤的特点，使其在处理冠状动脉开口病变时较普通 PTCA 气囊有较高的成功率，且大幅降低了急性心血管事件及血管再度狭窄的发生率。

（2）冠脉内斑块旋磨术：冠状动脉内斑块旋磨术（coronary rotational atherectomy，CRA）又称为冠脉旋磨成形术（简称旋磨术），是另一种斑块消蚀术。它利用超高速旋转带有钻石颗粒的旋磨头，将冠脉内粥样硬化内膜斑块、钙化组织碾磨成极为细小的微粒（其颗粒直径甚至比红细胞还小），微粒随血流冲击流向冠状动脉远端，从严重的钙化病变中旋磨出一条通道，将阻塞血管腔的斑块消除。同样，旋磨术也需要配合支架植入术使冠脉血管得到重建。

对于一些特殊病变，如严重钙化的病变，旋磨术几乎是冠脉成型及支架植入术顺利完成的不可缺少技术。支架扩张术与旋磨支架术比对，如图3-75所示。

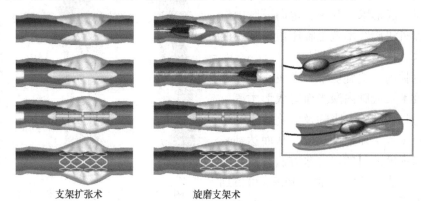

支架扩张术　　　　　旋磨支架术

图3-75　支架扩张术与旋磨支架术比对

冠脉内斑块旋磨术的基本原理是，采用高速转动（15万～18万 r/min）的磨头，将钙化和纤维化的病变斑块组织研磨及消融为直径<10μm的微粒，这种微粒进入外周血管系统，通过单核-吞噬细胞系统的巨噬细胞所吞噬。斑块旋磨术对正常、有弹性的组织没有明显影响。临床实践证明，应用斑块旋磨术可以明显增加支架植入成功率。

斑块旋磨及钻石涂层磨头，如图3-76所示。

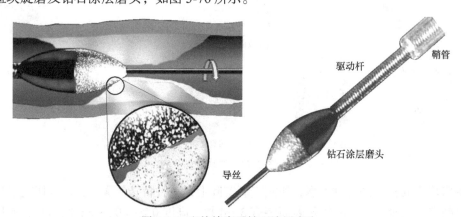

图3-76　斑块旋磨及钻石涂层磨头

冠脉内斑块旋磨术采用呈橄榄形、带有钻石颗粒（涂层）的旋磨头，根据"差异切割"的原理，可以消除纤维化及钙化的所有形态学斑块，主要用于严重狭窄、内膜钙化、慢性阻塞等高危冠心病患者的介入治疗。

（3）差异切割与垂直移动摩擦：斑块旋磨术基于两个物理学原理，差异切割和垂直移动摩擦。差异切割即选择性地对较为坚硬的、弹性较差的病变组织（如钙化病变组织）进行有效切割，对于那些正常富有弹性的管壁、较软的病变组织则无切割作用。差异切割原理示意图，如图 3-77 所示。

　　差异切割原理是指在有选择性切割一种物质的同时，可以保持邻近组织的完整性，也就是说，椭圆形磨头可以区分斑块和健康有弹性的血管壁，即缺乏弹性的斑块会被优先切割，质地较为柔软、有弹性的组织

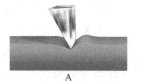

图 3-77　差异切割原理示意图

A. 弹性组织；B. 非弹性组织

（健康血管）在旋转磨头的作用下能够发生偏移，从而不易受损。人们日常生活中常应用差异切割原理，例如，刮胡子时，剃须刀可以切断无弹性的胡须，但是不会切伤其下健康的皮肤；又如，挫手指甲时，指甲挫不会挫割伤皮肤，但可以挫磨指甲。

　　垂直移动摩擦即磨头在高速旋转期间始终保持纵向移位，从而能够在迂曲和严重钙化病变中安全有效地运作。磨头垂直移动摩擦，如图 3-78 所示。

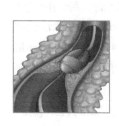

旋磨前　　　旋磨后

图 3-78　磨头垂直移动摩擦

　　斑块旋磨术的优点是，减少血管壁弹性回缩，可以获得更大的内腔通道；减轻对内膜的撕裂，消除或减少血管壁的气压性创伤；消融斑块，可以消除硬性、纤维化及钙化的所有形态学斑块；管壁抛光，形成一个光滑的管腔通道，以便于气囊导管和支架通过。

　　（4）旋磨系统：为保证冠脉内斑块旋磨术的治疗效果，临床上对旋磨术的基本操作要求是，磨头与血管直径比为 0.5～0.6；旋磨转速 14 万～18 万 r/min；缓慢推进磨头；单次旋磨时间不超过 30s。

　　旋磨系统，如图 3-79 所示。

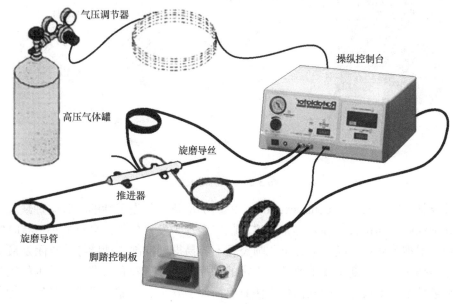

气压调节器

操纵控制台

高压气体罐

旋磨导丝

推进器

旋磨导管

脚踏控制板

图 3-79　旋磨系统

　　旋磨系统是实施斑块旋磨术的专用设备，系统主要包括操纵控制台（主机）、推进器、

脚踏控制板、高压气体罐、旋磨导管、旋磨导丝等。其中，操纵控制台用于驱动旋磨导管，监测并控制旋磨头的转速，为术者提供旋磨导管的工作状态信息；脚踏控制板可以通过控制操纵器气压涡轮的启动与关闭，实现对旋磨头的旋转与停止操作；推进器连接主机与旋磨导管，用来驱动和控制旋磨导管及旋磨头的移动；高压气体罐承载着压缩氮气或压缩空气（不能使用氧气），是气压涡轮的气源；旋磨导管包括旋磨头、导管及鞘管，是旋磨术的执行装置；旋磨导丝的主干直径为 0.009 英寸，呈螺旋形。

5. 先天性心脏病介入术　先天性心脏病是发病率最高的出生缺陷，严重危害人体健康。近年来，经导管介入治疗技术因其创伤小、恢复快等技术优势，越来越多地应用于临床，如动脉导管未闭、房间隔缺损、室间隔缺损等先天性心脏病均可采用经导管介入方式，应用封堵器可以进行介入式封堵矫治。

（1）动脉导管未闭介入治疗：在胎儿期，由于没有自体呼吸活动，肺泡全部萎陷（不含空气），肺血管的阻力很大，右心室排出的血液大多不进入肺循环，因而，肺动脉的大部分血液将经由动脉导管直接流入主动脉，再经脐动脉到达胎盘，在胎盘内与母体血液系统进行代谢交换，然后纳入脐静脉回流入胎儿的血循环。婴儿出生后的第一口吸气，使肺泡膨胀，肺血管阻力随之下降，肺动脉的血流开始直接进入自体肺脏，建立起正常的肺循环，这时，肺动脉血液不再需要经流动脉导管，促进其闭合。

由此可见，动脉导管（ductus arteriosus）是主动脉与肺动脉间的一根"临时性"管道，仅为胎儿期的循环通路。正常情况下，小儿出生后动脉导管功能关闭，绝大多数婴儿生后3 个月左右在解剖上逐渐闭合形成动脉韧带，若不闭合即为动脉导管未闭。

动脉导管，如图 3-80 所示。

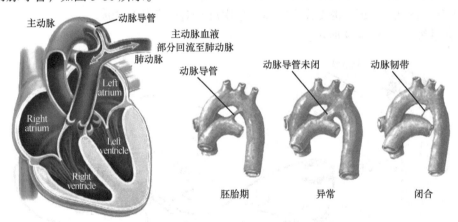

图 3-80　动脉导管

动脉导管未闭（patent ductus arterious，PDA）是新生儿先天性的心脏生理缺欠，在降主动脉和肺动脉之间持久存在着异常通道，临床表现为发育欠佳，身材瘦小，有时候出现疲惫、呼吸困难等症状，经常会患小儿肺炎且不容易得到控制。动脉导管未闭是最常见的先天性心脏病之一，早期主要采取开胸手术的治疗方法。随着介入器材和技术的完善，血管介入封堵技术逐渐成熟，因其治疗方法具有简便、安全、可靠、可重复操作等优点，已成为现代动脉导管未闭的主流治疗方式。目前，有多种封堵器在临床应用，如蘑菇伞形封堵器、成角型封堵器等。

动脉导管未闭介入治疗的主要器材包括封堵器及其输送系统，如图 3-81 所示。

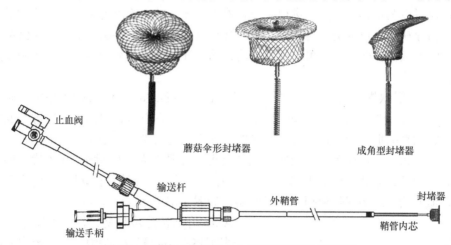

图 3-81　动脉导管未闭介入封堵器及其输送系统

PDA 介入治疗的主要步骤分为穿刺股动、静脉，送入动、静脉鞘管行心导管检查，实施封堵等。首先由动脉鞘插入导管，观察未闭动脉导管形态及粗细，再由静脉鞘将端孔导管尖端自主肺动脉经未闭导管送入降主动脉，经该导管送入加硬交换导丝，撤除端孔导管。沿导丝送入长鞘管至降主动脉，撤除导丝和内芯。若 PDA 较细或异常而不能通过导管时，可从主动脉侧直接将端孔导管或用导丝通过 PDA 送至肺动脉，采用动脉侧封堵法封堵；或者用网套导管从肺动脉内套住交换导丝，拉出股静脉外建立输送轨道。选择封堵器，安装于输送器内芯钢丝前端，回拉输送杆，使封堵器进入装载鞘内。在 X 线透视下沿鞘管内将封堵器送至降主动脉。后撤长鞘，见蘑菇伞左侧盘完全张开后，将鞘管及内芯（输送钢丝）一同回撤，使伞盘嵌于动脉导管主动脉侧，继续回撤鞘管至动脉导管肺动脉侧，使封堵器腰部镶嵌在动脉导管内并出现明显要证，重复主动脉弓降部造影，证实封堵器位置合适、无明显造影剂分流时，释放封堵器。

PDA 介入治疗，如图 3-82 所示。

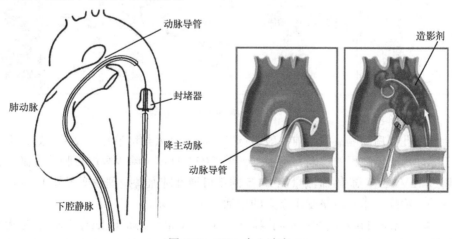

图 3-82　PDA 介入治疗

介入封堵治疗动脉导管未闭的成功率可达 98.9%，不成功病例主要为动脉导管过细或特别粗大，总死亡率<0.1%，介入封堵技术不成功病例可转为外科手术治疗。

介入性治疗不仅避免了外科手术的高风险，在处理结扎术后再通病例更具优势，同时，介入治疗还可以测量肺动脉压，进行心导管检查，评估肺血管阻力情况，为评估手术指证及进一步治疗抉择提供数据。对于合并重度肺动脉高压患者，特别是肺动脉压已接近到主动脉压的临界病例，介入治疗可以试行封堵，同时计算血流动力学参数，为下一步选择治疗方案提供参考。

（2）房间隔缺损介入治疗：房间隔缺损（atrial septal defect，ASD）是指原始心房间隔在发生、吸收和融合过程中出现的异常，出生后左、右心房之间仍存在异常交通的一种先天性心脏发育畸形。继发孔型房间隔缺损是临床常见的先天性心血管畸形，占先天性心脏病的10%～20%，在成年人先天性心血管疾病中占据首位。20世纪70年代中期，临床逐步开始采用各种伞状封堵器来闭合房间隔缺损，目前这一封堵技术已广泛应用于继发孔房间隔缺损的治疗。房间隔缺损介入封堵器，如图3-83所示。

图3-83　房间隔缺损介入封堵器

ASD介入治疗步骤是，行股静脉穿刺，在X线透视下将右心导管及鞘管送入，并经房间隔缺损至左心房，保留引导钢丝头端于左肺静脉。退出导管和股静脉鞘管，沿导丝送入球囊导管至房间隔缺损处，测量房间隔缺损大小。选择封堵器型号，利用输送长鞘，沿导引钢丝送入长鞘至左心房并保留于左心房中部，注意避免将气体带入心脏内而出现气栓。将负载封堵器导管插入长鞘管内，向前推送输送杆使封堵器至左心房。释放封堵器左侧伞，回拉鞘管和输送杆使左侧封堵伞紧贴房间隔缺损缘的左心房壁。再用经胸/经食管超声心动图确认房间隔缺损完全严密封闭，释放右侧伞，在超声影像引导测试无分流，封堵器位置、形态良好后，释放封堵器，完成封堵手术全过程。

房间隔缺损介入封堵示意图，如图3-84所示。

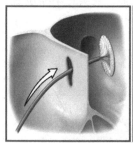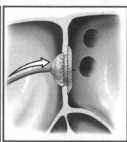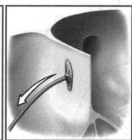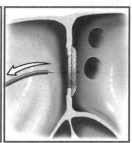

图3-84　房间隔缺损介入封堵示意图

单纯继发孔型房间隔缺损目前一般多行经皮导管介入封堵治疗，效果良好，手术死亡率接近于零。房间隔缺损的诊断并不困难，手术安全性高（除少数严重肺动脉高压，肺血管阻力超过$12V \cdot m^2$，肺/体血流量比<1.5的不可逆性肺血管病理改变者外），宜在学龄前行介入或手术治疗，术后可享受正常人的生活、工作与寿命。

（3）室间隔缺损介入治疗：室间隔缺损（ventricular septal defect，VSD）是指两个心室的间隔组织完整性遭受破坏，致左、右心室之间存在异常交通。类似于上述两种先天性心脏病，室间隔缺损也可以采用封堵器行介入治疗，且介入封堵治疗的主要器材分类一致。室间隔缺损介入封堵器，如图3-85所示。

VSD 介入治疗步骤是，行股动、静脉穿刺，置入动、静脉鞘管，行右心导管检查。将导管逆行送入左心室造影，以确定室间隔缺损的形态，测量缺损口的大小和缺损口距主动脉瓣的距离。选择右冠状动脉造影导管或自行切割猪尾巴导管，从股动脉导入左心室。旋转导管，将导管头部指向缺损口，然后在导管里置入超滑泥鳅导丝，并将其导入肺动脉或上腔静脉、下腔静脉。再用多功能导管自股静脉插管，引导网篮将超滑泥鳅导丝在肺动脉或腔静脉内抓住，经股静脉拉出后建立动静脉轨道。

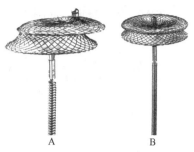

图 3-85　室间隔缺损介入封堵器

A. 偏心型；B. 对称型

选择合适的封堵器及配套的输送长鞘。将输送长鞘顺着股静脉侧的导丝，经动静脉轨道到达主动脉及左心室，抽出导丝与输送长鞘鞘芯。将封堵器通过钢缆装载于短鞘内，连接到长鞘，向前推送封堵器，将封堵器送到左心室，先释放出左心室面伞，回撤使左心室伞面紧贴室间隔，在透视下释放右心室伞面。重复造影，确定无残余分流后，释放封堵器，拔除输送长鞘，局部压迫止血，手术完毕。

经导管介入封堵治疗室间隔缺损的技术成功率很高，一般报道在 95%以上，且封堵术后明显减轻左室前负荷，术前代偿加强的左室收缩功能得以恢复至正常，左室几何构型也因此得到明显改善。空军军医大学西京医院于 2014 年在美国心脏病学会（Journal of the American College of Cardiology，JACC）杂志报道，介入封堵与外科手术在术后心功能变化和治愈率方面无区别，但介入治疗的次要心血管并发症少于外科手术，同时具有不需要入 ICU 停留、手术时间短、术中出血少、医疗费用低，以及术后恢复时间快、患者容易接受等技术优势。

6. 瓣膜病介入治疗　随着经济社会发展和人口的老龄化，退行性主动脉瓣狭窄、二尖瓣关闭不全等心脏瓣膜病的发病率有明显增加趋势。实施外科手术是治疗瓣膜病的重要方法，主要包括瓣膜成形术和瓣膜置换术。瓣膜成形术是对病变的瓣膜进行修复；瓣膜置换术则是利用人工机械瓣或生物瓣进行瓣膜替换。瓣膜成形术通常用于病变轻微的二尖瓣或三尖瓣，而对于严重的心脏瓣膜病变，特别是风湿性心脏瓣膜病，多选择瓣膜置换术。

早期，外科直视人工瓣膜置换术曾经是重症瓣膜病患者的"唯一"选择，这种方法需要开胸、心脏停搏，存在创伤大、出血多、术后并发症多、早期死亡率高等技术缺陷。近年来，经导管瓣膜置入/修复术逐渐成熟并广泛应用，尤其是经导管主动脉瓣置入术（TAVR）和经导管二尖瓣夹合术（Mitra Clip）的循证学依据较为充分，得到了欧美心脏瓣膜疾病治疗指南的推荐，是心脏瓣膜疾病介入治疗技术的"划时代"进步。

（1）经导管主动脉瓣置换术：经导管主动脉瓣置换术（transcatheter aortic valve replacement，TAVR）是治疗主动脉瓣膜疾病的一种新型方法。自 2002 年，法国艾伦（Alan Cribier）医生成功开展了全球第一例经皮瓣膜置入手术后，TAVR 技术得到快速发展。TAVR 通过股动脉送入介入导管，将人工心脏瓣膜输送至主动脉瓣区并打开，从而完成人工瓣膜置入，恢复瓣膜功能。TAVR 技术的出现为高龄、合并症多、心功能差不能耐受开胸手术和体外循环创伤的患者带来了"福音"。

TAVR 手术相关器械主要包括介入瓣膜和其输送系统，以及穿刺针、各种导丝、导管等一般的介入器材。目前，临床应用广泛的包括 Edwards SAPIEN 经导管主动脉瓣系统（球扩式瓣膜）及 Medtronic CoreValve 经导管主动脉瓣系统（自膨式瓣膜）。

TAVR 介入瓣膜，如图 3-86 所示。

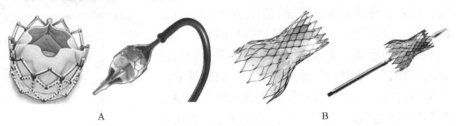

图 3-86　TAVR 介入瓣膜

A. Edwards SAPIEN XT 球扩式瓣膜；B. CoreValve 自膨式瓣膜

Edwards（爱德华）公司还开发出 NovaFlex 经股动脉输送系统，如图 3-87 所示。

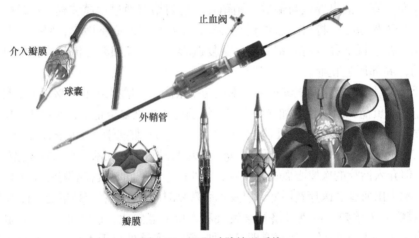

图 3-87　经股动脉输送系统

　　经导管主动脉瓣置换术采用球囊可扩张的技术设计，适用于经股动脉或经心尖入路治疗患有严重主动脉瓣狭窄而又不能进行外科手术的患者。Edwards NovaFlex 经股动脉输送系统，可以简便、精确地输送可膨胀球囊导管至主动脉区，同时调整与主动脉的角度，具有良好的同轴性。

　　经股动脉导管主动脉瓣置换术的基本操作过程，如图 3-88 所示。

　　经股动脉导管主动脉瓣置换术的基本操作过程是，股动脉穿刺后，导丝和导管经股动脉逆行通过主动脉瓣，应用球囊进行狭窄瓣膜的预扩张；送入压缩后的介入瓣膜导管，将人工心脏瓣膜输送至主动脉瓣区并精确定位；通过球囊扩张打开瓣膜，从而完成人工瓣膜的置入，恢复瓣膜功能。

　　根据入路方式的不同，经导管主动脉瓣置换术还有如图 3-89 所示的经股静脉顺行途径和经皮心尖途径。

　　临床实践证实，对于高危主动脉瓣狭窄患者，球扩式瓣膜置换术与传统主动脉瓣置换术的 1 年生存率相似，在改善症状、瓣膜血流动力学及降低死亡率方面无明显差异；对于那些不适合外科手术的重度主动脉瓣狭窄患者，TAVR 与标准药物保守治疗相比可以降低病死率，同时，在减轻症状、改善瓣膜血流动力学等方面优势明显。因此，TAVR 可以作为传统外科手术的替代治疗。TAVR 在临床的应用，从技术层面上改进了重度主动脉瓣狭窄的治疗手段，使高危手术患者或无法耐受传统手术的患者能够得以有效且安全医治。

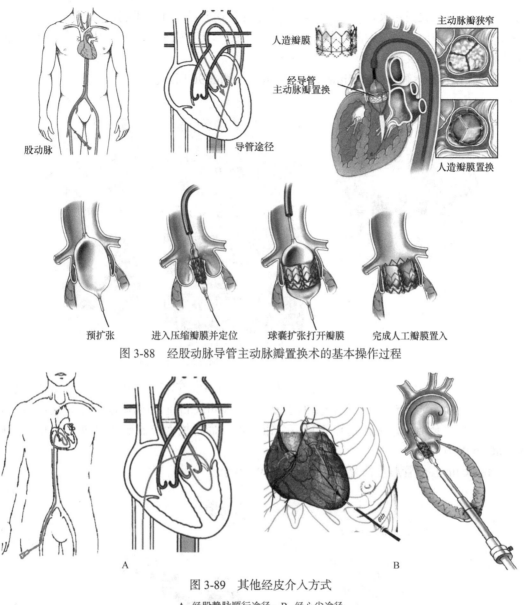

人造瓣膜

经导管
主动脉瓣置换

股动脉

导管途径

主动脉瓣狭窄

人造瓣膜置换

预扩张　　　进入压缩瓣膜并定位　　球囊扩张打开瓣膜　　完成人工瓣膜置入

图 3-88　经股动脉导管主动脉瓣置换术的基本操作过程

A　　　　　　　　　　　　　　　　　　　　　　　B

图 3-89　其他经皮介入方式

A. 经股静脉顺行途径；B. 经心尖途径

（2）经导管二尖瓣修复术：二尖瓣关闭不全（mitral regurgitation, MR）是指二尖瓣的瓣叶、瓣环、腱索和乳头肌其中任何一个发生结构和功能异常，造成的瓣口不能完全密闭，导致心脏在收缩时血液自左心室反流左心房。临床表现为乏力、心悸、胸痛、劳力性呼吸困难，随着病情加重，出现端坐呼吸、夜间阵发性呼吸困难甚至急性肺水肿，最后导致肺动脉高压、右心衰竭。

经导管二尖瓣修复术（transcatheter mitral valve repair，TMVR）因其良好的安全性和有效性，逐渐成为二尖瓣关闭不全的主要治疗手段。现阶段，常见的介入治疗方法有边对边瓣膜修复术（mitraClip）、直接二尖瓣瓣环成形术、间接二尖瓣瓣环成形术等多种经导管二尖瓣修复技术，以及经皮二尖瓣置换等。其中，MitraClip 是最为常用的经导管二尖瓣修复方法。

MitraClip 源于外科二尖瓣瓣尖的缝合技术，在它的启发下，采用类似的技术原理，使用一个特制的二尖瓣钳夹器（clip），经人体血管到达心脏，在三维超声的引导下，夹住二尖瓣两个叶的中部，使二尖瓣在收缩期由一个大的单孔变成小的双孔，从而可以有效减少（或杜绝）二尖瓣反流现象。

二尖瓣边对边缝合术与 MitraClip 修复术，如图 3-90 所示。

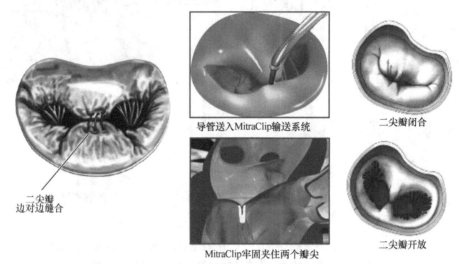

图 3-90　二尖瓣边对边缝合术与 MitraClip 修复术

经导管边对边瓣膜修复术无须开胸、创伤小、手术时间短、不用体外循环支持，手术安全性高，是当今经导管二尖瓣修复的主流技术。MitraClip 心血管瓣膜修复系统包括一个可双向操控的套袖、钳夹输送导管和一个钳夹器，通过输送控制装置可进入左心房调整 MitraClip 的方向。

MitraClip 心血管瓣膜修复系统，如图 3-91 所示。

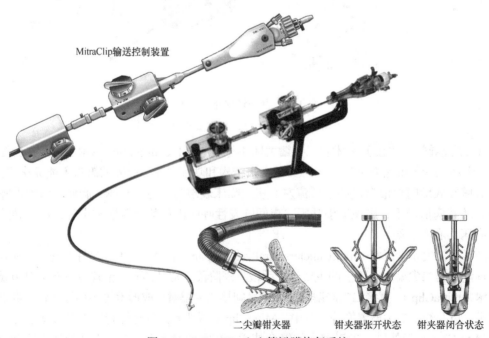

图 3-91　MitraClip 心血管瓣膜修复系统

MitraClip 的治疗步骤，穿刺房间隔进入左心房后，通过调整方向使 MitraClip 钳夹器处于闭合状态，并进入左心室，位于二尖瓣叶扇贝状边缘，其头端有一个可张开的钳夹器用来从心室面钳夹住二尖瓣前、后叶的中部，当瓣叶被钳住后，抓回至瓣叶的心房面，钳夹部分关闭，固定住瓣叶，以起到接近外科边对边缝合修补的效果。

MitraClip 心血管瓣膜修复，如图 3-92 所示。

MitraClip 经导管二尖瓣修复术能明显减少二尖瓣反流且不引起二尖瓣狭窄，改善二尖瓣关闭不全患者的血流动力学，可以降低左心房压、左心室舒张末压，提高心排血量及降低体循环阻力，是一种很有前景的微创二尖瓣修复技术。研究结果显示，MitraClip治疗可减轻 77%患者的二尖瓣关闭不全水平，明显改善临床症状，提高生存率。

图 3-92　MitraClip 心血管瓣膜修复

（三）心脏微创手术

心脏微创手术（minimally invasive cardiac surgery，MICS）是指在获得与传统心脏外科手术相同或更佳的治疗效果前提下，以应用新型心脏外科手术器械（包括增强的术野成像系统、专用的手术操作器械、改良的心肌灌注方法及减少体外循环应用管理）作为技术支撑，以实现降低手术创伤、减少术后并发症、加快预后、缩短住院时间和降低医疗费用等为治疗目的的心脏手术。心脏微创手术是在传统的心脏直视手术基础上发展起来的创伤更小的手术技术，其微创胸腔镜下的手术技术被认为是自体外循环问世以来，心脏外科领域的又一次重大技术突破，是现代心脏外科的代表性手术技术。近十几年来，心脏微创手术处于快速发展期，它的应用范围已经覆盖心胸外科的各个病种。

心脏微创手术主要包括以下两个技术层面。

（1）心脏不停搏的非体外循环技术。避免心肌缺血再灌注损伤，降低了低温不良影响，血流动力学较稳定，缩短了手术时间。

（2）小切口技术。切口缩小、避免劈开胸骨或横断肋骨，大幅度减小肋间牵开器撑开切口的程度，通过正中小切口、侧切口完成胸腔镜辅助和完全胸腔镜下的心脏手术。

心脏微创手术是新兴的心脏外科技术，它是以患者术后心理和生理最大限度康复为治疗目标，特点是手术创伤明显小于传统的心脏外科手术。

1. 胸腔镜辅助下的小切口手术　心脏直视手术是通过正中胸骨切口、侧胸壁切口及胸骨横切口来完成的，在这些切口下，具有术野范围广、操作方便等优点，但手术创伤大、术后切口瘢痕不美观等。随着医疗水平及手术期望的提升，对心脏手术不再仅限于满足治疗疾病，而且还追求术后康复质量及切口瘢痕的美观度等，这些构成了小切口心脏手术技术的发展动力。

小切口心脏手术并不是单纯以切口的长度来衡量，其合理的定义应该是，切口明显小于传统的心脏手术，强调选择切口应以保证手术安全为前提。小切口包括正中小切口、胸骨旁小切口、侧胸壁小切口。

小切口心脏手术，如图 3-93 手术。

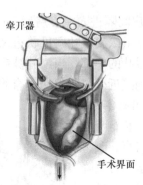
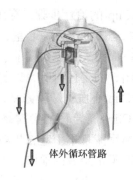

图 3-93 小切口心脏手术

心脏外科小切口技术属于心脏外科微创技术的范畴，相比于传统的切口手术，具有以下优势。

（1）应用范围广。该技术适用于大多数先天性及后天性心脏病的矫治术，如冠状动脉搭桥术、二尖瓣及三尖瓣成形或置换术、房间隔缺损修补术、室间隔缺损修补术。

（2）切口位置隐蔽。部分手术的小切口可位于腋下区域，上肢下垂后能几乎全部遮挡，成年女性乳房下缘皮肤切口，伤痕小，瘢痕更为隐蔽。

（3）切口小。一般小切口的长度仅为常规切口的 1/3～1/2。

（4）手术疼痛感轻。小切口创伤轻、创面小、术后渗血少，疼痛感不强烈。

（5）手术并发症少。小切口术后并发症少，不容易造成胸骨变形，感染概率也低。

（6）术后恢复时间缩短。

（7）切口美观度。对心脏病女性或美观度要求较高的患者，避免在胸口留瘢痕，以减少心理创伤。

小切口技术主要有部分胸骨劈开、胸骨旁及经肋间三种入路，与传统入路相比，除了在术后美观方面有明显改进外，普遍存在显露术野差，增加了手术操作难度。现阶段，常见的小切口心脏手术包括右胸部小切口房间隔缺损封堵术、小切口心脏瓣膜置换术、小切口冠状动脉搭桥手术等。

2. 完全胸腔镜下心脏手术　完全胸腔镜下心脏手术（total endoscope cardiac surgery）是指通过胸壁打孔放入特制的手术器械，在胸腔镜视野下完成的心脏手术操作。这类手术不需要劈开胸骨、没有额外切口、不需使用切口牵开器，如果需要打开心腔进行心内操作，则要求提供股动、静脉插管的体外循环支持。

完全胸腔镜下的心脏手术现场，如图 3-94 所示。

胸腔镜心脏手术主要是指在胸腔镜下行心脏手术的治疗方式，是迄今难度较高的胸腔镜技术。胸腔镜心脏手术沿承了常规胸腔镜手术的特点，其技术本质与直视心脏手术的原理基本相同，只不过改变了传统的手术入路、分离步骤、结扎与缝合技术，以及手术过程中观察术野的方式。

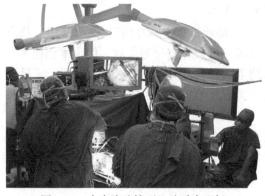

图 3-94 完全胸腔镜下心脏手术现场

（1）胸腔镜手术适应证：胸腔镜手术包括诊断性手术和治疗性手术。诊断性手术是通过胸腔镜探查，直接观察多种胸腔疾病，适应证包括胸膜、肺部、纵隔、心包疾病及胸外伤等，它能够将胸腔内病变情况清晰地显示于监视器，术者不但能够直视判断病变的性质，而且还可以获得组织标本以进行病理学检查。治疗性手术胸腔镜与传统胸腔镜的最大区别在于，它不仅显著提高了胸腔镜诊断的准确性和应用范围，而且能够用于胸部多种疾病的手术治疗。

现阶段，胸腔镜心脏手术适应证主要包括房间隔缺损修补术、部分型房室间隔缺损修复术、部分型肺静脉异位连接矫治术、三房心矫治术、三尖瓣下移畸形矫治术、室间隔缺损修补术、主动脉窦瘤破裂修补术、动脉导管未闭结扎或钳夹术、二尖瓣置换、成形术、三尖瓣置换、成形术、心脏良性肿瘤切除术、心房颤动外科治疗，以及胸腔镜辅助下的小切口主动脉瓣置换和冠状动脉搭桥术等。

胸腔镜下心脏手术，如图 3-95 所示。

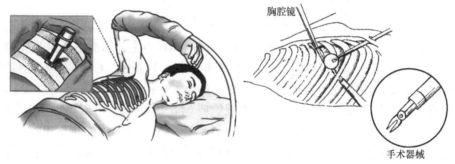

图 3-95　胸腔镜下心脏手术

（2）胸腔镜手术设备与器械：胸腔镜心脏手术设备主要包括胸腔镜成像系统和专用心脏胸腔镜手术器械，如图 3-96 所示。

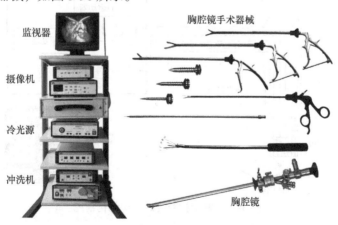

图 3-96　胸腔镜成像系统和专用心脏胸腔镜手术器械

胸腔镜通过冷光源提供照明，将胸腔镜的摄像头（直径为 5～10mm）插入胸腔内，运用数字摄像技术使摄像头拍摄到的图像通过光导纤维传导至后级信号处理系统，并实时显示在专用监视器上。医生通过监视器屏幕上所显示的患者心脏不同角度的图像，能够对患者的病情进行分析判断，并运用专用的胸腔镜器械实施手术。

（3）胸腔镜成像系统：胸腔镜是伸入胸腔，用来观察胸腔内状况并提供术野的现代手术电视摄像设备。胸腔镜成像系统主要包括胸腔镜摄像头、显示器图像处理系统和冷光源，如图 3-97 所示。

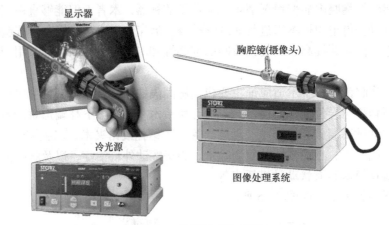

图 3-97　胸腔镜成像系统

（4）胸腔镜：新一代胸腔镜以电子内镜的结构形式为主，承载电子内镜成像有两个关键的技术，一是 CCD 图像传感技术；二是视频图像处理技术。CCD 图像传感器为电荷耦合器件（charge coupled device，CCD），是一种超大规模金属氧化物半导体（MOS）集成光电器件，通过内部众多微小的半导体光敏物质（像元或像素）可以实时感知光电信息，其中包含的像素数越多，提供的画面分辨率也就越高，CCD 的作用如同感光胶片，只不过是将图像像素转换成数字电信号。视频图像处理技术是利用计算机系统对图像进行数字处理的技术，本质上是一种对离散信号的处理过程，图像处理技术的主要内容包括图像压缩，增强与复原，匹配、描述和识别等专项技术。电子胸腔镜成像结构框图，如图 3-98 所示。

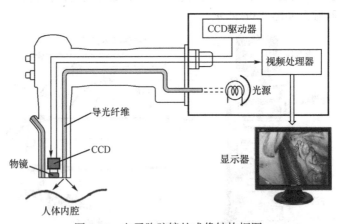

图 3-98　电子胸腔镜的成像结构框图

胸腔镜的成像原理是，冷光源发出的光经内镜导光纤维照射到受检体腔内，经过腔体黏膜产生反射光，其反射光经胸腔镜前端的 CCD 图像传感器（摄像头）进入光学系统，在高分辨率彩色面阵 CCD 上成像。这些 CCD 成像信号再经视频处理器进行分析和图像处理，转换成为标准的视频信号传送至显示器，在显示器的屏幕上可以实时显示受检腔体的彩色电视图像。

（5）光纤照明系统：目前，内镜主要采用光纤照明系统。光纤照明系统包括冷光源和导光纤维光，由于光源远离照明区域，因而，光源和供电系统产生的直接热量不会传递到照明物体，所以光纤输送的光线一般没有热辐射。光纤照明通过多根导光纤维将高亮度的光线分流到多条光纤支路上，多条光纤支路同时照射到腔内黏膜组织，能在腔体内形成接近于无影灯的照明效果。

冷光源是具有优良光学（照度、色温）和物理（温升）特性的光源，对其关键的技术要求，一是发出的光应为冷白光（蓝白光），300W 氙灯的色温一般为 6000K、LED 光源也要求达到 3200～7000K；二是正常发光时，温度不应高于环境温度，要求光源照射在腔内组织上的温度小于41℃。因此，冷光源应该是无明显热效应、有足够高照度（大于350lm）、色温为 6000K（如同晴天中午日光照明）、发光效率高、能耗低的光源。

3. 建立外周体外循环 常规体外循环主要是应用升主动脉及右心房的心内插管方法。但是，在心脏微创手术（MICS）中，由于这些结构的暴露受限，心内插管方法难以实施，使得外周体外循环灌注的插管技术得以改进。外周体外循环灌注原则和要求与常规体外循环基本一致，不同点仅在于动、静脉插管的部位和方法。

外周体外循环管路，如图 3-99 所示。

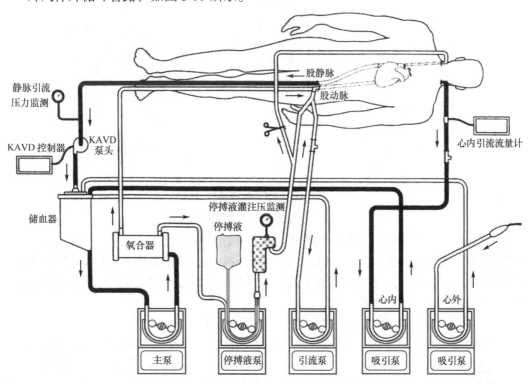

图 3-99　外周体外循环管路

（1）股动脉插管：一般于右侧腹股沟做 2～3cm 纵切口，肝素化，分离出股血管，可在股动脉穿刺导丝引导下或者股动脉切开插入股动脉插管，插管深度为 10cm，收紧荷包缝线固定。

（2）股静脉插管：体重 15～30kg 通常选用 18Fr、20Fr 插管，30～60kg 应用 24/29Fr 插管，体重 60kg 以上应用 30/33Fr 插管。全胸腔镜手术通常插一根二级股静脉插管，尖端一级引流口应该插经右心房位于上腔静脉内，二级引流口位于下腔静脉内。阻闭上下腔静脉绕带后，可以切开右心房进行心内操作。胸腔镜辅助加小切口手术插一根单级股静脉插管和一根上腔静脉插管引流。

（3）上腔静脉插管：全胸腔镜手术一般在儿童单根股静脉插管不能满足静脉引流时，或在右心房黏液瘤避免组织脱落时应用；以及在胸腔镜辅助加小切口手术时应用。上腔静脉插管可经右房壁荷包缝线中央切开插入，或从颈静脉插入。

由于胸外静脉引流管的管路长且管径小增加了静脉血引流的阻力，因而可能造成心脏微创手术静脉引流的不畅，导致氧供不足。为此，外周体外循环通常需要进行静脉引流的负压辅助支持，用以加强静脉引流的虹吸效果。现阶段，临床上主要采用两种技术，一是动力辅助静脉引流（KAVD）；二是真空辅助静脉引流（VAVD）。图示的管路系统采用的是 KAVD 方式，它在静脉引流管与静脉贮血器之间安装一个吸引动力泵，目的就是加强静脉血的负压引流，与重力虹吸相比，这一技术可增加 20%～40% 的静脉血引流量。

4. 小切口冠状动脉旁路移植术　冠状动脉旁路移植术又称冠状动脉搭桥术（coronary artery bypass grafting，CABG），顾名思义，是通过移植血管（桥血管）到达冠状动脉狭窄病变的远端，以恢复缺血心肌的正常血供。冠状动脉搭桥，如图 3-100 所示。

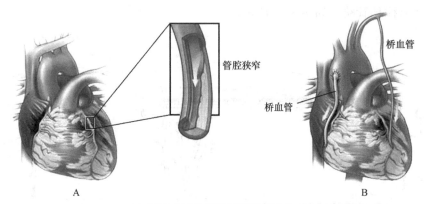

图 3-100　冠状动脉搭桥

A. 行搭桥术前；B. 行搭桥术后

冠状动脉搭桥是一种心肌血运的重建技术，通过截取患者自体的一段正常血管（常采用乳内动脉、桡动脉、大隐静脉等），以外科缝合技术，将阻塞远端通畅的冠状动脉连接到升主动脉/乳内动脉上，使大血管血液流经桥血管灌注到远端的冠状动脉，让缺血的心肌重新获得血供，进而改善心脏功能。

（1）冠状动脉的发病机制：冠状动脉，如图 3-101 所示。

冠状动脉有左右两支，开口分别在左、右主动脉窦。左冠状动脉有 1～3cm 长的总干，

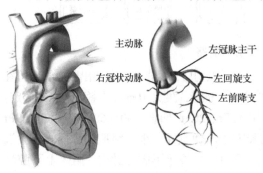

图 3-101　冠状动脉

然后分为前降支和回旋支。前降支供血给左心室前壁中下部、心室间隔的前 2/3 及心尖瓣前外乳头肌和左心房；回旋支供血给左心房、左心室前壁上部、左心室外侧壁及心脏膈面的左半部或全部和二尖瓣后内乳头肌。右冠状动脉供血给右心室、心室间隔的后 1/3 和心脏膈面的右侧或全部。这三支冠状动脉之间有许多小分支互相吻合，连同左冠状动脉的主干，合称为冠状动脉的四支。简要来

说，右心房、右心室由右冠状动脉供血；左心房、左心室由左、右冠状动脉同时供血。供血的分支分为两类，一类是垂直进入室壁直达心内膜下（直径几乎不减），并在心内膜下与其他穿支构成弓状网络，然后再分出微动脉和毛细血管；另一类呈丛状分散支配心室壁的外、中层心肌，丛支和穿支在心肌纤维间形成丰富的毛细血管网，供给心肌血液。

由于冠状动脉在心肌内走行，显然会受制于心肌收缩挤压的影响，即心脏收缩时，血液不易通过，只有当心脏舒张时，心脏方能得到足够的血流，这就是冠状动脉供血的特点。冠状动脉的血管径虽然很小但血流很大，占心排血量的 5%，以保证心脏有足够的循环，维持它有力地昼夜不停地跳动。如果冠状动脉突然阻塞，不能很快建立侧支循环，常会导致心肌梗死；若冠状动脉的阻塞是缓慢形成的，则侧支可缓慢扩张，并可建立新的侧支循环，起代偿作用。冠心病是中老年人最常见的心脏病之一，主要病因是血脂代谢异常，导致胆固醇和三酰甘油等逐渐沉积，在血管壁上形成动脉粥样硬化斑块，使得心脏冠状动脉狭窄，引起心肌不同程度的缺血。因此，冠心病又称为缺血性心脏病。

冠心病的发病机制是因冠状动脉粥样硬化，导致管腔堵塞，如图 3-102 所示。

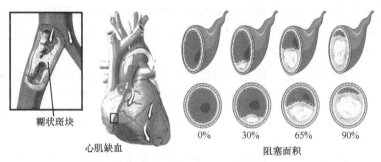

糊状斑块

心肌缺血

0%   30%   65%   90%

阻塞面积

图 3-102 冠状动脉管腔堵塞

（2）冠状动脉造影（coronary angiography）：简称冠脉造影，是使冠状动脉在 X 线下显像的重要方法，目的是将整个左或右冠状动脉的主干及其分支的血管腔显像出来，帮助临床对病变部位、范围、严重程度等状况做出诊断。

冠状动脉造影的过程，如图 3-103 所示。

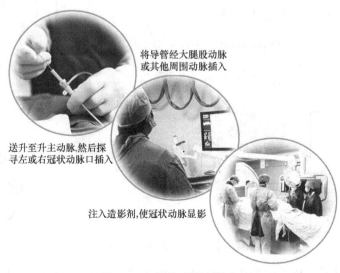

将导管经大腿股动脉或其他周围动脉插入

送升至升主动脉，然后探寻左或右冠状动脉口插入

注入造影剂，使冠状动脉显影

图 3-103 冠状动脉造影过程

冠状动脉造影是利用血管造影机，通过特制定型的心导管经皮穿刺入下肢股动脉，沿降主动脉逆行至升主动脉根部，然后探寻左或右冠状动脉口插入，注入造影剂，使冠状动脉显影。通过冠脉造影可以了解冠状动脉的管径、走行、分布和形态；观察到管壁是否光滑，血管壁弹性，是否有狭窄性病变及病变的程度、部位、长度、数量；了解是否有钙化、血栓、溃疡、动脉瘤、内膜夹层、病变是否成角度及是否位于分叉血管处，偏心还是同心性病变等，能够为制定治疗方案或判断疗效提供影像数据。

（3）冠状动脉搭桥：早期的冠状动脉搭桥主要采用体外循环支持下的心脏直视手术，这一传统的手术方式虽然能够提供静止、无血的手术视野及充分的手术时间，能够获得满意的手术效果。但是，由于体外循环及心脏停搏可能会引发多种并发症，例如，对肾、肝、心、肺及神经系统的损害，凝血系统及水、电解平衡的紊乱等，同时，部分患者由于高龄动脉粥样硬化及肾功能不全、慢性阻塞性肺疾病、心功能不全及升主动脉严重钙化等，由于不能耐受体外循环而失去手术机会。近年来，随着技术的进步，开展了通过心脏不停搏的非体外循环方式来完成搭桥手术，即非体外循环心脏跳动下搭桥手术（OPCAB）。非体外循环心脏跳动下搭桥手术是心脏稳定装置不断改进与心脏外科手术完美结合的结果，手术中仅对心脏的局部术野部位固定，它不影响心脏的正常跳动，由此可以减少体外循环引发的心肌再灌注损伤和手术并发症。

小切口冠状动脉搭桥术是一组新兴的心脏外科技术，是通过左前外、左胸骨旁或右前外开胸小切口，游离左侧乳内动脉，在心脏不停搏（无须体外循环）下完成的冠状动脉旁路移植术，这一术式可以完成乳内动脉与左前降支或右冠状动脉的吻合，部分有经验的术者也可完成静脉与升主动脉的吻合。

（4）小切口冠脉搭桥：小切口冠状动脉搭桥为非体外循环、心脏不停搏的手术方式，由于受到手术视野小和操作空间狭窄的限制，其手术难度大大增加。

小切口冠状动脉动搭桥术及主要器械，如图3-104所示。

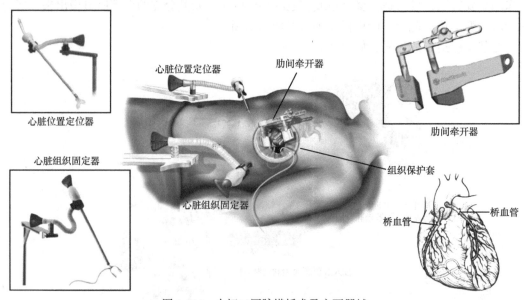

图3-104 小切口冠脉搭桥术及主要器械

小切口冠状动脉搭桥手术是在心脏不停搏的条件下进行的，因而需要使用专门的手术器械，以保证手术操作的顺利实施。小切口冠状动脉搭桥的手术器械主要包括肋间牵开器、心脏位置定位器和心脏组织固定器等。

　　肋间牵开器是一种心胸外科手术的专用器械，用以牵开肋间组织、显露手术视野，便于心脏手术过程中的探查与操作。肋间牵开器，如图 3-105 所示。

　　心脏位置定位器，如图 3-106 所示。在进行非体外循环心脏搭桥手术中，通过心脏位置定位器前端的吸盘吸引住患者心尖，在保证心脏血流动力学稳定的同时可以安全地提起心脏并予以固定，使搏动的心脏整体处于一个相对平稳的状态，以充分暴露靶血管，便于开展心脏手术操作。

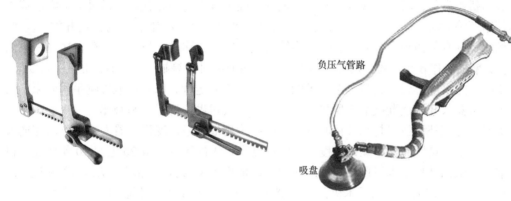

负压气管路

吸盘

图 3-105　肋间牵开器　　　　　　　　图 3-106　心脏位置定位器

　　心脏组织固定器也称为心脏稳定器，通过前端的多维度旋转吸盘组，将进行搭桥的靶血管部位固定，减少随心脏搏动而引起的位移，可以为吻合血管等手术操作提供更为精确的固定位置。心脏组织固定器，如图 3-107 所示。

　　根据患者病变血管的不同，小切口冠状动脉搭桥手术可选择不同位置的小切口，一般是选择经第 4 或第 5 肋间的左前胸切口，并通过肋间牵开器显露心脏，在非体外循环下，行冠状动脉吻合术。小切口非体外循环心脏跳动下的搭桥手术，拓宽了冠状动脉搭桥的适应证，尤其适应伴有肺、肾、神经系统及严重左心功能不全的患者，使原本复杂的手术变得简单化。这一手术法术后恢复过程平稳，可以更早脱离呼吸机，缩短 ICU 护理和住院时间。

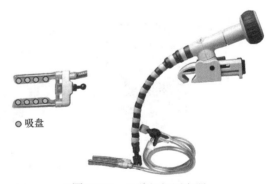

吸盘

图 3-107　心脏组织固定器

　　（5）心脏搭桥与支架介入：现阶段，冠心病的治疗主要有药物治疗、支架介入及搭桥手术三种方式，这三种治疗方式各有适应证和禁忌证。服药治疗虽然不能改变血管的狭窄状况，但药物仍是冠心病治疗的基础和重要手段。在早期的冠心病治疗中，心脏搭桥手术扮演着重要的角色，随着介入器械和技术的发展，创伤小的介入支架治疗已经成为冠心病患者的首选。甚至一度有人认为"心脏搭桥"手术即将退出历史舞台，但事实上，心脏搭桥手术的优势是不可替代的。首先，再狭窄率一直是支架介入治疗的软肋，在狭窄的冠状动脉处放置普通"裸支架"，半年的再狭窄率为 30%左右，即使使用药物涂层支架，再狭窄率也在 5%左右。另外，并不是所有的冠心病患者都适合做支架治疗，例如，血管的分叉处，或者一根血管有两处以上的狭窄，或者血管完全闭塞等情况，植入支架就比较困难，而且风险较大。因而，对于复杂病变的冠心病（左主干、慢性闭塞性病变、分叉病变、长段病变等），外科心脏冠状动脉搭桥术仍然是最佳选择。近年来，随着外科微创技术的快速发展，搭桥手术不再需要切开胸骨，因此，"心脏搭桥"这一手术治疗方式不但不会"消失"，反而随着新支持技术与装置的出现，会有更广阔的应用空间。

5. 机器人心脏外科技术　微创心脏外科是近年来由新的手术技巧和多学科技术融合而形成的新兴学科，以增强视觉和专用器械的胸腔镜技术为典型代表，通过改进灌注或不用体外循环等方法，以达到减小切口、减轻手术创伤为手术治疗目的。与传统开放（直视）手术相比，具有创伤小、瘢痕轻、恢复快等特点。但是，胸腔镜技术本身存在协调和灵活性较差，精细操作较为困难，熟练掌握需要较长的训练时间等缺欠，因而，常有一些质疑，其主要担心的是经小切口施行复杂手术的安全性与不确定性，以及可能影响手术效果。为此，手术机器人开始逐渐被临床所接受，构成新一代机器人心脏外科技术。

机器人心脏外科技术是胸腔镜心脏手术的技术延展，通过现代机器人技术可以完成普通心脏微创手术难以完成（操作难度大、精细度高等）的手术。自 20 世纪 90 年代起，机器人辅助的微创外科手术呈现快速发展态势，以伊索（AESOP）、宙斯（ZUES）和达·芬奇（da Vinci）系统为代表的手术机器人在临床上应用获得成功，引起了国内外医学界、科技界的极大兴趣，达·芬奇微创手术机器人逐渐成为机器人领域的前沿与研究热点。

达·芬奇手术机器人以美国麻省理工学院的机器人外科手术技术为基础，由 Intuitive Surgical 公司研发并通过美国 FDA 认证，是目前最为先进的机器人手术辅助系统。

达·芬奇系统，如图 3-108 所示。

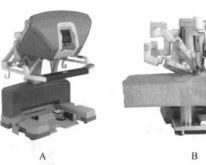 

图 3-108　达·芬奇系统

A. 医生控制台；B.床旁机械臂系统；C. 成像系统

手术机器人相比于传统的内镜手术设备，具有显著技术优势。一是可以解脱术中大量重复性的机械动作，使术者能更专心于实现手术的核心目标；二是为术者提供更清晰的手术视野，以利于规划手术路径与方案；三是机器人稳定的机械动作，能明显降低手术创伤并避免人为因素带来的手术风险，提高了手术的成功率。手术机器人是术者感官（主要是视觉）与操作器官（触觉）的延伸，也就是说，手术机器人不仅能使术者在体腔内"看得见"、"摸得着"，而且是看得更为清楚、细微，手术操作更加精细、准确。

（1）双目视觉成像：人类视觉是一个从感觉到知觉的复杂过程，视觉的最终目的是要让场景做出对观察者有意义的解释与描述，也就是根据周围环境和观察者的意愿，在解释与描述的基础上做出行为规划和行为决策。因而，手术机器人系统首要的任务就是如何在手术过程中尤其是在非开放的腔镜手术条件下，能够准确获取手术靶区有立体感的影像。

人们早就注意到，几乎所有具备视觉功能的生物都有两只眼睛，用两只眼睛同时观察物体时，会有深度或远近的立体感觉。双目立体视觉，如图 3-109 所示。

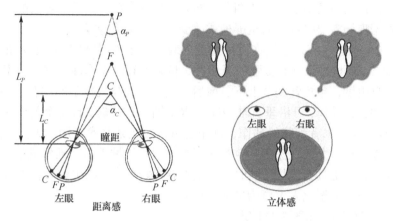

图 3-109　双目立体视觉

当两眼观察某一点（目标）时，两眼视轴之间的夹角 α 称为视差角，记为

$$\alpha \propto \frac{L}{b}$$

式中，L 为目标到基线的距离，b 为视觉基线，即两眼节点的连线（瞳距），一般为 65mm。

可见，距离 L 越远、视差角 α 越小。对于不同距离的 P、C 两点，所对应不同的视差角为 α_P、α_C，其视差角的差值

$$\Delta \alpha = \left| \alpha_P - \alpha_C \right|$$

当 Δα 大于立体锐度（stereopsis acuity，是指在人的深度视觉中可以感知到的最小深度差）时，人脑就可对视差角差值进行分析、处理，判断出物体的深度关系，Δα 越大，立体感就越强。

鉴于双目视觉的成像原理，达·芬奇双目成像系统，如图 3-110 所示。

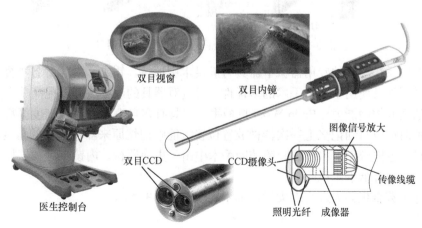

图 3-110　达·芬奇双目成像系统

达·芬奇手术机器人利用内镜前端的两台CCD摄像机可以模拟人眼的双目立体视觉，并通过医生控制台的双目视窗为术者提供高清晰度立体视频影像。双目视窗的工作过程是，通过操控控制手柄控制摄像头方位，使双目内镜准确定位于待观察部位，由内镜前端的双目CCD采集其立体图像，并经成像系统的图像处理，在双目视窗实时显示当前手术界面的图像信息。达·芬奇机器人的成像系统采用三维、高分辨率立体腔镜，通过10倍的光学放大可以得到高清晰度的立体图像。同时，其成像系统还具备强大的数字图像处理功能，能够根据现场需要将视图的全屏模式改变为多画面影像模式。

（2）机械手：达·芬奇系统在机械臂上安装了用于不同临床操作目的的 EndoWrist 机械手。Endo Wrist 机械手具有很强的灵活性、精确度和可操作性，这些技术有赖于机械手具备的7个自由度，包括臂关节上下、前后、左右运动与机械手的左右、旋转、开合、末端关节弯曲共7种动作，可沿垂直轴360°和水平轴270°旋转，且每个关节活动度均大于90°，能够逼真地模仿术者手腕的动作，甚至还可以完成某些术者用手无法完成的操作，弥补了手术操作盲点，尤其在深部、狭窄区域操作时，机械手由于动作灵活、体积小巧，与开放手术操作相比更具有优势。同时，它还具有视野缩放、指尖细致控制及减少震颤的功能，在狭窄区域内甚至比人手更为灵活、可靠。

Endo Wrist 机械手，如图 3-111 所示。

图 3-111　Endo Wrist 机械手

在 Endo Wrist 机械手的基础上，机械手还可根据临床需要，配置了多种类型的手术器械，如图 3-112 所示。

剪刀　　　　　分离钩　　　　施夹钳　　　　取出钳

图 3-112　达·芬奇系统配备的专用器械手器具

达·芬奇系统配备的专用器械手器具可满足术中抓持、钳夹、缝合等各项操作要求，不同的器具开发及使用丰富了手术的多样性。通过对器具的改良，可以提高手术操作的精确度、灵活性和控制能力。Endo Wrist 机械手不仅具有多自由度、高精细度等特点，同时在更换器械时可以自动记忆上一次器械放置位置，能够记忆原来器械所在的角度、深度、位置等信息，这样避免了传统腹腔镜辅助手术中由于更换器械、内镜下寻找器械所消耗的时间，可以有效降低手术风险。

应用达·芬奇机器人进行二尖瓣成形术，如图 3-113 所示。

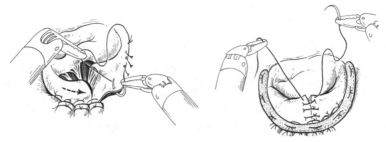

图 3-113　二尖瓣成形术

第三节　心脏电生理支持设备

心脏作为循环系统的"发动机"，其节律性是心脏正常生理活动的基础。心脏的节律性电活动起源于窦房结，通过传导系统将窦房结发出的电兴奋信号准确、有序地传递到心脏各部位，以实现各心肌组织规律性的收缩与舒张。因而，窦房结发出的电兴奋及传导系统畅通是维系心脏节律性活动的前提，一旦心脏的节律性遭受破坏，将引发循环阻滞、供血不足，会对人体造成严重损伤，甚至死亡。

心脏电刺激是一类依靠医学仪器对心脏节律进行人工干预的电生理支持技术，在临床应用广泛，其中，具有代表性的是心脏起搏器和除颤器。心脏起搏器是一种长期植入于体内的电子仪器（临时起搏器可在体外），由脉冲发生器发放有节律的电脉冲，通过刺激电极触发心肌兴奋，使心脏激动与收缩，从而实现治疗心律失常（主要是缓慢性心律失常）的目的。心脏除颤器兼有电除颤和电复律功能，是应用高能量脉冲电流通过心脏主体，可以重新整定心脏电活动（相当于对心电做一次"复位"）；或者采用抗心动过速起搏（anti-tachycardia pacing，ATP）的治疗方式，发放一簇比心动过速更快的电脉冲（在可激动间隙内发放一个期前收缩刺激，终止心动过速），以抑制心室或心房的快速心律失常（如室性心动过速、房性心动过速、心房扑动等），使之恢复正常的窦性心律。

一、心脏电生理

心脏的功能是泵血，通过其泵血功能可以周而复始的驱动血液循环。心脏之所以具有泵血能力，除了心肌的特殊结构形态外，还与以电生理活动为基础的兴奋机制，以机械活动为基础的收缩功能相关。心脏兴奋形成的基础是心肌细胞的电生理变化，表现为心肌细胞的兴奋性、自律性和传导性，因而兴奋在心脏内的发生与传导过程，称为心脏的电生理（cardiac electrophysiology）。

心肌细胞具有自身规律性的电活动，正常生理状态下，这一规律性的电活动将维系心脏有节律的机械活动（收缩与舒张），进而实现心脏正常的生理功能。在特定的病理状态（如心律失常）下，心脏电活动的节律性不能维持，则可以通过电刺激的方法进行人工干预，以诱导心脏电活动恢复到正常的节律性。

（一）心肌细胞的生物电现象

心肌细胞的生物电现象与神经细胞、骨骼肌细胞一样，表现为细胞膜内外两侧存在着电位差及电位差变化，称为跨膜电位（transmembrane potential），简称膜电位。细胞在安静状态下，细胞膜内外维持一定水平（以细胞膜外液为参考点）的电压差，称为静息电位。当细胞受到刺激产生兴奋时，其细胞内外的电压差会在静息电位的基础上发生一系列变化，这一变化称为动作电位，细胞产生动作电位标志着细胞发生兴奋。

1. 静息电位　静息电位（resting potential，RP）是指心肌细胞处于静息状态时，细胞膜外钠离子、氯离子浓度高于膜内，细胞膜内钾离子高于膜外，细胞膜内外的电压差维持在 $-90 \sim -70$ mV 水平，这种状态称为细胞的极化现象，极化现象是细胞固有的电生理特性。

如果膜电位差增大，即静息电位的数值向膜内负值加大时，称为超极化；相反，如果膜电位差减小，即膜内电位向负值减小，则称为去极化。表 3-3 为心肌细胞膜内外几种主要离子的浓度及平衡电位值。

表 3-3　心肌细胞膜内外几种主要离子的浓度及平衡电位值

离子类型	细胞内液（mmol/L）	细胞外液（mmol/L）	膜内/外比例	平衡电位（mV）
Na^+	10	145	1∶14.5	+70
K^+	140	4	35∶1	-94
Cl^-	9	104	1∶11.5	-65
Ca^{2+}	10^{-4}	2	1∶20 000	+132

静息电位存在的主要原因是，在静息状态下细胞膜内外钾离子浓度的差别和细胞膜上的离子泵对钾离子的主动转运。我们知道，形成细胞膜电位的基础是一些关键离子在细胞膜内外的不均等分布及选择性的穿透膜移动。如表 3-3 所示，静息状态下，心肌细胞膜内外几种主要离子的浓度存在差异。假设细胞膜对某一离子通透，则该离子一方面顺着浓度梯度方向扩散，形成外/内离子流，另一方面，又因为离子的扩散在膜内外形成跨膜电位，从而限制其进一步的扩散，最终使得离子跨膜净移动停止，并在膜内外形成平衡电位，即为静息电位。

产生静息电位的重要离子主要有 Na^+、K^+ 和 A^-（带负电荷的蛋白质分子），而 A^- 仅存在于细胞膜内，膜对其无通透性，因而，对膜电位形成有最大贡献的主要是 Na^+ 和 K^+。静息条件，K^+ 在浓度梯度的作用下，向膜外扩散；而 Na^+ 在膜电位、浓度梯度双重作用下向膜内扩散。由于心肌细胞膜对 K^+ 的通透性是 Na^+ 的 $50 \sim 75$ 倍，使得心肌细胞的静息电位与 K^+ 的平衡电位比较接近。Na^+、K^+ 的跨膜扩散随时随刻进行，为维持细胞膜内外离子浓度的平衡，存在于细胞膜上的 Na^+、K^+ 泵主动转运，将进入膜内的 Na^+ 泵出细胞膜，同时又将渗出膜外的 K^+ 泵回膜内，Na^+ 与 K^+ 泵主动转运的离子数量与通过细胞膜渗透的数量相抵消，从而可以使静息膜电位维持在一个稳定水平。

2. 动作电位　动作电位（action potential）是指可兴奋细胞受到刺激时，在静息电位的基础上产生的电位变化过程。与神经和骨骼肌细胞有较大的不同，心肌细胞的动作电位复极化过程复杂，持续的时间也较长。心肌细胞的动作电位波形，如图 3-114 所示。

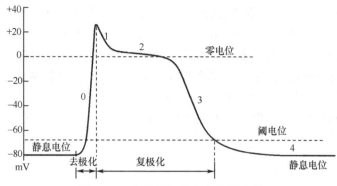

图 3-114 心肌细胞动作电位波形图

心肌细胞动作电位的整个过程可分为 5 个时期。

（1）0 期（去极化期）：为去极化阶段，少量兴奋度较高的钠通道开放，仅有很少量的 Na^+ 顺浓度差进入细胞膜内，致使膜两侧的电位差减小，产生一定程度的去极化。当膜电位进一步减小到比静息电位小于 10～20mV 的阈电位时，会引起细胞膜上大量的 Na^+ 通道同时开放，在膜两侧 Na^+ 浓度差和电位差（内负外正）的共同作用下，使细胞膜外的 Na^+ 快速、大量地向膜内流动，导致细胞膜内的正电荷迅速增加，动作电位急剧上升。这一过程称为细胞的去极化，去极化过程在 1～2ms 内形成幅度约为 120mV 的动作电位上升支，使细胞膜电位由 –90mV 左右上升到 +30mV 左右。

（2）1 期（快速复极化初期）：当膜内侧的正电位增大到足以阻止 Na^+ 进一步向膜内流动，也就是达到 Na^+ 的电位平衡时，Na^+ 停止向膜内流动，并且 Na^+ 通道失活关闭。与此同时，K^+ 通道短时激活并开放，K^+ 顺着浓度梯度由细胞膜内一过性流向膜外，大量的 K^+ 外流导致细胞膜内电位迅速下降，膜内电位迅速向负值转化，形成了动作电位的一个快速下降支，即复极化初期。K^+ 通道的激活时间较短，约为 10ms。当动作电位由 +30mV 下降到接近零电位时，K^+ 通透性显著下降，复极化过程变缓。

（3）2 期（平台期）：当膜电位去极化达到 –40mV 时，即激活了心肌细胞膜上的电压门控性慢 Ca^{2+} 通道，引起 Ca^{2+} 顺其浓度从膜外向膜内缓慢内流。此时，Ca^{2+} 内流与 K^+ 外流所引起的电荷变化量几乎相等，使膜电位稳定在 1 期复极化所达到的零电位附近的水平，即形成早期的平台期。随着时间推移，慢 Ca^{2+} 通道逐渐失活，而 K^+ 通透性相应增加，使 K^+ 外流所引起的电荷变化量缓慢超过 Ca^{2+} 内流量，使膜内电位逐渐下降，形成晚期平台期。

（4）3 期（快速复极末期）：在这一时期，Ca^{2+} 通道完全失活，而 K^+ 通道进一步恢复，使得外向 K^+ 流进一步增强，形成 K^+ 再生式外流，使得膜内电位很快由零电位附近下降到 –90mV 附近，接近于 K^+ 的平衡电位水平。

（5）4 期（静息期／自动去极化）：这一时期，心室肌细胞膜电位基本上稳定于静息电位水平。但是，动作电位期间有 Na^+ 和 Ca^{2+} 进入细胞内，而 K^+ 外流出细胞，只有恢复细胞内外离子的正常浓度梯度，保持心肌细胞的正常兴奋性。因而 4 期开始后，膜上的离子泵主动转运功能被激活，使得多余的 Na^+ 和 Ca^{2+} 从细胞内排出，并摄入足够的 K^+，使细胞膜内外的离子水平恢复并维持至正常的浓度梯度，为下一次兴奋做好准备，从而，形成周而复始的静息—兴奋—静息。

细胞的动作电位具有三个基本特征。

（1）动作电位具有"全或无"特性。对于同一类型的单细胞来说一旦产生动作电位，其形状和幅度将保持不变，即使增加刺激强度，动作电位幅度也不再增加，这种特性称为动作电位的"全或无"现象，即动作电位要么不产生，要产生就是最大幅度。

（2）动作电位可以进行无衰减性传导。动作电位产生后不会局限于所受到刺激的部位，而是迅速沿细胞膜向周围扩散，直到整个细胞都依次产生相同的电位变化。在此传导过程中，动作电位的波形和幅度始终保持不变。

（3）动作电位具有不应期。细胞在发生一次兴奋后，其兴奋性会出现一系列变化，它包括绝对不应期和相对不应期。

（二）心脏的节律活动

心脏节律（heart rhythm）是心脏搏动的节奏与规律，是指控制心脏发生的一系列电生理活动及兴奋的传导过程。心脏节律的电活动起源于窦房结，称为窦性心律，正常的窦房结频率为 60～100 次/分，超过这个频率范围称为窦性心动过速，低于该频率则为窦性心动过缓。

1. 心脏的传导系统 心脏传导系统（conduction system of heart）是由心壁内独有的特殊心肌纤维构成的传导系统，它的基本作用是发生冲动（兴奋）并将兴奋传导至心脏各部位，促使心房肌和心室肌按一定的节律性收缩。

心脏的传导系统及动作电位，如图 3-115 所示。

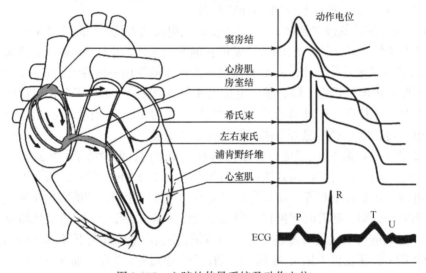

图 3-115　心脏的传导系统及动作电位

心脏传导系统包括窦房结、房室结、前后结间束、左右希氏束分支及分布到心室乳头肌和心室壁的浦肯野纤维。其结构特点如下。

（1）除窦房结位于右心房心外膜深部，其余的部分均分布在心内膜下层。

（2）组成心脏传导系统的组织有起搏组织、移行细胞和浦肯野纤维网，其中，起搏细胞参与组成窦房结和房室结，移行组织能起到传导冲动的作用，浦肯野纤维可以快速传递冲动。

（3）房室束分支末端的浦肯野纤维与心室肌相连。

2. 心脏节律性的兴奋传导 心脏有节律性地经低电阻连接缝隙快速传导兴奋,兴奋在心脏内的传导过程是窦房结→心房肌→结间束（优势传导通路 1m/s）→房室结（0.02～

0.05m/s）→希氏束→浦肯野系统（1.5～4m/s）→心室肌（0.5m/s）。

3. 房室的交替收缩与舒张　心肌的自律细胞不依赖于神经控制，可以自动地按一定顺序发生兴奋。这是由于心肌组织中含有自律细胞，它们能在动作电位的 4 期自动去极化产生兴奋，即具有自律性，其中以窦房结的自律性最高，所以它是心脏的正常起搏点，它产生的兴奋主要通过特殊传导系统传递到心房和心室，使心房和心室依次发生兴奋与收缩。

在兴奋由心房传向心室的过程中，由于房室交界的传导速度较慢，形成了约 0.1s 的房-室延搁，从而使心房兴奋收缩超前于心室，这样就保证了心房与心室的交替收缩与舒张。心肌细胞在一次兴奋后，其兴奋性将发生周期性变化，特点是有效不应期特别长，心肌只有在舒张早期之后，才有可能接受另一刺激并产生兴奋，这样使心肌不会发生强直收缩，始终保持着收缩与舒张的交替进行。

（三）外加电刺激对心肌电活动的影响

临床面对心脏的节律性疾病，行心脏电刺激是一种行之有效的治疗手段。该方法通过人为地对心肌组织施加一系列刺激电脉冲使其兴奋，以产生动作电位，从而维系正常的心脏节律。

1. 兴奋阈　人工干预（电脉冲刺激）使心肌细胞的跨膜电位达到兴奋阈值时，心肌细胞才能发生电兴奋，兴奋阈是心肌细胞电兴奋所必需的电刺激脉冲强度。心肌细胞跨膜电位 U_m 对外加电场的响应示意图，如图 3-116 所示。

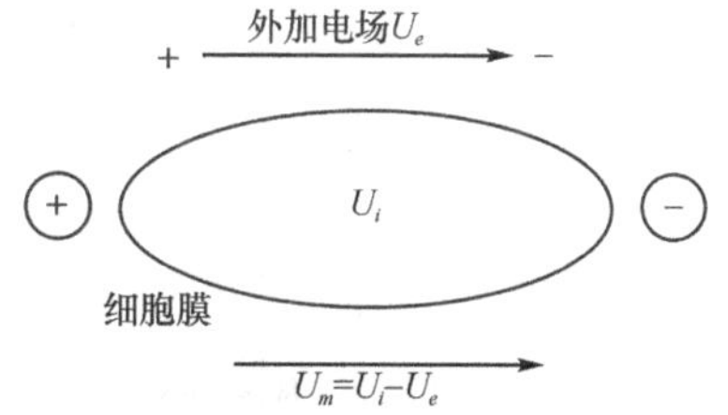

在外来刺激的作用下，首先引起部分电压门控式 Na^+ 通道开放和少量 Na^+ 内流，造成肌膜部分去极化，膜电位绝对值下降；而当膜电位由静息水平（膜内 $-90mV$）去极化到阈电位水平（膜内 $-70mV$）时，膜上 Na^+ 通道开放概率明显增加，出现再生性 Na^+ 内流。

图 3-116　心肌细胞跨膜电位 U_m 对外加电场的响应示意图

当单个心肌细胞在外加电场中，电流将沿细胞表面从一个电极向另一个电极流动。由于细胞的长度较小，同时细胞膜的阻抗远大于细胞外空间的阻抗，因此，细胞膜内不同位置的电压 U_i 将不会有明显的差异，因而，细胞膜外电压 U_e 沿细胞的长度方向线性下降，跨膜电位（$U_m = U_i - U_e$）就是一个与细胞长度相关的线性函数，它会使细胞在面向正极的一端产生超极化，面向负极一端产生去极化。

当细胞内极化区域的 U_m 值超过兴奋阈值，引起一系列离子通道的开放和关闭时，就会形成一次完整的动作电位过程。

2. 细胞对外加电刺激的响应　细胞处于生理活动周期的不同阶段，对外加电刺激的响应也会有较大的差异。因而细胞对电刺激的响应，不仅与外加刺激的强度有关，还取决于刺激前细胞的生理活动状态，也就是说，细胞对电刺激的响应还与外加刺激的时机相关。

外加电刺激前，细胞可能处于的状态包括静息状态、绝对不应期和相对不应期。当外加电场梯度（ΔU）高于舒张期阈值且细胞处于相对不应期时，刺激时间的微小差异就会使细胞产生完全不同的反应。图 3-117 为在相对不应期对细胞进行刺激时的跨膜电压曲线。

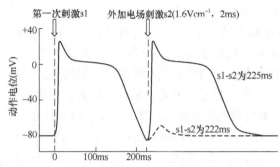

图 3-117　在相对不应期对细胞进行刺激时的跨膜
电压曲线

由图 3-117 可以看出，仅仅是几毫秒的差异，就决定了细胞是响应外加电场刺激产生一个新的动作电位还是几乎没有反应。图中的刺激是采用一个 1.6Vcm^{-1}，2ms 的弱电场，刺激模式为 s1-s2 模式，其中 s1 表示第一个刺激，s2 表示外加电场刺激。当 s1-s2 的间隔为 222ms，细胞几乎没有任何响应；而当 s1-s2 的间隔增加为 225ms 时，细胞产生一个新的动作电位。由此可见，选择恰当的刺激时机（s1-s2 间隔），对人工干预心脏活动至关重要。

跨膜电位的变化（ΔU_m）还与刺激的极性有关，它的幅值随外加电场梯度（∇V）的增大呈非线性增加。当外加电场梯度（∇V）较大时，根据 ∇V 的大小和细胞所处的状态，刺激会改变动作电位的持续时间。图 3-118 为使用一个较强的电场（8.4Vcm^{-1}，2ms）在动作电位的平台期（s1-s2 的间隔为 90～230ms）进行刺激时动作电位的变化曲线。

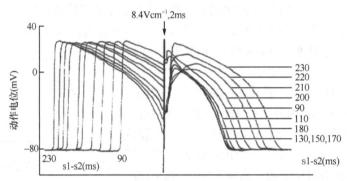

图 3-118　较强电场在平台期刺激的动作电位变化曲线

由图 3-118 可见，在动作电位平台期进行较强电刺激可能会不同程度地延长动作电位的持续时间。

3. 刺激阈　除了细胞所处的生理状态（刺激时机）及外加电刺激的强度外，外加电刺激的作用时间也是影响细胞响应的一个重要因素。如果作用时间太短，即使是强度较大的刺激脉冲也不会产生动作电位。

刺激阈定义，当刺激作用时间一定时，引起目标组织兴奋所需的最小刺激强度，通常用电压（V）或电流（mA）来表示。典型的电刺激强度-作用时间曲线，如图3-119 所示。

电刺激强度-作用时间曲线上的每一点代表一个电刺激阈值。当刺激的作用时间 $t \to \infty$ 时，刺激强度为基强度阈值 I_R。由此可见，如果刺激强度低于基强度阈值 I_R，无论是采用多长时间的刺激都不会引起组织细

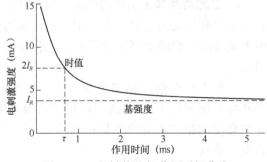

图 3-119　电刺激强度-作用时间曲线

胞兴奋。

虽然，基强度阈值 I_R 和作用时间可以作为衡量刺激能否引起兴奋的指标。但是，由于基强度阈值 I_R 处于曲线的平坦区，若选用略高于 I_R 的电刺激强度，其作用时间难以准确选择。因此，在基强度的基础上引出了时值（τ）的概念。

时值（τ）定义，以 2 倍于基强度阈值 I_R 作为刺激强度，引起组织兴奋所需要的最短作用时间（或脉冲宽度）值。在实际应用中，为得到有效的电刺激，通常采用强度大于 2 倍 I_R 的电流（或脉冲宽度）、作用时间略大于时值（τ）的刺激。

对于刺激方波脉冲，电流、电荷和能量阈值的换算计算公式为

$$I_T = I_R \times \left(1 + \frac{\tau}{t}\right)$$

$$Q_T = I_R \times t \times \left(1 + \frac{\tau}{t}\right)$$

$$W_T = I_R^2 \times r \times t \times \left(1 + \frac{\tau}{t}\right)^2$$

式中，I_T 为电流阈值，Q_T 为电荷阈值，W_T 为能量阈值，I_R 为基强度阈值，τ 为时值，r 为组织的阻抗，t 为刺激的脉宽。

（四）心脏的除颤、复律与起搏

心脏有效的泵血功能依赖于心肌纤维有规律、协同一致的收缩和舒张，以及心脏传导系统的兴奋传递。如果出现严重的心律失常，将使心排血量下降，直接影响对组织脏器的灌注，甚至危及生命。心脏节律性疾病指心律起源部位、心搏频率与节律性及冲动传导等功能异常，对于那些用药物治疗难以纠正的心律失常，临床通常根据情况采用心脏除颤、复律、起搏或射频消融技术对心脏节律性疾病进行人工干预，现阶段，心脏的人工电刺激干预已经成为一种应急和有效的治疗措施。

尽管除颤、复律和起搏都是利用外源性电刺激来治疗心律失常的，均为现代治疗心律失常的常用方法，但是，它们之间从临床用途到使用方法存在着较大区别。

（1）电复律：心脏电复律是以患者自身的心电信号为触发标志，同步瞬间发放高能脉冲电流通过心脏主体，使某些异位快速心律失常（大部分心肌除极）转复为窦性心律。由于电复律必须将除颤电流脉冲落放在 R 波降支或 R 波开始后 30ms 以内的心室绝对不应期中，才能实现心肌整体的除极，即电脉冲释放时机应受控于心电 R 波，因而，它被称为同步电复律。电复律的同步时机，如图 3-120 所示。

（2）电除颤：利用除颤器释放的电流脉冲使患者全部心肌在瞬间同时去极化（相当于一次复位），消除心肌的异常兴奋灶及折返环（心室兴奋后沿房室旁路逆行激动心房），去极化之后整个心肌处于心电静止状态，此时自律性最高的窦房结将首先发出冲动重新控制心脏整体搏动，从而实现治疗心室颤动

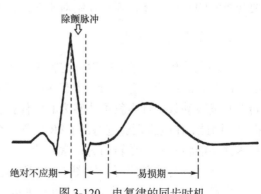

图 3-120 电复律的同步时机

的目的。电除颤释放电流脉冲的时机与患者 QRS 波群无关，因而，也称为非同步电除颤。

（3）心脏起搏：是应用起搏器发出一定频率的电脉冲，用来刺激心肌的特定部位，引起心肌兴奋并传导至整个心脏，使心肌有节律地收缩与舒张。

起搏与除颤应用的是不同治疗机制，心脏除颤器电击复律时，作用于心脏是一次性瞬时高能脉冲，除颤复律电击的持续时间一般为 6～20ms，电能为 40～400J；心脏起搏则是通过定时发放一定频率和幅度的电脉冲使局部的心肌细胞受到刺激而兴奋，引起心脏有节律地收缩。临床急救时，心肺复苏只是暂时维持人工循环或者是延长除颤的"时间窗"，电击除颤才是"激活"心脏的救命一击；而起搏技术，可以缓解由于心跳缓慢或收缩不调所致的射血减少，恢复心脏的泵血功能。

二、心脏除颤技术

应用较强的脉冲电流通过心脏来纠正心律失常的方法，称之为电击除颤，用于发放电击进行心脏除颤与复律的设备统称为除颤器（defibrillator），如图 3-121 所示。

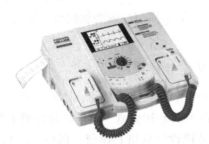

图 3-121 除颤器

现阶段临床应用的除颤器均兼有电复律和电除颤双重功能，其共同作用机制是，在短时间内将高电压、适当强度的电流通过心脏主体，使心肌各部瞬间同时去极化，消除心肌细胞电活动的散乱状态或打断折返环，使异位心律暂时消除，以恢复正常的心脏节律。但是，对于适应证及释放除颤电脉冲的时机，两者却有着明显差别，电除颤适用于心室颤动、心室扑动及无脉性室性心动过速的治疗，其释放电流的时机与 QRS 波群无关（发生心室颤动时已经没有明显的 R 波），即为非同步除颤方式；电复律则不同，如发生心房颤动、心房扑动时存有明显 QRS 波群，为避免在易损期发放电脉冲导致心室颤动，电复律必须要与患者的心律同步，要求在绝对不应期内实施电击除颤。

（一）早期除颤原则

早期电除颤，对于心搏骤停的救治至关重要。因为心搏骤停时，最常见的心律失常是心室颤动，而治疗心室颤动最为有效的方法就是电除颤，成功除颤的机会转瞬即逝，未行转复心室颤动数分钟内就可能转为心脏停搏。由于心肺复苏（CPR）可以暂时性维持心脑循环，因此，在电除颤前进行的 CPR 仅能够延长心室颤动发生后的维持时间，但基本 CPR 技术并不能将心室颤动转归为正常心律。

心肺复苏与除颤流程，如图 3-122 所示。

电除颤的时机是治疗心室颤动的关键，每延迟除颤时间 1min，复苏的成功率将下降 7%～10%，而超过 10min 则只有 2%～5%的患者有生存机会。电除颤与急救生存链，如图 3-123 所示。

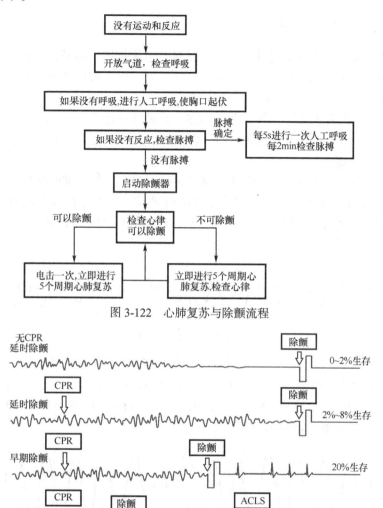

图 3-122 心肺复苏与除颤流程

图 3-123 电除颤与急救生存链

　　显然，早期应用电除颤，将会明显改善心搏骤停患者的预后。因此，在发生心搏骤停时，急救人员需要在数分钟内通过 CPR 方式建立有效循环，以维持患者重要器官的灌注，虽然 CPR 不能直接恢复正常心律，却能为早期除颤赢得时间。数分钟内进行电除颤，以及进一步治疗是恢复有效自主循环的关键。有研究表明，如果电除颤时间延迟到 4min，而在这期间若有第一目击者行 1min 的非标准心肺复苏术，也可以提高患者的存活率。

　　早期电除颤的原则是要求第一个到达现场的施救人员应携带除颤器，并有义务实施 CPR。急救人员一般应接受正规培训，在行基础生命支持（BLS）的同时应能及早实施心脏除颤。自动除颤器（AED）作为一种新型的复苏理念与技术，使除颤器的操作者扩大到非专业人员，尤其是在车站、机场等人流密集场合配备自动除颤器，可以在第一现场早期除颤，能够简化除颤过程，大幅度缩短心搏骤停的抢救时间。因而，AED 自动除颤器是现代急救医学中最为重要的基础设备。

（二）心脏除颤的生理学原理

心脏除颤的基本原理是，选用恰当强度的脉冲电流作用于心脏，通过实施电击，使全部（或大部分）心肌在瞬间同时去极化而处于不应期，以实现抑制异常兴奋灶、消除异位心律、恢复窦性心律的治疗目的。

1. 电复律/电除颤适应证　电复律/电除颤公认的适应证有五类，分别为心室颤动/心室扑动（室颤/室扑）、心房颤动（房颤）、心房扑动（房扑）、室上性心动过速（室上速）和室性心动过速（室速）。

（1）室颤/室扑：室颤（ventricular fibrillation，VF）：是严重的异位心律，是指心室肌快而微弱的收缩或不协调的快速乱颤，致使心室丧失有效的整体收缩能力，发生室颤时，心电的节律完全被各部心肌快而不协调的颤动所代替，心脏相当于处于停博状态。室颤心电图，如图 3-124 所示。

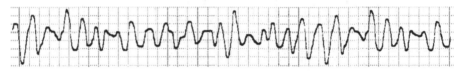

图 3-124　室颤心电图

室扑（ventricular flutter）是室颤的前奏，指心室连续、迅速、均匀的发放兴奋，每分钟达到 240 次以上的心室搏动。心室扑动的波形近似正弦波，没有明显的 QPR 复合波及 T 波，被认为是一种介于室速和室颤之间的心电节律。这种节律持续时间很短，会很快转变为室颤。心室扑动心电图，如图 3-125 所示。

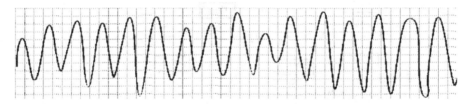

图 3-125　心室扑动心电图

（2）房颤（atrial fibrillation，AF）：是一种常见的快速心律失常，60 岁以上的人有 1% 出现房颤，随着年龄增长发生率成倍增加，其中无器质性心脏病患者占 3%～11%。房颤的发生与年龄和基础疾病类型有关，高血压病是最易并发房颤的心血管疾病，伴发房颤的患者发生栓塞性并发症的风险明显增加。

房颤是指心房肌丧失了正常有规律的舒缩活动，产生快速且不协调的微弱蠕动，致使心房失去了正常的有效收缩。房颤使心电图中的 P 波消失，取而代之的是高频的小 f 波。房颤心电图，如图 3-126 所示。

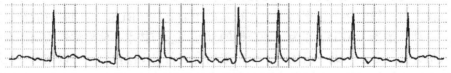

图 3-126　房颤心电图

（3）房扑（atrial flutter）：是一种发生在心房内的快速异位心律失常。当心房异位起搏点频率达到250～350次/分且呈规则时，引起心房快而协调的收缩称为房扑。房扑的频率较房性心动过速更快，这种心脏节律很容易转变为房颤。房扑的心电图，如图3-127所示。

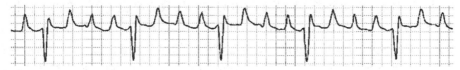

图 3-127　房扑心电图

（4）室上速（supraventricular tachycardia，SVT）：广义上指起源于希氏束以上的心动过速，狭义上包括房室折返性心动过速及房室结折返性心动过速，此时，心脏的节律一般会在100～300次/分。室上速多为一种阵发性快速而规则的异位心律，特点是发作的突然性。室上速发作时，患者感觉心跳得非常快，心率可达150～250次/分，好像心脏要跳出来似的，主要临床表现是"心慌"。室上速的发作时间可能会持续数秒、数分钟或数小时，甚至数日。室上速心电图，如图3-128所示。

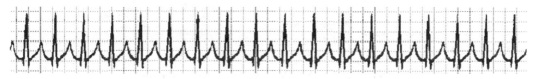

图 3-128　室上速心电图

（5）室速（ventricular tachycardia，VT）：指起源于希氏束分叉处以下的3～5个以上宽大畸形 QRS 波组成的心动过速，是发生在希氏束分叉以下的束支、心肌传导纤维、心室肌的快速性心律失常，其频率一般大于120次/分。室速起源于左心室及右心室，持续性发作时的频率通常超过120次/分，并可发生血流动力学状态的恶化，可能会蜕变为室扑、室颤，导致心源性猝死。室速心电图，如图3-129所示。

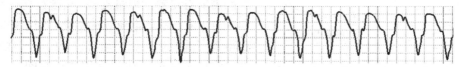

图 3-129　室速心电图

2. 室颤及除颤机制　室颤是一种严重的心律不齐。当患者发生室颤时，心室无整体收缩能力，呈不规则的"抖动"。此时，心脏射血和血液循环终止，心电图波形杂乱无章，无 QRS 特征波。图3-130为记录到的由正常窦性心律转变为室颤时的心电波形。

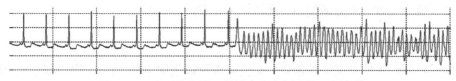

图 3-130　由正常窦性心律转变为室颤时的心电波形

室颤时，需要立即使用除颤器进行除颤救治，否则，可能导致心脏功能完全丧失，脑部极度缺氧，患者会在几分钟内死亡。虽然，相对于室颤而言，房颤、节律性的心悸及室速的危急程度相对较小，不会使患者立刻死亡。但是，由于收缩间隔时间的减少会削弱心脏的充盈，从而降低心排血量，导致各器官、组织的血液灌注不足。因此，这些情况也需要进行电击治疗以恢复正常的心脏节律。总之，及时、有效地治疗室颤及心脏节律失常，对于挽救患者生命具有重大的临床意义。

（1）颤动机制：颤动是指心肌无序的电兴奋，导致心脏丧失了正常的节律性收缩。普遍认为，颤动是由于心脏内存在折返兴奋通路，引起这种异常生理机制的原因是心脏兴奋传导区及心肌细胞膜的重复去极化，使得通过心脏的单个兴奋波或多个兴奋波被快速重复传递。当多个兴奋波被重复传递，心脏节律的同步性会逐渐下降，最终导致心肌纤维完全丧失收缩的同步性，引发室颤。

（2）除颤机制：除颤的机制是用外加高强度脉冲电流通过心脏，使全部或大部分的心肌细胞在瞬间同时去极化，造成心脏短暂的电活动停止，然后用最高自律性的起搏点重新主导心脏节律。心室颤动时的电复律治疗就是电击除颤。电击除颤终止室颤，使心脏恢复正常窦性节律的心电波形如图 3-131 所示。

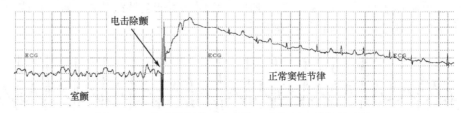

图 3-131　电击除颤终止室颤使心脏恢复正常窦性节律

电击除颤必须有足够的电流强度和持续时间来影响心肌细胞，因此，选择合适的除颤电流强度与持续时间对除颤的效果至关重要。电流、能量和电荷的强度—持续时间曲线，如图 3-132 所示。

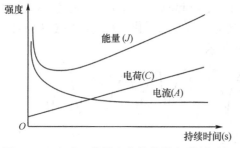

图 3-132　电流、能量和电荷的强度-持续时间曲线图

如图 3-132，电击强度只有处于电流（或能量、电荷）曲线的上方才能够成功除颤，这说明除颤需要有足够的能量支持。从指数衰减的电流曲线可以看出，若电流脉冲持续时间很短时，要获得较高的能量，就必须有较大的电流强度。

临床上一般不建议采用持续时间过短的高电击脉冲，因为高强度的电流脉冲需要提高激励电压，会造成不同程度的心肌损伤。当然，电击持续时间过长也是不可取的，因为随着脉冲时间的加长，电流接近恒定，传递能量的累加会使能量曲线升高。另外需要注意，过强和过长的电击也可能会导致心脏重新颤动，无法恢复正常的心脏功能。

（三）电除颤的工作原理与波形控制

早期的除颤器主要是交流除颤器，交流除颤可以消除室颤，但由于它的输出波形较为单一（以正弦波为主），无法抑制房颤。另外，交流除颤器输入端的高强度电流会对同一电源线上的其他设备带来干扰，易引发触电。因此，现在已经不再使用，目前的除颤器均为电容放电式的直流除颤器。

现代除颤器由机内直流逆变器产生除颤所需的直流高压，通过不同的电路形式和控制方法，可以灵活地输出多种波形以满足临床需求。

1. 除颤器的工作原理　自 20 世纪 60 年代以来，直流除颤器一直沿用电容充、放电方式。它的基本电路形式，如图 3-133 所示。

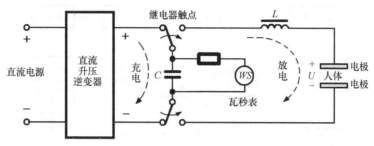

图 3-133　心脏除颤器充、放电原理图

使用时，直流升压逆变器将直流低压转换成直流高压，通过继电器的常开触点向储能电容 C 充电。除颤治疗时，继电器动作，常开触点闭合，切断充电回路，由储能电容 C 经电感 L 向人体（负载 R）放电。经人体组成的 RLC 电路为串联谐振衰减振荡电路，也称为阻尼振荡放电电路。其中，电感器的主要作用是降低峰值电压，防止在放电初始阶段的电流过大或电压过高。

放电回路中电感对输出波形的影响，如图 3-134 所示。

如图 3-134 所示，不使用电感时，放电波形呈指数衰减，如 a 曲线。波幅高、能量集中，对心肌损伤较大。增加电感后，放电波形呈阻尼正弦波，如 b 曲线。波幅降低，波形变圆，对心肌损害小。尽管如此，直流除颤器的放电电压峰值仍可达到 3000V 以上。

RCL 振荡电路主要应用在早期的单相波除颤器中，它可以存储 440J 的能量，传递给一个胸阻抗为 50Ω 的患者的实际能量大约为 360J。除颤器有多种可供选择的能量强度，选择范围一般为 5～360J。对于儿童或体形较小的患者通常使用低能量强度的电击治疗，脉冲持续时间一般为 4～12ms。

人体电阻是 RCL 放电回路的一部分，由于人体电阻通常在 25～150Ω 的范围内变化，从而使得输出波形的持续时间和脉冲衰减程度也会有所变化。图 3-135 为 RCL 除颤器产生的快速衰减和欠阻尼衰减波形。

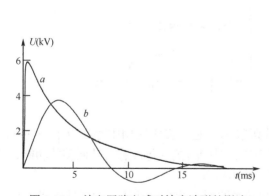

图 3-134　放电回路电感对输出波形的影响

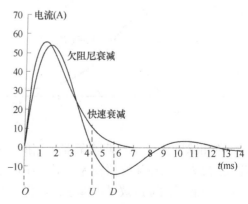

图 3-135　RCL 除颤器产生的快速衰减和欠阻尼衰减波形

上图中，O—D 为快速衰减正弦波的持续时间，O—U 为欠阻尼正弦波的持续时间。除颤器的原理框图，图 3-136 所示。

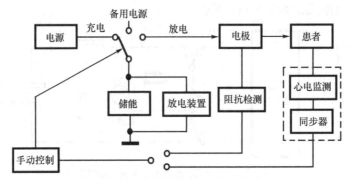

图 3-136 除颤器的原理框图

为防止除颤电击对人体皮肤造成灼伤，除颤器必须具备阻抗检测功能，当发现电极与皮肤接触不良时，能即刻报警。有些除颤器还有电极压力感受装置，如果手持式电极未达到足够大的压力，电路不会启动除颤功能。另外，除颤器还有内置心电监测系统和同步装置（图中虚线部分），由于心电监测与除颤使用同一对电极，可以提高心律不齐的节律识别和纠正效率。除颤器使用完毕关机后，放电装置能自动对储能器件进行安全的内部放电。

2. 除颤的输出波形　尽管目前临床仍应用能量作为除颤的剂量，但是，决定除颤是否成功的关键因素是流过心肌的电流。操作除颤器时，要选择适当的能量，使除颤电流全部（或大部）通过心脏，以获得最佳的除颤效果。由于电流也是造成心肌损伤的主要因素，因此低能量、高成功率和低心肌损伤一直是除颤技术研究的方向。

除颤时，电流或电压随时间的变化曲线构成了除颤波形。除颤波形的设计是提高除颤效率的关键技术，近年来，除颤器的波形设计出现了许多创新性的研究成果。目前，除颤的输出波形主要分为单相波和双相波。

（1）单相除颤波形：早期的除颤器主要采用单相除颤波形，单相波的电流方向是固定的，电流只能从一个电极流向另一个电极。最常见的单相除颤波形有单相阻尼正弦波和单相指数截断波，如图 3-137 所示。

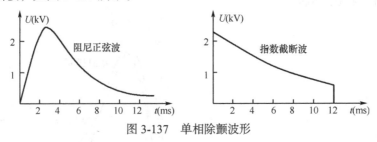

图 3-137 单相除颤波形

单相除颤波形是早期除颤器采用的一种除颤技术，它在临床应用中存在以下一些缺陷。主要表现为电流峰值较大，对心肌功能有损伤；对胸阻抗变化没有自动调整的功能，对高阻抗患者的除颤效果不理想；对房颤的转复能力较差。

（2）双相除颤波形：与单相波不同，双相除颤波形由两个极性相反的脉冲组成，在电击过程中电压/电流的极性会发生翻转，它可以有效降低除颤所需的电击强度。

双相除颤波形的技术优势是，双相波的电流峰值可以大幅降低，电击对心脏造成的损伤较小；通过反方向的第二相（负向）电流可以消除第一相（正向）的残留电荷，能有效地防止除颤后的室颤复发；从第一相到第二相过渡时的高强度电压变化，能导致组织的超极化及初始相位的钠通道再激活，使得第二相波可以更好地刺激心肌。

目前，除颤器应用的双相波主要有如图 3-138 所示的三种形式，即双相指数截断波、双相方波及双相脉冲波。

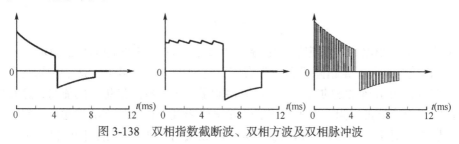

图 3-138　双相指数截断波、双相方波及双相脉冲波

3. 阻抗补偿技术　由于体外除颤器的电极不是与患者的心脏直接接触,电极与心脏之间存在皮肤接触电阻和人体阻抗（一般为 30～70Ω）。由于这些阻抗的不确定性和个体差异性，会直接影响除颤的电流、能量及除颤的效率。因此，体外除颤器应用环节中的阻抗变化增加了设置电击强度的难度。目前，新一代的除颤器普遍使用了阻抗补偿技术，通过这项技术能对患者的胸阻抗适当补偿。

根据除颤器所使用波形的不同，用于体外除颤阻抗补偿的技术手段主要有电流补偿技术、脉宽补偿技术、双相补偿技术及占空比补偿技术。采用阻抗补偿技术后的除颤波形变化，如图 3-139 所示。

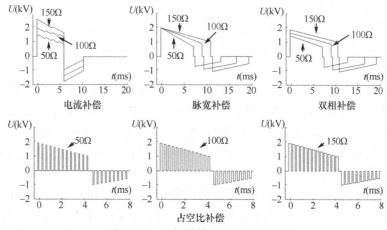

图 3-139　阻抗补偿后的除颤波形图

电流补偿技术通过调节固定时间段内的电压幅值，保证释放的电流基本恒定。当患者胸阻抗升高时，通过增加电击电压来维持电流的恒定输出，相反则减小电击电压。脉宽补偿技术通过调节电击的持续时间来进行胸阻抗补偿。若患者胸阻抗增加，则延长电击的时间，以达到输出的能量恒定。双相补偿技术通过同时改变电压强度及持续时间以补偿患者胸阻抗的变化。占空比补偿技术利用双相脉冲波中高频脉冲的占空比来调节输出的能量，这一技术仅适用于双相脉冲波。

4. 心脏除颤器主要技术指标　为了确保医疗机构使用心脏除颤器的质量安全,国家质量监督检验检疫总局颁布了《JJF1149-2006 心脏除颤器和心脏除颤监护仪校准规范》，明确规定了心脏除颤器和除颤监护仪的技术指标要求。

（1）最大储能值：是指除颤器电击之前，需要向除颤器的储能电容器储存的最大电能。临床实践证明，电击的安全剂量以不超过 400J 为宜，即除颤器的最大储能值为 400J。储能 W 与电容容量 C、电容的端电压 U 的关系为

$$W = \frac{1}{2}CU^2$$

从上式可知，当电容 C 确定后，电容存储的能量 W 由它的端电压 U 确定。

（2）释放电能量：是指除颤器向患者实际释放的电能的多少。这个性能指标十分重要，因为它直接关系到除颤的实际剂量。储存能量并不是释放给患者的能量，这是因为在释放电能时，电容器的内阻、电极与皮肤的接触电阻及电极接插件的接触电阻等，都要消耗电能。所以，对于不同患者（相当于不同的释放负荷）即使采用相同的储存电能可能释放出的能量却不同。实际释放给患者的能量可表示为

$$W_d = W_s \times \left(\frac{R}{R_i + R} \right)$$

式中，W_d 是释放给患者的能量，W_s 是电容储存的能量，R 是释放负荷（即患者电阻），R_i 是设备电阻。除颤器释放能量最大允许误差为±15%或±4J。

因此，衡量释放电能量时，必须以一定的负荷值为前提。通常，多以 50Ω 作为患者的等效电阻值。

（3）释放效率：是指释放能量和储存电能之比。不同的除颤器有不同的释放效率，但多数除颤器的释放效率为 50%～80%。

（4）能量损失率：是指除颤器电容充电到预选能量值之后，在没有立即放电的情况下，随着时间的推移，能量损失与原能量值的比值。一般要求，充电完成 30s 内，能量的损失不大于 15%。

（5）最大储能时间：是指电容从开始充电直至达到最大储能值时所需要的时间。储能时间短，就可以缩短抢救和治疗的准备时间，提高除颤成功率，所以这个时间越短越好。但因受电源内阻的限制，不可能无限度地缩短储能时间。标准要求最大储能时间不能大于 15s。

（6）充放电次数：在规定条件下，心脏除颤器 1min 内应能完成 3 次充电和对 50Ω 阻性负载放电的循环操作。

（7）最大释放电压：是指除颤器以最大储能值向一定负荷释放能量时在负荷端产生的最高电压值。它反映了在电击时患者承受的实际电压，是一个重要的安全指标。国际电工委员会规定：除颤器以最大储能值向 100Ω 电阻负荷释放时，在负荷上的最高电压值不应该超过 5000V。

（8）内部放电：按照国家校准规范要求，心脏除颤器高压电容充满电以后，如果在 120s 内未进行除颤，则设备能够通过内部负载自动放电，以确保安全。

（9）同步模式：当心脏除颤器处于同步模式时，应有清楚的指示灯或音响指示信号，心电监护波形应有同步触发标志。在同步模式下除颤时，除颤脉冲应只在出现同步脉冲时出现，且延迟时间不大于 30s。

三、除 颤 器

除颤器的发展，依托于临床医学、生理学的研究及电子工程技术的进步。由于室颤发作后第一时间除颤很重要，因此，快速识别室颤，尽早实施电击救助是提高室颤整体救治水平的关键。临床对室颤治疗快速响应的需求，促进了便携式、电池供电式除颤器及自动体外除颤器的发展。经过短期训练，非专业人员（现场目击者、警察、消防队员等）就能掌握自动体外除颤器的除颤方法，可以实现对患者的早期救助。

（一）体外除颤器分类

体外除颤器是目前最为常用的除颤器，根据工作方式又分为手动除颤器和自动除颤器（AED）。体外除颤器既可用于一般场合心搏骤停患者的急救治疗，也可用于手术过程中的急救。

1. 手动除颤器 手动除颤器是最早在临床使用的一类除颤器，由于手动除颤的充电和放电操作均为人工控制，并有明确的适应证与禁忌证，使用不当，会造成严重后果。因而，它对操作的要求较高，通常配置在专门科室，必须由受过培训的专业医务人员使用。

现代手动除颤器一般都具有同步电复律和非同步电除颤两种模式。非同步型除颤采用的是不要求与患者心电 R 波同步的除颤方式，放电脉冲的时间由操作者决定，这种方式适用于室颤和心室扑动等 R 波消失的节律。同步模式为电复律，适用于房扑、房颤、室上速及室速等有明显 R 波的节律，在电复律模式下，除颤器通过 R 波来控制电击脉冲的触发时间，使电击脉冲恰好落在 R 波的下降支，由于电击脉冲不会发生在易激期（T 波段），从而可以避免发生室颤的危险。

手动体外除颤器，如图 3-140 所示。

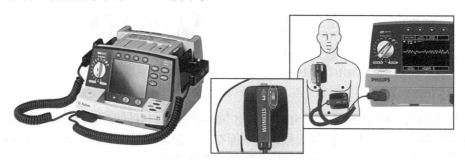

图 3-140 手动体外除颤器

2. 自动体外除颤器 自动体外除颤器（automatic external defibrillator，AED）是一种便携式、易于操作，稍加培训即能熟练使用，为现场急救设计的急救设备。它有别于手动除颤器，可以经内置分析系统检测和确定发病者是否需要予以电除颤，并能自动进行除颤救治。

自动体外除颤器，如图 3-141 所示。

在自动体外除颤器的使用过程中，由于有语音和屏幕提示，可以使操作更为简便易行，一般仅需

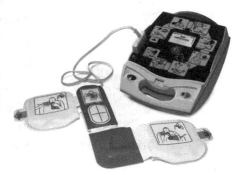

图 3-141 自动体外除颤器

几小时的培训便能应用自如。美国心脏病协会（AHA）认为，学用 AED 比学习心肺复苏（CPR）更为简单，且更为需要。

目前的除颤器均具有手动除颤和半自动除颤双重功能，大多配置在医院、救护车等场所，适合医护人员和经过急救技能培训的人员使用。由于全自动除颤器可以由普通人使用，适用于第一急救现场，因而具有良好的发展前景。

（二）除颤电极及放置

根据不同的应用场合，除颤电极可以分为体外除颤电极和体内除颤电极两大类。体外除颤电极适用于一般场合，主要有手持式（电极板）电极和黏附式（电极垫）电极，体内除颤电极仅用于开胸手术中的电除颤。

1. 体外除颤电极　体外除颤器的电极与人体直接接触，是除颤器对患者实施救助的应用器件。体外除颤电极为导电材料，单个成人体外除颤电极的表面积约为100cm²，儿童体外除颤电极的表面积约为 40cm²。电极使用的导电材料应与皮肤有良好帖服性，目的是有效地减小电极与皮肤间的接触电阻。

（1）手持式除颤电极：是可以重复使用的电极，两个电极分别为心尖电极和胸骨电极（或心底电极）。手持式除颤电极，如图 3-142 所示。

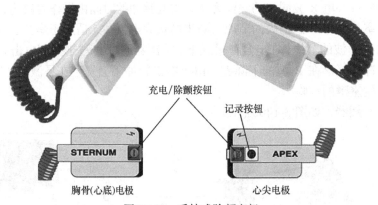

图 3-142　手持式除颤电极

如图 3-142，在电极的顶部各有一个充电/除颤按钮，只有同时按下这两个按钮才可以激发除颤电流。心尖电极充电/除颤按钮的下面有一个记录按钮，按动记录按钮可以记录除颤器的输出波形和心电图，以便及时检查除颤过程和效果。

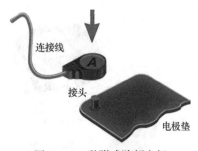

图 3-143　黏附式除颤电极

（2）黏附式除颤电极：为一次性使用电极，电极能与患者皮肤保持 24h 的良好接触，并可以承受 50 次能量为 360J 的除颤电击。黏附式除颤电极，如图 3-143 所示。

2. 体外除颤电极的安放位置　电极的安放位置是影响除颤成功率的重要因素之一。体外除颤时电极放置的位置要保证尽可能多的电流通过心脏，否则会出现无效电击。电极的安放位置与除颤电流示意图，如图 3-144 所示。

（1）前-前位：体外除颤电极的前-前位，如图 3-145 所示。

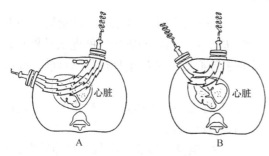

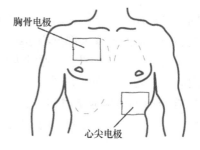

图 3-144　电极的安放位置与除颤电流示意图

A. 正确的电极位置；B. 错误的电极位置

图 3-145　前-前位

前-前位，即心尖电极放在左腋前线内第 5 肋间（心尖部），胸骨电极放在胸骨右缘（第 2～3 肋）肋间（心底部）。由于前-前位方式操作便利，适用于紧急电击除颤，目前临床上主要采用这种方式。使用前-前位除颤时，两块电极板之间的距离不应小于 10cm。

（2）前-后位：体外除颤电极的前-后位，如图 3-146 所示。

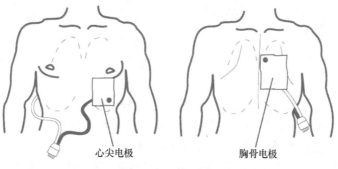

图 3-146　前-后位

前-后位，即心尖电极放在胸骨左缘（第 3～4 肋）肋间水平，胸骨电极放在背部肩胛下区。这种方式由于通过心脏的电流较小，因此所需要的电能较少，可以减少潜在的心肌损伤。注意：电极应该贴紧患者皮肤，不能有空隙或边缘翘起。除颤时，在手持式电极上应加有足够的压力（约 10kg）使患者皮肤扁平，有利于电极与皮肤的接触。

为了安全地将除颤能量较多地传递到心脏，电极与患者皮肤应保持良好接触。因为良好的接触，可降低接触电阻，减少电极与皮肤接触面之间的能量消耗，从而可以提高除颤效率。否则，不仅会降低除颤效率，而且还会因为接触面消耗过多能量发生皮肤灼伤。临床使用手持式电极应牢固地压在患者的胸壁，现在的除颤器一般都有电极压力感受装置，如果手持式电极没有足够大的压力，电路不会启动。

3. 体内除颤电极　体内除颤电极，如图 3-147 所示。

体内除颤电极为勺状电极，主要用于手术过程中直接对患者心脏进行除颤。单个成人体内除颤电极的表面积约为 32 cm²，儿童体内除颤电极的表面积约为 9cm²。

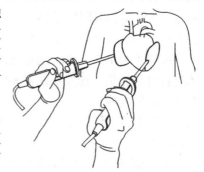

图 3-147　体内除颤电极

（三）同步电复律

同步电复律（cardioversion）是指在严重快速型心律失常时，用外加的高能量脉冲电流通过心脏，使全部或大部分心肌细胞在瞬间同时去极化，造成心脏短暂的电活动停止，然后由最高自律性的起搏点（通常为窦房结）重新主导心脏节律的治疗过程。目前，临床上使用的除颤器大多都具有同步电复律功能。

1. 电复律的最佳放电时期　心脏电复律是与患者自主心律（体现在 R 波）同步进行的除颤方式，是一种在 QRS 复合波期间施加电击的触发机制。

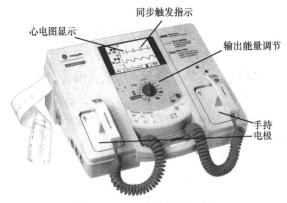

心电图显示
同步触发指示
输出能量调节
手持电极

图 3-148　心脏电复律装置

2. 电复律设备　心脏电复律装置，如图 3-148 所示。

电复律通过手持电极可以检测到心电信号，经判断出 R 波后，再延迟 30ms 触发放电。由于正常人室壁激动时间小于 30ms，所以这时除颤脉冲大约是在 R 波的下降期中部。

3. 适应证与禁忌证　电复律公认的适应证共有五类：房颤、房扑、室上速、室速及室颤/室扑。传统的观点认为，室颤/室扑为绝对适应证，因为发生室颤时，心脏节律完全丧失，因此对除颤电击的释放时刻没有特殊的要求，其余为相对适应证。

临床应用时，需复律的紧急程度对适应证进行分类。

（1）择期复律，主要是房颤，适宜于有症状且药物无效的房颤患者，而对无症状且可耐受长期服用华法林者是否获益及获益程度尚无结论。

（2）急诊复律，室上速伴心绞痛或血流动力学异常，房颤伴预激前传、药物无效的室速。

（3）即刻复律，任何引起意识丧失或重度低血压者。

电复律的禁忌证为，确认或可疑的洋地黄中毒、低钾血症、多源性房性心动过速、已知伴有窦房结功能不良的室上速（包括房颤）。

（四）自动体外除颤器

临床上抢救室速与室颤时，影响其成功率的关键因素就是除颤时机。据统计，发生室颤 1～2min 内除颤的救治成功率为 60%～80%，随着除颤时间的推移，救治成功率急剧下降。为了满足这一临床要求，出现了自动除颤器（AED），AED 能够对患者的心电图进行自动分析，通过识别需要除颤节律，实施自动电复律。

自动除颤器的现场应用，如图 3-149 所示。

AED 的现场应用仅需要以下三个步骤。

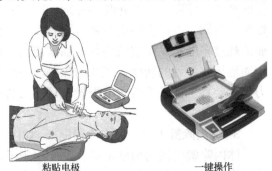

粘贴电极　　　　一键操作

图 3-149　自动除颤器现场应用

（1）打开电源开关，出现语音提示。

（2）正确连接除颤电极，AED自动分析和充电。

（3）声光报警后按下放电键，完成除颤。

1. AED的构成　自动体外除颤器内置心电信号自动检测与分析系统，是一种便携式、易于操作、稍加培训即能熟练使用、专为现场急救设计的急救设备。从某种意义上讲，AED不仅仅是一种急救设备，更是一种在病发现场早期实施有效救治的理念。

自动体外除颤器与普通的体外除颤器相比，最大的特点就是它具有心律自动分析的功能。除颤时贴好电极片，设备能够对患者的心电信号进行采集与分析，并迅速判断是否存在可除颤心律。一旦患者出现了可除颤心律，AED能自动或者半自动的对患者进行除颤治疗。自动体外除颤器的原理框图，如图3-150所示。

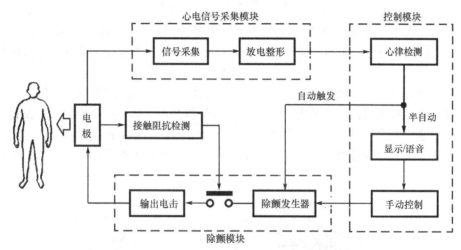

图3-150　自动体外除颤器的原理框图

全自动模式下，AED不需要手动控制，可以实现自动触发除颤。半自动模式需要通过AED的语音提示和屏幕显示，指导操作者实施除颤。由于AED能自动进行心电节律分析，判断是否需要除颤，而且操作简单，稍加培训就能熟练使用，因此，紧急情况下，在事发现场的非专业人员能够对患者实施早期的除颤治疗。

2. AED的操作　AED的操作方法非常简单，操作者主要的任务就是按照提示正确安放电极片并按动除颤键即可，AED设备能够迅速判断是否存在可除颤心律，然后释放电击除颤。

（1）检查并开机：AED开机，如图3-151所示。

如果左下角的状态指示显示绿色"对勾"，表示机器功能正常。按开机键，向上

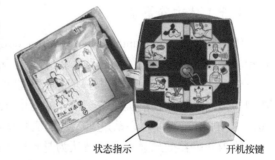

图3-151　AED开机

搬，打开盒盖，机器自动完成开机自检，并有语音提示"系统正常"。

（2）安放电极片：一次性电极片与安放位置，如图3-152所示。

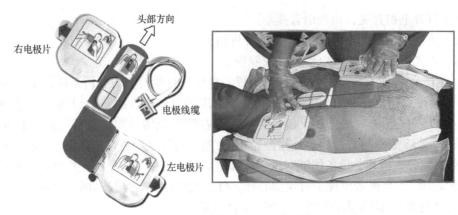

图 3-152　一次性电极片与安放位置

　　根据语音提示"安放电极片"，将电极片平放在患者胸前，图形的头部方向与患者一致，红色十字线的横线位于双乳头连线上，竖线位于前胸骨中心线。注意：电极片与皮肤间不能存有气泡。

　　（3）自动除颤：电极片粘贴完毕后，语音提示"不要触碰患者，正在进行分析"，此时，AED 自动接收患者的心电信号，并开始进行除颤指征分析。如果检测到室颤指征，有语音提示"建议电击除颤，不要触摸患者，按下除颤键"。在按下除颤键之前，操作者应口头警告任何人不能接触患者，并环视周围确认没有人接触患者后，可如图 3-153 所示的按动除颤键，实施自动除颤。

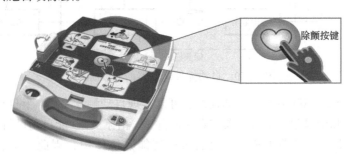

图 3-153　除颤按键

（五）体内除颤器

　　体内除颤器（implantable cardioverter defibrillator，ICD）的全称是植入式心律转复除颤器。体内除颤器通过静脉通路，将导管电极放置在心腔内，通过与心肌直接接触实施除颤。体内除颤器可以自动检测心动过速和室颤，并能有针对性地采取恰当的电击治疗措施。新型的体内除颤器还能提供 5～10V 的低电压起搏刺激脉冲，通过较快频率的抗心动过速起搏（ATP）超速抑制心动过速，从而实现对心动过速的无痛治疗。

　　体内除颤器效果显著，已被认为是预防心脏猝死的主要治疗设备。体内除颤器的原理与体外除颤器基本相同，但与体外除颤器相比，体内除颤器还必须具备异常心电信号的自动检测功能及可与心肌直接接触的除颤电极。

　　体内除颤器，如图 3-154 所示。

　　自 1980 年发明体内除颤器以来，体内除颤器技术得到了长足的进步，这种通过静脉植入的方式不需要开胸术植入心外膜电极，可以避免手术创伤。同时，静脉植入系统能提供快速、微创式植入，在确保较高成功率的同时大大减轻了患者的不适。

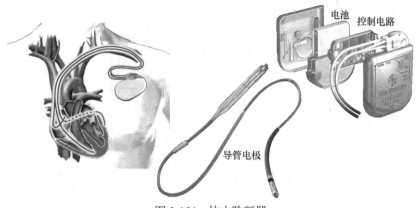

图 3-154　体内除颤器

心律失常检测算法是体内除颤器的重要技术环节，它对算法的要求是在不降低特异性（识别正常心脏节律的概率）的同时提高检测的灵敏度（识别异常心脏节律的概率）。因此，需要通过大量的临床检测来评估和改进心律失常检测算法，并根据检测结果合理调整治疗参数，以提高体内除颤器的治疗效果。

1. 体内除颤器的时效性　心脏病患者的死亡病例中，约有一半属于猝死（即突然死亡）。造成猝死的最常见原因是严重的室性心律失常，如室颤及室速等。这些严重的心律失常发生前常无预兆，药物也不能完全予以控制。由于心律失常的突发性与危险性，临床要求一旦发生心律失常必须即刻将其纠正。因为室颤时，心脏已经不能射血，脑部缺血超过 6s 就会发生晕厥，如果停止射血达 5min，抢救成功的机会将低于 20%。这时，即使患者是在医院，也不一定来得及救治。

体内除颤器是用来随时终止这类严重心律失常的一种专用仪器，大量的研究表明，体内除颤器植入比药物治疗更为有效。对于那些处于高危心脏病的患者，植入式体内除颤器是预防心搏骤停的可靠治疗手段，体内除颤器可以持续监护患者的心脏功能，当鉴别到发生室颤或室速时，仅需 10s 即可自动释放有效电击实施除颤，以终止心律失常。

体内除颤器除颤过程，如图 3-155 所示。

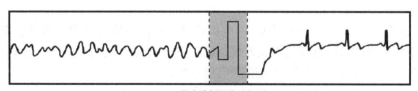

　突发室性心动过速或室颤　　体内除颤器快速识别　　心脏恢复正常节律
　　　　　　　　　　　　　　　发放电击

图 3-155　体内除颤器除颤过程

2. 基本原理与功能　体内除颤器由电池、高压电容组和密封在钛合金盒子中的传感控制电路等组成。传感控制电路主要包括心电信号采集系统、单片机控制系统、除颤脉冲发生器、数据储存器和无线通信系统等。植入式除颤器的原理框图，如图 3-156 所示。

心电信号采集系统实时监测患者的心电信息，通过单片机控制系统对心电信号进行分析与判定，若发现可除颤、起搏的心脏节律，立即启动除颤／起搏发生器，体内除颤器产生治疗脉冲对患者施救。除颤／起搏脉冲发生器的作用是将约 6.5V 的内置电源转换成 600～750V 的除颤高压脉冲，根据临床需要输出适宜的除颤波形。

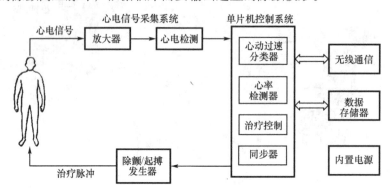

图 3-156　植入式除颤器原理框图

体内除颤器的内置电源是一块电池，对电池的基本要求如下。

（1）能提供维持设备运行 10 年以上的电能。

（2）电池内阻应足够小，可以提供较高的输出电流，并能够确保在 5～15s 内完成对储能电容的充电。

除颤器的储能电容是提供除颤电流的关键器件，过去主要使用 85～120μF 的铝壳电解电容。铝壳电解电容的体积较大，长期使用电解质容易变质出现漏电现象，导致充电时间过长而延误治疗时机。目前，随着电容（陶瓷或者薄膜电容）技术的进步，使电容能提供更高的储存密度、更强的外形可变形性及更高的元件封装密集性。体内除颤器储能电容的封装密度已经从早期的 0.03J/cm³ 增加到现在的 0.43J/cm³，拱形电容器的封装密度甚至可以做到 0.6J/ cm³ 以上。

现有临床使用的体内除颤器重量一般为 197～237g，体积为 110～145cm³。随着电容器技术和集成电路的发展，未来除颤器的尺寸会做得更小，起搏和除颤的电压阈值也会逐渐降低。

3. 电极与导联系统　体内除颤器是植入人体内的除颤器。由于除颤电击直接作用心脏，因此，除颤器如何植入及电极如何安放（与心脏如何接触）是体内除颤器必须考虑和解决的问题。

（1）心外膜除颤电极：心外膜除颤电极曾是早期体内除颤器主要的电极安置方法，尽管现代经静脉植入除颤电极是主流方式，成功率可以高达 95%，但是，余下的 5%如何处置？当然，还需要应用心外膜体内除颤电极系统。

心外膜除颤/起搏的适应证如下。

1）左心室电极经静脉植入失败或不能固定于理想部位。

2）三尖瓣机械瓣换瓣术后。

3）经静脉植入困难。

4）经静脉途径电极导线反复脱位。

5）心脏外科手术后的临时心脏除颤/起搏。

6）儿童心脏除颤/起搏。

心外膜体内除颤器的电极系统放置在心脏外膜，因而需要开胸术或实施经皮小切口微创手术，通过暴露心脏完成心脏外膜的电极安放。心外膜体内除颤器系统，如图 3-157 所示。

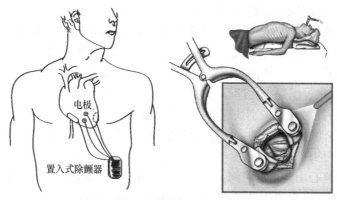

图 3-157 心外膜体内除颤器系统

心外膜除颤电极植入方法的主要缺点是住院时间较长、容易引起并发症、患者有不舒适感及医疗费用较高。虽然，采用肋下肌、剑突及胸腔镜技术能减少外科手术的操作步骤和对人体的创伤，但是，研究如何在可接受的除颤阈值范围内实现经静脉的导联系统仍是体内除颤的关键。

（2）经静脉除颤电极：现在使用的经静脉除颤电极导联结构与起搏器电极极为相似，主要采用聚氨基甲酸酯和硅树脂作为绝缘材料，铂、铱作为电极材料。电极经静脉系统置于心腔，可以避免外科开胸手术。静脉导联系统中使用的如类固醇等材料能够增加刺激的效率、减少除颤电流及延长脉冲发生器的使用寿命。典型的经静脉除颤电极的刺激阈值为（0.96±0.39）V，电描记图的幅度为（16.4±6.4）mV。

简化的植入方法是体内除颤器导联系统的发展目标之一，现阶段的电极导联系统广泛使用单导管技术，主要是通过上腔静脉将电极导管植入心脏的右心室。经静脉除颤系统，如图 3-158 所示。

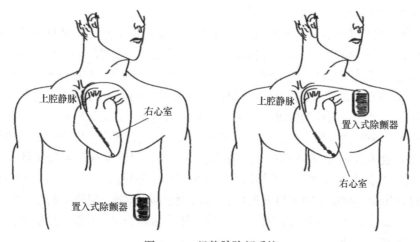

图 3-158 经静脉除颤系统

图 3-158 左图中，经过静脉的单导管能向上腔静脉和右心室提供刺激电击。导管中的单电极既可以用于起搏/监测也能进行右心室的高电压除颤，实现对心动过速的监测及抗心

动过缓、心动过速的起搏治疗。图 3-158 右图是现代主要的植入方法，由于脉冲发生器的小型化能够植入到人体胸部区域，它的机壳可作为另一个电极与置于右心室内的电极结合，实现机壳与电极之间的电击能量释放。

4. 心动过速鉴别 体内除颤器是用于终止严重心律失常最为有效的专用仪器。为应对心律失常，体内除颤器首要任务就是鉴别，要根据心律失常的严重程度和性质，及时采取相应的除颤治疗措施。现代体内除颤器都具备识别与处置快速心律失常（心动过速）及心动过缓的功能，其中，识别与处理心动过缓主要是通过抗心动过缓的起搏功能来完成，体内除颤器主要是有针对性地识别快速心律失常，并采用抗心动过速起搏（ATP）方式终止室速。现阶段，心动过速的识别主要是以快速心律失常的心率及持续时间（心动过速的周期数）作为基本评估标准。

（1）心动过速心率与持续时间：心动过速（tachycardia）的临床重要指征就是心率过快，但并不是说只要心率快就是室速，需要立即实施除颤治疗。例如，临床上出现窦性心律过速就不能采取除颤方式纠正。因此，体内除颤器还需要进一步的甄别，其中，心动过速心率及累计室速持续时间检测是目前甄别心动过速的基本方法。例如，体内除颤器设定室速的心率识别标准为 150 次/分，并要求室速心率发作持续时间超过 10s 后，再结合突发性与稳定性指征才可以启动除颤程序。

具体的识别过程是，体内除颤器持续监测每一个心动周期的时长，若在连续的 10 个心动周长检测中判断有 8 个等于或小于所设定的识别标准周长 400ms（室速识别心率标准已设定为 150 次/分，每一心动周长即为 400ms），那么，体内除颤器确定满足于室速诊断标准，并以此开始累计持续时间。注意：这时心动过速的持续时间已经至少持续了 10 个心动周期，时间为

$$400ms \times 10 = 4s$$

因此，之后仅需再累计 6s，即室速实际的持续时间为 4+6=10s。在开始计算剩余的 6s 持续时间中，如果 10 个心动周期中有 6 个满足心率识别标准并且保持至所设定的持续时间终止（按本例为 6 s），则在持续时间累计结束后即刻启动除颤治疗程序。否则，需重新启用以上室速鉴别过程。

（2）突发性与稳定性：任何快速心室率都会被系统所记录，但是只有确定确实发生室速才需体内除颤器治疗。因而，体内除颤器需要应用"突发性"和"稳定性"的附加检测标准，来进一步鉴别窦性心动过速（窦速）和室上速，以提高对室速甄别的特异性。

突发性是指心动过速开始的联律间期较窦性心律周期缩短的程度，通常以百分率表示。突发性是一个加强的检测标准，用来区别窦速和室速。通常，窦速有一个逐渐增快的过程，而室速则是突然发作，两者可以用突发性的标准进行区分。突发性的具体设定是根据患者心动过速发生时联律间期的规律来确定，例如，每次联律间期较窦性心率周期短 25%，则可设其突发性为 20%。即检测当前 RR 间期，并与前 4 个 RR 的平均值比对，如果差值超过设定值（20%），则满足突发性。因而，体内除颤器需要同时满足识别标准心率、持续时间及突发性，才能确定室速诊断。另外，体内除颤器可以检测 QRS 群波的宽度，用以甄别室速和室上速。

稳定性是指心动过速不同周长间差别的最大允许范围，也就是心动过速时心律的规整性，通常以 ms 表示。房颤时也会出现快速心室率，但其心律不规整；而室速的心律规整

或仅有轻度不齐，因此，两者可以通过稳定性加以鉴别。例如，观察到既往室速时各周长间差别不超过 30ms，可将稳定性范围设为 40～50ms。

稳定性检测规则，如图 3-159 所示。

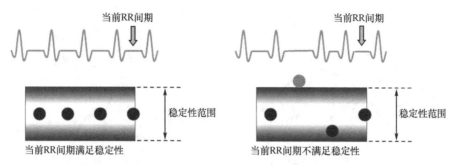

图 3-159　稳定性检测规则

稳定性检测规则是，如果当前 RR 间期与前 3 个 RR 均值比较，都在稳定性范围内，则满足稳定性标准；反之，当前 RR 间期是不稳定的。选用了稳定性标准后，ICD 必须同时达到识别标准的心率、持续时间及稳定性才满足室速的诊断条件。

在心动过速检测算法的研究中，如何在不降低现有算法灵敏度的基础上提高检测的特异性一直是关注的焦点。双腔 ICD 的引入有助于解决上述矛盾，因为它能使用心房电图进行节律分类。另外，还可以采用患者对心脏节律的耐受性来解决这一问题，如当患者没有晕厥时，应采用相对舒适的起搏序列对患者进行治疗；而当患者开始失去意识，则迅速切换至除颤电击状态进行救治。增强检测效率的方法包括心脏事件时间的扩展性分析（PR和 RR 间期稳定性、AV 间隔变化、心房电图和心室电图间期的暂时性分配、时间差异及多心室电图的相干性、心房激发刺激的心室响应）、血流动力学参数的分析（右心室脉压、平均右心房和平均右心室压、冠状窦楔压、静态右心室压、右心房压、右心室每搏量、混合静脉血氧饱和度和混合静脉血液温度、左心室阻抗、心肌内压梯度、主动脉和肺动脉血流）及身体移动的检测。虽然现在还有很多其他增强检测效果的方法，但大多数算法还没有经过临床检验，这主要是因为植入式系统处理能力达不到算法的要求，或传感技术不能实现在人体内的长期植入。

由于除颤器设计优先考虑和处理的是对生命最具威胁的状况（如室颤的治疗），因此除颤器可能会发生过度诊疗，导致一些不恰当的电击。不恰当的治疗通常出现在处理室上性快速性心律失常时，尤其是房颤，或者心率快于室颤检测频率阈值的窦性心动过速。另外，非持续性室颤、T 波过度检测、R 波重复计数等技术错误也是导致不恰当治疗的原因。尽管除颤器在设计时倾向于保证较高的灵敏度，但是也常会出现检测失敏的情况。若检测算法和电极的设计出现错误通常会导致除颤器失敏，如心动过速检测的频率过高及放大器参数错误。如果放大器增益控制算法导致了窦性心律检测的失敏，那么最终会诱导心动过速。

5. 抗心动过速起搏治疗　抗心动过速起搏治疗（anti-tachycardia pacing，ATP）是通过发放比室速频率更快的短起搏刺激来终止室速，这是现代体内除颤器终止室速的最重要治疗方法，绝大多数折返性心动过速都能够通过 ATP 加以终止。注意：ATP 仅适用于终止心动过速，不能预防，因而只有在确认已经发生室速的前提下才可以应用 ATP 治疗。

（1）折返性心动过速：心脏正常的传导通路为窦房结→心房肌→希氏束→左右束

支→心室肌。如果在房室结出现异常通路，即房室旁路，正常的传导激动心室后会沿房室旁路逆行激动心房，形成折返环，引起折返性心动过速。

正常传导通路与折返环，如图 3-160 所示。

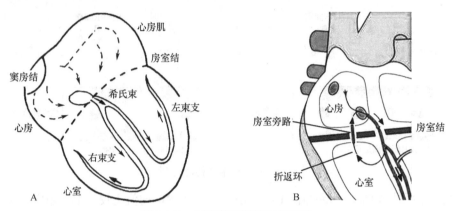

图 3-160　正常传导通路与折返环

A. 正常传导通路；B. 异常通路形成折返环

（2）应用起搏刺激终止折返性心动过速：应用起搏刺激是现代体内除颤器重要的终止折返性心动过速方法。其治疗机制是，在折返环的可激动间隙内发放一个时机恰好的期前收缩刺激，将可应激的裂隙组织去极化，使起搏刺激脉冲与折返波峰碰撞发生阻滞，从而打断折返环，以终止心动过速。

起搏刺激的治疗机制，如图 3-161 所示。

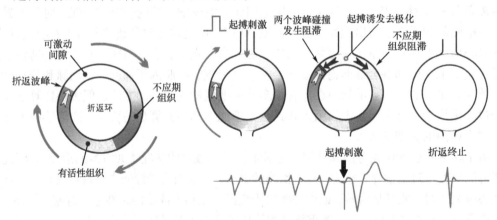

图 3-161　起搏刺激的治疗机制

如果起搏刺激作用的太晚，新诱发的折返波峰会以顺时针方向继续运转，心动过速仍将持续，这种现象称之为"重整"。折返波"重整"，如图 3-162 所示。

由此可见，当起搏刺激远离折返环时，起搏器诱发的除极并不能恰好到达可激动间隙，无法实现治疗效果，也就是说，采用一次时间精确的起搏刺激难以终止折返性心动过速。因此，ATP 通常采取一簇略高于心动过速心率的电脉冲（以心动周期周长的 75%～80% 作为起搏刺激脉冲频率），对于终止心动过速具有较高的成功率。

（3）ATP 常用的治疗模式：现阶段，ATP 主要有两种基本治疗模式，短阵快速起搏及周长递减起搏，以及这两种模式混合应用。

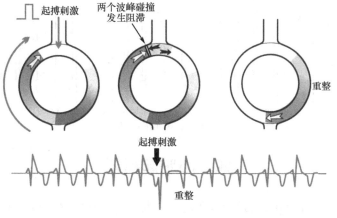

图 3-162 折返波"重整"

短阵快速起搏（burst pacing）是指在同一阵（一簇）起搏脉冲中，周长相等且短于心动过速周长的起搏方式。短阵快速起搏，如图 3-163 所示。

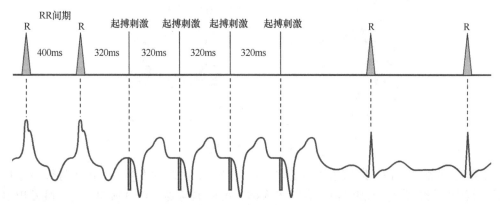

图 3-163 短阵快速起搏

起搏周长的设定多以心动过速周长的百分率表示，通常以心动周期周长的 75%～80% 作为设定值。每一阵起搏的脉冲数根据治疗效果决定，起搏脉冲数太少不易成功，太多亦无必要，甚至会使心律失常加速。

周长递减起搏（ramp pacing）是指在同一阵起搏中周长逐渐缩短的起搏方式。这种方式终止心动过速的成功率高于短阵快速起搏，但使心律失常加速的机会也会更大。

（4）ATP 治疗时机与脉冲数量：一旦检测到快速性心律失常并且满足了判别标准，ICD 将与之后的第一个快速性事件（QRS 波）同步发放第一个 ATP 脉冲，即 ATP 刺激与双极心腔内心电图的下降支同步发放，体表心电图上，通常显示在 QRS 波起始后的 40～80ms。

心动过速起搏治疗通常采用递增脉冲数量的治疗方式。治疗时，如果第一阵治疗不成功，则下一阵将增加一个刺激脉冲；若采用周长递减起搏方式，增加的刺激脉冲频率应更快，但是总的脉冲数应限制在 20ms 以内。ATP 递增脉冲治疗，如图 3-164 所示。

目前，抗心动过速的治疗还存在许多缺陷。例如，心脏复律引起的室性心律失常，或者心脏复律诱发房颤。针对这一问题也有很多相关的研究，其中包括对阈下刺激时间进行精确控制，多位点的同时刺激，以及提高对心动过速电刺激能量等。

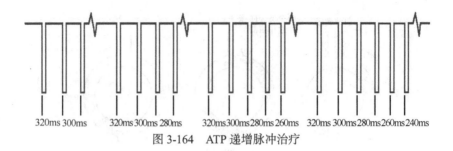

320ms 300ms   320ms 300ms 280ms   320ms 300ms 280ms 260ms   320ms 300ms 280ms 260ms 240ms

图 3-164　ATP 递增脉冲治疗

四、心脏起搏器

心脏起搏器（cardiac pacemaker）就是一个人工"心脏控制中心"，能替代心脏的起搏点，发出有规律的电脉冲使心脏保持有节律地搏动。

心脏起搏器，如图 3-165 所示。

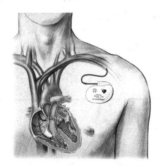

脉冲发生器

图 3-165　心脏起搏器

心脏起搏器是一种长期植入体内的电子治疗仪器，由脉冲发生器、电极导管及程控仪组成。其中的脉冲发生器和电极导管植入人体，可根据需要（心电感知）向心脏发出电脉冲，使心脏激动与收缩，以替代自身的起搏与传导，从而实现治疗由于某些心律失常所致的功能障碍。迄今为止，心脏起搏器是治疗严重心动过缓的唯一手段，正是因为有了心脏起搏器这一伟大的技术，使逾数百万人在过去的几十年中获益，那些心动过缓的患者得以像正常人一样生活。

（一）心脏起搏器的起搏原理

正常的心脏节律是维系人体生理活动的基础，如果心率过缓，可导致主要脏器供血不足的临床综合征。过缓的心律失常也可并发或引起快速性心律失常，如慢—快综合征的房颤及 QT 间期延长导致多形性室速、室颤等，可危及患者生命。部分患者可能由于反复交替发生窦性停搏和快速房性或室性心律失常（慢—快综合征），给药物治疗带来困难。

1. 心脏的起搏与传导　正常人的心跳起源点位于心脏的窦房结。窦房结自主产生兴奋并沿其传导系统传导至心脏各个部位，从而引起整个心脏有规律的兴奋和收缩。心脏的兴奋传导，如图 3-166 所示。

心脏的特殊传导系统由窦房结、结间束（分为前、中、后结间束）、房间束、房间交界区（房室结、希氏束）、束支（分为左、右束支，左束支又分为前分支和后分支）及浦肯野纤维（pukinje fiber）构成。心脏传导系统与每一心动周期顺序出现的心电变化相关，正常心电活动始于窦房结，兴奋心房的同时经结间束传导至房室结，然后循希氏束—左、右束支—浦肯野纤维顺序传导，最后兴奋心室。这种先后有序的电激动的传播，引起一系列电位改变，形成了心电图上相应的波段。表现为如下特征。

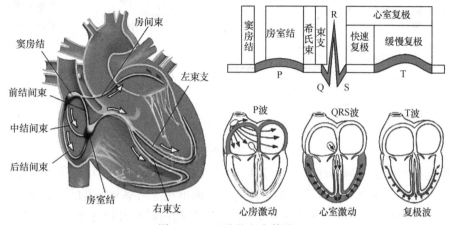

图 3-166　心脏的兴奋传导

（1）窦性频率与代谢水平相关性自动调整。

（2）房室顺序收缩，房室结延搁。

（3）左右心房及左右心室均同步激动。

如果窦房结发生病变，起搏频率会降低，或者根本就发不出激动，导致心搏骤停。另外，即使窦房结能正常发放兴奋冲动，但如果传导系统中任一段发生了病变，产生传导阻滞，则从窦房结发出的冲动也不能传达到下心室，使心室节律变慢，可导致各主要脏器的供血不足，临床可表现为黑矇（amaurosis）、晕厥（syncope），严重时甚至危及患者生命。

传导系统病变引起心律失常的主要原因如下。

（1）窦房结不产生冲动。

（2）窦房结产生间歇、不规则的冲动。

（3）窦房结频率适应失调。

（4）房室传导阻滞。

2. 心脏起搏的意义　起搏治疗的主要目的是，采用不同的起搏方式与刺激部位，通过发放一定形式的电脉冲，有节律地刺激心脏激动、收缩，用以纠正心律异常。心脏起搏器不仅能够纠正心律失常，还可以改善心脏血流动力学状态，如心脏在同步化治疗中通过重建左右心室的同步性收缩，能够改善左心室收缩的效率与心功能。

3. 心脏起搏器的基本构成　自1958年第一台心脏起搏器植入人体以来，起搏器制造技术和工艺快速发展，功能逐渐完善。随着起搏工程技术的进步和对心律失常机制认知的深入，心脏起搏技术的发展经历了固率型起搏器、按需型起搏器、生理性起搏器和自动化型起搏器等阶段。现代心脏起搏器已经从单腔、双腔起搏发展为三腔、四腔起搏，从治疗缓慢型心律失常发展到治疗心电紊乱（房颤、室颤体内除颤器）和非心电性心脏疾患（心力衰竭CRT）、迷走神经介导性晕厥、肥厚型心肌病等，并具有稳定的起搏器参数自适应功能。

心脏起搏器的构成，如图3-167所示。

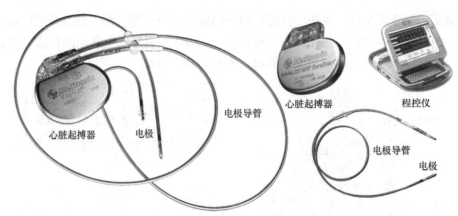

图 3-167　心脏起搏器的构成

心脏起搏系统由起搏器和电极导管两部分组成。起搏器主要由电源（即电池，现在主要使用锂-碘电池）和脉冲发生器组成，能产生并输出相应频率与幅度的电脉冲。电极导管（线）是外有绝缘层包裹的导电金属线，其功能是将起搏器发出的电脉冲传递到心腔内壁，通过前端的电极刺激心肌，并可以采集和回传腔内心电图。

心脏起搏器通常埋置在胸大肌上方的皮下组织中，电极导管通过静脉插入心腔，电极头触及心腔内壁。由于心脏起搏器要植入人体，因此，对脉冲发生器基本要求是材料具有良好的生物相容性，体积小而且要薄（如同手表大小）、重量轻（为 20～80g）、使用寿命长（寿命 10 年以上）、功能完善，能够通过射频通信方式由程控仪对起搏器进行参数设置与应用回访。

外部程控仪是心脏起搏器参数设置与性能回访的装置，它通过射频通信技术与植入体内起搏器联络，能够检测体表心电信号和植入起搏器的设备信号，可以对患者体内的起搏器系统工作的有效性、合理性进行定期评价。必要时，根据患者的随访情况，结合起搏器的诊断功能，做出参数调整。

（二）心脏起搏器的分类与技术参数

为便于人工心脏起搏器的应用，临床上需要对其分类与统一命名。

1. 心脏起搏器的分类　人工心脏起搏器的分类有多种方法，根据应用时间分为临时性起搏器和永久性体内起搏器；根据导线植入部位分为心内膜起搏器（经外周静脉系统将导线植入心内膜）、心外膜起搏器（采用开胸方法植入导线或在心脏直视手术后即刻植入导线，将导线固定于心外膜）；根据起搏方式分为生理性起搏器和非生理性起搏器；根据起搏心腔分为心房起搏器、心室起搏器、房室起搏器、双室起搏器等；根据心脏起搏器的脉冲发生器数量，起搏器可分类为单腔起搏器、双腔起搏器、三腔起搏器等。

（1）临时性起搏器：也称为体外式起搏器，是一种非永久性置入起搏电极导管、起搏器放置于体外，达到诊断或治疗目的后即刻撤除的起搏方法。临时性起搏器通常使用双极起搏电极导管，起搏电极导管放置时间一般为 1～2 周，最长不超过一个月。

临时性起搏系统，如图 3-168 所示。

临时起搏系统由起搏器（脉冲发生器）和与之相连接的起搏电极导管组成。临时性起

搏电极导管的头部为柱状，目的是便于随时
取出，但稳定性较差，容易发生移位。体外
脉冲发生器可以自行设定起搏频率、输出电
流和灵敏度。

图 3-168　临时性起搏系统

临时性起搏系统插入起搏电极导管的
方法是，经股静脉、锁骨下静脉或颈内静脉
插入鞘管，起搏器的电极导管沿鞘管进入，通过心电图判断起搏电极导管是否到位，也可
在 X 线的直视下送入电极导管。

（2）心外膜临时起搏器：在心脏外科手术，特别是体外循环手术中使用低温停跳液
时，不可避免地会发生心肌水肿及循环状态改变，这将引起窦房结或房室结一过性的功能
障碍，围术期可发生各种心律失常。心脏起搏是纠正缓慢性心律失常的一种有效治疗方式，
因此，心脏手术中常需要行心外膜临时起搏。

事实上，在起搏技术发展早期，心外膜导线是当时的唯一选择，因为当时脉冲发生器
体积较大，经静脉放置导线不可靠。临时起搏导线是一段中间有绝缘层的细导线，一端与
心肌相连，另一端相连临时起搏器。电极导线有单极与双极，单极心外膜起搏导线更为常
用，导线一端有一段裸露导线，直接与圆针相连，便于直接缝合于心外膜（缝入部分心肌），
另一段连接一直针，便于引导导线穿出皮肤。

（3）永久性体内起搏器：也称为埋藏式起搏器，脉冲发生器和电极均埋藏在体内。
后续内容将重点介绍永久性体内起搏器。

2. 心脏起搏器的统一命名法　起搏器的功能日趋多样化，为了对其主要性能做出统一
标识，达到易于识别、一目了然的目的，采用了心脏起搏器的统一命名法。目前通用的是
由北美心脏起搏和电生理学会（NASPE）及英国心脏起搏和电生理学会（BPEG）共同制
定的五字母编码法，即 NBG 代码见表 3-4。

表 3-4　起搏器五字母编码法命名字符号的意义

字母序列	I	II	III	IV	V
	起搏心腔	感知心腔	响应方式	程控频率应答 遥测功能	抗心动过速 及除颤功能
字母意义	V=心室 A=心房 D=双腔 S=单腔	V=心室 A=心房 O=无 D=双腔 S=单腔	I=抑制 T=触发 O=无 D=双腔	P=简单编程 M=多功能程控 C=遥测 R=频率应答	O=无 P=抗心动过速 S=电转复 D=P+S

根据起搏器编码可以了解起搏器功能和类型，第一个编码字母表示心脏起搏腔室，A
为心房，V 为心室，D 为双腔（心房+心室）等；第二个编码字母表示感知腔室，含义同
上；第三个编码字母为响应方式，表示感知后起搏器做何反应，I 为抑制反应，即抑制起
搏脉冲发放，并重排起搏器有关时间周期，T 为触发反应，即触发脉冲发放，D 为兼有 I
和 T 两种反应能力；第四个编码字母程控频率应答的遥测功能，反映起搏器的可程控性和
起搏频率的自适应性，R 表示频率适应功能，起搏器根据感知反映某种生理参数的信号（如
机械振动、呼吸、心室起搏的 QT 间期、中心静脉血液温度等）而主动调节起搏频率；第
五个编码字母目前用于表示是否具有抗心动过速及除颤功能。

常用的永久式心脏起搏器工作方式或性能的类型主要有以下几类。

（1）固定频率型（或非同步型）：该型起搏器按规定的频率发放脉冲刺激心室起搏，它无感知功能，对心脏的自身激动没有反应。这种工作方式适用于治疗心室率恒定缓慢的心律失常，以及用于短阵快速刺激。

（2）心室同步型：心室同步型又可分为两类，一类是 R 波触发型（VVT），起搏器按规定的频率发放脉冲刺激心室。如果心室有自身激动（QRS 波）发生，起搏器能够感知，QRS 波可以触发起搏器，使之立即发放一次电脉冲，由于这个电脉冲恰好与自身心搏的QRS 波同步，因而心室不会发生应激反应。VVT 方式以患者自体 QRS 波为脉冲触发起点，起搏器可以自适应安排脉冲发放周期。在这次脉冲以后规定的时间内（相当于起搏器规定频率的周期），若无发生自体心搏，起搏器才发放刺激脉冲，由此，R 波触发型机制可以避免起搏器与自身心搏的心律竞争。

另一类为 R 波抑制型（VVI），起搏器按规定的频率发放脉冲刺激心室起搏，如果心室有自身激动，起搏器能够感知。自身激动的 QRS 波抑制起搏器使下一次脉冲不按原来周期发放，而是从自身激动的 QRS 波开始重新安排周期。如果在 QRS 波后规定的时间内（相当于起搏器规定频率的周期）无发生自体心搏，起搏器则发放刺激脉冲，作用机制同样也能够避免起搏器与自体心搏的心律竞争。心室同步型起搏方式应用最为广泛，临床上习惯称之为心室按需起搏器。

（3）心房同步型：该型原理与心室同步型相同，只是将电极置于心房刺激心房起搏，起搏器又能感知心房的自身搏动（P 波）以重新安排脉冲的发放周期。通过感知心房自身激动而触发的起搏器称之为心房触发型（AAT），由感知心房自身激动而抑制发放脉冲的起搏器为心房抑制型（AAI），这类起搏方式适用于房室传导功能正常的窦性心律过缓患者。

（4）心房同步心室起搏型（VAT）：在心房和心室都放置电极，起搏器感知心房激动（P 波），延迟 0.12～0.20s 后触发脉冲释放，刺激心室起搏，主要适用于心房节律正常的房室传导阻滞患者。

（5）心房同步心室按需型（VDD）：起搏器对心房和心室的激动都能够感知。感知心房的自身激动（P 波）后，触发脉冲释放，刺激心室起搏，其间延迟 0.12～0.20s。如果在这段时间内，心室有自身激动（下传的 QRS 波或心室异位搏动），则起搏器于释放刺激心室的脉冲以前，先感知心室的激动，这一心室激动可以抑制起搏器释放刺激心室的脉冲。

（6）房室顺序心室按需型（DVI）：在心房和心室分别放置电极，每次激动起搏器发出一对脉冲，分别刺激心房和心室，两者之间有 0.12～0.20s 延迟时间，保持房室收缩的生理顺序。起搏器能够感知心室的自身激动而抑制脉冲释放，若自身心律的 RR 间隔短于起搏器的心房逸搏间期，起搏器不发放任何脉冲。如果自身心律的 RR 间隔长于起搏器的心房逸搏周期，起搏器首先发放脉冲刺激心房，若起搏的心房激动能下传心室（即 PR 间期短于起搏器的 AV 延迟时间），则此下传的 QRS 波抑制起搏器发放刺激心室的脉冲。如果心脏的房室传导时间长于起搏器的 AV 延迟时间，起搏器则释放刺激心室的脉冲，成为房室顺序起搏。这种起搏器适用于房率过缓伴有房室传导阻滞的患者。

（7）房室全能型（DDD）：对心房和心室都能发出刺激，并可以感知心房和心室的自身激动。感知心房自身激动后（抑制释放刺激心房的脉冲），触发刺激心室的脉冲，其间有 0.12～0.20s 延迟时间，感知心室自身激动后抑制释放刺激心室的脉冲。如果在 QRS 波后规定的时间内（起搏器的最低频率限度）没有心脏自身的激动，则起搏器释放刺激心房的脉冲。若在起搏的心房激动后规定的 AV 间期内没有 QRS 波，则起搏器释放刺激心室的脉冲。故 DDD 型实际上包括了 VDD 型和 DVI 型两种工作方式，是治疗病态窦房结综合征合并房室传导阻滞比较理想的起搏方式。

早期的心脏起搏器多以三个字码表示，由于起搏器的种类增多，上述用三个字码表示其工作方式已嫌不足，目前还是用五个字码表示，但对后续无特殊要求可以省略。起搏器类型及起搏模式见表 3-5。

表 3-5 起搏器类型及起搏模式

起搏器类型	起搏编码	起搏模式
单腔起搏器	VOO	非同步型心室起搏
	VVI	抑制型按需心室起搏
	VVT	触发型按需心室起搏
	AOO	非同步型心房起搏
	AAI	抑制型按需心房起搏
	AAT	触发型按需心房起搏
双腔起搏器	DOO	非同步型房室起搏
	DVI	房室顺序起搏
	DDI	心房和心室抑制型房室顺序起搏
	VAT	房室同步型（心房跟踪型）心室起搏
	VDD	心房同步心室抑制型起搏
	DDD	房室全自动型起搏
多腔起搏器		双房同步起搏
		双心房+右心室三腔起搏
		右心房+双心室三腔起搏
		四腔起搏
频率适应起搏器	VVIR	频率适应性心室起搏
	AAIR	频率适应性心房起搏
	VDDR	频率适应性心房同步心室抑制型起搏
	DDDR	频率适应性房室全自动型起搏
	SSIR	双传感器频率适应性房室单腔起搏

3. 起搏器多心腔驱动 依据驱动电极的数量，心脏起搏器又分为单腔起搏器、双腔起搏器和三腔起搏器（多腔起搏器），如图 3-169 所示。

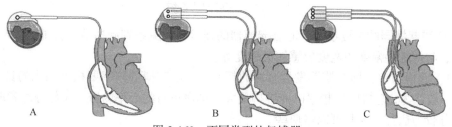

图 3-169 不同类型的起搏器

A. 单腔起搏器；B. 双腔起搏器；C. 三腔起搏器

（1）单腔起搏器：仅用一根电极导管，是按需型起搏模式，用于起搏右心房或右心室，常用的起搏方式有 AAIR，即心房起搏、心房感知抑制、频率应答；VVIR，心室起搏、心室感知抑制、频率应答。单腔起搏系统，如图 3-170 所示。

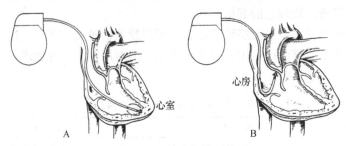

图 3-170　单腔起搏系统

A. 心室起搏（VVIR）；B. 心房起搏（AAIR）

（2）双腔起搏器：需要在右心室和右心房分别放置一根电极导管，其中，一根电极导管安置在右心房耳部、另一根电极导管放置于右心室。双腔起搏系统，如图 3-171 所示。

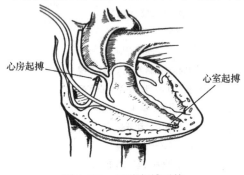

图 3-171　双腔起搏系统

双腔起搏器常用的起搏模式有 DDD、DDI 方式。其中，DDD 模式为房室顺序起搏、心房感知抑制或触发（对心室），心室起搏、心室感知抑制；DDI 模式为房室顺序起搏、心房感知抑制（对心室），心室起搏、心室感知抑制。

（3）三腔起搏器：是三根电极导管植入体内，与心脏接触部位为一根位于右心房耳部、一根在右心室、另一根通过冠状静脉窦口到达冠状静脉的某个分支。三腔起搏器及多腔起搏器的主要特征是能够改善左右室收缩的同步性，从而达到改善心脏功能的目的。三腔起搏系统，如图 3-172 所示。

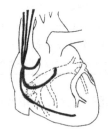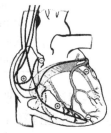

图 3-172　三腔起搏系统

4. 心脏起搏器的主要参数　心脏起搏器的技术参数关系到起搏器的性能，主要包括起搏频率、起搏脉冲幅度和宽度、感知灵敏度等。

（1）起搏频率：即起搏器发放脉冲的频率。心脏起搏的频率要根据临床的具体情况而定。一般认为，起搏脉冲频率以能维持最大心排血量时的心率为宜。大部分患者取 60～110 次/分较为适宜，少儿可以略快些。

（2）起搏脉冲幅度和宽度：起搏脉冲的幅度是指起搏器发放脉冲的电压强度，起搏脉冲宽度是指起搏器发放单个脉冲的持续时间。脉冲的幅度越大，宽度越宽，对心脏刺激作用就越大；反之，对心肌的刺激作用越小。

起搏器发放电脉冲的作用是刺激心肌使心脏起搏。经临床统计学研究，引起心肌收缩的电能是很微弱的，仅需要几个微焦耳。在电极放到合适位置的情况下，使心房或心室有效收缩的阈值一般不高于 1.5V/0.4ms。

（3）感知灵敏度：是起搏器感知心脏自身电活动（电信号）的灵敏程度。由于起搏器需要实现与患者心律同步，必须接受 R 波或 P 波的控制，使起搏器的抑制或触发与 R 波或 P 波同步。感知阈值的设置一般取术中检测到 R 波或 P 波幅值的 1/2 为宜。

感知灵敏度是起搏器运行非常重要的参数。感知灵敏度偏低，容易感知不良，起搏器完全不能或部分不能对 P 波或 R 波感知；感知灵敏度过高（即数值小），可能导致误感知，使起搏器不仅能感知 P 波或 R 波，还可能感知如 T 波、肌电等其他信号，造成起搏器工作异常。

（4）反拗期：各种同步型起搏器都具有一段对外界信号不敏感的时间段，称为反拗期。这个时间段相当于心脏心动周期中的不应期。目前，R 波同步型的反拗期多采用（300±50）ms。它的作用主要是防止 T 波或起搏脉冲"后电位"（起搏电极与心肌接触后形成巨大的界面电容，引起起搏脉冲波形畸变，使脉冲波形的后沿上升时间明显延长，形成的缓慢上升电位称为"后电位"）的误触发引起起搏频率减慢或者起搏心律不齐。

P 波同步型起搏器的反拗期通常选取为 400～500ms，它的作用是防止窦性过速或外界干扰的误触发。

5. 最佳起搏方式的选择 在确定适应证之后，为获得良好的疗效，选择最佳的起搏方式非常重要。在选择最佳起搏方式时应兼顾考虑以下几方面。

（1）心房功能状态：接受永久性心脏起搏的患者可能伴有持续性房颤，这类患者不能应用以心房为基础的起搏方式（AAI、DDD 等）。对于发作较少的房颤及房扑，要根据具体情况（如房颤发作的病史长短、发作的频度、持续时间长短等）选择起搏方式，最好选择具有自动模式转换功能（automatic mode switch）的起搏器。

（2）房室结状态：房室结的功能是决定选用起搏方式的重要因素，如在植入起搏器时不存在房室结的病变，可应用心房起搏，这样不会改变心室的激动顺序，达到保留心脏功能的目的。

（3）运动时心率反应：窦房结对运动的反应称为变时性反应，也是选择起搏方式的一个重要因素。变时性反应不良者可选用具有频率适应性起搏（rate-adaptive pacing）的起搏器，如 VVIR、AAIR、DDDR 等。

（4）左心功能状态：房室同步功能对左心的收缩及舒张功能至关重要。心功能不全、心肌病、老龄患者应尽量选用生理性心脏起搏方式，以便保持心房的作用及房室顺序功能，并可预防起搏器综合征的发生。

（三）起搏器工作状态切换机制

起搏器工作时通常需要在不同的状态之间进行切换，将起搏器各种状态和转换规律以向量图的形式表现出来，就是起搏器的状态机。

1. 固定间隔起搏脉冲状态机 随着起搏器的发展，其状态转换机制也得到了大幅度改进。第一类起搏器的状态机非常简单，它仅能实现在固定时间间隔产生起搏脉冲的功能。

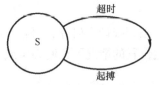

图 3-173 固定间隔起搏脉冲的状态机示意图

图 3-173 为早期起搏器生成固定间隔起搏脉冲的状态机示意图。

这个状态机仅含有一个单一的状态"S","超时"表示触发状态变化的事件，而"起搏"表示当发生状态转换时进行的操作。曲线上的箭头指示着状态传递的方向，并且将触发事件与传递过程中的操作分开。

实现这种固定间隔起搏脉冲状态机仅需要一个定时器。每当一个设定的定时时间结束（超时），状态机退出状态"S"，立即产生一个起搏脉冲（起搏），然后又回到设定的定时状态"S"，等待下一个起搏周期。早期除颤器的定时器周期及起搏脉冲参数（幅度、波形和持续时间）均由硬件电路实现。

2. 可检测和判断心脏活动的状态机 早期的起搏器没有考虑在释放起搏脉冲的同时患者的心脏也存在电活动。在起搏器中加入心电节律检测电路，并且只能在心率下降到预定频率以下时才启动起搏功能，这是心脏起搏器领域的一个重大突破。图 3-174 为可检测患者心脏活动并进行判断的状态机示意图。

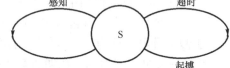

图 3-174 可检测患者心脏活动并进行判断的状态机示意图

如图 3-174 所示，在状态机中添加一个感知事件，可以实现对心电节律状态的判断。当起搏器检测到固有心脏活动事件（心率大于预定频率）时，负责溢出（超时）的定时器会被触发，发生向"起搏"过渡的状态转换。

实际临床应用中，这种状态机的执行并不简单，因为要实现这个状态机制必须具备检测患者固有心电节律的功能。通常起搏器将低能量生物放大器置于阈值检测器之后，因此，只有超过阈值电压的信号才会被放大并检测，这样信号的有无就可以用来判断是否存在固有的心脏节律。这意味着，只要能获取到心电信号，那么阈值检测器就会保持状态，不会产生"起搏"事件。另外，起搏器的逻辑控制单元必须能够区分固有搏动和起搏引起的搏动（起搏干扰和诱发电位）。为了实现这一目的，在状态机中引入了"不应期"的概念。在图 3-175 所示的状态机中，A 是"警报"状态，在这个状态下，起搏器会试图去检测心脏的固有电活动。R 是"不应期"状态，起搏器会忽略任何外部信号。刺激周期被定义为两个时间段的总和，就是 A 超时+R 超时。

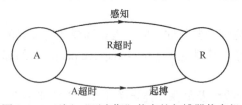

图 3-175 引入"不应期"状态的起搏器状态机

心电节律的监测和判断容易受到干扰信号的影响。干扰信号可能来自于人体内源信号（手臂或胸部肌肉的电位）或者外源信号（电气干扰），它们都会造成起搏器状态的错误触发。因此，提高心电检测精度和抗干扰能力是这种起搏器的关键技术。

3. 双室起搏状态机 以上涉及的起搏器状态转换都用于对患者心室进行刺激，心房的信号不会传播到心室，这多半是由于房室传导系统阻滞引起。这些起搏器最显著的一个限制是它们不能够在心室起搏的时候利用心房的收缩功能来增强人体的血液循环能力（心脏泵血到全身的能力）。为了解决这一问题，需要扩展状态机结构，增加心室和心房活动的同步激活，实现起搏器的生理反馈。图 3-176 为双室起搏状态机。

双室起搏器需使心室和心房的活动同步，这种简化 DDD 型起搏器的状态机能对心房（A 起搏）和心室（V 起搏）同步起搏。状态机中，"A"是心房和心室报警，起搏器会感知单独或者双室的信号；"V"是心室报警，仅对心室固有节律进行感知；"R"是不应期状态。引起状态间转化的时间可能有"A 感知"，感知到心房固有事件；"V 感知"，感知到心室固有心电

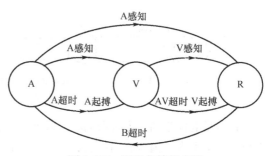

图 3-176 双室起搏状态机

节律；"A 超时"，状态机等待从不应期结束后开始计算到心房感知事件的最大时间；"AV 超时"，状态机等待从心房事件结束后开始计算到心室感知事件的最大时间；"R 超时"，为不应期。

状态机可能的操作有"A 起搏"，起搏脉冲释放到心房；"V 起搏"，起搏脉冲释放到心室。如果没有检测到固有心电节律，状态机的周期将会按以下顺序进行。

（1）向心房释放起搏脉冲。

（2）AV 延时（AV 超时）。

（3）向心室释放起搏脉冲。

（四）心脏起搏器的电极系统

心脏起搏器电极及导管（导线）统称电极导管，是起搏系统与心腔内壁直接接触的器件。起搏电极导管的作用，一是探测（感知）心腔内的电信号；二是将电刺激脉冲发放到心肌层。起搏器电极的形状、材质和表面积等将影响起搏阈值（即心脏起搏所需的最低能量）。因此，电极形状设计合理、选材恰当、表面积等，可以有效地减小起搏脉冲宽度，降低电极能量消耗，提高起搏器的使用寿命。起搏器电极使用的材料必须不易被腐蚀或降解，目前，广泛应用钛氮化合物涂层的铂-铱合金作为电极材料。

心脏起搏器电极，如图 3-177 所示。

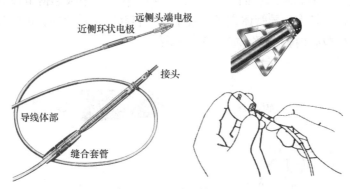

图 3-177 心脏起搏器电极

根据电极的安放位置和用途，起搏器电极可分为心内膜电极、心外膜电极和心肌电极等。永久性起搏器绝大多数采用心内膜电极，电极和导线制成导管形式，经静脉固定于右心房及右心室。对于某些特殊病例也可采用心外膜和心肌电极，这类电极的顶端制成螺旋状，可以从心外膜表面拧入（或缝合）心肌。

1. 心内膜电极　心内膜电极导管，如图 3-178 所示。

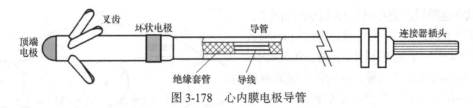

图 3-178　心内膜电极导管

心内膜电极是临床上首选的心脏起搏器电极。这是因为它具有许多优点，例如，电极体积小，易于植入、植入心内膜后可长期使用且可靠等。心内膜电极为心导管形式，经静脉置入心腔内膜，通过与心内膜接触来刺激心肌。因此，这类电极也称为心内膜电极导管。由于心内膜电极的安置仅需穿刺或切开静脉，不必开胸，手术创伤小，因此在临床上普遍使用。

电极导管有两个电极，分别为顶端电极和环状电极，电极通常采用铱碎片涂覆的制作方法，目的是增大电极表面积。为与心内膜面附着牢靠，电极前部制成伞状、倒刺（叉齿）状或螺旋状，由此可以嵌入心肌来固定电极。导线由绝缘套管（导管）包裹，电极通过导线、连接器插头与脉冲发生器连接，导线一般用镍合金丝拧成螺旋状，以柔软坚韧之硅橡胶或聚氨酯为绝缘鞘。

常用的心内膜电极有单极心内膜电极和双极心内膜电极。严格地讲，植入体内的起搏系统线路均为双极。但实际上所指的单极与双极是指起搏电极导线上的极数，单极（unipolar）是指电极导线上仅有一个极，即其头端（电极）的阴极，电流由阴极发出，刺激心脏，然后回到脉冲发生器的机壳，由此构成完整的电极回路，阳极即为脉冲发生器的机壳。双极（bipolar）是指阴极、阳极均在电极导线上，阴极通常位于电极导线的头端，其后一定距离为阳极，两个极均位于心脏内，构成起搏和感知回路。

（1）单极心内膜电极：在心腔内仅有一个电极（阴极，作用电极），起搏器的金属外壳为另外一个电极（阳极，无关电极）。

单极心内膜电极只有一个电极位于心腔内，在这个系统中，脉冲从顶端电极（阴极）刺激心脏，再通过体液和组织返回到脉冲发生器（阳极）。单极起搏电极的特点是，心电图上的起搏信号幅度较大、导管体直径小且柔软、容易发生过感知，可能受有些肌肉和神经刺激的影响。单极心内膜电极，如图 3-179 所示。

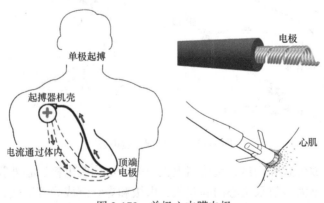

图 3-179　单极心内膜电极

（2）双极心内膜电极：双极心内膜电极的前端有两个电极，分别为近侧环状电极和远侧顶端电极，应用时这两个电极均在心腔内。由于双极导管的两个电极同在心腔，电流传输距离短，具有抗干扰性强、不易发生交叉或远场感知、对神经或肌肉刺激较小等技术优势，因而，现阶段临床上使用最多的是双极心内膜电极。双极心内膜电极，如图 3-180 所示。

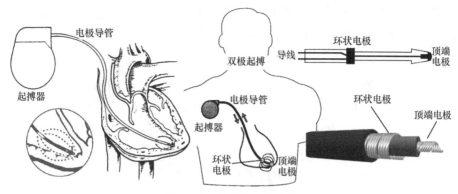

图 3-180　双极心内膜电极

　　双极心内膜电极前端的两个电极均落位于心腔内，在这个电极系统中，脉冲通过导线末端的顶端电极流动刺激心脏，再返回导线近侧的环形电极。双极心内膜电极的基本特征是导管体直径略大、相对于单极心内膜电极要僵硬些，但不易发生过感知，不易产生肌肉和神经刺激。

　　2. 心外膜电极　使用心外膜电极时，需要开胸手术将电极缝扎在心外膜表面，通过刺激心外膜使心脏起搏。心外膜电极的缺陷是电极与心外膜之间容易生长出纤维组织，这个纤维组织会造成起搏阈值增高。心外膜电极，如图 3-181 所示。

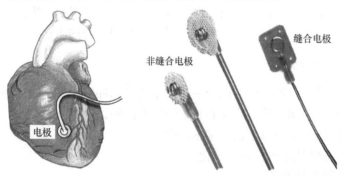

图 3-181　心外膜电极

　　3. 心肌电极　心肌电极也需要通过开胸手术将电极植入心肌。这种方法由于开胸手术创伤较大，因此它仅适用于年轻患者（活动量大）、静脉畸形或心腔过大不能使用心内膜电极的患者。

　　4. 电极的固定方式与形状　电极的固定方式主要分为被动固定型和主动固定型两大类。

　　（1）被动固定型电极：如图 3-182 所示。

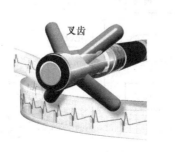
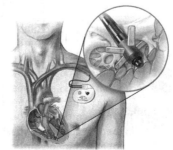

图 3-182　被动固定型电极

被动固定型电极的前端有一组叉齿，通过叉齿可以将电极卡在心脏的肌小梁间。被动固定型电极的特点是价格便宜、操作简单，但在临床应用中不易选择起搏的部位。

（2）主动固定型电极：如图 3-183 所示。

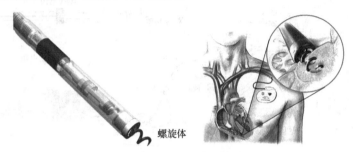

螺旋体

图 3-183　主动固定型电极

主动固定型电极的前端有一个螺旋体，螺旋体选用与机体免疫反应最小的材料。螺旋体可以延伸至心内膜组织，它的头部在机体组织内会形成纤维化，最终起到电极固定的作用。主动固定型电极的技术优势是易于选择起搏部位，可以重新放置电极，慢性期仍可取出，常被选择应用于房间隔、室间隔和右室流出道等。

最后需要说明，由于植入式起搏器在体内的使用寿命（主要指电池的使用寿命）通常为 8～12 年，较厂家说明书提供的使用时限略长。更换起搏器时，一般并不希望同时更换电极导管，这就希望电极导管的使用寿命要远超过起搏器的寿命。为此，对电极导管提出了更高的要求，希望能研制和生产出具有"终生"使用寿命的电极导管。

（五）心脏起搏器的工作原理

心脏起搏器的核心装置实际上就是一个微型程控脉冲发生器，通过周期性的发放电脉冲，可以刺激心脏、引起心搏，实现心脏生理功能的辅助调控。

现代心脏起搏器应具备以下四个基本功能。

（1）刺激心脏使其除极（去极）化。

（2）感知心脏自身电活动。

（3）能够对机体新陈代谢的需求做出快速反应，并提供频率适应性起搏脉冲。

（4）可以采用射频通信方式与程控仪对接，提供由起搏器检测与记录的心电诊断信息，并接受其参数的设定与调整。

心脏起搏器的结构框图，如图 3-184 所示。

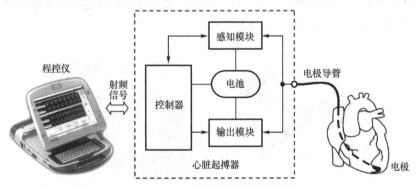

图 3-184　心脏起搏器的结构框图

心脏起搏器主要包括感知模块、控制器和输出模块。

1. **感知模块** 感知（perception）是指起搏器具有检测与分析心脏自身除极活动的功能，它通过测量阳极与阴极之间的心肌细胞电位变化，感知心脏除极后的电生理活动。起搏器感知心脏电活动有着非常重要的临床意义，由此可以实时监测到自体心律（主要是检查 R 波、P 波或 T 波信号），当心脏自搏的心律超过起搏器设定频率时，起搏器被抑制立即停止发放刺激脉冲，以避免起搏器与心脏自搏发生竞争。也就是说，起搏器通常只有在心脏不能产生自身搏动或心率过缓时才可以发放起搏刺激电脉冲。

（1）获取心腔内电图：当心脏的除极脉冲通过电极时，心腔内电图上会发生本位曲折。心腔内电图的检测原理框图，如图 3-185 所示。

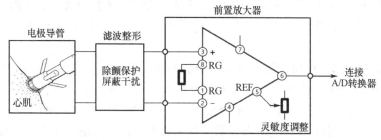

图 3-185 心腔内电图的检测原理框图

如图 3-185，电极导管采集的腔内心肌的除极信号，经滤波整形电路消除除颤、胸腔肌电等干扰后，通过前置放大器得到心腔内电图。前置放大器的 REF 为增益调整端，通过外电路调整电平，可以改变其检测灵敏度。这一腔内心电信号经 A/D 转换器转换为数字信号，再由控制器的中央处理器进行相应的数据分析处理。

（2）起搏腔内电图：如图 3-186 所示。

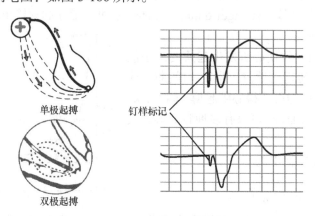

图 3-186 起搏腔内电图

起搏器系统的脉冲发生器不断发出起搏信号，经电极导管刺激心脏起搏。起搏信号脉冲也称为钉样标记（spike），宽度为 0.4～0.5ms。单极起搏时，正负两极间距离大，起搏信号也较大；当双极起搏时，正负两极间距离小，信号较低，在某些导联心电图上可能会辨认不清。

（3）感知水平：是起搏器两个电极间检测信号的电压阈值，目的是能够精确感知与判断心脏是否发生自身搏动，要求起搏器必须可以测量出心腔内电图的 P 波和 R 波的振幅

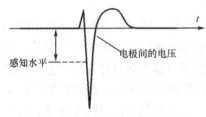

感知水平

电极间的电压

图 3-187　心腔内电图与感知水平

（或相应的斜率）。心腔内电图与感知水平，如图 3-187 所示。

起搏器的基本功能是，只有在心脏不能产生自身搏动（或心率过缓）时才可以实施起搏脉冲刺激，因而其感知水平决定着起搏器的动作灵敏度。感知水平过低，会错过 P 波或 R 波的感知，发生起搏竞争；若感知水平过高，也有可能把心脏以外的活动误认为是自身心脏事件，导致人工起搏遗漏。发生人工起搏遗漏事件是非常危险的，它将直接危及患者生命。

起搏器感知放大器应用的窄带滤波器，能够正确感知 P 波和 R 波，并拒绝其他不正确的干扰信号。起搏器不需要感知的信号主要包括 T 波、远场事件（由心房通道感知的 R 波）、骨骼肌电位（如胸肌电位）等。

2. 输出模块　输出模块实际上就是一个脉冲放大器，为了实现起搏器能够在心脏的不应期（refractory period）之外连续发放心脏起搏所需的最小能量，引出了心脏起搏阈值的概念。心脏起搏阈值是通过一个特定的导线系统，产生稳定的心脏除极所必需的最小能量，通常用电压、电流、能量或者电荷来表示。对于心脏起搏器的输出主要是指脉冲的振幅和脉宽。

（1）振幅（amplitude）：是由起搏器发送到心脏的电压总量，反映脉冲的强度或高度。对起搏脉冲振幅的基本要求，一是振幅必须足够大，能够使心肌除极（夺获心脏）获取足够的能量；二是振幅应该适度，以确保处于安全的起搏范围。

（2）脉宽（pulse width）：是起搏脉冲的持续时间，以 ms 为单位。脉宽应适度，以保证能够除极扩步，同时也不应太宽以节省能量。

（3）强度-时间曲线（strength duration curve）：可以描述起搏输出脉冲振幅和脉宽的关系，如图 3-188 所示。

强度-时间曲线是致使心脏发生起搏的最小能量（阈值），只要心脏起搏器发出强度-时间曲线或曲线以上的脉冲强度即可获得心脏起搏。因而，心脏起搏的阈值是一条曲线，可以有多种脉宽形式实现起搏。

电脉冲输出的能量 W 为

$$W = \frac{U^2}{R}T$$

式中，U 为起搏脉冲振幅，R 为起搏回路总阻抗，T 为起搏脉冲宽度。

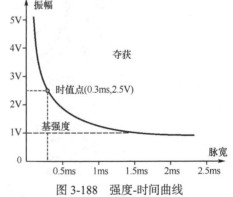

图 3-188　强度-时间曲线

由于起搏器输出能量 W 与起搏脉冲振幅 U 的平方成正比，因而通常选择时值点为最佳起搏状态。时值点确定方法是，在强度-时间曲线上选择 2～2.5 倍基强度电压（基强度为无限宽时的最小电压阈值）时的脉宽。

3. 控制器　控制器是心脏起搏器的核心装置，由此组成一个完整的闭环控制系统。控制器主要有两大基本功能，一是通过感知模块实时监测与分析是否存在自体心脏搏动，如果有自体心搏，则立即进行心律重整；二是应用射频通信方式与程控仪联络，可以进行数据传送和参数调整。

起搏器的控制器原理框图，如图 3-189 所示。

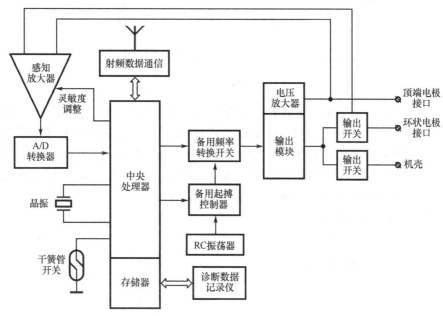

图 3-189　房室全自动型起搏器的控制器原理框图

（1）中央处理器：为一个单片机系统，它是心脏起搏器的核心器件。通过其内部的系统软件，可以接受体外程控仪的设置指令和数据，并能根据心房、心室的心电感知信息控制输出模块发放电脉冲。中央处理器具有丰富的软件控制功能，可以根据身体运动状态传感器的检测数据，启用频率自适应系统与奔放保护，能够在高磁场环境下通过干簧管关闭除颤脉冲输出功能。

中央处理器除了主频振荡器以外，还有晶体振荡器 XT1 和第三时钟。其中 XT1 的频率为 32768Hz，是起搏器时序控制的基准时钟。第三时钟为另一个独立的备用基准时钟，作用是监测起搏器的时序控制，可以防止因时钟停振造成的意外程序运行错误。

（2）射频数据通信：射频数据通信装置的作用是实现体内起搏器与体外程控仪的无线双向数据传输。

（3）输出脉冲发生器：起搏器的输出脉冲一般包括心房输出脉冲、心室输出脉冲和除颤输出脉冲。脉冲输出的电压放大主要是采用电荷泵（电容倍压器）方式，它通过一系列小电容的充放电，将电荷转存于一个较大的电容器中，然后经电极导管传输给心脏。因此，起搏器的输出脉冲幅度可以远高于电池电压。

（4）心律重整：应用心脏起搏器时，心脏内可能会同时存在两个节律点发放激动，即自体心律与起搏器脉冲起搏频率。如果没有节律保护机制，频率较高或主导地位的节律点电活动会被另一节律点干扰，发生起搏器与自身心搏的节律点竞争，甚至对抗。为此，心律重整有着重要的临床应用价值，其意义是在原有节律期间重新安排心脏的节律活动，使之适应新的心脏（起搏）节律。

心律重整，如图 3-190 所示。

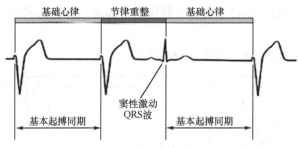

图 3-190　心律重整

（5）身体运动状态监测：通过检测患者运动状态，自适应调整输出频率，是现代起搏器必须具备的安全使用功能。由于人体随着运动强度的增加，对氧的需求量也必然会增大。因此，如果患者的心率不能伴随运动的强度适宜增加，将会造成机体组织的氧供不足。现在临床应用的起搏器都具有自适应功能（即心率随运动量的变化而改变），就是说，起搏器必须对人体的供氧需求量做出相应的频率应答。

频率应答，如图 3-191 所示。

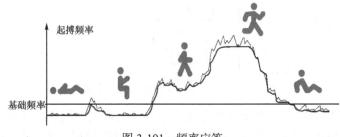

图 3-191　频率应答

频率应答起搏器通过传感器感知由于体力活动或精神应急所引起的生理变化，并模仿心脏对人体代谢需要来调节起搏频率，从而满足人体的生理需要，提高生活质量。

人的运动状态可以通过体位传感器进行检测，目前常用的传感器有体动传感器和分钟通气量传感器。体动传感器位于起搏器的机壳，它可以感知人体的运动水平。体动传感器的工作原理是，在压力传感器上放置一个小块物体，人体运动时会产生加速度，加速度作用于该物体后将产生一作用力，该作用力作用于压力传感器，压力传感器能根据作用力大小产生相应的电压变化，根据这个电压值可以得知人体的运动强度，变化的频率能够反映运动量。分钟通气量是呼吸频率和潮气量的乘积，分钟通气量传感器能通过测量人体胸腔阻抗的方法获得分钟通气量，分钟通气量是衡量人体运动状态的重要指标。

由于人体运动需要一定的启动和恢复期，它的供氧量需求是一个惰性滞后响应。尽管体动传感器能对人体运动做出快速的响应，但是它不能反映患者的呼吸、体力和情绪等运动生理变化。分钟通气量传感器恰好相反，它对运动状态反应速度慢，但能通过检测呼吸，感知人体的体力、精神和情绪变化。将这两种传感器的功能结合起来，相互补充，可以较客观地反映人体的运动状态。

（6）频率奔放保护：起搏器有时因线路故障，使起搏频率突然加快，远远超过患者正常所需频率，称为起搏频率奔放。新型起搏器有频率奔放防护装置，它独立于基本起搏线路，目的是限制起搏频率超过 200 次/分。

（7）磁频率与除颤保护：在强磁场环境中，血液流动切割磁力线会产生一定量值的电动势 U_1。如果这时进行除颤，患者的心率将瞬间下降，电动势随之降低为 U_2。此时，会在患者心脏上形成一个瞬间电势差（$\Delta U = U_1 - U_2$）。这个瞬间电势差 ΔU 对心脏是非常危险的，虽然它的强度未必很大，但足以危及患者生命。

除颤保护的目的是在强磁场的环境下确保不启动除颤机制。它的工作原理是，起搏器处于强磁场环境时，干簧管开关闭合，使其接口电位为"0"，起搏器系统立即自动切换为磁频率工作模式。在磁频率（magnet rate）状态下，起搏器不感知自身心电活动（当然，也不会感知室颤），而是以非同步的方式发放固定频率的起搏脉冲，这个固定频率称为磁频率或磁铁频率。磁频率一般设定为 85～100 次/分，不受控于起搏器，但可以通过程控仪打开或关闭此功能。

磁频率是现代起搏器的重要功能，其基本作用如下。

1）自身心率快于设定的起搏频率时，起搏器脉冲发放受到抑制，心电图中不会出现起搏信号及起搏的 QRS 波。此时，放置磁铁应该立即出现磁频率信号，由此可以对起搏器性能及工作情况进行检测，判断刚植入的电极导管有无发生脱位。

2）识别双腔起搏器。双腔起搏时如房率较快，则看不到心房脉冲，或 PR 间期短于 AV 间期，也不能看到 V 脉冲。此时，进行磁铁试验可使房、室脉冲显示出来。

3）判断起搏器电源的状态。电源耗竭时，将出现磁频率的明显下降，磁频率下降是预测电源耗竭的重要指标。

4）终止起搏器介导性心动过速（PMT）。PMT 是由起搏器诱发和维持的心动过速，多发生于植入双腔起搏器的患者，主要诱发原因是心房过度感知。简单的处置方法是放置磁铁起搏器转为非同步磁频起搏方式，心房电路对于逆行 P 波丧失感知功能，介导性心动过速即可终止。

（六）程控仪

程控仪是利用射频通信技术与安装在体内的起搏器进行无线对话，可以在体外完成对起搏器的参数设置、随访及优化工作状态等。随着起搏工程技术的进步，起搏器的程序控制功能越来越强大，通过其恰到好处的运行参数，可以使起搏器发挥至最大效益，患者获得最大疗效。程控仪，如图 3-192 所示。

起搏器程控仪的基本应用目的如下。

（1）根据对起搏器的功能测试及患者的临床表现，设置最佳的起搏工作参数，优化起搏状态，以提高患者的生活质量。

（2）在确保起搏安全的基础上，选择适宜的起搏方式、频率、输出能量，以降低电耗，延长起搏器的使用寿命。

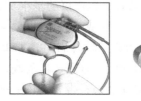

图 3-192　程控仪

（3）通过随访，了解预期寿命，及时处理各种已知或未知的故障，降低患者对起搏器使用的担心，消除可能引发的并发症。

1. 程控仪构成　程控仪是实现起搏器程序控制的基本设备，各个起搏器生产厂家都有其配套的程控仪，一般仅供本企业生产的起搏器使用。对于能够使用不同系列产品的程控仪，需要配置相应的软件系统。程控仪的基本配置，如图 3-193 所示。

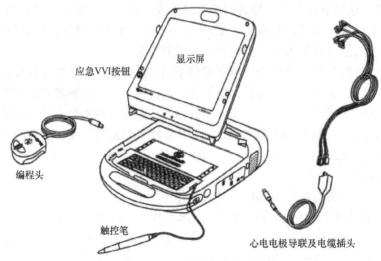

图 3-193　程控仪的基本配置

（1）显示屏幕：程控仪的显示屏幕是一种交互式设备，可以实时显示文本数据及图形文件。由于采用触摸屏技术，它也是一个控制面板，可以通过显示按钮及菜单选项，利用触控笔能够在触摸屏幕上选择各项编程选项。

程控仪的显示屏幕包括多个分区，主要包括节律监控窗口、任务栏、命令栏、状态栏、选择按钮、工具选项板和任务区等，并具有丰富的多级选项菜单。

（2）编程头：可以为程控仪提供与患者体内起搏器联络的通信链路。编程头包括一块永久性强磁铁、射频（RF）发射与接收装置及指示灯阵列，在编程或询问操作期间，编程头必须保持在体内起搏器的上方。

（3）触控笔：用于触摸显示屏幕上的功能选项。

（4）电极导联与 ECG 电缆：可将程控仪与患者的体表心电电极连接起来，能够根据临床要求，通过体表电极检测心脏功能，并测量体内起搏器的 ECG 信号。

（5）应急 VVI 按钮：在应用程控仪对话（或随访）期间，按动显示面板上的应急 VVI 按钮，可以"一键式"快速进入应急程序。

2. 程控仪的基本功能　程控仪的基本功能包括编程功能与遥测功能等。

（1）编程功能：永久性或临时性调整体内起搏器的各项参数值。

（2）遥测功能：当程控仪开启时，如果编程头所处的位置合适，能够自动检测出体内起搏器的型号，并启动应用程序，自动确认已编程的变更参数；报告当前生效的编程参数值及体内起搏器的电池状态；报告体内起搏器运行参数的实时测量结果，如电池电压、输出能量等；显示并打印遥测结果；显示并打印体内起搏器导联系统获得的心房/心室心内电描记图（EGM）。

（3）ECG 及其他诊断功能：屏幕上的 ECG 窗口可以提供患者 ECG 的连续视图，全窗口 ECG 显示包括一个冻结选项和脉幅调整心电图形；刺激阈值的试验功能；体内起搏器的临时抑制功能；直接测量脉冲频率、AV 间隔和脉冲宽度；打印输出编程及测量信息，以备永久性记录。

（4）软件更新功能：通过网络连接到指定站点或升级软件包，可以自动更新和安装相应的应用软件。

3. 程控仪的操作步骤 程控仪的基本操作步骤大致如下。

（1）安装适用于程控的起搏器软件，打开电源开关，指示灯亮。

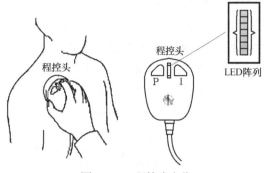

图 3-194 程控头定位

（2）将程控头放置于体内起搏器的皮肤表面，挪动找到合适位置，若程控头上面有一排如图 3-194 所示的绿色灯亮，说明位置合适，可进行程控操作。

（3）在程控器面板和键盘上标有各种选择参数，根据需要按击某一按键。

（4）询问（inquiry）"I"键可以调出起搏器储存的各项资料，如工作方式、频率、振幅、脉宽、感知灵敏度、A-VD（起搏和感知）、心房不应期、电池状态等。

（5）调整参数后，按动程控仪的"P"键（program），确认后即表示修改参数已输入体内起搏器。

4. 常用程控项目

（1）起搏方式（pacing mode）：种类繁多，有 DDDR、DDD、DDIR、DDI、DVIR、DVI、DOOR、DOO、VDD、VVIR、VVI、VVT、VOOR、VOO、AAIR、AAI、AAT、AOOR、AOO、ODOO、OVO、OAO 等，根据病情的不同需要，可以选用对患者最有利的起搏方式。

（2）起搏频率（pacing rate）：是指起搏器的基础频率或下限频率，是最为常用的程控参数。起搏频率的可调范围为 30～180 次/分，厂家通常设置为 60～70 次/分，不同患者对频率的要求不完全相同，需要根据实际情况适宜更改。

（3）输出幅度（amplitude）：是指起搏器的输出电压或电流强度，厂定的输出幅度为 3～5V，可调范围为 0.5～7.5V，各生产厂家略有不同。

（4）脉冲宽度（pulse width）：是起搏器输出脉冲的宽度，它与起搏器的输出能量有关。厂定的脉宽值一般为 0.5ms，可调范围为 0.03～2ms。

（5）感知灵敏度（sensory sensitivity）：感知是起搏器又一重要功能指标，与输出能量具有同等重要的地位。现阶段应用的起搏器均为按需同步型，因而，起搏器必须具有良好的感知功能，它是起搏器能够充分发挥其效用的先决条件。

感知灵敏度是指起搏器能够感知的最低 R 波（感知心室）或 P 波（感知心房）幅度（mV）。感知 R 波或 P 波由电极导线所在位置而定，如果导线在心室可以感知 R 波，导线在心房就只能感知 P 波，R 波的幅度应＞5 mV、P 波幅度应＞2.5 mV。

（6）不应期（refractory period）：起搏器在一次感知活动或发放一次电脉冲后的一段时间内，不再感知任何信号，也不再发放任何脉冲，这段时间称为起搏器的不应期，一般厂定的不应期为 300～350 ms，可调范围为 150～500ms。

（7）极性（polarity）：程控是指单极方式与双极方式的调变，单极的优点是感知好，脉冲信号清晰；双极特点则是抗干扰能力强。具有极性程控的体内起搏器，必须应用双极导管，如果应用的是单极导管，只能选用单极方式；若起搏电极为单极导管，体内起搏器的程控指令为双极方式，此时，起搏器则不能进行心脏起搏。

（七）起搏器的程控随访

对于起搏治疗而言，起搏器的植入仅是治疗的开始，临床随访与程控应贯穿于起搏治疗的全过程。起搏器程控随访的意义是，定期对起搏器的工作状态进行有效性评价，结合起搏器自身的诊断功能，个性化调整参数，使患者最大获益。

起搏器的程控仪随访，如图 3-195 所示。

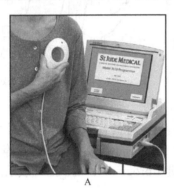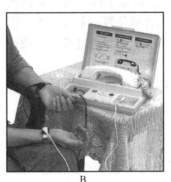

图 3-195　起搏器的程控仪随访

A. 医疗现场随访；B. 电话远程随访

起搏器程控随访的意义如下。

（1）发现并处理起搏系统功能故障。

（2）预测可能发生的起搏系统异常。

（3）减少起搏系统并发症。

（4）充分发挥起搏器功能，以适应患者需要。

（5）延长起搏器的使用寿命。

体内起搏器的随访分为近期随访和远期随访，近期随访是观察伤口变化、检查导线固定情况、程控起搏参数、了解患者对起搏的反应、对患者进行测试；远期随访主要关注患者的生活质量是否提高、术后心功能是否改善、对血流动力学的影响、起搏后有无心律失常、了解起搏后各种并发症。

1. 随访的主要检查　随访首先要询问患者随访间期的症状，并调用、分析起搏器记录的诊断数据，综合评估起搏效果。根据临床需要，随访还需要进行心电图和胸片检查。

（1）心电图检查：患者取坐位或仰卧位，连接程控仪与心电电极贴片，如图 3-196 所示。

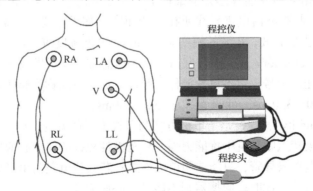

图 3-196　连接程控仪与心电电极贴片

心电图检查包括普通心电图和磁频心电图，普通心电图的目的是判断起搏器的起搏和感知功能正常性；磁频心电图主要为判断起搏器电池的电量。

（2）胸片检查：胸片检查的目的是了解并比较起搏导线的位置变化，判断有无挤压综合征。胸片检查，如图 3-197 所示。

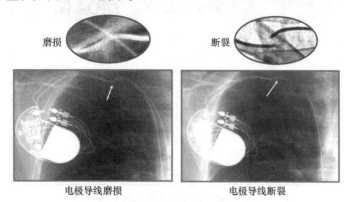

图 3-197　胸片检查

必要时，还可进一步通过心脏超声、动态心电图（Holter）等检查，以了解心功能、心律及心率的状况，并对患者的心理状态进行综合评估。

2. 程控随访的第一步　程控随访可以分解为三个步骤，第一步也是最重要的一步，主要是评价起搏器的电池容量，并初步了解起搏器的工作状态。

（1）电池工作状态：起搏器锂碘电池的工作状态曲线，如图 3-198 所示。

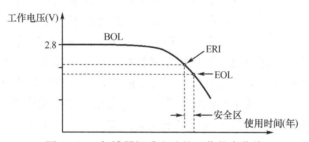

图 3-198　起搏器锂碘电池的工作状态曲线

电池刚开始启用时，初始工作电压（BOL）通常保持为 2.8V，经缓慢消耗逐渐接近至耗竭期（EOL），耗竭期的电池电压值不尽相同，此时，电池电压衰减更为迅速。当电池工作电压接近 ERI（elective replacement indicator）约为 2.61V 时，即达到安全区并提示择期更换，在安全区期间，电池一般还能继续维持安全供电 3 个月。

电池是起搏器所有操作的能量来源，因而在程控随访时，电池随访通常列为例行检查的第一步。电池状态检查需要从多个角度进行综合评价，目前主要是根据电池的工作电压及内阻等判断电池状态，并预估起搏器电池的使用寿命（remaining longevity），当然，必要时也可通过传统的磁频法评估电池电量。

（2）电池电量和电池阻抗：程控随访的基本界面，如图 3-199 所示。

可见，随访系统可以通过自身的检测功能（不同的生产厂家方法略有不同）预估电池使用寿命，并提供当前的工作电压、电流和环路内阻。大多数起搏器初始电池电量（工作电压）为 2.8V 左右，电池耗竭时电压可降至（2.59±0.05）V。电池的内阻可以间接反映电池的状态，在使用初期，内阻多在 100Ω 左右，随着使用寿命的缩短，内阻会逐渐增加，终末期可达到 10 000 Ω 以上

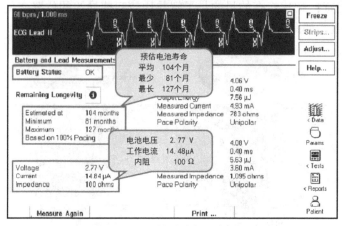

图 3-199　程控随访的基本界面

（3）测定磁频：磁频是将电磁铁放在起搏器上（人为构成一个强磁场环境）时起搏器的工作频率。根据磁频工作模式，在强磁场状态下，起搏器并不感知自体心脏活动，采用的是固定起搏频率（通常＜100 次/分）。磁频法是判断电池状态、确定更换时机的重要方法，通过测定磁频能够快速、有效地了解电池状态。对于大部分起搏器而言，磁频是电池状态的重要指示参数，磁频随电池的消耗逐渐降低或阶梯式降低，当磁频率下降到一定程度时，即预示电池达到 ERI 状态，不同起搏器对磁铁试验的反应不尽相同，磁频定义也有所不同。例如，美敦力起搏器对磁频的定义是，电池处于正常状态，磁频率为 85 次/分；电池临近耗竭区（剩余寿命三个月左右）时，磁频率下降为 65 次/分。

每一起搏器生产厂家都有自己的磁频定义指标，在起搏器寿命的大多数时期，磁频均为初始磁频率，虽然有时也会发现电量已开始下降，但磁频率仍处于初始磁频范围。电池电量即将进入终末期时，磁频率会快速下降，且与电量下降不成比例。电量达到终末期，磁频也降至终末期磁频率，当磁频达到终末期时，多数起搏器仍可正常工作 3～6 个月，此时应及时更换起搏器。

3. 程控随访的第二步　程控随访第二步的目的是判断起搏器治疗的有效性，通过应用起搏器分析仪测试与分析三个重要数据，起搏阈值、感知灵敏度和起搏环路阻抗，并比对各项测试数据，判断其是否处于正常范围。

图 3-200　除颤器/起搏器分析仪

（1）除颤器/起搏器分析仪：是检测除颤器和起搏器功能的专用测试仪器，也可作为心电测试信号发生器。除颤器/起搏器分析仪，如图 3-200 所示。

用于起搏器检测仪时，可以测量脉冲幅值、脉冲宽度（时间）、脉冲（起搏）频率、AV 延迟时间，以及不应期、灵敏度、抑制频率等。

（2）起搏阈值（thresh old）：测量起搏

阈值，即检测输出脉冲的振幅和脉宽，以确保起搏器处于安全的起搏范围。起搏阈值的评价主要包括确定电极导线的完整性、确定电极导线位置的稳定性、评估心肌对电刺激的反应性。

测量起搏阈值时，应明确不同模式下输出脉冲的振幅和脉宽，例如，测试单腔导线阈值的方法是，调整下限起搏频率，保证心室或心房能够 100%起搏。也有一些起搏器可以定期根据自动测量的起搏阈值设定安全的起搏电压，以保障起搏心肌夺获。

$$起搏输出=起搏阈值×安全范围$$

安全范围一般为 2 倍。例如，起搏器的起搏阈值为 1.0V，通常情况下要求起搏的输出应≥2.0V。由于起搏输出脉冲振幅的增高会加大起搏器电池消耗，因此，应尽量使起搏输出脉冲振幅≤2.5V。

（3）感知灵敏度：通过程控仪可以测定起搏器的感知灵敏度，即起搏器感知 P/R 波的幅度值，目的是确保感知处于恰当的安全范围。检测主要包括三个方面，一是了解电极导线是否完好；二是评估电极导线位置是否稳固；三是观察自身心律振幅的变化。

起搏器通常可定期根据自动测量的感知阈值调整感知灵敏度，以保障起搏器能精准地感知自身心律。一般情况下，要求 P/R 波的振幅至少是感知灵敏度的 2 倍。

（4）起搏环路阻抗：是检测起搏系统的完整性，大多数起搏器在初始询问时，能够自动测定电极导线阻抗。一些起搏器可以定期自动测量起搏阻抗，并显示阻抗的变化曲线，为临床评估起搏系统的稳定性及故障提供依据。

除了一些高阻抗电极导线外，起搏导线阻抗多为 300～1000Ω。阻抗的突然改变通常与电极导线机械损伤有关，电极导线阻抗明显下降 50%以上，或低于 300Ω，可能是电极导线绝缘层破裂；电极导线阻抗突然增加 50%以上，或高于 1000Ω，说明电极导线的导丝可能发生断裂。

4. 程控随访的第三步是回顾起搏器的诊断信息 随着起搏器的自动化程度及数据存储容量的提高，起搏器不仅关注起搏的治疗效果，还更加重视自身的诊断功能，目的是提升起搏器的易用性。起搏器的诊断功能包括两个方面，一是检测植入人体的起搏器及其电极导管（导线）状态，并提供诊断数据和图表；二是记录与存储患者心律及起搏状态，协助医生制定治疗方案，实际上，现代起搏器还是一个"Holter"。

起搏器的诊断数据主要有长期电极阻抗趋势图、心房频率直方图、心室频率直方图、房室传导（AV）直方图、心房心动过速（高频）事件记录、心室心动过速（高频）事件记录、心房高频事件明细、心室高频事件明细以及自定义频率趋势图等。

（八）无导线起搏器

心脏植入永久起搏器是现阶段临床治疗缓慢性心律失常最为有效的方法之一。目前常用的心脏起搏器需要通过手术方式将手表样大小的起搏装置埋入皮下（囊袋），再经静脉系统将电极导管放入心腔内，通过感知心电变化，发放电脉冲起搏。由于电极导管的存在和起搏装置体积相对较大，可能出现导线断裂、皮下感染、皮肤破溃甚至导线穿孔等并发症，这不仅影响起搏器的工作状态，更会严重伤害患者健康与生活质量。另外，由于电极导管与脉冲发生器为金属结构，患者术后要求远离强磁场环境。因此，摒弃起搏器的电极导管，已经成为起搏器技术发展的关键及研究热点。

实现起搏器的无导线化，其核心任务在于解决能源供给。这就要求，应尽可能使起搏器小型化、降低能耗；或通过无线的方法为体内起搏器持续输送能量。由此，近年来在临床形成了两大类无导线起搏器。一类是经体表无线传输能量的心脏起搏器，它包括超声和磁场两种能量传输方式；另一类就是微型无导线起搏器。

1. 超声能量传输无导线起搏器　超声能量传输的无导线起搏器是以超声为能量传输媒介。其能量传输过程是，经导线植入带有超声波接收器的起搏电极，可以通过胸壁接收到设置在体表的超声发射器发出的超声能量，再由换能器将接收 320～330 kHz 超声波转换为电能，用以对心脏起搏器供电。

超声能量传输无导线起搏器，如图 3-201 所示。

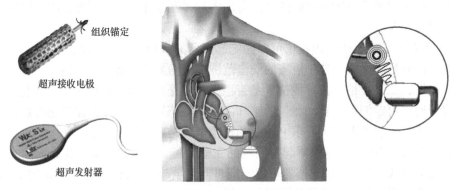

图 3-201　超声能量传输无导线起搏器

超声接收电极前部有一个组织锚定，用来固定电极，组织锚定结构长度约为 3.6 mm，有五个抓爪，电极为钛合金外壳，呈纤维网状编制的表面，易于组织生长包裹。超声接收电极内部无能源，总体长度为 9 mm，直径 2.6 mm。

2. 磁能量传输无导线起搏器　磁能量传输无导线起搏器与超声能量传输无导线起搏器相似，通过植入心前区皮下的发射器将磁能量传递至心腔内的电极接收器线圈，进而接收器将接收到的磁能量转换为交变电流，经整流、整形，为心脏起搏脉冲供电。

磁能量传输无导线起搏器，如图 3-202 所示。

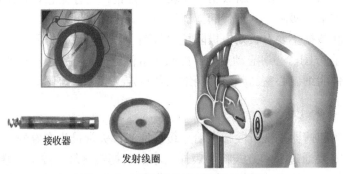

图 3-202　磁能量传输无导线起搏器

如图 3-202 所示，通过植入皮下的金属线圈将快速变化的电磁能量转换为交变电流，经整流和电容滤波形成近似于方波的心脏起搏脉冲，在 0.5mT 的磁场强度下，经过约 3cm 胸壁的能量传输后，由右室心尖螺旋电极转化产生 0.6～1mV、脉宽 0.4ms 的起搏脉冲电流，可以稳定夺获起搏心脏。

虽然，磁能量传输无导线起搏器能够稳定夺获心脏，但在临床应用中，存在着能量传输过程损耗过大的问题。影响磁能量传输效率的主要因素是发射器与接收器的距离及角度，距离越近、越平行，传输效率越高。因而，这一能量传输形式理论上可行，在实际应用中仍有一定的困难，临床上很难保证其磁场的传输角度为最佳，也难以保证应用中发射线圈和接收器不发生移位。

3. 微型无导线起搏器 无论是利用超声还是磁能量，虽然都能够实现无导线起搏，但它均需要为能量的来源装置（发射器）在皮下建立囊袋，仍然存在制作囊袋带来的手术创伤和相关并发症。另外，就现阶段能量传输与转换技术而言，还无法解决间接能量转换过程中的效率过低（传输效率＜1%）的难题。

随着新能源技术和微电子技术的发展，自2006年开始，越来越多的学者开始设计和研发无导线心脏起搏器（leadless cardiac pacemaker，LCP）与微型经导管无导线起搏系统。

（1）两种微型无导线起搏器：目前已经有两种商品化的微型起搏器在临床应用，一种商标为圣犹达（Nanostim）的无导线起搏器，采用主动螺旋固定方式；另一种为美敦力（Micra）的无导线起搏器，它采用被动带刺样固定方式。

两种微型无导线起搏器，如图3-203所示。

Nanostim无导线起搏器
（直径6mm，长度41.4mm，重量2g）
　　　　　Micra无导线起搏器
（直径6.7mm，长度25mm，重量2g）

图3-203　两种微型无导线起搏器

这两种LCP均采用高集成能量的微型电池，并进行低能耗设计。它的主要技术特点，一是电池整合装入脉冲发生器，真正实现不需要制作囊袋；二是采用传统的电刺激方式，无须能量转换。

（2）经静脉推送系统：微型起搏器是基于经皮下静脉导管的推送（植入与取出）技术，将起搏器固定于心肌内，其脱位与穿孔的发生率明显低于传统的有导线起搏器，植入与取出操作更为简易。起搏器固定与推送导管，如图3-204所示。

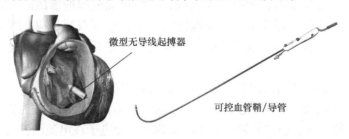

微型无导线起搏器

可控血管鞘/导管

图3-204　起搏器固定与推送导管

微型无导线起搏器植入过程，如图3-205所示。

如图3-205所示，通过穿刺单侧股静脉，使用专用的递送导管进入右心室，将起搏器上的电极与心室壁固定，整个植入过程一般仅需近半小时。

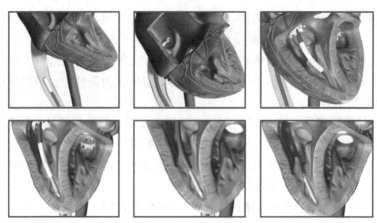

图 3-205　微型无导线起搏器植入过程

（3）技术优势：微型无导线起搏器的技术优势在于它没有导线及埋植与皮下的脉冲发射器，无须制作囊袋，经股静脉径路操作相对简单且美观（因为体外完全不可见），同时可避免导线植入过程及之后囊袋存在带来的系列并发症。无须短期限制上肢活动，缩短住院时间，降低治疗费用，同时可兼容磁共振检查。

4. 无导线起搏器的展望　现阶段，经静脉植入导线的起搏器治疗仍然占据着绝对主导地位，无导线起搏器还仅处于发展期的初级阶段。由于无导线起搏技术不再使用导线，可以避免导线的静脉植入与存留，减少相关并发症，尤其是微型无导线起搏器，将电池、线路和起搏电极集成为可全部置入心腔内的"袖珍胶囊"，仅需经皮穿刺导管植入术，操作简单，无须制造囊袋及静脉导管。更值得一提的是，经能量转换的无导线起搏，可通过超声或电磁能量转换为起搏电脉冲，改变了起搏器传统能量的传输方式，是起搏技术的重大创新。

但是，目前无导线起搏器主要为心室单腔起搏（微型无导线起搏器），无法提供双腔起搏及感知，这可能导致房室失同步的非生理性起搏增加，另外现在开发的无导线起搏器尚无除颤功能，仍期待进一步改善。已商品化的两款微型无导线起搏器均已完成了临床试验，经股静脉通过长鞘植入右心室心尖部，植入成功率为 100%，但也有微型起搏器脱落的不良事件报道，微型起搏器一旦发生脱落极可能造成栓塞，其危害性远超过传统起搏器导线脱落。除此之外，现已商品化的微型起搏器，仅适用于富有腱索和室壁较厚的心室起搏，由于心房壁薄、无腱索等结构，这两种微型起搏器的固定装置尚无法用于心房，不能实现更符合生理需求的心房起搏或心房、心室双腔起搏。因而，亟须研究设计一种植入和固定装置，以实现心房的微起搏治疗，使心脏起搏技术进入真正意义上的"无线起搏"时代。

无导线起搏器的发展仍依赖于能量的来源，因而新型能源的开发与应用是重中之重。2005 年，有学者应用酶生物发电技术，以人工酶（葡萄糖脱氢酶）作为阳极与胆红素氧化酶阴极组成酶燃料电池，通过分解血液中的葡萄糖，使电子在电池两极之间移动，产生电流。近年来，也有采用纳米发电技术，它通过人工组织黏合剂固定在大鼠心脏表面，随着心脏的搏动，纳米发电线被拉伸、缩短和弯曲，通过形变获得电流。但是，生物学自发电技术尚处于生物材料学的研究阶段，距离临床应用还有相当长的路要走。

第四节 体外循环设备

体外循环（extracorporeal circulation，ECC）又称为心肺转流（cardiopulmonary bypass，CPB），是利用人工装置将回心静脉血引出体外，经过气血氧合交换、温度调节和过滤，再回输到体内动脉系统的专项生命支持技术。由于这一人工装置可以暂时性替代心脏的泵血和肺换气功能，故称之为人工心肺机（artificial heart-lung machine）。

本节将以天津汇康医用设备有限公司研制的 WEL-H5 人工心肺机为例，系统介绍人工心肺机的结构与工作原理。WEL-H5 人工心肺机，如图 3-206 所示。

人工心肺机又称为体外循环机，是支持体外循环、实现血液不经过自体心肺进行氧合与组织灌注的专用医疗设备。由于血液可以暂时性脱离自体心肺实现体周循环，心脏内暂无血流，为心脏直视手术提供了少或无血操作界面，使得一些复杂的心内畸形、大动脉疾病救治等手术成为可能。人工心肺机的实现，从技术层面上解决了在常规条件下无法开展心内直视手术的难题，是现代医学工程对心血管外科学的"里程碑"式贡献。

尽管人工心肺机可以在心脏直视手术中短时间（一般为数小时）替代心肺功能，但是，对于心肺衰竭的急救、术后心肺功能维持性恢复等还难以提供较长时间的辅助支持。随着体外循环技术的发展，体外膜肺氧合（extracorporeal membrane oxygenation，ECMO）应运而生。ECMO 是走出手术

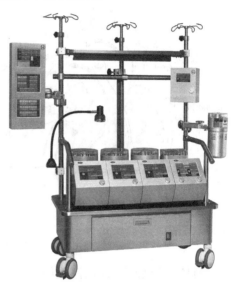

图 3-206 WEL-H5 人工心肺机

室的体外循环技术，为体外循环开辟了更为广泛的应用领域，它不仅可以在心脏手术中快速建立体外循环，而且还能够广泛和长时间地应用于呼吸与循环支持，由此构成了现代急救的体外心肺复苏技术，使得心肺功能衰竭紧急救治的成功率大幅提升。ECMO 是一项现代综合急救技术，它的应用水平可以不同程度地反映危重症急救医学的进步。本节也将系统介绍 ECMO 的工作原理及临床应用。

一、体外循环的意义与可行性

对生命体而言，正常体温下器官耐受缺血缺氧的时间是有限的，时间过长将会导致不可逆的器官组织损伤与坏死，其中，大脑耐受缺氧时间最短，一般为 4~6min；心肌细胞的耐受缺氧时间也不超过 30min。体外循环对临床的主要贡献就是暂时性阻断上、下腔静脉血液回流至右心房，心脏停搏，阻断升主动脉，使心脏内处于无血状态，通过体外循环血泵与氧合器替代完成供血和氧合功能。

心脏的主要功能是泵血，为血液循环提供动力，使血液通过各级血管完成对全身器官组织的充分灌注。为满足人体灌注的生理需求，心脏必须具备两个基本功能，一是心室应能充盈足够的血量（正常成人的每搏量为 60~80ml）；二是每次心搏应产生足够的动力（正

常成人收缩压为 90～140mmHg、舒张压为 60～90 mmHg），以满足血液对组织器官的充分灌注。如果心脏出现病变需要手术修复时，由于心内充盈着血液并有较大的压力，直接开展心内直视手术几乎不可能。

1. 心血管循环与体外循环 心血管循环系统是生物体内的运输系统，它以血液为传输媒介，可将消化道吸收的营养物质和由肺泡弥散的氧输送到各组织器官，并将各组织器官的代谢产物通过同样的途径带入血液，经由肺、肾等器官排出体外。另外，心血管循环系统还可以传送热量以保持身体各部的体温平衡，输送激素到靶器官以调节其功能。

心血管循环系统与体外循环，如图 3-207 所示。

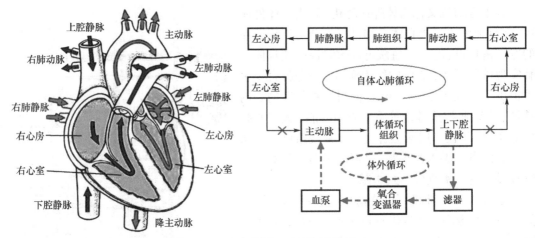

图 3-207　心血管循环系统与体外循环

自体心肺循环系统的流程如下。

（1）回流至心脏的未氧合血液，分别通过上腔静脉（来自于头部和上肢的血液）和下腔静脉（来自于下肢和腹腔的血液）进入右心房。

（2）三尖瓣打开，未氧合血液由右心房进入右心室。

（3）心脏收缩，将右心室的未氧合血液经肺动脉进入肺脏氧合，再由肺静脉将氧合后的血液输送至左心房。

（4）左心房血液经二尖瓣进入左心室，再由左心室泵入主动脉，完成氧合血液的体循环。

另外，为了维持心脏自身的供血功能，通过冠状动脉、毛细血管和冠状静脉构成冠脉循环，实现对心肌的血液灌注。

如果将上下腔静脉或右心房的静脉血通过管道引出体外，由血泵提供动力，再经氧合变温器进行血液氧合与变温，回输至主动脉，如此血液不经过自体心肺进行的氧合和组织灌注过程，称为心肺转流（心肺旁路），即为体外循环。

2. 体外循环从理念到实现 早在 1667 年，就有学者提出了使用人工肺代替自体肺呼吸的设想。到了 19 世纪初，史蒂诺（Stenon）、拜查特（Bichat）等生理学家在动物实验中发现脑、脊髓、神经、肌肉等器官组织，若有血液通过，则可短时间维持其生命活动。基于这一实验观察，法国医生莱盖路易斯（Le Gallois）进行离体器官血流灌注动物实验时发现，从颈动脉插管灌注血液，可以短时间保持断头实验兔的脑功能。于是，提出了一个大胆的设想，"如果能用某种装置代替心脏，注射自然的或人造的动脉血，就可以成功地长期维持机体任何组织器官的存活"，并由此确立了人工循环的概念。

人工循环的意义是，身体的一些组织器官在持续得到氧合血液的灌注时，可以短时间维持其生理功能。如果能用工程学的方法将患者静脉的血液持续不断地引流出体外，经过氧合并排放二氧化碳，再回输到动脉，就能够解决缺血缺氧、延续生命的技术问题，同时，还可以在阻断回心血流的情况下进行心脏直视手术。这样，血液绕过阻断的大血管，在体外建立一个旁路来替代自体心肺功能，可以使肺动脉甚至心腔空置。这就是体外循环的最初构想，从此诞生了一个重要的医学理念与技术——体外循环。

体外循环技术，如图 3-208 所示。

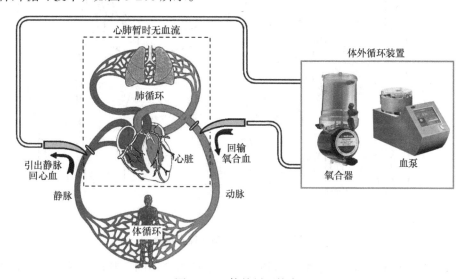

图 3-208　体外循环技术

由此可见，体外循环的目的是截流回心静脉血，使心脏和肺循环的血流量减少甚至完全阻断，以保障相关手术的顺利开展。为满足体循环（包括心脏本体）赖以生存的氧气供给，体外循环必须具备两大核心功能：①泵血功能，通过血泵（人工心）实现对组织器官的持续灌注；②换气功能，由氧合器（人工肺）替代肺脏对血液进行气体交换，以维持机体的氧代谢。

3. 早期的交叉体外循环技术　体外循环低流量灌注研究证实，当上、下腔静脉被阻断，仅保留奇静脉（vena azygos）回流时，奇静脉的血量将从 20ml/min 增加到 80～100ml/min，此时，心脏仍维持跳动，可以有效地支持心脑的血流。由于当时没有体外氧合技术，根据这一低流量灌注理念，采用了 25～40ml/kg 体重的低血流异体交叉灌注，可以维持机体的基本功能，能够避免脑损伤，安全时限长可达 40min。

依据这一原理，当时开展了同种（后期也开展异种）生物肺氧合技术的应用研究，并在 1953 年 10 月 22 日进行了首例交叉循环动物实验。试验用两条狗进行心脏手术，一条是手术狗，为受血者；另一条当作氧合器，称为供血者。经过 30min 的体外循环手术后，手术狗的心脏毫无困难地负担起维持循环的任务，术后第 2 日两只狗均恢复正常。实验的成功，让利乐海（Lillehei）等学者意识到交叉循环法对心脏外科手术的意义和价值，由此，首创了"控制式交叉循环"技术。

控制式交叉循环技术示意图，如图 3-29 所示。

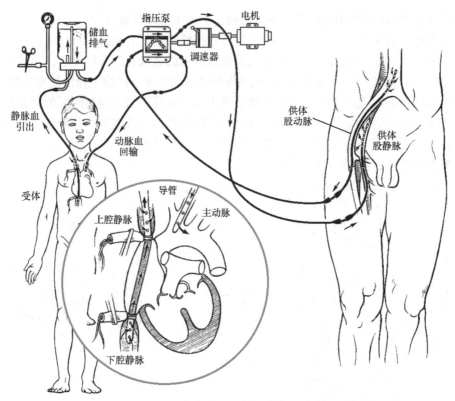

图 3-209　控制式交叉循环技术示意图

　　控制式交叉循环技术采用动脉血泵以一定流量抽出供体的动脉血注入受体的动脉中，同时，抽出受体等量的静脉血，泵回至供体的静脉中，利用供体的肺进行血液氧合。

　　1954 年 3 月 26 日，利乐海首次将该技术用于临床。他以患儿父亲作为供血者，将成人的循环系统与儿童的循环系统相连接，在控制性交叉循环下进行了心内直视手术，成功地完成了历史上第 1 例室间隔缺损修补术。当时使用的血泵为指压泵，将动脉血从供血者的股动脉引出，经指压泵注入受体右锁骨下动脉至升主动脉，受体的静脉血从上、下腔静脉引流入一个缓冲储血器中，通过指压泵将静脉血注入供血者的大隐静脉至下腔静脉，供血者贡献其心排血量的 4%~20%，整个修补过程用时 19min。在 1954 年 3~7 月不到半年的时间里，利乐海用交叉循环的方法施行了室间隔缺损、房室双通道、肺动脉漏斗部狭窄和法洛四联症等较复杂的心内畸形矫正，共完成心脏手术 45 例，无一例供血者死亡及并发后遗症，其中 28 例患者存活且康复出院，有的甚至存活了 30 年。

　　虽然，控制式交叉循环的临床应用获得了巨大的成功，然而，作为体外循环的一种特殊形式，它的应用依然受限，且不能完全支持起整个循环系统，对供血者也存有一定的风险，因而人们开始研究新型氧合器，随着各种高效能氧合器的相继问世，控制式交叉循环技术淡出历史。

　　4. 第一台人工心肺机的问世　自 1930 年起，麻省总医院的住院医生吉勃（Gibbon）等开始了体外循环系统的研制工作，经过多次改进，于 1935 年获得成功。他们应用自行设计的人工心肺机代替自体心肺，使猫的心脏在体外循环下停止搏动，39min 后再恢复自身循环供血功能，由此，世界上第一台人工心肺机诞生。之后，吉勃等学者又对体外循环技术进行了多项重大改进，1937 年发表了第一篇"实验性阻断肺动脉期间人工维持循环"的报告，报告中描述了对三只猫阻断肺动脉，同时用体外循环设备进行全身转流，结果存活 2 个小时以上。1939 年，在美国胸外科年会上，吉勃报道了他的研究成果，实验猫经过全心肺转流术后，其生存率得到大幅提高，39 只猫经升主动脉灌注 10～25min，存活 13 只，最长存活达 4 个月。

第一台人工心肺机结构示意图，如图 3-210 所示。

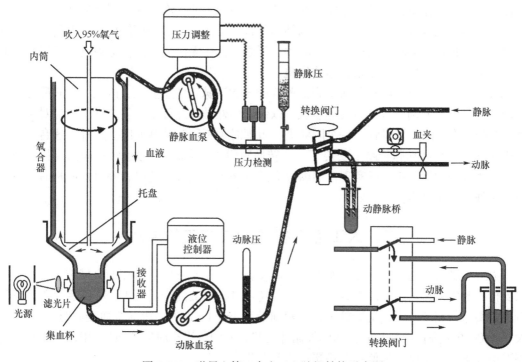

图 3-210　世界上第一台人工心肺机结构示意图

世界上首台人工心肺机第一次运用工程学的方法，成功解决了体外循环过程中血液氧合与血液循环两大核心技术，为日后体外循环技术的发展奠定了坚实基础。

（1）血液氧合技术：首台人工心肺机创造性地构建了一个套筒式氧合器，尽管现在看来这种氧合器还较为粗糙、简陋，但是，其增大氧气与血液的接触面积的理念一直沿用至今。

套筒式氧合器实际上就是早期的"血幕"氧合器。它的基本结构是，直立圆柱体套筒的内部有一个可以旋转的内筒，血液从圆柱体的顶端沿外筒与内筒的间隙引入。由于内筒在不停地旋转，随着血液的下行，必然带动血液沿外筒内壁与内筒外表面之间的缝隙展开，形成一个很薄的血平面，即为"血幕"。当在内筒底部喷入 95% 的氧气时，血液随重力由套筒上向下移动，氧气则从内筒的底部压入并向上流动，因而增加了血液与氧气的接触面积，使得血液可以获得氧合，这也是早期氧合器的雏形。

（2）体外循环控制技术：由于首台人工心肺机采用两个血泵（静脉泵和动脉泵）的驱动方式，其静脉血抽吸与动脉血泵回之间的流量配合十分关键，血流量平衡与否，直接影响着患者体内血容量的稳定和体外循环的安全性。因此，为保证血流量的平衡，第一台人工心肺机首创了两个现在仍在沿用的技术。

1）静脉血低负压抽吸技术（曾一度被"重力引流"所取代）。它通过实时监测静脉管路的压力评估患者的血容量，并根据血容量来调整静脉管路的抽吸量。如果静脉压高，说明体内血容量高，则可以由静脉压检测、压力调整电路提升静脉血泵的转速，以增加静脉血的抽出量；反之，降低静脉血泵的转速。

2）血平面控制技术。在套筒式氧合器的底部装有一个透明的集血杯（如同现代人工心肺机的储血器），集血杯主要有两个作用，一是通过监测其杯体的储血量（血平面）来调控动脉血泵的流量；二是排除血液在氧合过程中产生的气泡。在透明集血杯外部放置一光电传感器，光电传感器可以实时监测杯体是否存有血液，如果杯体内有足够的血液，透过的光亮值较低，动脉血泵可以正常驱动；反之，杯体无血或少血，透射光亮值提高，通过控制电路即可降低动脉血泵转速或停机。

首台人工心肺机已经充分认识到监测静脉压和动脉压的重要性，因而，在其静脉管路和动脉管路上都分别设有压力检测装置，以保证体外循环过程中的安全性。为应对突发故障，在动脉血管路上还设置了一个阻断夹，可即时关断回输动脉血路。另外，这台人工心肺机在静脉管路和动脉管路上安装了一个转换阀门（三通阀），通过转换阀门连接动静脉桥，可使静动脉管短路，以实现机器内存血的自循环，能够避免患者临时性脱机时，机器内血液静止发生凝血。

二、人工心肺机的构成与工作原理

人工心肺机是通过氧合器、血泵和辅助设施等实现血液体外循环的机械装置，可以用来支持心脏的泵血与肺脏的氧合功能，另外还可进行血液的变温处理。心脏手术前患者的血液需要进行完全肝素化抗凝处理，肝素剂量为 4mg/kg 左右，激活全血凝固时间（ACT）大于 480s 方可进行动静脉插管和体外循环转流，术中每半小时监测 ACT 用以判断是否需要追加肝素，手术结束后使用鱼精蛋白中和肝素。

通过使用人工心肺机可以在自身循环阻断时暂时维持机体的生理功能，这一体外循环技术适用于心脏和大血管直视手术，也可用来为肺部、气道手术的患者提供氧合支持。人工心肺机的应用系统，如图 3-211 所示。

根据临床需要，人工心肺机由 4～5 个泵头（分别为主泵、引流泵、吸引泵、停搏液灌注泵和一系列监测控制装置等组成）。另外，还需要氧合器与连接管路，以及血管插管、变温水箱、血氧饱和度及血细胞比容监测、血气与电解质监测装置、停搏液灌注装置等。

（1）血泵为血液循环、停搏液灌注与心脏内外的血液吸引等提供动力。

（2）氧合器能够完成血液的氧合与变温，将静脉血液转换为动脉血，同时配合心脏手术所需的升降温过程。

（3）变温水箱对体外循环的血液进行温度控制，用于体外循环中患者体温的升降和心脏停搏液的降温。

（4）心肌保护液灌注系统是心脏停搏液灌注装置，用于诱导心脏停搏并在心脏处于停搏状态下实现有效的心肌保护。

（5）监测控制系统是人工心肺机的辅助装置，用来监测管路中的气泡、液面和压力等，从而保证人工心肺机运转的安全性和血液灌注参数的准确性。

（6）通过左心引流管路，引流泵可以完成术中持续性的左心血液吸引。体外循环心脏手术中，大血管血流被阻断，但从支气管动脉、心肌窦状隙血管系统、冠状静脉系统、心房和腔静脉插管周围仍持续会有少量血液回流至左心房，因此，要及时行左心引流减压，防止左室膨胀造成心肌损伤。通常在右上肺静脉与左心房连接处置荷包缝线，插入 18F 或 24F 带侧孔的插管，经二尖瓣瓣口送至左心室内，插管连接左心引流管路，经引流泵泵回氧合器储血罐内。

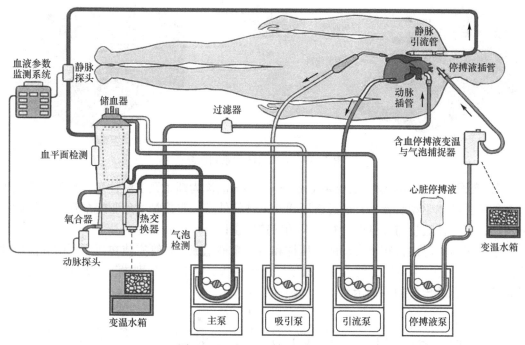

图 3-211　人工心肺机的应用系统

（7）吸引泵的作用如同自血回收系统，意义是将术野中的出血回收至氧合器的储血器内。

（8）血氧饱和度及血细胞比容监测装置、血气与电解质监测装置通常合二为一，在体外循环过程中实时、动态监测血液参数，使人体各项血液参数维持在目标范围内，保证体外循环灌注的有效性与安全性。

（一）血泵

血泵（blood pump）是体外循环的动力源，作用是代替心室搏出，故也称为"人工心脏"，还可用于术中心腔静脉引流、失血回收及心脏停搏液灌注等。理想血泵应具备的特性如下。

（1）可以对抗血液循环阻力，并能满足低流量的精确控制需求。

（2）对血液成分破坏尽可能小，即最大程度上减少血细胞的损伤。

（3）管道的接触面应光滑、连续、无效腔。

（4）可以实时监测并显示流量。

（5）电源发生意外时，有备用电源和手动装置。

血泵按结构分为指压式泵、往复式泵、滚压泵和离心泵等。目前，滚压泵是人工心肺机的主流血泵形式，离心泵由于采用一次性泵头，价格较为昂贵，多应用于一些高端设备。

WEL-H5 型人工心肺机的血泵分为单头血泵和双头血泵，如图 3-212 所示。

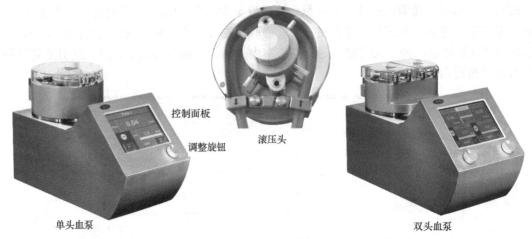

图 3-212　WEL-H5 型系列血泵

1. 滚压泵的工作原理　滚压泵（roller pump）也称为蠕动泵、滚柱泵，是现阶段最为典型的一类液体驱动装置，它通过挤压弹性泵管的外壁，非接触式地驱使泵管内液体做定向流动，其液体流量与泵管的管径、泵的转速成正比。

滚压泵由一对内置转子带动的滚压柱和弧形泵槽组成，泵管安装在弧形泵槽和滚压柱之间，槽内安装一个金属横臂，两个滚压柱为滚柱状，成 180º 分别置于横臂末端，可自行随泵管运转。滚压泵的原理示意图，如图 3-213 所示。

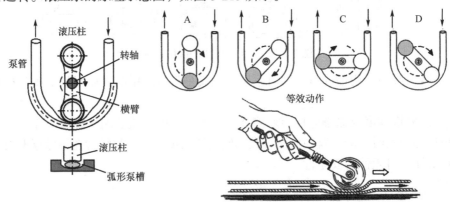

图 3-213　滚压泵的原理示意图

由于滚压泵有一段泵管置于弧形泵槽内，横臂旋转时总有一个滚压柱挤压泵管，通过挤压充满血液的泵管，血液会随泵头的运动方向推进，从而形成持续血流。

泵血时，电机启动，通过传动装置使中心转轴带动与之相连接的两个滚压柱旋转，两个滚压柱在半圆形的泵槽内旋转滚动，从而接续挤压泵管推动血液向前流动。如果一个滚压柱离开泵槽时，另一个滚压柱恰好进入泵槽，开始下一次对泵管的挤压，以保证血液的单向推进。根据泵头正向或逆向的不同旋转方向，可产生正压和负压，因此，滚压泵也适用于负压吸引。

滚压泵流量 Qb 主要由三个变量决定，即

$$Qb = \pi r^2 \times L \times rpm \times b\%$$

式中，r 为泵管内径（cm），L 为泵头挤压的泵管长度，rpm 为转轴每分钟转速，$b\%$ 为泵

管截面积经挤压在下一次挤压前恢复的百分比（不同的转速 $b\%$ 会有所差异，一般情况下，转速越高时，百分比数越小，这是由于在高速运转时泵管不能完全弹性恢复，造成泵管内血液没有充满，使流量相对减少）。

由上式可见，流量与泵的转速成正比。但是，如果转速太高，泵管不能及时弹性恢复，流量反而会降低；泵槽半径越大，泵管内径越大，每圈滚压输出的流量也就越多。为满足临床需要，滚压泵的流量应有较大的调整范围，其下限应以维持婴幼儿的体外循环为宜，上限要满足成人的心肺转流，一般的调整量为 $0\sim10L/min$，可满足各种体重患者的灌注。

由于滚压泵的机械能在泵管处转换为推动血流的动能，因而，其流速与泵管内径的粗细、泵管弹性、泵槽直径、泵的转速、泵管的出入口直径及与泵管压紧度等密切相关，同时，这些因素还会影响转流时对血液内红细胞的损伤程度。滚压泵实际上是一种变容式真空泵，运行过程中必须杜绝反转，如果临时故障发生反转，会使泵管内存有一段真空，导致管道内产生气泡，增加气体栓塞的风险，同时，也会造成患者动脉放血，引发严重不良后果。

2. 滚压泵的分类 现阶段，标准的滚压泵主要有单头泵和双头泵两种形式，根据泵头位置是否固定又可分为固定泵与悬挂泵，如图 3-214 所示。

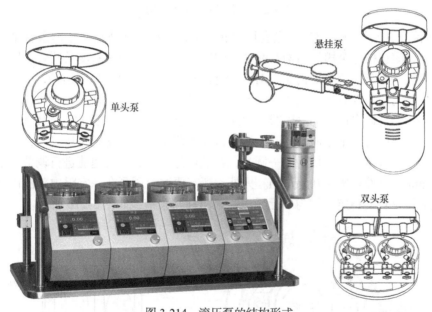

图 3-214 滚压泵的结构形式

单头泵、双头泵和悬挂泵具有不同的结构形式，使血泵的应用更为灵活。单头泵和悬挂泵都可以用作主泵，也可作为吸引泵或引流泵。悬挂泵有一个悬挂臂，使用更为方便灵活，悬挂泵有 6 寸泵和 4 寸泵两种规格，4 寸泵一般用在低流量灌注（如儿童患者）。双头泵主要适用于低血液流速时的动脉血流灌注、停搏液灌注、吸引和心内引流等。现代人工心肺机系统利用双头泵独有的协调控制优势，可以方便地完成不同配方心脏停搏液的即时配制与灌注。

在人工心肺机系统中，血泵称为主泵，用以提供血液体外循环灌注的动力，其他血泵为辅助泵。有些泵头还具有 $\pm90°$ 旋转和移动功能，可灵活拆卸、旋转组装，便于选择合适的位置方向，目的是减少体外循环管道的长度和预充液量。另外，悬挂泵不再拘泥于传统的固定摆放形式，其泵头可以随意放置，以最佳匹配泵管与氧合器，最大限度缩短体外循环管路长度，减少预充液体量。

3. 滚压泵的泵头　滚压泵泵头的驱动结构件是滚压柱和泵槽，其他结构还包括泵盖、泵管导辊、泵管固定夹等。滚压泵的泵头结构，如图 3-215 所示。

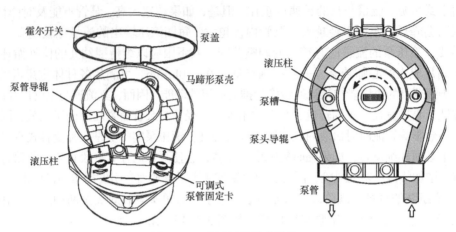

图 3-215　滚压泵的泵头结构

（1）滚压柱与泵槽：滚压泵是利用旋转着的滚压柱挤压背靠泵槽的泵管来实现液体推动，因而，滚压柱与泵槽的结构及配合，即滚压柱可调节的精密度及泵管壁厚度的均匀一致性，直接关系到滚压泵的流量、对血细胞的挤压程度和血流单向运动。

滚压柱是与中心泵轴连接的两个同圆心等距的金属圆柱体，挤压泵管时，滚压柱（内装有滚动轴承）可以自由转动，以减少滚压柱对泵管的摩擦力。滚压柱与泵管的接触方式为紧闭挤压，当中心泵轴单向转动时，横臂末端的两个滚压柱交替挤压泵管，可以保证单向的持续血流。滚压柱与泵槽为同一圆心，在灌注过程中，其转速能进行调节，最快转速可达 250r/min，最慢转速为 0.5 r/min。另外，还有要求滚压泵在一定阻力范围内不会改变转速，且应该是转动稳定、均匀、无噪声。滚压柱与泵槽，如图 3-216 所示。

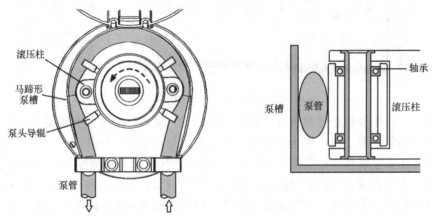

图 3-216　滚压柱与泵槽

早期滚压泵的泵槽形式有"U"形弧、半圆形或圆形等，由于这类泵槽结构在应用中会产生不同程度的血流压力变化，对血细胞也有一定的损伤，因而现代滚压泵主要采用马蹄形的泵槽结构设计。马蹄形泵槽与挤压泵管形式，如图 3-217 所示。

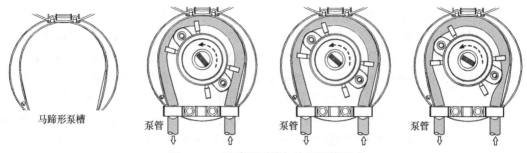

图 3-217 马蹄形泵槽与挤压泵管形式

马蹄形的泵槽结构能够较为平缓地挤压泵管，可以有效降低泵管内血流的压力变化率，减少血液湍流和对血细胞的破坏，它是现阶段主流的滚压泵泵槽结构形式。

（2）滚压柱的挤压力度调节：滚压柱的挤压力度（压紧度）是指滚压柱对泵管的压迫程度，是滚压泵使用中一项重要的技术环节。其基本要求是滚压柱对泵管无过度挤压（不破坏血细胞）、不发生反流，滚压柱无径向跳动，两个滚压柱在挤压泵管时的压紧度必须一致，因而，滚压柱的压紧度可以人工调节。

WEL-H5 型泵滚压柱调整结构示意图，如图 3-218 所示。

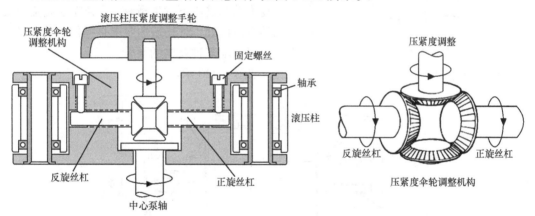

图 3-218 WEL-H5 型泵滚压柱调整结构示意图

WEL-H5 型滚压泵的泵头采用无级调节技术，即通过调整扇形齿轮的旋转角度，带动齿轮的直线运动来改变滚压柱的压紧度。调整时，首先要松开固定螺丝，然后旋转滚压柱压紧度调整手柄，压紧度调整手柄带动伞轮系统的两个丝杠转动，由于两个丝杠为对称结构（行距相同，方向相反），因此，可以使两个滚压柱等量对称前移（压紧）或后退。压紧度调整完成后，再拧紧固定螺丝。

滚压柱对泵管挤压过紧或过松都可加重血细胞的破坏，增加泵管微栓脱落的风险，泵管过松还可能导致血液倒流，理想的压紧度依赖于滚压柱和泵槽之间调整的精密度，以及泵管壁厚度是否均匀。滚压泵最主要的一个缺点就是滚压柱压紧度设置必须靠人工完成，因而其压紧程度会因操作者的经验存在差异。目前，体外循环已普遍应用专用的一次性管道，从而使滚压柱压紧设置具有良好的可重复性，但由于泵管壁的厚度仍存在生产误差，因此，在每一次转流前都必须对滚压泵进行压紧度调整，以避免过多的血细胞破坏，并确保流量准确。

滚压柱的松紧度可双向同比例调节，有的泵头因长时间运转或使用不当，其中心轴产生偏差，使得两滚压柱在同一位点对泵管的压紧度不同，这种情况下应及时对泵头进行校准。滚压泵的泵压校准通常采用松紧度压力检测，具体操作方法是钳闭循环管路出口端，转动血泵使压力达到 200～300mmHg，以泵头垂直方向停泵（此时为单侧滚压泵挤压泵管），然后观察压力下降速度，如果压力 3～5s 下降幅度为 1mmHg，说明泵管的松紧度适合。

（3）泵盖：位于泵槽上方，并标有泵头转动方向，泵盖一般为透明体，以便观察滚压柱运转情况。泵盖的主要用途是在泵运转过程中起保护作用，防止液体或异物溅入泵槽内损伤泵管或影响滚压泵的运行等意外。现代人工心肺机的泵盖通常都配有安全保护装置，通过霍尔开关，以确保泵头在运转时，若临时掀开泵盖滚压泵立即停转。

（4）泵管导辊：是位于滚压柱两边的两对小辊，作用是正确引导泵管走向，以保证

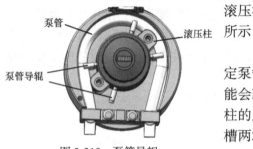

图 3-219　泵管导辊

滚压柱能够准确地滚压泵管。泵管导辊，如图 3-219 所示

（5）泵管固定夹：泵管固定夹的作用是用来固定泵管，目的是在不过度挤压泵管（过度挤压泵管可能会改变管径）的前提下固定泵管，以防管路在滚压柱的反复推动与挤压下发生滑移。泵管固定夹位于泵槽两端的进出口处，对其基本要求是操作简单、固定准确，可以适配多种规格的泵管。

WEL-H5 滚压泵采用可调式泵管固定夹，如图 3-220 示。

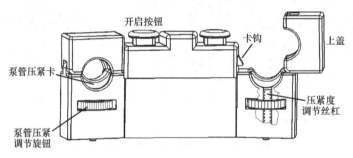

图 3-220　WEH-H5 滚压泵采用可调式泵管固定夹

可调式泵管固定夹有两个安装泵管的圆口，分别为进入管、流出管。按动开启按钮，打开上盖，将泵管放入圆口内，再叩上上盖。对于不同规格的泵管，可以通过拨动泵管固定夹下部的泵管压紧调节旋钮，旋钮旋转驱使调节丝杠上下移动，实现对不同规格泵管的固定与压紧度调整。

（6）泵管：现阶段，临床应用的泵管材料主要有硅胶、硅塑和塑料（聚丙烯）。硅胶管弹性好，耐压耐磨性强，对血细胞破坏较少，但在滚压时易产生微栓脱落，必须同时应用动脉微栓过滤器以确保体外循环的安全性；塑料管不易产生微粒子脱落，但弹性和耐磨性相对较差；硅塑管介于两者之间。现也有一些泵管采用 PVC（聚氯乙烯）材料，PVC具有耐久性良好和血液破坏程度低的优点，但对温度敏感，在低温体外循环时容易硬化，甚至碎裂，在泵头挤压时，内壁可能产生塑料微粒。

泵管有多种规格，以适应不同的临床需求。泵管内径对流量有明显影响，泵管内径越大，泵头每转的流量越多。如果选用的泵管内径小而需要流量大时，就必然要增加泵头的

转速，导致灌注压力增加，易造成管路进裂或插管脱落，同时也会加大对血细胞的破坏；反之，泵管内径大要求小流量时，泵速必然要减慢，这样不利于流量的精细调节，且慢速还会导致滚压柱挤压泵管的瞬间产生倒流现象。因此，临床上必须选用适宜口径的泵管，并维持相对安全的转动速度。

一般来说，大口径泵管适用于成人，常用 12mm（或 1/2 英寸）；小体重成人患者，可采用 10mm（或 3/8 英寸）的泵管为宜；小口径泵管主要适用于小儿，常用 6mm（或 1/4 英寸）。

（7）手动装置：滚压泵的泵头均需配备手摇柄，以备在电源中断等的紧急情况下，可以通过手动操作来维持滚压泵的运转。手摇柄及其安装位置，如图 3-221 示。

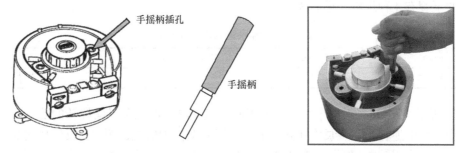

图 3-221 手摇柄及其安装位置

如果泵头发生临时停转需要使用手摇柄，则必须首先关闭泵头电源开关，再打开泵盖，将手摇柄插入滚压柱上的插孔，并按泵头原有运转方向匀速旋转。滚压泵的手摇柄一般仅能按逆时针方向转动（泵头旋转方向），有些设备的手摇柄设有防止反转的装置。

4. **滚压泵的控制面板** WEL-H5 型滚压泵采用微处理器控制技术，可以便捷设置滚压泵的各种运行参数、实时监测与分析运行数据，并由控制面板显示当前的运行信息。WEL-H5 型人工心肺机滚压泵的控制面板，如图 3-222 示。

图 3-222 WEL-H5 型人工心肺机滚压泵的控制面板

滚压泵的控制面板包括流量调节旋钮、流量显示、转速显示、泵管管径选择、反向转流开关、流量调整旋钮等。

（1）流量调节旋钮：是通过调整滚压泵驱动电机的转速来完成流量调节，常规操作是顺时针转动为增大流量，流量可调范围为 0～6000ml/min。有些滚压泵可提供最大流量（LPM）为 9.9～11.3L/min，最大转速（RPM）可达到 250r/min，以适应不同的转流需求，可以满足小体重婴幼儿到大体重成人的全心肺转流。

（2）流量显示：早期的国产泵头显示多为指针表头式，现代血泵都改进为液晶或 LED 数字化显示模式，流量显示更为直观、准确。

（3）转速显示：转速显示的是滚压泵电机当前转动速度。由于转速与流量成正比，实际上滚压泵的流量是通过转速和泵管内径计算得到的。

由于流量显示有一定的延迟效应，因而在灌注过程中应避免极端或突变式更改流量。另外，不同泵管的弹性和管壁厚度存在一定的生产误差，生产厂家不同，其实际流量也可能会有所不同，因而新机器主泵在第一次使用前，需要根据使用管路的实际流量进行流量校准。

（4）泵管管径选择：泵管管径直接影响滚压泵的输出流量，因此，体外循环必须正确选择泵管规格。泵管管径选择的方法是，点击泵头显示屏右下角"管径"图标，将出现"管径选择"界面，点击相应的管径图标后，"确认"后即选定所需的管径。目前，临床上常用的泵管有 4 种规格，见表3-6。

表3-6　4种泵管规格（直径）

6mm	8mm	10mm	12mm
1/4 英寸	5/16 英寸	3/8 英寸	1/2 英寸

（5）反向转流开关：现今大多数人工心肺机都具有滚压泵反向旋转的功能，为了防止误操作导致的逆转，一些泵头在开关上增加了安全保护措施，例如，反转按钮需要连续点击三次才能实现转向切换。临床上在进行反向运转前，必须要关闭正向流量开关，并将流量旋钮调至零后再启动反向转流开关，当机器发出有声信号后，方可将流量旋钮调节至所需流量。

（6）流量调整旋钮：为一块增量型编码器，目的是精准调节滚压泵的驱动流量。按照应用习惯，顺时针转动调整旋钮为增加流量，逆时针为降低流量。为了便于精准调速，WEL-H5 型滚压泵的流量调节旋钮还设有双速（粗调和微调）调节模式，按动一下旋钮，即可进行细微流量调整。

5. 滚压泵的控制系统　滚压泵的控制系统的核心任务就是精准控制血泵流量，为此，WEL-H5 型滚压泵采用现代微处理器控制技术，通过可编程控制器管理人机交互界面并闭环控制电动机的转动速度。WEL-H5 型滚压泵微处理器控制系统框图，如图 3-223 示。

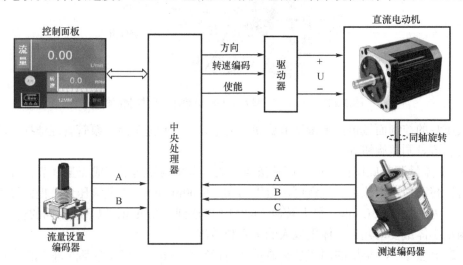

图 3-223　WEL-H5 型滚压泵微处理器控制系统框图

WEL-H5 型滚压泵的控制系统过程如下。

（1）旋转流量调整旋钮（流量设置编码器）并观察控制面板流量指示，顺时针转动为增加流量，逆时针为降低流量。中央处理器采用具有记忆功能的累积流量调整方式，例如，当前的转速为 20r/min，此时，如果需要增加到 30r/min，顺时针旋转流量设置编码器，向中央处理器发出 10 个增量脉冲，中央处理器则进行 "20+10=30" 运算，即向驱动器下达 "30r/min" 指令；反之，若降低流量，逆时针转动编码器即可。由于滚压泵的驱动电机为大转矩（较高的驱动转矩）、高阻尼的直流电动机，因而具有较快的速度调整能力，也就是说，滚压泵的转速可以快速调整并能够立即停止转动。

（2）中央处理器根据设置状态，实时向驱动器发出控制指令，控制指令包括方向指令、转速编码和使能控制。其中，方向指令为 "1" 时，电动机为正转（逆时针转动）运行，"0" 为反转运行；转速编码则根据控制精度，选用 8～16 位增速编码（如 8 位编码，对应于 0～255r/min）；使能控制指令的意义是在某些特殊状态下（如打开泵盖），迅速让电动机停止转动。

（3）在滚压泵旋转的同时，测速编码器随电动机同轴转动，并实时向中央处理器发送电动机运转状态的监测数据，中央处理器根据监测数据即时修正驱动器参数，以闭环的形式控制滚压泵的转动速度。

6. 增量式编码器 编码器（encoder）是可以将角位移（码盘）或直线位移（码尺）转换成电信号，用于信号或数据通信、传输和存储的电子器件。按照工作原理编码器分为增量式和绝对式两大类，增量式编码器是将位移转换成周期性的电信号，再把这个电信号转变成计数脉冲，用脉冲的个数表示位移的大小；绝对式编码器的每一个位置都对应一个确定的数字码，因此它的示值只与测量的起始和终止位置有关，而与测量的中间过程无关。WEL-H5 型的滚压泵应用两个增量式编码器，分别为测量电动机的转速和设置流量。

（1）旋转光电编码器的检测原理：旋转编码器按照读出方式分为接触式和非接触式两种，非接触式主要采用光电透射原理，即通过光电扫描检测编码器的角位移。光电编码器是一种通过光电转换将输出轴上的机械几何位移量转换成脉冲或数字量的传感器。

旋转光电编码器的检测原理，如图 3-224 所示。

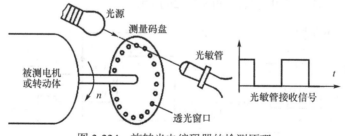

图 3-224 旋转光电编码器的检测原理

旋转光电编码器是目前应用最多的转速（或角位移）传感器，它主要由测量码盘（光栅盘）和光电检测装置组成。光栅盘是在一定直径的圆板上等分地开通若干个透光窗口，由于光电码盘与电动机同轴，电动机旋转时，光栅盘与电动机同速旋转，经发光二极管等电子元件组成的检测装置检测输出若干脉冲信号，通过计算每秒光电编码器输出脉冲的个数就能反映当前电动机的转速或转角信息。

（2）如旋转增量式编码器的编码原理：增量式旋转编码器是将转角位移转换成周期

性的电信号，再把这个电信号转变成计数脉冲，用脉冲的数量来表示角位移的大小。

增量式旋转编码器的编码原理，如图 3-225 所示。

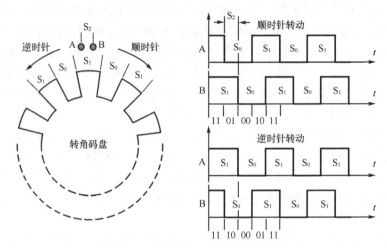

图 3-225　增量式旋转编码器的编码原理

如图 3-225，A、B 两点对应两个光敏管，且间距为 S_2，转角码盘的光栅间距分别为 S_0、S_1。当转角码盘随电机同轴转动时，两个光敏管可分别接收到时间差为 S_2 的两组脉冲信号，对应于扫描时间能得到一组 A、B 脉冲的编码。如果 A、B 脉冲编码输出 11 后再输出 01，则为顺时针；若输出 11 后再输出 10 为逆时针，由此可以简便地得出转角码盘的运动方向，即能检测出电动机的转动方向。

如果转角码盘为均匀光栅格，光栅齿数为 N，当 S_0 等于 S_1 时，也就是 S_0 与 S_1 弧度夹角相同，为

$$S_1 = S_0 = \frac{360°}{2N}$$

那么，转角码盘的运动位移角度除以所消耗的时间，就能得到角度码盘运动位移的角速度，并确定转动速度。

（3）光电编码器的应用电路：如图 3-226 所示。

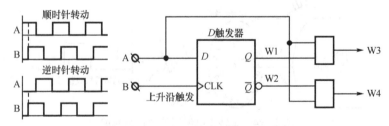

图 3-226　光电编码器的应用电路

当光电编码器顺时针旋转时，通道 A 输出波形超前于通道 B，D 触发器上升沿触发，输出端 Q（W1）为高电平，$\overline{Q}$（W2）为低电平，上面的与门打开，W3 输出顺时针旋转计数脉冲；若逆时针转动，输出端 Q（W1）为低电平，$\overline{Q}$（W2）为高电平，下面的与门打开，W4 输出逆时针计数脉冲。

在实际的体外循环系统中，由于有微处理器参与检测和控制，其应用电路可以由分析

软件来实现。

（4）典型的增量式旋转编码器：如图 3-227 所示。

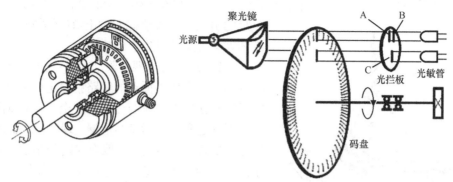

图 3-227　典型的增量式旋转编码器

实际应用的增量式编码器利用光电转换原理可以输出三组方波脉冲为 A、B 和 C 相，其中，A、B 两组脉冲具有 90° 的相位差，以便于判断旋转方向，C 相为每转一个脉冲，用于基准点定位。

7. 离心血泵　离心血泵（centrifugal blood pump）是运用叶轮旋转产生的离心现象，驱使血液定向流动的装置。与滚压泵相比，离心泵具有血流平稳、血细胞受损小等优点，它既可以作为血液灌注的主泵，与其他滚压泵共同组成一整套体外循环装置，也能够利用其抽吸作用完成动力性辅助静脉引流，还能构成独立心室辅助装置。

近年来，离心泵作为新一代体外循环驱动装置，已在心室辅助循环、体外膜肺支持、器官移植等领域得到广泛应用。

（1）离心泵的工作原理：离心（centrifuge）是物体惯性的表现，如雨伞上的水滴，当雨伞缓慢转动时，水滴会跟随雨伞转动，这是因为雨伞与水滴的摩擦力给予水滴向心力的结果。但是，如果雨伞转动加快，这个摩擦力不足以使水滴做圆周运动，那么水滴将脱离雨伞向外缘移动，就像用一根绳子拉着石块做圆周运动，如果速度太快，绳子将会断开，石块会沿圆周运动的切线飞出，这个物理现象即为离心现象。

离心泵就是运用离心现象，通过叶轮旋转对血液产生的惯性，驱使血液做定向流动。离心泵的泵头，如图 3-228 所示。

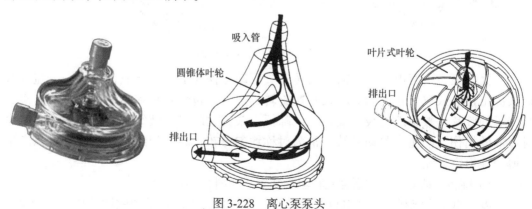

图 3-228　离心泵泵头

离心泵在启动前，必须让泵头和入口管路内充满液体。离心泵启动后，泵轴带动叶轮和液体做高速旋转运动，液体在"离心力"的作用下，被甩向叶轮的外缘，由于离心力受到容器壁的限制，液体将顺着容器的内壁向边缘延伸，使液体对容器周边形成一定的压力，在容器的圆形外缘形成高压区，中心部为负压区。如果在腔体的中心部位设有吸入管（有充足的引入液），外缘侧有排出口（液体通畅排出），液体就会因压差发生定向流动。

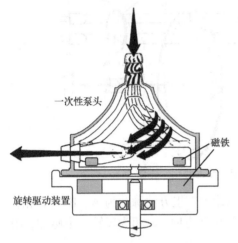

图 3-229　离心泵结构剖面示意图

（2）离心式磁耦合驱动血泵：血泵的意义在于驱动血液在体外循环的管路中做定向流动，它的密闭性直接影响着血液循环的安全。为避免血液在体外循环过程中的污染与泄漏，现阶段，临床全部选用一次性管路耗材，采取全封闭的驱动模式。由于离心泵的泵头内壁与血液接触，必须使用一次性泵头。

为适应体外循环安全性的临床需求，现代医用离心泵主要采用磁耦合方式，它实际上是一个磁耦合涡流泵，由一次性泵头和旋转驱动装置这两个独立的装置构成，如图 3-229 所示。

泵头的磁性后室（在转子上嵌入耦合磁铁）与带有磁性装置的驱动电机实施磁耦合连接，当驱动电机高速旋转时，通过磁耦合带动泵头内的叶轮（一般由涡轮叶片组成，也有嵌套的圆锥体结构）高速旋转，使血液形成涡流，产生定向流动。

（3）一次性泵头：一次性泵头的结构，如图 3-230 所示。

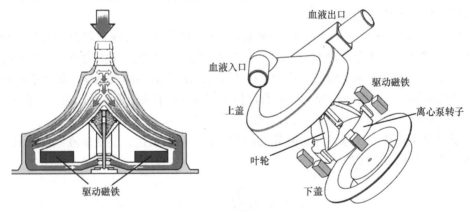

图 3-230　一次性泵头的结构

一次性泵头主要由上盖、离心泵转子、驱动磁铁和下盖等组成，其中，上盖设有血液的出口和入口，转子为离心泵高速旋转的部件，包含叶片和驱动耦合磁铁。离心泵转子的叶片一般采用流线型设计，以降低血泵转动时对血液细胞的剪切应力，减少对血液的损伤与溶血，驱动磁铁通常为对称均匀分布，转子依纵轴方向旋转可以产生非搏动性恒定血流。

（4）旋转驱动装置：磁耦合旋转驱动装置，如图 3-231 所示。

磁耦合驱动系统利用驱动电机的磁环与一次性泵头内部转子的磁性叶片之间产生的磁耦合，使血泵叶片沿着自身轴线旋转。由此可以保证被驱动泵体（一次性泵头）为一个封闭的整体，驱动装置与被驱动流体实现非接触驱动。

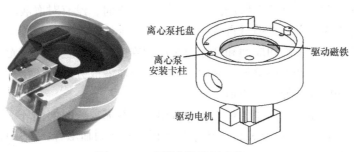

图 3-231　磁耦合旋转驱动装置

磁耦合旋转驱动装置由离心泵驱动外壳、离心泵托盘、离心泵安装卡柱、驱动磁铁和驱动电机等构成，其中，离心泵托盘用于放置一次性泵头，并通过安装卡具固定泵头。磁铁托盘与电机输出轴机械连接，当电机转动时，带动磁铁托盘与驱动磁铁旋转，通过磁力传递，可驱动一次性泵头中的转子转动。

（5）离心泵流量与压力：离心泵通过磁耦合高速旋转，由于泵室存有液体（隔离空气），在泵头的入口端形成负压，吸引血液进入泵室；血液进入泵室后，经一次性泵头内高速旋转的叶轮通过黏性剪切应力将动能传给血液，使血液在侧壁形成高压血流，并顺压力梯度沿切线方向排出。离心血泵的血流量 Qb 由压差和出口端的阻力 R 所决定

$$Qb = \frac{P_o - P_i}{R}$$

式中，P_o 为出口端压力，P_i 为入口端压力。

离心血泵出口端的阻力由两部分组成，一是体外循环中各装置所产生的阻力，包括氧合器、微栓过滤器、管道和动脉插管等；二是患者自身的血管阻力。由于离心泵的流量与其产生的压力直接相关，因而离心泵又称为压力泵，即泵的转速越高，产生的压力越大，泵输出量就越高。同时，还会受到输出端的阻力影响，当外周阻力升高时，流量会有相应的下降，这就是"压力依赖性"，也称为"后负荷依赖性"。

鉴于离心泵的开放性（与体外循环管路、患者血液系统连接），泵内难以形成过大的压力（包括正压、负压），这就是离心泵的"压力限制性"。当患者的全身血管阻力变化时，离心泵的血流量将自动调节，成反比关系，即当全身血管阻力降低时，血流量增大；反之，当患者的血管阻力高于泵产生的压力，例如，停泵或转速过低时，血液就会发生反流。因此，体外循环开始前和停止前需维持一定的转速（即离心泵有最小流量限制），通常体外循环开始运行时需先保持动脉管路钳闭状态，在此状态下开启离心泵，当离心泵转速大于1500r/min（形成足够的压力）后再开放动脉管路阻断钳，这样血液就不会反向流动。根据文丘里（Venturi）效应，负压可使空气从固定插管的荷包缝合处或其他地方进入循环中，故当离心泵入口端产生过大负压时，同滚压泵一样，离心泵也会产生微气栓，临床应用时需要引起足够的重视。

8. 离心泵的性能优势　与滚压泵的性能比较，离心泵具有以下技术特点。

（1）血细胞损伤小：由于离心泵的泵头为非阻闭型的血流动力学设计，从而产生递增的血液层流，可以改善血液与叶轮的接触方式，降低血液与叶轮的接触容积（表面积），

有效减少血液的机械性损伤，且泵头涂层材料具有抗血栓、组织相容性好等特点，能较好地保护血小板功能和减轻纤溶系统的激活。离心泵工作时，没有对血液的挤压，血液进入高速旋转的离心泵内，主要是通过自身产生的强大动能驱动，而非滚压泵推动管内血液被动向前移动，从而避免了剪切应力和摩擦力对血细胞的损伤，且离心泵光滑的内表面可进一步减少血液与其界面产生的摩擦。因此，离心泵对血液成分的破坏程度明显减少，可以减轻术后因凝血功能异常导致的出血。

由于离心泵具有血液损伤小的优点，经常用于一些需要长时间循环辅助的患者（如心肺辅助支持），且与传统滚压泵相比，转流时间超过 6 小时血液保护效果优势显现，16 小时后优势更加显著。

（2）良好的供血和辅助循环功能：离心泵具有低压力、高流量的特点，在临床应用中具有很强的泵血功能，一般泵速在 3000～3500r/min，流量即可达 3000～4500ml/min，且流量较为稳定。离心泵头的流量为非阻力性，可随其循环路径和体循环阻力的变化而自行调节，有时在同样的转速下，由于受到体循环阻力的影响，流量有 200～400ml/min 的自适应调整能力。也就是说，当外周阻力增高时，流量会相应地减少，甚至停止泵血，这一特点类似于人的心脏对压力和阻力的调节功能，而滚压泵则不具备对阻力变化的调节反应能力。流量的自适应调整功能，在辅助循环中非常重要，尤其是在心功能逐渐恢复的过程中，动脉压升高，流量需要自动减少。

（3）安全性高：与滚压泵比较，离心泵具有更高的安全性。

1）降低气栓风险。离心泵泵头的周边是高压区，中心为负压区，且气体质量小，转流时泵头出口在最低处，即使有少量气泡，由于比重轻，也会聚集在泵头中心，难以被泵出，当进入的气体达泵预充量的 60% 时，由于空气的质量接近于零，产生的力也为零，因此，空气难以形成足够的"离心力"，泵流量降至零，泵停止运转，从而可以避免体内泵入大量气体。

2）固体微栓形成少。离心泵内壁光滑，运动中摩擦系数小且结构坚硬。

3）具有压力缓冲能力。离心泵可视为无瓣膜开放泵，具有非阻闭性的特点，当达到最大转速并钳闭管路的输出端时，所产生的最大压力也仅为 93kPa，这一压力不足以使动脉管崩脱。临床应用时，若需要临时减少流量，甚至可以钳夹部分泵后管道，不必担心泵后管道因被钳夹或扭折发生破裂或崩脱。但如果钳闭滚压泵管的输出端，则会发生泵管崩脱或破裂，同时若动脉插管位置不当，滚压泵持续按其设置的流量灌注，增加的压力可能会导致主动脉壁的损伤，而离心泵则不会产生能引起血管壁损伤的过高压力。实际上，离心泵产生的最大负压也是有限的，由于负压会造成气穴现象，使血液中的气体析出形成微气泡，并且红细胞对负压的耐受性远不如正压，因此，离心泵限制负压的形成有利于降低溶血，防止气栓形成。

（4）轻便灵活、效能高：离心泵具有体积小、重量轻、摩擦小、活动度大、操作简单等优点，离心泵头的驱动电动机轻便、灵活，可通过导线连接在一定范围内移动，从而为使用提供诸多便利，尤其适用于如图 3-232 所示的床旁长时间辅助循环。

离心泵灵活的摆放位置可充分缩短循环管路的长度，能有效节省预充量（比滚压泵减少约 30%），减少血液与异物的接触界面，同时大部分离心泵头具有肝素或生物相容性涂层，可在持续较高流量下减少肝素抗凝剂的使用量。

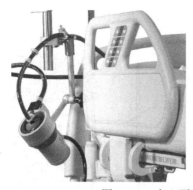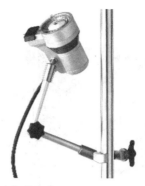

图 3-232　离心泵的近距离架装置

（二）氧合器

氧合器（oxygenator）是实现气体交换的专用医学装置，其基本功能是将静脉血氧合成动脉血，即通过移除血液中多余的二氧化碳并增加氧分压，使血液动脉化。在体外循环系统中，氧合器可以暂时性替代人体的肺功能，完成血液的氧合。临床上对氧合器的基本要求是，预充量小、氧合性能好、去泡安全、微血栓过滤作用强、血细胞损伤小等。成人使用氧合器的氧合性能应达到每分钟氧合 6L 静脉血液，能够将氧饱和度为 70%的静脉血液充分氧合，使氧饱和度达到 98%～100%。

氧合器按结构原理可以分为三种类型：血幕式、鼓泡式、膜式。按照血氧接触方式氧合器有两大类，一类是氧合器中血液通过与氧气直接接触进行气体交换，如鼓泡式氧合器及曾经广泛应用的血幕式氧合器；另一类氧合器是血液与氧气不直接接触，而是通过人工材料制成的半透膜进行气血交换，称为膜式氧合器。血幕式氧合器是将血液铺展成很薄的血膜，直接暴露在氧气中完成气体交换，这种氧合器因体积大、拆装消毒麻烦，已经被弃用。目前，临床上主要使用鼓泡式氧合器和膜式氧合器。

无论何种氧合器，都是通过薄层血膜进行气体弥散，都存在气血交换界面。鼓泡式氧合器中存在直接接触的血气交换界面，而膜式氧合器中存在着血膜与半透膜间的异物交换界面。这两类氧合器中的血液氧合过程都与血膜厚度相关，与自体肺换气相比，氧合器中的血膜厚度较肺部弥散距离高出 20～60 倍。

1. 鼓泡式氧合器　鼓泡式氧合器（bubble oxygenator）是利用气体发泡后再去泡的原理进行血液氧合的一种氧合器。发泡的目的是增加氧气气体与血液的接触面积，气体以气泡的形式直接注入血液，通过气泡的表面实现血气交换。鼓泡式氧合器的技术要点是发泡与去泡，气泡越多、气泡越小，其氧合的效果越好。

鼓泡式氧合器的结构示意图，如图 3-233 所示。

鼓泡式氧合器由氧气分散器、变温装置、去泡室、过滤网、储血室等组成，基本工作原理是，氧气通过氧气分散器发泡后汇入血流，与血液混合形成大量微血气泡，同时进行血液变温，再经去泡室排出二氧化碳、消泡等，最后形成富含氧的动脉血，并进入储血室。

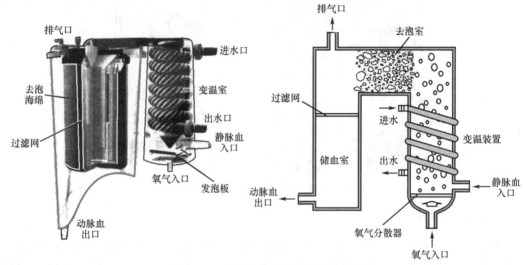

图 3-233　鼓泡式氧合器的结构示意图

（1）氧气分散器：一般为多孔发泡板或发泡管，其中多孔发泡板更为常见。氧气分散器通常采用钛粒高温热合或烧结陶瓷制成，孔径大小不等，约为 10μm，发泡板的性能如同半透膜，仅允许气体通过，液体和血液会被阻断。

当氧气经多孔发泡板进入血液时，与血液混合形成大量的微气泡，并均匀上浮，微血泡为血液的气体交换提供了足够大的表面积，根据气体交换原理，因静脉血的氧分压低、二氧化碳分压高，即在血泡形成过程中向气泡内摄取氧的同时排出二氧化碳，从而实现对血液的充分氧合。

发泡板的性能决定了氧合效果，对发泡板的工艺上要求是，气体微泡分布均匀、通气阻力小且不透液体。有些分散器采用聚乙烯等材料打孔，但孔径较大，当不通气时血液或液体容易倒流入供氧管，尤其是在中断给氧时易发生倒流现象。另外，气泡的大小和数量对于氧合效果起着十分关键的作用，在一定流量下，气泡越小，数量越多，氧合能力就越强，但同时会导致气流阻力增加，消泡和过滤更为困难。因此，理想的氧合器应设计有一个最佳的气流量和血流量比值（称为"气血比"），目前气血比多以（0.8～1.2）：1 为宜。

（2）变温装置：在体外循环的过程中变温装置非常重要，其意义在于利用变温水箱提供的不同温度水流对血液进行降温与复温。现阶段的变温装置多与氧合器合为一体，通常置于氧合器去泡室之上或氧合器的静脉血入口端，这种结构设计，既可以减少边缘层效应，提高热交换效率，又不增加血液与人工材料的接触面积，减少预充量，同时还能避免变温过快或温差较大时引发的血液气泡逸出。

变温器的结构形式较多，常见的有多管型、螺旋盘绕的波纹管型等。多管型变温器是由多根细长的无缝不锈钢制成，即芯管状变温器，在多根不锈钢管的两端嵌有不锈钢或有机玻璃的筛孔板，把所有管子组成在一起，钢管外周再套置塑料或不锈钢外壳。在变温器近筛孔板处有出入水孔，它的两端由 2 只圆锥形帽子密封制成，帽子的顶端分别置有入血孔和出血孔，这样不锈钢管与外套间形成血道。这种变温器变温效果较好，且预充量较小。变温装置结构示意图，如图 3-234 所示。

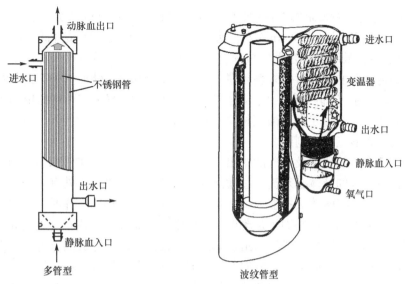

图 3-234　变温装置结构示意图

影响变温装置的变温能力因素如下。

1）原材料的导热性能：是热交换率的重要因素，不锈钢、镍、人工合成纤维、环氧树脂涂层的铝管等材料导热系数较高，其中金属导热性能最佳，且对血液成分几乎无损伤。为了增加材料的热交换效能，可在金属表面进行阳离子化处理，亦可在变温器表面涂上黑色。

2）有效的热交换面积：在不过多增加变温器预充量的前提下，应尽可能地增大热交换面积，因而常采用多根细直径的中空管道，也可在金属表面压上波纹。

3）血液与水的温差：温差越大，热交换效率越高，但血液突然与温度过低或过高的物体表面接触，易造成血细胞损伤、血浆蛋白凝固甚至结晶，血温与水温温差过大（超过10℃）还会导致气体溢出。

4）血液和水流方向及流速：氧合器变温系统是以对流和热传导的方式进行传热，血流方向和水流方向应相反，可避免管内水循环所产生的层流作用。一般情况下，水流速度越快，变温性能越好，而血流速度越慢，则热交换效果越高。

5）血流阻力：血液在热交换器内流动时，阻力的大小与内壁是否光滑、有无无效腔及连接管的直径有关。另外，水流量大时要求管道有较大的压力承受能力，不能发生渗漏。

（3）去泡室：去泡室的作用就是消除血液中的气泡。当氧气通过发泡板的喷氧孔与氧合室内静脉血混合后，含有气泡的氧合血液必须流经去泡室，通过去泡处理后方可进入动脉血储血器，以防气栓形成。

常用的去泡方法是采用消泡剂或使用消泡材料。常用的消泡剂为硅油，消泡材料最常用的为聚氨酯泡沫海绵，其他还包括不锈钢丝或尼龙丝网等，都能使微气泡的表面张力降低，使气泡破裂，达到消除的目的。但是去泡装置并不能将血液中微气泡完全去除，为了尽可能降低气泡栓塞发生造成的不良后果，鼓泡式氧合器必须使用纯氧。

（4）过滤网：主要用来排除体外循环系统中的微血栓、栓子（管路和人工系统的脱落颗粒物栓子、脂肪栓子等）及气泡，是防止机体发生栓塞的重要技术环节，也是体外循环系统中最有效的安全屏障。氧合器储血室内的过滤网通常采用锦纶筛网，亦有使用尼龙或涤纶织物等材料，用于滤过体外循环中由患者自身上下腔静脉或右心房引流至人工循环系统内的静脉血液。储血室内置的过滤网应包裹在去泡海绵之外并保证一定的过滤面积，过滤网可以分为两级，第一级孔径为180μm左右，第二级孔径为60μm左右，既能保证过滤效果，也同时能降低血液回流阻力。

（5）储血室：鼓泡式氧合器完成氧合、去泡后将富氧动脉血存入储血室，在动脉储血库内储存一定容量的血液对体外循环灌注是一种安全保障。储血室外壳的材料包括聚苯乙烯（PS）、AS树脂（即丙烯腈A、苯乙烯S的共聚物）、聚甲基丙烯酸甲酯（PMMA）和聚碳酸酯（PC）等，由于聚碳酸酯材料刚硬、有韧性、抗冲击性能强，所以目前氧合器的外壳主要由聚碳酸酯材料制成。

储血室上部有二氧化碳及氧气的排出口，并可兼作加药口，加药口数量可以有多个，但是，经加药口加入的液体必须流入过滤网内进行消泡。下部1/3处有一动脉血采样口，也可在动脉管路上装特殊接头抽血采样。储血室底部为漏斗形状，并明显标记出最低液平面。储血室的外壳上标有液平面容量刻度，可清晰地观察储血室内血量的变化。

2. 膜式氧合器 膜式氧合器（membrane oxygenator）是现今最为接近人体生理学特点的一种氧合器，与气血直接接触的鼓泡式氧合器不同，膜式氧合器的气体交换是通过一层可透气的高分子半透膜进行氧与二氧化碳的交换，特点是气血不直接接触，仿生性较好。氧气通过很薄的半透膜向血液中弥散，这层膜如同肺泡的气血屏障，只根据膜两侧的分压让气体自由通过，而不允许液体渗透。与鼓泡式氧合器比较，由于没有发泡和去泡过程，仅依靠膜两侧氧分压和二氧化碳分压的压差完成氧合和去除二氧化碳，所以，通过调控空氧混合气的氧分压和二氧化碳分压可以精确完成气体交换。膜式氧合器具有良好的气体交换能力，对血细胞的损伤小，能有效地减少栓塞，能够长时间进行体外循环支持，是现阶段体外循环的主流氧合技术。

膜式氧合器原理示意图，如图3-235所示。

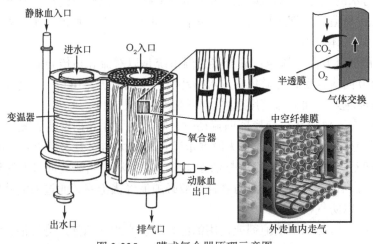

图3-235　膜式氧合器原理示意图

与鼓泡式氧合器相同，膜式氧合器也是集储血、过滤、变温、氧合等功能于一体。目前，临床上最为常用的是泵后型中空纤维式外走血膜式氧合器，即将腔静脉回心血液及术野吸引回收的血液先流入储血室，通过泵注入膜式氧合器的静脉血入口，进行变温、气体交换，氧合后的血液通过膜式氧合器动脉血出口输出。静脉储血器上的静脉入血口与数个不同口径的吸引管外接口可以360°旋转，以便于管路连接，且有助于降低预充量。

中空纤维膜是膜式氧合器气体交换的关键组件，主要由1万～7万根中空纤维组成，每种氧合器的纤维数量和长短则由膜的透气率及设计要求的氧合面积决定。根据血流路径不同又分为早期的纤维内走血外走气和目前常用的纤维内走气外走血两种形式，后者较前者血流阻力更小，气体交换性能好。

中空纤维膜内走气外走血示意图，如图 3-236 所示。

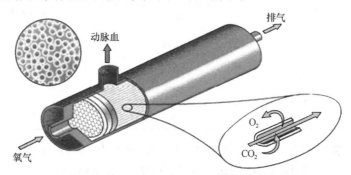

图 3-236 中空纤维膜内走气外走血示意图

在中空纤维膜内走气外走血的结构设计中，血液围绕纤维管流动，而气流则在中空纤维内流通，形成了类似吸管的圆柱构型。在制造过程中，可将聚丙烯树脂熔融后经挤压机注出空心管，再经过延伸工艺制成硬弹性聚丙烯中空纤维。

（三）变温水箱

人体的温度应该是相对稳定的，正常人 24 小时内体温会略有波动，但一般相差不超过 1℃。体温的相对稳定是维持人体正常生命活动的重要条件，如果体温高于 41℃或低于 25℃时将会严重影响各系统（特别是神经系统）的功能，甚至危及生命。因此，人工心肺机的热交换系统对体外回路的温度控制有着非常重要的临床意义。

体外循环的热交换系统包括两个部分，一是热交换器；另一个就是变温水箱。热交换器与氧合器为一体，已经介绍。变温水箱是一个独立的通用装置，主要由变温水源和水泵构成，它不仅是人工心肺机热交换器的变温水源，也能够为体表冷热敷变温毯提供足够量的温控水，还可作为冰源将水冻结，并同时具有监测体温及体外管路温度的功能。

WEL-1000W^{plus} 型热交换水箱，如图 3-237 所示。

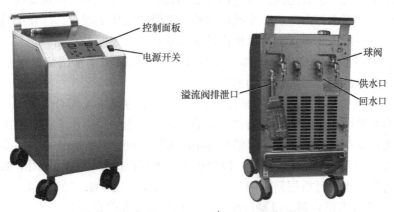

图 3-237 WEL-1000W^{plus} 型热交换水箱

根据变温水循环系统的设计与功能要求，变温水箱分为一路、二路、三路供水的变温水箱，其技术参数比较见表 3-7。

表 3-7 不同变温水箱供水系统技术参数与功能

变温水箱	一路供水系统	二路供水系统	三路供水系统
功能	供人工肺血流变温	供氧合器、变温毯同时使用，也可提供单·路供水	氧合器、变温毯由一套操控系统供水，心脏停搏液灌注装置由单独操作系统控制供水
温度控制	非自动，32～42℃可调	自动，2～42℃可调	自动，0～40℃可调
制冷系统	非自动	压缩机自动制冷	自动制冷制冰
电加热	有	有	有
水流量	6～10L/min	10～20 L/min	7～23 L/min
自动排气	无	有	有

1. 一路供水变温水箱 一路供水变温水箱主要由水槽、水泵、制热构件及管道和控制器组成，其中，又分为如图 3-238 所示的单水槽和冷热双水槽两类。

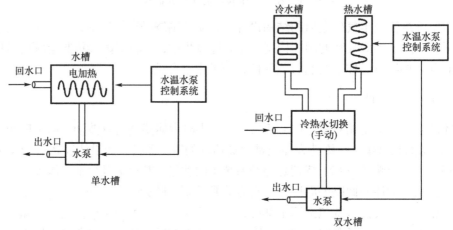

图 3-238 一路供水变温水箱控制原理图

一路供水变温水箱可以承担体外循环血液的降温与复温。降温的工作流程是，先在水槽内备好冰和水，若为双水槽，可预先把热水槽内的水加热到所需的温度备用；启动水泵，将水槽内的冰水通过连接管道注入氧合器的变温装置进行热交换；热量交换后，变温介质（水）再回流到变温水箱内完成一个循环过程。复温的工作流程是，打开水槽内电加热器的电源，选择合适的控制温度，为水槽内的水加热；启动水泵，将循环水泵出。

由于双水槽变温水箱将冷水槽和热水槽分开，可以减少单水槽变温水箱所需要的时间，也能避免取出冰块或另加热水的麻烦。

一路供水变温水箱仅需具备一路变温循环水系统，控制系统相对简单，一般来说不能自动完成降温与复温，仅能完成加温和泵水的作用。由于一路供水变温水箱不能制冰、制冷，降温时需往水箱内加入冰块。以经典 Sarns 水箱为例，其具有分别循环冷、热水的管道（双水槽），降温有 4 种泵速控制，以使患者温度逐渐改变。复温采用电加热独立快速升温系统，热循环水温可根据需要调至 4 个档位（30℃、38℃、40℃、42℃）。温度控制器在加热至 42℃时表现为超温报警灯亮，同时自动停泵和停止加热。

2. 二路供水变温水箱 二路供水变温水箱具有两路出水口，一路用于氧合器的血液变温，另一路可用来供给变温水毯。应用时，首先通过压缩机制冷技术预先将水箱的水降到一定的温度（一般为2~3℃）备用，当患者需要降温时，可随时操控面板选择出水温度，设备则通过控制电热器和出水控制阀门来调控出水温度，以满足不同水温的要求。

二路供水变温水箱控制原理，如图3-239所示。

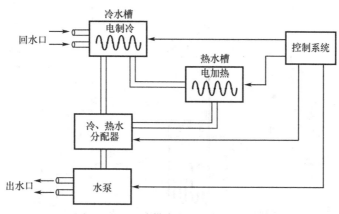

图3-239 二路供水变温水箱控制原理

二路供水变温水箱的优点是，采用以血液变温为主，辅以体表降温的方式，一方面可以提升变温速率；另一方面可使患者整体变温更均匀，以便于对机体氧需状况进行调控。

3. 三路供水变温水箱 为了适应心肌保护和一些深低温复杂手术的需求，在二路循环供水系统的基础上，增加了制冰功能，并添加了一套单独控制的温控循环系统，即氧合器、变温毯由一套单独泵水及温度操控系统供水，心脏停搏液灌注装置的变温器则与另一套水温控制及泵水系统连接，从而对其用水温度进行调控，以满足心脏停搏液不同温度的需要。三路供水变温水箱控制原理，如图3-240所示。

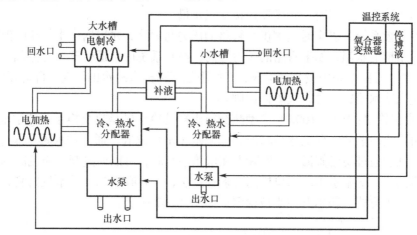

图3-240 三路供水变温水箱控制原理

4. WEL-1000W^{plus}型热交换水箱 WEL-1000W^{plus}型热交换水箱是一款全自动水箱，系统可以根据使用者的需求选择温度，控温的设定范围为4~41℃。WEL-1000W^{plus}型热交换水箱由控制系统、制冷系统、升温系统、显示系统及对外输出系统组成，具有自动制冷、制冰、加温、温度显示、温控报警及出水量显示等功能。水箱内分为冷水槽和加热水槽，在使用过程中不会出现串水等不良现象。

（1）管路系统：WEL-1000W^{plus}型热交换水箱的管路系统有两套独立的供水管路，可以分别为患者回路（氧合器、变温毯）和停搏液回路的变温装置提供控温用水。

WEL-1000W^plus 型热交换水箱的管路系统，如图 3-241 所示。

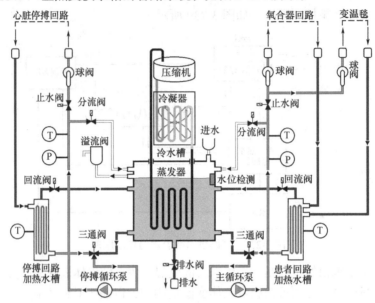

图 3-241 WEL-1000W^plus 型热交换水箱的管路系统

循环供水管路的运行原理是，手动开启球阀，供水管路与氧合器变温装置连通；压缩机启动开始对冷水槽制冷，通常冷水槽的冷水温度一般控制在 2~3℃；启动循环泵并开通止水阀，开始对氧合器变温装置的回路进行供水，经循环后的回水通过回水管路进入加热水槽；温控系统根据控制面板设置的温度，适时切换三通阀，若需要降温，循环泵与冷水槽连接，引入冷水；升温时，则需要连接加热水槽。

本机的温控系统可以实时监测供水管路的压力与温度，并根据供水管路的温度变化及时调节加热水槽的水温；如果管路的压力过高，控制系统可自适应开启分流阀，以降低管路水压。另外，管路系统中设有回流阀，其作用是管路提供冷水的同时，自动开启回流阀，回流水将进入冷水槽；反之，关断回流阀。

（2）水位检测：WEL-1000W^plus 型热交换水箱的冷水槽是热交换系统的主水箱，水位监测装置可以实时监测当前的水位状况，如果水箱水位偏低，通过进水阀立即进行注水；水位高时，则能通过溢流阀溢出。实际上在水箱注水时，可以通过观察溢流阀的溢出来判断注水是否到位。变温水箱的水位检测有多种方法，主要有霍尔开关水位监测方式和压力传感器水位监测方式。霍尔开关水位检测，如图 3-242 所示。

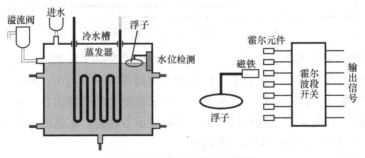

图 3-242 霍尔开关水位检测

霍尔开关水位检测的原理是，当水箱的水位上升（或下降），浮子连带磁铁也随之向上（或向下）移动，磁铁必将接近某一霍尔元件，该路对应的霍尔开关闭合，根据霍尔波段开关的状态，可以确定水位。如果霍尔波段开关直接驱动发光二极管排，可通过发光二极管排显示水箱水位。压力传感器水位检测，如图 3-243 所示。

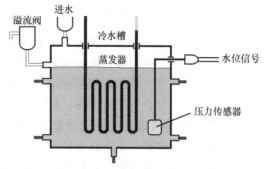

图 3-243 压力传感器水位检测

应用压力传感器监测水位时，需要将压力传感器潜入到水槽内部。对于潜入水槽内的压力传感器，其水位深度不同感知的压力亦不同，通过分析压力传感器的输出信号，可以监测水位。

（3）控制系统：WEL-1000W^{plus}型热交换水箱的控制系统，如图 3-244 所示。

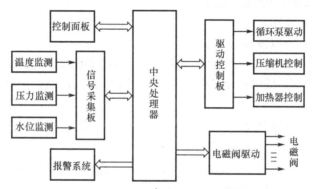

图 3-244 WEL-1000W^{plus}型热交换水箱控制系统

热交换水箱的核心任务是监测加热水槽与供水的温度，以及检测输出管路的压力和控制主水槽（冷水槽）的水位。为此，控制系统通过信号采集模块实时监测温度、压力和水位传感器的输出数据，并适时地开启相应电磁阀和压缩机、加热器，以满足变温装置的温控需要。

临床应用时，使用者通过控制面板设定温度，如果水温高于设定温度，则需要启用降温程序，系统根据冷水槽和循环水路的温度监测数据，调节控制压缩机的启动与停止，使水温下降；同理，若需要升温，由循环水路的监测温度控制加热器的工作状态，直至水温达到设定温度。冷水槽的水位监测可以保障变温水槽的安全用水量，当水温过低时，自动启动注水器向冷水槽注水；若水温过高或有一定的气体，可以由溢流阀排出。压力监测的目的是确保供水管路的安全，如果监测到供水管路压力过高，可以启动回流阀分流部分供水，使管路的压力控制在安全范围。

报警检测是利用一套冗余超温保护装置来进行循环水温的实时监测。临床应用时，不论是什么原因造成的循环水温高于 42.7℃，报警监测控制系统则启动声光报警，并立即关断止流阀，同时切断加热器与循环水泵，使温度过高的用水不能输出至变温装置，避免造成不良后果。

（四）心肌保护液灌注系统

大部分体外循环心脏直视手术需要心脏停搏，心肌处于缺血状态，为维持心肌能量的代谢平衡，降低心肌损伤，目前普遍应用心肌保护技术。良好的心肌保护是保障心脏手术成功的前提，安全可靠的心肌保护液（又称为心脏停搏液）可以减轻术中心肌损伤程度，降低术后低心排综合征的发生率，使心脏外科手术更加平稳、安全。

1. 心肌保护液灌注的生理学意义　理想的心脏直视手术需要心脏停搏且不造成心肌损伤，因而心脏停搏、心肌缺血期间心肌保护的主要目的在于保持心肌的能量储备、维持心肌代谢和形态学的稳定。临床使用的心肌保护液应具备以下要求。

（1）使心脏的生物电和机械活动迅速停止并维持静止状态。

（2）降低心肌温度，减少缺血心肌维持基础代谢的能量需求。

（3）提供心肌代谢底物，以缓解缺血期间心肌能量代谢的供求矛盾。

（4）维持心肌细胞外液酸碱度平衡。

（5）细胞膜稳定作用。

（6）适当的渗透压以减轻心肌水肿。

心肌保护的核心是维持心肌能量代谢平衡，即维持心肌氧供与氧耗的平衡，术中有效的心室减压、心脏停搏、低温可明显降低心脏的耗氧，因而心肌保护液主要采用低温灌注模式。

2. 心肌保护液的灌注方式　心肌保护液灌注有多种形式，根据心肌保护液的灌注路径可分为顺行灌注或逆行灌注，根据灌注时间可分为间断性灌注和连续性灌注。心肌灌注过程中还需要维持一定的灌注压和温度，目的是保证心肌灌注的有效性和维持心肌能量代谢的平衡。常用的心肌保护液的灌注方式如下。

（1）冠状动脉开口顺行灌注。心肌保护液通过主动脉根部灌注针或通过左、右冠状动脉口灌注管进行灌注。

（2）冠状静脉窦逆行灌注。心肌保护液通过冠状静脉窦插管经静脉系统逆行至心肌微循环，使心肌细胞的电机械活动停止，灌注压力需控制在 40mmHg 以下。

（3）间断性灌注。每间隔 20～30min 灌注一次。

（4）连续性灌注。通常指温血连续灌注。

3. 心肌保护液的种类　临床常用的心脏保护液，主要有以下种类。

（1）细胞外液型保护液。以 St.Thomas 停搏液为主要代表，基本原理是高钾（15～40mmol/L），使心肌细胞去极化，导致心脏快速舒张期停搏，钙、钠离子水平与细胞外液水平近似。细胞外液型心肌保护液包括晶体高钾停搏液和以血液为载体的含血高钾心肌保护液。

（2）细胞内液型保护液。以 Bretschneider 停搏液为代表的组氨酸-色氨酸-酮戊二酸单酰胺溶液（Custodiol HTK 溶液），为低钠无钙，抑制心肌细胞在复极 2、4 期的钠钙离子细胞外转运机制，使心脏处于舒张期停搏。

4. 心脏低温　低温保护心肌的主要机制是降低心肌的代谢和氧需。低温可使心肌氧耗降低 10%，加上心脏停搏，两者可降低心肌氧耗达 97%。使心脏低温的主要方法是，停搏液的温度维持在 4～10℃，并在心脏周围放置冰屑。

5. 心肌保护液灌注系统　在体外循环心内直视手术中，心肌处于缺血停搏状态，通过心肌保护液灌注系统中的管路和动力装置可将液体灌注至心肌，以实现停搏期间的心肌保护。心肌保护液灌注装置分为两大类，晶体心肌保护液灌注装置和含血心肌保护液灌注装置，其中含血心肌保护液由氧合动脉血与晶体心肌保护液按比例混合而成。

（1）晶体心肌保护液灌注：配制好的晶体心肌保护液一般放置在玻璃瓶或塑料袋容器中，保存温度要求为 4℃左右。玻璃瓶在临床操作时不易彻底排尽空气，容易造成冠状动脉内气栓，为此，建议使用塑料袋容器。

晶体心肌保护液灌注装置的结构较为简单，按照灌注的驱动方法可分为重力灌注、注气加压灌注和滚压泵灌注等方式。目前，人工心肺机主要应用滚压泵的灌注方式，它利用自身配备的滚压泵（通常使用双头泵）作为灌注动力，同时在灌注管道上连接压力监测，实时监测心肌保护液灌注压力。

（2）含血心肌保护液灌注：含血心肌保护液灌注系统主要由动力装置、变温与气泡捕捉装置和管路三部分组成，如图 3-245 所示。

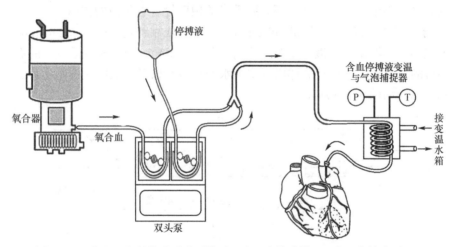

图 3-245　含血心肌保护液灌注系统（T 为温度传感器、P 为压力传感器）

含血心肌保护液是由氧合动脉血与晶体心肌保护液汇合而成，管路直径比例为 2∶1，从而灌注总量比例为 4∶1，容量比例为 4 的管路从氧合器中将氧合动脉血引出，与容量比例为 1 的晶体心肌保护液管路相汇合，使血 K^+ 浓度达 22～30mmol/L、血细胞比容维持在 0.20 左右，形成含血心肌保护液。目前，大多数医疗机构都采用含血心肌保护液的灌注技术，对于人工心肺机可以使用双头血泵，通过选择不同泵管的管径（粗管为 4 份氧合血、细管为 1 份晶体心肌保护液）实现 4∶1 混合液的心肌灌注。含血心肌保护液的温度一般也控制在 4～6℃。

心肌保护液使用滚压泵灌注方式较之前的重力灌注装置和注气加压灌注装置的最大优点在于，可以直接观察并控制心肌保护液灌注过程中的压力、速度与总量。除 HTK 液（6～8min、30mL/kg）外，大多数心肌保护液灌注时间需要维持在 4min 左右，总量大约为 20ml/kg。心肌保护液测压的具体位置应放在变温装置后、台上管路前的位置，以便于监测最为准确的主动脉根部心肌保护液灌注压力。正常成人冠状动脉顺行灌注压力应控制在 200mmHg 以内，冠状静脉窦逆行灌注压力控制在 40mmHg 以内，儿童的停搏液灌注压力应维持更低，控制心肌保护液灌注压力的目的是防止过高的心肌保护液灌注压力对冠脉血管和内皮细胞造成的损伤。

心肌保护液灌注管路的压力监测方式与体外循环主泵测压的方式基本一致，主要是应用压阻效应原理，通过测量压敏电阻的阻值变化换算压力。一般人工心肺机上均能显示压力监测数据，监测可分为两种方式，一是使用与人工心肺机测压数据线相匹配的一次性压力传感器与测压管路直接连接；其二是使用一次性阻隔器（阻隔血液，由气体传递压力）与重复使用的压力传感器连接，由于阻隔器使用费用较压力传感器低，因而在体外循环的压力监测中应用更为广泛。

（五）超滤系统

在体外循环过程中，血液稀释及血液与异物表面（体外循环管路内壁）接触等，都会激活人体内的应激反应，引起组织水肿、全身水含量增加及全身炎症反应综合征等，严重者可产生器官功能障碍。超滤不仅可以有效地去除体外循环后体内的多余水分，浓缩血细胞，恢复体液平衡，而且还能够清除部分炎性介质。同时，应用超滤技术可减轻心脏负荷、提高血浆胶体渗透压，加速组织间水分的吸收、减轻全身炎症反应，对防止术后肺水肿、脑损伤及心功能不全，改善体外循环心脏手术的预后等有着积极的作用。

1. 超滤的基本原理　超滤（ultrafiltration）是一种依靠跨膜压（transmembrane pressure，TMP）通过半透膜滤出超滤液（主要是体内水分、电解质、小分子物质等）的血液净化技术，主要目的是去除体外循环后体内的多余水分，提高患者血液的血细胞比容。半透膜超滤机制示意图，如图 3-246 所示。

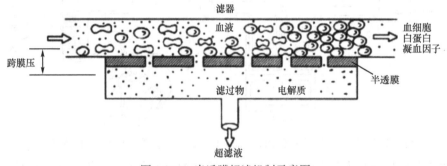

图 3-246　半透膜超滤机制示意图

超滤是以半透膜为滤过筛网，当血液流过膜表面时，在跨膜压的作用下，半透膜表面密布的许多微孔仅允许水及小分子物质通过形成超滤液，而体积大于膜微孔径的物质（血细胞、白蛋白、凝血因子等）被截留，从而实现对血液的浓缩。关于超滤的原理及实施技术将在血液净化设备一章详细介绍。

2. 超滤方式　由于人工心肺机自身具有完备的体外循环管路与动力装置，在实施超滤治疗时一般不需要另建血液通道。目前，人工心肺机进行超滤主要有两种方法，常规超滤和改良超滤。

（1）常规超滤（conventional ultrafil-tration，CUF）：管路系统，如图 3-247 所示。

常规超滤为非泵驱动超滤方式，为了简化管路，通常并联在体外回路中高压区（动

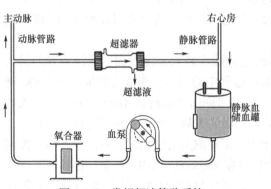

图 3-247　常规超滤管路系统

脉管路）与低压区（静脉管路）间，依靠管路提供的压力差进行超滤。

（2）改良超滤：由于常规超滤并联在体外循环管路上，没有血泵驱动，所以体外循环停机时常规超滤也将停止。而体外循环停机后往往还需要持续进行一段时间的超滤，实现患者血液的进一步浓缩，以婴幼儿体外循环更为常见，这种超滤方式称之为改良超滤（modified ultrafiltration，MUF）。改良超滤是在体外循环停机后（插管还在体内），通过另外一个驱动泵（常选用停搏液泵），经主动脉（动脉管路）将血液泵入超滤器，超滤后再经静脉管路回输到患者体内。当然，也可以不用血泵，依靠患者自身动静脉压力差实现改良超滤。

改良超滤的管路系统，如图 3-248 所示。

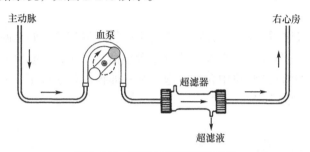

图 3-248　改良超滤的管路系统

（六）监测控制系统

人工心肺机属于最高安全等级的三类医疗仪器，是对人体具有潜在危险，必须要对其安全性、有效性进行严格管控的医疗器械。为保障体外循环安全有效的运转，人工心肺机除了具有血液循环动力装置、氧合变温装置等基本装置外，还需要配备监控系统，以确保体外循环的安全性和灌注的有效性。

人工心肺机的监控系统，如图 3-249 所示。

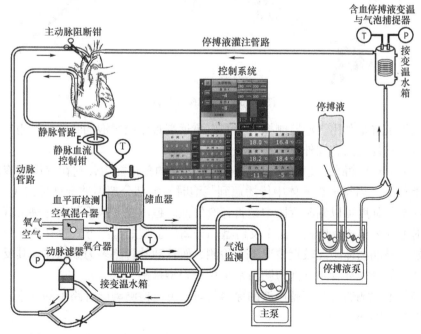

图 3-249　人工心肺机的监控系统（P 为压力传感器、T 为温度传感器）

现代人工心肺机的常规监控主要包括气泡监测、液平面监测、压力监测、温度监测、计时器和停跳液灌注控制、静脉引流控制等，以及采取相应的报警与应急措施。人工心肺机的应急系统通常采用两种形式，一是以声音报警和（或）灯光闪烁警告；二是根据情况减慢或停止主泵运转，以预防及制止可能发生的更加严重事故。为确保体外循环运行的万无一失，WEL-H5 型人工心肺机采用两个独立的监控系统，其中，一个是常规监控系统，用来监测与控制体外循环的正常运作；另一个系统为安全性监管，它在多个重要测试点设有独立的监测装置（如血平面、压力、温度等），如果发现监测数据超出安全范围，可以"优先"采取相应的应急措施，例如，立即切断变温水箱供水、停止主泵运行等。

1. **气泡探测报警装置** 体外循环的动脉管路不能存有气体，如果回输动脉血中含有气体或微气泡将可能发生气栓，严重者会危及患者生命。因而，气泡探测是一项重要的安全性保障措施，如果发现动脉管路中含有气泡，则立即报警并通过止血夹阻断回输血路。气泡探测装置，如图 3-250 所示。

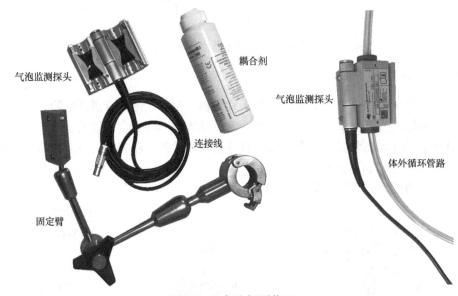

图 3-250　气泡探测装置

气泡探测装置是利用气泡监测探头检测血泵远端管路内气泡的装置，常用的主要检测方法有超声气泡检测法和红外气泡检测法。

（1）超声气泡检测：超声对气体和液体有很强的分辨能力，它在气体与液体中的传播阻抗相差很大，当超声在液体中传播遇到气泡时，大部分超声波会被反射（或折射），根据接收探头的强度可以判断管路中是否存有气泡。超声波气泡检测有三种形式，分为透射型、反射型和分离式反射型。由于反射型和分离反射型的检测方式存在盲区，不适合超声波换能器与被测物体距离较近情况下的检测，而且动脉管路多为圆柱体，其反射效果不理想。因此，体外循环管路气泡检测通常采用透射型检测方式。

透射型气泡检测通过测定超声波的穿透能量，可以检测动脉管路中的气泡。透射型超声波气泡检测，如图 3-251 所示。

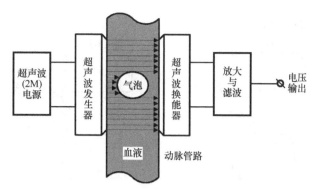

图 3-251　透射型超声波气泡检测

当管路内没有空气时，由超声波发生器发出的超声波穿过管壁及血液到达换能器，将接收到的声能转换成电压信号，其能量衰减程度较少，接收的声能量信号较强；当管路内出现气泡，超声波的部分能量被气泡反射或折射，换能器接收到的能量将有所衰减；如果气泡较多，形成的气泡较大，换能器所接收到的信号会明显降低，因此，通过监测超声波的接收能量（输出电压），即可判断动脉管路内是否存有气泡及气泡存在的程度。

透射型检测可以采用连续发放或断续（脉冲）发放超声波的方式，但使用连续形式可能会产生驻波，容易引起透射能量的变化，因此，体外循环系统通常选用断续发放超声波的形式。断续式发放超声波不仅能够提高抗干扰能力，还可以改善检测的分辨率。

（2）红外气泡检测：为光电式检测法，是基于半导体器件的光电效应的气泡检测方法。光电式检测法，如图 3-252 所示。

由于动脉管路中为动脉血，呈鲜红色，对红外光的衰减较小，当管路中存有气泡，会使接收管的接收强度降低，因此，根据红外接收信号的衰减程度，可以判断动脉管路中是否存在气泡。

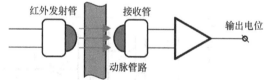

图 3-252　光电式检测法

（3）气泡报警：是在检测到气泡后，通过控制端传送给可编程控制器的数字输入端口，由控制系统判断动脉管路是否存在气泡，并根据气泡的程度即时启动报警机制，通常会在监视器的显示屏上出现红色报警提示，同时发出报警声响。

2. 液平面监测报警装置　液平面监测是指在体外循环过程中连续性实时监测氧合器储血器内的血平面高度，当血平面高度低于监测液面高度时，人工心肺机将报警并指令主泵降低转速或停止运转，以防止血平面继续下降、氧合器的储血器打空（没有液体的空转），使得体外循环管路进气，造成患者体内气栓等不良事件；当血平面高于监测液面时，血泵将会按设定转速与流量正常运行。

常见的液平面监测方法有容量监测法、重量监测法和光学监测法等，但是，随着电容传感方法的进步，对液位（血平面）的监测技术与精度有了大幅提升，使用方法更为简便，现已成为体外循环系统中血平面监测的主流技术。

（1）光学液面监测：光学液面的监测原理，如图 3-253 所示。

光线穿透透明容器时，必然会发生折射与反射两种光学现象，如果容器内为空气，由于空气对光的吸收率较小，反射光的强度会较强；那么，若容器内为液体，液体对光有较强的吸收率，反射光的强度将会明显减弱。因此，根据反射光的强度，可以判断当前容器内是否为液体，即可监测液位。

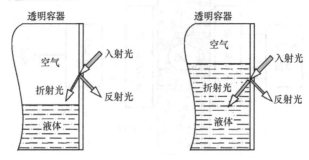

图 3-253　光学液面的监测原理

（2）电容式接近开关：电容式液位（血平面）监测应用的是电容式接近开关技术，如图 3-254 所示。

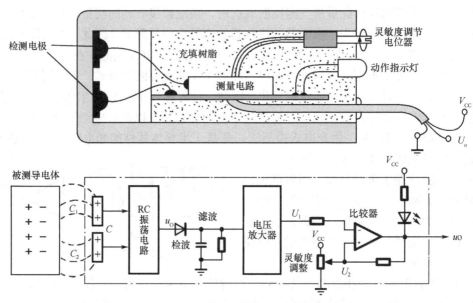

图 3-254　电容式接近开关技术

电容接近开关安置在一个防水的封闭容器内，根据不同的应用需求，外形分为圆柱和扁平形状，它的感应板安置在前端，由容器内置的两个同心圆金属平面电极构成。在实际检测中，根据有无接近导电物体，其等效电容有两种构成形式，如图 3-255 所示。

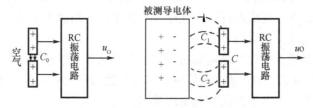

图 3-255　有无接近导电物体的等效电路

如果没有被测导电物体靠近电容式接近开关，仅由两个同心圆极板边缘构成的等效电容 C_0 容量很小，RC 振荡器不会起振；只有当被测导电物体接近电容开关的两个同心圆电极，电极与被测物体（电极板）构成两个电容 C_1、C_2 的串联形式，等效电容 C 为

$$C = \frac{C_1 C_2}{C_1 + C_2}$$

当金属平面电极接近于被测导电物体，电容 C 将增大到设定门限，RC 振荡器起振；振荡器输出的高频电压信号 u_o 经二极管检波和低通滤波器，得到正半周的平均电压；再经电压放大电路放大，U_1 与灵敏度调节电位器设定的基准电压 U_2 进行比较，若 U_1 超过基准电压 U_2，比较器翻转，输出动作信号 U_o 高电平，发光二极管亮，指示检测到无物体靠近或存在被测物质（如存在血液）。

（3）血平面监测：如图 3-256 所示。

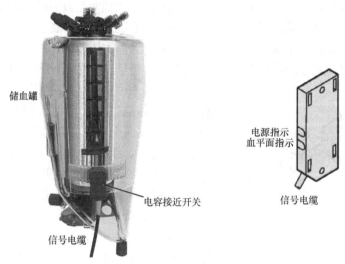

储血罐

电容接近开关

信号电缆

电源指示
血平面指示

信号电缆

图 3-256　血平面监测

电容接近开关捆绑在储血器表面，其高度通常由操作者选定。当血平面低于或高于电容接近开关的电极板时，指示发光管会亮或灭，即血平面低于电极板，发光管灭；高于电极板，发光管亮。有时为了进行高、低位血平面的报警，可以选用两个电容接近开关，分别指示高位血平面和低位血平面。但目前在体外循环中，应用较多的是进行低位血平面的报警机制。

3. 压力监测报警装置　为保证体外循环过程中的安全，避免因各种原因所致的动脉管路压力过高而造成的管道崩脱，人工心肺机需要实时监测循环管路的压力，最常用的压力监测位置是主动脉灌注管路和停搏液灌注管路，在停机时的主动脉灌注压也可在一定程度上反映患者的血压。体外循环压力监测的方法较多，目前大多使用压力传感器技术。

（1）压力传感器（pressure sensor）：是将压力转换为电信号输出的传感器，一般由弹性敏感元件和位移敏感元件（或应变计）组成。当被测压力作用于弹性敏感元件时，可以将压力转换为位移或应变，再由位移敏感元件（或应变计）转换为与压力成一定关系的电信号。现阶段，压力传感器把弹性敏感元件和位移敏感元件集于一体，组成固态压力传感器。

本机的压力传感器选用应变片式压力传感器，即通过气体传递压力信号使传感器内部的膜片发生变形，进而改变端口的电阻值，其电阻值与被测压力相关。压力传感器及电路结构，如图 3-257 所示。

如图 3-257，当管路的压力变化，引起传感器的电阻值改变，使电桥失去平衡，因而，通过检测输出电压可以得到当前管路的压力。

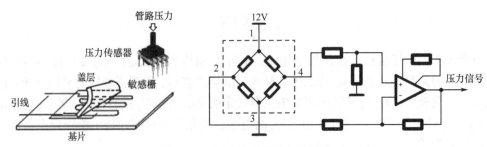

图 3-257　压力传感器及电路结构

（2）压力监测管路：人工心肺机通常设有两路压力监测与数字显示装置，其中，一路用于监控动脉管路上的主泵灌注压力；另一路用于监测心脏停搏液的灌注压力，监测到的压力变化也可以在多功能监护仪上显示。有些机型还具备四路监测压力接口，可同时监测多路不同位置的压力，其中还包括监测静脉负压辅助引流等压力信号。压力监测管路，如图 3-258 所示。

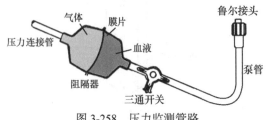

图 3-258　压力监测管路

压力监测管路的关键器件是阻隔器，阻隔器通过一个薄而富弹性的塑料隔膜将其分成两个腔室，分别为空气腔和血液腔。监测时，泵管的血液压力由血液腔作用于膜片，致使膜片发生变形，将压力传递至空气腔，由于采用封闭式压力连接管路，压力传感器可以实时精准测定压力。应用阻隔器的意义在于，可以保证测压的有效性，且其价格较一次性压力传感器低廉，使得压力传感器可以重复使用。另外，在阻隔器的连接管上连有一个三通，可以用来排气。

4. 温度监测装置　由于在体外循环中存在着对血液的降温与复温过程，意义在于通过降低患者体温和心肌温度，以实现降低术中氧耗、保护主要脏器的作用，并在手术结束前恢复正常体温。临床上，通常采用浅低温（30～34℃）体外循环方式进行转机，特殊手术会采用中低温（25～30℃）和深低温（＜25℃）模式。

体外循环过程的温度监测包括在线监测血温和停搏液温度，以及连续监测患者不同部位的体温。

（1）血温与停搏液温度监测：该项温度监测部位分别在氧合器的动脉、静脉管路出入口处和停搏液变温装置的出口处，目的是实时监测患者动静脉血液温度与停搏液的实际灌注温度，其中，对氧合器与停搏液灌注装置的温度管控是通过调节变温水箱的水温来实现的。

（2）体温监测：降复温的速度应控制在合理范围内（临床要求，鼻咽温与直肠温差值＜5℃，水箱温度与鼻咽温度差值＜10℃），降复温的速度过快会导致身体各部位的温度不均匀，容易形成微气栓，各组织器官的温差过大也不利于患者术后的功能恢复。因此，在体外循环过程中监测患者体温的变化尤为重要。

常见的体温监测部位如下

1）鼻咽部。鼻咽部测温探头放置方便，可以用来反应脑温，但测量准确性易受到呼吸气流的影响，降复温过程中对温度变化反应敏感，单一的测温方法并不能完全代表患者均匀体温，通常需要配合体腔温度的监测。

2）食管。将探头置于食管下段 1/3 处，可间接反映心脏温度与脑温。

3）直肠。将探头置于肛门 5cm 以上，可以反映内脏与肢体温度，直肠温度在体温变化较快时反应较慢，常用于判定鼻咽温续降程度，因而可与鼻咽温度配合应用，以帮助掌握温度的平衡。缺点是直肠测温容易受到排泄物的影响。

4）膀胱。探头通常与导尿管合为一体，置于膀胱内，可以反映患者体腔的核心温度，与直肠温度的作用相似。

5）血液。通常经过氧合器上的血温监测探头连接数据线进行温度显示，也可通过漂浮导管（Swan-Ganz 导管）前端的热敏电阻持续监测肺动脉血温。

6）周围皮肤。将探头置于足趾或足背皮肤，通过观察与中心温度（体腔的核心温度）的差异，可间接反映温度变化的均匀程度和外周组织灌注情况。复温时，若中心温度与周围皮肤相差过大，预示心排血量不足或末梢组织灌注不良。

7）心肌温度。可用无菌针状温度探头直接测量心肌温度。

用于患者的温度监测传感器与人工心肺机的温度接口连接，可以实时显示各个监测点的实际温度。温度监测装置的连接，如图 3-259 所示。

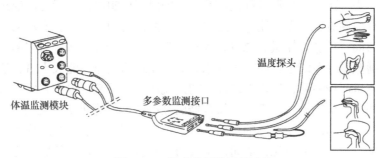

图 3-259　温度监测装置的连接

（3）温度传感器（temperature transducer）：是指能感受温度并能够转换成电信号的装置。温度传感器是测量温度的核心器件，品种繁多，按测量方式可分为接触式和非接触式两大类，按照传感器材料及电子元件特性分为热电阻和热电偶两类。现阶段，临床上应用的温度传感器主要是热敏电阻，热敏电阻分为 3 种类型，负温度系数热敏电阻（negative temperature coefficient，NTC），电阻值随温度升高而降低；正温度系数热敏电阻（positive temperature coefficient，PTC），电阻值随温度升高而按指数增加；临界温度系数热敏电阻（critical temperature resistor，CTR），电阻值随温度升高而减少，具有负电阻突变特性，在某一温度下，电阻值随温度的增加急剧减小，表现出很大的负温度系数。3 种热敏电阻的温度曲线，如图 3-260 所示。

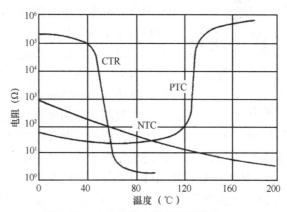

图 3-260　3 种热敏电阻的温度曲线

由这三类热敏电阻的温度曲线可见，负温度系数热敏电阻（NTC）的温度曲线更接近于线性，所以它的应用更为广泛，是目前体温测量中最主要的测温器件。

（4）体温探头：为了便于临床应用，通常将测温热敏电阻（NTC）安装在体温探头内。体温探头的结构，如图 3-261 所示。

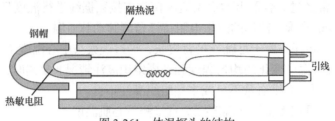

图 3-261　体温探头的结构

5. 停搏液灌注系统的监测　利用人工心肺机进行心脏停搏液灌注时，通常采用双头泵灌注，亦可用单头泵按照双泵管进行配比灌注。停搏液控制面板一般可以通过中央触摸显示屏预设并选择灌注方式、灌注比例、灌注压力、灌注时间和量等，显示面板可以提示灌注时间、停止时间、单次灌注量、总量、停搏液温度、报警提示等多种参数。

对心脏停搏液灌注系统运行的基本要求是，灌注泵的流速不能大于氧合器输出的血流速度，要求无论是何种原因，只要是氧合器的血流速度下降甚至停止，停搏液灌注系统的转流必须做出快速反应与调整，否则，氧合器已经停转，停搏液灌注泵仍在继续运转，结果是试图从已经形成密闭封闭系统的管道中抽取血液，那么，灌注泵的这种抽吸作用会在氧合器血液一侧形成强大的负压，从而使空气透过氧合膜进入循环管路。空气透过氧合膜进入循环管路是非常危险的，因为一旦停搏液灌注系统进入空气，就有可能将空气直接灌入至患者的冠状动脉内，产生气栓。

为避免上述不良事件的发生，现代人工心肺机都将主泵与停搏液的灌注系统设置为主从控制关系，体外循环期间一旦主泵停止运行，停搏液灌注泵也会立即停泵，同时发出警报，提示停搏液灌注已经终止。

6. 空氧混合流量器　空氧混合流量器是向体外循环膜式氧合器输送气体的装置，可以根据临床需要，提供适宜的氧浓度和空氧混合气输送流量。空氧混合流量器，如图 3-262 所示。

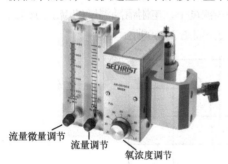

图 3-262　空氧混合流量器

在体外循环的氧合过程中，需要持续对氧合器吹入按一定比例混合的空氧气体，并要求空氧混合比例能够根据术中的具体情况进行适当调整。由于长时间应用纯氧会导致患者血气氧分压和氧浓度过高，造成神经系统的损伤，因而，在体外循环中保持一定的动脉血氧分压（150～250mmHg）和二氧化碳分压（30～45mmHg）是非常重要的。

空氧混合器的原理是等压氧气与空气同时进入气体混合器内，混合器通过调节氧气和空气的不同比例（氧浓度可调范围 21%～100%），最终确定输出气体的氧浓度，同时使用流量阀，精确调节输出流量。混合气体的流量通常与体外循环主泵流量为 1∶2 的关系（即 5L 的血流量通常匹配 2.5L 的混合气体流量），并实时监测血气指标，使二氧化碳分压达到正常水平

（二氧化碳分压升高需要增加混合气体流量，反之则降低混合气体流量）。常温状态下，空氧混合器氧浓度需维持较高的水平，以保证血气氧分压在正常范围；温度降低时，组织氧耗降低，则需要及时降低氧浓度（通常在 30%～80%范围内调整）。临床应用时，应注意保持气体压力的平衡，如果压力不稳定，混合器将发出报警提示。

7. 时间监控装置 现代人工心肺机上一般都设有 3～4 路计时器，多位于控制面板上并以 LED 数字方式显示，主要用于记录转流时间、主动脉阻断时间、停搏液灌注时间、后并行时间（是指开放升主动脉到停机的时间段）等。当计时器开启后，时间开始累计，记录范围从 0～999 分 59 秒。计时器可分别设置成小时、分钟、秒，其按键有开始、停止和零复位。有的体外循环机上还设有日期、星期等功能。

8. 静脉引流阻断器 在体外循环转流过程中，为了维持患者体内一定的血容量，有时候需要控制静脉的引流量，尤其是在后并体阶段（心脏恢复跳动到停机阶段）逐渐降低流量至停机的过程中，需要更加精确地控制静脉回流量。常用的方法是调整管路钳侧夹静脉管路的程度，用以控制静脉血的引流量，或在静脉管路上加一手动静脉回流阻断器，通过调节旋钮手动调整阻断器控制钳的松紧度，可以控制静脉血的引流量。

手动静脉回流阻断器，如图 3-263 所示。

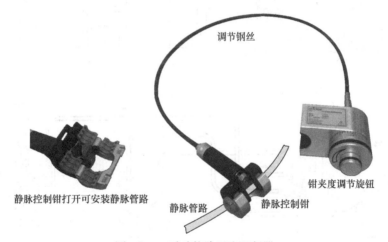

图 3-263 手动静脉回流阻断器

目前，已有在体外循环机采用静脉回流控制的电子装置，其钳夹管路的松紧程度可用百分数（0～100%，即完全开放到完全夹闭）的形式实施精确控制。

三、体外循环的管路与血液参数监测

心内直视手术是一个非常复杂的手术过程，一方面病变心脏本身是维持血液循环动力的重要器官；另一方面为了满足手术操作需要，必须使其缓搏甚至停搏、处于少血甚至无血状态。也就是说，体外循环过程并非是人体的正常生理状态，是一种控制性休克。为保障在体外循环期间，患者各生命器官和细胞代谢处于正常或接近正常状态，维持血流动力稳定，满足各重要器官的血液灌注与基本氧供，体外循环需要一整套支持技术，其一是通过各类动静脉插管和连接管路，建立安全、可靠的体外循环系统与人体的对接；二是体外循环建立后，需要对生命体征及组织器官功能进行严格监控。

随着医疗仪器的进步，体外循环的监测项目愈来愈多，常见的监测项目有心电图、动脉压、中心静脉压、左房压、体温、尿量、混合静脉血氧饱和度与血细胞压积、血气及电解质、激活全血凝固时间、血栓弹力图等。

（一）插管与管路系统

体外循环（CPB）主要是通过静脉插管引流回心静脉血，包括上腔静脉（SVC）和下腔静脉（IVC）内的血液，通过外管路连接至氧合器，血液经氧合后再由主动脉插管回输至患者体内。为此，人工心肺机必须要建立一整套安全、可靠的体外循环管路体系，如图3-264所示。

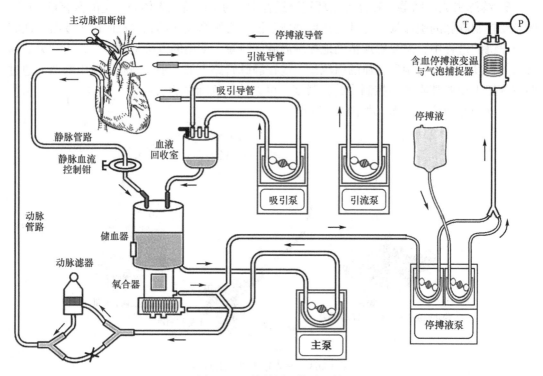

图 3-264　体外循环管路系统

为了建立体外循环管路体系，需要进行动脉、静脉、停搏液和左心引流插管，以及通过各类插管、外循环管路与氧合器等实施连接，某些监测管路直接与体外循环机连接。

1. 静脉引流插管　静脉引流通常是借助于重力的"虹吸"作用来完成的，也可以采用低负压辅助静脉引流技术。虹吸法无动力，之所以能够进行静脉引流主要有两个要素，一是有重力落差，即静脉储血器位置必须低于患者高度；二是管路中要预先充满液体，否则，气体将会阻断虹吸效应。静脉引流量取决于中心静脉压（患者血容量）、患者插管位置与静脉储血器最高液面或静脉管道入口间的高度差，以及静脉插管、静脉管路的阻力大小。体外循环期间，中心静脉压会受到血管内血容量和静脉顺应性的影响，其中，静脉顺应性又与用药、交感张力及麻醉等因素相关。

过度引流（即引流速度大于血液回流至中心静脉的流速，这一现象是由重力或吸引的负压过大所致），可使静脉插管周围的容量血管的管壁发生塌陷（表现为管路颤动），并使静脉引流量间断性地减少。为避免静脉血过度引流，临床主要是采用阻断钳或静脉回流阻断器的方法部分阻断静脉管路，或者是人为增加体循环的血容量。

（1）静脉插管的类别：上、下腔静脉插管根据形状可分为直头和直角插管等，材质可以使用金属或塑料材质（弹簧内芯支撑），可分别置于上、下腔静脉内，用于引流上、下腔静脉内血液。

常规静脉插管，如图3-265所示。

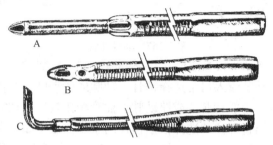

图3-265　常规静脉插管

A. 插入右心房和下腔静脉的标准二级房腔静脉插管，双级侧孔可完全引流上、下腔静脉回流至右心房的血液，通常用于非右心房入路的心脏手术；B. 用于心房或静脉内的带有金属丝固定的插管；C. 带有直角弯头的静脉插管，可将插管直角部分直接插入与右心房相连的腔静脉

（2）静脉插管方法：如图3-266所示。

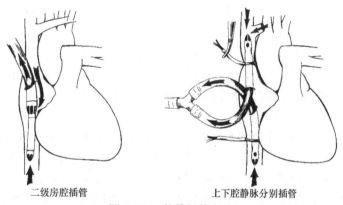

二级房腔插管　　　　　　　　　上下腔静脉分别插管

图3-266　静脉插管方法

采用二级房腔插管可行单独右心房插管，由于二级房腔插管有两组侧孔，其顶端狭窄部分置于下腔静脉，带有额外引流孔的较粗部分置于右心房，引流冠状窦和上腔静脉的血液。还有一种方法就是采用上下腔静脉分别插管。

（3）低负压辅助静脉引流：使用低负压辅助静脉引流装置，向保持密闭的氧合器储血器内施加低负压（一般为-60～-10mmHg，通常控制在-40mmHg以内），以加快静脉引流速度与引流量。这一方法通常用于外周插管的微创心血管外科手术和迷你体外循环系统。

2. 动脉插管　目前有不同型号、不同材料制成的多种动脉插管，如图3-267所示。

动脉插管多种形式，有的将升主动脉的插管顶端设计成直角，有的设计成锥形，也有翼缘以利于固定并防止插管插入主动脉的深度过深。

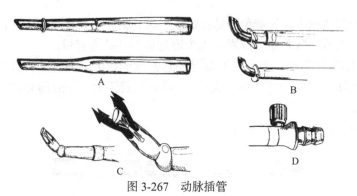

图 3-267　动脉插管

A. 蓝线形；B. 直角形；C. 分流型成角插管；D. 鲁尔接头

早期的体外循环，动脉流入口常选择锁骨下动脉或股动脉，但目前动脉插管通常直接插入升主动脉。这种方法与股动脉（或髂动脉）插管相比具有更加方便、安全的优点，且插管时不需另做切口。插管部位的选择根据预计的手术方法（如可供利用的升主动脉的长度）、主动脉壁的条件及外科医生的习惯决定。股动脉插管常用于升主动脉插管不能完成的病例，或体外膜肺氧合（ECMO）患者的动脉插管。

3. **管路**　在选用管道与接头时要充分考虑到最小的血液损伤、预充量、血流的阻抗及避免渗漏（血液漏出或气体吸入）。为减少血液损伤，应该使用无毒性材料、无湿润性的内壁，避免流速大于 100cm/s 及 Reynolds 系数大于 1000，血液通过管道时的速度递减也应该尽量最小。但是，从另一方面来看，管径越大，预充量越多。为此，管道应尽量短以减少预充量、压差递减及血液损伤。

理想管路的特点包括透明性、延展性、柔韧性、抗扭结性、硬度（抗塌陷）、坚韧性（抗破裂）、低散裂性（管道内壁释放颗粒）、无活性、光滑与无湿润性的内壁、热消毒的耐受性及血液相容性等。目前，体外循环管路常用的材质是聚氯乙烯（PVC）。体外循环系统主要包括以下几种常用的管路。

（1）动脉灌注管：采用 PVC 塑料材质制作，是体外循环管路中连接动脉过滤器与动脉插管之间的管道，其两端设有红色标志以利于识别。成人管道内径多选用 3/8 英寸（9.5mm），儿童和婴幼儿管道内径多选用 1/4 英寸（6.3mm）和 3/16 英寸（4.7mm）。管道长度一般为 110～130cm，对于低体重的小儿，长度相应缩短，以减少预充量。

（2）静脉引流管：采用 PVC 塑料材质，是体外循环中连接静脉插管与氧合器之间的管道。管道长度与动脉灌注管基本相同（100～130cm）。当上、下腔静脉分别插管引流时，需要两根静脉引流管道，此时成人多选用 3/8 英寸内径，儿童和婴幼儿多选用 1/4 英寸内径；当上、下腔用一根管引流时，成人多选用内径为 1/2 英寸（12.7mm），5kg 体重以下的小婴儿多选用内径为 1/4 英寸。

（3）泵管：是位于滚压泵泵头内的管道，主要由硅橡胶、硅塑、塑料 3 种材料制成，其中主泵管常选用前两种材料制成。

1）硅橡胶泵管，具有膨起弹性好、耐压耐磨性强等优点，但其在滚压时容易产生管道内壁微颗粒脱落。

2）塑料泵管，其内壁不易产生微颗粒脱落，但弹性和耐磨性较硅橡胶泵管差。

3）硅塑泵管，性能介于硅橡胶泵管和塑料泵管两者之间，具有弹性好、不易产生微颗粒脱落，又能长时间耐受机械泵滚压而不易发生泵管破裂等优点。

　　临床上常依据患者的体重或体表面积预计灌注流量，以便选择不同口径的泵管。成人常用内径 3/8 英寸和 1/2 英寸的泵管，儿童和婴幼儿常用内径 1/4 英寸的泵管，各泵管长度均为 60cm 左右。

　　（4）排气管：是连接动脉微栓过滤器至储血滤血器或回流室之间的管路，主要用于排出氧合器、管道及微栓过滤器内的气体，也可用来排出体外循环转流期间微栓过滤器近端管路中可能产生的微气栓。内径常选用 1/4 英寸、3/16 英寸或更细的管径（内径 3mm），管道长度约为 70cm。

　　（5）测压管：是连接动脉微栓过滤器至压力换能器之间的管道，用于监测动脉灌注管道系统内的压力。现多采用阻隔式压力传感器，可有效阻止血液穿过膈膜进入测压表。管道规格常选用内径 3/16 英寸或 3mm，长度约为 100cm。

　　（6）供氧管：是为氧合器提供氧气的管道，一般选用内径 1/4 英寸的塑料管，可根据需要长短不等。

　　（7）静脉回血总干管：是体外循环管路中静脉引流血进入储血器的通道。储血器经由三通接头，通过静脉回血总干管连接上、下腔静脉插管。一般为长度不等的硅橡胶或塑料管道，成人常选用 1/2 英寸内径的管路，儿童及婴幼儿常选用 3/8 英寸或 1/4 英寸内径的管路。

　　（8）连接管：是连接储血器、主泵管、氧合器及动脉微栓过滤器之间的管道，其长短、内径根据使用的氧合器类型和血泵、动脉滤器架的位置而定，通常选用长度约为 50cm，内径 3/8 英寸或 1/4 英寸的管路。有些特殊的体外循环管路设计，需要另外准备不同的连接管。

　　（9）右心吸引管：又称为心外吸引管，是连接手术台上右心吸引头与负压吸引泵管和储血器之间的管道，用于将术野和心腔内外的出血、渗血回收，其两端设有蓝色标志以利于识别。管径常选用 1/4 英寸，手术台至负压吸引泵管之间的长度约为 120cm。负压吸引泵管的管径选用 3/8 英寸或 1/4 英寸，长度约为 60cm。负压吸引泵管至储血器之间的长度约为 80cm。

　　（10）左心减压管：又称为心内吸引管，主要作用是回收升主动脉阻断期间经肺静脉回流至左心的血液，以创造无血的手术界面，

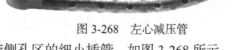

图 3-268　左心减压管

防止左心膨胀。左心减压管是管前部有一段带侧孔区的细小插管，如图 3-268 所示。

　　（11）心脏停搏液灌注管：的目的是将心脏停搏液输送至心脏的冠状动脉，以实施体外循环心脏血流阻断期间的心肌保护。为配合外科操作和适应患者冠状动脉的特点，手术过程中需要使用不同类型的心脏停搏液灌注管。

　　心脏停搏液灌注管的主要类型包括主动脉根部灌注针、冠状动脉开口直接灌注管、冠状动脉窦逆行灌注管和多导心脏停搏液灌注管等。心脏停搏液灌注管多选用内径为 1/4 英寸的硅胶泵管，或选用内径 3/16 英寸的塑料管道，长度约为 60cm。

　　4. 过滤器和气泡捕捉器　动脉管路微栓滤器与气泡捕捉器，如图 3-269 所示。

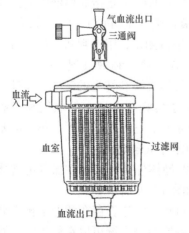

图 3-269　动脉管路微栓滤器与气泡捕捉器

动脉管路微栓滤器位于体外循环氧合器的动脉出口与患者大动脉供血管之间，用于再次过滤经人工系统循环后残存血凝块、栓子和微气泡等，是体外循环系统中最后一道安全屏障，通常过滤孔径为 40μm。在微栓过滤器顶端通常设有短路排气管，通过连接三通可以用来监测体外循环动脉管路压力（泵压），并进行血液样本采集与微栓排气，当血液进入气泡捕捉器后向下流动经过微孔过滤网时，气体被收集在微栓过滤器的上方，开放三通气体即可排出，起到气泡捕捉的作用。

动脉管路微栓滤器多选用滤网式过滤器，由聚碳酸酯材料外壳和滤网组成，基本结构包括排气口、滤网支架、滤网、外壳、固定扣、出血口和进血口。理想的过滤效果应当是既能有效地滤过血液中的微气泡和其他颗粒物质，又对血液成分无损害。

5. 回收器与术野吸引　心脏手术与体外循环，在术野及心脏各房室腔中均需要充分引流和吸引，引流量各不相同，但目的均是为心腔减压、提供清晰的术野。心脏手术左心系统需要减压，术野血量大且持续存在，因此，这些血液通常需要经引流和吸引插管连接至体外循环管路，最终吸引回至氧合器的储血器内，以循环利用。

6. 小型化和成套管道　此类管路是针对特殊人群的订制管路，小型化体外循环管路通常用于低体重婴幼儿心脏手术、迷你体外循环系统，其主要技术包括变径拉伸管路、无接头连接、精确尺寸、涂层技术等，目的是减轻血液稀释、节约用血与提高生物相容性，可根据各使用单位的具体手术情况进行订制。成套管道使用起来则更加人性化，有的则包含氧合器，如体外膜肺（ECMO）系统大套包。

（二）血液参数监测系统

现代人工心肺机在动脉和静脉管路上安装有多个探头，能够无创在线连续监测血液参数，以评估患者的动静脉血氧饱和度、血细胞比容、血液温度和电解质等血液参数变化，这对于维持体外循环过程中正常的温度、气体交换、血液稀释度有着重要的意义。现阶段，临床上对体外循环过程中血氧饱和度（尤其是混合静脉血氧饱和度）的连续性监测十分重视，它可以反映患者机体氧的供需状况，因此，连续性监测混合静脉血氧饱和度和血细胞比容，已经成为体外循环过程中的常规监测项目。

图 3-270　CDI500 型体外循环连续性血气电解质
监测系统

1. 连续动态血气监测仪　血气分析（blood gas analysis）是指对血液中的酸碱度（pH）、二氧化碳分压（PCO_2）和氧分压（PO_2）等相关指标进行测定，用于判断机体是否存在酸碱平衡失调及缺氧和缺氧程度等的检验手段。血液是气体交换和转运的载体，体外循环过程中在线连续监测血液中的氧气和二氧化碳含量非常重要，它可以客观评价体内的基础代谢状况和体外氧合效果。

CDI500 型体外循环连续性血气电解质监测系统，如图 3-270 所示。

（1）动脉血气分析的主要指标：血气分析是用来判断机体是否存在酸碱平衡失调及缺氧、缺氧程度等。CDI500 型体外循环连续性血气电解质监测系统可以在线连续监测的主要分析指标有：

酸碱度监测范围	6.8～8.0;
二氧化碳分压监测范围	1.33～10.64kPa;
氧分压监测范围	1.33～9.31kPa;
钾离子浓度范围	1.0～8.0mmol/L;
温度监测范围	15～45℃;
氧饱和度值范围	60%～100%;
红细胞比容范围	15%～45%;
血色素值范围	5～15g/dl;
氧消耗量范围	10～400ml/min;
碱剩余量监测范围	−25～25mEq/L;
碳酸氢根值监测范围	0～50mEq/L;
血流量监测范围	0～7.0L/min。

CDI500 型体外循环连续性血气电解质监测系统具有数字、图形、表格等数据显示模式。

（2）基本检测原理：血气检测的原理主要分为电化学法和光化学方法。在电化学法中，氧分压采用选择性电极测量，pH 水平用玻璃电极测量等。由于在线测量的小型化要求，电化学传感器的性能不够稳定，极易受到现场电磁干扰，因而电化学法主要是用于实验室的血气分析。随着光纤制造技术和光电子技术的长足进步，利用光化学法开展在线血气分析是当前体外循环的主流检测技术。

在线光化学血气分析，如图 3-271 所示。

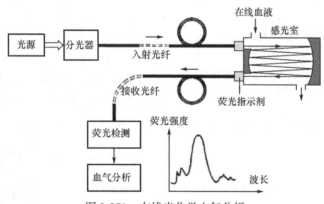

图 3-271　在线光化学血气分析

在线光化学血气分析采用荧光技术。如图 3-271，光源发出的入射光沿着光纤传递到达感光室，被连接在光纤前端的荧光指示剂所调制，血液中的待测物质与荧光指示剂发生光化学反应，引起光学特性（如吸收、反射、荧光、散射等）的改变，这种变化与待测物质的含量有关，通过接收光导纤维检测的荧光信号强度，可以进行血气分析。

在线光化学血气分析的测试原理类似于紫外-可见光和荧光分光光度计。分光光度计（spectrophotometer）隶属于光谱分析仪器，是利用分光光度技术对物质进行定量、定性分析的检测设备。它首先应用分光技术，从多种波长的复合光（白光）中分离出单色光，再由光度计测量待检物质的光吸收强度和荧光激发强度，根据吸收光强度、颜色（光谱）和荧光激发强度，可以定性和定量地分析某种物质的含量（或浓度）。由于在线血气分析的血样为可利用循环血，显然将光学（荧光）指示剂直接注射入血液中是不可行的，必须使指示剂固化在光纤探头上。因而，用于在线光化学血气分析的传感器应具有良好的生物相容性，具备较高的选择灵敏度、较快的响应速度、良好的稳定性及较长的使用寿命。

（3）连续动态血气与电解质监测仪的构成：连续动态血气与电解质监测仪由主机、检测探头、定标器等组成，如图 3-272 所示。

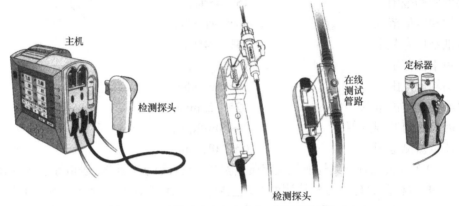

图 3-272　连续动态血气与电解质监测仪的构成

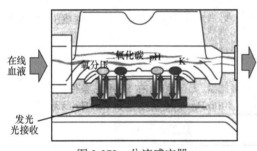

图 3-273　分流感应器

连续动态血气与电解质监测仪的关键器件是检测探头。检测探头的核心装置是一次性使用的分流感应器，如图 3-273 所示。

分流感应器采用非浸润法共价肝素涂层，由 1 个温度计和 4 个微型传感器组成，可测定血液温度，分别感应 pH、二氧化碳、氧分压、K^+浓度，其微型传感器分别置于如图 3-274 所示的动脉、静脉管路的分流管路上，要求血流量大于 35ml/min。

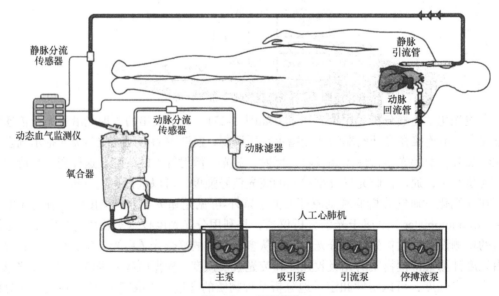

图 3-274　监测管路

（4）定标：血气监测前需应用"两点标定系统"对仪器进行校正，校正分"校定"和"标定"两个步骤。校定时，使用 A、B 两种标准气罐，气罐内有已确定的、精确的二氧化碳分压和氧分压标准气体。标定时，将分流感应器置于标定器上，标准气体流入含缓冲液的每个感应器，微型传感器与已知二氧化碳分压和氧分压值的气体接触，通过已知气体中的二氧化碳分压与缓冲液的相互作用来测定出预先确定的 pH。

定标器与两点检测法，如图 3-275 所示。

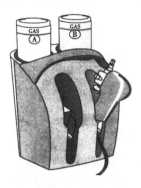

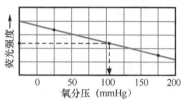

	A瓶	B瓶
pH	7.234	7.611
二氧化碳分压	48mmHg	18mmHg
氧分压	176mmHg	26mmHg

图 3-275　定标器与两点检测法

血气监测仪通过两点检测法建立一条直线，即通过 A、B 两瓶标准气压对应检测出这两个测试点的荧光强度（压力对应于荧光强度），由此，描述出一条校正后的直线。根据这一检测直线，在测试时，只要检测出荧光强度，即可得到对应的参数。

2. 活化凝血时间测定仪　凝血时间（clotting time，CT）是指血液在体外发生凝固的时间。对凝血时间的检测，主要是测定内源性凝血途径中各种凝血因子是否缺乏、功能是否正常或者抗凝物质是否增多。为提高检测的敏感性，提供丰富的凝血反应催化表面，现代临床检验通常在试管中加入高岭土、硅藻土等悬液，目的是充分激活凝血因子，以加快凝血，这一检验指标称为活化凝血时间（activated clotting time of whole blood，ACT）。

活化凝血时间是体外循环过程中检查凝血参数的一项重要指标，通过监测 ACT 值可及时了解患者的凝血状态，以指导合理应用肝素抗凝和鱼精蛋白拮抗。ACT 测定仪，如图 3-276 所示。

血液凝固（blood clotting）是血浆中纤维蛋白原在一系列凝血因子的作用下转变成纤维蛋白的过程，即血液将从流动的液态变成胶冻状固态。ACT 检测就是依据这一原理，检测时，首先在新鲜全血内加入一定量含有高岭土、硅藻土等的试剂，以充分激活凝血因子加快凝血，通过观测其凝血状态测定 ACT 值。

为便于临床应用，ACT 测定仪采用现场快速检验（point-of-care testing，POCT）方式，可以不通过临床实验室，仅在床旁即时检验患者凝血状况。POCT ACT 检测的关键装置是一次性 ACT 测试药筒，如图 3-277 所示。

图 3-276　ACT 测定仪

一次性 ACT 测试药筒包括试剂室、反应室和杆组件。

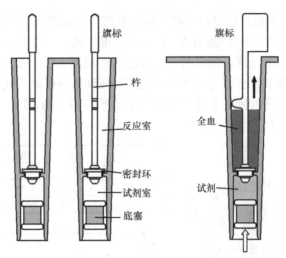

图 3-277 一次性 ACT 测试药筒

（1）试剂室：是测试药筒的底部部分，内装有活化剂和其他试剂，这些试剂的启用可以促进凝血因子活化。在试剂室的上部有一个菊状密封环，用来分隔反应室，菊状密封环固定于杆组件的末端，并与隔板贴合；试剂室的底部为一个柔性底塞，底塞如同注射器的活塞，通过上推底塞可以将试剂推注到反应室。

（2）反应室：在试剂室的上方，测试前需将测试全血引入到反应室。试验开始后，杆组件被提起的同时，试剂室的底塞向上推进，从而把试剂输送至反应室并混匀，全血样本被充分激活快速凝血。

（3）杆组件：有两个部分，菊状密封环和包括旗标在内的组件主体。菊状密封环构成试剂室的上部密封，同时也是凝血形成的敏感元件。当杆上升或下降时，密封环也将穿过试验样本/试剂混合物上下移动，血凝块的形成必然会阻碍菊状密封环在样本中的移动速度。旗标位于杆的上部，测试过程中旗标与杆同步下降，当光电检测系统检测到旗标下降速度明显减小或停止时，表明血液发生凝固，计时器即显示 ACT 值。

ACT 测定仪的试验终点是纤维蛋白形成，在凝血期间形成的纤维蛋白网将减缓杆组件的下降速度，通过光电传感器的下降速度检测可以测定 ACT 值。为保证测试的可靠性，目前通用的方法是采用双测试药筒同时测定的方法，即凝血时间试验在两个通道同时进行，并显示每个通道的结果、两个通道的平均值及两个通道差异值。如果两个通道测试结果的差异值与平均值之比＜12%，则说明测试成功，可接受该平均值，同时记录差异值备查。

四、体外膜式氧合

体外膜式氧合（extracorporeal membrane oxygenation，ECMO），是利用周围（或中心）血管插管进行的较长时间心肺支持技术，为可逆性心肺功能衰竭救治提供临时性的生命支持，包括心脏泵血功能和肺氧合功能的支持。ECMO 是走出手术室的体外循环装置，其应用原理类似于人工心肺机，也是将回心静脉血引出体外，经过特殊材质的人工心肺旁路氧合后再回输至患者的动脉（或静脉）系统，可以较长时间（甚至连续应用几周）替代或辅助心肺功能，使自体心肺得以休息，为患者的心肺病变治疗及功能恢复争取时间。

ECMO 系统，如图 3-278 所示。

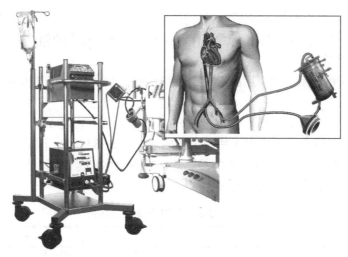

图 3-278　ECMO 系统

　　ECMO 是不需要进行开胸手术，可以在床旁快速建立的体外循环技术。由于其操作简便，能够在相对"简陋"（离开洁净手术室）的条件下快速建立循环（熟练的团队可将建立循环时间缩短到 10min 以内），为体外循环技术开拓了更为广泛的应用领域。ECMO 技术不仅能够在心脏手术期间临时性建立体外循环，更为重要的是，由于 ECMO 的出现，明显提升了许多危重症（如 ARDS）的抢救成功率，使许多令临床束手无策的难题（如心跳呼吸骤停）有了更为有效的解决方法。也就是说，ECMO 实际上是一项综合性的急救技术，它在临床上的推广与应用，拓展了重症医学的救治手段，促进了危重症急救医学的技术进步。

（一）体外膜式氧合与传统体外循环的技术比较

　　ECMO 的工作原理主要是通过外周血管插管术将回心静脉血引流至体外，经膜式氧合器气血交换后，再回输到患者的静脉或动脉。ECMO 相当于在患者自身的心肺循环通路上并联了一套人工心肺辅助装置，可以承担"部分"心肺功能，减轻自体心肺负担。由于 ECMO 系统中使用了长效膜式氧合器和生物相容性肝素涂层管路，因而，它是能够较长时间支持血液在体外循环的技术。

　　ECMO 的原理示意图，如图 3-279 所示。

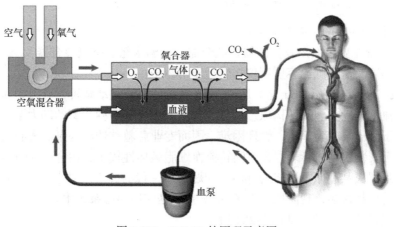

图 3-279　ECMO 的原理示意图

论其工作原理，ECMO非常接近于传统的体外循环（CPB）技术，但它们之间仍有所区别。

（1）ECMO为血液密闭性管路，没有常规体外循环过程中的储血装置，而CPB连接设有储血器，为开放式管路。

（2）ECMO整套系统均使用肝素涂层管路系统，ACT仅要求180~220s，CPB则要求ACT>480s。

（3）ECMO可维持数周甚至数月，而CPB一般运行不超过6h。

（4）CPB在开胸心脏手术中多使用中心插管（主动脉与上、下腔静脉为主），ECMO普遍采用外周动静脉（股动静脉、颈内静脉等）插管技术，操作相对简便、快速。

ECMO与CPB的主要区别，见表3-8。

表 3-8　ECMO 与 CPB 的主要区别

	CPB	ECMO
使用场所	手术室	重症监护室、手术室、病房、急诊室等需要急救的任何场合
使用目的	心外手术期间暂时代替心肺功能	长时间的体外循环，代替部分心肺功能，等待心肺功能恢复或器官移植
静脉储血器	有	无
活化凝血时间	>480s	180~220s
自体血回输	有	无
降低体温	常用	少用
溶血	较多	较少
血液稀释度	较大	较小
动脉过滤器	需要	不需要
转流形式	静脉→动脉	静脉→静脉、静脉→动脉
运转时间	<6h	可达数周、数月

综上，ECMO是一项重要的生命支持技术，其较低的ACT水平（180~220s）可大幅降低出血并发症，尤其是对有出血倾向的患者更有意义。例如，肺挫伤致使的呼吸功能衰竭，高ACT水平可加重原发症，甚至导致严重的肺出血，较低的ACT水平能够在不加重原发病的基础上支持肺功能，为肺功能的恢复赢得时间。

（二）体外膜式氧合系统的构成

ECMO系统的构成，如图3-280所示。

ECMO系统主要由血泵及控制器、氧合器、变温水箱、空氧混合器及ACT监测仪、连续血氧饱和度及血细胞比容监测仪、转运车等组成。

1. 血泵　血泵（blood pump）是ECMO系统的血液驱动装置，可以为体外循环血液提供单方向流动的动力。从结构原理划分，临床上主要有两种类型的动力泵，为滚压泵和离心泵，由于滚压泵较为笨重，管理困难，因而专业急救首选离心泵。离心泵的优势在于小型化，便于安装移动与管理，长时间转流血细胞破坏性较小，在合理的负压范围内具有抽吸效应，可解决某些原因造成的低流量问题，新一代的离心泵对小儿低流量也易操控。鉴于离心泵的优越性能，现阶段ECMO系统主要是应用离心泵技术。

ECMO的离心泵系统，如图3-281所示。

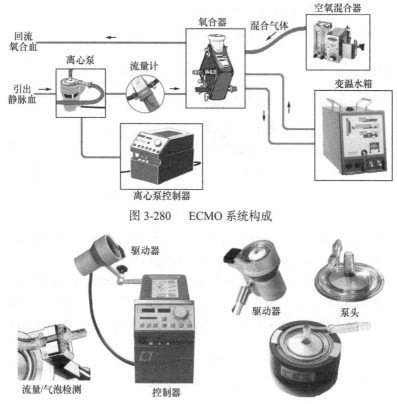

图 3-280　ECMO 系统构成

ECMO 的离心泵系统主要包括离心泵头、驱动器、控制器、流量/气泡检测探头及电源（交流、蓄电池）、手摇驱动手柄等。

（1）泵头：ECMO 离心泵的泵头经历了叶轮式、涡流式到磁悬浮式的发展过程，目前，主要是使用磁悬浮式一次性泵头。磁悬浮式一次性泵头，如图 3-282 所示。

图 3-282　磁悬浮式一次性泵头

由于磁悬浮式一次性泵头采用螺旋层流血流通道，整个血流驱动无淤滞区域，因而具有较好的血细胞保护效果。它的预充量较小（通常仅为 32ml），血异物接触面积少（小于 190cm^2），流量调整范围为 0～10L/min。一次性泵头应用磁悬浮驱动技术，驱动过程无金属支撑轴，可以保证长时间连续转流过程的封闭性与无污染。

一次性泵头为高值耗材，在与血液的接触面采用肝素涂抹表面（HCS）技术，即在管路内壁结合肝素，肝素保留抗凝活性。使用 HCS 技术，可以使血液处于低 ACT 水平，避免管路中产生血栓，可明显降低转流过程的肝素用量、减少炎症反应、保护血小板及凝血因子。由此，可大大降低 ECMO 并发症，延长支持时间。

（2）驱动器：是离心泵旋转泵头的动力装置，如图 3-283 所示。

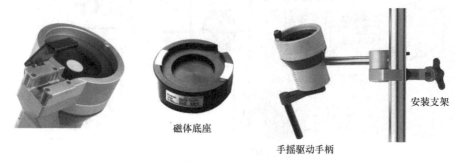

磁体底座

手摇驱动手柄

安装支架

图 3-283　驱动器

磁悬浮式离心泵采用磁力吸引的驱动方式，它的工作原理是，通过磁体底座的磁力吸附一次性泵头内的磁体，当电机启动时，磁体底座随电动机主轴转动，由磁体底座的吸引力带动泵头内的叶轮高速旋转，驱动血液转流。离心泵的驱动器有多种供电形式，如果是应用于人工心肺机，可以通过心肺机的供电系统供电，也可以采用外接交流电供电和 UPS 供电（要求工作时间大于 90min）方式。另外，在特殊情况下，还可以使用手摇驱动手柄驱动离心泵，以最大限度保证患者安全。

离心泵有灵活的安装位置，能够最大限度地靠近患者，可以有效减少管路的长度和预充量。泵头的安装十分简便，具体方法，如图 3-284 所示。

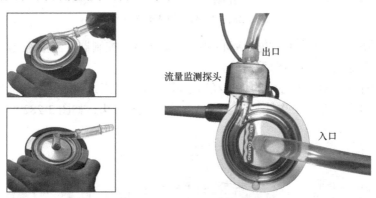

出口

流量监测探头

入口

图 3-284　泵头的安装

2. 氧合器　氧合器（oxygenator）是 ECMO 系统的核心器件，作用是实现体外循环血液的氧合与复温（恢复人体体温）。与人工心肺机应用的氧合器相比，用于 ECMO 系统的氧合器应能够连续使用较长时间（一般为数日至数周），与血液接触面涂有肝素涂层。

现阶段，ECMO 系统应用的氧合器为膜式氧合器，主要有三种类型，微孔型膜式氧合器、无孔型膜式氧合器和渗透膜氧合器。

（1）微孔型膜式氧合器：如图 3-285 所示。

微孔型膜式氧合器的氧合舱由内部大量特殊排列缠绕的聚丙烯中空纤维膜构成，这种纤维膜上有许多不规则排列的细微裂孔，氧合器工作时，中空纤维内侧通过空氧混合气体，在外侧流动血液，由于中空纤维存有细微裂孔，即可在裂孔处进行气体交换。微孔型膜式氧合器的气体与血液在裂孔处是直接接触的，因而，它的血气交换效率很高，气血比例小且预充迅速。但是，这种氧合器随着使用时间的延长，容易出现裂孔扩大，导致大分子物质（特别是蛋白质）漏出。蛋白质的渗漏必然会引发气体通过效率下降，局部气血比将改变，甚至导致氧合器功能失效。

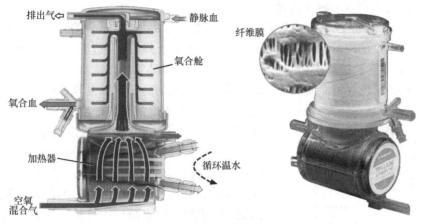

图 3-285　微孔型膜式氧合器

（2）无孔型膜式氧合器：如图 3-286 所示。

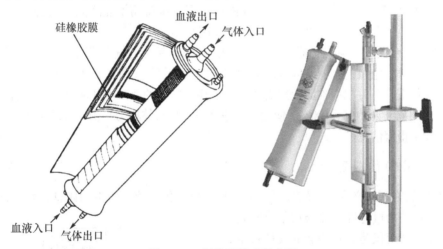

图 3-286　无孔型膜式氧合器

无孔型膜式氧合器采用无孔的硅橡胶膜并卷曲成筒状，与塑料分隔缠绕在聚碳酸酯芯上，血液从硅橡胶膜的一侧流过，气体从硅橡胶护套中流过，血液与空氧混合气体不直接接触。这种无孔型膜肺具有很好的顺应性，其抗血浆渗漏的性能优于聚丙烯材料制成的氧合器，可用于长时间转流或辅助循环，它的缺点是预充量和气血比例较大，排气困难。

（3）渗透膜氧合器：如图 3-287 所示。

渗透膜氧合器的渗透膜的微孔比聚丙烯纤维膜的裂孔小很多，因此，发生蛋白质等大分子渗漏的可能性更低，性能更加稳定。渗透膜氧合器的气血比例小，预充量小且预充迅速，二

图 3-287　渗透膜氧合器

氧化碳排除确切，不会产生微气泡，性能安全可靠，适宜于长时间的转流、灌注。

3. 变温水箱 在正常状态下，人体能够自主地调节体温在 36～37℃，这一调节机制有赖于血管的收缩与舒张，各脏器组织的产热与散热功能。然而，在 ECMO 的临床转流过程中，可能会出现以下两种状况。

（1）由于 ECMO 系统管路暴露在外部环境，热量经过管路必然会有所散失，导致体外循环中血液温度的降低。因为即使发生轻微的体温下降，也会造成出血和生理功能失衡，故 ECMO 长时间运转过程中会需要变温水箱进行正常体温的维持。

（2）ECMO 患者可能面临严重的感染、发热或者经历心肺复苏过程，重症发热需要通过热交换器将体温控制到正常水平，否则经历心肺复苏后的患者可能会出现缺血缺氧性脑损害。

图 3-288 ECMO 系统的迷你变温水箱

研究表明，将体温轻微降低到 34～35℃，对大脑功能的恢复有一定的益处。因此，在 ECMO 系统中，通过变温水箱可以对体温进行双向(升温与降温)调节。ECMO 使用的变温水箱与体外循环变温水箱的原理结构基本相同。

ECMO 系统的迷你变温水箱，如图 3-288 所示，缺点为仅能用于温度维持而不能降温，如需降温可配合使用体外循环用水箱。

4. 空氧混合器 空氧混合器的用途是，为 ECMO 系统的氧合器输送氧浓度可调节控制的空氧混合气体。空氧混合器有同等压力两路（空气与氧气）气体输入通道，空气、氧气可以按一定比例混合，并根据临床使用需要，调节输出气体的氧浓度和流量。混合器调节氧气与空气的比例范围为21%～100%。使用时，应注意保持气体压力平衡，若发生压力不平衡混合器就会发出报警信息。

（三）ECMO 的应用

ECMO 的临床意义在于，较长时间的替代心肺功能，使心肺得到休息，等待自体的功能恢复，也就是为可逆性脏器损伤争取时间。但是,ECMO 系统仅是心肺功能的支持技术，对原发性疾病或创伤没有直接的治疗作用。

1. ECMO 适应证 ECMO 系统因其强大的心肺替代功能，且操作简单，易于外周血管操作，因而临床应用广泛。

ECMO 支持流程图，如图 3-289 所示。

（1）呼吸衰竭：适用于急性、潜在可逆性、威胁生命的、对传统治疗无效的呼吸衰竭，主要适应证包括 ARDS、肺水肿/渗出性病变、肺移植前后、急性肺栓塞、哮喘、气道肿瘤手术等。

（2）心力衰竭：适应证是组织灌注不足，

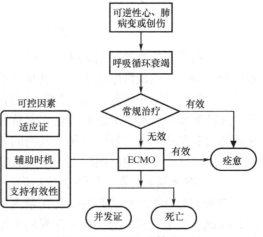

图 3-289 ECMO 支持流程图

表现为低血压和低心排血量，虽然经过容量管理、正性肌力药物和血管收缩剂、主动脉内球囊反搏等治疗，休克仍然存在。典型的病因主要是急性心肌梗死、心肌炎、围术期心肌病、失代偿期慢性心力衰竭、心源性休克等，感染性休克也可以考虑采用 ECMO 治疗。

（3）急救及其他：主要为创伤、中毒、烧伤、器官移植及其他临床适应证。

2. ECMO 支持模式 由于 ECMO 系统采用外周血管插管术，因而具有多种且灵活的插管方式。目前，根据临床需要，ECMO 系统通过不同的插管方式，可以实现 V-V 转流、V-A 转流与 V-AV 转流等支持模式。

（1）V-V 转流：V-V 转流是经静脉插管将静脉血引出后，经氧合器氧合并排除二氧化碳，再泵入另一静脉。通常选择股静脉引出，颈内静脉泵入，也可根据患者情况选择双侧股静脉。

V-V 转流，如图 3-290 所示。

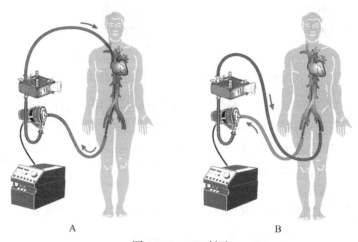

图 3-290 V-V 转流

A. 股静脉引出，颈内静脉泵入；B. 股静脉引出、股动脉泵入

V-V 转流的原理是将静脉血在流经肺之前预先进行部分的气体交换，目的是弥补自体肺功能的不足。V-V 转流适合于单纯肺功能受损，初期无心脏病变的病例。可在 ECMO 支持下降低呼吸机参数至氧浓度 <60%、气道压 <40cmH$_2$O，从而可以有效降低呼吸机造成的肺损伤。

需要强调，V-V 转流是只能部分替代肺功能，因为转流过程仅有一部分血液被提前氧合，并且在体外管路中不可避免地存在血液重复循环的现象。重复循环现象是指部分血液经过 ECMO 管路泵入静脉后又被重新吸入 ECMO 管路，不能进入人体循环的现象。

（2）V-A 转流与 V-AV 转流：V-A 转流是将静脉血引出，经氧合器氧合并排除二氧化碳后泵入动脉。成人通常选择股动静脉，新生儿及婴幼儿多选择颈内静脉和中心血管插管。

成人 V-A 转流与 V-AV 转流，如图 3-291 所示。

V-A 转流可同时支持心肺功能，这种插管方式适合于心力衰竭、肺功能衰竭并伴有心功能受损的病例。由于 V-A 转流中 ECMO 管路与心肺并联，运转过程会增加心脏后负荷，同时流经肺的血量减少，长时间运行可能出现肺水肿，因而，如果 VA-ECMO 建立后出现肺功能下降、氧合无法充分维持时需要及时更改至 V-AV 转流模式，即泵后添加一根静脉供血管（通常至颈内静脉）维持氧合；如果出现心脏完全停止跳动的情况，V-A 模式下心肺血液滞留，容易产生血栓而导致不可逆损害的情况，若心脏停搏时间过长，则应考虑进行左心室引流以降低左心室膨胀和血栓发生的概率。

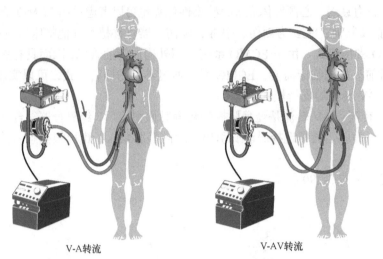

V-A 转流　　　　　　　　　V-AV转流

图 3-291　成人 V-A 转流与 V-AV 转流

选择 ECMO 的支持模式，应参照病因、病情而灵活运用。总体来说，V-V 转流是肺替代方式，V-A 转流是以心脏替代为主的心肺联合替代方式。心力衰竭及肺功能衰竭病例应选 V-A 转流，单纯肺功能衰竭病例可选用 V-V 转流方法。另外，在建立 ECMO 后，还需要根据患者的病情变化更改转流方式。正确的模式选择可以对原发症起到积极的辅助作用，提高疾病治疗的成功率。

3. ECMO 管路及插管　ECMO 的应用管路系统，如图 3-292 所示。

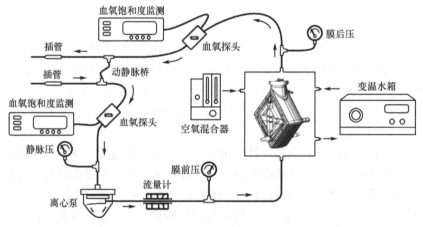

图 3-292　ECMO 的应用管路系统

ECMO 的管路系统是指应用涂层管路连接离心泵泵头、氧合器和各监测探头（流量、压力、血氧饱和度）等，与患者的循环系统构成一个封闭回路，以实现心肺支持。

（1）涂层管路：血液与 ECMO 管路的接触会导致炎性介质和凝血系统被激活，产生凝血因子、纤溶系统、血小板的改变和全身性炎性反应综合征。为了在长时间的 ECMO 转流过程中尽可能降低这类血液成分的激活反应，现代 ECMO 管路通常会在所有耗材（泵头、氧合器、管路、插管）的表面使用涂层，目的是改善 ECMO 环路的生物相容性、减少炎性反应。

目前，ECMO 系统中普遍使用肝素涂层技术，即将肝素等通过共价键或者离子键的方式结合在管路表面，或者将合成的共聚物附着于管路表面，使血液成分与人工材料表面隔离，以减少直接接触面积，从而降低炎性系统和凝血系统的激活，减少因此造成的器官功能损伤，并尽可能减少对人体自身的凝血系统功能的影响。现阶段，临床采用的肝素涂层有 Trillium、Carmeda、Bioline、Duraflo II 和 Corline 涂层等。

1）Trillium 涂层中的氧化聚乙烯（PEO）链形成水合动力表面可以排斥血浆中的蛋白，同时通过磺酸盐起到抗凝作用，带电荷的表面具有抗血栓作用，大约 10% 的 PEO 链末端结合有肝素。

2）Carmeda 涂层则通过共价键将肝素的一端结合在表面，具有抗凝活性序列一端与血液接触抑制纤维蛋白形成。

3）Bioline 涂层主要成分为高分子量肝素 Liquemin 和固化多肽分子，以共价键和离子键方式结合，将固化多肽分子均匀涂覆在管路表面，支持肝素分子发挥其生理学效应，保证肝素分子的连接稳定性，又保证了肝素分子的活性基序，固化多肽创造出的连续性表面接近人体天然内皮表面。

4）Duraflo II 涂层主要成分为肝素-卞烷胺-氯化物复合物，系离子键结合方式，能有效减少纤维蛋白原的吸附，避免血小板的激活、黏附与清除，与凝血酶 III 相互作用，阻止 XIIa 因子及激肽释放酶启动血液接触反应，抑制凝血、补体和纤溶系统活化，并可缓解炎性反应。

5）Corline 涂层主要为大分子肝素共轭体和一种特殊的连接分子以共价键相结合，含有大量的阴离子基团，线性聚胺分子保证肝素与材料表面的工整结合，从而可以发挥抗凝作用。

通常以 ECMO 的涂层泵头、氧合器与管路构成一个完整套包，以供临床使用。ECMO套包，如图 3-293 所示。

图 3-293　ECMO 套包

（2）密闭性管路：ECMO 系统使用的是全密闭性管路系统，由于没有气血接触界面，可以有效减少相关炎性反应，且避免硅油等消泡剂脱落引起的栓塞，进一步缩小了总体积和内表面积。密闭性管路要求管路保持绝对的无气，因而需要严格监管和规范操作。

（3）插管：成人 ECMO 多使用外周动静脉插管，最常用的为股动静脉插管和颈内静脉插管等，目前国内普遍使用股动脉插管来代替颈内静脉插管。可使用 Seldinger 技术（经皮导丝引导下穿刺插管技术）或切开直视下穿刺插管方式。股动静脉插管配有空心内芯，以利于应用导丝穿入并引导置管，插管的头部圆滑、管体软硬适中，股静脉插管末端有多个侧孔，以利于引流。股动、静脉插管，如图 3-294 所示。

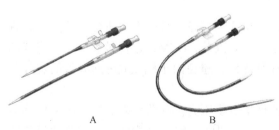

图 3-294　股动、静脉插管

A. 动脉插管；B. 静脉插管

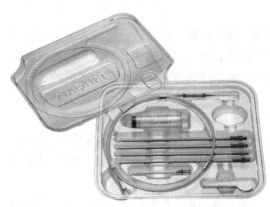

图 3-295 穿刺套包

插管的管体腔大壁薄，管体有钢丝加固，并设有插管深度标志，标配有穿刺针、扩张子和导丝套包等。穿刺套包，如图 3-295 所示。

临床插管时，可采用 Seldinger 技术或切开直视置入插管方式。插管的尾部通常为 3/8 英寸或 1/4 英寸接头，成人型号的股静脉插管较长，插管深度可达右心房水平，管头为多孔设计，有利于血液的充分引流。儿童 ECMO 主要是使用中心大动静脉插管（主动脉和右心房插管），也常应用颈内静脉插管和双腔插管，有部分患儿使用股动静脉插管。双腔插管和婴幼儿插管，如图 3-296 所示。

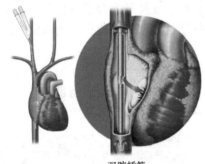

双腔插管   婴幼儿插管

图 3-296 双腔插管和婴幼儿插管

儿童型股静脉插管较短，管头多孔设计有利于引流；颈内静脉双腔插管通常用于儿童 V-V ECMO，插管尖端开口和末尾开口分别置于上、下腔静脉，用于上、下腔静脉未氧合血液引流，插管中部侧孔应对准右心房内的三尖瓣开口，用于向右室灌注氧合血液，一根插管同时满足血液引流和供应，使用方便，但插管位置要求较为精确，否则不能达到应有效果。

动脉插管是整个 ECMO 系统中管径最细的部分，因而管路阻力也相对较高，临床应用时需要选择合适的插管型号并匹配离心泵流量。静脉插管的深度往往远大于动脉插管，其管路阻力与长度相关，因此，应选择更大口径的静脉插管来确保足够的流量。各类插管在工艺上需要壁薄不变形，目的是维持最大的稳定流量。

（四）ECMO 的监测系统

由于 ECMO 系统需要长时间连续运转，如果主要设备、部件发生机械性故障或患者出现并发症将是非常危险的，可能短时间内会致命。因此，ECMO 运行过程中需要连续动态监测相应的参数指标，以确保有效氧合与循环灌注，避免由于机械故障所导致的意外及发生并发症。

1. 压力监测 ECMO 压力监测的常用器材是电子压力传感器和阻隔器，压力传感器和阻隔器的工作原理见体外循环章节中压力监测相关内容。ECMO 中的压力监测项目与体外循环有所不同，由于 ECMO 为密闭式体外循环管路，无血气接触界面，静脉引流与动脉供血都是通过一个离心泵来完成的，因而，需要同时监测静脉端的负压水平和动脉端的正压（膜前、膜后压力）状态。

（1）静脉端负压监测：静脉端压力不稳定或者出现负压迅速升高，提示泵前的引流不畅，可能会导致 ECMO 系统流量的不稳定，不断波动甚至降低的血流量将不能保证全身充足的血液循环和氧供，甚至引起致命性的损伤。

静脉引流负压迅速增高的明显表现是静脉管路发生抖动，这时将导致静脉血引流的不稳定。静脉负压过高，会造成血液成分破坏和灌注流量不足，通常要求 ECMO 静脉端的负压不宜低于–30mmHg。因此，连续监测静脉端压力，及早发现静脉负压的增高，具有重要的临床意义，利于在 ECMO 系统运行不稳定时及时判断与处置故障。影响静脉负压增高的原因较多，主要是患者体内的血容量不足、静脉插管位置不恰当等。

（2）氧合器膜前、膜后压力监测：ECMO 经过长期运转，会逐渐出现血栓和纤维蛋白原在膜式氧合器中的沉积现象，当沉积达到一定程度，将会严重影响氧合器的氧合能力并造成血细胞破坏、溶血等并发症。氧合器前压力可反映氧合器内有无血凝，通常氧合器的膜前压力要小于 300mmHg。在无凝血形成的情况下，氧合器膜后压力的监测也能反映动脉管路的阻力情况，及时处理管路前端压力过高的风险。除此之外，ECMO 转运过程中也会利用氧合器膜前、膜后压力的差值来判断氧合器内的血凝程度，由此推测氧合器功能是否下降。

2. 转速与流量　与滚压泵不同，以离心泵为驱动装置的 ECMO 系统，流量受到泵前的负压和泵后正压的双重调节，即离心泵的转速和流量可能会出现分离的情况。也就是说，调整离心泵的转速与流量不一定呈正相关变化。

3. 氧饱和度与血细胞比容监测　ECMO 中需要实时评估系统氧供与机体氧耗之间的平衡。使用血细胞比容与血氧饱和度监测仪可以同时监测动脉端、静脉端的血氧饱和度。其中，监测动脉血氧饱和度可以评估氧合器的氧合效能，静脉血氧饱和度可判断机体氧消耗的程度，血细胞比容的数值则能够反映血液的携氧能力。

4. 凝血监测　ECMO 过程中由于不可避免地存在血液与非生物表面接触，血液系统必然会发生一系列的生物学改变，其中最重要的变化是血小板的激活、聚集、数量下降，同时还伴有凝血因子的消耗、纤溶激活等。在 ECMO 临床应用中，维持良好的低抗凝状态尤为重要，但 ECMO 终究是一个非生理状态，发生凝血现象是不可避免的生理现象。因此。在 ECMO 支持治疗期间，需要对凝血指标进行动态监测，以的放矢地指导 ECMO 精准抗凝。

（1）活化凝血时间（activated clotting time，ACT）：是内源性凝血系统较敏感的筛选检验之一，也是指导 ECMO 肝素用量的重要指标。检测时可将抽出的血液放入装有白陶土或是硅藻土的试管内，用以观察血液凝固的时间，提供体内静脉注射肝素后呈现的剂量-抗凝效应关系。

（2）活化部分凝血活酶时间（activated partial thromboplastin time，APTT）：是指人为加入特殊物质激活内源性凝血途径，使血液凝固。这是目前判断内源性凝血因子缺乏最可靠、常用、敏感的筛选试验，也是监测肝素用量的良好指标。

APTT 测试时，可在 37℃的条件下，以白陶土、硅藻土等激活Ⅺ、Ⅻ因子，通过钙离子的参与，测定血浆的凝固时间，正常值小于 31s。ECMO 过程中维持 60～80s，对 ECMO 中的小剂量肝素较为敏感。

体外循环中使用肝素抗凝，为达到完全肝素化，通常肝素浓度较高。由于高浓度肝素与 APTT 并不呈线性关系，会增加抗凝和出血风险，因而体外循环建议使用 ACT。

（3）血栓弹力图（thromboelastography，TEG）：是反映血液凝固动态变化的指标，包括纤维蛋白的形成速度、溶解状态和凝块的坚固性、弹力度等，主要用于全面检测凝血、纤溶全过程及血小板功能，可以在指导 ECMO 过程中抗凝剂的用量、输注时机及凝血物质的补充。

血栓弹力图描记仪，如图 3-297 所示。

血栓弹力图描记仪是一种全程监测凝血过程的分析仪，早期主要用于指导临床术中输血，现已成为监测凝血功能最重要的设备之一。血栓弹力图描记仪以全血为检测标本，在体外加入高岭土激活，从而启动凝血机制，从内外源凝血系统的启动、纤维蛋白的形成到血块溶解可以进行全程监测，能够反映凝血机制中除血管内皮细胞和血管壁以外的所有凝血因素。

图 3-297 血栓弹力图描记仪

血栓弹力图描记仪的检测原理，如图 3-298 所示。

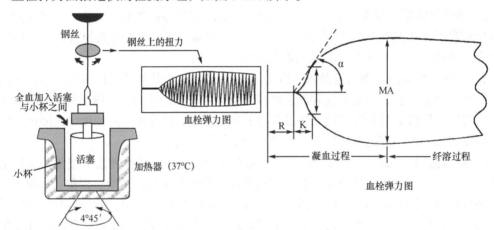

图 3-298 血栓弹力图描记仪的检测原理

承载血标本的测试杯（小杯）以 4°45' 的角度（小杯与钢丝中心线形成的夹角）、每 10s 一周的速度匀速转动，一旦血栓形成，置于检测杯血标本中的金属探针（钢丝）受到标本形成的切应力作用，出现左右旋动，通过监测钢丝的扭力，可以描述出 TEG 曲线。

血栓弹力图的参数如下

1）R 时间：是血样放入 TEG 分析仪内到第一块纤维蛋白凝块形成期间的一段潜伏期，通常为 4～8 min。R 时间可因使用抗凝剂或凝血因子缺乏而延长，也会因为血液呈高凝状态而缩短。

2）K 时间：为 R 时间终点至描记图幅度达 20mm 时所需的时间，正常值为 0～4 min，可以用来评估血凝块强度达到某一水平的速率，影响血小板功能及纤维蛋白原的抗凝剂能够延长 K 时间。

3）α 角度：是从血凝块形成点至描记图最大曲线弧度作切线与水平线的夹角，正常值通常为 50º~60º。α 角度与 K 时间密切相关，影响 α 角度的主要因素为纤维蛋白原和血小板。由于 α 角度不受低凝状态的影响，较 K 时间更为全面。

4）MA：为血栓弹力图的最大幅度，正常值为 50~60mm。MA 可以反映正在形成血凝块的最大强度或硬度，以及血凝块形成的稳定性，MA 主要受血小板及纤维蛋白原（质量和数量）的影响。通常将血样放入 TEG 分析仪到血栓弹力图出现最大幅度 MA 的这一时间段，定义为凝血过程。

第五节 主动脉内球囊反搏

主动脉内球囊反搏（intra-aortic balloon counterpulsation，IABP）是最早以氧供、氧耗为基础理论的机械性辅助循环技术，它通过物理学的方法，人为提高主动脉内的舒张压，以增加冠状动脉供血，改善心肌功能，目前已经广泛应用于各种心功能不全等危重病症的救治。

IABP 通过股动脉穿刺术，将一根前端带圆柱形球囊的导管植入降主动脉内，在心室舒张期，快速对球囊充气，增加冠状动脉灌注压，改善心肌供血；在心室收缩期前，球囊主动放气，以降低心脏后负荷，减少心肌的做功及氧耗。

IABP 的核心支持设备是主动脉内球囊反搏仪，如图 3-299 所示。

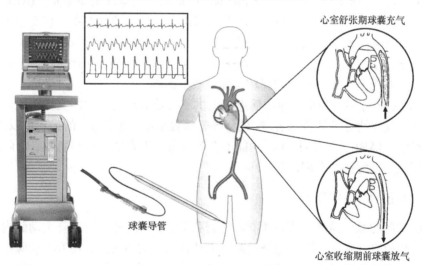

图 3-299 主动脉内球囊反搏仪

主动脉内球囊反搏仪是一种临时性的心功能辅助装置，在现代心脏疾病治疗中有着多种用途。它广泛应用于心肌梗死或顽固性心绞痛所致的心源性休克及瓣膜置换等体外循环后出现的左心室功能衰竭，也可用来支持使用最大剂量正性肌力药物维持心功能等待心脏移植的心源性休克患者。

一、主动脉内球囊反搏术的应用基础

主动脉内球囊反搏术是一项重要的心脏辅助支持技术，通过球囊反搏这一物理过程，可以改善心肌氧供与氧耗间的平衡。

（一）IABP 的进化过程

自 20 世纪 50 年代以后，随着体外循环手术的开展，主动脉内球囊反搏的研究也逐渐展开。到 60 年代初，主动脉内球囊反搏技术已在动物实验中取得了比较满意的效果。1961年，成功地实施了首例主动脉内球囊反搏术，并且在主动脉内球囊反搏支持下同时进行的冠状动脉造影中发现，有更多的造影剂进入了冠状动脉内，这说明反搏术有助于改善冠状动脉的血液灌注。此后，科研人员又对主动脉内球囊反搏术进行了改进，使这项技术得到进一步完善。

1968 年，主动脉内球囊反搏技术被正式获准用于临床治疗。早期应用时，虽然治疗的死亡率较高，但临床应用也充分证明了 IABP 技术可以实质性改善冠心病引起的心源性休克。随着时间的推移，IABP 的临床应用受到更多关注，在这方面的研究成果也越来越多，一些医疗仪器企业也纷纷加入，并逐步构建了现代 IABP 技术系统，形成较为完善的设备结构与功能体系。

在主动脉内球囊反搏技术应用于临床的第一个 10 年中，所有的球囊反搏导管都需要经切开的股动脉置入。直到 20 世纪 70 年代末，随着新型球囊导管的研发成功，经皮穿刺动脉插管术开始在临床应用，并且随着球囊导管制造材料和工艺的改进，经皮穿刺放置主动脉内球囊反搏导管的年龄适应范围进一步扩大，小型化反搏导管的球囊气体容积进一步减少到 2.5～10ml，这使得 IABP 的治疗范围可以扩大到儿童甚至婴幼儿。IABP 的治疗适应证也从心源性休克、心脏术后心力衰竭等逐渐扩大到冠状动脉左主干病变患者的术前应用、冠状动脉支架植入失败的患者，以及主动脉瓣狭窄和心脏移植过渡期的支持等。近年来，随着科学技术的进步，IABP 控制与驱动系统也逐渐小型化和智能化，并被应用于救护车、急救直升机上，为急救和院间转运提供救生保障。

IABP 的临床应用，为重危冠心病患者提供了有效血流动力学的支持手段。随着医学生物材料和球囊反搏导管的技术进步，使得导管管径更小，越来越多的患者可以接受 IABP 的治疗。目前，IABP 广泛应用于心功能不全等危重症患者的治疗与急救，已经成为心脏介入导管室强制性配备的专用设备。

（二）IABP 的工作原理

对冠状动脉的血液灌注主要发生在心室舒张期，IABP 通过置入降主动脉内的球囊在心室舒张期快速充气膨胀，可以部分阻断降主动脉内的前向血流，使升主动脉根部的舒张压升高，致使在心脏舒张期有更多的血液通过挤压进入冠状动脉内，进而增加冠状动脉的血供和心肌氧供。在心脏收缩期，为了减轻衰竭心脏的后负荷，必须降低左心室的射血阻力，以减轻心室做功，增加心排血量和全身血液灌注。因而，当左心室开始收缩前，降主动脉内置球囊突然主动塌陷（放气），由于球囊的快速塌陷，在主动脉内会形成一个"真空"区域，导致主动脉内压力骤然下降，使左心室射血阻力降低，从而降低左心室的后负荷，可以有效减少左心室收缩时的做功。

1. 主动脉内球囊反搏理论　主动脉内球囊反搏原理示意图，如图 3-300 所示。

IABP 的基本原理是，通过股动脉穿刺术，在降主动脉处放置一个容积约为 40ml 的长球囊，在主动脉瓣关闭瞬间，球囊被快速充气膨胀，使主动脉根部舒张压瞬间增高，致使心排血量和舒张期冠状动脉的灌注大大增加；在舒张末期下一个收缩期来临之前，球囊被快速抽空，左心室射血阻力和心室后负荷下降，使心脏做功和心肌耗氧量降低。

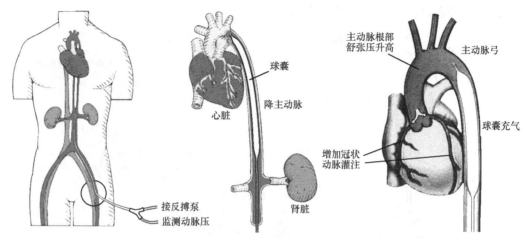

图 3-300　主动脉内球囊反搏原理示意图

通过在恰当的时机改变主动脉内置球囊的体积（球囊充气体积增大、放气体积减小），推动血液流动（充气时血液流向球囊两侧，排气时血液流向球囊放置位点）是 IABP 改善患者血流动力学状态的重要应用机制。为了使血流动力学的改善作用发挥至最大化，球囊导管应放置准确，必须要在恰当的时间点实施对球囊的充气与排气。因而，实现 IABP 反搏术的关键技术为，一是球囊导管的插入位置；二是对球囊充气与放气的时机。

2. IABP 的生理学效应　IABP 的生理学效应即为血流动力学效应，主要表现为四个方面。

（1）提高舒张压，增加冠状动脉灌注：供给心肌的冠状动脉血流主要是在舒张期进入心肌。当心室舒张时，主动脉瓣关闭，球囊立即充气扩张。由于球囊充气后的挤压效应，产生反搏作用，将主动脉血流逆向挤压至主动脉根部，使近端主动脉的舒张压升高。在心脏舒张期，冠状动脉的阻力为最小，因而升高舒张压后必然会引起心肌血流灌注量的增加，使心肌缺血得以改善，有助于心肌损伤的修复及心脏功能的改善。

（2）降低左心室后负荷，减轻心脏负担：球囊在心脏收缩、主动脉瓣开放前的瞬间迅速完成放气，使主动脉内瞬时减压，左心室射血阻力（即左心室后负荷）同时降低，在心肌收缩能力不变的情况下，心排血量将增加约 15%。有资料表明，IABP 可使左心室收缩压和射血阻力下降 10%～20%，心排血量增加 0.5L/mim。左心室舒张末压的下降，可降低收缩期心肌张力和收缩力，使心肌的氧耗下降。

（3）对全身灌注的影响：IABP 还可使全身重要器官的血流灌注得到改善，稳定体循环，使周围血管收缩状态得到缓解，尿量明显增多。患者脑部血流量也将有所增加，肾血流量增加近 20%，肝血流量增加 35%，脾血流量增加约 47%。

（4）对右心功能的影响：随着左心室功能改善和心排血量的增加，右心室前后负荷亦将降低。应用 IABP 时，右房压约下降 11%，肺动脉压平均下降 12%，肺血管阻力降低 19%。因此，IABP 不仅可以改善左心室功能，对右心室功能也有一定的帮助。

3. 球囊导管的插入部位　球囊导管经皮由股动脉插入，使球囊位于左锁骨下动脉开口以下 1～2cm 和肾动脉开口之间的降主动脉内，通过胸部 X 线片可以观察到导管尖端在第 2～3 肋间。如果球囊导管的放置位置过高，球囊可能阻塞左锁骨下动脉的开口，致使左上肢灌注不足；若放置位置过低，球囊可能阻塞肾动脉的开口，将影响肾动脉灌注，尿量减少。

球囊导管安放位置，如图 3-301 所示。

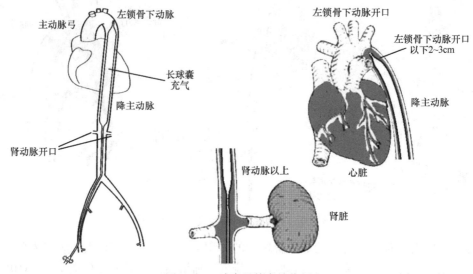

图 3-301　球囊导管安放位置

4. 球囊充放气时机　动脉压与冠状动脉的血流状态，如图 3-302 所示。

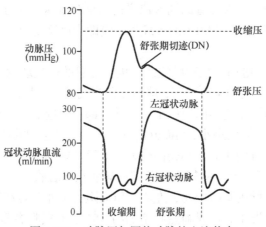

图 3-302　动脉压与冠状动脉的血流状态

由冠状动脉的血流过程可见，心脏对冠状动脉的供血主要发生在心功能的舒张期，与主动脉瓣膜的状况（开放与关闭）相关。因而，IABP 正确掌控对球囊充气、放气的时机（也称为时相）至关重要，其充气与放气时应适应于冠状动脉的供血特征。

（1）以舒张期切迹为快速充气点：舒张期切迹（diastolic notch，DN）表示心脏到这个压力值的时候，左心室内的压力已经低于主动脉压，心室收缩射入主动脉内的血液将有部分反流至左心室的趋势，而这一时刻主动脉瓣已经关闭，由于主动脉瓣的关闭，使得反流回来的血液在主动脉瓣上方再次对主动脉壁形成一个小的压力冲击，这就形成了主动脉压力波形中的舒张期切迹。

DN 是舒张期的起始点，说明主动脉瓣已经完全关闭，反流的血液不能回流至左心室，因而有助于血液进入冠状动脉。如果在这一时刻，快速对球囊充气，通过球囊导管的阻塞效应，可以增大主动脉根部的压力，使冠状动脉的血液灌注量大幅提升。IABP 的作用就是在心室舒张（主动脉瓣关闭）期通过扩张球囊，增加主动脉根部的压力，如果 IABP 充气时间过早，主动脉瓣尚未关闭，势必会导致一部分反流的血液挤回左心室，那么，流入冠状动脉的血液就会减少。

IABP 球囊充气、放气状态，如图 3-303 所示。

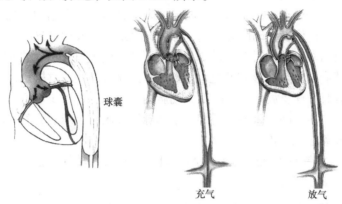

图 3-303　IABP 球囊充气、放气状态

IABP 球囊充气后的截面积应该占主动脉的 80%～90%，如果球囊体积过大，会损伤主动脉；体积太小，反搏效果将会减弱。

（2）在心脏开始收缩前立即放气：IABP 球囊充气、放气的时机对增加心肌供血、减轻心脏的后负荷非常重要。理想的球囊充气时机是在心室收缩末期主动脉瓣关闭瞬间立即充气，这一结论已经得到临床普遍认可。对于放气的时机则有一些争议，因为最大的冠状动脉灌注量与理想的左心室减轻负荷两者之间需要有不同的放气时机，但公认的方法是，球囊放气必须发生在下一个收缩期或收缩期射血尚未开始之前，临床应用也验证了这个时相切换方案是可行的。

现阶段，球囊的放气点一般是选择在心室开始收缩的时候，随着心室收缩，心室内的压力将超过主动脉内的压力，主动脉瓣即将被挤开，左心室将要对主动脉泵射血液。此时，如果 IABP 还处于充气状态，势必干扰左心室的射血，影响全身的血液灌注，所以，在这一时刻 IABP 的球囊必须尽快放气。在左心室射血前将球囊放气，可以降低主动脉近端的压力，使得心脏后负荷和收缩峰压（PSP）下降。收缩峰压（PSP）的下降会降低左室壁应力，由于左室壁应力与心肌氧耗直接相关，因而，左心室射血前球囊放气可以改善心肌氧耗。虽然心肌氧耗随着后负荷的降低而下降，但不恰当的放气时机（如放气过晚）则可能极大地增加心肌氧耗。为了避免这一现象的发生，现在推荐通过调整 IABP 放气时机，使舒张末压（EDP）最大程度地下降。

（3）时相转换：在反搏过程中，时相转换适当可以使主动脉内球囊在每一个心动周期中的充气和放气协调地相互交替作用，以实现良好的反搏效果。理想的反搏效果是，舒张期主动脉内压力增高，收缩期峰压降低。实现舒张期理想的增量，不仅依据恰当的充气时相，还取决于球囊的位置、对球囊充气的速度、每搏排血量的多少、主动脉的顺应性及主动脉瓣所处于的状态。

主动脉内球囊放气的时相刚好落在心室射血期前，此时，主动脉内血液容积突然锐减，可使主动脉根部内的压力瞬间下降。这时在 IABP 的诱导下，主动脉内压力下降，从而有效地降低了左心室的后负荷，最终减少了心肌对氧的需求。临床上普遍认为，心脏的压力做功（后负荷）比容量做功（心排血量）能更显著地增加心肌耗氧量，而对于衰竭的心脏来说，IABP可有效地使心脏地后负荷下降。所以，IABP 在放气时可使心室在收缩期的心肌耗氧量下降。

主动脉内球囊反搏操作适当，是获得有效反搏支持的前提。安全有效地应用 IABP，需要操作者具有关于心动周期的认知和相关操作技巧。首先，操作者及现代 IABP 设备必须能够确认舒张期的开始点。在动脉压力波形上表示收缩末期开始的标志是动脉波形上的舒张期切迹（DN），它代表主动脉瓣关闭，球囊充气最好就发生在这一点。其次，操作者一定要能够确定收缩期开始的时刻，动脉压力波形向上快速升高表示主动脉瓣已经开放，心室开始射血，球囊的放气应该在此之前。IABP 充气与放气的时机是，心脏收缩前一瞬间（主动脉瓣开放时）球囊放气，以降低主动脉内舒张末压，减少左心室做功，降低后负荷，减少心肌氧耗；在心脏舒张前一瞬间（主动脉瓣关闭时）球囊充气，增加舒张期冠状动脉灌注压力，改善心肌氧供。

5. 球囊充气、放气及动脉压波形 IABP 球囊的充气与放气过程，将会改变主动脉的压力波形，如图 3-304 所示。

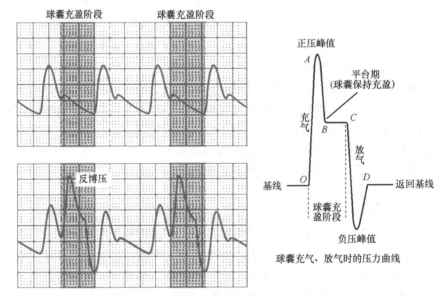

图 3-304 IABP 主动脉的压力波形（反搏比率为 1:2）

IABP 对球囊的充气、放气分为四个转换过程。

（1）球囊充气：球囊的充气过程发生在图示曲线中的 *OA* 段，*O* 点位于舒张期切迹的拐点处，可以对球囊进行快速充气。球囊的气体充盈容量与患者身高有关，成人选择球囊的容量范围为 20~50ml（通常使用 40ml），小儿为 4~15ml。临床上，应根据患者年龄、体重、身高来选择合适的球囊容量，身高与球囊容量的关系见表 3-9。

表 3-9 身高与球囊容量的关系

身高（cm）	<152	152~163	163~183	>183
选择球囊（ml）	25	34	40	50

（2）平台期：快速充气结束后，由于球囊和主动脉血管壁的弹性，使得球囊压力有

一个短暂的下降，至 B 点后进入平台期。平台期为图示曲线中的 B-C 段，这一过程球囊的充气已经完成，处于一定时长的球囊充盈保持阶段。平台期的长短与患者心率相关，如果心率慢平台期时间较长，反之，平台期将缩短。心率与平台期时长，如图 3-305 所示。

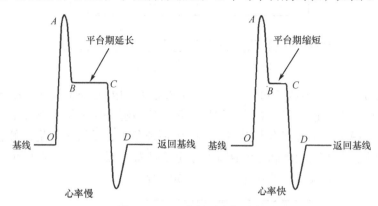

图 3-305　心率与平台期时长

完成充气后，球囊应维持足够时长的平台期，这对于保证 IABP 治疗的充分性非常重要。临床早有共识，当患者心率超过 150 次/分时，舒张期大大缩短，其反搏效果将大打折扣。因而，临床在应用反搏术时，应评估患者心率，并需采取相应舒缓心率的措施。

球囊充气与平台期（OB）共同构成球囊的充气阶段，在这一阶段，球囊处于充盈状态，主动脉压力（舒张压）有较大的提升。

（3）球囊放气：发生在曲线的 BC 段。此时，由于球囊快速放气，在主动脉根部瞬间形成一定的"真空"期，使动脉压出现一个负压峰值。

（4）返回基线：在曲线的 D 点，球囊完全抽空塌陷，球囊对主动脉阻塞作用消除，动脉压恢复原有的生理状态。

6. 时相错位　临床应用 IABP 时，必须及时纠正时相错位，时相错位主要表现为充气过早、充气过晚、放气过早和放气过晚。

（1）充气过早：球囊充气过早表现为球囊早于主动脉瓣关闭充气，动脉压波形的特点是球囊充气发生在 DN 拐点之前，动脉压波形表现为反搏压狭窄。过早充气的生理效应，可能导致主动脉瓣提前关闭，增加了左室壁压力或后负荷，会发生不同程度的主动脉血液回流现象，增加了心肌氧耗。球囊充气过早的纠正，如图 3-306 所示。

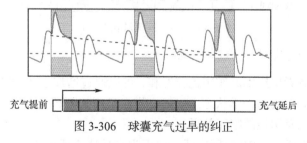

图 3-306　球囊充气过早的纠正

（2）充气过晚：球囊充气过晚表现为主动脉瓣关闭后球囊才延时充气，动脉压波形的特点是球囊充气发生在 DN 拐点之后，动脉压波形特点是负压峰值减小，甚至不明显。过晚充气使得反搏术的生理学效应减弱，临床表现是对冠状动脉灌注的支持不足。球囊充气过晚的纠正，如图 3-307 所示。

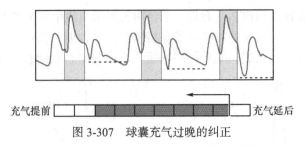

图 3-307　球囊充气过晚的纠正

（3）放气过早：球囊放气过早表现为球囊在舒张期内就开始放气。动脉压波形特点是反搏压出现后立即快速下降，导致反搏压不足，反搏舒张压末尾可能等于或小于未经反搏的舒张压，反搏收缩压可能有所提高。它的生理现象为，反搏压不足，可能出现冠状动脉和颈动脉逆流，由于冠状动脉血液逆流可引起心绞痛，没有足够降低后负荷的效果，增加了心肌氧耗。球囊放气过早的纠正，如图 3-308 所示。

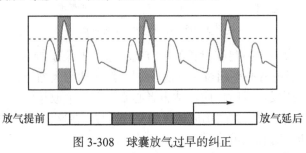

图 3-308　球囊放气过早的纠正

（4）放气过晚：球囊放气过晚表现为主动脉瓣打开后球囊才延时放气。动脉压波形特点是，反搏收缩压上升时间延长，反搏压波形加宽，负压峰值明显减小，甚至不出现负压峰。它的生理效应为，完全没有降低后负荷的效果，由于使左心室射血阻力增大和等容收缩期延长，增加了心肌氧耗，球囊阻挡左心室的心排血量，因而导致后负荷加大。球囊放气过晚的纠正，如图 3-309 所示。

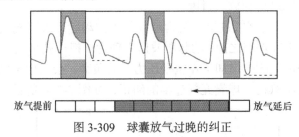

图 3-309　球囊放气过晚的纠正

（三）IABP 的适应证与脱机标准

由于主动脉内球囊反搏术的作用比较温和，可以通过增加冠状动脉的灌注和降低心室后负荷来改善患者的血流动力学状态（一般心排血量增加不超过 20%），对于改善心脏功能及心肌的氧供需比有明显的临床效果。

1. IABP 的适应证　IABP 应用广泛，以下为常见适应证。

（1）顽固性心绞痛：IABP 对不稳定型心绞痛并伴有心肌缺血和胸痛的患者是非常有效的治疗手段。IABP 的用途在于维持适当的冠状动脉灌注，缓解心肌缺血，并降低心肌氧需求。如果预期进行心导管和更进一步的介入手术，患者能够以更稳定的血流动力学状态面对手术。

（2）急性心肌梗死：患者经历剧烈的胸痛，伴随 ECG 的变化和（或）伴有心脏节律上的症状，通过药物治疗不能减轻病情，存在发展为心肌梗死的风险。因而，通过 IABP 提高冠状动脉血流、降低左心室的后负荷，使心肌缺血引起的胸痛和 ECG 的改变能够得到改善。

（3）顽固性心室功能衰竭：对于一个已经受损的心脏，动脉压的降低将导致心肌供血不足和心肌组织功能的损伤。为防止病情恶化并可能发展为心源性休克，对于任何血流动力学不稳定的临床症状都应该给予及时的人工干预。IABP 通过降低左心室后负荷和增加冠状动脉灌注，能够明显改善心功能，使心肌氧供与氧耗重新获得平衡，为心肌恢复赢得时间。

（4）心源性休克：发生在急性心肌梗死后的左心室功能衰竭可能会发展为心源性休克。对于左心室功能衰竭，治疗的目的是减少心脏负担，增加心肌氧供，降低心肌氧耗。IABP 治疗的作用是，增加心肌氧供给，降低后负荷，增加全身的灌注。由此，可以使心脏减负，降低急性心肌梗死并发症的发生率。

（5）缺血相关的顽固室性心律不齐：急性心肌梗死的一个高并发症就是左心室的过度敏感，这可能导致严重的心律失常和远期的血流动力学变化。传统的药物治疗和支持手段对改变大部分患者左心室的过度敏感和心律失常是足够有效的。然而，传统药物治疗难以控制高危状态带来的远期心肌损伤，如果这个状态不能逆转，将会危及患者生命。IABP 治疗通过增加冠状动脉灌注，可以维持这部分患者血流动力学状态的稳定。

（6）感染性休克：是由无法抵抗的感染性疾病引起的，将可能影响所有器官组织，增加代谢需求。主要的特征表现包括低血压、神经功能削弱、心排血量降低并伴有高热等。IABP 能够明显增加冠状动脉血流量，可以为感受性迟钝的患者提供最大化的支持治疗。

（7）冠脉搭桥后辅助脱离体外循环：有一部分病例，患者脱离体外循环机非常困难，终止体外循环后，可能出现明显的低血压、低心排血指数，或者在血管的舒张或收缩方面药物不起作用。在这种情况下，使用 IABP 可降低左心室射血阻力，增加心排血量，并增加冠状动脉和全身灌注压，使患者更容易脱离体外循环。

（8）外科手术后心功能不全/低心排综合征：对于心功能不全的患者，麻醉手术增加了心肌氧需求。在术前、术中和术后心脏对氧需求的明显升高，都可以通过应用 IABP 使心肌的氧需与氧供得到平衡，维持血流动力学的稳定。

主动脉内球囊反搏术也可在冠状动脉造影和冠状动脉成形术中使用，能够支持与稳定高危患者状态，帮助这部分患者平稳渡过手术期。大量的临床实践证实，对于具有适应证的患者，主动脉内球囊反搏术是一项安全、有效的心脏辅助支持手段。通过提升冠状动脉和体循环的灌注量，以及降低心脏前负荷与后负荷，可以稳定重症心脏病患者的症状，能够降低由于冠状动脉灌注不足导致的血流动力学紊乱的风险。

2. IABP 的脱机标准 IABP 是否可以脱机，临床上主要参考两个方面标准。

（1）观察组织灌注效果，主要指标：尿量＞30ml/h、精神状态得到改善、四肢温暖、无心力衰竭（无啰音）、无恶性心律失常。

（2）观测血流动力学状态，主要指标：心脏指数＞2.0L/（min·m^2）、MAP＞70mmHg、已经停止或使用少量升压药、心率＜110 次/分。

应用 IABP，可以有效辅助左心循环，使用后能使患者的血流动力学参数得到迅速改善，而且避免正性肌力药物使心肌耗氧量增加的缺点。所以，务必在患者心肌功能发生不可逆的缺血性损伤之前进行反搏术支持，临床上使用 IABP 的原则是"宁早勿迟"。

二、主动脉内球囊反搏系统的构成与工作原理

主动脉内球囊反搏系统是支持 IABP 的核心设备，为协助临床完成反搏术，IABP 设备必须在患者的主动脉内插入专用的 IABP 球囊导管，通过主动脉内球囊反搏仪的监测系统实时监测、显示患者的心电图和主动脉压，并由此闭环控制球囊导管的充气与放气时相。主动脉内球囊反搏系统主要包括监测仪（心电、动脉压）、充/放气控制装置、球囊触发系统、IABP 的报警装置及气泵等。

主动脉内球囊反搏系统，如图 3-310 所示。

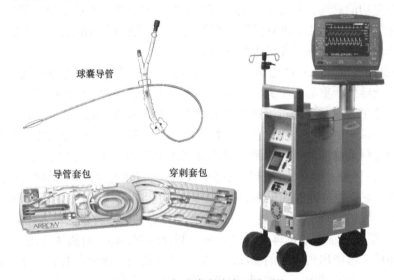

图 3-310　主动脉内球囊反搏系统

（一）球囊导管

球囊导管是主动脉内球囊反搏系统的专用导管，通过对这个导管前部球囊的充气与放气，可以实施主动脉内的球囊反搏术。

1. **基本结构**　球囊导管由医用高分子材料聚氨酯制成，具有良好的抗血栓性能和生物组织相容性，属于一次性耗材。主动脉内球囊反搏导管实际上就是一根纤细且柔软的中空导管，其前端有一个可以充气、放气的长球囊。因而，对 IABP 导管结构的基本要求是，导管的柔韧性要好，便于随血管弯曲；球囊为能够充盈一定容量气体的中空球囊，可以实现快速地膨胀（充气）与塌陷（放气）。

IABP 球囊导管，如图 3-311 所示。

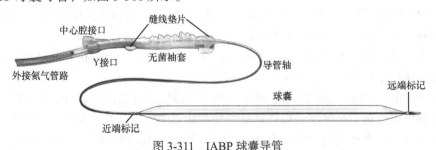

图 3-311　IABP 球囊导管

（1）球囊：如图 3-312 所示。

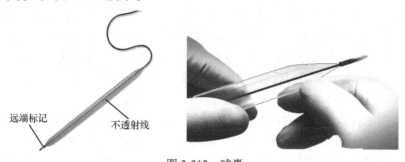

远端标记　　不透射线

图 3-312　球囊

球囊呈长纺锤形，它的囊壁极薄，且柔软、机械强度高。球囊包裹着导管轴，两端与导管密封，在球囊包裹的导管段有多个不同方向的通气孔，以利于气体快速进出导管并均匀分布于球囊内。球囊通过导管轴与外部氦气管路连接，可以由气泵进行快速的充气与放气。由于主动脉内球囊的变形（膨胀与塌陷）速率与方式对反搏术的临床效果影响较大，近年来，主动脉内球囊导管的结构也有一些改进，有代表性的是将球囊设计为两个独立体，近侧的一个球囊较小，呈椭圆形，远侧的球囊较大，仍似纺锤形。在近侧的小球囊中，导管上的气孔进一步增多，使其可以先于远端大球囊快速充气膨胀，随后远端大球囊再充气，球囊的膨胀呈序贯式。

（2）导管轴：是 IABP 导管的主体架构，导管内设有两个中空腔道，其中，较大的腔道是作为对球囊快速充气、放气的通气管路；另一个腔道内置有传导液，可用来传导动脉压。目前，导管轴的两个中空腔主要有同轴结构和共壁结构两种形式，由于共壁结构的气体穿梭面积更大，可以降低气体穿梭阻力，因而应用更为广泛。

同轴结构与共壁结构的导管轴，如图 3-313 所示。

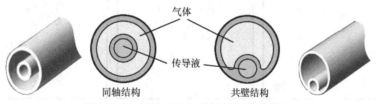

气体

传导液

同轴结构　　　　共壁结构

图 3-313　同轴结构与共壁结构的导管轴

（3）不透射标记：为便于床旁 X 线机的导管定位，在沿导管轴和球囊两侧（远端、近端）均设有不透射标记，通过 X 线机可以观察到球囊导管的走向和远端位置。

2. **选择气源**　由于球囊导管置于主动脉内，如果发生球囊破裂，球囊内的气体会直接进入血管，有发生气栓的风险，因而，IABP 气源的选择关乎使用安全。现阶段，IABP 使用的氦气或二氧化碳都不是最为理想的供气，两者在安全性和气体穿梭运作速度上各有利弊。

二氧化碳气体的溶解度较高，是氦气的约 70 倍，球囊破裂气体外溢时不易产生气体栓塞；而氦气的密度比二氧化碳低 20 倍，气体穿梭的速度更快，时间响应性更好。由于现代 IABP 的球囊采用了多项防破裂安全措施，其安全性大幅提升，因而，临床应用中更为关注气体在导管内的穿梭速度，故现阶段通常选择氦气为 IABP 气源。

3. **插入方法**　临床上球囊导管的插入主要有股动脉切开法和经皮穿刺法。

（1）股动脉切开法：早期置入 IABP 导管时，多选择在腹股沟部切开皮肤显露股动脉，在直视条件下行导管插入术。临床过程是，选择搏动较好的一侧股动脉，以穿刺部位为中心进行消毒，若患者清醒应做局部浸润麻醉。在腹股沟韧带下沿股动脉走行纵行切开皮肤，解剖皮下组织至股动脉鞘膜，切开鞘膜后显露股总动脉。在股深动脉上方游离长 1.5～2.0cm 的动脉段，在其上、下两端各预置一根 10 号粗丝线。测量自股动脉置入部位至患者胸骨柄水平的距离，由球囊导管顶端向后量取相同的长度，并进行标记，这个距离就是球囊导管插入体内的长度，正好使球囊导管的尖端到达左锁骨下动脉根部的远端。

用 50ml 空注射器将球囊内残余的气体抽尽，用抗凝的生理盐水沾湿球囊，将一段直径 1.0～1.2cm、长 6cm 的涤纶人造血管，用 10ml 自体血进行预凝后套在球囊导管上。收紧股动脉上、下端预置的丝线，在股动脉壁上做 1.0～1.2cm 的纵行切口，再将球囊导管的尖端自股动脉切口插入。牵拉股动脉切口远端的预置线做反牵引，放松近侧预置线以利于球囊导管进入股动脉。

待球囊导管进入股动脉后，轻轻旋转推送导管，直至导管上的标志线到达股动脉切口部位，表明球囊已到达主动脉弓降部左锁骨下动脉以远的位置。用聚丙烯普理灵（非生物性降解性缝线）无损伤缝合线将涤纶血管边缘与股动脉切口边缘缝合，用粗丝线将涤纶血管的远端与球囊导管捆扎在一起。松开股动脉远侧的预置线，让下肢动脉恢复血流运行。最后逐层缝合股动脉切口部位，如插管部位处仍有出血，则应将动脉切口近侧端的预置线结扎，以防出血。将球囊导管与球囊反搏仪的供气装置及压力传感器连接好后，可以开始反搏治疗。

（2）经皮穿刺法：是基于塞丁格（Seldinger）动脉插管术，经改良，用于插入主动脉内球囊反搏导管，这一方法是现阶段临床主流的插管方式。

经皮穿刺过程，如图 3-314 所示。

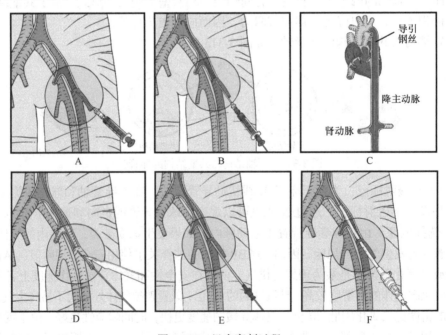

图 3-314　经皮穿刺过程

A. 穿刺股动脉；B. 置入导引钢丝；C. 导引钢丝定位；D. 切开穿刺点约 2mm；E. 用前置扩张器扩张；F. 经导丝置入止血鞘后置扩张器

穿刺部位仍在腹股沟部，待确定好穿刺点后常规消毒、铺巾和局部浸润麻醉。用 18

号动脉穿刺针穿刺股动脉，经穿刺针将尖端呈"J"形、直径 0.0762cm 的导引钢丝送入主动脉腔内。拔出穿刺针，将 8F 扩张套管沿导引钢丝缓慢插入股动脉。待扩张管与外鞘管全部送入股动脉后，再拔出扩张管，最后将 11F 的外鞘管和导引钢丝仍留在动脉内。

将 50ml 空针连接在导管尾端的接管上，完全抽空球囊内的残余空气，然后从包装袋内取出球囊导管，检查确定整个球囊是否完全均匀的缠绕在导管上。如果球囊没有完全缠紧，应顺球囊缠绕方向将球囊完全缠紧。将球囊导管沿已放置的导引钢丝从外鞘管送至胸降主动脉，拔出导引钢丝，连接反搏仪的供气装置及压力传感器，打开储气筒，开始反搏治疗。

（二）监测系统

IABP 系统的关键技术是，在每个心动周期精准控制主动脉内的球囊膨胀与塌陷，即在主动脉瓣关闭瞬间对球囊快速充气，在主动脉瓣开放前立即放气，因而准确检测与鉴别舒张期是控制球囊充气与放气的先决条件。但是，完全准确地识别舒张期是很困难的，现阶段 IABP 系统主要是通过描记心电图和主动脉压并结合相应的算法来估算舒张期。

1. 心电信号检测 体表心电信号是比较成熟的生物电检测技术，目前 IABP 设备具有完备的心电检测系统，连接心电导联即可描记出心电图波形。

（1）5 导联心电电极系统：IABP 设备采用标准的 5 导联心电电极系统，如图 3-315 所示。

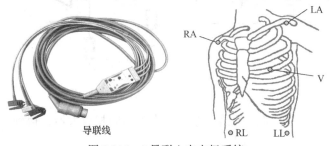

导联线

图 3-315 5 导联心电电极系统

5 导联心电电极安放位置具体，RA（右臂）电极安放在右锁骨下，靠近右肩；LA（左臂）电极安放在左锁骨下，靠近左肩；RL（右腿）电极安放在右下腹；LL（左腿）电极安放在左下腹；V（胸部）电极安放在胸壁上。

（2）威尔逊参考电位：由于 IABP 仅需要心电信号的形态和节律，并不要求导联转换和定标，因而它的电路结构更为简洁，其肢体导联的意义在于得到威尔逊参考电位。威尔逊参考电位电路，如图 3-316 所示。

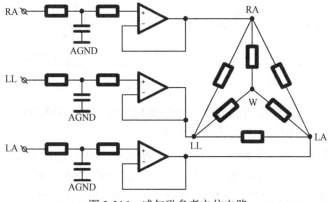

图 3-316 威尔逊参考电位电路

五导联心电系统中，RA、LA、LL 为肢体心电信号输入导联，首先接一个 RC 低通滤波，作用是抑制导联线耦合的高频干扰。由电极经导联线引入的心电信号（RA、LA、LL）经各自的缓冲放大器进行阻抗转换，然后连接威尔逊网络。

缓冲放大器为阻抗变换器，放大倍数为 1，它的输入阻抗超过数百兆欧。阻抗变换器能有效地减小电极、导联线均压电阻的影响。另外，缓冲放大器的输出阻抗约数百欧，有利于与威尔逊网络阻抗匹配连接。

威尔逊网络由电阻平衡网络组成，外圈的 3 个电阻组成三角形，圈内的 3 个电阻组成星形，网络的 3 个顶点通过缓冲放大器分别与右肩（RA）、左肩（LA）、左腹（LL）电极相接，星形的中点（W）是威尔逊网络的中心端。由于威尔逊网络的中心端（W）与人体电耦中心点互为等电位，即可视为零电位（参考电位）。

（3）放大电路：IABP 系统将要采集的心电信号为胸导联（V）信号，胸导联（V）信号的放大电路，如图 3-317 所示。

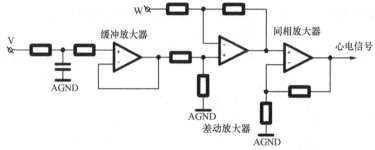

图 3-317　胸导联（V）信号放大电路

胸导联（V）信号经缓冲放大器、差动放大器和同相放大器，得到 IABP 系统可以识别的心电信号。

（4）心电图（electrocardiogram，ECG）：是心脏搏动时产生的生物电位变化曲线，能客观反映心脏电兴奋的发生、传播及恢复的生理过程。心电图，如图 3-318 所示。

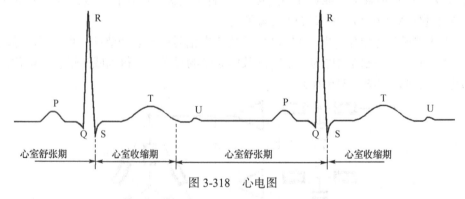

图 3-318　心电图

心电图与心动周期具有相同的节律，舒张期起步在 QRS 波群的末段，收尾于 T 波后期。因而，通过检测心电图可以估算出舒张期。

2. 主动脉压检测　由于主动脉压（aortic pressure，AP）的波形变化可以客观反映主动脉瓣的工作状态，因而，主动脉压波形是反搏仪运行的"金标准"。

（1）主动脉的压力信号传导：IABP 系统的球囊导管内有两个腔道，如图 3-319 所示。

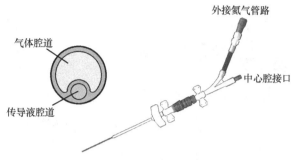

图 3-319 导管内通道

球囊导管内的两个腔道，一个是为氦气穿梭使用的气体腔道，另一个是传导液腔道。传导液腔道有两个基本用途，一是能够穿透引导钢丝，以对球囊导管定位；二是通过传导液（肝素生理盐水）传递主动脉的压力信号。因而，IABP 系统可以通过中心腔接口连接压力传感器的延长管来监测主动脉压。

（2）压力传感装置：IABP 的压力传感装置实际上就是有创血压的测量系统，如图 3-320 所示。

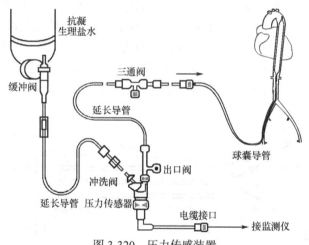

图 3-320 压力传感装置

IABP 的压力传感装置由压力传感器、球囊导管、三通阀、冲洗阀等组成。使用前，先将压力传感器与监护仪相接，然后将球囊导管充满传导液（抗凝肝素生理盐水），导管充液并排气后，打开患者与传感器之间的三通阀，即可测量主动脉压。

（3）连续抗凝冲洗装置：IABP 监测主动脉压时需要使用传导液（也称为耦合液），由于传导液与血液接触，在球囊导管内必然会存在相互渗透，若时间过久，不可避免地会发生血凝，造成腔道堵塞。因此，临床上通常是 1h 左右进行一次腔道冲洗。连续抗凝冲洗装置通过使用压力输液袋或微量泵可以免去人工冲洗环节，使 IABP 测压更为方便。

连续抗凝冲洗装置，如图 3-321 所示。

肝素生理盐水压力袋的恒定压力为 300mmHg，通过三通阀持续且低流量（3～5ml/h）地对球囊导管输注肝素生理盐水，以确保导管内的传导液腔道没有（或较少）血液进入。由于其输注的流量非常小，不会影响一次性压力传感器的测压精度。为保证主动脉压测量的准确性，要求测压管路的长度一般不应超过 240cm。

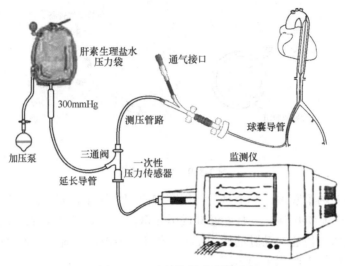

图 3-321　连续抗凝冲洗装置

（4）血管内光纤传感器：现阶段，IABP 测压系统主要是采用体外压力的测量方式，由于这种检测方式的传感器设在体外，需要通过传导液来传递主动脉内的压力信息，那么，就带来了两个问题。一是测量血压会有一定的时延；二是在传导液腔道容易发生血液凝结，需要经常性地冲洗导管。为克服体外血压检测的技术缺陷，目前，在 IABP 系统中已经开始应用光纤压力传感器技术，光纤压力传感器的种类较多，最为常用的是反射式光纤压力传感器。反射式光纤压力传感器的原理示意图，如图 3-322 所示。

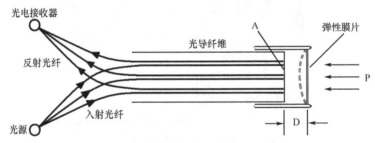

图 3-322　反射式光纤压力传感器的原理示意图

反射式光纤压力传感器利用弹性膜片在压力的作用下产生变形，从而调制反射光信号的强度，其压力大小与反射光的强度有一定关系。如图 3-322 所示，光源发出的光耦合进入射光纤端面，从入射光纤端面 A 射出，出射光经由弹性膜片反射后，部分反射光由反射光纤端面 A 接收，接收光的强度与端面 A 至膜片的距离 D 有关，也就是说，反射光强度与压力 P 作用下的膜片变形有关。经由膜片变形所调制的反射光功率信号，传输至反射光纤端面，再耦合至光电接收器，从而获得与压力 P 有关的输出信号。

因而，利用球囊导管前端的光纤感受器可以感知主动脉内的压力，并传递给压力监测仪，通过系统运算，即可显示主动脉的压力波形。这一血压的检测方式为直接测量法，不需要压力传导，没有腔道的凝血问题。另外，光速传递数据基本无延时，可以使 IABP 系统的主动充气更为准确，甚至能够使充气点与 DN 切迹相重合。

（三）充/放气控制装置

反搏仪也常被称为反搏泵，因为 IABP 实际上就是一个程控气泵，这个"气泵"的作用是，通过反搏仪的精准控制，实现对球囊导管的快速、定量充气与放气。

1. 反搏泵基本原理　反搏泵的充/放气原理示意图，如图 3-323 所示。

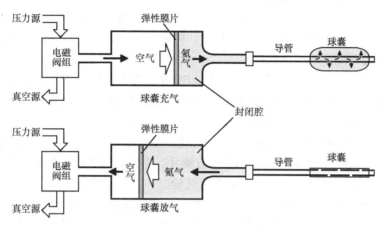

图 3-323　反搏泵的充/放气原理示意图

反搏泵充/放气的控制装置是一个类似于活塞的装置，临床应用时，如果需要对球囊充气，则电磁阀组将"活塞"装置连通压力气源，通过压缩空气推动隔离膜片"前移"，驱使封闭腔内的氦气被挤压接入球囊，使之膨胀；反之，若要对球囊放气，电磁阀组将活塞装置连通真空源，这时由于封闭腔的气压大于真空泵产生的负压，隔离膜片必然会"后移"，将球囊内的氦气回抽至封闭腔，球囊立即塌陷。

2. 反搏泵控制装置　反搏泵的控制装置，如图 3-324 所示。

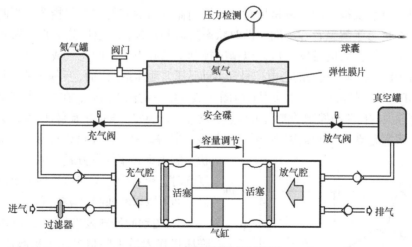

图 3-324　反搏泵的控制装置

（1）球囊充气过程：球囊充气时，充气电磁阀开启，活塞向左推进，此时，由于充气腔室被压缩，腔内压力升高，使得进气口（单向阀）关断，活塞压缩空气经充气阀进入安全碟，使弹性膜片上鼓，推动氦气进入球囊，球囊充气后立即膨胀。

在对球囊充气的过程中，由于两个活塞为连轴同步左移，因而，在充气腔容积减小的同时放气腔容积增大，必然会形成一定的负压（关闭排气单向阀），这时放气电磁阀处于关闭状态，放气管路被阻断，使真空罐内积累为负压状态。

（2）球囊放气过程：球囊放气时，充气电磁阀关断、放气电磁阀开启，此时，由于真空罐内积累了一定的负压，使安全碟内的空气迅速被吸引至真空罐，弹性膜片下陷，氦气抽回至安全碟，球囊立即塌陷。

在完成球囊放气过程后，放气电磁阀关闭，两个活塞同步右移复位，此时，进气口开启，空气经过滤器进入充气腔；排气口打开，将真空罐和放气腔的气体排出，为下一次对球囊充/放气做好准备。

（3）安全碟：为避免交叉感染，现代 IABP 系统普遍使用了安全碟装置，作用是通过安全碟内的弹性膜片可以对进入球囊的氦气实施全程隔离管理。注意，IABP 每次仅能从氦气瓶中抽取 80ml 气体送至安全碟内。

安全碟采用全封闭气路设计模式，其安全性可以得到进一步保证，气路中的氦气压力恒定在 1psi（pounds per square inch，磅/平方英寸，为 6.895 kPa），最大漏气量小于 0.3ml。因此，即使发生球囊破裂，也不会引起患者气栓。

（4）球囊压力检测：通过连接通气导管的压力传感器，能够实时监测球囊内的压力（可换算出氦气容量），并适时地予以补气或报警，它直接关系到反搏术的临床效果与安全性。

（5）球囊充气容量：本系统的充气容量是由充气腔的容积决定的，通过调节两个活塞间的距离，能够同步改变充气腔、放气腔的容积量，进而精准调整对球囊的充气容量。

临床上对球囊充/放气的基本要求是，充/放气的速度要快、进出球囊的气量（理想状态为＜1ml）要精准。

（四）IABP 触发系统

主动脉内球囊反搏术的触发是指对球囊控制器发出的充气或放气指令。为此，触发系统需要有一个能够了解患者心动周期即时状态的监测预报，并通过分析心动周期中相关数据的变化，确认反搏泵的触发时机，以精准控制主动脉内球囊的充气或放气。

现代 IABP 设备具有完备的心电信号和主动脉压监测体系，因而，反搏仪能够提供多种触发方式。IABP 系统常规（默认）采用心电图 R 波为触发的标志信号，在某些特殊条件下，也可以应用其强大的检测与控制功能选用其他触发方式，例如，根据主动脉压力波形实施触发，利用心室或房室起搏器的起搏尖波信号进行触发控制等。另外，还可以选择不依赖患者生理状态的固定频率触发方式，例如，当进行心肺复苏时，患者的心电与血压均不足以触发反搏泵，即可以采取强制反搏方式。

1. 主动脉压触发方式　在 IABP 运行时，临床操作人员主要是关注主动脉压（AP）波形，因为主动脉压波形的变化能够直接表达主动脉瓣的开放与关闭状态，可以较为准确地指示心室舒张期。

（1）主动脉压波形特征：如图 3-325 所示。

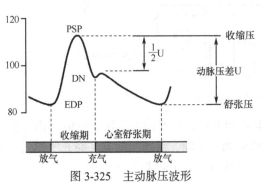

图 3-325　主动脉压波形

主动脉压的特征波为收缩压（PSP）、舒张压（EDP）和切迹（DN）对应的点。

（2）充气、放气时机：在应用主动脉压触发方式时，IABP 选用收缩压发生的瞬间为放气点。此时，动脉压波形上有一个极值拐点，IABP 的单片机系统通过识别曲线的最小值，能够确定反搏泵的放气时机。充气时机的判断相对困难，因为舒张期的"V"形切迹幅度较小，若要精准地找到这一点需要复杂的运算。目前，IABP 系统多采用收缩压到舒张压的半程点来实施对球囊的充气管理。

（3）主动脉压触发的弱点：尽管主动脉压波形具有较明确的心脏生理学特征，能够表达主动脉瓣的功能状态（开放或关闭）。但是，由于主动脉波形（相对于心电图的 R 波）比较平缓，特征点的曲线斜率也比较小，操作者或 IABP 系统很难精准地找到相对应的充气与放气时机。因而，现代反搏泵要求尽可能地选用心电触发方式，通常只是在心电图不能有效触发时才使用主动脉压的触发方式。

主动脉压触发的基本条件是要求收缩压至少大于 50mmHg、脉压大于 10mmHg，不建议用于不规则的心律状况。有一些 IABP 系统具有可校对压力阈值的功能，触发的信号标志可以从球囊中心测压腔近端或其他动脉监测导管中获得。当采用压力触发模式时，应仔细观察以确保球囊放气发生在主动脉波形向上之前。如果患者的收缩压急剧下降，可能导致放气延迟，造成触发遗失。此外，不规律的心律也可能引发动脉压力波形态的改变，所以这时应当及时选用心电图触发方式。

2. 心电触发方式　由于心电图（ECG）的 R 波（幅度高、脉宽窄）具有较强的特异性，便于 IABP 系统的自动识别，因而，心电图触发是首选的默认触发方式。

（1）由心电图表达心室舒张期：心电图是心脏搏动时产生的生物电位变化曲线，它与主动脉压力波形具有完全一致的节律关系，如图 3-326 所示。

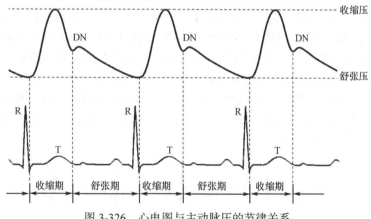

图 3-326　心电图与主动脉压的节律关系

由心电图与主动脉压的节律关系可见，主动脉压的切迹（DN）发生在心电图 T 波末段，动脉舒张压的结束段对应于 R 波下降沿。因而，通过识别心电图的 R 波和 T 波，可以确认对球囊的充气与放气时机。

（2）RR 期间的触发标识：由于心电图的 T 波比较平缓，难以用于定标。现阶段，IABP 系统主要是以 R 波为触发标记，根据 R-R 期间的时长分别计算出从 R 波末段（S 波）到 T 波末段、R 波末段到从 R 波起始的用时，即可推算出充气、放气的时间点。

利用 RR 周期确定反搏泵的充气与放气时机，如图 3-327 所示。

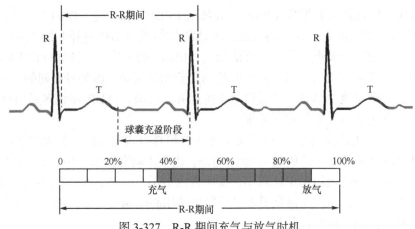

图 3-327　R-R 期间充气与放气时机

当心率小于 75 次/分时，R 波末段到 T 波末段和 R 波起始点的时间分别为 R-R 间期的 35% 和 90%，因而，可以设定在 RR 间期的 35% 时刻开始充气、90% 时放气。由于心率的加快会直接影响舒张期的时长，因此，如果患者心率大于 75 次/分，充气与放气的时间点要做出适量的调整。

（3）心电触发的两种模式：现代 IABP 系统具有两种心电触发模式，分别为心电标准模式和心电峰值模式。心电标准模式是 IABP 的默认触发模式，通过系统内部的软件可以自动分析偏正向或偏负向的 QRS 复合波，并根据其高度、宽度及斜率计算出触发点。系统要求 R 波的宽度必须介于 25～135ms，较为宽大的 QRS 复合波可能不会被识别。心电峰值模式仅分析 QRS 波形的高度和斜率，适用于心率＞140 次/分的场合。心电峰值模式的充气节点依据系统软件的计算得到，但放气节点需要系统实时监测 R 波，如果监测到 R 波，则立即自动排气。因而，这一模式适用于 R 波到 R 波间隔不规则的患者。

3. 起搏状态触发方式　如果患者正处于应用起搏器进行心室起搏或房室顺序起搏时，可以选择起搏状态触发模式，在这种情况下，起搏器发出的起搏尖峰脉冲波可成为触发识别信号。因此，这种模式运作既要兼顾主动脉内球囊反搏到达最大效益，同时又要让起搏器继续发挥起搏作用，以防无自身心脏起搏电活动患者的生理活动丧失起搏器辅助支持。

起搏状态触发包括心房起搏（APace）和心室起搏（VPace）。心房起搏与心室起搏的起搏心电图，如图 3-328 所示。

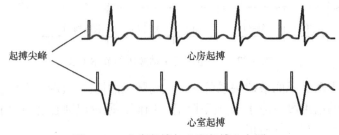

图 3-328　心房起搏与心室起搏心电图

在手术中，如果应用主动脉内球囊反搏支持，主动脉内球囊反搏仪必须安装抗高频电刀干扰的装置，以防不必要的混乱无序电信号的干扰。另外，如果在手术中应用电刀时又应用了起搏方式触发，主动脉内球囊反搏可能会被延迟，因为应用高频电刀有可能抑制起搏器功能。所以，操作者在选择起搏方式时一定要了解患者的实际情况，并仔细观察应用现场，此时最好使用心电或动脉压作为触发控制信号。

4. 外部强制触发方式 现代 IABP 系统除心电触发、主动脉压触发方式外，通常还设有一个非同步的主动脉内球囊反搏方式，其触发方式为一个外部启动信号，球囊的充气和放气不考虑患者的心脏活动，仅由 IABP 预设的速率（定时）实施控制。外部强制触发模式仅适用于无心脏负荷及无心电图的特殊场合，反搏比率设定为 1∶1，每分钟以 80 次起搏方式触发球囊运作，并可在 40～120 次/分内调整。

采用这种触发方式一般是在心肺复苏时，心脏的电活动和搏动不足以触发主动脉内球囊反搏泵，此时，主机强制触发反搏可以产生冠状动脉血流灌注。为了防止不良反应，IABP将自动监测患者的心电图变化，并且要尽可能地在探测到 R 波时及时放气。一旦心肺复苏出现可靠的心电活动，应即刻转换为心电触发方式。

5. 反搏比率 反搏比率也称为辅助频率，是 IABP 辅助反搏支持的比率，通常有 1∶1、1∶2、1∶3 等。在一般情况下，患者应选择 1∶1 反搏比率；当病情稳定，准备脱机时，可以逐渐调低辅助频率到 1∶2 或 1∶3；若患者的状况依然稳定，则说明符合脱机指征，可以停机、拔管。

（1）1∶1 反搏比率：反搏比率 1∶1 是每一心动周期都要启动一次充气与放气的循环，通常在同步效应已经优化后使用，可以提供大的主动脉内球囊反搏支持。1∶1 反搏比率，如图 3-329 所示。

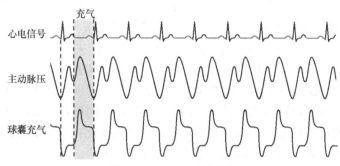

图 3-329　1∶1 反搏比率

（2）1∶2 反搏比率：反搏比率 1∶2 是每间隔一次心动周期启动一次充气、放气循环，通常用来启动反搏和优化同步方式，以及使患者逐步脱离主动脉内球囊反搏泵的辅助支持。1∶2 反搏比率，如图 3-330 所示。

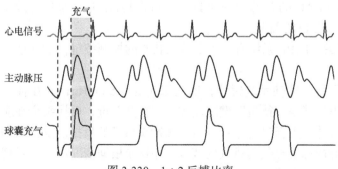

图 3-330　1∶2 反搏比率

（3）1:3反搏比率：反搏比率1:3是每间隔两次心动周期启动一次充气、放气循环，主要用于即将脱离主动脉内球囊反搏泵支持的患者。

（五）IABP的控制界面

IABP的控制界面，如图3-331所示。

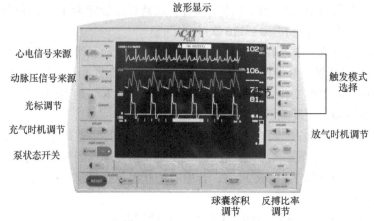

图 3-331　IABP 控制界面

1. 波形显示　主动脉内球囊反搏泵在主机显示屏上提供心电图（绿色）、动脉压（红色）、球囊压（蓝色），其中，心电图与动脉压上的白色部分分别用以突显充气、放气时间段。

2. 充/放气时机调节　操作者（或设备）可以根据动脉压力波形实时调节充/放气时机，使充气点与动脉压切迹（DN）重合，排气点发生在随之而来的心室射血之前，时相适当可以产生所期望的舒张期压力增高和收缩期压力降低的临床效果。

调节充/放气时机时，操作者可以参照监视器上观察到的患者动脉压波形提供的血流动力学参数，以选择最佳的同步操作模式。由于应用 IABP 的患者通常都有严重的心脏病理改变，并且常伴有频繁的心律失常和心率变化。心率的变化将影响 IABP 的预期效果，因此，临床应该根据患者病情，持续关注 IABP 的时相变化。

3. 触发模式选择　现代 IABP 系统通常设有七种触发模式，控制键位于显示屏的右上角。开机后，默认的触发模式是心电图的"PATTERN"触发模式。如果想要改变触发模式，只要按下相应的触发模式键即可。

反搏泵在运转的过程中也可以改变触发模式。每种触发模式下的充/放气时机都有记忆，PATTERN 和 PEAK 的充/放气时机具有相同的记忆，这样会使得改变触发模式时可以不必再进行充/放气时机的调整。

4. 泵状态开关　IABP 系统有 3 个反搏泵状态的控制按键，分别为"打开"键、"待机"键和"关闭"键。

（1）"打开"键：能使系统暂停，填充氦气至 2.5mmHg，并在补充氦气后开始反搏操作。如果在按下反搏泵"待机"键之前按下"打开"键，反搏泵会在应用一次净化周期（排空球囊管路气体，重新对管路进行氦气预冲）后开始反搏。反搏泵的运行过程中，能够实时监测主动脉内球囊充气与排气的速度，并且能根据情况进行一系列的净化周期以改善管路中氦气的浓度，以确保对主动脉内球囊的充气与排气速率。

（2）"待机"键：如果反搏泵已经开启，该键能在立即停止反搏的同时，并不排除静止装置内的气体；如果反搏泵是关闭的，按下该键能使反搏泵完成一次反搏净化周期，并且使静止的管路装置压力升高至 2.5mmHg。

（3）"关闭"键：按下该键能立即停止反搏，使球囊排气并且使静止的管路装置再次充填为空气。

5. 心电信号来源选择　IABP 系统可以通过心电图信号来源控制键选择心电图的输入来源，心电图的输入来源有本系统的心电信号和床旁心电监护仪。

6. 反搏比率选择　"反搏比率"键是用来选择患者所能得到的主动脉内球囊反搏泵的辅助频率。反搏泵通常以 1：2 的反搏比率进行启动，当机器断电重新启动后系统也是以 1：2 反搏比率工作。

第六节　人 工 心 脏

人工心脏（artificial heart）是一种人工脏器，是治疗终末期心功能衰竭的有效手段，可以用于心脏移植过渡，或作为最终心脏移植术的替代方案。人工心脏利用工程学（机械循环）的技术手段，在心脏病变导致的心功能部分或完全丧失时，可通过植入这类装置暂时或永久性地代替心脏功能，以维持血液循环。人工心脏堪称现代工程史上的奇迹，是目前机械循环支持（mechanical circulatory support，MCS）体系中十分重要的技术环节，是至今所有医疗器械最具挑战性的技术之一。

对于终末期心力衰竭（心衰）患者，单纯依靠药物控制难以维持，目前最为有效的治疗方法仍然是同种心脏移植。然而，受到供体严重不足的限制，多数患者在等待供体期间死亡，对此，心脏外科一直在寻求更为有效的治疗手段。自从有了植入式动力泵装置及配套的术后支持技术，人工心脏植入已成为治疗终末期心衰的重要选择。现阶段，在机械循环支持领域已经取得了令人瞩目的进展，例如，左心室辅助装置（left ventricular assist device，LVAD）可以在大多数病理情况下独立实施左心室辅助支持，以减轻心脏负荷，改善远端器官组织灌注。另外，全人工心脏（total artificial heart，TAH）采用双室腔机械装置能够有效支持终末期全心衰患者的血液循环。

人工心脏，如图 3-332 所示。

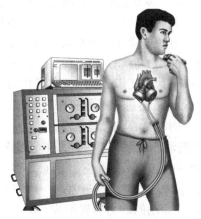

左心室辅助装置　　　　　　　　　　全人工心脏

图 3-332　人工心脏

人工心脏的临床应用与逐步推广，可以有效缓解心脏移植的供体不足，使部分患者在心室辅助装置的支持下成功过渡到心脏移植，甚至终生接受心室辅助治疗。因而，人工心脏的主要用途包括以下三个方面。

（1）恢复性过渡（bridge to recovery）：通过辅助泵血，减轻心脏负荷，使之安全渡过心脏功能恢复期。

（2）维持性过渡（bridge to transplant）：辅助心脏功能，等待供体。

（3）永久性治疗（destination therapy）：代替传统心脏移植。

一、心脏泵的结构与工作原理

1953 年，吉本（Gibbon）开展了首例体外循环支持下的心脏直视手术，体外循环技术在临床上的成功应用，为机械循环辅助技术与装置提供了研究思路与方向，奠定了人工心脏的发展基础。1962 年，克洛斯（Clauss）等报道了在主动脉中置入气囊实施舒张期反搏法，这种方法后来逐渐发展为近代的"主动脉内球囊反搏"（IABP）。1966 年，德贝基（Debakey）第一次成功应用心室辅助装置（VAD）支持一位心脏术后休克的患者康复。随后，库利（Cooley）等率先应用可植入式气动心室辅助装置，支持心衰患者过渡到心脏移植。1982 年，全人工心脏（TAH）成功应用于临床。

心脏泵（artificial heart pump）也称为血泵，是替代自然心脏泵血功能的核心装置，从血流效果上来看，心脏泵可以分为搏动性血流和非搏动性血流两大类。理论上讲，搏动性血流更适于人体生理学特点，但是，它的结构中必须有单向活瓣、弹性隔膜及庞大的血室容量腔，难以小型化；而非搏动性人工心脏则仅需要提供高效血流动力，由于没有容量腔和活瓣，尤其是采用磁悬浮技术，动力装置与血液接触面更小，因而，从永久性的应用角度来看，非搏动性人工心脏是实现小型化，减少血栓形成的首选心脏泵。

人工心脏技术的发展，主要是以提高血液相容性（降低溶血、血栓形成、凝血机制受损）、运行可靠性和小型化（减小植入创伤性）等为核心性能目标。近 60 年，人工心脏泵的发展大致经历了三个阶段，每一发展阶段都有其代表性技术和标志性产品，分别以流动形态（搏动流或连续流）和轴承技术为主要区分点。第一代心脏泵为搏动泵，是临时性心室辅助装置，一般只能在医院内使用几个月，这类泵的结构复杂，而且血栓发生率也较高；第二代是植入式非搏动性旋转泵，患者可以在院外使用，通常能够应用 1～3 年，但在泵的轴密封处、管道的连接处等仍是血栓的高发部位；第三代为磁悬浮心脏泵，由于减小了血液循环过程中的接触面积，使血栓、溶血的发生率大幅下降。2006 年，在第十三届国际旋转血泵的会议上达成共识，采用无机械接触的磁悬浮离心泵代替血液浸润型心脏泵为第三代心室辅助泵，该类血泵可用于永久性辅助或为不能进行心脏移植的患者提供终极医疗，是最有前途的人工心脏泵技术。

1. **第一代搏动心脏泵**　第一代人工心脏泵的技术特点是，通过变容装置，产生类似于天然心脏生理功能的脉动血流，因此，第一代人工心脏又被称为脉动泵或搏动泵（pulsatile-flow pump）。搏动泵通常由一个完全或部分的柔性囊袋（血室）、人工瓣膜（活瓣）、电驱动或气驱动的动力装置组成，动力装置周期性改变囊袋的容积，通过瓣膜保证血液单向流动，血液可以从相应的进出口流入或流出囊袋，产生定向的脉动血流。

1957 年，人工心脏的先驱，美国犹他大学医师威廉·考尔夫（Willem Kolff）在狗身上成功安装了一个空气驱动的人工心脏，这是人类历史上第一次研制并成功应用的心脏泵。20世纪70年代，多位学者先后报道了应用连接于心尖及升主动脉的气控搏动型体外心脏辅助装置，以及安置在腹部的左心辅助装置（LVAD）。

第一代心脏泵是以高压气体为动力源的容积泵，属于脉动式人工心脏。容积泵工作原理示意图，如图3-333所示。

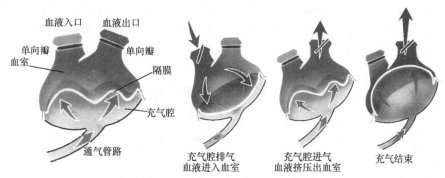

血液入口　血液出口
单向瓣　　单向瓣
血室　　　隔膜
　　　　　充气腔
通气管路

充气腔排气
血液进入血室

充气腔进气
血液挤压出血室

充气结束

图3-333　容积泵工作原理示意图

为了模拟自然心脏搏动式射血，早期开发的全人工心脏和辅助循环装置多采用气动容积式（脉动式）血泵。容积式血泵由隔膜将泵体分隔为两个腔室，即血室（囊袋）和充气腔，单向瓣只允许血液从进口端流入、出口端流出。当气泵通过通气管路对充气腔进行充气时，由于充气腔的膨胀，隔膜逐步压缩血室空间，致使血室内的压力增高，出口活瓣打开，可将血液挤压出去，这一过程类似于自然心脏在收缩期的射血功能；反之，充气腔排气，充气腔内形成负压，通过隔膜回收放大血室容积，使入口活瓣开启、出口活瓣关闭，血液流入血室，类似于在舒张期心房的回血过程，如此往复，维持血液的单方向流动。

（1）早期的"体旁型"左心室搏动辅助装置：当德贝基（Debakey）发现机械循环装置可以辅助心脏射血，维持部分心脏功能时，他开始着手研制"体旁型"左心室搏动辅助装置，以作为临时性的心脏支持工具。1966年，通过植入如图3-334所示的气动"体旁型"左心室搏动辅助装置，使心脏手术患者术后成功地脱离了体外循环。

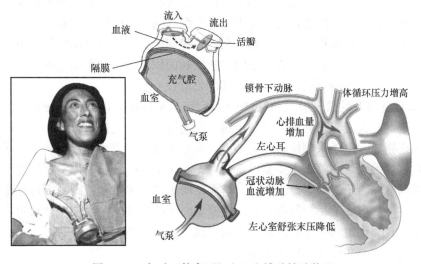

血液　流入　流出
　　　　　　　活瓣
隔膜
　　　　充气腔
血室
　　　　气泵

锁骨下动脉　体循环压力增高
心排血量增加
左心耳
冠状动脉血流增加
左心室舒张末压降低

血室
气泵

图3-334　气动"体旁型"左心室搏动辅助装置

如图 3-334，辅助装置的输入管道与左心耳连接，流出管道连接至右锁骨下动脉，通过对血室内的充气腔有节奏地充气与放气，辅助血液持续、单方向的流动。尽管当时这一装置还很简陋，但它的研究方向是正确的，为后续机械循环支持开拓了思路，经过技术改造后的气动"体旁型"左心室搏动装置至今仍在沿用。

（2）Novacor 左心室辅助装置：Novacor 是 1998 年获得美国食品药品监督管理局（FDA）批准用于临床作为移植前过渡治疗的辅助式人工心脏，由于它采用电控装置，使得心脏泵的体积有所减小（与气控泵比较），控制方法更为简洁、方便。Novacor 左心室辅助装置，如图 3-335 所示。

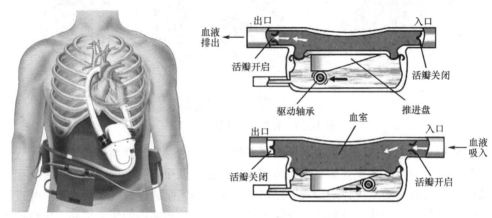

图 3-335　Novacor 左心室辅助装置

Novacor 左心室辅助装置的工作原理是，水平移动驱动轴承改变推进盘对血室的挤压程度，以改变血室的内容积；由于血室内容积的变化，使得腔内压力改变，导致出入口的活瓣相继开启与关闭，驱动血液单向流动。例如，当驱动轴承左移时，推进盘向上推进，使血室内容量缩小，压力增加，出口活瓣打开、进口活瓣关闭，血液被挤出；反之，驱动轴承右移，推进盘向下，血室内容量扩大，血液被吸入。

第一代心脏泵是气控（或电控）容积泵，主要的技术优势是可以按照固定的频率（心律）脉动式泵送血液，它符合生理学的泵血特征，有利于对各主要脏器的血液灌注。缺点是设备体积庞大，植入性创伤较高；由于还要有配套的控制机构，需要体外连接气路管道或线路，易发感染；活瓣和隔膜是这类血泵的关键部件，它们为可动部件，由于易损，降低了系统可靠性。另外，容积式心脏泵的血液接触面积较大，溶血率也较高。因而，第一代气动搏动泵的使用寿命有限，只限于短期的临时性心室辅助。

2. 第二代旋转叶轮泵　进入 20 世纪 80 年代，人们逐渐运用各种旋转装置开展心脏移植前的过渡辅助，人工心脏的研制开始由第一代向第二、三代过渡。第二、三代心脏泵与前者的显著区别是，由于采用旋转动力装置，血液流动的形态由脉动流转为连续性血流。

第二代以后的人工心脏泵主要是以旋转叶轮泵（rotary pump）为主要结构形式，通过驱动电机带动叶轮转子，产生血流动力。与涡轮增压的技术原理相同，旋转叶轮泵在出口产生高压，与入口形成了一个压差，驱动血液单向连续流动。一般来说，叶轮泵通常是以恒定的转速旋转，产生几乎没有波动的连续血流。因此，第二代之后的人工心脏又被称为平流泵或恒流泵（continuous-flow pump）。

作为辅助式人工心脏，旋转叶轮泵的工作状态通常设计为健康人循环系统的灌注水平，也就是在设计转速下，能够产生 100 mmHg 的压差，提供 5 L/min 的血流量。旋转叶轮泵仅有一个可动部件（叶轮），驱动装置一般采用高能量密度的永磁电机，成功解决了搏动泵的体积大和可靠性的技术难题，显著提高了患者存活率。根据流入口和流出口的相对位置，可将旋转叶轮泵分为轴流泵和离心泵两种结构形式，如图 3-336 所示。

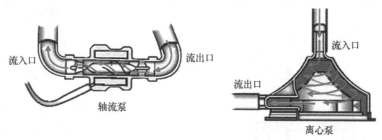

图 3-336　轴流泵与离心泵

轴流泵的流入口和流出口的轴线与叶轮转轴一致，血流沿叶轮叶片的螺旋方向由入口往出口流动，出入口的管径相同；而离心泵的流入口与叶轮转轴一致，流出口垂直于叶轮转轴并且流出管道顺着叶轮的圆周切线方向延伸而出。因此，这两类装置在外形上存在显著差别，轴流式血泵为柱状，直径通常小于高度，或与之相当；典型的离心式血泵为盘状，直径大于高度。由于轴流泵的"瘦长"结构形式，更适于植入，因而体内心脏泵主要以轴流泵为主；离心泵更多的是应用体外，如 ECMO。

（1）轴流式叶轮泵：轴流式叶轮泵左心室辅助装置，如图 3-337 所示。

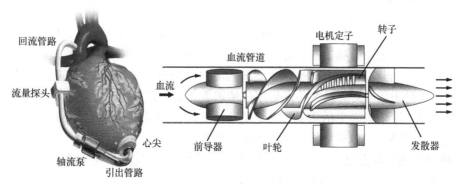

图 3-337　轴流式叶轮泵左心室辅助装置

轴流式叶轮泵主要由前导器、叶轮和发散器这 3 个射流组件组成，前导器的作用是层流血液，使其进入叶轮区域；在旋转叶轮区域，血液通过生理控制器的软件系统自动调节 LVAD 植入者所需要的压力和血液流速；再由发散器接受来自旋转叶轮的动力，推动血液单向流动。与第一代搏动泵相比，旋转叶轮泵的主要优势在于体积小、不需要单向活瓣，也没有动作室（血室、气室）和通气管路，耗能较低、费用也相对低廉。1998 年，第二代心脏泵——叶轮式轴流左心室辅助装置获得 FDA 批准，并用于永久性替代或心脏移植过渡期的治疗。

（2）离心式叶轮泵：依靠电动机高速旋转，通过叶轮使泵室内产生离心现象，驱动血液定向流动。通常情况下，电机的转速为 2000～3000r/min，可以在血压（100±20）mmHg 的范围内，产生临床上所需要的（5±1）L/min 血流量。由于离心泵的电机转速较低，仅为轴流泵的 1/5～1/3，因而，其预期的寿命要比轴流泵更长。

离心式叶轮泵，如图 3-338 所示。

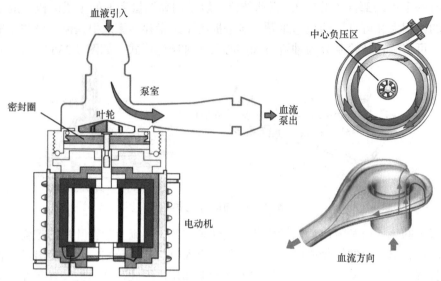

图 3-338　离心式叶轮泵

离心式叶轮泵通过高速旋转的叶轮产生血液涡流，在外壳边缘（高压）与叶轮中心部分（低压）之间形成一定的压力差，从而使血液从低压部位（中心引入口）流向高压区域（外缘出口）。1968 年，拉弗蒂（Rafferty）首先提出了离心泵的概念，1 年后，研制出第一台可在临床上应用的离心泵。

虽然第二代人工心脏技术已经显著提升了可靠性并降低了植入创伤，但是，血液相容性相关复杂症、经皮电缆感染、右心功能衰竭等并发症的发生率依然不容忽视，其中，以血液相容性相关的复杂症最为多见，主要包括溶血、凝血、血栓引发的脑卒中，凝血机能异常引起的消化道出血等。这些并发症不仅使得人工心脏的长期存活率仍然较心脏移植患者的存活率低，影响患者生活质量、增加了医疗支出；同时，也使人工心脏技术仍然无法替代自然心脏移植，难以成为终末期心衰治疗的金标准。

3. 第三代磁悬浮心脏泵　第二、三代人工心脏泵同属"旋转"心脏泵，它们的区别仅在于叶轮转子的轴承结构，如图 3-339 所示。

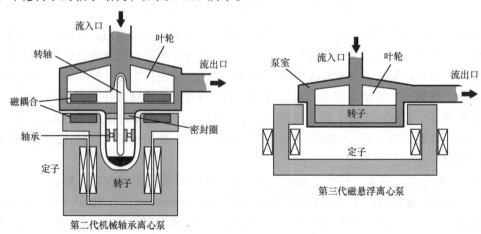

图 3-339　第二代、三代人工心脏泵的原理结构

第二代的血泵采用浸没于血液中的滚动轴承驱动方式，通过机械接触提供转子的支撑力。当叶轮转子高速旋转时，轴承在与血液接触的机械部分会产生较大的剪切应力，在局部存在流场死区和非生理性高温，虽然通过流体冲刷方式能够得到改善，但由于血液自身冲刷（self-flushing）的设计复杂度很高，难以满足临床使用需求。另外，应用密封圈或外部液体冲刷技术，会造成包括泄漏或血液稀释在内的多种不良反应，因此，机械轴承血泵在临床使用过程中易表现出较为严重的血液相容性问题。

第三代磁悬浮离心泵摒弃了机械滚动轴承，采用完全磁悬浮轴承技术，其核心价值在于转子无任何机械支撑，可以有效地减少血液与动力装置的接触面积，降低对血细胞的机械性挤压，流场死区和非生理性高温也明显减少。

（1）磁悬浮（maglev）：是指利用电磁力克服重力使物体悬浮的一类现代驱动技术，现代最为典型的应用是磁悬浮列车。根据磁场同性相斥的特性，将两块磁铁的同极相对，会发现磁铁无法稳定地相互帖服，产生如图 3-340 所示的磁悬浮现象。

图 3-340 磁悬浮现象

磁悬浮系统中，悬浮体为导体（或永久磁铁），与外部支撑体没有任何物理连接（包括导线和机械支撑），其磁场由电磁感应提供（或由永久磁铁提供）。支撑体的激励线圈为高频交流电，可以产生交变磁场，因而会在悬浮体的导体内生成感应电流，感应电流也能产生磁场，根据楞次定律，感应电流产生的磁场总是倾向于抗拒磁场改变，如图 3-341 所示。

因此，磁悬浮系统的悬浮体磁场极性总是与支撑体相对，即支撑体的磁场为 N 时，悬浮体感应电流产生的磁场也同为 N 极，可以产生一定的悬浮力 F。

（2）磁悬浮轴承的工作原理：磁悬浮轴承（magnetic bearing）是利用磁场力将轴承无机械摩擦、无润滑地悬浮在空间的一种新型高性能轴承形式。与传统的机械轴承相比，磁悬浮轴承不存在机械接触，转子可以运行至很高的转速，具有机械磨损小、能耗低、噪声小、寿命长、无须润滑、无油污染等优点，特别适用于在高速、真空、超净等特殊环境使用。

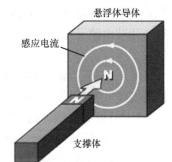

图 3-341 感应电流产生的磁场

磁悬浮轴承是一个复杂的机电耦合系统，其机械系统由转子和定子组成，如图 3-342 所示。

当定子线圈通过高频交流电，在定子的齿状磁极上将形成脉振磁场。由于磁场具有同性排斥、异性相吸的特性，即前面"拉"、后面"推"，致使转子悬浮并旋转。

（3）磁悬浮轴承的控制系统：控制系统是指控制转子位置的电气系统，控制系统由传感器、调节器和功率放大器组成，如图 3-343 所示。

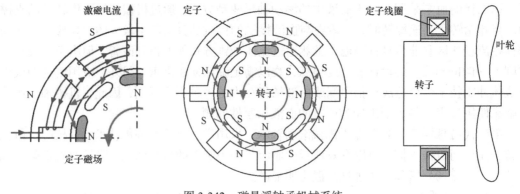

图 3-342　磁悬浮轴承机械系统

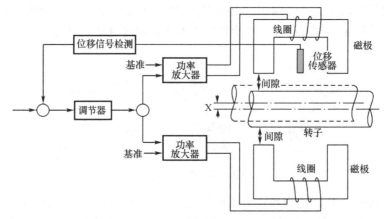

图 3-343　磁悬浮轴承的控制系统

转子若要实现完全磁悬浮，至少需要在 5 个自由度上施加控制力，基本要求是有两个径向（垂直与轴向）和一个轴向的可控推力，这三个可控电磁力可以保证转子在定子磁场规划的空间内悬浮。如果转子中心发生偏移，间隙改变，偏移量 X 由位置信号传感器拾取，送至调节电路及功率放大电路，通过调节输出量改变磁极的磁场力，可使转子回到正常的位置。

（4）磁悬浮离心泵的技术优势：第三代磁悬浮离心泵由于在辅助泵容器（泵室）与推进器（叶轮转子）之间应用了磁悬浮技术，因此，具有以下技术优势。

1）可以更为精确地控制推进器的转速，以获得持续稳定的血液流速。

2）血液仅流经泵室，能够大幅度减少血液的接触面积，降低血栓风险。

3）稳定的推进器位置，使其与容器内壁间保持恰当的空隙，从而减少了内应切力，可以有效降低溶血。

4）避免机械摩擦的设计，可以消除血液在容器内的机械摩擦，降低生成热量，减少活动部件的损耗，延长装置的使用寿命。

尽管第三代磁悬浮离心泵具有技术优势，但由于人工心脏还处在快速发展期，其应用原理、制造技术还需要临床验证，尤其是小型化后带来的诸多制作工艺的复杂性，使得第一、二代心脏泵并不能完全被第三代磁悬浮离心泵所取代，事实上，当今临床应用的心脏泵是三代技术并存。例如，现在仍在应用的"柏林心"就是典型的第一代气动"体旁型"左心室搏动辅助装置的改进产品。

二、临时心室辅助装置

临时机械循环辅助（temporary mechanical circulatory support，TMCS）主要用于心脏外科手术后低心排出量综合征、各种原因引起的心源性休克和心肺功能衰竭等，通过心室辅助支持治疗可显著降低患者的死亡率。临时机械循环辅助的主要手段有主动脉内球囊反搏（IABP）、体外膜式氧合（extracorporeal membrane oxygenation，ECMO）、临时心室辅助装置（temporary ventricular assist device，TVAD）等。

在欧美等发达国家，这一系列临时机械循环辅助手段已成为规范治疗体系中重要的组成部分。在我国，IABP 应用较为普遍，技术相对成熟，ECMO 在很多心脏中心也逐步推广，只有心室辅助装置（ventricular assist device，VAD）技术的开展相对滞后，是我国心脏外科亟待弥补的技术环节。

1. 心室辅助装置的应用需求 心室辅助装置（VAD）是一种直接参与循环辅助的技术手段，不同于 IABP 技术（仅限于减轻心脏的后负荷和改善心脑血流灌注），VAD 可以通过转流部分血液，直接提供血流动力学的支持，替代心脏的部分射血功能，并且可以减轻心脏的前后负荷，有心室机械减负的作用，改善体循环，有利于促进心脏功能恢复。因此，在 IABP 循环辅助失败时，可及时改用 VAD 的直接机械循环辅助手段。与长期心室辅助装置不同，理想的临时心室辅助装置应当具备以下几点。

（1）适合于各种体重及体表面积的患者。

（2）易于安装，常规通过外周插管方式。

（3）能够在提供最大血流动力学支持的同时对心脏减负，以促进心肌恢复。

（4）必要时，可以随时改装为双心室辅助。

（5）可在系统中增加氧合系统，改装为 ECMO 系统。

（6）抗凝要求较低。

（7）允许在急、门诊或者心肺复苏的条件下使用。

（8）可以更换为可长期植入式的辅助装置。

2. Abiomed AB 5000 心室辅助装置 Abiomed BVS 5000 是第一个经 FDA 批准并用于心脏术后的临时支持装置，已经得到广泛应用，可以作为左心室、右心室辅助或者双心室辅助支持。它的循环辅助系统是一种气控的搏动血泵，安放在体外，属于体外泵。它的泵体内有两个聚氨酯腔室（心房腔、心室腔），心房腔通过重力虹吸接纳回心血，心室腔有一根压缩气体管与自动驱动装置相连，两个三叶瓣把心房腔、心室腔及流出管路相隔，可提供 5L/min 的血流量支持。

Abiomed BVS 5000 心室辅助系统，如图3-344 所示。

Abiomed AB 5000 系统是 Abiomed BVS 5000 的改进版，大大简化了 BVS 5000 复杂的插管系统和床旁排列管路。该系统仅需要心脏外科建立两条心室引流管

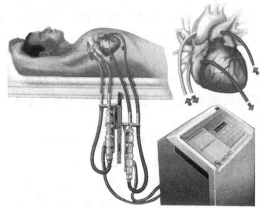

图 3-344 Abiomed BVS 5000 心室辅助系统

道（32Fr 和 42Fr），以及一条内径为 10 mm 的肝素涂层管道用于动脉血回流，每管道的终端都有缝合套袖便于吻合。左室心尖管道系统采用心尖袖套技术，从而简化了心尖插管操作，避免心尖处打孔，其心尖的管道也较短，可以长期留置，并提供更好的活动性。

Abiomed AB 5000 血泵由 Angioflex 膜结构将心房腔与心室腔分隔开，并通过气动装置控制三叶瓣膜的开启与关闭（类似于心脏瓣膜），实现血液的单方向流动（由心房腔流到心室腔）。三叶瓣膜由三片非常薄的激光切瓣叶组成，可以通过多种转动方式排空血室。Abiomed AB 5000 血泵通常安置在患者的腹壁上，由于驱动器的体积大幅缩小，患者可以携带行走。Abiomed AB 5000 心室辅助系统，如图 3-345 所示。

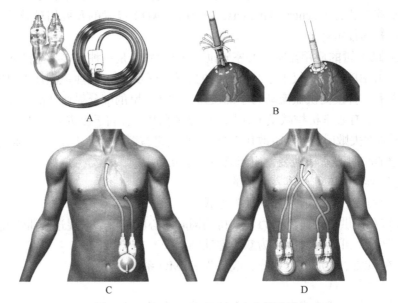

图 3-345　Abiomed AB 5000 心室辅助系统

A. 心室驱动组件；B. 心尖套袖；C.左心室辅助；D. 双侧心室辅助

尽管 Abiomed AB 5000 系统中的 "5000" 是指装置可以提供 5L/min 的输出量，一般情况下的流量控制范围为 2～5 L/min，最大流量可超过 6 L/min。

3. Thoratec "体旁型" 心室辅助装置　对于终末期心力衰竭的患者来说，Thoratec "体旁型" 心室辅助装置（PVAD）可以兼有左心室辅助装置（LVAD）、右心室辅助装置（RVAD）或双心室辅助装置（BiVAD）的功能。现如今，尽管新一代的连续流量型 LVAD 越来越普遍，其临床应用也在不断增加，但是 PVAD 仍然占有一席之地，这主要是由于患者的双心室支持的临床需求。植入双心室辅助的 PVAD 患者，由于有了便携式气动式控制器，可以在等待心脏移植的同时，能够出院在家享受更多正常人的生活。

Thoratec "体旁型" 双心室辅助系统，如图 3-346 所示

Thoratec "体旁型" 双心室辅助系统的核心装置是双气控心室，如图 3-347 所示。

气控心室的工作原理是，气泵充气，充气腔的压力增高，使其膨胀，推动隔膜向上弯曲挤压储血腔；由于隔膜的挤压，使得储血腔的空间缩小，压力上升；当储血腔的内压力高于循环系统血压时，出口活瓣开启，血液由出口射出。反之，气泵排气，

充气腔的压力递减，当储血腔的压力大于充气腔时，隔膜回收；由于隔膜的回移，使得储血腔内空间增大，压力随之下降；只有当储血腔的内压力低于循环系统血压时，出口活瓣关闭、入口活瓣开启，血液进入储血腔。

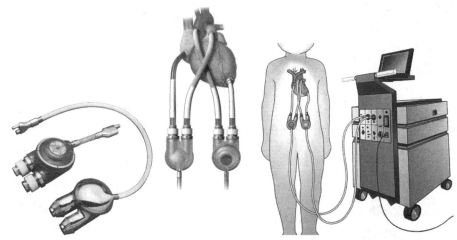

图 3-346　Thoratec "体旁型" 双心室辅助系统

4. Impella 2.5 心室辅助系统　Impella 2.5 是一种经皮导管嵌入式心室辅助系统，属于微创心室辅助治疗装置。特点是通过主动脉导管术，经主动脉瓣将带有微型轴流泵的导管插入至左心室，可从左心室泵出 2.5 L/min 的血液进入主动脉根部，以减轻左心室负荷。

Impella 2.5 心室辅助系统的使用方法、临床应用意义与 IABP 极为相似，不同点仅在于它的左心室辅助更为直接可靠（通过微型轴流泵直接将左心室的血液抽引至主动

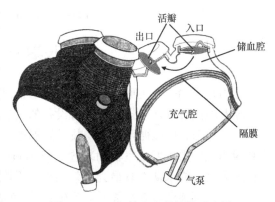

图 3-347　双气控心室的结构示意图

脉根部），应用过程中不需要考虑与心室活动同步，因而可以弥补因 ECG 信号不佳（如合并房性心动过速，ST 段改变、心房颤动、顽固性心律失常），应用 IABP 困难的缺陷。

Impella 2.5 心室辅助系统，如图 3-348 所示。

Impella 2.5 的导管系统前部设计为较细套管，可以轻松跨越主动脉瓣（会使主动脉瓣关闭不全），使进血口位于左心室内腔；后部较大内径（12Fr）部分连接嵌入式轴流泵，出口恰好落在主动脉根部。因此，当轴流泵工作时，可以将左心室的血液直接吸引到主动脉根部，以改善左心室泵血，减少心脏做功。

对心脏而言，将左心室的血液泵入到主动脉根部至关重要，因为只有将具有一定压力的血流传送到主动脉根部，才能使血液由主动脉进入到体循环系统。因而，Impella 系统的本质是部分替代自然心脏的泵血功能，目的是提供血流动力学支持，增加冠状动脉及全身组织器官的灌注。

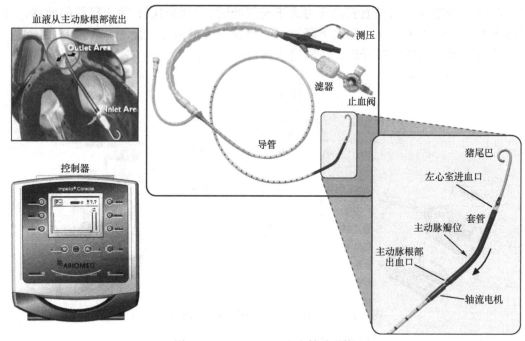

图 3-348　Impella 2.5 心室辅助系统

三、长期心室辅助装置

心力衰是当今人类面临最具挑战性心血管流行性疾病，是威胁人类健康的重症疾病之一。随着现代心脏外科技术与支持设备的发展，为心衰的外科治疗提供了更为丰富的技术手段。近年来，机械循环装置与技术发展迅速，特别是心室辅助装置（VAD）在临床上的成功应用，使得长期心室辅助装置（long-term mechanical circulatory support）成为继心脏移植之后治疗终末期心衰最为有效的技术手段。

长期心室辅助装置与临时心室辅助装置的显著区别如下。

（1）长期心室辅助装置通过手术方式，可将心脏泵植入体内；而临时心室辅助装置的泵体在体外。

（2）临时心室辅助装置一般仅可维持 1～2 周，而长期心室辅助装置可以提供较长期的循环支持。

1. INCOR 左心室辅助装置　INCOR 系统是仅有的已经通过 CE 认证的左心室辅助装置之一，属于第三代磁悬浮叶轮轴流泵。磁悬浮叶轮采用无机械接触转子操作系统，能够保障长期无磨损地支持心衰患者的血液循环。由于它的内层表面附着肝素涂层钛，所有植入组件均由计算机控制其血流动力学状态，因此，可以降低血细胞损伤。

INCOR 左心室辅助装置，如图 3-349 所示。

INCOR 泵外径 30mm、长 120mm、重约 200g，在血压 80mmHg 时，流量可达到 6L/min，转速 7500r/min，系统总功耗仅有 4W。

2. HeartMate Ⅱ 左心室辅助系统　HeartMate Ⅱ 左心室辅助系统由植入体内的轴流血泵（重290g、容量 63ml ）、可随身携带的控制器和电池及一些外部装置组成，外部装置包括充电器、电源和系统监控器等。左心室辅助设备（LVAD）的血泵植入于心脏下方，其柔软的血液输入管道连接左心室心尖部，血液流出管道连接着一根涤纶人工血管，吻合于升主动脉。在心脏收缩与舒张时，血液持续不断地通过心尖部的流入管道进入血泵，再被血泵泵入升主动脉。

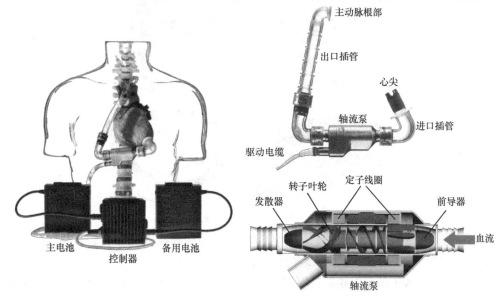

图 3-349　INCOR 左心室辅助装置

HeartMateⅡ左心室辅助系统，如图 3-350 所示。

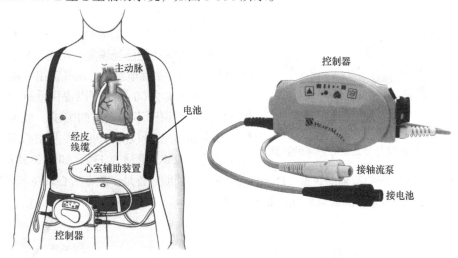

图 3-350　HeartMateⅡ左心室辅助系统

3. Jarvik-2000 心室辅助装置　Jarvik-2000 心室辅助装置采用磁悬浮微型轴流泵，经不同配置，能够提供多种用途，包括左心室辅助、右心室辅助、全心室辅助、儿童辅助及局部灌注等。

Jarvik-2000 心室辅助装置，如图 3-351 所示。

大多数情况下，Jarvik-2000 系统的血泵可以通过非体外循环状态直接植入左心室心尖部，它的输出管路有两种连接方式，如果是在左侧开胸，管路的出口端可连接在降主动脉；若采用正中胸骨劈开切口，管路则连接在升主动脉。

Jarvik-2000 辅助泵的主要技术特点如下。

（1）血泵直接植入心室，不需要使用泵袋，且驱动电缆可从腹部引出，术后感染率非常低。

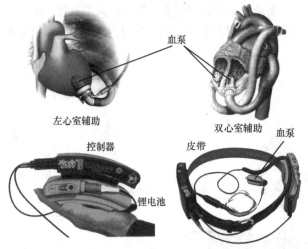

图 3-351　Jarvik-2000 心室辅助装置

（2）植入电缆采用三重保护，不会产生电气故障。连接器位于安装有法兰的皮下，以便于定期常规维护时更换外部电缆和连接器。

（3）Jarvik-2000 具有优越的控制系统，它的控制器有 5 个速度调节档位，对应的电机转速为 8000～12000r/min，患者可以根据自身的运动量手动调节血泵转速。

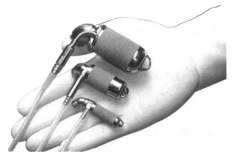

图 3-352　成人型血泵与婴儿型心室辅助装置

（4）直接连接心室（不需要流入管道），可以降低流入管道的压差。

（5）患者康复后，不必拆除 Jarvik-2000 系统。如果患者的心室功能已经恢复，不再需要辅助装置时，只需切断并去除电源线、结扎流出管路即可。

（6）Jarvik-2000 系统可以提供系列的小型轴流血泵，以适用于不同人群的需求。成人型血泵体积为 30ml、重量仅为 90g，婴儿型心室辅助装置的容积为 4ml、重量为 11g，如图 3-352 所示。

4. DuraHeart 左心室辅助装置　DuraHeart 左心室辅助装置是一款专为心衰终末期患者长期循环支持设计的磁悬浮离心泵系统，如图 3-353 所示。

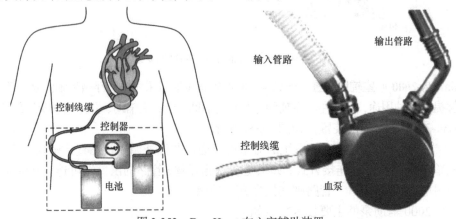

图 3-353　DuraHeart 左心室辅助装置

DuraHeart 左心室辅助装置的主要技术特点如下。

（1）较大的血流通路可以降低血流阻力，从而提高 VAD 的血液相容性，并降低血凝风险。

（2）采用无轴承叶轮的磁悬浮设计，无机械磨损，因此延长了 VAD 的使用寿命。

（3）通过控制器调节离心泵的转速，从而能够改善 VAD 的血流动力学特性。

（4）扁平的外形设计更加符合人体解剖特点，有利于外科植入。

（5）应用时，仅需定期更换经皮导线而无须换血泵，可以减少 VAD 使用过程中的感染机会。

DuraHeart 系统是典型的第三代左心室辅助系统，通过在推进器和辅助泵容器之间应用了磁悬浮技术，可以有效消除血液容器内所有的机械摩擦。血泵由钛金属制成，其内部所有与血液接触的内壁表面都覆有肝素涂层，血泵的直径为 73mm、高 46.2mm、重量约为 540g。DuraHeart 系统的输入管路直接连接左心室，输出管路与主动脉吻合，控制线缆经皮连接至体外控制器。

四、全人工心脏

全人工心脏（total artificial heart，TAH）是指能够同时支持肺循环和体循环的双心室辅助装置，因而前面介绍的长期双心室辅助装置也可以称为全人工心脏。但是，由于部分终末期心衰患者的心腔已经萎缩甚至病变坏死，难以通过双心室辅助装置实现全人工心脏支持。因此，目前临床上所指的全人工心脏，是特指在患者心腔内（原位）采用类似于自然心脏移植方法植入的人工脏器，这一人工装置可以从解剖学和生理学的意义上完全代替患者心脏功能。

现阶段，全人工心脏植入体内有两种手术方式，分别为心房法和腔静脉法。心房法是切除心脏的心室、保留心房，将人工心脏的流入管路分别与左、右心房连接，流出管路连接于主动脉和肺动脉；另一种方法是腔静脉法，仅保留左心房、其余心脏全部切除，将人工心脏的流入管路分别与上、下腔静脉及左心房连接，流出管路连接至主动脉和肺动脉。

全人工心脏与双心室辅助装置（BiVAD）的主要结构差异是全人工心脏有两个容量腔，以替代自然心脏的双心室。全人工心脏还必须具有精密的控制系统，能够平衡两个心室的心排血量，并可根据患者的生理需求（如运动状态）调节心排血量。

1. SynCardia 全人工心脏　20 世纪 90 年代早期，亚利桑那大学医学中心研发出可用于临床的全人工心脏，曾先后命名为 Jarvik-7、Symbion J7-100、CardioWest 全人工心脏，最新一代产品 SynCardia 全人工心脏，如图 3-354 所示。

SynCardia 全人工心脏是目前全球第一款同时获得美国 FDA、加拿大 Health Canada 和欧洲 CE 认证，可用于临床治疗终末期心脏衰竭患者的全人工心脏。这一款全人工心脏配备了便携式控制器（驱动器），使患者在植入全人工心脏后可自由活动，进而克服了以往产品驱动装置较大、限制患者术后活动等缺点。SynCardia 装置属于脉动式全人工心脏，它有两个 70ml 容量的心室腔和 4 个机械瓣膜，通过两根 7 英寸长的通气管路，可从上腹部引出连接至体外控制器和供电电池。

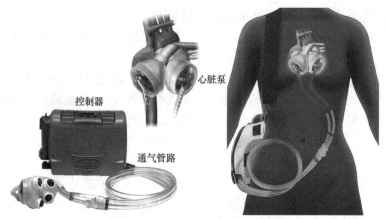

图 3-354 SynCardia 全人工心脏

当切除病变心脏并植入 SynCardia 全人工心脏后，全人工心脏可使生理血压和心排血量恢复至正常水平。由于这个系统没有流入和流出管道，血液充盈与射出得到加强，可以在较低流入压力下，实现较高的心排血量。同时，不需要正性药物支持，也没有心律失常的危险，在正常左、右心房压力情况下，心排血量可超过 9L/min。它采用较低的中心静脉压和正常体循环压，可对远端器官提供足够的灌注压，使心功能不全得到改善。SynCardia 全人工心脏能够长期使用，也可作为移植过渡期的治疗。

SynCardia 全人工心脏的控制器主要遵循两个管理原则。一是在收缩期，依据"全射血"的原则，即通过控制器调节充气压力，使每个心动周期能够完全排空心室内的血液；另一个是在舒张期的"部分充盈"原则，通过调节并测量排气容量，能够在每个舒张期快速充盈心室，使心室内血液充盈的容量达到 50~60ml。SynCardia 全人工心脏的心室内没有传感器元件，它主要是通过监测充气压力波形和排气流量来评估全人工心脏的工作状态，进而实现泵血功能管理。

（1）全射血：在收缩期，SynCardia 全人工心脏通过监测充气压波形的形态，可以评估心室的全射血。全射血过程及压力波形变化，如图 3-355 所示。

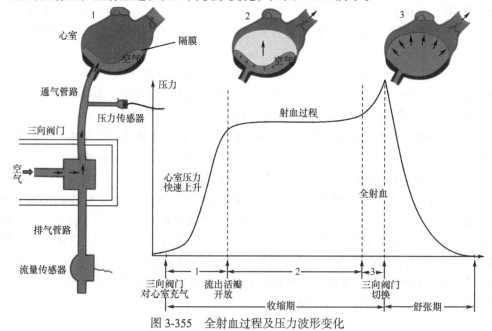

图 3-355 全射血过程及压力波形变化

收缩期开始时，三向阀门的进气口开放、排气管路关闭，由通气管路对心室充气；由于隔膜挤压心室腔，促使心室内的压力快速上升，直到压力足够大时流出口的活瓣打开，开始射血过程；在射血期，隔膜随着心室的充气逐渐向上推移，心室内的血液被挤出，在此期间心室压力处于平衡状态，压力波形趋于平坦，出现一段平台期；只有当隔膜达到最大行程，压力快速递增，波形呈现为第二次快速上升期，即出现所谓的"旗形"全射血压力波形，这时表明，心室已将全部血液射出，即为"全射血"。"全射血"完成后，三向阀门立即切换工作状态，供气口关闭、排气管路开放，心室压力开始下降，进入舒张期。

（2）部分充盈："部分充盈"的目的是调节心室回流血液的速率与容量，通过测量舒张期流出心室的气体流量（容积）可以计算出心室的血液充盈量。"部分充盈"过程，如图 3-356 所示。

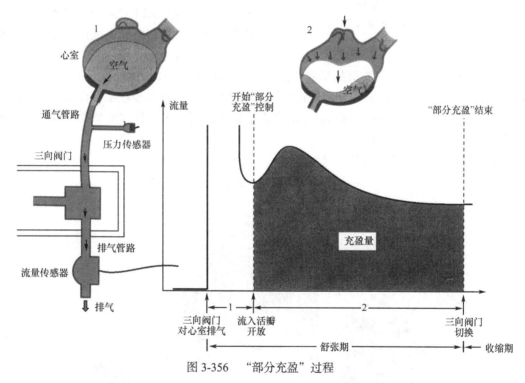

图 3-356　"部分充盈"过程

在收缩末期，心室血液被排空，隔膜处于全伸展状态。此时，切换三向阀门，关闭充气口、开放排气管路，心动周期进入舒张阶段。由于排气管路打开，心室的压力快速下降，使得流入活瓣开放，人体循环系统的血液通过虹吸效应进入心室腔，这一过程即为"部分充盈"阶段；在"部分充盈"阶段，进入心室的血容量与流出心室的气体容积为等量，通过流量传感器可以监测并累计排气管路的气体排出容量，进而能够计算出心室血液的充盈量。通过控制器调节排气速率，可以保证心室充盈达到其全容量的 80%，对于 70ml 的心室腔，每搏量的目标值为 50~60ml。配合适宜的搏动频率（相当于心率），如 125r/min，可以产生的心排血量为 6.3~7.5L/min。

2. AbioCor 全人工心脏　AbioCor 全人工心脏是首个全植入式人工心脏，可以作为心脏移植的替代治疗。AbioCorc 系统采用搏动式电力液压泵，转速为 4000~8000r/min、重量约 2 磅，能够在较宽的生理血压范围内提供 8L/min 的泵输出流量。AbioCor 液压系统的最大特点是，无体外连接线及管路，实现完全植入化。由于采用无体外连接线形式，没有经腹腔导管的拖累，其参数设置、应用回访、能量补充等均为无线传输方式，使得术后连接线相关感染率明显改善，患者的行动更为自由、方便。

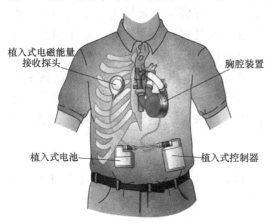

图 3-357　AbioCor 全人工心脏

AbioCor 全人工心脏，如图 3-357 所示。

AbioCor 系统主要分为 3 个组成部分，包括植入体内的全人工心脏装置、外部支持系统及患者随身携带的经皮电磁能量传输装置。植入体内的 AbioCor 全人工心脏主要包括胸腔装置、控制器和可进行无线能量传递的充电电池。

（1）AbioCor 全人工心脏的植入：植入 AbioCor 系统需要在体外循环的支持下进行，植入过程分为 3 个步骤，第二步是开胸，切除病变的心室；第二步在 2 个残留的心房组织上缝合"袖口"，在主动脉和肺动脉上缝合人造血管；第三步，将"袖口"和人造血管连接至 AbioCor 装置的流入和流出口。

植入 AbioCor 系统，如图 3-358 所示。

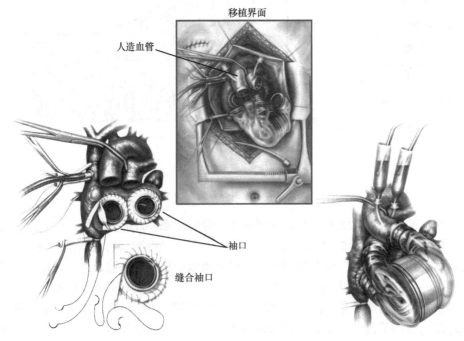

图 3-358　植入 AbioCor 系统

（2）胸腔装置：是 AbioCor 全人工心脏的核心器件，它通过外科手术，植入于已切除自身病变心室留下的空间（原位）中，替代心脏射血功能。AbioCor 全人工心脏的胸腔装置实际上是一个双腔室（心室）的液压系统，通过对心室有节律地交替挤压或抽吸，可以同时支持肺循环和体循环。

胸腔装置及运行原理示意图，如图 3-359 所示。

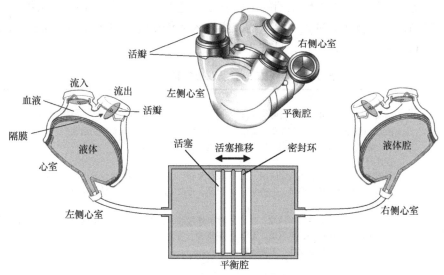

图 3-359　胸腔装置及运行原理示意图

AbioCor 的胸腔装置实际上是一个双向液压系统，通过控制平衡腔内活塞的推移方向，使液体注入或排出心室，以改变心室腔内的液压，进而驱动血液单方向脉动式流动。例如，排出液体，液体腔出现负压，隔膜向下弯曲，使得流入端活瓣打开、流出端瓣膜关闭，血液将充盈心室；反之，注入液体，液体腔为正压，隔膜上推，致使流入端活瓣关闭、流出端瓣膜打开，血液被挤压出心室。如此往复，形成如自然心脏类似的脉动式血流。

由于 AbioCor 全人工心脏为双腔结构（不同于自然心脏有 4 个腔室），因而，其泵血形式与自然心脏的生理学特点明显不同，它采用分时射血方式，即左侧心室的收缩期与右侧心室舒张期同步（自然心脏是两个心室同时收缩或舒张）。临床应用时，如果平衡腔的活塞向左推移，左侧心室则处于收缩期，将向体循环系统射血；此时，由于平衡腔的活塞左移，右侧心室为回血状态，处于舒张期。反之，平衡腔的活塞向右推移，左侧心室为舒张期、右侧心室处于收缩期。

（3）体外装置：AbioCor 全人工心脏的体外装置包括外部支持系统和由患者随身携带的经皮电磁能量传输器。AbioCor 全人工心脏的体外装置，如图 3-360 所示。

AbioCor 控制台通过射频通信方式，可以监视系统的运行和报警参数，调整体内控制器的运行状态。AbioCor 采用无线能量传输系统，可由外部电源将电磁能量传输给植入体内的接收装置。注意，为保证能量可靠传送，外部能量传送电极应固定于体内接收装置的表面皮肤区域。

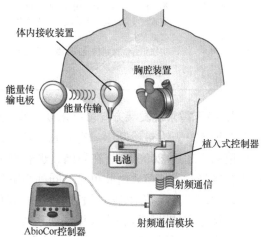

图 3-360　AbioCor 全人工心脏的体外装置

3. 全人工心脏汇总　截至目前，只有

SynCardia 和 AbioCor 这两款全人工心脏获准在美国应用，其中 SynCardia 全人工心脏应用最多，AbioCor 全人工心脏获批后仅经少例临床应用即被研发团队搁置，再无临床植入报道，此外，还有多款产品处于研发期的不同阶段。这些在研产品都针对上述两款全人工心脏存在的问题进行了技术改进，主要包括减小植入的创伤性、耐久性和抗血栓性能等。全人工心脏及双心室辅助装置汇总，见表 3-10。

表 3-10　全人工心脏及双心室辅助装置汇总

名称	优点	缺点	应用阶段
SynCardia 全人工心脏	美国 FDA 批准可用于移植前过渡性治疗和终末期治疗，便携式控制系统，加拿大及欧洲获批应用，生物相容性材料构建	设计复杂，有瓣膜损坏风险，移动组件多，泵室破裂风险，长期应用耐久性差，血栓发生率高	>1000 例
AbioCor 全人工心脏	美国 FDA 批准终末期治疗应用，完全植入经皮能量传输系统，生物相容性材料构建	设计复杂，移动组件多，血栓发生率极高，长期应用耐久性差，已停止研发	14 例 最长 17 个月
Cleveland CF 全人工心脏	轴流泵，生物相容性材料构建，左、右心室流量平衡控制，单驱动，无瓣膜设计，无弹性腔室设计，无螺线管设计	体外连接线，需进行耐久性及电池荷载试验	动物实验阶段
Carmat 全人工心脏	牛心包血液接触面，生物瓣膜，流量及压力感受器设计，优良的控制系统	设计复杂，瓣膜损坏风险，移动组件多，腔室破裂风险，长期应用耐久性差，设备复杂，血栓形成风险	欧洲 1 例 存活 75 天
BiVACOR 全人工心脏	第三代磁悬浮泵，较小的体积（60mm×60mm），可提供高流量，左右心室流量平衡控制，血栓形成率低	为保持磁悬浮转子的中心位置需要复杂的控制系统	动物实验阶段
Jarvik Flowmaker	可在心尖植入，体积小，植入相对简单，临床应用经验较多	难于平衡左、右心室流量，血栓形成风险	双心室辅助个案，应用 12 天
CorAide + Dex-Aide	可植入式血泵设计	难于平衡左、右心室流量	CorAide 临床试验阶段，DexAide 动物实验阶段
Gyro VAD	生物相容性管道连接，轴流泵，优良的控制系统	感染和血栓	动物实验阶段
HeartMate Ⅱ	美国 FDA 批准临床应用于移植前过渡性治疗或终末期治疗，临床应用经验较多，较低的血栓和溶血发生率	难于平衡左、右心室流量	双心室辅助个案，60 天
HeartWare HVAD	第三代磁悬浮离心泵设计，心尖植入方式，可实现高流量，较低的血栓和溶血发生率	难于平衡左、右心室流量	17+个案，30 天存活 >80%
Berlin Heart	生物相容性材料构建，在欧洲及美国临床应用经验较多	瓣膜损坏风险，移动组件多，泵室破裂风险，长期应用耐久性差，设备复杂，血栓形成率高，泵室位于体外	9+个案，30 天存活 >75%

4. 临床需求及发展方向　终末期心衰是威胁人类健康的常见重症疾病，仅在美国，目前就有约 570 万人被诊断出患有心衰，其中每年有超过 5 万人在等待心脏移植，而实际接受移植的不超过 2000 人。在我国，也有近千万计的心衰患者，而每年却只有数百名患者有机会接受心脏移植。由此可见，同种心脏移植远远不能满足临床需要，寻求新的人造供体，利用现代人工技术暂时或长期替代心脏移植，已经成为心脏外科的研究热点。

根据心室辅助装置临床应用注册系统（INTERMACS）数据库统计，全人工心脏的应用逐年增长，仅以 SynCardia 全人工心脏为例，全世界共有 1250 例 SynCardia 全人工心脏的临床应用，其中 2013 年植入为 161 例，最长的支持时间为 1374 天（将近 4 年），主要作为心脏移植前的过渡而使用。意大利患者 Pietro Zorzetto 于 2007 年 12 月 6 日植入 SynCardia 全人工心脏，辅助 1374 天后于 2011 年 9 月 11 日成功地进行了心脏移植术。人工心脏是现代所有医疗器械中最具有挑战性的技术之一，其研发与制造能力可以从一个侧面反映高端医疗器械的科技水平。在美国人工心脏技术已步入产业化，仅 2012 年销售额就突破 5 亿美元，由于人工心脏有着众多的应用群体，临床需求量大，显然它必然会成为今后心血管医疗器械中的重要产业。

全人工心脏若要制作成如同自然心脏那样精确的组织结构，能够完全模拟其生理功能是极不容易的，需要现代医学、物理学、生物工程学、电子学等多学科相当长时间的研究。目前，临床应用的全人工心脏仅为发展阶段的初级产品，与理想人工心脏尚有相当大的距离，因而，全人工心脏的发展将要面临以下几个技术难题。

（1）减少并发症：现阶段全人工心脏的生物相容性较差，集中表现为溶血、出血、血栓、栓塞等不良反应，以及可能会导致的神经系统并发症和植入设备的相关感染，还有受到生物材料与技术的限制，全人工心脏经过长期应用存在破裂和瓣膜损坏的风险。

从植入物血栓形成机制的角度，其主要凝血风险来自于血液和植入物表面、血液和流场的相互作用。因此，在人工心脏内，血栓的形成主要来自于流体力学的非生理性因素，例如，局部的滞流区（flow stasis/stagnation）、较长的血流停留时间（blood residence time）及高相对流速造成的非常态剪切应力。特别是复杂人工器官中几何结构和机械运动导致的非生理性（non-physiological）血流，会使得血液中血小板和凝血因子长期暴露在非常态高剪切应力下，甚至在不直接接触人工表面或是没有任何化学激励时，也会因为非生理性流场而引发血栓。因而，研究出具有足够机械强度，能够抗凝、防栓的新型涂层材料，是解决出血、溶血、栓塞，并杜绝机械破损的关键。

高分子材料一直是人工循环设备应用的主要原材料，其中聚酯类材料有较好的应用前景，例如，聚乌拉坦（聚氨基甲酸乙酯）具有耐用、弹性好、抗老化、顺应性好、组织相容性好的特点。除此之外，今后还有可能利用人工材料体外塑形，以微创手术将人工心脏置入人体，或者将人工材料做成人体可降解的材料，使其在功能完成后自然降解，以避免二次手术。另外，人工合金对人工心脏也做出了较大的贡献，如镍-钛合金可用于人工心脏瓣膜支架，它的坚固性、轻质、表面光滑性等特质非常适于人工心脏。

（2）小型化：由于设备体积庞大、结构复杂，难以摆脱体外装置及其连接导管的困扰，使得移动性较差，限制了患者日常活动，影响预后和生活质量。因此，小型化是全人工心脏发展的必然趋势，小型化不仅依赖于生物工程学运行原理的优化设计，更取决于制作工艺的改进和驱动装置、控制装置的集成化。

（3）能量补充：与左心室辅助装置相比，全人工心脏能耗明显增大，与其相关配套设备的体积也会相应增加，全植入后长期的能量补充仍有待于解决。为解决体外连接线和能耗难题，出现的基于无线传输技术的经皮控制与能量传输系统，为解决连接线（导管）感染和能量补充提供了新的思路。解决能源问题主要有三个研究方向，一是降低系统耗能，器械的小型化和集成化是技术关键；二是研制出大容量电池，高能电池最有代表性的设想应属核能电池，但核能电池与实际应用尚有较大距离；三是经皮无线充电，经皮充电是目前最热的研究课题，也是最有希望解决能源的技术之一。

WIFI 技术已得到广泛应用，可以想象，今后的全人工心脏能够采用 WIFI 技术对其长期监控，甚至实现远程技术支持。

关于脉动流血流动力学的讨论仍在继续，它直接关系到全人工心脏的设计原理。人体自然心脏的供血方式是生理性的搏动血流，而目前的人工心脏技术多偏向于连续性血流，由于连续性供血方式为非生理状态，是否影响人体正常的生理功能目前还尚无定论。尽管基于非搏动性血流的轴流泵左心室辅助装置在临床已有应用，并有数据支持，但它仅限于左心室辅助，与真正意义上的全人工心脏血流动力学特点还有区别。目前，非搏动性血流的全人工心脏的临床应用病例仍非常有限，很难提供有价值的临床统计学数据。

随着国内各级医疗机构诊疗水平的不断提升，终末期心衰患者对治疗的期待越来越高，移植供体不足与需求的矛盾凸显。为缓解这一矛盾，国内多家研发团队致力于人工心室辅助装置的设计与研发，研发方向主要集中于小型电磁轴流泵和磁悬浮泵，但目前多处于临床前的研究阶段。相信在不远的将来，我国自主研发的人工心脏辅助装置会在临床普及，为终末期心衰患者提供更好的医疗服务。

习　题　三

1. 血液循环的基本功能有哪些？
2. 心脏有哪些腔室、瓣膜及血管？
3. 简述左右心房及左右心室的功能。
4. 什么是心动周期？心动周期包括哪些过程？
5. 心脏泵血的特点是什么？简述心脏的泵血过程。
6. 什么是每搏量、每分输出量、心力储备和心排血指数？
7. 分别描述体循环和肺循环种血液的流经方向。
8. 体循环和肺循环的功能分别是什么？
9. 简述动脉\静脉和毛细血管的结构特点。
10. 产生血液阻力的物理学原理是什么？
11. 血液的黏滞度取决于哪些因素？
12. 简述血压形成的机制。
13. 什么是收缩压、舒张压和平均动脉压？
14. 阐述脉搏波形成的原理。
15. 影响脉搏波上升支和下降支的因素分别有哪些？
16. 脉搏波传导速度的检测原理是什么？
17. 心电图的各个波段分别代表心脏活动的哪个时期？
18. 简述 X 线透视、X 线摄片和 CT 成像在心血管检查中的优缺点。
19. 数字减影的基本原理是什么？
20. 超声检查的基本原理是什么？
21. 超声心动图检查可以对心脏做哪些检查？
22. 简述 M 型超声心动图的基本原理。
23. 简述彩色多普勒成像的原理。

24. 简述热稀释法和多普勒超声法测量心排血量的原理。

25. 简述开胸和体外循环的基本过程。

26. 简述经皮冠状动脉成型术的步骤。

27. 简述冠状动脉支架植入术。

28. 冠状动脉内斑块旋切术和冠状动脉内斑块旋磨术的基本原理分别是什么？

29. 什么是动脉导管未闭、房间隔缺损、室间隔缺损、二尖瓣关闭不全？

30. 简述 CCD 图像传感技术和视频图像处理技术的原理。

31. 手术机器人相比于传统的内镜手术设备有哪些优势？

32. 心脏的电生理定义。

33. 静息电位和动作电位定义。

34. 细胞的动作电位基本特征。

35. 心脏节律定义。

36. 电复律和电除颤共同点及区别。

37. 心脏除颤的生理学原理。

38. 电复律/电除颤适应证。

39. 心室颤动/心室扑动定义。

40. 除颤器的工作原理。

41. 心脏除颤器主要技术指标。

42. 最大释放电压定义。

43. 常用的永久式心脏起搏器分类。

44. 心脏起搏器应具备的基本功能。

45. 心脏起搏阈值定义。

46. 频率奔放保护定义及目的。

47. 磁频率基本功能。

48. 自体心肺循环系统流程。

49. 体外循环定义。

50. 体外循环的目的及核心功能。

51. 人工心肺机的构成与工作原理。

52. 理想血泵应具备的特性。

53. 简述滚压泵的工作原理。

54. 说明增量式旋转编码器的编码原理。

55. 简述离心泵的工作原理。

56. 氧合器功能及分类。

57. 说明膜式氧合器工作原理。

58. 心肌保护液的灌注方式分类。

59. 现代人工心肺机的常规监控方法。

60. 体外膜式氧合的工作原理。

61. 体外膜式氧合与传统体外循环的技术比较。

62. 体外膜式氧合系统构成。

63. 体外膜式氧合支持模式分类。

64. 磁悬浮式离心泵工作原理。

65. 简述主动脉内球囊反搏技术的基本原理。

66. 简述主动脉内球囊反搏技术的生理学效应。

67. 动脉内球囊反搏的适应证有哪些?

68. 主动脉内球囊反搏的触发方式有哪些?

69. 心电标准模式和心电峰值模式在触发时有什么区别?

70. 人工心脏定义及主要用途。

71. 人工心脏泵的分类及经历的几个发展阶段的技术特点。

72. 第一代心脏泵工作原理示及技术优势。

73. Novacor 左心室辅助装置的工作原理。

74. 轴流式叶轮泵左心室辅助装置工作原理。

75. 离心式叶轮泵左心室辅助装置工作原理。

76. 第二、三代人工心脏泵的共同点及区别。

77. 磁悬浮轴承的工作原理及特点。

78. 磁悬浮离心泵的技术优势。

79. 临时机械循环辅助主要手段。

80. 长期心室辅助装置与临时心室辅助装置的区别。

81. 全人工心脏定义，以及与双心室辅助装置的主要结构差异。

第四章 血液净化设备

血液净化（blood purification）是指应用各种血液成分的分选技术，有针对性地清除体内过多水分及血液中的代谢产物、毒物、自身抗体、免疫复合物等致病性物质，以维持体内电解质和酸碱平衡，达到净化血液、治疗疾病的目的。

临床血液净化，如图 4-1 所示。

现行的血液净化技术是利用体外循环装置，将患者血液引出到体外，通过专用的血滤器（血液过滤器）分离并排出体内某些代谢废物或有毒物质，然后再将净化后的血液回输到体内。因而从工程学角度上看，血液净化必须具有两个关键支持技术，一是提供血液体外循环和血液净化动力（血泵、水泵）的血液净化设备；二是利用半透膜、分子筛或吸附材料等各类血液成分分离装置清除多余水分和致病物质。

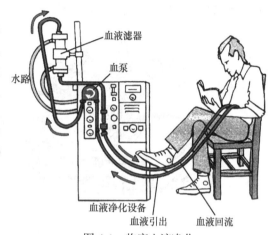

图 4-1 临床血液净化

目前，临床上血液净化主要的应用技术包括血液透析（HD）、血液滤过（HF）、血液透析滤过（HDF）、连续性肾脏替代疗法（CRRT）、血液灌流（HP）、血浆置换（PE）、免疫吸附（IA）、分子吸附再循环系统（MARS）及腹膜透析（PD）等。

第一节 血液净化基础

血液净化是针对血液成分采取的一系列医疗措施，由于血液短时间离开人体，其医疗过程主要包括建立血管通路、提供血液体外循环动力、通过各种滤器和灌流器去除致病物质和多余水分、采取适宜的离体血液抗凝措施等。

一、血 液

血液（blood）是在心脏和血管腔内循环流动的一种组织，主要生理功能包括以下几点。

（1）物质运输。血液可以转运氧、二氧化碳和营养物质，同时能够将组织细胞代谢产物、有害物质等输送到排泄器官，进而排出到体外。其中，血液中的血浆负责转运营养物质与代谢物，红细胞主要是运送氧和二氧化碳。

（2）缓冲作用。血液是一种缓冲溶液，其内含有多种缓冲体系，可以缓冲某些理化因素的变化，例如，能够对进入血液的酸性或碱性物质进行缓冲，使血液 pH 不发生较大的波动。

（3）防御功能。血液中的白细胞和各种免疫物质对机体有保护作用，白细胞包括中性粒细胞、淋巴细胞、嗜酸粒细胞等，可以有针对性地抵御外来有害物质，例如，中性粒细胞抵御细菌、淋巴细胞抵御病毒、嗜酸粒细胞抵御寄生虫等，另外淋巴细胞中还有很多亚种，能针对肿瘤等外来物种实施免疫。血液中还存有抗体，很多都是疫苗接种后产生针对某些疾病的抗体，如乙肝抗体、脊髓灰质炎病毒等防治乙型肝炎和小儿麻痹等。

（4）生理止血。血液中有血小板、凝血因子等，当毛细血管损伤时，血液流出后可自行凝固，起到止血的作用。

血液属于结缔组织，主要成分为血浆、血细胞，成人约 5L，占体重的 7%～8%。血液循环系统及主要成分，如图 4-2 所示。

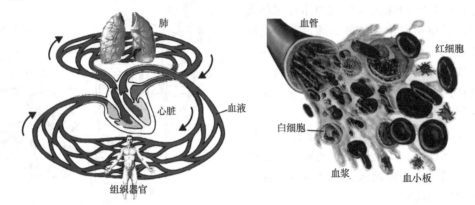

图 4-2　血液循环系统及主要成分

血液的主要成分，如图 4-3 所示。

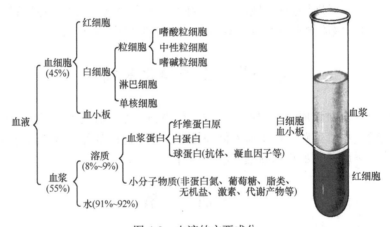

图 4-3　血液的主要成分

（一）血细胞

血细胞（blood cells）是存在于血液中的细胞，可以随着血液的流动遍及全身各器官组织，血细胞中包括红细胞、白细胞和血小板。各种血细胞的基本形态，如图 4-4 所示。

1. 红细胞　红细胞（red blood cell，RBC）直径为 7～8.5μm，呈双凹圆盘状，中央较薄（1.0μm），周缘较厚（2.0μm），故在血涂片标本中呈中央染色较浅、周缘较深。红细胞，如图 4-5 所示。

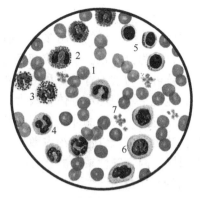

图 4-4 各种血细胞的基本形态

1. 红细胞；2. 嗜酸粒细胞；3. 嗜碱粒细胞；4. 中性粒细胞；
5. 淋巴细胞；6. 单核细胞；7. 血小板

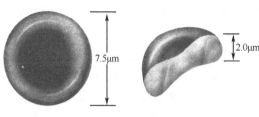

图 4-5 红细胞

红细胞有一定的弹性和可塑性，当红细胞通过毛细血管时可改变形状。红细胞正常形态的保持需要三磷腺苷（adenosine triphosphate，ATP）供给能量，由于红细胞缺乏线粒体，ATP 由无氧酵解产生；一旦缺乏 ATP 供能，则导致细胞膜结构改变，细胞的形态也随之由圆盘状变为棘球状。这种形态改变一般是可逆的，可随着 ATP 供能状态的改善而恢复。

成熟红细胞无细胞核也无细胞器，胞质内充满血红蛋白（hemoglobin，Hb）。血红蛋白是含铁的蛋白质，约占红细胞重量的 33%，具有结合与运输氧和二氧化碳的功能，当血液流经肺时，肺内的氧分压高，二氧化碳分压低，血红蛋白即放出二氧化碳而与氧结合；当血液流经其他器官的组织时，由于该处的二氧化碳分压高而氧分压低，于是红细胞即放出氧并结合携带二氧化碳。由于血红蛋白具有这种性质，所以红细胞能供给全身组织和细胞所需的氧，带走所产生的部分二氧化碳。

正常成人每微升血液中红细胞数的平均值，男性为 400 万～550 万个，女性为 350 万～500 万个。每 100ml 血液中血红蛋白含量，男性为 12～16g，女性为 11～15g。

红细胞的主要功能如下。

（1）运输氧和二氧化碳。氧与 Hb 结合成 HbO_2，在血液中由红细胞运输的氧比溶解于血浆的多 70 倍；二氧化碳也可以与 Hb 结合，以氨基甲酸血红蛋白的形式运输，比直接溶解于血浆中的二氧化碳多 18 倍。

（2）缓冲作用。红细胞内的缓冲对可以缓冲血液的酸碱物质。

2. 白细胞 白细胞（white blood cell，WBC）为无色有核的球形细胞，体积略大于红细胞，能做变形运动，具有防御和免疫功能。成人白细胞的正常值为 4000～10 000 个/μl，男女无明显差异，婴幼儿稍高于成人。血液中白细胞的数值可受各种生理因素影响，如运动、饮食及妇女月经期均略有增多，在疾病状态下，白细胞总数及各种白细胞的百分比值皆可发生改变。在光镜下，根据白细胞胞质有无特殊颗粒，可将其分为有粒白细胞和无粒白细胞两大类，有粒白细胞又根据颗粒的嗜色性，分为中性粒细胞、嗜酸粒细胞、嗜碱粒细胞；无粒白细胞可分为单核细胞和淋巴细胞两种。

各种白细胞形态的共同结构特征是体大、球形、有核或有颗粒、能做变形运动。

（1）中性粒细胞（neutrophil）：占白细胞总数的 50%～

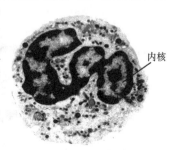

图 4-6 中性粒细胞

70%，是白细胞中数量最多的一种。中性粒细胞，如图4-6所示。

中性粒细胞呈球形，直径为 10～12μm，核染色质呈团块状。核的形态多样，有的呈腊肠状，称为杆状核；有的呈分叶状，叶间有细丝相连，称为分叶核。中性粒细胞的胞质染成粉红色，含有许多细小的淡紫色及淡红色颗粒，颗粒可分为嗜天青颗粒和特殊颗粒两种。嗜天青颗粒较少，呈紫色，约占颗粒总数的20%，光镜下着色略深，体积较大；电镜下呈圆形或椭圆形，直径为0.6～0.7μm，电子密度较高，它是一种溶酶体，含有酸性磷酸酶和过氧化物酶等，能消化分解吞噬的异物。特殊颗粒数量多，淡红色，约占颗粒总数的80%，颗粒较小，直径为0.3～0.4μm，呈哑铃形或椭圆形，内含碱性磷酸酶、吞噬素、溶菌酶等。吞噬素具有杀菌作用，溶菌酶能溶解细菌表面的糖蛋白。

（2）嗜酸粒细胞（eosinophil）：占白细胞总数的0.5%～5%。细胞呈球形，直径为10～15μm，核常为2叶，胞质内充满粗大、均匀、略带折光性的嗜酸性颗粒，染成橘红色。电镜下，颗粒多呈椭圆形，有膜包被，内含颗粒状基质和方形或长方形晶体。颗粒含有酸性磷酸酶、芳基硫酸酯酶、过氧化物酶和组胺酶等，因此它也是一种溶酶体。嗜酸粒细胞，如图4-7所示。

嗜酸粒细胞也能做变形运动，并具有趋化性。它能吞噬抗原抗体复合物，释放组胺酶灭活组胺，从而减弱过敏反应。嗜酸粒细胞还能借助抗体与某些寄生虫表面结合，释放颗粒内物质，杀灭寄生虫，故而嗜酸粒细胞具有抗过敏和抗寄生虫作用。

（3）嗜碱粒细胞（basophil）：数量最少，占白细胞总数的0～1.0%。细胞呈球形，直径为10～12μm。胞核分叶或呈S形或不规则形，着色较浅。胞质内含有嗜碱性颗粒，大小不等，分布不均，染成蓝紫色，可覆盖在核上。颗粒具有异染性，甲苯胺蓝染色呈紫红色。电镜下，嗜碱性颗粒内充满细小微粒，呈均匀状或螺纹状分布。颗粒内含有肝素和组胺，可被快速释放；而白三烯则存在于细胞基质内，它的释放较前者缓慢。嗜碱粒细胞，如图4-8所示。

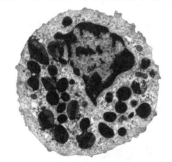

图4-7　嗜酸粒细胞

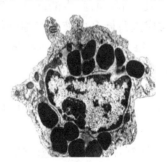

图4-8　嗜碱粒细胞

（4）单核细胞（monocyte）：占白细胞总数的3%～8%，它是白细胞中体积最大的细胞，直径为14～20μm，呈圆形或椭圆形。单核细胞，如图4-9所示。

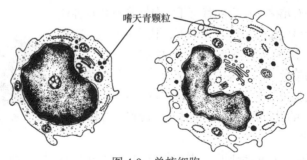

嗜天青颗粒

图4-9　单核细胞

单核细胞的胞核形态多样，呈卵圆形、肾形、马蹄形或不规则形等。核常偏位，染色质颗粒粗而松散，故着色较浅。胞质较多，呈弱嗜碱性，含有许多细小的嗜天青颗粒，使胞质染成深浅不匀的灰蓝色。颗粒内含有过氧化物酶、酸性磷酸酶、非特异性酯酶和溶菌酶，这些酶不仅与单核细胞的功能有关，而且可作为与淋巴细胞的鉴别点。

（5）淋巴细胞（lymphocyte）：占白细胞总数的 20%～30%，圆形或椭圆形，大小不等。直径 6～8μm 的为小淋巴细胞，9～12μm 的为中淋巴细胞，13～20μm 的为大淋巴细胞。淋巴细胞，如图 4-10 所示。

淋巴细胞中的小淋巴细胞数量最多，细胞核圆形，一侧常有小凹陷，染色质致密呈块状，着色深，核占细胞的大部，胞质很少，在核周成一窄缘，嗜碱性，染成蔚蓝色，含少量嗜天青颗粒。中淋巴细胞和大淋巴细胞的核呈椭圆形，染色质较疏松，故着色较浅，胞质较多，胞质内也可见少量嗜天青颗粒。

淋巴细胞并非单一群体，根据它们的发生部位、表面特征、寿命长短和免疫功能的不同，至少可分为 T 细胞、B 细胞、杀伤（K）细胞和自然杀伤（NK）细胞四类。血液中的 T 细胞约占淋巴细胞总数的 75%，它参与细胞免疫，如排斥异移体、移植物、抗肿瘤等，并具有免疫调节功能。B 细胞占血中淋巴细胞总数的 10%～15%。B 细胞受抗原刺激后增殖分化为浆细胞，产生抗体，参与体液免疫。

3. 血小板　血小板（blood platelet）：是从骨髓中成熟的巨核细胞胞浆裂解脱落下来的、具有生物活性的小块胞质，其本质并不是细胞，故没有细胞核，表面有完整的细胞膜。血小板，如图 4-11 所示。

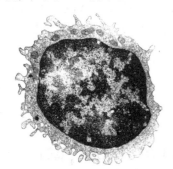

图 4-10　淋巴细胞

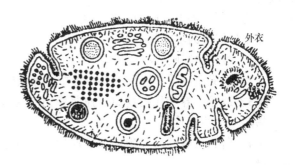

图 4-11　血小板

血小板的正常数值为 10～30 万/μl，其体积甚小，内有多种细胞器，直径为 2～4μm，呈双凸扁盘状，当受到机械或化学刺激时，则伸出突起，呈不规则形。在血涂片中，血小板常呈多角形，聚集成群。血小板中央部分有着蓝紫色的颗粒为颗粒区，周边部呈均质浅蓝色为透明区。

血小板在止血和凝血过程中起着重要作用。血小板的表面糖衣能吸附血浆蛋白和凝血因子Ⅲ，血小板颗粒内含有与凝血有关的物质。当血管受损害或破裂时，血小板受到刺激，由静止相变为机能相，即发生变形，表面黏度增大，凝聚成团；同时在凝血Ⅲ因子的作用下，使血浆内的凝血酶原变为凝血酶，后者又催化纤维蛋白原变成丝状的纤维蛋白，与血细胞共同形成凝血块止血。血小板颗粒物质的释放，则进一步促进止血和凝血。血小板还有保护血管内皮、参与内皮修复、防止动脉粥样硬化的作用。

三种血细胞比较，见表 4-1。

表 4-1　三种血细胞比较

项目	血细胞类型		
	红细胞	白细胞	血小板
形状	双凹圆盘状	圆球状	不规则
细胞核	无	有	无
体积	较大	最大	最小
数量	最多	最少	较多
功能	运输氧和部分二氧化碳	防御疾病	止血和加速凝血
临床应用	数量过少或血红蛋白过少都会引起贫血	数量增多说明有炎症	其数量决定止血功能是否正常

（二）血浆

血浆（plasma）是血液除去血细胞后的全部成分，其绝大部分的成分是水，溶质以血浆蛋白为主。血浆和血清的唯一区别是血清中不含纤维蛋白原。血浆的主要作用是运载血细胞，运输维持人体生命活动所需的物质和体内产生的废物等。血浆相当于结缔组织的细胞间质，是血液的重要组成成分，呈淡黄色液体（因含有胆红素）。血浆的化学成分中，水分占 90%～92%，溶质以血浆蛋白为主，并含有电解质、营养素、酶类、激素类、胆固醇和其他重要成分。

1. **血浆蛋白**　血浆蛋白（plasma protein）是多种蛋白质的总称，是血浆中最主要的固体成分，含量为 60~80g/L。血浆蛋白种类繁多，功能各异，用不同的分离方法可将血浆蛋白质分为不同的种类，应用盐析法可将其分为白蛋白、球蛋白和纤维蛋白原三类。

血浆蛋白质的功能如下。

（1）维持血浆胶体渗透压。

（2）组成血液缓冲体系，参与维持血液酸碱平衡。

（3）运输营养和代谢物质，血浆蛋白质为亲水胶体，许多难溶于水的物质与其结合变为易溶于水的物质。

（4）营养功能，血浆蛋白分解产生的氨基酸，可用于合成组织蛋白质或氧化分解供应能量。

（5）参与凝血和免疫作用。

血浆的无机盐主要以离子状态存在，正负离子总量相等，保持电中性。这些离子在维持血浆晶体渗透压、酸碱平衡及神经-肌肉的正常兴奋性等方面起着重要作用。血浆的各种化学成分常在一定范围内不断地变动，其中葡萄糖、蛋白质、脂肪和激素等的浓度最易受到营养和机体活动状态影响，而无机盐浓度的变动范围较小。

2. **其他成分**　血浆的溶质中除了血浆蛋白还有其他成分，主要包括非蛋白氮、不含氮有机物、无机盐。

（1）非蛋白氮：是血中蛋白质以外含氮物质的总称，主要是尿素，此外还有尿酸、肌酐、氨基酸、多肽、氨和胆红素等。其中氨基酸和多肽是营养物质，可参与各种组织蛋白质的合成。其余的物质多为机体代谢的产物（废物），大部分可经血液带到肾脏并排出体外。

（2）不含氮有机物：血浆中所含的糖类主要是葡萄糖，简称血糖，其含量与糖代谢密切有关。正常人血糖含量比较稳定，为 80～120mg，血糖过高或过低都会导致机体功能障碍。血浆中所含脂肪类物质，统称血脂，包括磷脂、三酰甘油和胆固醇等。这些物质是构成细胞成分和合成激素等物质的原料，血脂含量与脂肪代谢有关，也受食物中脂肪含量的影响，血脂过高对机体有害。

（3）无机盐：血浆中的无机物，绝大部分以离子状态存在。阳离子中以 Na^+ 浓度最高，还有 K^+、Ca^{2+} 和 Mg^{2+} 等，阴离子中以 Cl^- 最多，HCO_3^- 次之，还有 HPO_4^{2-} 和 SO_4^{2-} 等。各种离子都有其特殊的生理功能，如 NaCl 对维持血浆晶体渗透压和保持机体血量起着重要作用。血浆 Ca^{2+} 参与很多重要生理功能如维持神经肌肉的兴奋性，在肌肉兴奋收缩耦联中起着重要作用。血浆中还有微量的铜、铁、锰、锌、钴和碘等元素，是构成某些酶类、维生素或激素的必要原料，或与某些生理功能有关。

（三）血液成分的体积或分子量

现阶段，临床应用的血液净化技术主要是以颗粒的体积或分子量的大小来甄别与分离血液成分，并利用相应的技术手段对某类血液成分（包括水分）进行有针对性的处置。

1. **血液的有形成分和无形成分**　血液包括血细胞和血浆，其中血浆又可以分为水和溶质，因而血液是由水、血细胞和溶质组成。

（1）有形成分：临床上常将血细胞称为细胞成分或有形成分，包括红细胞、各种白细胞和血小板，由于有形成分有确定的形状与体积，它的大小通常用粒径来表示，长度单位为 μm 或 nm。

（2）无形成分：血浆中的溶质没有固定形态，因而称为无形成分，无形成分主要有血浆蛋白（血浆白蛋白、脂蛋白、结合珠蛋白、转铁蛋白、免疫球蛋白、各种补体、纤维蛋白原、凝血酶原、纤维蛋白溶酶系统及与炎症有关的，如激肽酶、激肽释放酶原等）、糖类、脂类、盐类、激素、维生素等。无形成分的大小主要用分子量描述，分子量常用单位是道尔顿（Dalton，Da）。

另外，如果人体患有感染性疾病，血液中还可能存在其他成分，如细菌、病毒等致病的微生物。

2. **血液成分体积及分子量**　常见血液成分的体积及分子量，见表 4-2。

表 4-2　常见血液成分的体积或分子量

血液成分			体积（粒径）	分子量
水				18 Da
血细胞	红细胞		6～9.5 μm	
	白细胞	中性粒细胞	10～12 μm	
		嗜酸粒细胞	10～15 μm	
		嗜碱粒细胞	10～12 μm	
		单核细胞	14～20 μm	
		淋巴细胞	6～8 μm	
	血小板		2～4 μm	
溶质	糖类	葡萄糖		180.16 Da
	血浆蛋白	血浆白蛋白	>200 nm	66458 Da
		免疫球蛋白	粒径不一	70～190 kDa

续表

血液成分		体积（粒径）	分子量
水			18 Da
脂类	三酰甘油		885 Da
	胆固醇		386.66 Da
	低密度脂蛋白	22 μm	3000 kDa
	高密度脂蛋白	7.5～10 nm	
盐类	钾、钠、氯等		＜100 Da
异常成分	细菌	1～10 μm	
	病毒	10～450 nm	
	肌酐	113 Da	
	尿素	60 Da	

3. 血液中的大分子物质与小分子物质 从生物学意义讲，生物大分子物质是构成生命的基础物质，其分子量较大，通常为几万甚至超过几百万道尔顿，结构也相对复杂，主要包括多糖、蛋白质、核酸等。小分子物质多指相对分子质量小于 500Da 的分子，小分子一般为简单的单体，是构成大分子的基本物质，如水、无机盐类、脂类、氨基酸、核苷酸、维生素、单糖寡糖、激素等。

从粒径上区分，小分子物质的粒径通常小于 1nm（如常见溶液、氨基酸、二氧化碳等）；大分子物质粒径为 1～100nm（如蛋白质、核酸、常见胶体等）。还有高分子物质，其粒径大于 100nm，如化工塑料等。

二、血液成分的分选技术

血液净化是利用各种滤器（包括吸附装置），有选择性地分离并去除血液中的致病物质，调节机体酸碱平衡及电解质紊乱，以实现组织器官功能的修复。现阶段，血液净化设备的核心任务是分选血液成分，即通过半透膜和吸附装置有针对性地分离或吸附血液的特异成分，以去除相关致病物质并脱水。

（一）半透膜技术

半透膜（pellicle）是一种分布微孔，是仅允许某类分子或离子扩散进出的薄膜，对不同粒子具有选择性通过的功能，如细胞膜、膀胱膜、羊皮纸及人工制的胶棉薄膜等。

半透膜是可以让小分子物质透过而大分子物质被截留的薄膜总称。在实际应用中，小分子和大分子的界定将依据膜的种类予以划分范围。例如，对于鸡蛋的膜来说，葡萄糖分子就是大分子物质，而对于普通透析器，葡萄糖却是小分子物质；对于肠衣组成的半透膜，碘及葡萄糖是小分子物质，而淀粉等才是大分子物质。不同类型的半透膜其孔径是不同的。生物膜也是一种半透膜，是由植物细胞的原生质层与细胞液共同组成的一个渗透系统，能够允许一些小分子（如水、氧气、二氧化碳等）自由通过，其他物质将被阻拦。临床透析实际上就是利用小分子物质可以自由穿透半透膜的特点，应用半透膜选择性弥散原理，去除毒素和多余水分，并维持电解质与酸碱度的平衡。

1. 弥散 弥散（diffusion）又称为扩散，是指溶质依浓度梯度由高浓度一侧向低浓度一侧漂移的过程，弥散的动力能源来自于溶质本身分子或微粒自身的不规则运动，即布朗运动。影响弥散的因素是溶质浓度梯度，是溶质分子量及半透膜的阻力。其中，溶质浓度的梯度差是维持弥散的原动力。如果应用了半透膜技术，弥散将会受到选择性限定，使一些能够透过半透膜的小分子物质可以向浓度低的方向转运，而大分子物质被潴留。因而，在一个有半透膜限定的分布空间内，小分子物质可以通过半透膜向低浓度区域自由转运，使得半透膜两侧的小分子物质浓度达到平衡。半透膜的选择性弥散，如图 4-12 所示。

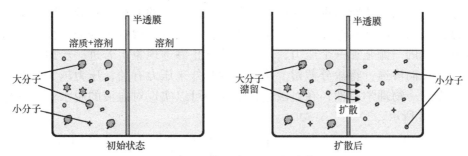

图 4-12　半透膜的选择性弥散

物质能否透过半透膜主要取决于以下几点。

（1）半透膜的两侧存在浓度差，即溶质只能从高浓度一侧向低浓度一侧移动，浓度差越大，物质转运的速度越快。

（2）物质颗粒直径只有小于半透膜的孔径时才能自由通过，否则滞留。

（3）半透膜上的电荷极性与转运速率有关，如果小分子物质所带电荷与半透膜上所带电荷极性不一致，转运速度会加快；反之，小分子物质所带电荷与半透膜所带电荷极性相同，转运速度会减慢。

2. 对流　对流（convection）是指在外力作用下溶质、溶液的相对流动过程，是流体具有方向性的宏观运动，可以使流体各部分成分之间发生相对位移。对流过程伴有能量变化，其推动力不再取决于浓度差，而是外来压力（半透膜两侧的压力差，跨膜压）。例如，冷热流体相互掺混所引起的热量传递过程就是典型的对流现象；血液净化中的超滤也是在压力梯度作用下物质通过半透膜的转运过程，是一种典型的对流现象。

（1）渗透与渗透压：如果将两种不同浓度的溶剂分置于理想半透膜的两侧，溶剂会自发地穿过半透膜，从低浓度的一侧向高浓度一侧弥散，这一自然现象称为渗透（penetration）。低浓度液体向高浓度液体渗透，如图 4-13 所示。

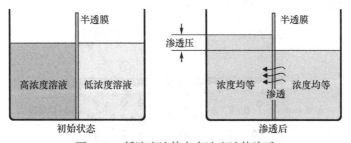

图 4-13　低浓度液体向高浓度液体渗透

如图 4-13 可见，低浓度侧的水（溶剂）渗透到高浓度液体侧，使液面上升，当液面上升到一定的高度时，两侧浓度趋于平衡，水透过半透膜的流量为零。此时，为平衡状态，该液面对应高度的压力就是渗透压。渗透压（osmotic pressure）是纯净水从低渗溶液穿过半透膜进入高渗溶液，并使膜两侧浓度趋于平衡时产生的压力差。通过测量和比较渗透压，可以得到单位体积内水分子的数目，单位体积内水分子数目多，则渗透压低，说明是低浓度溶剂；反之，单位体积内水分子数目少，渗透压高，是高浓度溶剂。因此，渗透压可以表达溶液的实际浓度。

（2）反渗透：由渗透现象可知，当两种不同浓度的盐水用半透膜分开，含盐量少一侧的水分会透过半透膜渗透到含盐量高的水中，其中的溶质（盐分）不发生渗透。这样，逐渐把两边的含盐浓度融合到均等为止，完成这一渗透过程需要很长时间。如果在含盐量高的一侧施加一个压力，可以立即终止渗透现象；若进一步加大压力，则能够使水分反向渗透，将盐分截留。盐水浓度与外来压力有关，压力越大，盐水浓度越高。根据这一物理学原理，在血液透析治疗中可以实现对血液的脱水。渗透与反渗透，如图 4-14 所示。

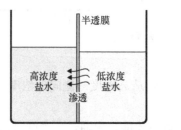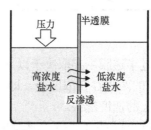

图 4-14　渗透与反渗透

反渗透（reverse osmosis，RO）是以压力差为动力的一种高效膜分离技术，具有一次分离度高、无相变、简单、节能等特点。反渗透膜的孔径可以小至纳米级，在高于原水渗透压的操作压力下，水分子可反渗透通过 RO 半透膜，产出纯水，原水中的大量无机离子、有机物、胶体、微生物、热原等被 RO 膜截留。在血液透析的供水系统中，应用反渗透技术可以配制高纯净度的透析液。

（3）超滤（ultrafiltration）：又称为超过滤，是一种典型的对流现象，它依靠外部压力与膜孔径可以实现对物质的筛分。超滤过程中，以半透膜（超滤膜）为过滤介质，在一定压力的作用下，当原液流过膜表面时，半透膜表面密布的许多微孔仅允许水及小分子物质通过，形成透过液，而原液中体积大于膜表面微孔径的物质则被截留在膜的进液侧，成为浓缩液。因而，达到对原液的净化、分离和浓缩的目的。

超滤膜过滤原理示意图，如图 4-15 所示。

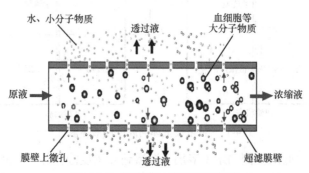

图 4-15　超滤膜过滤原理示意图

超滤与反渗透同属加压膜分离技术，即在一定的压力下，使小分子溶质和溶剂可以穿过一定孔径的特制半透膜，大分子溶质被截留。超滤脱水，如图 4-16 所示。

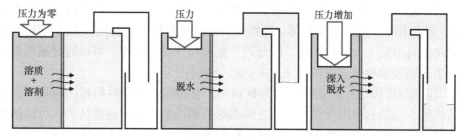

图 4-16 超滤脱水

超滤膜为一个中空纤维膜组件，由成百到上千根细小的中空纤维丝和膜外壳组成，按进水方式，中空纤维超滤膜分为内压式和外压式两种。

1）内压式：内压式中空纤维超滤膜，如图 4-17 所示。

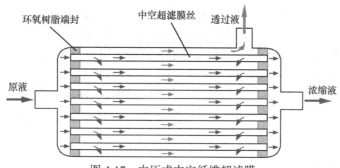

图 4-17 内压式中空纤维超滤膜

内压式即为原液先进入中空纤维管（丝）内，经压力差驱动，沿径向由内向外渗透穿过中空纤维膜形成透过液，浓缩液则留在中空纤维管内，并由另一端流出。图 4-17 中环氧树脂端封的作用是在中空纤维管的端头密封住膜丝之间的间隙，从而使原液与透过液分离，防止原液不经过膜丝过滤而直接渗入透过液中。

2）外压式：外压式中空纤维超滤膜则是原液经压力差沿径向由外向内渗透过中空纤维，形成透过液，而截留的物质则汇集在中空纤维管的外部。

外压式中空纤维超滤膜，如图 4-18 所示。

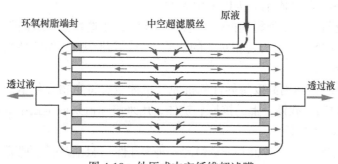

图 4-18 外压式中空纤维超滤膜

另外，中空纤维超滤膜的过滤方式还分为全量过滤和错流过滤。全量过滤方式是指原液中的水分子全部渗透过超滤膜，没有浓缩液流出；而错流过滤方式则是在过滤的过程中将浓缩液体从超滤膜的另一端排出。目前，血液净化中使用的滤器为错流过滤方式，其浓缩液主要是血细胞和需要保留的大分子物质。

在血液净化设备中，超滤是一种主要的膜分离技术，它利用压力活性膜，在外界推动力（压力）的作用下，截留水中胶体、颗粒和分子量相对较高的物质，从而实现溶剂（水、小溶质颗粒）与溶质（大颗粒物质）的分离。根据超滤脱水原理，可以通过透析器（或血滤器）的半透膜等渗地从血液中去除过多的水分和小分子物质。

（4）超滤与反渗透：都是以压力为驱动力，有相同的膜材料和相仿的膜制备方法，有相似的机制、功能和应用背景，它们之间很难有明确的界定。通常认为，可以把超滤膜看作具有较大平均孔径的反渗透膜。因此，根据操作压力和所用半透膜的平均孔径，按分离精度可分为微滤、超滤和反渗透。

微滤所用的操作压通常小于 4×10^4 Pa，膜的平均孔径为 0.0005～14μm，能截留 0.1～1μm 的颗粒。微滤膜允许大分子和溶解性固体（无机盐）等通过，但会截留住悬浮物、细菌及大分子量胶体等物质。

超滤所用操作压为 4×10^4～7×10^5Pa，膜的平均孔径为 10～100 埃，能截留 0.002～0.1μm 的大分子物质和蛋白质。超滤膜允许小分子物质和溶解性固体（无机盐）等通过，同时将截留下胶体、蛋白质、微生物和大分子有机物，用于表示超滤膜孔径大小的相对分子量范围一般在 1000～500 000Da。

反渗透是最精细的一种膜分离技术，能有效截留所有溶解盐分及分子质量大于 100Da 的有机物，同时允许水分子通过。因此，在血液透析中应用的清洁透析液都是利用反渗透水配制的。

（二）吸附技术

吸附（adsorption）技术是将患者的血液引出体外后，通过吸附剂的吸附作用清除体内特有致病成分（各种致病因子），以达到治疗疾病的目的。血液灌流是最早应用于临床的吸附疗法，它能够清除体内的尿毒症毒素（如肌酐和尿素等小分子物质、吲哚和胍类等中分子物质甚至一些大分子物质）、药物和毒物，主要用于治疗急、慢性肾衰竭和药物、毒物中毒。随着吸附技术的发展和临床需求的增加，新的吸附材料不断问世，同时也派生出了许多新的吸附疗法，在治疗自身免疫性疾病、代谢性疾病、感染性疾病和多器官功能障碍综合征（multiple organ dysfunction syndrome，MODS）等方面发挥着重要作用。

根据吸附原理可将吸附剂分为以下两大类。

（1）物理吸附。依靠吸附剂携带的电荷和孔隙，非选择性地吸附带相反电荷的物质（离子筛原理）和分子大小与之相对应的物质（分子筛原理），如活性炭、树脂、碳化树脂及阳离子型吸附剂等。

（2）免疫吸附。利用高度特异性的抗原、抗体或有特定物理化学亲和力的物质（配基）结合在吸附材料（载体）上的抗原、抗体，用来清除血浆或全血中的特定物质，如蛋白 A 吸附、胆红素吸附等。

1. 活性炭　活性炭（activated carbon）是一种多孔性、高比表面积的吸附剂，具有广谱性，尤其对许多水溶性极性物质具有很好的吸附性能，吸附速度快、吸附容量高，但吸附选择性低，不能有效地吸附清除与蛋白结合的大分子有毒物质，比较适合于吸附低分子量的物质。

活性炭的吸附谱主要为肌酐、尿酸、中分子毒物、胍类、酚类、氨、药物及芳香族氨基酸，其吸附原理表现为非特异性吸附，对无极性、疏水分子吸附力强。活性炭的结构有球状、柱状、纤维状，表面积一般在 $100m^2/g$ 以上，且孔隙率高、孔径分布宽。根据活性炭颗粒内部孔径大小可分为大孔（孔径＞50nm）、中孔（孔径 2～50nm）和小孔（孔径＜2nm），采用不同的方法和原料制备的活性炭在比表面积和孔性能方面略有差异。

多孔活性炭，如图 4-19 所示。

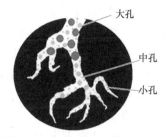

图 4-19 多孔活性炭

活性炭的来源广泛且价格低廉，于 20 世纪 60 年代开始普遍用于临床抢救急性药物中毒、尿毒症、肝性脑病等，并取得了较好的临床效果。但是，活性炭的颗粒形状不规则，机械强度较差，一经摩擦容易脱落，造成微细血管栓塞，为了减轻炭粒的脱落和改善血液相容性，使用前应进行严格的筛选、预处理和使用评价，并要经过包膜处理。活性炭用于血液净化的预处理过程如下。

（1）强度测定：在一定条件下，进行震荡或冲洗，并按要求，每毫升震荡或冲洗液中含有直径为 2μm 的炭粒不能超过 100 粒，直径为 5μm 的炭粒不能超过 10 粒。

（2）酸洗：用酸反复洗涤，除去生产过程中引入的某些金属离子，使其含量达到允许的最低限量以下。

（3）表面清洗：临床应用之前，用无菌水反复冲洗，除去活性炭颗粒表面附着的炭微粒。

（4）包膜：用亲水凝胶或高分子材料在炭粒表面包涂一层薄膜，以改进血液相容性，防止炭粒脱落，并进行高温消毒。

为了完善活性炭在临床上的应用，近些年来开展了对活性炭的成形技术、使用方式和提高其吸附性能的研究，并取得了进展，陆续出现了各种亲水凝胶、高分子材料包膜的活性炭、含碳纤维、炭膜及碳纤维织物等各种形式的医用活性炭吸附剂，改进了的活性炭吸附剂，不同程度地改善了其使用性能。

2. 吸附树脂 吸附树脂（adsorption resin）是一种球形合成交联共聚物，具有多孔、高比表面积等特征。在制备过程中可以人为地控制其化学、物理结构，使某些物质具有选择性吸附功能，具有较好的机械强度，不脱落颗粒，不需包膜即可直接用于抢救急性药物中毒的患者。吸附树脂的结构为大孔径环球形共聚体，表面积 $500m^2/g$，吸附性稍逊于活性炭，生物相容性较活性炭好。

吸附树脂按其化学结构可分为非极性吸附树脂和极性吸附树脂两类。

（1）非极性吸附树脂。最典型代表为苯乙烯-二乙烯苯型树脂，如 NK-110、XAD-1～XAD-5 系列树脂等，这类树脂不带离子交换基团，使用过程中不发生离子交换反应。对于脂溶性物质和非极性有机化合物的选择吸附性较强。

（2）极性吸附树脂。在树脂的交联网状结构中带有脂基、羟基等极性基团，对脂肪酸等极性分子有较好的吸附选择性。

3. 阳离子型吸附剂 阳离子型吸附剂（cationic adsorbent）带有阳离子的功能基团，如固定有多黏菌素的纤维载体（PMX-F）、聚乙烯酰胺等阳离子基团修饰和包裹的纤维素珠、琼脂糖、硅土等，可吸附血液中带阴离子的物质，如内毒素等。

4. 免疫吸附剂 免疫吸附（immunoadsorption，IA）疗法是在血浆置换基础上发展起来的一种血液净化技术，是将高度特异性的抗原、抗体或有特定物理化学亲和力的物质（配体）与吸附材料（载体）结合制成吸附剂（柱），选择性或特异地清除血液中的致病因子，从而达到净化血液、缓解病情的目的。目前，免疫吸附的应用范围正在日益扩大，为现阶段临床无法治疗的疾病提供了新的治疗途径。

免疫吸附疗法的关键是免疫吸附剂，免疫吸附剂包括具有免疫吸附活性物质的配体和固定于高分子化合物的载体。

（1）配体（ligand）：是与吸附对象发生吸附反应的核心部分，被选用的物质有蛋白A、特定的抗原（DNA）、特定的抗体（抗人 LDL 抗体、抗人 IgG 抗体）、C1q、聚赖氨酸、色氨酸、苯丙氨酸等。

（2）载体（carrier material）：能够通过交联或偶联的方式牢固结合或固定配体，并作为基质起构架和固定作用，选用的物质有琼脂糖凝胶、葡聚糖、二氧化硅凝胶、聚乙烯醇珠、树脂等。

三、血液净化技术

血液净化是把患者血液引至体外，通过血液成分的分选技术，去除其中的某些致病物质（毒素、代谢物）和水分。

（一）常规血液净化技术

现阶段，血液净化技术主要包括血液透析、血液滤过、血液灌流（吸附）、血浆置换四项基本技术，并由这四项基本技术可以组成多种联合应用技术，例如，血液透析滤过技术、连续血液净化技术和人工肝技术等。

常用血液净化技术对应的血液特异成分，如图 4-20 所示。

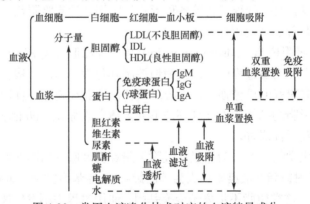

图 4-20 常用血液净化技术对应的血液特异成分

由上图可见，各种血液净化技术都有其适应证，临床上可根据需要净化的血液内容物酌情选择。现阶段,血液净化技术早已超出血液透析的范畴,治疗指征也不仅是尿毒症等。血液净化作为一门多学科的边缘科学,可以在治疗肾病、血液病、风湿病、免疫性疾病和神经系统疾病等多种跨科别的疾病中发挥作用。

1. 血液透析 血液透析(hemodialysis,HD)简称血透,是血液净化中应用最为普遍的一项技术。它利用半透膜原理,将患者血液与透析液同时流过(方向相反)透析器半透膜的两侧,借助于膜两侧的浓度差和压力差,通过弥散和对流方式进行物质交换,进而清除体内的代谢废物、维持电解质和酸碱平衡,同时清除体内过多的水分。

血液透析,如图4-21所示。

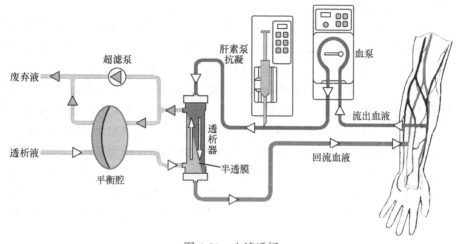

图4-21 血液透析

平衡腔是血液透析设备的关键装置,它可以维持进出透析器的液体等量。如果需要排出人体过多的水分(脱水),则可启动超滤泵,由于超滤泵分流了部分液体流量,为使平衡腔进出的液体相等,透析机必须要从血液中滤出更多的水分,从而以对流的方式达到清除血液中水分和毒素的目的。

血液透析的核心技术的弥散,主要是通过半透膜两侧(血液与透析液)溶质的弥散原理完成血液的净化和内环境的稳定。半透膜两侧溶质弥散示意图,如图4-22所示。

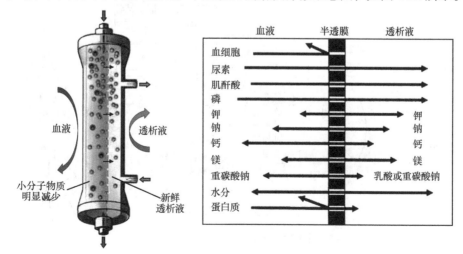

图4-22 半透膜两侧溶质弥散示意图

如上图可见，小分子物质的弥散是双向的，如钾、钠、钙、镁将根据半透膜两侧的浓度差进行相应的移动，以此可以实现电解质平衡。

血液透析的清除范围主要为水溶性小分子物质，相对分子质量小于 500Da。

氯化钠	sodium chloride	58.5 Da
尿素	urea	60 Da
磷酸	phosphate acid	96 Da
肌酐	creatinine	113 Da
尿酸	uric acid	168 Da
葡萄糖	glucose	180 Da

血液透析是尿毒症患者的常规肾替代方式之一，主要是将代谢废物（如尿素、肌酐等）从浓度较高的血液侧弥散至浓度较低的透析液侧。在血液透析过程中，重点关注透析前后血液中尿素、肌酐、离子等溶质的变化，并以此来评价透析的充分性。

2. 血液滤过 血液滤过（hemofiltration，HF）简称血滤，是通过血泵或患者的血压，使血液流经体外回路中的滤器，在跨膜压（静脉压—水压）的作用下滤出体内多余水分和溶质，同时补充与血浆液体成分相似的电解质溶液，以达到血液净化的目的。血滤过程是实现肾小球的滤过功能，但不能模仿肾小管的重吸收及排泄功能，因而需要通过补充置换液的方式来完成肾小管的部分功能。经过多年的临床实践证实，血液滤过在控制顽固性高血压、纠正心功能不全、清除过多液体，治疗期间不良反应和心血管状态稳定性、中分子物质清除等方面明显优于血液透析，是目前治疗肾衰竭的一种有效肾脏替代疗法。

血液滤过与血液透析的主要区别在于，血滤机的透析液在进入透析器之前有部分分流，分流的透析液经过滤器进一步过滤、消毒转换为置换液，再由置换液泵输入到血液回路。根据置换液的补充途径，血滤分为后稀释法和前稀释法。其中，后稀释法的置换液用量少，清除率较高；前稀释法血流阻力小，滤过率稳定，可降低血液的黏稠度，但清除率较低，置换液的用量也大些。

血液滤过（前稀释法），如图 4-23 所示。

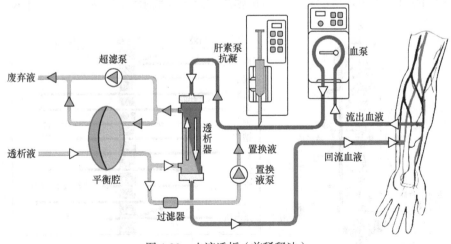

图 4-23 血液透析（前稀释法）

由于血滤采用对流的超滤方式，液体中的溶质随跨膜压通过半透膜，因此，血滤可以实现透析无法达到的对中分子溶质的清除效果。血液滤过的清除范围为中、小分子毒素，中分子物质主要有以下几种。

多肽	peptide A	778 Da
维生素 B_{12}	vitamin B_{12}	1355 Da
菊糖	inulin	5200 Da
微球蛋白	B2-microglobulin	11 800 Da
肝素	heparin	11 200 Da
肌球蛋白	myoglobin	17 000 Da
因子 D	factor D	24 000 Da
白介素 1	interleukin-1	31 000 Da
蛋白酶	pepsin	35 000 Da
肿瘤坏死因子	tumor necrosis factor	39 000～225 000 Da

血液滤过主要是用来清除血液透析无法清除的中分子物质，包括细胞因子、炎性介质、化学药物、胆红素、维生素等。与血液透析相比，血液滤过对血流动力学的影响较小，可用于一些血流动力学不稳定的患者。但血液滤过容易导致增加可溶性维生素、蛋白、微量元素和小分子多肽等物质的丢失，临床上应适当予以补充。

3. 血液灌流 血液灌流（hemoperfusion，HP）是指血液借助于体外循环装置，通过具有广谱解毒效应或固定特异性配体的吸附剂装置，清除血液中的内源性或外源性致病物质，实现血液的净化。目前，血液灌流主要限定于吸附作用，因而也常被称为血液吸附治疗。血液吸附治疗通常有血液（全血）吸附和血浆吸附两种方式，临床上常用的血液灌流是全血经灌流器通过吸附作用排除毒素的血液净化方法，其实就是血液吸附。而多数免疫吸附疗法是先使用膜型血浆分离器或通过离心使血液的有形成分与血浆分开，分离的血浆再流经各种具有特异吸附作用的吸附剂，吸附特定的致病物质，然后与细胞成分汇合并回输体内，即称为血浆吸附。

（1）全血吸附：临床上常用的血液灌流就是一种常用的全血吸附模式，血液吸附还包括血细胞吸附，例如，使用高分子材料聚酯细纤维无纺布制成的吸附剂，可以选择性吸附淋巴细胞，对多发性硬化症、系统性红斑狼疮（SLE）、恶性类风湿关节炎等有一定疗效；用聚乙烯醇串珠吸附去除中性粒细胞以治疗炎症性肠病（如溃疡性结肠炎、克罗恩病等）。

全血灌流技术是将患者血液从体内引到体外循环系统内，通过血液吸附柱（血液灌流器）中吸附剂非特异性吸附毒物、药物、代谢产物，达到清除这些物质的一种血液净化治疗方法或手段。

全血吸附，如图 4-24 所示。

全血灌流的清除原理是吸附，适用于清除中大分子毒物、环状小分子或与血浆蛋白结合率高的物质，特别是对疏水亲脂基团有很高的吸附能力。全血灌流一般不需要透析液（水路）系统，血液流经体外含有吸附剂的灌流器，通过吸附作用清除血中的毒物。全血灌流可以应用普通的单泵灌流机，也能在透析机、血滤机等血液净化设备上联合使用。由于全血灌流主要是吸附一些较大分子的物质，特别是蛋白结合率较高的物质，或者对于不明原因的毒物，因此临床上做血液灌流时常串用血液透析，以兼顾清除小分子物质。

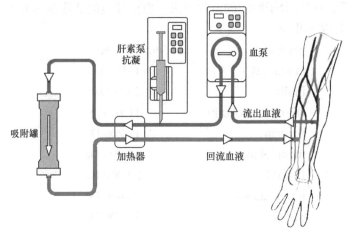

图 4-24　全血吸附

全血吸附的优点是对设备要求不高，治疗时仅需要一台血泵、一个吸附柱和一套血液管路，因而操作简单，治疗费用相对较低。所用的吸附剂通常是广谱型吸附剂，同一吸附剂可用于多种疾病的治疗。

（2）血浆吸附：血浆吸附（plasma adsorption，PA）首先是将引出的血液通过血浆分离器分离出血浆，再由血浆泵把血浆引进吸附器，以清除其中的某些特定物质，吸附后的血浆和血液有形成分汇合后回输患者体内。

血浆吸附，如图 4-25 所示。

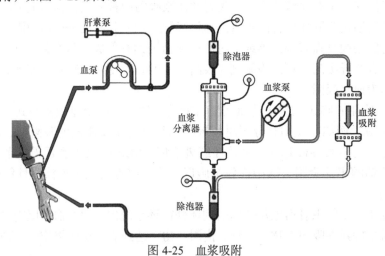

图 4-25　血浆吸附

血浆吸附与血液吸附相比，优点在于吸附剂只与血浆接触，不与血细胞接触，因而不会对血液的有形成分产生破坏，不良反应也较少。另外，血浆吸附干扰因素较少，可更高效地吸附致病物质，因此对于重症感染性疾病、免疫损伤性疾病多采用血浆吸附。但血浆吸附对设备和吸附剂要求较高，治疗费用也相对昂贵。

血浆吸附与血浆置换相比，可特异性或相对特异性吸附，无白蛋白等血浆成分丢失，无须补充置换液，减少了输血感染风险。缺点是需使用特异性吸附器，部分技术操作相对复杂。目前，血浆吸附发展较为迅速，主要应用于四个方面。

1）人工肝支持治疗。利用活性炭及树脂的非特异性吸附特性，可有效吸附清除肝衰竭时血液中蓄积的水溶性及蛋白结合毒素。非生物型人工肝系统基本以此为核心技术，包括分子吸附再循环系统（MARS）、BR-350 树脂吸附柱等。

2）血浆滤过吸附。配对血浆滤过吸附（couple plasma filtration adsorption，CPFA）也称连续性血浆滤过吸附，是指全血先由血浆分离器分离出血浆，血浆经吸附器吸附后与血细胞混合，再经血液滤过或血液透析后回输到体内。CPFA 具有溶质筛选系数高、生物兼容性好、兼有清除细胞因子和调整内环境功能等特点，能广谱地清除促炎及抗炎物质而且具有自我调节功能，可用于急性肾衰竭、败血症和多脏器功能衰竭等危重患者的抢救。

3）免疫吸附治疗。免疫吸附疗法是通过体外循环，将分离出的含致病因子的血浆通过以抗原抗体反应或某些具有特定物理化学亲和力的物质作为配基与载体结合而制成吸附柱，利用其特异吸附性能，选择性或特异性地清除血液中致病物质。这类治疗主要为针对性清除自身免疫性疾病中的致病性抗体，如葡萄球菌 A 蛋白吸附柱，已广泛应用于系统性红斑狼疮（SLE）、抗中性粒细胞胞浆抗体（ANCA）相关性血管炎、抗肾小球基底膜抗体（GBM）介导的新月体肾炎、重症肌无力、移植术前及术后高危患者的处理及脂蛋白肾病的治疗。

4）血浆灌流吸附（分子筛吸附）。应用血浆膜式分离技术，将血浆从血液中直接分离出来，送入血液灌流器中，将血浆中的各种毒素吸附后再返回体内。主要用于清除尿毒症中分子毒素（如 β2-MG 等）、高脂血症、药物中毒和毒物等。

血液吸附/灌流适用于清除中大分子毒物、环状小分子或与血浆蛋白结合率高的物质，特别是对疏水亲脂基团有很高的吸附能力。大分子物质主要包括以下几种。

前白蛋白	pre-albumin	55 000 Da
抗凝血酶Ⅲ	antithrombin Ⅲ	65 000 Da
白蛋白	albumin	66 000 Da
血红蛋白	hemoglobin	68 000 Da
凝血酶原	prothrombin	68 000 Da
转铁蛋白	transferrin	76 500 Da
免疫球蛋白 G	IgG	160 000 Da
纤维蛋白原	fibrinogen	341 000 Da
二聚体	fibronectin（dimer）	450 000 Da

血液灌流的清除能力主要取决于物质的分子量和电荷，应用时应特别注意膜材料的组织不相容性（如出现寒战、发热、呼吸困难等过敏反应）、膜吸附颗粒脱落栓塞等。

4. 血浆置换 血浆置换（plasma exchange，PE）是现代血液净化中的一项重要手段，其技术相对复杂，应用时需要使用更多的循环泵和滤器（分离器和灌流器），它是以清除血浆内各种代谢毒素和致病物质为目的的现代血液净化方法。

血浆置换的基本原理是，将患者的血液引出体外，经过膜式血浆分离方法将血浆中的致病因子选择性地分离并弃去，然后将血浆的其他成分及所补充的平衡液或白蛋白回输至体内。血浆置换法不仅可以清除体内中、小分子的代谢毒素，还清除了蛋白、免疫复合物等大分子物质，其对于大分子物质、蛋白结合类毒素的清除率远好于血液透析、血液滤过和血液灌流。血浆置换实际上包括血浆分离与清除、置换双重含义，按血浆的置换方式，血浆置换分为单重血浆置换和双重血浆置换。

（1）单重血浆置换：是利用膜分离技术分离并丢弃体内含有高浓度致病因子的血浆，同时补充同等体积的新鲜血浆或新鲜冰冻血浆再加少量的白蛋白溶液。

单重血浆置换，如图 4-26 所示。

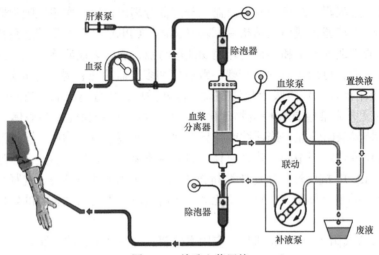

图 4-26　单重血浆置换

单重血浆置换的机制是将血浆分离后全部废弃，需要通过联动（平衡）的血浆泵和补液泵等量补充新鲜血浆，因此，单重血浆置换的新鲜血浆用量很大，治疗费用也较高。

（2）双重血浆置换：为节约新鲜血浆的临床用量，目前临床上广泛应用双重血浆置换机制。双重血浆置换的工作原理是，将血浆分离器分离出来的血浆再通过膜孔径更小的血浆成分分离器，把患者血浆中分子量远远大于白蛋白的致病因子（如免疫复合物）等丢弃，回输含有大量的白蛋白的血浆成分至体内，这样可以利用不同孔径的血浆成分分离器来控制血浆蛋白的除去范围，以节约新鲜血浆的实际用量。

双重血浆置换，如图 4-27 所示。

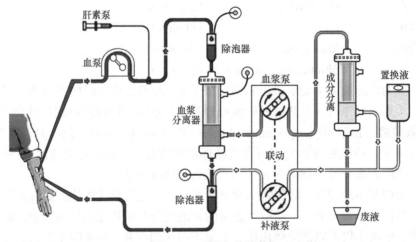

图 4-27　双重血浆置换

首先通过血浆分离器（第一滤器）分离血浆，再由血浆成分分离器（第二滤器，其膜孔更小）分离出分子量大的蛋白质并除去，留下分子量小的白蛋白加上置换液（生理盐水白蛋白溶液）输回人体。血浆置换液一般是正常人的血浆。如果血浆来源紧张，特别是遇突发大规模公共医疗事件，需要大量血浆时，可以部分使用706羧甲淀粉，或者用生理盐水加白蛋白代替血浆。血浆置换的量一般根据病情而定，通常以置换2000ml为宜。

近年来，基于临床治疗的需要，人们把各种不同的血液净化技术（如血液透析、血液滤过、血液灌流、血浆置换、免疫吸附、分子吸附、生物人工肝、体外膜肺等）进行有机组合，形成所谓"组合式"亦称杂合式血液净化疗法。主要用于治疗各种难治性疾病和危急重症，特别在重症感染性疾病（如脓毒败血症、全身炎症反应综合征）及MODS的治疗中发挥着举足轻重的作用。所以，血液净化疗法，特别是免疫吸附将成为治疗学中除药物、手术以外适用于疾病谱的第三条治疗途径。

（二）非生物人工肝技术

人工肝支持系统（artificial liver support system）简称人工肝，是20世纪50年代逐渐发展来的，为肝衰竭患者提供体外肝功能的支持技术，它的出现与发展为肝衰竭的治疗开辟了新途径。人工肝装置通过体外循环方式来代偿肝脏功能，而非置入人体，故又称为体外人工肝支持系统（extracorporeal liver support system，ELSS）。人工肝治疗肝衰竭的主要原理是暂时替代肝脏功能，为肝细胞再生创造一个良好的内环境，促进肝功能恢复或为肝移植赢得时间。

与一般内科药物通过"功能加强"的治疗不同，人工肝是以解毒为主的"功能替代"治疗方式。其治疗机制是基于肝脏损伤的可逆性及肝细胞的再生能力，即通过体外血液净化的人工装置，辅助清除体内毒素，补充必需物质，暂时性替代衰竭肝脏的部分功能。从理论上讲，具备一种或几种支持肝脏功能的系统都可称为人工肝，因此，人工肝技术并不是特指某一具体的方法或手段，而是多种血液净化技术的联合应用。

1. 人工肝技术分类　目前，人工肝技术尚无统一分类，传统上根据其组成和性质，主要分为非生物型人工肝、生物型人工肝和组合生物型人工肝。目前，非生物型人工肝是人工肝治疗的主要方法。

（1）非生物型人工肝：可以理解为物理性（或机械性）人工肝，是指不包括生物代偿部分的人工肝支持系统。常用的方法包括血浆置换、白蛋白透析、分子吸附再循环系统（MARS）、蛋白吸附再循环系统、连续性血液滤过、全血及血浆灌流等。非生物型人工肝的功能以解毒为主，部分非生物型人工肝还具有补充人体需要物质或调节机体内环境紊乱的作用。

（2）生物型人工肝（bioartificial liver support sys-Tem，BLSS）：是指采用同种或异种动物的器官、组织或细胞等生物材料与特殊装置结合所构成的人工肝支持系统，是将肝细胞培养技术与血液净化技术相结合的产物。

生物型人工肝的基本原理是，将体外培养增殖的肝细胞，置于特殊的生物反应器内，利用体外循环装置将肝衰竭患者血液或血浆引入生物反应器，通过反应器内的半透膜与肝细胞进行物质交换和生物作用。生物型人工肝利用肝细胞分泌内源性活性物质和转化外源性毒素而发挥作用，其中内源性活性物质包括各种蛋白、代谢酶和活性因子等。生物型人工肝是与正常肝脏最为接近的人工肝支持技术，可以比较全面地替代肝脏解毒、生物合成和分泌代谢等功能。但是，由于生物型人工肝的研究还处于初级阶段，许多课题及成果目前仅停留在实验室，远没有达到临床应用的要求，所以，目前人工肝的治疗仍是以非生物型人工肝技术为主。

（3）组合生物型人工肝（hybrid artificial liver support system）：是将生物型人工肝与非生物型人工肝联合应用所构成的人工肝支持系统，集非生物型人工肝的解毒功能和生物型人工肝的合成、代谢和转化等作用于一体。

由于正常肝脏的结构和功能十分复杂，各种单纯以解毒为主要功能的非生物型人工肝难以完全代替肝脏功能，只有以具有活性功能的肝细胞为主要生物材料的生物型人工肝才与正常的肝脏最为接近，才具备真正意义上的"人工肝脏"的功能。因而，生物型或是组合生物型人工肝是未来人工肝技术的发展方向。

2. 非生物型人工肝的治疗机制　非生物型人工肝的主要机制是，利用生物膜和化学物质特有的分离与吸附效应，清除患者体内的有害物质，并平衡和补充体内所需物质。20世纪中叶，许多研究认为，引起肝性脑病的主要原因是毒性物质在体内的异常蓄积，而且这些毒素多数是可透析的小分子物质（小于 500Da），因此，早期人工肝装置的设计以提供小分子毒物血液净化的功能为主，后来在肝衰竭治疗中，还使用了包括血浆置换、血浆胆红素吸附等血液净化技术。传统血液净化技术早期主要应用于肾衰竭的治疗，但由于肝衰竭、肾衰竭和多脏器功能衰竭所产生的毒性物质大同小异，使得血液净化技术逐渐扩展应用到肝衰竭的治疗过程，血液透析、血液滤过、血液透析滤过、血液灌流吸附等均可使患者血清生物化学指标和临床症状有所改善。例如，对一个肝肾综合征伴有明显血清尿素、肌酐增高的患者，通过血液透析、血液滤过等治疗，可以改善临床症状。

由于各种血液净化技术都有着各自的应用特点，如，在血浆置换治疗过程中会丢失大量有益物质，消耗大量新鲜冰冻血浆，出现血浆过敏反应，抑制肝细胞再生；血液透析以清除小分子物质为主，对与蛋白结合的各种毒素难以清除；血液灌流对水、电解质、酸碱平衡紊乱者无纠正作用等。因此，多种血液净化方法联合治疗才是目前非生物型人工肝治疗的热点和研究方向。

通过多种血液净化方法联合治疗肝衰竭，这就要求相应的人工肝支持装置能够在一台装置上实现多种治疗模式，以及采取多种治疗模式的复合应用。随着人工肝治疗模式的进步，人工肝支持装置也会越加复杂及多样化。现阶段，称为"人工肝"的治疗系统多为联合应用技术，主要有血浆置换与血液滤过的联合应用、血液灌流与其他血浆净化技术的联合应用等，其中以血液灌流与白蛋白透析的联合应用技术更为普遍。

3. 白蛋白透析　白蛋白透析（albumin dialysis，AD）技术是近年来人工肝技术领域的重要进展，它主要包括单程白蛋白透析（single pass albumin dialysis，SPAD）、分子吸附再循环系统（molecular adsorbent recycling system，MARS）和连续白蛋白净化系统（continue albumin purification system，CAPS）等方法。因为体内绝大多数毒性物质均通过与白蛋白结合而运输，利用白蛋白作为载体清除患者体内的毒性物质，能够全面有效地清除肝衰竭患者体内毒性物质。

白蛋白透析生物相容性好，不良反应小，安全性明显优于活性炭及吸附树脂等非生物吸附疗法。此外，白蛋白透析兼有血液透析滤过，因此还具有调节患者内环境的作用，能够同时代偿肝及肾功能。MARS 是该技术的代表，在肝衰竭的支持治疗方面取得了较好疗效。但是，MARS 系统价格昂贵，单次治疗成本较高，操作复杂。因此，根据白蛋白透析的基本原理，出现了单纯白蛋白透析及 PARS 等类似的白蛋白透析技术，其方法原理与

MARS 相似，疗效亦相仿，但治疗费用明显降低。

与其他血浆置换、血浆灌流等传统的非生物型人工肝相比，白蛋白透析的技术优势在于其完全模拟正常肝脏清除毒性物质的机制，疗效肯定，而且有望通过增加白蛋白的用量及蛋白循环利用等方法来进一步提高白蛋白透析的疗效，因此，白蛋白透析是一种极有潜力和前途的人工肝治疗技术。

4. 分子吸附再循环系统 MARS 是一种已经在临床应用的人工肝支持治疗技术。这一技术的关键是将白蛋白分子作为物质吸附剂引入透析液，与血液内毒性物质结合后，白蛋白透析液经活性炭、阴离子交换树脂及透析装置的作用得以再生和循环再利用。与传统的血液净化技术相比，MARS 系统能够同时清除白蛋白结合毒性物质和水溶性毒性物质，可以纠正水、电解质紊乱和酸碱平衡失调，能避免单纯血浆置换的缺陷，如血浆短缺、血液传播性疾病、置换失衡综合征等。另外，由于血液避开了与活性炭、阴离子交换树脂的直接接触，可避免发生血小板、白细胞、凝血因子等物质的吸附和破坏。目前的临床治疗实践表明，MARS 可以全面清除白蛋白结合毒素及水溶性毒素、稳定血流动力学、降低颅内压（CIP）、改善肾功能，有助于肝衰竭合并 MODS 的防治。

MARS 人工肝系统采用高通量透析器（常用超薄聚砜膜）进行白蛋白透析，白蛋白透析液中的水溶性毒素再经低通量透析器间接透析滤出，白蛋白结合毒素由活性炭和阴离子树脂吸附清除，在线净化后的白蛋白透析液可重复使用。MARS 人工肝系统主要包括三个循环，即血液循环、白蛋白再生循环和透析循环，如图 4-28 所示。

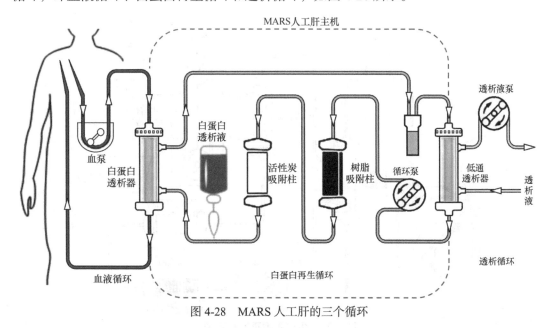

图 4-28 MARS 人工肝的三个循环

（1）血液循环：第一个循环为血液循环回路。利用血液净化装置的血泵将患者血液引流出体外，进入 MARS 的白蛋白透析器，透析器半透膜一侧与含有毒性物质的血液接触，另一侧则为 10%～20% 的白蛋白透析液，由此血液中的水溶性毒素和蛋白结合毒素可通过半透膜，将这些富含毒素的白蛋白溶液被转运至白蛋白循环透析液的循环回路中。

（2）白蛋白再生循环：第二个循环是白蛋白再生循环，主要在 MARS 人工肝主机上运行。活性炭吸附柱能吸附相对分子质量 5000Da 以内的中小分子水溶性物质，如游离脂肪酸、γ-氨基丁酸、硫醇等，但对白蛋白结合毒素吸附能力有限。树脂吸附柱可以吸附相对分子质量500～5000Da的中分子物质，对蛋白结合毒素的吸附能力优于活性炭，对脂溶性高的毒物也有较强的吸附能力。活性炭和树脂的联合吸附作用扩大了解毒范围，增强了解毒效果，并使得白蛋白透析液得以再生和循环使用。MARS人工肝系统通过中介蛋白转运大分子毒素，血浆不直接与活性炭和树脂接触，不会发生凝血因子和蛋白质的吸附与破坏，不丢失激素、生长因子等有益物质。

（3）透析循环：由于血液中的水溶性毒性物质会随着白蛋白透析液一同进入透析循环回路，在低通透量透析膜的作用下，可以清除白蛋白透析液中的大部分水溶性毒性物质，如尿素、肌酐、氨等，即通过透析循环和白蛋白循环，使得白蛋白透析液得以再生和循环再利用。

通过血液循环、白蛋白再生循环和透析循环，MARS人工肝系统可以有效地清除内源性和外源性毒素，阻断恶性循环，改善内环境的平衡，促进肝细胞的再生，使衰竭肝的功能得以恢复或为肝移植延续时间。

5. 蛋白吸附再循环系统　根据白蛋白透析的基本原理，国内外先后出现了多种与MARS相似的治疗系统，具有代表性的有蛋白吸附再循环疗法（protein adsorption recycling treatment，PARS）和持续白蛋白净化系统（CAPS）等。由于PARS、CAPS疗法可以采用临床常用的血液净化装置（如CRRT）、透析器及灌流器，治疗操作更为简单，且疗效相似或稍逊于MARS技术，整个治疗期间无须使用昂贵的MARS设备和外源性白蛋白作为预冲、灌注，其治疗成本较MARS有大幅度降低。蛋白吸附再循环系统，如图4-29所示。

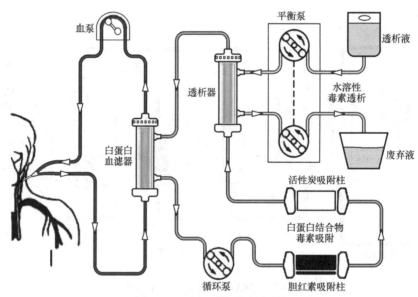

图4-29　蛋白吸附再循环系统

蛋白吸附再循环系统（PARS）通过透析、吸附两个联合治疗机制，可以分别清除白蛋白结合毒素和水溶性毒素。

（1）白蛋白结合毒素吸附技术：PARS系统工作时，血液首先通过白蛋白滤器，从血液中分离出白蛋白，截留血液中分子量较大的物质和细胞灌注至两个吸附器，即活性炭吸附柱和胆红素吸附柱，通过与高亲和力的吸附材料直接接触，清除白蛋白结合毒素。

（2）水溶性毒素透析技术：通过半透膜的血液透析，可以清除大部分水溶性毒性物质，如尿素、肌酐、氨等。

四、建立血管通路

建立与维持一个具有足够血流量且安全的血管通路（vascular access）是保证透析顺利进行和透析充分性的关键，因而，血管通路也被称为血液透析患者的"生命线"。透析血管通路分为急性血管通路和慢性血管通路，急性血管通路的建立要求开通快速、准确、安全，以保证抢救的及时性；慢性血管通路的建立则要求具有足够的血流量，保证长期治疗的充分性，无感染、不影响患者的正常生活。

良好的血管通路应具备三个特点，一是血流量能够达到或大于 500ml/min；二是便于建立体外血液循环，可以反复使用；三是手术方法尽可能简单，成功率高。

（一）急性血管通路

急性血管通路（acute vascular access）也称为临时性血管通路，是指能够迅速建立、立即使用的血管通路。主要适用：有透析指征的急性肾损伤；慢性肾衰竭尚未建立永久性通路；急性药物或毒物中毒，需要急诊行血液净化治疗；内瘘感染或栓塞，需要临时性血管通路作为过渡；腹膜透析、肾移植患者因病情需要的临时血液透析；多脏器功能衰竭行连续性肾脏替代治疗（CRRT）等；其他原因需临时血液净化治疗。

急性血管通路主要包括直接动静脉穿刺、中心静脉导管等。

1. 直接动静脉穿刺　直接动静脉穿刺可以直接、快速地建立血管通路，但有一定的危险性。除非是仅做一次血液透析，一般情况下，不提倡采用直接动静脉穿刺的方法建立临时血管通路。

2. 中心静脉导管　中心静脉导管（central venous catheter）常采用高分子合成材料，可在床边快速完成置入，并有充足的血流量。中心静脉导管，如图 4-30 所示。

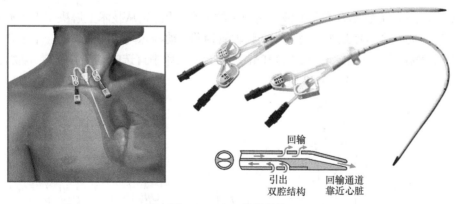

图 4-30　中心静脉导管

经皮中心静脉导管多采用颈内静脉或股静脉的留置单针双腔导管，置入部位有股静脉、颈内静脉和锁骨下静脉，这三处插入方式各有特点。经皮股静脉置管术由于操作较容易，所以适合新开展置管技术的医疗单位或术者，缺点是临近外阴、肛门易发生污染，保留时间也较短；经皮颈内静脉置管术是目前最常用的急性血管通路，尤其适用于等待永久性内瘘成熟的患者，经皮锁骨下静脉置管术由于会引起中心静脉狭窄，一般不推荐应用。

（二）永久性血管通路

有临床共识，如果患者选择血液透析作为肾脏替代治疗方式，预计在半年内可能要进入血液透析治疗或者肾小球滤过率（GFR）小于 15ml/（min·1.73m^2）[糖尿病患者GFR<25ml/（min/1.73m^2）]或血清肌酐（CRE）大于 6mg/dl（糖尿病患者 CRE>4mg/dl），应考虑提前建立动静脉内瘘，以利于内瘘的成熟。

1. 自体动静脉内瘘成形术　自体动静脉内瘘成形术（autogenous arteriovenous fistula plasty）是维持性血液透析患者常用的血管通路，具有安全、血流量充分、感染机会少等优点，一般的动静脉内瘘可以维持使用 4～5 年，并能满足血液流量，为透析治疗的充分性提供保障。

自体动静脉内瘘成形术是一种血管吻合的小手术，通常选择患者非优势侧的前臂靠近手腕部位进行桡动脉和头静脉吻合术，即在右手患者的左前臂靠近手腕部位进行动脉和邻近静脉的缝合术，使吻合后的静脉血管中流动着动脉血，形成一个动静脉内瘘。皮下吻合形成的内瘘，术后会使静脉扩张、肥厚（静脉动脉化），可反复进行穿刺，以利于长期血液净化治疗。

动静脉内瘘，如图 4-31 所示。

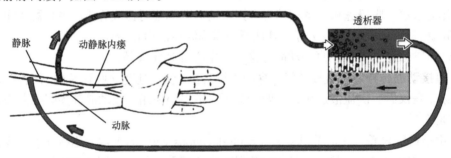

图 4-31　动静脉内瘘

动静脉内瘘的血管吻合术是血液透析技术的一大进展，它从技术上解决了大血流量治疗的临床需求，是至今应用最为广泛的永久性血管通路。动静脉内瘘的血管吻合术主要有 3 种方式，即动静脉侧-侧吻合、端-侧吻合和端-端吻合，临床中首选的是动静脉端-侧吻合方式。

血管吻合术方式，如图 4-32 所示。

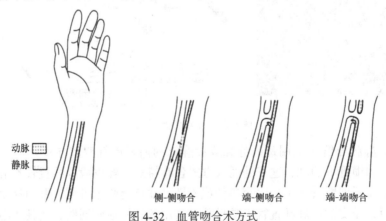

图 4-32　血管吻合术方式

2. 移植血管搭桥造瘘术　虽然动静脉内瘘是血液透析主要的永久性血管通路，但对于一些老年糖尿病肾病和高血压肾病的患者，血管条件较差，无法行动静脉内瘘术，因而临床上可采用移植血管搭桥造瘘术。

移植血管搭桥造瘘术（grafts bypass colostomy）采用移植血管端-侧吻合搭桥，人工制造一个内瘘，如图4-33所示。

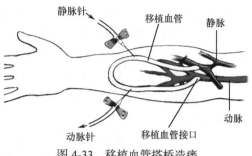

图 4-33　移植血管搭桥造瘘

对于移植血管材料的性能要求是，无抗原性、无异物排斥反应、生物相容性好；内面光滑，不易引起血栓；抗力强度高，能承受动脉压力，不发生动脉瘤样扩张，无破裂的危险；有适当的硬度，不易扭曲、塌陷；有接近自体动脉的顺应性，能随动脉搏动扩张与收缩；不漏血易缝合，能耐受反复穿刺不裂开，止血容易；对感染有抵抗性，易灭菌保存；无毒、无致癌性等。

目前，移植血管有生物性和非生物性两类。生物性移植血管主要有三类材料来源，一是自体血管（多采用大隐静脉），由于取材方便、无抗原性、口径较合适，临床上较为常用；二是同种异体血管，尸体的大隐静脉、股动脉、脾动脉、肱动脉及胎盘脐静脉等，由于取材原因，应用较少；三是异种血管，主要是牛颈动脉，取材较易，但抗原性强、处理工序复杂、价格昂贵，因而也较少应用。非生物性血管材料是目前应用最为广泛的人工血管，常用的非生物性血管材料有聚四氟乙烯，它具有取材容易、形状及口径易控制、生物相容性好、容易穿刺等技术优势。

3. 带隧道带涤纶套导管　对于以下患者可考虑行带隧道带涤纶套导管置入。

（1）动静脉内瘘尚处于成熟期，需等待4周以上或逆行动静脉内瘘手术，病情需要尽快开始血液透析的患者。

（2）半年或1年内可行肾移植过渡期，需要透析治疗患者。

（3）对于部分生命期有限的尿毒症患者，尤其晚期肿瘤合并尿毒症患者。

（4）血管条件差不能建立动静脉内瘘的患者。

（5）低血压而不能维持内瘘血流量的患者。

（6）反复心衰发作，进行动静脉内瘘手术可能加重或诱发心衰的患者。

行穿刺术的医师必须熟练掌握无隧道无涤纶套导管穿刺插管技术，方可进行带隧道带涤纶套导管置入操作。带隧道带涤纶套导管留置时应根据患者身高和体型选择导管的长度，右侧颈部置管选择36～40cm的导管，左侧颈部置管选择40～45cm的导管，股静脉置管应当选择45cm以上的导管。

五、血液净化的抗凝技术

由于血液净化需要将血液引出到体外，离体后的血液必然会产生"凝血"这一生理学现象，因而，在血液净化时需要采用相应的抗凝措施，以防血液在体外循环过程中发生凝血。血液抗凝是实现体外循环的基本保障措施，尤其对于危重症患者在实行连续性血液净化治疗时抗凝技术显得至关重要。

血液净化时，一方面需要充分抗凝，以保证体外循环过程中血液不发生凝固，同时阻止血小板、纤维蛋白原等附着于滤器使清除率下降，并堵塞管路；另一方面应避免抗凝过度，以免引起或加重出血。因此，在进行血液净化时，必须要对患者凝血功能及有无出血倾向进行全面评估，选择适宜的抗凝方案，并根据凝血的监测指标，适时调整抗凝。

1. 影响滤器凝血因素 影响滤器的凝血因素是多方面的，主要有患者因素、血管通路、血流量、滤器膜材料等。

（1）血管通路：在血液体外循环时，持续且稳定的血流是保障滤器使用安全（寿命）的前提，若由于导管与血管不配套（血管细、导管粗）、导管打折、不正等引起血泵运行异常，均可引起滤器及导管的凝血。另外，临时性管路使用时间过长，血管壁及血管周围出现血栓，也会导致血流量的不稳定，引起滤器凝血。

（2）血流量：低血流量会导致血流减缓，但高血流量容易引起湍流，两者都会加重凝血现象。有报道，在连续静—静脉血液滤过透析（CVVHD）中，血流量维持为150～200ml/min，循环管路的使用寿命最长。体内有效循环血容量不足，容易导致血泵反复抽吸现象，会加重循环管路凝血。血泵抽吸现象一方面可能会加重血细胞及血小板的挤压、破坏及凝血因子的激活；另一方面也可能产生吸空现象，将空气吸入管路，增加气液接触，加重凝血。因此，在血液净化时，应评估患者的有效循环血容量，选择适宜的超滤量。

（3）滤器膜材料：目前，大多数血液净化技术都选择中空纤维膜作为滤器，理想的膜表面应该光滑且生物相容性好。膜的组成成分和表面携带的电荷决定膜上血浆蛋白沉积，包括白蛋白、补体和纤维蛋白原，聚丙烯腈膜携带大量的阴电荷，可吸附血浆蛋白、不同的细胞因子和生长因子于膜表面。不同膜生物相容性不同，纤维膜与合成膜相比，更易导致血浆补体蛋白的激活，白细胞和血小板减少，产生炎症细胞因子和多形核白细胞激活，一般人工合成膜所需抗凝剂均比纤维膜要少。

（4）患者因素：连续性肾脏替代治疗（CRRT）常应用于ICU，大多是多脏器功能障碍的重症患者，急性肾损伤（AKI）只是其中的表现之一，经常会合并有血流动力学不稳定、败血症、低血压和出血倾向[如弥散性血管内凝血（DIC）]，部分患者是围手术期患者，合并重要脏器出血、肝衰竭、血小板减少、凝血明显异常等。因此，在进行血液净化前，需要对患者进行全面评估。

在血液净化前对患者的评估主要包括两个方面，一是患者出血性疾病或血栓性疾病的评估；二是对凝血指标的评估。

2. 主要抗凝方式 目前，临床血液净化体外循环的主流抗凝方式主要有全身抗凝、局部体外抗凝和无抗凝剂。

（1）全身抗凝：主要是应用普通肝素和低分子肝素。普通肝素的抗凝作用主要是与抗凝血酶Ⅲ结合，增强其抗凝血酶活性，同时抑制凝血因子Ⅹ（F-Ⅹ）、凝血因子Ⅸ（F-Ⅸ）活性。优点是肝素经历了较长时间的临床应用，积累了一定的经验；其半衰期为1～1.5h，有拮抗药，可以监测。缺点是肝素的代谢动力学个体差异较大，并无法预测。低分子肝素抗Ⅹa因子的作用强于抗Ⅱa因子，具有较强抗血栓作用，而抗凝血作用较弱，具有出血危险小、生物利用度较高及使用方便等技术优势。低分子肝素一般仅需静脉注射一次，即可维持4h的血液透析的全过程。

（2）局部体外柠檬酸钠抗凝：局部体外柠檬酸钠抗凝是近年来血液净化体外循环推荐

的一种主流抗凝方式，由于其具有不影响体内凝血状态的优势，已作为 CRRT 抗凝的首选。

血清离子钙是机体凝血过程中必不可少的一种物质，参与级联反应过程中的多个步骤，柠檬酸三钠通过螯合作用，降低体外循环中血清中离子钙浓度，阻断其作用，进而阻断了血液凝固过程，并且这一过程是可逆的，柠檬酸钙螯合物进入体内很快解离成钙离子及柠檬酸根，体内离子钙水平恢复正常，使血液凝血功能恢复，柠檬酸根通过肝脏进行三羧酸循环代谢成水和二氧化碳排出体外。

与肝素全身抗凝不同，局部体外柠檬酸钠抗凝需要应用输液泵（或设备上的置换泵）对动脉端管路进行连续输入，柠檬酸浓度为 4%～46.7%，一般给予 4%柠檬酸钠 180ml/h 滤器前持续注入，控制滤器后的游离钙离子浓度为 0.25～0.35mmol/L；在静脉端给予 0.056mmol/L 氯化钙生理盐水（10%氯化钙 80ml 加入到 1000ml 生理盐水中）40ml/h，控制患者体内游离钙离子浓度 1.0～1.35mmol/L，直至血液净化治疗结束。临床应用局部柠檬酸抗凝时，需要考虑患者实际血流量，并应依据游离钙离子的检测结果，及时调整柠檬酸钠（或柠檬酸置换液）和氯化钙生理盐水的输入速度。

（3）无抗凝剂：在某些情况下，患者可以不需要使用任何抗凝剂进行血液净化的体外循环。一是患者自身凝血功能出现明显异常，凝血显著延长，即使不使用任何抗凝剂，滤器也可使用较长时间而不需要更换；二是患者有明显出血，对其他抗凝方式都有禁忌。

3. 抗凝方式的选择 由于患者病情程度、合并症、年龄、既往史、凝血状态等存在差异，因此抗凝治疗应根据患者制定个体化方案，并根据患者凝血指标监测及是否存在并发症，及时调整抗凝方式。选择抗凝方式的主要原则如下。

（1）临床无柠檬酸钠抗凝禁忌（严重肝衰竭，低氧血症或组织灌注不足）时，应首选柠檬酸钠抗凝。

（2）患者有明显出血性疾病或出血倾向，应避免全身抗凝治疗。

（3）患者曾诊断过肝素诱发的血小板减少症，应避免应用肝素抗凝。

（4）对于长期卧床具有血栓栓塞性疾病发生风险的、国际标准化比值较低的、血浆 D-二聚体水平升高的、血浆抗凝血酶Ⅲ活性在 50%以上的患者，推荐每天给予低分子肝素作为基础抗凝治疗。

第二节 血液透析机

血液透析机（hemodialysis machine）是应用血液透析（hemodialysis，HD）疗法替代肾功能的重要医学仪器，是通过血液透析器（液体过滤装置）、血液回路、透析液回路实现对患者引出血液进行溶质弥散和超滤的专用设备。血液透析可以清除血液中的代谢废物、纠正电解质和酸碱平衡失调、排除体内多余水分，因此，血液透析机也称为"人工肾"。

在各种肾脏替代治疗的方法中，血液透析是发展最快且应用最为广泛的一种治疗技术。虽然，血液透析技术用于临床只不过数十年，但其发展速度和普及程度却是惊人的，主要原因如下。

（1）血液透析与肾脏生理相近，且可以长期部分替代肾功能。

（2）由于各种原因引发的急、慢性肾衰竭和终末期肾病发生率具有逐年增高趋势，临床对血液透析的需求量还在增加。

（3）血液透析是现阶段治疗急、慢性肾衰竭和药物中毒的最可靠方法之一，使众多终末期肾衰竭的患者得以存活或延长生命。

血液透析是一种可长期应用的肾脏替代性治疗技术，能够迅速、有效地清除体内代谢废物，纠正肾衰竭引起的各种病理生理改变，可以为原发病治疗和肾功能恢复争取时间。对于终末期肾衰竭患者，其肾功能不可逆转的丧失，腹膜透析、血液透析、肾移植是现阶段三种主流的治疗方法，但由于肾源短缺、腹膜透析尚未普及，还是有近80%的患者接受维持性血液透析治疗。随着血液透析治疗技术的进步，治疗技术趋于成熟，患者的生存质量及长久存活率显著提高，临床征明，充分的透析治疗可以使肾衰竭患者获得正常人的寿命。因此，只要不能全面遏制急、慢性肾衰竭的发生，在未来相当长的时间内，血液透析疗法仍然是治疗肾衰竭的重要方法。

一、血液透析基础

当人体发生肾衰竭时，体内的代谢产物和多余水分不能通过肾脏排泄，体内的电解质和酸碱平衡难以得到调节，如不及时进行替代性治疗，将会因毒素和多余水分潴留而导致死亡。血液透析（HD）是利用半透膜技术，让患者血液与透析液同时流过透析器半透膜两侧，借助半透膜两侧的跨膜压（TMP）及渗透压（浓度差），通过弥散、对流等方式清除血液内毒素和潴留水分，然后再将清洁的血液回输至患者体内。

血液透析系统，如图4-34所示。

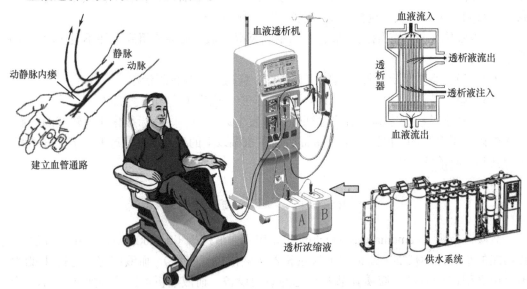

图4-34 血液透析系统

血液透析是一项复杂的医疗过程，在实施透析治疗时，不仅需要血液透析机，还要通过血管手术建立血管通路，选择适宜的透析器，并提供符合配比要求的透析液，以及高纯度的透析用水。

（一）透析器

透析器（dialyzer）为一种筛网滤器，是利用半透膜原理，借助于膜两侧的溶质渗透压梯度和水压梯度，实现清除体内的毒素和潴留水分，同时补充人体所需的物质，维持电解质和酸碱度平衡。

1. 血液透析的基本过程 临床血液透析治疗的基本过程，如图 4-35 所示。

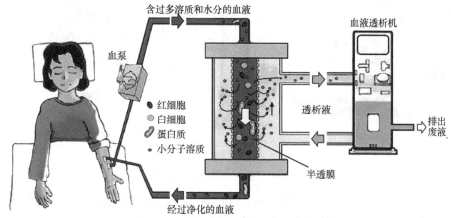

图 4-35 临床血液透析治疗的基本过程

透析治疗时，将患者的血液经血管通路、动脉管道引入至透析器，血液和透析液在半透膜两侧进行逆流交换，交换后的透析液回流到透析机的透析液供给装置，经过处理后排出到医疗废液排污管道，并向透析器提供清洁的透析液。被"净化"后的血液经过去泡器、静脉管道再由静脉血管通路重新回输到患者的体内，如此循环，完成对患者的血液净化。

血液透析净化的基本流程如下。

（1）由血管通路引出血液，血液中含有代谢废物及多余水分。

（2）由于血液和透析液之间的溶质浓度梯度不同，溶质将由高浓度区扩散到低浓度区，因此，小分子溶质会通过弥散自由穿透半透膜，以实现清除小分子代谢物，同时维持体内电解质和酸碱度平衡。

（3）应用超滤原理，在半透膜两侧形成一定的跨膜压梯度，水分从高压区流向低压区，实现血液的超滤脱水。

2. 透析器基本结构与分类 透析器是血液透析机的关键器件，根据支撑结构和透析膜，透析器可分为平板型、蟠管型和空心纤维型三大类。其中，平板型和蟠管型透析器是早期产品，因其体积较大、预充血量及残血亦较多、操作复杂、溶质及水的清除效果较差等原因，现已逐步被淘汰。空心纤维型透析器是目前临床使用最多、效果最好的一类透析器。

空心纤维型透析器结构，如图 4-36 所示。

空心纤维型透析器通常有 5000~15 000 根空心纤维，其表面积可达 0.5~2.5m^2。为提高透析效率，需要在有限的容积内尽可能增加半透膜的面积，因而从工艺上来讲，将平板半透膜改变成圆筒状的空心纤维半透膜是一种切实有效的方法，纤维膜由不同膜材料制成，内径约为 200μm，壁厚度小于 40μm，空心纤维捆成一束，外由透明塑料制成封裹外壳。透析器上下各有两个管口，即血液与透析液的进口及出口。

这种透析器在国内外应用最多，其优点是体积小而轻，血流阻力小，预充血量与残血量均少，超滤及溶质清除效果好，外壳透明，便于观察，缺点是空心纤维内容易凝血，空气进入纤维内不易排出，影响透析效果。为保证透析器的性能，在设计透析器时不仅要考虑扩大膜面积，同时还要使膜两侧通路有尽可能小的流体阻力，以保证血液和透析液在透析器内流动的顺畅。应用透析器时，血液与透析液总是以相反的方向流动，这样，可以使

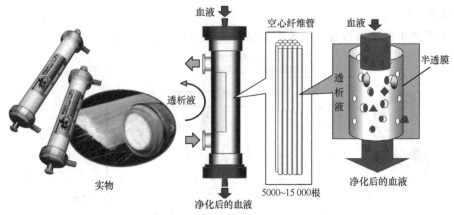

图 4-36 空心纤维型透析器结构

血液总是"接触"较为"干净"的透析液，即刚进入透析器新鲜的透析液，与将流出透析器相对"干净"的血液进行半透膜弥散交换。

（1）通透性分类：临床上对透析器的通透性分类并没有明确的界定，一般将仅能通过小于 8000Da 物质的透析膜称为低通量透析器，大于 8000Da 的膜孔为高通量透析器。由于低通量透析器的膜孔相对较小，导致相对较低的超滤系数[通常<8ml/（h·mmHg）]，主要用于普通的透析治疗；高通量的膜孔较大，超滤系数通常>20ml/（h·mmHg），多用于高效透析、血液滤过及 CRRT 等治疗。

（2）复用性分类：透析器还分为可复用型和不可复用型，目前可复用的透析器主要有金宝的 R 系列、百特的 CAHP130、210 等。

3. 透析器的半透膜 半透膜（semipermeable membrane）也称为透析膜，是决定透析器性能的最重要部件。透析器的半透膜类似于一个精细的筛子，具有选择性通行功能，当血液和透析液在通过透析器时，只有分子半径小于筛孔的物质才可自由通过半透膜。

半透膜两侧溶质弥散示意图，如图 4-37 所示。

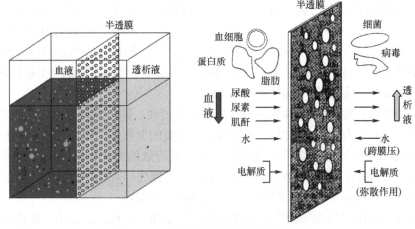

图 4-37 半透膜两侧溶质弥散示意图

透析是一种溶液通过半透膜与另一种溶液进行溶质交换的过程，半透膜为布满很多小孔的薄膜，仅允许膜两侧比孔径膜孔小的水分子和小分子溶质通行，以进行物质交换，而较大分子溶质（如红细胞、白细胞、蛋白质分子、细菌、病毒等）则不能通过。根据膜平衡原理，半透膜两侧的溶质和溶剂（水分子）将按渗透压（浓度）梯度做跨膜运动，最终达到动态平衡。

在透析过程中，其运动的能源来自溶质本身的分子的不规则运动，即布朗运动，影响弥散的因素是溶质浓度梯度、溶质分子量及半透膜的阻力。其中，溶质浓度的梯度差是维持弥散的动力，也就是说，必须保持血液与透析液之间的浓度差，才可以实现弥散。为此，在透析治疗过程中，一是要保持半透膜两侧血液和透析液的循环流动，血液侧连续流入未经净化的血液，透析液侧需要源源不断地补充新鲜透析液；二是要保持透析液与血液流向相反，使透析器内血液与透析液之间存在着最大浓度差，这样才能保证对毒素的弥散清除率。

常用透析器膜材料主要有三大类，再生纤维素膜、改良纤维素膜和合成膜。

（1）再生纤维素膜：早期的透析膜一般是基于再生纤维素膜，它的造价低，膜壁极薄，但由于纤维素表面有游离羟基团，易激活补体、刺激中性粒细胞产生过氧化物和超氧化物等细胞因子（如白细胞介素1、肿瘤坏死因子等），可引起炎症反应，导致透析相关的不良反应。再生纤维素膜对 β_2-微球蛋白等中大分子毒素清除不足，透析相关的淀粉样变是使用这类透析器常见的并发症，现在临床上已较少应用。

（2）改良纤维素膜：即在纤维素主链上连接不同的取代基团，以改善生物相容性，如醋酸纤维素膜。这类膜引起的炎症反应较轻，并能制造出更大的膜孔径，尤其是三醋酸纤维素膜，然而其血液相容性仍有待改进。

（3）合成膜：现阶段，临床上主要使用高性能的合成透析膜，主要包括聚砜膜、聚醚砜膜、聚甲基丙烯酸甲酯膜、聚丙烯腈膜等。合成膜有较高的转运和超滤系数，生物相容性好，但价格较贵。

1）聚砜膜：是一种机械性能优良的膜，能够满足各种透析模式（低通量透析、高通量透析、在线透析滤过等）下清除溶质和水的需求。聚砜中空纤维膜具有厚度薄（$<40\mu m$）、内层孔隙率高、膜孔规则且无致密外层的特点，溶质传输性能好，能够有效清除不同分子量的尿毒症毒素，比纤维素膜有更好的生物相容性，可以有效阻止透析液中的内毒素反超，还可以吸附的方式清除内毒素，同时，聚砜膜有良好的热稳定性，能耐受蒸汽消毒。

2）聚醚砜膜：聚醚砜和聚砜材料同属聚芳砜家族高分子材料，但它比聚砜更稳定，其分子中不含双酚 A 结构，避免了双酚 A 的致癌、致畸、生殖毒性等，使用更安全，其耐热性、机械耐力、亲水性优于聚砜。

3）聚甲基丙烯酸甲酯膜：聚甲基丙烯酸甲酯（PMMA）膜通过使用不同的添加剂可以制成带负电荷的 PMMA 膜，带上负电荷后使膜具有吸附能力，尤其是吸附较大分子量的碱性蛋白。PMMA 膜对 β_2-微球蛋白及其他相对分子质量超过 5000Da 的分子有较强的吸附清除能力，优于聚砜膜。PMMA 膜还具有良好的生物相容性，引起较少的细胞因子合成，能够通过吸附作用清除因子 D（启动补体替代激活途径的重要因子）。

4）聚丙烯腈膜：由于聚丙烯腈与单体丙烯腈互不相容，使聚丙烯腈易于提纯。同再生纤维素膜相比，聚丙烯腈膜对中分子量物质的去除能力更强，超滤速率是前者的几倍，同时有优良的耐有机溶剂的特性。聚丙烯腈膜家族中需特别介绍的是法国 1969 年开发出的高渗透性透析膜 AN69 膜。AN69 膜是由丙烯腈与甲基丙烯磺酸钠共聚而制成，为亲水性透析膜，因大量的磺酸基团吸引水分子而创造了一个水凝胶结构，从而提供了高弥散性和渗水性。AN69 膜能大量吸附低分子量蛋白质，其对碱性低分子量蛋白有较高的特异性吸附能力，是其区别于其他合成高通量透析膜的一个重要特性。最近，在 AN69 基础上开发出来的新一代透析膜 AN69 ST®，在其内表面有肝素涂层，增强了其抗凝血功能，并加强了其外表面对于细菌产物的吸附能力。

4. 透析器的功能要求　透析器对半透膜的基本性能要求如下。

（1）膜材料的机械强度高、血液接触面光滑（利于减少凝血）、膜的化学性能稳定、不易老化、有良好的生物相容性和抗凝血能力。

（2）膜厚度均一、膜壁的完整性好（减少渗漏）、膜孔径尺寸一致性好。

（3）透析器按储存方式又分干膜和湿膜，湿膜相对干膜来说生物相容性要好，但其对存储温度有要求，需大于 4℃，因而，运输成本相对于干膜来说也略高。

（4）透析器按使用次数又分一次性透析器和可重复使用透析器，重复使用的透析器能避免首次使用综合征的发生并能降低治疗费用和减少医疗垃圾，但重复使用过程须严格执行操作规程，否则有发生交叉感染的风险。

5. 透析器的综合评价标准　清除率、超滤系数和生物相容性是透析器的重要参数，也是评价透析器质量的关键指标。

（1）清除率（clearance rate）：是评价透析器质量的关键指标，是指穿过血液透析器或血液滤过器的纯溶质，常用小分子物质（如尿素、肌酐）、中分子物质（如维生素 B_{12}、β_2-微球蛋白）作为评价透析器清除率的指标。

一般低通量透析器的尿素清除率为 180～190ml/min，肌酐清除率为 160～172ml/min，维生素 B_{12} 清除率为 60～80ml/min，几乎不清除 β_2-微球蛋白；高通量透析器的尿素清除率为 185～192ml/min，肌酐清除率为 172～180ml/min、维生素 B_{12} 清除率为 118～135ml/min，β_2-微球蛋白透析后下降率为 40%～60%。透析器的清除率直接反映了透析膜对溶质清除能力，通过透析器的清除率参数可以评价透析器对各种不良溶质的清除效果。

（2）超滤系数（ultrafiltration coefficient）：是指半透膜对水的清除能力，其大小决定超滤脱水量，单位为 ml/（h·mmHg）。低通量透析器超滤系数为 4.2～8.0ml/（h·mmHg）；高通量透析器超滤系数为 20～55ml/（h·mmHg）。

（3）生物相容性：半透膜的生物相容性（biocompatibility）是判定透析膜优劣的主要指标，包括许多方面，目前，它的概念还没有明确定义，补体激活的能力曾被作为判断半透膜生物相容性的主要标准，有学者认为生物相容性好的膜是"最低程度地引起接触半透膜发生炎症反应的膜"。生物相容性也是判定半透膜的一个主要指标。目前，临床上判断相容性的主要指标是检查透析 15min 后白细胞、血小板计数、血氧分压、补体 C3a、补体 C5a 水平等的变化。由于透析膜的生物不相容对透析患者危害严重，因此，增加血/膜生物相容性是改善透析质量、减少透析并发症的重要措施。

透析器功能的综合评价还有其他的一些指标，如破膜率、顺应性、血流阻力、残余血量、预充容量、抗凝性等。

（二）透析液

透析液（dialysate）一般需要现场配制，使用高纯度的透析用水和校准的透析液配比对于透析治疗是至关重要的。健康人每周需要的饮用水仅约为 14L，而且是通过胃肠道来吸收。但对于透析患者，每周却需要使用约为 360L 的透析液，这些透析液将通过不到 40μm 厚的半透膜直接与血液发生"接触"。虽然，大多细菌不能穿过半透膜上微小的孔洞，但其碎片"内毒素"等则有进入人体的可能。临床已证明，高水平的内毒素可导致急性热源反应，使患者产生低血压、肌肉痉挛、头痛、发热等症状，严重者甚至会休克。长期的内毒素刺激，还会造成透析的长期并发症，如腕管综合征和慢性炎症反应。慢性炎症反应越来越被认识到与肾衰竭患者的心脏疾病、营养不良及促红素抵抗有很大关系，而且很可能是威胁患者生命的重要因素。

透析的血液净化功能是通过透析液来完成的，它既能从患者的血液中带走代谢废物和过多的水分，又可以平衡补充体内必要的电解质与水分，因而，透析液的化学成分应尽可能地接近人体血浆成分。早在 1964 年，曾用醋酸钠代替碳酸氢钠，以避免碳酸氢钠与钙、镁发生沉淀，且易于保存、价格低廉，之后被各透析中心广泛采用。直到 1976 年，诺维罗（Novello）报道应用醋酸盐透析液进行血透会发生"醋酸盐耐量减小"现象，即血浆碳酸氢盐浓度明显降低，醋酸盐浓度增高 5mmol/L、醋酸盐的代谢率小于 3mmol/（hr·kg）。此后，高效能大面积透析器（透析面积 2～2.5m²）问世，透析时碳酸氢盐的丢失和醋酸盐负荷更明显，低血压和其他症状的发生率增高。1978 年，格雷菲（Graefe）等再次改用碳酸氢盐后，透析并发症亦随之减少，目前，临床上主要是应用碳酸氢盐透析液。

透析液和透析粉必须按照国家食品药品监督管理局、卫生计划生育委员会公布的Ⅲ类医疗器械（6845 体外循环及血液处理设备，编号 68457）管理。透析液应由浓缩液和反渗水配比组成，浓缩液和透析粉剂必须有国家药品监督管理局颁发的注册证，透析液配制必须有专人负责，2 人核查，并签字登记。每月还应至少进行 1 次透析液溶质浓度和细菌培养检测，并记录检测核查结果。

1. **透析液成分**　透析液分为碳酸氢盐透析液和醋酸盐透析液两种，按照成分分类又分为无糖透析液和含糖透析液，主要目的是用于血液透析纠正肾衰竭患者的电解质、酸碱平衡紊乱，目前临床上主要采用碳酸氢盐透析液。透析液成分与人体内环境十分相似，主要有钠、钾、钙和镁四种阳离子，氯和碳酸氢根两种阴离子，部分透析液还含有葡萄糖。各种成分的浓度不是一成不变的，可以根据透析过程中患者的血浆电解质水平及临床表现做相应调整。标准碳酸氢盐透析液处方，见表 4-3。

表 4-3　标准碳酸氢盐透析液处方

成分	透析液浓度（mmol/l）	正常血浆浓度（mmol/l）
钠	135～145	136～145
钾	0～4.0	3.5～5.0
钙	1.25～1.75	2.2～2.6
镁	0.25～1.0	0.8～1.2
氯	98～124	98～106
醋酸根	2～10	<0.1
碳酸氢根	30～40	21～28
葡萄糖	0～11	4.2～6.4
pH	7.2～7.5	7.35～7.45

（1）钠（Na$^+$）：是细胞外液中主要的阳离子，对维持血浆渗透压和血容量起着重要作用。透析液中的钠离子是决定透析液渗透压的主要阳离子，直接影响透析患者血清的钠浓度，通常透析液钠的浓度为 135～145mmol/L。

钠浓度小于 135mmol/L 的透析液称为低钠透析液，大于 145mmol/L 的称为高钠透析液。在特殊情况下，如果要纠正高钠血症或低钠血症时可使用低于或高于患者血钠浓度的透析液。临床上，对低血压患者常采用高钠透析液，对高血压患者采用低钠透析液。但由于高钠透析液易引起口渴，故也可使用序贯高/低钠透析（曲线）方式，即在透析治疗的前 2～3h 使用 145mmol/L 的高钠透析，之后采用 135mmol/L 的低钠透析，以便透析开始为大量超滤，血压保持稳定，超滤完成后，改用低钠透析可防止透析后的口渴、体重增加和血压升高。

（2）钾（K$^+$）：是细胞内液主要阳离子，肾功能不全时可造成体内钾蓄积，对心脏传导系统有抑制作用，甚至发生心搏骤停。透析液中钾浓度一般为 0～4mmol/L，临床可根据不同的需要选用不同钾浓度的透析液。无钾透析液（0～1mmol/L），主要用于急性肾衰竭（ARF）无尿期或高分解代谢患者；低钾透析液（2mmol/L）多用于每次透析前血钾偏高或诱导期血钾偏高的患者；常规透析液钾浓度为 3～4mmol/L，用于透析前血钾正常的维持性透析或服用洋地黄的患者。严重高血钾患者（血钾＞7mmol/L），应首先用无钾透析液，迅速降低血钾，然后改用低钾透析液。

（3）钙（Ca^{2+}）：离子对神经肌肉的传导具有生物学活性，由于透析患者的钙呈负平衡，故常发生手足抽搐，为此适当补钙是必要的。维持性血液透析患者的血钙水平多数偏低，透析时可使血钙达到正常或轻度正平衡。透析液钙含量应在 1.25～1.75mmol/L。

（4）镁：慢性肾衰竭时常有高镁血症，透析液镁（Mg^{2+}）浓度一般为 0.6～1mmol/L，略低于正常血浆镁。透析液的镁浓度应根据个体选择，范围在 0.2～0.75mmol/L。高镁血症有抑制甲状旁腺分泌的作用，低镁血症则会刺激甲状旁腺分泌。

（5）氯（Cl$^-$）：是透析液中主要的阴离子，基本上与细胞外液相同，由阳离子和醋酸钠的浓度决定，浓度为 100～115mmol/L。

（6）碳酸氢根离子：碳酸氢盐透析液中碳酸氢根离子（HCO$_3^-$）的浓度为 32～38mmol/L，可以提高患者血中碳酸氢根水平，纠正代谢性酸中毒。

（7）葡萄糖：根据需要选用不同糖浓度的透析液，分为无糖透析液、低糖透析液（1～2g/L）、高糖透析液（10～20g/L）3 种。透析液内的葡萄糖主要是增加渗透压，目前多用无糖透析液，可减少细菌生长和预防高脂血症。

（8）pH：透析液的 pH 在 7.2～7.5，pH 过低易发生酸中毒，pH 过高可能导致碱中毒。

综上，透析液是肾衰竭透析治疗的关键技术之一，目前临床上大多使用碳酸氢盐透析液，透析液由 A 液和 B 液组成。A 液是不含缓冲剂的部分，B 液则为碳酸氢盐溶液。必须注意的是，B 液要求现配现用，而且在使用过程中要求密封，以防二氧化碳气体逸出。A 液和 B 液必须按照厂家或专用机要求的比例混合，不可"一方多用"。

2. 透析液理化性质 透析液的理化性质主要包括透析液流量、透析液电导度和 pH、透析液温度等。

（1）透析液流量：理想的透析液流量应该是人体正常血流量的两倍，即 200～400ml/min 的血流量对应的是 400～800ml/min 的透析液流量。根据临床实践和对清除率的研究，透析液流量通常设定为 500ml/min，增加透析液流量能部分增加溶质的清除率，但是高流量透析对一部分患者有潜在的危险，会引起失衡综合征，特别是老年患者、糖尿病患者、酸中毒和尿素水平高的患者和儿童。

（2）透析液电导度和 pH：透析液的电导度通常为 13.9～14.9 mS/cm，pH 为 7.2～7.5，对应钠浓度可为 135～145 mmol/L，碳酸氢根为 28～42 mmol/L。

3. **透析液制备**　透析液的制备过程是，首先采用 A 粉、B 粉（干粉）和一定比例的透析用水（反渗水）制备成 A、B 浓缩液，制备后的 A、B 浓缩液可供给血液透析机使用（也有部分血液透析机可以直接使用 A 粉、B 粉），再由血液透析机内部配液系统按其稀释比例配成透析液用于患者透析。

透析液配比，如图 4-38 所示。

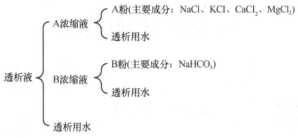

图 4-38　透析液配比

（三）透析机的常用术语

自检：透析机使用前的自我诊断功能，用于防止有故障的机器被用于临床治疗。

预冲：透析治疗前，用生理盐水及透析液对透析器及血液管路进行预冲洗，排除透析器及管路中的空气及其他不适用于透析治疗的物质（如透析器中消毒液）。

透析：利用半透膜（透析器）以弥散为主要机制的清除溶质的过程。

单超：也称为单纯超滤，是临床上一种只脱水、不透析的治疗方法。

消毒：一种对机器内部液路部分的清洁、消毒及除钙程序。

透析时间：透析前预置透析治疗的总时间，一般为 4h，计时时间到声光报警提示医护人员操作回血结束透析。

脱水量（超滤量）：除去患者体内多余的水分，脱水量 = 透前体重 − 干体重。

干体重：透析后的目标体重，其定义即表明患者体内既没有水潴留，也没有缺水时的体重。

透析液温度：透析时透析液与血液在透析器处进行热交换，调节合适的透析液温度能弥补血液引出体外在血液回路中的温度损失，亦可根据临床需求进行低温透析。

透析液电导：利用液体导电率来间接判断透析液中钠离子的浓度，可以直观反应透析液浓度的变化，临床上利用控制电导率的方式来间接达到控制透析液浓度的目的，常规治疗钠离子的浓度设置值为 140mmol/L。

透析液、血液流量：设定合适的透析液流量和血液流量是临床治疗的基本要求，临床经验认为 500ml/min 的透析液和大于 220ml/min 的血液流量能够保证透析治疗的充分性。

肝素泵流量：肝素用于预防透析过程的凝血现象发生，其流量设置根据医嘱进行。

肝素泵时间：设置肝素的注射时间，应早于透析结束前的 30min 结束。

漏血报警：用于预防透析过程中透析器空心纤维膜破裂而造成患者体外失血的危害。

液位、气泡报警：用于防止空气进入患者体内造成的空气栓塞事故发生的安全防护系统。

动脉压、静脉压报警：预防因动静脉针头脱落、透析器凝血、血泵意外停泵、阻流夹意外关断等现象造成的患者体外失血，以及透析过程中因穿刺针阻塞、折管引起的血流量降低，进而出现透析不充分或压力过高，可能会发生血液管路的崩裂。

跨膜压报警：可预防透析器破膜、反超等现象发生。

温度报警：用于预防透析治疗中透析液温度过高或过低，以致发生溶血或寒战等。

电导报警：可以避免透析液浓度发生偏差，给患者带来包括高/低血压、酸/碱中毒、电解质紊乱等伤害。

二、血液透析机的构成

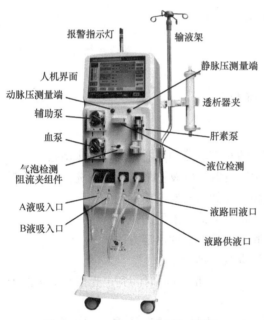

报警指示灯
输液架
人机界面
静脉压测量端
动脉压测量端
透析器夹
辅助泵
肝素泵
血泵
液位检测
气泡检测
阻流夹组件
A液吸入口
B液吸入口
液路回液口
液路供液口

图 4-39　W-T2008-B 型血液透析机

本节以成都威生力 W-T2008-B 型血液透析机为例，系统介绍血液透析机的结构与工作原理。

W-T2008-B 型血液透析机，如图 4-39 所示。

血液透析机的机型、品牌众多，但其结构形式基本相同，都是由人机界面（显示与控制单元）、体外血液循环回路、透析水路及各部分所包含的安全监测防护装置等组成。

1. 人机界面　人机界面（human machine interaction，HMI）又称为用户界面或使用者界面，是血液透析机系统与使用用户间进行交互和信息交换的媒介。血液透析机人机界面主要用于功能操作、参数设置和信息提示，其中功能操作包括自检、预冲、透析、单超、消毒等；参数设置包括透析时间、脱水量、透析液温度、电导、流量、血泵流量、肝素泵流量、时间等；信息提示包括漏血、液位、气泡、动脉压、跨膜压、静脉压、温度、电导等安全报警信息及其他操作类提示性信息。

W-T2008-B 型血液透析机的人机界面，如图 4-40 所示。

在界面的右下方有个菜单按键，点击菜单按键可以弹出菜单列表。菜单列表包括"参数设置""曲线设置""历史记录""定时器""待机""关机"内容。

（1）参数设置：参数默认为出厂设定，可根据需要修改，其中包括默认治疗时间、透析液流速、干粉透析、预冲+参数设定、低超参数设定、单超参数设定、温度图表、透析液流速图表等。

（2）曲线设置：包含 8 种序贯透析模式，根据治疗需求，可以设定超滤曲线和电导率曲线。

（3）历史记录：设备开机后的操作信息、报警记录，患者治疗参数。

（4）定时器：通过设定一个时间段，可以提示操作者时间已到达。

（5）待机：仅在预冲状态，可以通过长按该键3s，装置状态显示"待机"，在该状态下，水路停止运行。

（6）关机：长按该键3s设备执行关机程序。

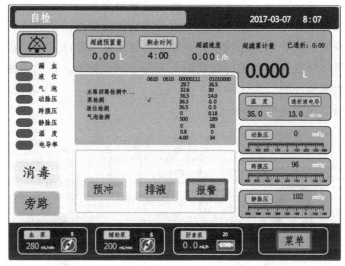

图 4-40 W-T2008-B 型血液透析机人机界面

2. 管路系统 血液透析机的管路系统，如图4-41所示。

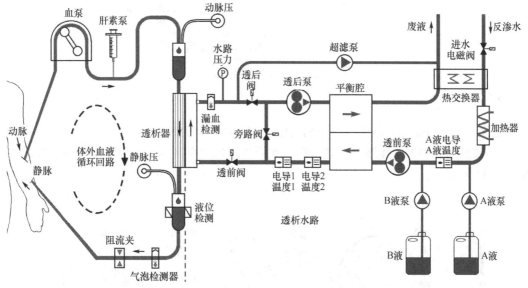

图 4-41 血液透析机的管路系统

从功能上讲，血液透析机的管路系统主要分为两大部分，即以透析器内部的半透膜为界（一边是血液、另一边为透析液），分为体外血液循环回路和透析水路，以及还包括管路系统中各部的安全监测防护装置。其中，体外血液循环回路是人工建立的、与患者血管系统连通的血液循环通路，通过回路中血泵提供的动力，使血液经由透析器的半透膜，利用半透膜的弥散和对流机制,持续净化血液;透析水路的意义在于提供半透膜另一侧持续、洁净的透析液,通过透析液去除患者体内多余的水分和代谢物,并同时平衡电解质。

三、血液循环回路

血液循环回路（blood circulation loop）是与患者血管系统连接的血液通路,利用其可以建立血液透析可靠的体外血液循环回路。由于透析机需要血液离开人体,因而在体外血液循环回路中必须要解决3个核心技术,一是通过血泵提供血液在体外循环的驱动力;二是利用肝素泵实现体外血液循环的持续抗凝;三是由漏血检测、压力监测、空气监测、阻流夹等实现体外血液循环的安全保障。

血液循环回路,如图4-42所示。

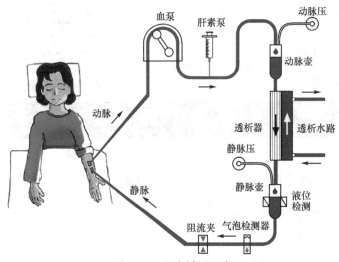

图 4-42　血液循环回路

（一）血泵

血泵（blood pump）是体外血液回路中血液循环的动力装置。

1. 血泵的结构与工作原理　现阶段,血液透析机的血泵主要采用蠕动泵的结构形式,如图4-43所示。

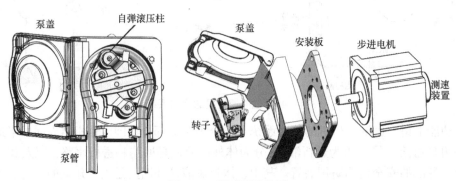

图 4-43　蠕动泵结构图

蠕动泵采用自弹滚压柱式结构的转子，依靠转子上的自弹滚压柱反复挤压血路中的一段泵管，可以驱使血液随转子的旋转方向推进，从而形成持续血流。由于血液在泵管内转运，不直接接触滚压柱，可有效避免血液污染，并能最大限度地减少血液转运过程中的血细胞破碎。

蠕动泵的血液转运主要与泵管内径和步进电机转速有关，对于血液透析机来说，一次性泵管为配套耗材，其管径为已知量，因而，泵血量仅与电机转动速度成正比，通过调整电机的转速即可改变蠕动泵的泵血量。

2. 血泵的闭环控制 单位时间的血泵流量即为血流速度，是透析机最重要的运行参数，它直接影响着患者的透析治疗效果。临床应用中，如果血泵流量过慢，血流量随之变少，将会降低患者血液内代谢物的清除及脱水量，造成透析不充分；若血泵流量过快，血流量增加，患者的心脏负担将会过重，有潜在的医疗风险。因此，血泵流量即血泵的转速必须实时精准控制，以保证血液透析机的使用安全。

W-T2008-B 型血液透析机的血泵流速控制采用闭环控制方式，其闭环控制原理框图，如图 4-44 所示。

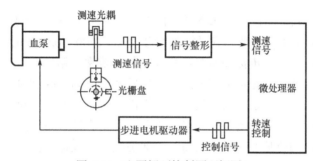

图 4-44 血泵闭环控制原理框图

从图示的控制系统可见，通过闭环控制步进电机的转动速度，实时调整血泵的血液转运量，以保证血液流速的稳定。血泵运行时，光栅盘与步进电机同轴，由光栅盘和测速光耦转换的电脉冲必然与电机转速同步，如果测速脉冲信号的频率增加，则说明电机的转速加快，表明此时透析机的血流量增大；反之，测速脉冲频率降低，说明电机转速减缓，透析机的血流量减少。通过微处理器系统实时接收测速脉冲信号，可以判断血泵是否达到预定转速（预期血流量），并相应调节转速控制信号（驱动脉冲），即可实时控制步进电机的转动速度，以保证透析机血流量的稳定性。现代电子技术的测速方法较多，采用的方法有光栅法、霍尔元件检测法等。

W-T2008-B 型血液透析机的血泵控制电路，如图 4-45 所示。

本机血泵的步进电机采用 1.8° 步进角的二相步进电机，即步进电机每一个脉冲信号对应的转动角度为 1.8°，因而，电机每转动一圈，需要 $360 \div 1.8 = 200$ 个脉冲。为了进一步提高步进电机驱动的分辨率，本机选用雷赛公司研制的 DM442 数字式中低压步进电机驱动器，该驱动器采用 32 位 DSP 技术，可以设置在 $2^8 = 256$ 内的任意细分及额定电流内的任意电流值。由于步进电机采用细分驱动技术，可以将原本由电机结构参数所决定的一个脉冲信号的 1.8° 转角转换成由若干个脉冲组成的 1.8° 转角，使步进电机运行更为平稳。

例如，设定 DM442 驱动器为 8 细分，那么微处理器则需要发出 8 个脉冲电机才能旋

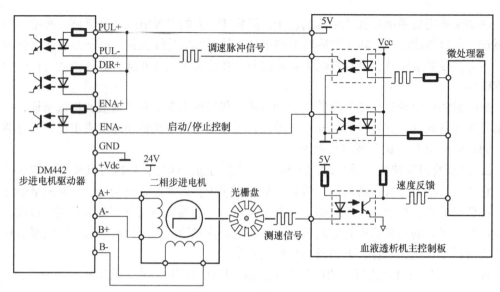

图 4-45 血泵控制电路

转 $1.8°$，由此可以得到，步进电机每旋转一圈共需要 $360 \div 1.8 \times 8 = 1600$ 个脉冲。如果血泵旋转一圈的血流量是 8ml，则其流量控制精度为 $8 \div 1600 = 0.005$ml，所以，步进电机驱动器的细分设定，可以进一步提高血泵流量控制的分辨率与精度。

从理论上讲，步进电机完全可在无速度反馈的状态下精确控制血流量，但是，为了及时发现故障状态下的意外停泵或失速运转，透析机常在步进电机的同轴上安装一个光栅盘用来监测电机的转速。血泵的闭环控制是一种系统的可靠性方案，其中，微处理器的一个通道按预期设置发送调速脉冲信号，而另一个通道实时接收速度反馈的脉冲信号，通过转速反馈信号与预期转速对比，能即时判断血泵的运行状态，可以确保在透析治疗过程中血泵运转的稳定性与可靠性。

3. 血泵的相关保护措施 透析机血泵的保护措施主要包括电气隔离技术、泵盖打开、血泵堵转检测及自弹滚压装置等。

（1）电气隔离（electrical isolation）：所谓电气隔离就是将电源（或某一电路模块）与用电回路做电气上的隔离，即将用电的分支电路与整个电气系统隔离，使之成为一个在电气上被隔离的不共"地"的安全供电体系。电气隔离技术可以防止在裸露导体故障带电的情况下发生间接触电，也能减少两个不同的电气回路间的相互干扰。

本机血泵采用光电耦合（包括控制信号和反馈信号）的电气隔离技术，它不仅可以提高电气使用的安全性，更重要的是还能有效隔离步进电机（为电感性元件）在工作过程中产生的电磁干扰，使微处理器系统的运行更为可靠。

（2）泵盖打开检测：血泵运转时，如果人为（或事故）打开泵盖，可能会因泵头旋转，伤害到操控人员。为了避免这一不良后果，在血泵的泵壳、泵盖上安装霍尔元件和磁性材料。当门血泵打开时，微处理器系统能判断霍尔元件的状态信号，并及时关断血泵。

（3）自弹滚压装置：血泵转子安装的自弹滚压装置，如图 4-46 所示。

当转子转动时，通过两个滚压柱交替挤压泵管，可以驱动血液流动。滚压柱对泵管的挤压力度由自弹压簧的力度决定，对其基本要求是滚压柱对泵管无过度挤压（不破坏血细胞）、无反流现象。

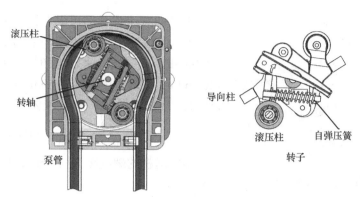

图 4-46 自弹滚压装置

（二）肝素泵

在血液透析的过程中，由于需要建立体外循环，血液必然要与透析器材表面接触，使血液易发生凝结，造成透析管路和透析器的阻塞、血流量下降，甚至可能致使透析治疗无法进行。因此，合理、充分的抗凝是保证血液透析得以顺利实施的基本条件。目前，血液透析中常规的抗凝方法是应用肝素泵精确对管路注入肝素（SH）和低分子肝素（LMWH）等。

肝素泵（heparin pump）是血液透析机上一种专用药物的注射泵，其使用方法与工作原理类似于临床上常用的微量注射泵，用途是持续、精准地输注抗凝药剂——肝素。

1. 肝素泵的工作原理 对肝素泵的基本要求是，低流速、高精度、液体输注均匀，现阶段肝素泵主要是使用直线的推注方式。

肝素泵推注系统，如图 4-47 所示。

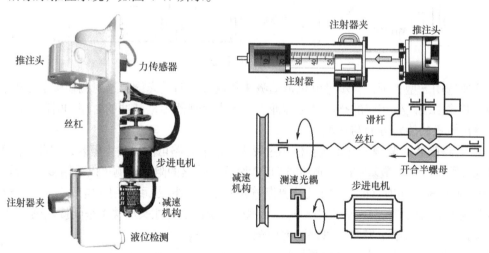

图 4-47 肝素泵推注系统

肝素泵的推注原理是，中央处理器接受设置指令，由驱动电路发出激励脉冲驱动步进电机旋转，同时，测速光耦实时检测步进电机的转动状态，并反馈至中央处理器，通过调整驱动电脉冲以获得稳定的转速（推注速度）。步进电机输出经减速装置降速驱使丝杠转动，旋转的丝杠与开合半螺母配合，将丝杠的转动转换为开合半螺母沿滑杆的直线位移，其直线位移可带动推注头推动注射器注入药物。

2. 肝素泵的减速装置 肝素泵的减速装置，如图 4-48 所示。

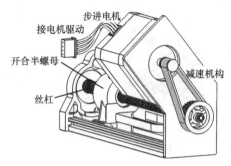

图 4-48　肝素泵的减速装置

本机的减速装置采用皮带轮减速装置，其传动减速比为 1∶3。比如，肝素泵的注射速率为 0.1～120.0ml/h，在最高速注射时，其注射速率为 120.0ml/h，如果使用标准的 50ml 注射器，刻度有效长度为 75mm，那么，50ml 液体需要的时间为

$$\frac{50mL}{120ml/h} = \frac{1}{2.4}h = 1500s$$

本机丝杠的螺纹距为 1.5mm，则丝杠每圈的转动时间为

$$\frac{1500s}{75mm} \times 1.5mm = 30s$$

根据减速装置的减速比 1∶30，高速注射时步进电机的转速为每秒转 1 圈，即 60r/min。同理，肝素泵的最低注射速度为 0.1ml/h 时，可以计算出步进电机的转速为 3r/min。因此，为保证肝素泵能在 0.1～120.0ml/h 的范围内调整，其步进电机的调速范围为 3～60r/min。

3. 测速光耦　测速光耦的作用是检测步进电机的转动状态，目的是实时监测步进电机在运行过程中是否发生堵转或失步，以及判断转动方向。

测速光耦，如图 4-49 所示。

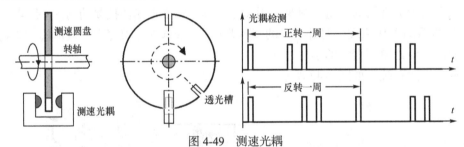

图 4-49　测速光耦

测速选用 π 型光耦，当步进电机带动测速圆盘旋转时，光耦会透射测速圆盘中的各透光槽，其输出端产生相应的高电平（脉冲）。中央处理器根据脉冲的时序和时间间隔，可以换算出电机的旋转方向与速度。

4. 管路阻塞的监测　肝素泵在使用过程中，注射管路可能会发生阻塞，因此，注射管路阻塞报警是肝素泵最基本的检测功能。肝素泵注射管路的阻塞检测可以采用多种方法，例如，直接通过检测注射器推手的压力来判断管路阻塞，另外，也可利用光电效应或霍尔器件，通过监测推手的反向位移（管路阻塞时，活塞受阻会使之推注头后移）来间接监测阻塞。

（1）压力传感器：肝素泵管路阻塞监测一般采用压力传感器，它通过检测推注头的压力变化来判读是否存在管路阻塞。本机的压力传感器选用霍尔 FSG 系列器件，该传感器采用的是精密压敏电阻硅传感元件，其器件功率小，无放大、无补偿的惠斯顿电桥电路设计可在受力范围内，提供内在稳定的电压输出。压力传感器，如图 4-50 所示。

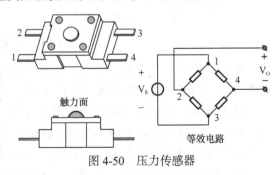

图 4-50　压力传感器

压力传感器的工作原理是，离子注入的压敏电阻受压弯曲时阻值发生变化，并与所施加的触力成正比，触力是通过不锈钢插杆直接作用于传感器内部的硅敏感芯片，桥路电阻阻值与触力大小成正比，桥路各电阻的变化产生对应的输出信号。

（2）阻塞检测：肝素泵的阻塞检测机构，如图 4-51 所示。

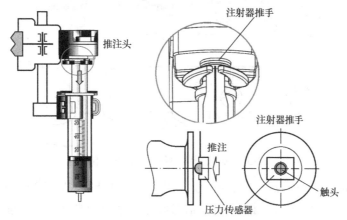

图 4-51　肝素泵阻塞检测机构

管路阻塞检测的原理是，通过推注头感受到作用于注射器推手的压力，其压力值与注射管路的阻塞有关。当管路发生阻塞，对注射器的推注力必然会有所增加，通过安放在推注头上的压力传感器，可以检测到由注射器推手传递来的压力信号的变化，由此系统能够判断注射管路是否发生阻塞，并及时发出报警提示。

（三）动静脉压力监测

血液透析过程中，对动静脉压力监测有着重要的临床意义，能够客观反映当前透析血液回路的运行状态，其管路的运行状态直接关系到透析治疗的充分性与安全性。

1. 动静脉监测的意义　动脉压的监测分为泵前动脉压和泵后动脉压两项监测，能够分别反映血泵前后管路的压力变化；静脉压监测的是返回至患者静脉管路的压力，静脉压比泵后动脉压稍低，这一压力值能说明返回至患者血管通路的管路内血流状况。

泵后动脉压与静脉压之间的差值，可用来估算血液流过透析器前后的压力变化。如果泵后动脉压增加或静脉压下降，表明动脉壶或透析器内可能发生凝血；若泵后动脉压增加或静脉压力增加，则凝血可能仅限于静脉壶部位；如果发生大面积凝血，动脉、静脉压力读数都将会急剧升高。

血液回路中各压力监测的位置，如图 4-52 所示。

（1）泵前动脉压降低：泵前动脉压降低的可能原因是，动脉管路与穿刺针或置管连接处开脱；穿刺针或置管位置不当或脱出；动脉血流量不足或心功能差；血泵流速大于血管通路的供血量；内瘘血管痉挛或收缩；低血压；血流速率高，穿刺针细等。

（2）泵后动脉压增高：泵后动脉压增高的主要原因是，压力监测器与透析器间管路折曲、夹闭或堵塞；透析器凝血；静脉针的位置不当或渗血；血泵速率过高；因超滤使血液黏稠性增高；血细胞比容增高；血流速率高或穿刺针细。

（3）泵后动脉压降低：泵后动脉压降低的原因是，动脉端针头脱落、压力监测器至透析器间的管路连接脱开；血泵和压力监测器间的管路发生扭结、夹闭或堵塞。

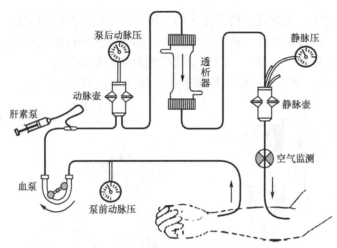

图 4-52　血液回路中各压力监测的位置

（4）静脉压增高：静脉压增高的主要原因是，穿刺针或静脉置管位置不当；静脉壶、静脉针或静脉管路凝血；血管通路静脉支血管收缩、痉挛或狭窄；因超滤使血液黏稠性增高；血细胞比容增高；血流速率高，穿刺针细。

（5）静脉压降低：静脉压降低的主要原因为，压力监测器与静脉管路的连接脱开；血泵或泵后动脉压监测器与静脉压力监测器之间的管路折曲、夹闭或堵塞；透析器的凝血；设置血泵速率过低或血流量不足。

2. 疏水性 PTFE 膜空气过滤器　疏水性 PTFE（聚四氟乙烯）膜空气过滤器的过滤膜采用 PTFE 材料，过滤膜孔通常只有 0.2μm 厚，是利用有良好疏水性的（对水具有排斥能力）PTFE 材料制作成的空气过滤器。这种空气过滤器的膜孔可使空气自由通行，当遇到液体（水或血液）时，膜材料对水的排斥力使液体无法通过过滤膜孔，从而阻断液体通过。

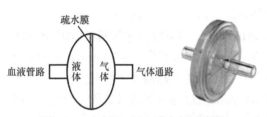

图 4-53　疏水性 PTFE 膜空气过滤器

疏水性 PTFE 膜空气过滤器，如图 4-53 所示。

由于疏水性 PTFE 膜具有透气、隔水的特性，因而由它构成的疏水性空气过滤器在血液透析机上有着重要的应用价值。一是根据其透气性能，可以通过空气传导压力，能在不污染血液的条件下实时测量管路压力；二是通过气泵控制动静脉壶的液位。

静脉压测量管路连接示意图，如图 4-54 所示。

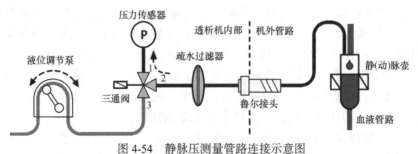

图 4-54　静脉压测量管路连接示意图

血液循环回路管上的疏水过滤器通过鲁尔接头与透析机内部管路连接，当进行压力测量时，三通电磁阀 1、2 导通，血液循环回路上的压力通过空气传递至压力传感器，以进行压力测量。三通电磁阀 2、3 连通，可以进行液位调整，液位调整将在后面介绍。

3. 压力信号采集电路 压力信号采集电路，如图 4-55 所示。

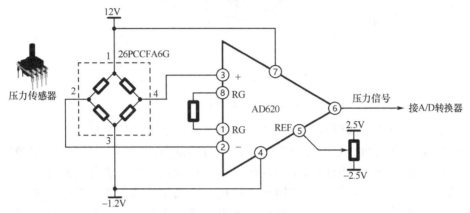

图 4-55 压力信号采集电路

本机的压力传感器选用霍尔 26PCCFA6G，可将血液管路压力转换为电压信号，再经仪表放大器 AD620 放大，输送给后续单片机系统进行数据处理。

（四）空气防护系统

透析机的空气防护系统是用来防止空气进入血液循环回路的，主要包括液位检测、液位调整、气泡检测和阻流夹。透析机的空气防护系统，如图 4-56 所示。

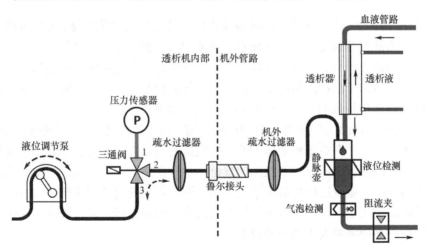

图 4-56 透析机的空气防护系统

1. 动静脉壶 动静脉壶包括动脉壶、静脉壶，目的是在体外血液循环管路中保留适量的空气存留空间，是血液透析机最重要的安全监测与保护器件之一。

动静脉壶，如图 4-57 所示。

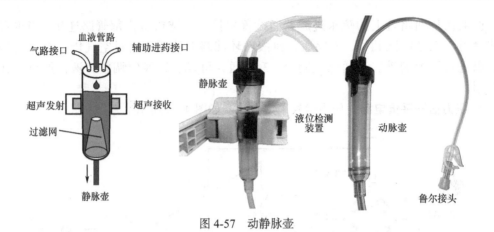

图 4-57　动静脉壶

　　动静脉壶在壶的上部留有一定的空气间隔，其主要的作用是通过空气传导压力，可以在不污染管路的前提下通过疏水过滤器实时监测管路压力。另外，由于静脉管路为静脉回流管路，静脉壶流出的是经透析净化后将要回输到患者体内的血液，因而对静脉壶的要求会更高，增设了过滤网和进药接口这两个特殊装置。其中，静脉壶内滤网可阻挡血块和混入血液中的较大体积气泡进入静脉血管；进药接口可以随时为透析患者补注药物。

　　2. 液位调整　液位调整的目的是使动静脉壶内保持适宜的液位高度。血液透析机液位调整的常用方法是利用机内的气泵（常用蠕动泵），通过手动对动静脉壶充气或排气来调整液位。充气是增加壶内的空气量，以降低液位；反之，排气可以提高液位。

　　当进行静脉壶液体调节时，控制三通电磁阀使之 2、3 导通，液位调节气泵顺时针运转，空气注入动静脉壶，壶内液位下降；若调节泵逆时针运转，空气被抽出，动静脉壶的液位随之上升。

　　3. 液位检测　在透析治疗中，动静脉壶内应保持适宜的液位高度，液位过高有可能导致血液进入压力的传感通路，将堵塞疏水过滤器的过滤膜，使压力测量失准，并有可能造成静脉压误报警或不报警，增加了治疗的风险；液位过低会造成液位检测报警。透析机的频繁报警，不仅增加了医护人员的工作负担，延长治疗时间，还会不同程度地干扰患者情绪。现阶段，血液透析机的液位测量主要采用超声检测技术。

　　超声波（ultrasonic）为频率高于 20kHz 的声波，由于超声波具有方向性好、能量集中、穿透能力强等特点，并在空气和液体中的传播阻抗有着显著的差异。因此，通过接收超声波穿透动静脉壶的强度，可以识别检测位置是液体（血液）或是空气，进而判读液位是否过低。透析治疗前，血液透析机需要通过手动（调节气泵的进气或排气）的方法来调节液位。在实际临床应用中，超声波的液位检测只能检测液位是否过低，如果发生过低，即刻报警；但液位过高则需要人工判定和调整。

　　（1）超声波发射电路：如图 4-58 所示。

　　电路中由 R_1、R_2、C、U_1、U_2 组成 2MHz 的多谐振荡器，经 U_3 反相输出驱动超声波换能器 P_1 发射超声波。CP_1 占空比为 20%、频率为 40KHz 的方波信号，用以控制 2M 超声波的 CP_2 发射。

　　（2）超声波接收电路：如图 4-59 所示。

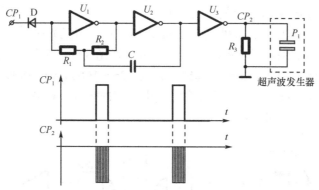

图 4-58 超声波发射电路

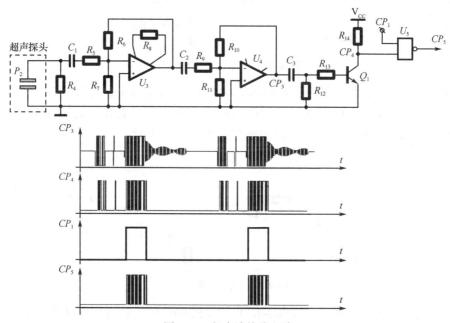

图 4-59 超声波接收电路

穿透静脉壶的超声波信号由接收换能器（超声探头）转换成高频电信号，经两级音频放大器（LM359）进行放大得到超声信号 CP_3，由三极管 Q_1 组成的单向放大器可滤除 CP_3 信号的鱼尾波得到信号 CP_4，再经 CP_4、CP_1 与非门屏蔽无效信号，获得整形后的超声波回声信号 CP_5，超声波回声信号送至后级信号处理系统，用于判断静脉壶的液位。

4. 气泡检测 在血液体外循环治疗中，人体血路中一次性进入≥5ml 以上空气即可能发生明显的空气栓塞，甚至造成重大医疗事故。但是，若仅有少量气体呈微小泡沫缓慢进入血管，气体可分散到毛细血管，与血红蛋白结合或弥散至肺泡，可随呼吸排出体外，一般情况下不会发生任何症状。

（1）管内空气存在形式：血路管内空气的存在形式主要有单个气泡、多个气泡粘连、多个气泡重叠和气栓，气泡为球形或椭球形，如图 4-60 所示。

非接触气泡检测的方法主要有 3 种方法，光电式检测法、电容式检测法、超声波检测法。目前，

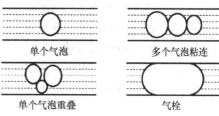

图 4-60 管内空气存在形式

血液透析机的气泡检测多采用红外光电检测法。

（2）红外光电气泡检测：红外光（infrared ray）谱在可见光区和微波光区之间，波长范围为 0.75～1000μm，根据不同应用，习惯上又将红外光区分为 3 个区：近红外光区（0.75～2.5μm）、中红外光区（2.5～25μm）、远红外光区（25～1000μm）。透析机气泡检测主要应用近红外光区，它利用近红外光在液体和空气中的穿透能力差异进行气泡检测。

红外光电气泡检测，如图 4-61 所示。

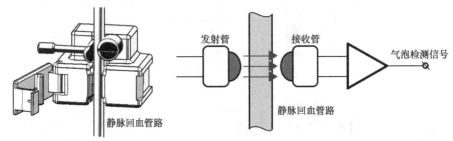

图 4-61　红外光电气泡检测

常用的红外检测系统一般分为发射和接收两部分，发射部分的主要元件为红外发光二极管，在其两端施加一定电压时，便发出红外光。目前，大量使用的红外发光二极管发出的红外光波长为 940nm 左右。气泡检测电路，如图 4-62 所示。

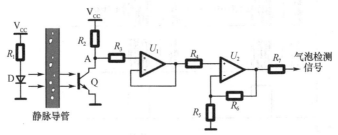

图 4-62　气泡检测电路

红外发射接收电路采用 D（IR908-7C）、Q（PT908-7C）发射接收对管，发射管 D 发出的红外光穿过静脉导管介质，由 Q 接收。接收管 Q 为红外光敏三极管，基极由红外光的强弱控制，其光线强，光敏三极管 c-e 的电流增大，A 点的电位下降，反之电位升高。A 点检测的是与管路气泡有关的信号，首先经 U_1 组成的射极跟随器进行阻抗转换，再由 U_2 构成的同向放大器放大后，传送给后续微处理器进行分析处理。

5. 阻流夹　阻流夹相当于阀门，其作用是在某些非正常状态（如静脉回流管路气泡报警）下阻断回流管路。阻流夹，如图 4-63 所示。

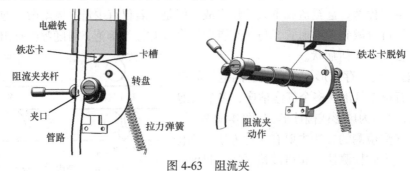

图 4-63　阻流夹

阻流夹的夹口由转盘确定。当管路正常运行时，扳动阻流夹夹杆向左转动，连动转盘偏转，使铁芯卡卡住转盘上的卡槽，此时管路通畅。若发生气泡报警，电磁铁通电并吸附铁芯卡上行，铁芯卡与转盘卡槽脱离，依靠弹簧拉力转盘右转，促使夹口迅速减小，即阻流夹夹紧管路，阻断血流。

四、透析液水路系统

透析液水路系统（dialysate waterway system）是血液透析另一路重要的管路系统，主要作用是对半透膜另一侧持续提供洁净的透析液，并通过透析液去除患者体内多余的水分和代谢物，同时平衡电解质。

透析液水路系统，如图 4-64 所示。

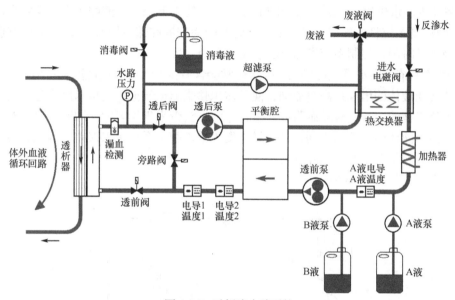

图 4-64 透析液水路系统

（一）进水系统

由于透析患者与水接触的总量是人体正常摄入水量的 30 倍，因而提供高纯度的透析用水是血液透析安全、有效的基本保障。目前，透析用水已经经过严格的水处理，其中包括水质软化、沉淀物过滤、反渗透处理、紫外线消毒等。尽管透析供水系统实施了严格的水处理，但反渗（RO）水进入血液透析机后还需要做进一步处置，目的是提供无气泡、温度适宜的透析液制备用水。因而，透析机的进水系统主要包括进水控制、除气等。

1. 进水控制 进水控制的意义是限定进水压力，对进液腔进行安全注水。进水控制管路，如图 4-65 所示。

透析治疗用水是经水处理系统处理后的 RO 水，通常 RO 水的供水压力会大于血液透析机内部管路的最高承受压力，为防止进水压力过高造成机器内部管路爆裂，RO 水进入血液透析机前，首先要经减压阀将压力限制在 0.1～0.2MPa。

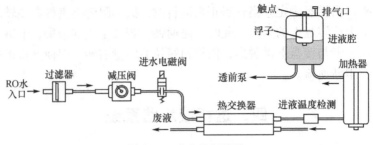

图 4-65　进水控制管路

进水系统的进液腔实际上是透析用水的缓冲水箱。进水时，进水电磁阀开启，RO 水经热交换器（与 36.5℃废液进行热交换）、加热器等进入进液腔，当进液腔液位上升至浮子上限时，浮子检测触点闭合，由控制系统将进水电磁阀关闭，停止注水。若因水处理系统故障停止 RO 水供给，此时，进液腔的浮子已经处于下限（进液腔还有一定容量的储备用水），则控制系统将立即启动计时器（计时时间为进液腔储备用水的安全供水时间），当达到报警预设时间，控制系统发出 RO 水无水报警。

2. 除气系统　供水系统提供的 RO 水通常会含有少量气体，在血液透析治疗中，液体中的气体会随液体的增温和高速流动，使其体积膨胀形成气泡。透析水路中过多气体（气泡）是十分有害的，若气泡随血路进入患者体内将会带来气栓风险。同时，对于控制脱水也会因气体和液体的压缩比不同，给容量平衡（平衡腔）系统带来误差。因此，透析液在进入透析器前必须对水路实施除气处理。

除气系统，如图 4-66 所示。

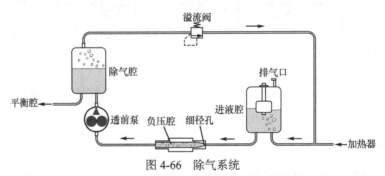

图 4-66　除气系统

（1）负压气液分离（gas-liquid separation）：气液分离的目的是让互相混杂的气液各自聚合成股后分离。负压气液分离的原理是利用气、液的比重不同，在一个突然扩大的容器内，由于其压力急剧下降（形成负压），使得气体的体积变化远大于液体变化，且流速明显低于液体，由此，原溶解在液体中的微小气泡在负压状态下膨大，并聚合变化成较大且不溶于液体的大小不一的气泡，即为气液分离。

血液透析机的负压气液分离器件为一个细径孔装置，如图 4-67 所示。

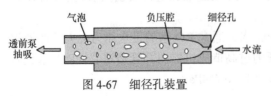

图 4-67　细径孔装置

如图 4-67 可见，透析用水经细径孔压缩，水流处于正压状态。当水流进入负压腔，由于腔室容积急剧增大和透前泵抽吸的共同作用，使得腔室形成一定的负压，实现气液分离。

（2）溢流阀（overflow valve）：为一种

压力控制阀，在液压系统中起着定压溢流作用，即输入压力若高于溢流阀的限定值时，排气（液）泄压。溢流阀，如图4-68所示。

溢流阀依靠管路系统中的输入压力P与阀芯上的弹簧力相平衡，用以控制阀口的开启与闭合。当输入压力P小于弹簧力，阀口闭合，即进口（P）与出口（T）关断，这是溢流阀的常态位置或静态位置；如果输入压力P升高且大于弹簧力，压力P将克服弹簧力，使阀芯向上移动并开启阀口，液体从T口流出。

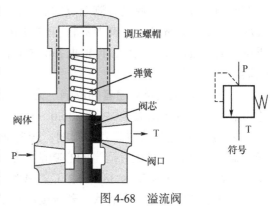

图4-68　溢流阀

（3）除气系统的工作原理：透析液的除气系统由进液腔、细径孔装置、透前泵、除气腔、溢流阀等组成，其工作原理是，液体流经细径孔，由于透前泵的流量远大于细径孔的过水量，在细径孔的出口和透前泵的入口之间产生负压，负压的形成将加速液体中的气液分离，分离后的空气会进入除气腔并漂浮在腔体的顶部。

为了维持持续的透析液水流，现阶段的血液透析机通常都使用两个交替运行的平衡腔。由于在平衡腔交替过程中，管路会出现短暂的压力升高，利用这一短暂的管路升压（设定这个管路升压高于溢流阀的溢流压），溢流阀开启，聚集在除气腔顶部的气体会顶开溢流阀阀口进入进液腔，并通过进液腔的排气口排出。

（二）温度调节系统

透析用水通常为室温（甚至低于室温），这个温度与人体的体温差异较大，如果应用较低水温的透析液与体外循环血液进行透析治疗，必然会大大降低静脉回流血液的温度，低温回流血液进入人体是很危险的，将影响患者的生理功能。因此，透析用水的温度调节是血液透析治疗中另一重要的技术环节，温度过高过低均会对透析患者造成伤害。

透析用水的温度调节系统，如图4-69所示。

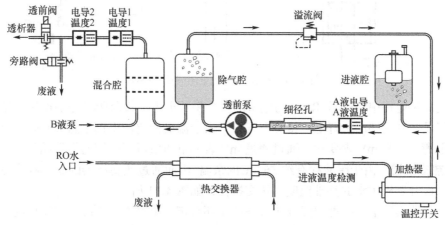

图4-69　透析用水的温度调节系统

透析用水的温度调节是一组典型闭环控制系统，其中包括多点温度监测和升温装置。

温度监测可以实时监测到各测温点的温度，并转换为相应的电信号。透析用水的升温过程有两个环节，首先通过热交换器将引进的 RO 水与废液（36.5℃）进行热交换，以提升透析用水的基础水温；然后，再根据各测温点的检测数据，通过闭环系统的算法精准控制加热器。

1. 透析液温度及对患者的影响 为了使患者在透析治疗中感觉舒适并保持热量平衡，透析器入口处的水温通常保持在 36.0～37.5℃。

（1）高温透析液对患者的影响：透析液温度过高会使患者的血温升高，引起血管舒张、血压下降，如果没有适当的心功能补偿（增加心率和心肌功能），可影响透析患者的血压。如果透析液温度为 38.5～40℃，患者会发热，感到不适，甚至导致心动过速、过度换气、恶心和呕吐等临床症状；若温度超过 50℃，将会发生严重的溶血症。

（2）低温透析液对患者的影响：使用低温透析液（35℃左右）可以降低透析患者的血液温度，能部分改善患者心功能和血管反应性。但是，由于每一个体对温度的耐受不尽相同，低温透析液（34～36℃）可以引起患者发冷、寒战、颤抖等不适反应。

2. 铂电阻温度传感器 透析机的温度调节系统通常设有四个测温点，温度检测的方式基本相同，都是使用温度传感器。监测透析用水温度的传感器型号较多，目前常用的有铂电阻型温度传感器和电压型数字温度传感器，本机使用的铂电阻温度传感器为 PT1000 型。

金属铂（Pt）的电阻值随温度变化而改变，且具有较好的重现性和稳定性，利用铂的这种物理特性制成的传感器称为铂电阻温度传感器。对于 PT1000 型的铂电阻温度传感器零度阻值为 1000Ω，电阻变化率为 3.851Ω/℃。

PT1000 型铂电阻温度传感器，如图 4-70 所示。

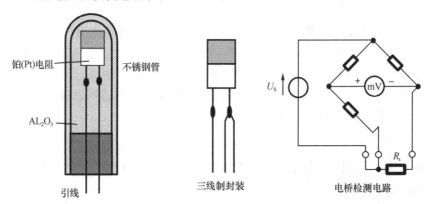

图 4-70 PT1000 型铂电阻温度传感器

温度测量电桥中铂电阻 Rt 作为电桥的一个桥臂电阻，其余两根分别连接到铂电阻所在的桥臂及与其相邻的桥臂上。检测温度时，由于温度变化使得铂电阻 Rt 的阻值改变，电桥不平衡，引起 mV 表变化，通过测量 mV 表的电压值可以得到透析管路的水温。

3. 热交换器 由于废液存有约 36.5℃的余温，因而通过热交换器的非接触式热传导方式，可以提升透析用水的基础温度。热交换器，如图 4-71 所示。

热交换器实际上是一种内置导热管路的循环水箱，箱内置有 36.5℃的循环废液，内置供 RO 透析用水流动的导热（不锈钢）管路。热交换器通过热传导原理，可将具有一定温度的废液热量传导至温度较低的进液，就是在不消耗电能的条件下提高了透析用水的基础温度。

4. 加热器　透析用水的加热器是一个加热水箱,通过对箱内传导液加热来提升透析用水的温度。加热水箱的结构示意图,如图 4-72 所示。

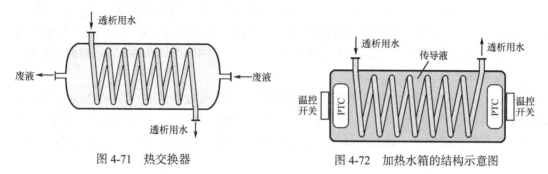

图 4-71　热交换器　　　　　　　图 4-72　加热水箱的结构示意图

（1）PTC 热敏电阻:透析用水的加热装置为一个调温水箱,通过控制其内置的 PTC 陶瓷发热组件,可以根据 4 个测温点的数据,并经过相应的运算,快速对水箱加热,以实现透析用水的智能和精准增温。

PTC（positive temperature coefficient）是一种典型具有温度敏感性的半导体电阻,当超过一定的温度（居里温度）时,它的电阻值将会随着温度的增高呈阶跃性的上升。

PTC 器件及 PTC 效应（R-T 特性曲线）,如图 4-73 所示。

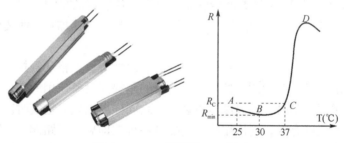

图 4-73　PTC 器件及 PTC 效应

在上图中,A 点温度较低,产生与散发的热量平衡。这时,如果 PTC 的电流较大或是环境温度较高,会提高 PTC 器件的温度,然而,当电流或环境温度的增加并不显著时,PTC 所产生的热可以散发至环境中,在 B 点达到平衡。当电流或环境温度进一步提高,PTC 会达到一个较高的温度（如 C 点）,此时,若电流或环境温度继续增加,产生的热能会大于散发的热量,使得 PTC 温度速增。在此阶段,即使有很小的温度变化都会造成阻值较大幅度的提高。这时,PTC 处于电路保护状态,阻抗的增加可以限制电流、抑制温度上升。如果温度继续升高,其阻值亦会随之显著增加,从而达到 D 点的高阻抗状态,电路等效于开路状态。之后,若温度下降,PTC 器件会自动恢复到低阻抗状态。

（2）PTC 恒温控制:PTC 等效电路,如图 4-74 所示。

对 PTC 发热体施加某一交流或直流电压 U 时,PTC 元件可以发热,其产生的热量 $W_{热量}$ 与 PTC 在当时温度所呈现的热敏电阻 R 成反比

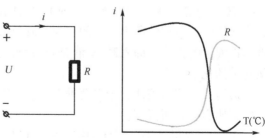

图 4-74　PTD 等效电路

$$W_{热量} = \frac{U^2}{R}$$

由此可见，PTC 恒温控制的原理是，若 PTC 发热（或外界输入热量）超过设定温度（居里点温度）时，器件的电阻值随着温度的升高呈近似阶跃式增高，由于 PTC 热敏电阻值的急剧增高，使得流过 PTC 器件的电流迅速下降、发热体产热功率 $W_{热量}$ 和温度降低；反之，发热体产热功率 $W_{热量}$ 和温度会升高。

PTC 的加热体由 PTC 陶瓷发热组件与波纹铝条经高温胶黏组成。该 PTC 加热体具有热阻小、换热效率高等优点，是一种自动恒温的电加热器。另外，PTC 还具有良好的安全性能，它在加热过程中，其加热器的表面不会产生"发红"现象，由此可以避免引发的烫伤及明火等安全隐患。

5. 温度调节过程　在血液透析治疗中，透析用水温度的精准度至关重要，它直接影响静脉回血温度，也关系到患者生理指征。温度调节的基本过程如下。

（1）在热交换器中，通过 36.5℃左右的循环废液对新引进的透析用水进行预热，形成相对平稳的基础温度。

（2）检测进液温度的传感器安装于热交换器的出水口，可以实时监测经过预热透析用水的基础水温。

（3）根据基础水温和 A 液温度传感器、温度 1 传感器的检测数据，温控系统实时调整加热器通电的占空比，通过加热腔（功率约为 1500W）快速加热，使透析用水达到预置温度（如 36.5℃）。

血液透析机是三类医疗器械，对其安全性和有效性有着严格的管控要求。因而，三类医疗器械通常要求具备两套检测与控制系统，目的是提高设备使用的安全性。温度调节系统中的温度 2 传感器就是另一套温度监测装置，它同样可以独立地实时监测水路温度，如果发现透析用水的温度有误，则依靠第二套控制系统立即启用旁路阀、关断透前阀，将透析用水排泄至废液管路，由此，可以避免温度过高或过低的透析用水进入透析器。

（三）透析液配比系统

现阶段，透析液的备制都是采用 A、B 浓缩液，并按比例与透析用水在线混合的配制方法。血液透析机的透析液配比系统就是根据配液要求，智能控制 A、B 液泵的流量，以实现透析液的自动配比。

1. A、B 浓缩液　采用 A、B 浓缩液的意义在于，便于储存、运输与使用。因为 A 液中的主要成分为氯化钠（NaCl）、氯化钙（$CaCl_2$）、氯化钾（KCl），而 B 液则主要是碳酸氢钠，如果将浓缩的碳酸氢钠和氯化钙放置在一起，很容易发生化学反应，生成碳酸钙（$CaCO_3$）溶液。由于碳酸钙是一种不溶解的物质，在血液透析中不能完成电解质的交换，这是透析治疗过程中所不允许的。为了避免形成碳酸钙物质，目前透析液的配制都采用稀释后再混合的方法，即先对 A 液充分稀释，再混合 B 液，这样可以大幅降低碳酸氢钠与氯化钠的化学反应。

透析浓缩液有液体和干粉两种形式，且因为各品牌透析机的配比系统设计不同，浓缩液的配比也会有所区别。

（1）液体浓缩液：液体浓缩液的优点是不需要现场溶解，可以随时使用，浓度稳定。缺点是浓缩液的体积和重量增大，运输和储存成本高，储存期短。

（2）透析粉：应用更为普遍，它的优点是体积小、重量轻，运输和储存成本较低。相对于液体具有优势，即细菌繁殖被限制，理化性质更为稳定，可以长时间储存，产品的安全期也较长（可达 2 年使用期）。透析粉的缺点是需要现场配制成浓缩液后才可使用。

目前，已经有能够通过干粉桶在线直接配液的方法，即将干粉桶安装在血液透析机上，由血液透析机自行对干粉进行溶解、稀释，并按比例配制成透析液。

2. 配液　透析液有多种配方，常用 A 液：B 液：透析用水的配方比为 1：1.225：32.775 或 1：1.83：34 或 1：2.2：34 等。例如，透析液选用"1：1.225：32.775"的配方比，表示为如果 A 泵吸入 1ml 的 A 浓缩液，那么，B 泵需吸入 1.225ml 的 B 浓缩液，并加入 32.775ml 的透析用水。透析液配比也是一个闭环控制系统，通过使用 A、B 液泵，根据透析液配方（浓缩液稀释比），分别吸入一定量的 A 浓缩液和 B 浓缩液，并由出水电导 1 检测透析液的配液结果，同时对 A、B 液泵的进液量进行微调，以纠正浓缩液配比误差。

透析液配比系统，如图 4-75 所示。

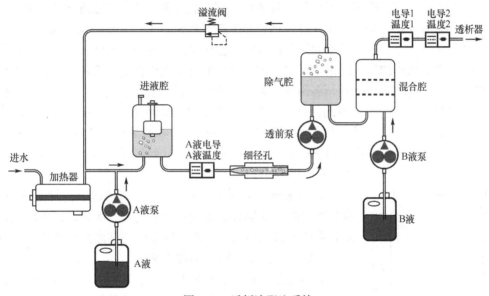

图 4-75　透析液配比系统

透析机进行透析液配比时，首先由 A 液泵吸入一定量的 A 液（浓缩液），与成比例的透析用水共同进入管路并得到稀释，经由进液腔和除气腔等后，再通过混合腔与 B 液均匀混合。现阶段，透析液浓度配比的主流监控技术是，通过在线监测透析液的电导率（主要是对应电解质浓度），并比对预设电导率（或电解质浓度），闭环调整 A 液泵或 B 液泵的进液量，进而实现透析液成分的精准控制。在线电导率监测通常有 3 个测试点，A 液电导传感器是测量 A 液的浓度，电导 1 和电导 2 可以检测透析液出水浓度，其中，电导 2 为第二套电导监测装置，目的是实时校验在线透析液电导率，如果有误，则启动旁路阀、关闭透析液供给，并报警。

3. 混合腔　混合腔主要作用是将透析用水稀释后的 A 液与 B 液均匀混合，完成透析液的配置。侧面进液式混合腔，如图 4-76 所示。

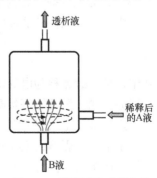

图 4-76　侧面进液式混合腔

混合腔的液体混合原理与方式较多，各生产厂家使用的方法不尽相同，其主要的方法是通过改变液体流动方向，让液体在腔室内产生涡流或快速不规则的运动，以达到搅拌混合的效果。也可以通过在腔体侧面进液，或在腔体中增加挡板达到液体混合的目的。

4. 电解质的电导率与浓度 电解质（electrolyte）包括电解质溶液和融化状态的电解质，是溶于水溶液中或在熔融状态下能够导电（电离成阳离子与阴离子）的化合物。电解质不一定具有导电性，只有在溶于水或熔融状态下电离出自由移动的离子后才能导电。电解质的导电机制主要是依靠电解质中的阴阳离子的定向运动，所以也称为离子导体。离子导体的导电特征是，离子浓度越高，其导电能力会越强；随着温度的升高，导电能力将增强。因而，通过测量电导率，可以得到透析液在当前温度下的电解质浓度。

透析液所用的 A 或 B 浓缩液（粉）中，含有的各种离子浓度比例是相对固定的，那么，通过测量电导率就可以监测透析液中离子浓度是否达到标准要求。其中，因为经 A、B 浓缩液混合后的透析液，其钠离子占主要浓度成分，并且电导率值与透析液中钠离子浓度值比较相近，所以，临床上习惯用电导率值来直观表示透析液的钠浓度水平。例如，透析液的电导度为 13.9～14.9mS/cm 时，对应的钠离子浓度应该为 135～145mmol/L。

在传统的人工 A、B 浓缩液的配制过程中，往往会因人为或其他因素造成加入的水量出现一定偏差，使得浓缩液的浓度不尽一致。现代的血液透析机配比系统为一组智能化的闭环控制系统，它通过分别控制各液体（A、B 液和透析用水）的流量，即依据各液体的容积比来精准控制混合比。因此，血液透析机首先是单独监测 A 液或 B 液的离子浓度，然后再监测混合后的透析液浓度值，并结合三个测试点检测的导电率（浓度），计算其配比结果偏差，根据误差分析，再进行必要的混合比调整，从而保证透析液中各成分的混合浓度符合临床治疗要求。

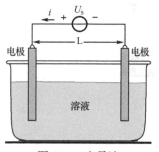

图 4-77　电导池

5. 电导池 溶液电导率反映了溶液传送电流的能力，通常用溶液电阻率的倒数来衡量其导电能力。测量时，可将两片电极分别放入被测溶液的两侧，使电极与溶液共同构成一个电导池。电导池示意图，如图 4-77 所示。

电导池在测量过程中表现为一个复杂的电化学过程。如果对电极施加电压（通常为交流电压），在溶液中将产生电流，溶液呈现的等效电阻 R 可以表示为

$$R = \rho \frac{L}{A}$$

式中，ρ 为电阻率，A 为电极的横截面积，L 为两电极的间距。

由此，可以得到液体的电导率 σ 为

$$\sigma = \frac{1}{\rho} = \frac{1}{R} \times \frac{L}{A} = \frac{K}{R}$$

式中，$K = L / A$ 称为电导池常数，即电极常数，一旦电极结构确定，电极常数不变。因此，可以通过测量溶液的等效电阻得到溶液的电导率。

透析液是由 A 浓缩液、B 浓缩液和透析用水按照一定比例配制而成，其电导率受各元素离子浓度的影响，主要含有钠、钾、钙、镁四种阳离子及氯和碱基两种阴离子。由于钠离子在透析液中占有绝大部分比例，因而，透析液的电导率主要反映了钠离子的浓度。引入摩尔电导率，可以得到溶液的浓度与电导率之间的关系，即

$$\sigma = \frac{1}{10^3} \times K_C C$$

式中，K_C 为摩尔电导常数，C 为溶液浓度。电极间的溶液等效电阻仅与溶液的浓度 C 有关，通过测量两电极间溶液的等效电阻，可以得到对应的溶液浓度 C。

由于电化学反应，电导池是一个比较复杂的系统，存在诸多影响电导率准确测量的因素，这些因素主要包括极化效应、电容效应和温度特性。

（1）极化效应：在透析液电导率的测量中，如果采用直流电压激励，平行电极将会产生极化现象。也就是，直流电压源正极电极在电场作用下表面所产生的正电荷与液体中的负离子结合，或负极电极所产生的负电荷和液体中的正离子结合，当趋于饱和时，电流 i 将减小，检测 U 则有所降低，此时检测的电压信号 U 已不能真实地反映电导率。

极化现象对电导率测量有明显影响，为消除极化效应产生极化电阻，现阶段主要的方法是加交变电场，即激励源采用双极性脉冲激励信号，即在前半个周期和后半个周期内激励信号电流同值反向，使得溶液中介质极化现象得到减弱。双极性脉冲激励信号，如图 4-78 所示。

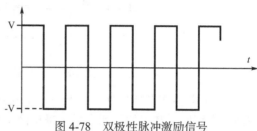

图 4-78　双极性脉冲激励信号

（2）电容效应：由于采用双极性脉冲会在电极极板间产生一系列的电容效应，从而在电极表面形成双电层电容，因而，激励信号的频率不能无限制地提高。

（3）温度特性：影响溶液电导率测量的最大外因是温度，温度将直接影响溶液中电解质的电离度、溶解度、离子迁移速度、溶液的黏度等，从而对溶液电导率的测量有着直接影响。

6. 电导率测量　电导率的测量原理，如图 4-79 所示。

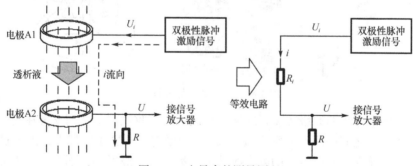

图 4-79　电导率的测量原理

在透析液管路中设置两个电极 A1 和 A2，在电极 A1（驱动电极）上施加双极性脉冲激励信号电压信号 U_i，当透析液管路有透析液流动（相当于一个等效电阻 R_i）时，由测量电极 A2 可以检测到信号 U，通过对 U 信号放大处理，再由后续单片机系统分析，可以得到当前透析液的电导率。

上图电路中，若电极 A1 和 A2 之间没有透析液体流过，电极间的等效电阻无穷大，那么，电流 $i = 0$，则测量信号 $U = 0$；只有当电极 A1 和 A2 之间有透析液流过，因 A1 和 A2 之间存在电位差，透析液中的离子在正负电荷的作用下，在两电极之间做定向运动，

形成电流为

$$U = R \times i$$

（1）电导率探头：电导测量的关键器件是电导率探头，由于溶液的导电性与温度有关，因此测量电导率时必须进行温度补偿。现代血液透析机电导率的测量探头中都同时兼有温度传感器装置，在进行实际测试时，可以通过温度修正系数来实时校正电导率的测量值。

含有温度传感器的电导率探头，如图 4-80 所示。

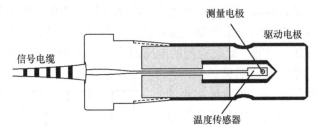

图 4-80　含有温度传感器的电导率探头

（2）电感式电导率探头：是一种非接触式电导探头。电感式电导率探头的工作原理类似于变压器，其中的被测介质（透析液）相当于磁芯。检测时，在发射线圈上（发射电极）施加一个低频交变电流，由于电磁感应，在接收线圈（测量电极）会接收到交变的感应电流，这一感应电流的强度与介质的电导率相关。

电感式电导率探头，如图 4-81 所示。

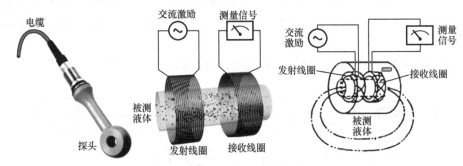

图 4-81　电感式电导率探头

电感式电导率探头的原级（发射线圈）和次级（接收线圈）并列安装在同一轴线上，两个磁环（线圈）之间的距离通常为 1～3cm。如果将探头置于空气中，由于磁环的磁导率远大于空气磁导率，发射线圈的磁力线基本上都经流本级磁环，不会交互于接收线圈，因此，原次级线圈间没有磁耦合，测量信号为"0"。只有当探头内有透析液（电解质）流动时，原次级线圈与透析液（相当于磁芯）构成磁力线闭合回路，即发生磁耦合，透析液磁耦合的强弱，可以客观反映电导率的大小。因此，通过检测次级（接收线圈）感应到的信号，能得到透析液中的电解质浓度。

（3）电导率检测电路：如图 4-82 所示。电导率检测电路采用三级化学稳定性好的石墨环电极（探头），其中，两侧为两个测量电极、中间的是驱动电极，它们共同构成一组电导率检测电极。两个测量电极检测到的电流叠加经电阻 R，转换为电压信号，通过前置放大器、滤波器等对检测信号整形放大，再将电导率信号传送至后续信号处理系统。

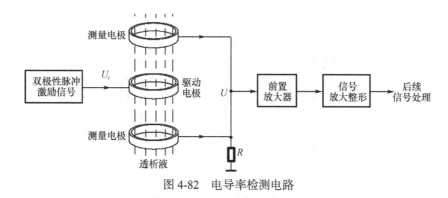

图 4-82　电导率检测电路

（四）透析液的流量与平衡控制

透析液流量与平衡控制是水路系统中的重要环节，其中包括平衡腔技术和流量控制两个方面。平衡腔的临床意义在于确保进出液体（新鲜透析液与废液）的平衡，这是透析机精确控制脱水的前提条件，由此可以精准确定临床的脱水量；流量检测与控制的目的是为了配液，因为只有精确地掌握透析液流量，才能确定应该添加的 A 液和 B 液容量。

1. 平衡腔的结构与工作流程　平衡腔（balancing chamber）的设计理念是，在一个容量平衡的密闭系统中，流入透析器的新鲜透析液量与流出透析器的废液量相等，由此，可以进行透析液流量与超滤脱水的在线控制。

（1）平衡腔的基本结构：平衡腔是一个刚性密闭腔体，其内部有一弹性薄膜片，利用弹性薄膜片可将这个刚性密闭腔体平均分隔为 A、B 两个腔室。当弹性膜片发生变形时，使一侧（如 A 腔）的腔室容积改变，膜片另一侧（B 腔）腔室的容积也将随之发生等量变化。

平衡腔，如图 4-83 所示。

平衡腔由两个等量腔室、弹性膜片和 4 个电磁阀组成，结构特点是，每一腔室有一对进出口，分别由进液和出液电磁阀控制其接通或断开。例如，电磁阀 F1 是 A 腔室的进液阀，电磁阀 F1 连通可对 A 腔供液；与此同时，B 腔室的出液电磁阀 F4 也应该接通，B 腔室处于出液状态。

（2）平衡腔的工作流程：平衡腔运行时，如果 A 腔室为进液，B 腔室必然是处于出液状态，此时，电磁阀 F1、F4 开启，电磁阀 F2、F3 关断；反之，B 腔室进液，A 腔室则为出液，电磁阀 F2、F3 开启，电磁阀 F1、F4 关断。平衡腔的工作流程示意图，如图 4-84 所示。

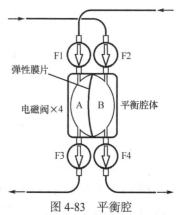

图 4-83　平衡腔

具体工作过程是，首先电磁阀 F2、F3 同时开启，由透前泵提供具有一定压力的新鲜透析液由 F2 电磁阀进入 B 腔室，迫使腔内的弹性膜片向 A 腔室侧移动，在弹性膜片的压迫下，A 腔室中的废液经 F3 排出，经过一定时间，弹性膜片完全贴紧 A 腔室的侧腔壁，腔室中的废液排空，同时 B 腔室完全充盈新鲜的透析液；然后，电磁阀 F2、F3 关闭，F1、F4 同时开启，由透后泵提供的具有一定压力的废液由 F1 电磁阀进入 A 腔室，同理，通过弹性膜片压迫 B 腔室，使 B 腔室内的新鲜透析液排空进入透析器，同时废液完全充盈 A 腔室。如此循环往复，平衡腔可以完成新鲜透析液与废液的等量进出。

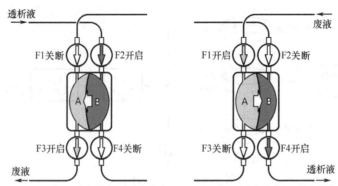

图 4-84 平衡腔的工作流程示意图

2. 平衡腔的连续流量运行 单个平衡腔在一个工作循环周期中，一半时间用于进液，另一半时间是排液，这就造成了透析液与废液循环的不连续性，难以保证充分的透析治疗。现代血液透析机均采用两组平衡腔构成的平衡腔系统，由此，可以提供连续的透析液供给。

平衡腔系统由两个容量相等的平衡腔和 8 个电磁阀组成，通过交替控制两组电磁阀的开启与关闭，可以实现透析液流动的连续性和透析液进出的平衡性。平衡腔系统，如图 4-85所示。

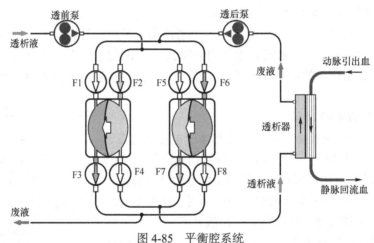

图 4-85 平衡腔系统

如图 4-85 所示的状态，在这一时刻，电磁阀 F2、F3、F6、F7 开启，左侧平衡腔中新鲜透析液在透前泵的压力作用下由 F2 阀进入腔室，弹性膜片受力，向左侧移动，迫使透析后的废液由 F3 阀排出；与此同时，右侧平衡腔中透析后的废液在透后泵的压力作用下由 F6 进入腔室，弹性膜片受力后左移，新鲜透析液由 F7 阀流向透析器。

同理，在下一时段，电磁阀 F1、F4、F5、F8 开启，新鲜透析液经 F5 阀进入右侧平衡腔的腔体，弹性膜片受力右移，压迫废液由 F8 阀排出；与此同时，废液由 F1 进入左侧平衡腔的腔体，迫使新鲜透析液由 F4 阀流出。如此循环往复，新鲜透析液和废液形成连续的等量水流。

3. 流量控制 在平衡腔系统中，透前泵和透后泵是平衡腔的动力源，它们提供的压力有两个作用，一是用来克服平衡腔膜片弹性所产生的阻力，使弹性膜片受到压迫，产生变形；二是提供足够的流量动力，能在单位时间内完成腔室的充盈。实际上，透前泵和透后泵的供压能力是流量控制的前提条件。通常情况下,透前泵和透后泵提供的压力在 $1kg/cm^2$ 以上时,其流量会大于 $2000ml/min$。

根据平衡腔的工作原理,腔室总容量可以表达为

$$V = A + B = (A + \Delta V) + (B - \Delta V)$$

或

$$V = A + B = (A - \Delta V) + (B + \Delta V)$$

式中,V 为平衡腔室总容量,A 为平衡腔膜片左侧腔室容量,B 为平衡腔膜片右侧腔室容量,ΔV 为腔室的变化量。

在平衡腔的工作循环中,如果平衡腔膜片由一侧腔壁向另一侧腔壁运行至完全贴紧状态时,其腔室的变化量 ΔV 就等于平衡腔室总容量 V。即,如果

$$A = 0 \text{ 或 } B = 0$$

显然有

$$\Delta V = V$$

也就是说,当单位时间内 $\Delta V = V$ 时,只要知道平衡腔 V 的容量(是结构设计的已知量),即可计算出对应流量下的平衡腔电磁阀的切换时间,从而可以实现精确的流量控制。例如,平衡腔容量为 $50ml$,若要完成 $500ml/min$ 的透析液流量,则平衡腔电磁阀切换时间 T

$$T = \frac{50}{500} \times 60 = 6s$$

由此可见,只要每间隔 6s 控制平衡腔电磁阀进行一次切换,即 1min 内可以切换 10 次,每次出液 50ml,则 1min 的出液量为 $10 \times 50 = 500ml$。血液透析机的透析液流量范围一般在 $300 \sim 800ml/min$ 的范围内可任意调整,目前临床上普遍认可,透析液流量为 $500ml/min$ 时,就可以满足充分透析的需求。

（五）透析机的脱水

脱水(dehydration)是血液透析机的一项重要功能,意义在于可以精准排出患者体内潴留的多余水分。现阶段,透析机主要是通过建立透析器半透膜两侧的跨膜压,应用超滤技术来完成精确脱水。

1. **超滤与跨膜压** 超滤(ultrafiltration)是以压力为推动力的膜分离技术之一,是液体在压力梯度的驱动下穿过半透膜的移动,这个压力梯度就是血液环路正压与水路负压间的压力差,也被称为跨膜压(transmembrane pressure,TMP)。

跨膜压实际上就是施加在透析器半透膜上的压力,反映了透析器血液腔与液体腔之间的压力差。在超滤过程中,血液中的水溶液在压力的驱动下,流经半透膜表面,小于膜孔的溶剂(水)及小分子溶质可以穿越半透膜,比膜孔大的溶质及溶质集团将被截留。因而,超滤的主要临床目的就是脱水。

跨膜压形成的超滤过程,如图 4-86 所示。

跨膜压一般不能直接被检测,血液透析机是通过测量静脉压和透析液压,由控制系统间接换算(静脉压—透析液压)得到。跨膜压是血液透析机的一项重要运行参数,只有跨膜压处于一个合理的范围透析治疗才能正常进行,因而,现代血液透析机的主界面通常都会显示跨膜压。

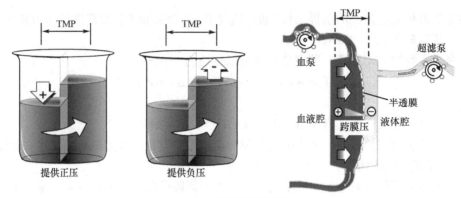

图 4-86 跨膜压形成超滤

TMP 也是用来衡量透析器（过滤器）的安全指标，其最大容许 TMP 约为 450mmHg。如果 TMP 设定过高，会使超滤率过大、滤过分数增加、血液被浓缩、黏滞度明显增加，以致凝血概率增加、滤膜通透性降低，从而导致透析效率下降，增加了破膜风险。在治疗过程中，TMP 的升高（设置不变时），将意味着半透膜通透性降低，可能是由于血液腔发生蛋白质沉积或出现凝血。

2. 脱水控制系统 脱水控制系统，如图 4-87 所示。

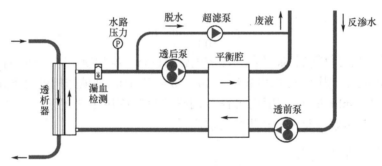

图 4-87 脱水控制系统

平衡腔系统可以保证进入与流出透析器的液体等量，根据这一原理，如果在透析器的出口分流一部分液体，即可实现人为的脱水功能。脱水控制系统就是在平衡腔的基础上增加了一个超滤泵，通过超滤泵在透析器的液体腔建立负压，以控制出液流量，进而完成精准脱水控制。

3. 超滤泵的防护 超滤泵采用步进电机驱动，其控制如同血泵的控制原理，也是通过电机的转速反馈信号来监测超滤泵是否失速或故障停转，当监测到转速反馈信号异常时，血液透析机将发出声光报警信号，提示医护人员进行必要的应急处置。

（六）漏血检测

在血液透析的治疗过程中，透析液进入透析器通过半透膜与患者血液发生弥散和对流作用，移除患者体内的有害物质和多余水分。然而，弥散与对流都需要透析机提供一定的跨膜压，但如果跨膜压过大并超出安全范围将会导致破膜，引起血液的渗漏。透析器的漏血是十分有害的，它不仅会造成人体失血，还会因血凝现象导致部分管路或检测回路的堵塞，影响正常的水路运转和测量精度。因此，现代血液透析机的水路系统中都配置有漏血检测装置。

1. **光电式漏血检测原理**　早期的光电式漏血检测一度采用过投射比浊法,这种方法是利用血液渗透存在着一个凝血过程,即血液凝固存在一个非溶性纤维蛋白的数量陡然增加的过程,此时,透析废液的透光率将会迅速降低(浊度升高),由此可以通过血液在凝血过程中浊度突然升高的原理实现漏血检测。由于比浊法对检测的时机要求较高,且在漏血量较少时容易误检,现在已很少使用,目前漏血检测的主流技术是采用比色的方法。

光电式漏血检测传感器的结构, 如图 4-88 所示。

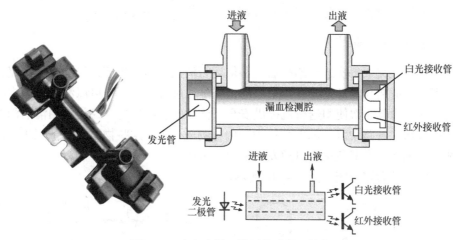

图 4-88　光电式漏血检测传感器的结构

正常情况下,流出透析器的透析废液是无色透明的,只有当透析器的半透膜发生破损,血液透过半透膜,透析液将会因血液中的红细胞(或血红蛋白)呈现红色。呈现红色的透析液必然会影响光线的穿透特性,其中,白光敏管因透析液呈色使得敏感度降低,红外光敏元件的敏感度则会因其发红而得到增强。根据这一光学现象,光电式漏血检测传感器可以检测透析器是否发生漏血。

2. **漏血检测电路**　漏血检测电路, 如图 4-89 所示。

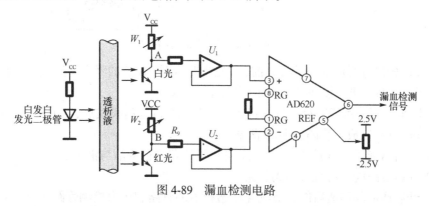

图 4-89　漏血检测电路

图示的漏血检测电路采用白色发光二极管作为光源,接收端有两个光敏元件,分别接收白光和红外光。两个光敏元件接收到的光信号,经由射极跟随器分别输入至仪表放大器(AD620)的正向输入端(3 脚)和反向输入端(2 脚),经过差分放大,由 6 脚输出漏血检测信号。

漏血检测电路的工作原理是，在水路工作正常时，在发光源和光敏接收管之间流过透析液，调整电位器 W1 和 W2，使输入的差分电压信号为 100mV 左右。如果回路中出现漏血现象，接收端白光将减弱、红光增强，白光敏元件接收的敏感度减弱，使 A 点电位升高；与此同时，红外光敏感度增强，B 点电位降低，使得经射极限随器输入到 AD620 的差分信号增加，输出端（6 脚）输出的电压增大。由于 AD620 输出的电压信号与透析管路的漏血相关，因而，通过后续 AD 转换器和微处理器系统可以分析管路的漏血状况，如果达到报警临限量值，微处理器系统会立即关闭血泵、启用阻流夹阻断血路；同时，开启旁路阀，关断进入透析器的透析液，并发出声光报警信号，提示管路发生漏血。

（七）清洁与消毒控制

血液透析机在完成每次透析治疗后，必须运行清洁、消毒程序，目的是对液路管道进行清洁与消毒。清洁与消毒主要有两个目的，一是通过清洁与消毒可以清除管道内细菌或病毒、内毒素，为下一次使用透析机提供安全、洁净的管路环境；二是利用清洁消毒程序中的化学成分清除管路中沉积的碳酸钙和蛋白等物质，防止这些物质附着于探头表面造成电导率测量的偏差，并避免堵塞管道发生的机器故障。

清洁与消毒的管路系统，如图 4-90 所示。

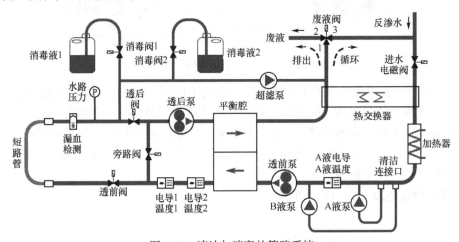

图 4-90 清洁与消毒的管路系统

对血液透析机进行清洁与消毒之前，首先将要 A 液、B 液的吸入管插接到透析机的 A、B 清洁连接口，然后进入设备清洁与消毒的运行模式。

1. 清洁与消毒的运行路径 进入设备清洁与消毒的运行模式后，微处理器控制系统将根据预设程序自动完成各管路的循环清洗。

（1）开启 A 液泵、B 液泵，对 A 液和 B 液管路进行清洁与消毒。

（2）开启旁路阀，清洗旁路阀管路。

（3）开启透前阀和透后阀，清洗连接透析器的管路和压力检测管路。

（4）开启透前阀和透后阀，并启动超滤泵，清洗超滤管路。

（5）开启消毒阀 1 或消毒阀 2，吸入消毒液 1 或消毒液 2。

（6）启动废液三通阀，1、3 连通，进入循环冲洗模式；关闭废液三通阀，1、2 连通，排出废液。

2. 清洁与消毒的运行模式 血液透析机进入设备清洁与消毒的运行模式,可以自动完成除钙程序、化学消毒、热消毒和水洗4种运行模式。

3. 除钙程序 由于透析液中存在钙离子,在透析治疗过程中会不同程度地产生钙沉积,如果不及时清除,这些沉积的钙物质将会堵塞管路,造成电导率、压力和漏血等测量偏差,甚至会使透前泵、透后泵、A液泵、B液泵、超滤泵等发生泵的卡阻现象。目前,透析机的除钙处理主要是使用放在消毒液瓶内柠檬酸溶液。

除钙程序的工作流程如下。

(1)关闭进液电磁阀、启动废液阀(1、3连通),使设备排液管与进液管路连通,形成闭合的循环液路。

(2)打开消毒阀1(设定柠檬酸溶液在消毒液1的瓶内)、超滤泵,通过控制超滤泵吸入除钙液(柠檬酸溶液)。

(3)关闭消毒液电磁阀,启动超滤泵、透前泵、透后泵,并控制平衡腔运行,液体循环运行在闭合的液路中,当时间达到预定时间,进入水洗程序后结束。

4. 化学消毒 血液透析机可以使用含氯或含过氧乙酸成分的消毒液,对管路系统进行消毒处理。化学消毒的工作流程如下。

(1)关闭进液电磁阀、启动废液阀(1、3连通),使设备排液管与进液管路连通,形成闭合的循环液路。

(2)打开消毒阀2(设定化学消毒溶液在消毒液2的瓶内)、超滤泵,通过控制超滤泵吸入消毒液。

(3)关闭消毒液电磁阀,启动超滤泵、透前泵、透后泵并控制平衡腔运行,液体循环运行在闭合的液路中,当时间达到预定时间,进入水洗程序后结束。

5. 热消毒 热消毒是将管路系统内的液体加热至 85℃以上进行的消毒处理模式。热消毒时,亦可在液路中添加柠檬酸,利用柠檬酸在高温下所呈现出较强的灭菌和除钙能力进行消毒和除钙,热消毒是临床上最为常用的一种消毒方式。

热消毒工作流程如下。

(1)关闭进液电磁阀、启动废液阀(1、3连通),使设备排液管与进液管路连通,形成闭合的循环液路。

(2)打开消毒阀1(设定柠檬酸溶液在消毒液1的瓶内)、超滤泵,通过控制超滤泵吸入除钙液(柠檬酸溶液)。

(3)关闭消毒液电磁阀,启动超滤泵、透前泵、透后泵,控制平衡腔并对闭合循环的液体进行加热,当达到预设热消毒温度后保持预定时间,然后再进入水洗、结束。

五、血液透析滤过

血液透析滤过(hemodiafiltration,HDF)综合了血液透析(HD)和血液滤过(HF)的技术特点,既能通过弥散的方法高效清除小分子毒素,也可以应用对流技术清除中分子物质。普通的血液透析往往对中分子物质的清除力不足,可能诱导产生新的毒素,引起并发症,影响治疗效果。因而,对于长期进行血液透析的治疗患者,临床上通常建议每月进行2~4次血滤,目的是强化清除中分子毒素,以降低透析并发症的发生率。

血液透析滤过与普通血液滤过相比，具有更稳定的血流动力学状态，能有效清除中小分子尿毒症毒素，患者有较好的耐受性，透析过程中低血压、头痛和恶心呕吐等不耐受状况能得到明显改善，由于可以清除中分子物质，如 β_2-微球蛋白和 PTH（甲状旁腺激素）等，能够明显改善患者的抗氧化能力，增加脱水量和清除炎症介质。

（一）血液透析滤过的运行模式

血液透析滤过的工作机制与血液透析相同，都包括溶质的弥散、对流和水分的超滤。血液透析的溶质清除主要是依靠弥散功能，对流仅占很小比例，而 HDF 由于超滤量大幅度提高，溶质通过对流清除的比例也明显增加；血液透析的膜孔径较小，只能清除小分子毒素，而 HDF 采用高分子合成膜，孔径增大，可有效清除中分子毒素。

应用 HDF 模式时，将有大量的超滤液（废液）从体内排出，为平衡体液，血液透析滤过机增设了一个有别于血液透析的特殊装置——置换液平衡系统，目的是能够等量补充置换液，因而，血液透析滤过机的面板上要增加一个置换液泵。置换液平衡系统是一组液体平衡输入的控制管路，由置换液泵注入置换液，通过与平衡腔配合使用，可以准确地等量控制超滤容量，即从患者体内清除的液体量等于输注置换液的容量。

根据置换液补入的途径（置换液进入血路的位置）分为前稀释和后稀释，置换液如果在血滤器前补充称为前稀释系统，在血滤器后输入为后稀释系统。

1. 前稀释系统　前稀释系统是置换液在血滤器前补充置换液的平衡系统，如图 4-91 所示。

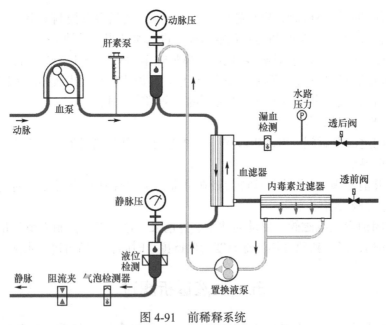

图 4-91　前稀释系统

前稀释系统的优点是血液在进入血液滤过器之前已经被稀释，故血流阻力较小，不易发生凝血，不会在滤过膜上形成蛋白质覆盖层，可减少抗凝剂的使用量，但它的清除率低于后稀释方式。如果要达到与后稀释相等的清除率，往往需要消耗更多的置换液，因而，使用成本会有所升高。

2. 后稀释系统　后稀释系统是置换液在血滤器后补充置换液的平衡系统，如图 4-92 所示。

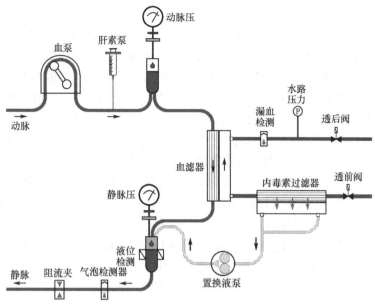

图 4-92　后稀释系统

后稀释系统的优点是清除率高，可以有效减少置换液的用量，节省治疗费用，但血流阻力较大，易发生凝血，肝素的使用量也会有所增加。

（二）置换液的生成

置换液（displacement liquid）是用来补充在超滤过程中滤出的液体，由于置换液将与血液直接混合，因而对其无内毒素的要求较高，且要求置换液的成分与正常人血液 pH、渗透压及电解质相似。

目前，置换液的供给主要有两种方式，即外挂式和在线式。外挂式常使用袋装或瓶装的无菌无热源置换液，通过置换液管连接到血路，如 CRRT 系统主要是使用袋装或瓶装置换液；在线式是利用透析机的透析液供给系统，将配制好的透析液一部分通过能滤过细菌和致热原的滤器（内毒素过滤器），在透析的同时生成置换液供滤过装置直接使用，此时置换液成分及浓度与透析液相同。因而，置换液生成的技术关键在于去除细菌和致热原。

1. 细菌内毒素的性质　细菌内毒素系指细菌的尸体或细菌代谢物，所以只要有细菌的地方就会有细菌内毒素，细菌内毒素的主要成分是产生于革兰阴性菌（以革兰阴性杆菌最多）细胞外壁层的脂多糖类物质，其活性主要源于其结构中的类脂 A。

细菌内毒素的性质主要表现为以下三个方面。

（1）体积小：细菌内毒素的大小、形态、化学组成因菌种的不同各异，细菌内毒素要比一般的细菌小得多，直径仅为 1～50nm，类脂 A 会更小，分子量只有几千，所以，一般的过滤方法不足以去除。因其体小、质轻，有时甚至在蒸馏时会随水蒸气的雾滴逸出到蒸馏水中。

（2）热稳定性强：细菌内毒素的耐热性很好，一般 100℃以下无大变化，在 120℃高温下加热 4h 仅能消灭 98%，若要完全灭活，需在 180℃高温下，加热 2h 以上，这样的去除方法实施起来有相当难度。

（3）化学稳定性强：一般化学药品不影响细菌内毒素的活性，只有强酸、强碱或强氧化剂可以破坏细菌内毒素。

2. 细菌内毒素的危害性 当人体血液系统输入带有微量细菌内毒素（bacterial endotoxin）的液体时，在很短时间内，将会使人出现昏迷和高热，若不及时抢救，很可能危及生命。因此，国家药典对注射品中细菌内毒素指标有严格规定：细菌内毒素<1EU/ml。

3. 超滤细菌内毒素去除法 因为细菌内毒素体积微小，耐热性及化学稳定性强，所以一般的过滤、加热和化学方法不易去除或灭活，活性炭及离子交换树脂吸附法也不甚理想。目前，最为行之有效的方法是超滤法或反渗透法。由于超滤膜孔径（5～100nm）的下限与细菌内毒素相近，所以，利用小孔径的超滤膜去除细菌内毒素很可靠，其设备造价也比反渗透低得多。

4. 超滤系统污染控制与清洗 由于超滤膜在实际过滤的过程中，对液体的菌类活性物质只是"截"不"杀"，这样可以保证置换液的洁净，甚至连死的菌体都没有。但是，设备一旦停止使用，还会滋生细菌，产生细菌内毒素。因此，作为去除细菌及细菌内毒素的超滤器，为保证超滤的可靠性，对其构成的管路工艺要求较高，一是超滤系统中的管路应尽可能短，没有死角和泄漏；二是系统内各部件便于清洗、消毒；三是停机时管路系统内残液便于排空；四是连接管路尽量不选用难以清洗的螺纹连接。

（三）血液透析滤过设备

现阶段，临床上按置换液的供给形式，血液透析滤过设备分为在线式和非在线式两大类。非在线式通常指在进行血液透析治疗时，置换液将提前配制好（如同 CRRT 设备），这类设备本身不具备自身配制和提供置换液的功能。在线式血液透析滤过设备是在血液透析机的基础上发展起来的，其置换液是采用血液透析机自身所配制的透析液经过滤器过滤后得到，与非在线式相比，最大优点就是治疗成本低（一次治疗滤过液用量：前稀释滤过液用量为 30～50 L，后稀释滤过液用量在 15～25 L），操作简单，易于推广。

在线式血液透析滤过机的管路系统，如图 4-93 所示。

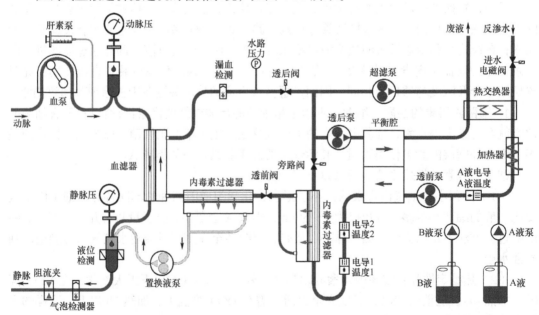

图 4-93　在线式血液透析滤过机的管路系统

如图 4-93 可见，与血液透析机比较，在线式血液透析滤过机增加了两级内毒素过滤器和一个置换液泵，其作用如下。

（1）应用两级内毒素过滤器，可以确保在线提供的置换液符合无细菌、不含致热原的质量要求。

（2）使用置换液泵，能精确控制置换液的流量。

（3）用于血液透析滤过治疗的透析器是一种高通透析器也称为血滤器，其膜孔孔径较大，可以过滤血液中的中小分子溶质和部分大分子溶质。

无论血液透析滤过机是进行前稀释还是后稀释治疗，其置换液都是从透析液中分离出来的一部分液体，根据平衡腔的原理，流出平衡腔的液体与流入平衡腔的液体一定是等量的，排除超滤脱水因素，既然从平衡腔流出的一部分液体被置换液泵直接注入血液回路中，那么，等量的液体势必要从血液回路中经过血滤器对流到透析液路。

血液透析滤过液体等量对流示意图，如图 4-94 所示。

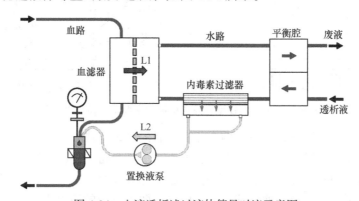

图 4-94　血液透析滤过液体等量对流示意图

由于平衡腔的作用，由置换液泵注入血路中的液体流量 L2 必须等于从血路中经滤过膜向透析液路中对流的液体流量 L1，至于置换液 L2 从什么位置（前稀释或后稀释）进入血路中的并不会影响液体平衡的结果。

六、血液透析机的应用

根据国家医疗器械分类，血液透析机属于三类医疗器械。三类医疗器械为最高安全使用等级，是对人体具有潜在危险，必须对其安全性和有效性严格控制的医疗器械。由于血液透析是一种有创伤的治疗方式，因而，对于血液透析机的临床应用与质量控制，必须有严格的管理与操作规范。

W-T2008-B 型血液透析机的主要部件位置及名称，如图 4-95 所示。

（一）血液透析机的质量控制

由于血液透析机直接与患者动（静）脉连接，其电导率、压力等各项性能指标的准确性直接影响患者的生命安全和治疗效果，因此，行业对血液透析装置有明确的质量要求。国家医药行业标准 YY0054-2010《血液透析设备》（替代 YY0054-2003）已于 2012 年 6 月正式实施，该行业标准对血液透析装置的生产质量标准进行了重新规定。

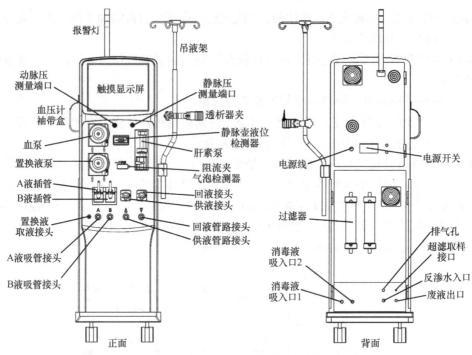

图 4-95　W-T2008-B 型血液透析机的主要部件位置及名称

从功能上来讲，血液透析机是由两个相互关联的系统组成，一是血液回路监护系统，包括血泵、肝素泵、动静脉压监测和空气监测等；二是水路，是透析液供给系统，包括温度控制、配液系统、除气系统、电导率监测系统、超滤监测系统和漏血监测系统等。因而，透析机的质量控制要包括血液回路和透析液回路这两个方面的质控内容。

1. **血液回路的质控要求**　血液回路是透析过程中血液从人体流入透析器再返回到体内的通路，为保证其安全、有效，需要对血泵流量、血液气泡含量、动脉压、静脉压、肝素泵流速等有严格的质量要求。

（1）血泵流量（即血流速度）：是由血泵驱动动脉血液向透析器转运的流量，是维持血液透析治疗的基本参数。血泵流量过慢，参与透析的血液量将减少，容易血凝，将会降低患者体内血液中废物的清除和脱水量，透析不充分；血泵流量过快，血流量增大，会增加心脏负担，影响毒素的排除。目前，血液透析机的流速任意调节范围在 0～600ml/min，临床上治疗的血流量一般设定在 200～300ml/min。

血泵流量计量，如图 4-96 所示。

被检透析装置开机，并处于稳定工作状态，将血液回路管动脉端口置于盛有 2000ml 反渗水的容器内（可以用清水代替），选取 100ml/min、200ml/min、400ml/min 3 个测试点，待流量稳定后

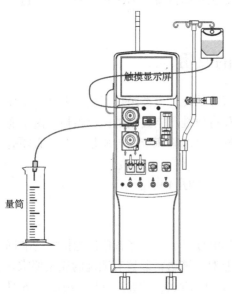

图 4-96　血泵流量计量

将静脉端置于空置的容器内，采用电子秒表计时 3min，然后，使用量筒计量容器内流出的反渗水容积，计算并记录，示值误差在 ± 10%，即为合格。

（2）肝素泵流量：肝素泵相当于临床使用的微量注射泵，用于持续向血液回路透析注射肝素。如果注射速度过快，会使患者凝血机制抑制，造成出血或渗血；过慢则会引起体外循环管路及透析器凝血，也会造成危险。因此，需要对肝素泵进行经常性计量校准，以保证其注入流量无误。

计量时，先使被检装置处于稳定工作状态，将肝素泵管与微量泵质量检测仪连接。启动肝素泵，选取 1ml/h、5ml/h、10ml/h 3 个测试点，读取微量泵质量检测仪示值进行计算，检测规程与微量泵类似。

（3）动静脉压力：动静脉压监测的目的是通过观察压力变化，判断透析管路和透析器内是否发生血栓和凝血及管路故障。如果血流量不足，动脉压会降低；透析器内形成凝血、血栓，动脉压会升高；静脉压可以监测管路血液回流的压力，当透析器内形成凝血或血栓、血流不足及静脉血回流针头脱落时，静脉压就会下降；如果血路回流管扭曲堵塞或回流针头发生堵塞时，静脉压即会升高。目前，血液透析机的动静脉压主要是用来测量指示和超值报警。当动静脉压力超值报警时，大多是血液回路的异常所致，如果是静脉壶以后的管道故障，一般经过简单处理都能现场解决；其他故障，则需要停机处置。

动静脉压力检测的方法是，通过一个"三通"分别连接被检装置的动（静）脉压监控端口、检测装置压力检测端口和一支 20ml 注射器，如图 4-97 所示。

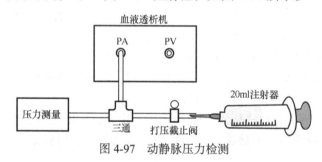

图 4-97　动静脉压力检测

检测时，应用 20ml 注射器打正压（或抽负压），待稳定后（约 1min），分别记录被检装置和检测装置（约定真值）压力值，示值误差范围在 ± 10mmHg 内，即为合格。

（4）气泡监测：是用来监测静脉管路中的空气气泡，目的是避免透析患者发生空气栓塞。当监测到静脉回路存有气泡，检测系统会驱动阻流夹动作，阻断静脉血路并报警。血液中气泡产生的原因，可能是由于安装血路管道排气不好和管道破裂等原因造成的。测量时，将待检装置处于稳定状态，使用 1ml 注射器将 0.2ml 空气打入血液管道，当空气经过防护系统时，阻流夹动作并发出声光报警，即为合格。

2. 透析液回路的质控要求　透析液是由 A 液、B 液和透析用水按照一定比例调配而成，对其温度、电导率、流速、压力等都有严格质控要求。

（1）透析液流量：在血液透析过程中，为了达到血液净化和电解质、酸碱平衡的目的，不仅要求透析液的化学成分符合临床应用标准，其物理过程也同样重要。当血液与透析液接触时，产生双向弥散，溶质在透析膜两侧逐渐达到相同浓度，血液中高浓度代谢毒素经过弥散进入无毒素的透析液中，透析液内浓度较高的离子和缓冲碱反向弥散入血液，由于透析膜两侧的透析液和血液逆向流动，得以维持膜两侧浓度平衡，达到清除毒素，纠正电解质紊乱和酸碱平衡失调状态。如果单位时间的流量太大或太小，均有可能使血液净化不达标。

通常血液透析机的透析液设置流量分为 0ml/min、300ml/min、500ml/min、800ml/min，临床透析液流量一般设定为 500ml/min，这是因为一般血流量为 250ml/min，透析液流量与血流量的比率应为 2 : 1，否则将影响透析的充分性。

进行流量计量时，首先将被检透析机运行至稳定状态，在透析液出口处用空置的容器盛接透析液，并采用电子秒表计时 3min。然后，使用量具计量容器内的透析液容积，记录并计算，误差在 ±10% 范围内为合格。

（2）电导率：是透析液导电性能的指标，用以间接测量透析液电解质（钠）浓度。电导率高于标准值会导致透析液中钠水平增加，引起患者高钠血症，造成细胞内脱水；电导率过低，将会引发低钠血症，产生头痛、恶心、胸闷、低血压、溶血等症状，严重者甚至出现抽搐、昏迷甚至死亡。所以，血液透析机一定要对电导率进行严格的监测。

通常透析液温度设定为 36.5℃，将质控设备探头接入透析液回路，依次调节电导率至 13ms/cm、14ms/cm，待数值稳定后，记录被检透析机和质控设备电导率示值，示值误差在 ±0.3 ms/cm 范围内为合格。

（3）温度：在正常透析时，一般将符合治疗标准的反渗透水加热至 35～40℃，与浓缩液混合后由温度传感器检测温度，进而控制加温装置，使得透析液温度与设定的温度相符，通常透析液温度控制在 37℃ 左右，也可根据患者实际需要适当调节透析液温度。透析液温度直接影响患者的血温，温度过高会有发热症状，若温度超过 45℃ 将有可能引起急性溶血，危及生命；温度过低，导致体温下降，有寒冷等不适。

一般透析液温度定标在 36℃，依次选取 35℃、36℃、37℃ 作为温度测量点，将质控设备温度探头接入透析液回路，进行温度的检测，待血透机和质控设备示值稳定后进行记录比较，示值误差在 ±0.5℃ 范围内为合格。

（4）pH：待血液透析机透析液 pH 稳定后，用容器接出适量透析液，快速地将质控设备酸碱探头完全浸没在透析液中，待指控设备数值稳定后进行记录，示值误差在 ±0.2 范围内为合格。

（二）现场安装

血液透析机的安装主要是连接电源与进液、排液管路。

1. 连接电源　将血液透析机的电源插头插入带有接地线的 AC220V 三孔插座内，并确保血液透析机有良好的接地。血液透析机的接地主要有两个方面作用，一是从安全角度上讲，通过把设备外露部分的金属外壳和金属部件与大地连接，使设备金属外壳与大地间保持等电位，可以有效避免因电位差造成的触电事故；二是从电磁兼容的角度考虑，让干扰源通过设定的线路（接地线）与大地形成回路，可减少或降低干扰。

2. 安装进液管　将进液管一头连接机器的反渗水入口，另一头连接反渗水供水管道接头，管道中间串联进水过滤网，用于阻止异物进入血液透析机，各连接部用金属卡子紧固卡紧，并判断无水渗漏。

3. 连接排液口　使用内径为 φ10mm，长 2m 以内的管子，管子的接头连接部用金属卡子紧固卡紧，并判断无水渗漏。

（三）透析治疗的基本操作

透析治疗包括以下基本操作。

1. 开机 将血液透析机的电源开关合上（置于"ON"方向），再按下机器左手侧电源按键，报警指示灯"亮灭"一次，系统自动进入自检程序。

2. 自检 血压透析机开机后自动进入自检程序，自检程序是设备的自我诊断，用于防止有故障的透析机参与临床治疗。W-T2008-B 型血液透析机的自检内容包括漏血、温度、电导率、动静脉压力、液位、气泡等各测量传感器的状态，血路、水路系统、各动力泵的功能是否正常等。

W-T2008-B 型血液透析机的自检菜单，如图 4-98 所示。

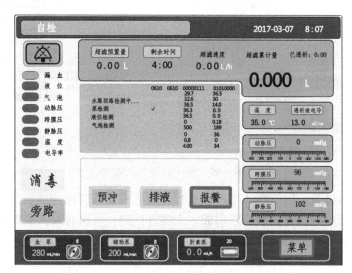

图 4-98 W-T2008-B 型血液透析机的自检菜单

若前一天做完透析治疗后未能及时完成消毒程序，本机设有监督记忆功能，即开机后设备将自动进入消毒程序。如果在透析过程中遇到突然停电的关机，则再次来电开机后，系统会自动进入当前的透析运行模式。

3. 预冲 完成自检后，若设备各检测项目均正常，系统会自动进入"预冲"状态，同时弹出"预冲"窗口，提示可以进行安装体外血液循环管路。

体外血液循环管路的安装次序如下。

（1）在透析器夹上安装透析器。

（2）动脉泵管装入血泵。

（3）动脉管的透析器接头连接于透析器血路入口端。

（4）动脉压力测量支管连接至透析机的动脉压测量端（PA）。

（5）在静脉壶上安装液位检测器。

（6）将静脉管的透析器接头连接于透析器血路出口端。

（7）静脉压测量支管接至静脉压测量端（PV），并将透析液供液管路连接至透析器。

管路安装完毕，可用生理盐水预冲液对血液管路和透析器进行灌注和预冲，以排除内部的空气及其他不适用于透析治疗的物质（如透析器中消毒液等）。临床上，为了有效减少透析过程中的凝血，通常会在预冲液（生理盐水）中加入一定比例的肝素。

预冲分为两个步骤，如图 4-99 所示。

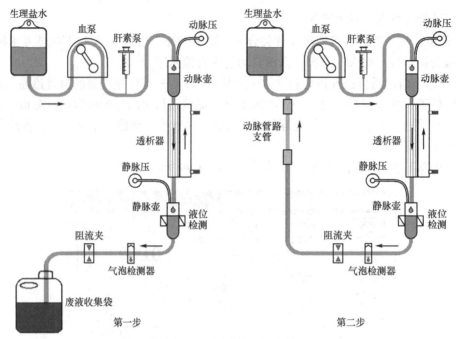

图 4-99　预冲的两个步骤

第一步，开启血泵，用 500ml 生理盐水预冲液填充血液管路与透析器。第二步，将静脉端接头与动脉管路的支管连接，以形成一个循环回路；开启血泵，生理盐水预冲液在血液管路中做循环流动，并同时为透析器排气；透析器若遗留部分消毒液，可通过透析弥散的方法予以消除，亦可在预冲过程中增设 200ml 的超滤量，通过对流机制，强化清除透析器内的残余消毒液。

一个预冲周期通常为 10～20min，当预冲完成且无报警提示后，设备进入"准备就绪"状态，60s 左右，界面会显示"透析"按键，即可连接患者进行透析治疗。

4. 透析治疗准备　透析治疗前，要根据医嘱设置透析的时间、脱水量、肝素剂量、透析液温度、透析钠浓度等参数。然后，再将动脉管路与患者血管通路连接，设定血泵流速（通常为 100～150ml）。按动"透析键"进入透析模式，启动血泵进行引血，当观察到血液进入静脉壶中后，停止血泵，并将静脉端与患者管路连接。

5. 钠浓度调节　人体血浆钠浓度水平为 135～145mmol/L，占血浆阳离子的 92%、总渗透压的 90%，故血浆钠浓度对渗透压起着决定性的作用。因而，临床上要依据患者在透析治疗过程中表现的血压状态（高或低），可适当进行透析液钠离子浓度的调节，钠平衡浓度一般维持在 140（138～142）mmol/L。

有研究报道，采用 136mmol/L 浓度的低钠透析可显著改善透析患者大动脉的僵硬度，但当钠浓度＜135mmol/L 时，由于超滤进一步增加，导致细胞外液的水分丢失，会引发低容量血症，可能影响到患者的心血管稳定。当透析液钠浓度范围在 110～125mmol/L 时，会产生不同程度的失衡综合征（如精神错乱、癫痫发作、麻木和昏迷），钠浓度过低还可能引发致命的溶血。钠浓度过高同样也不可取，高钠透析（钠浓度＞142mmol/L）的慢性综合征使患者的钠潴留，造成细胞外液容量高，引起患者口渴，喝水过多将造成透析间期体重明显增加，易发生高血压、心衰等不良反应。

现阶段，血液透析机还无法做到在线监测各离子的浓度，通用的方法是在线测量并适时调整透析液的电导率，通过控制电导率来调节透析液的离子浓度。由于血液透析中使用的透析液是以钠离子为主要成分，其他离子浓度则是按固定比例（相对钠离子浓度）存在于透析液中，所以，透析治疗的电导率调节，实际上是对透析液钠离子浓度的控制。

6. 透析过程中的超滤控制 超滤脱水的目的是使患者达到干体重。干体重（dry weight）也称为"目标体重"，是一个相对的重量，是指患者感觉舒适，身体内无多余水分潴留也不缺水时的理想体重。干体重是评估透析充分性的一项重要指标，达到干体重后再度脱水，血压就会下降，出现打哈欠、肌肉痉挛、呕吐、晕厥等症状。长时间透析脱水未达到干体重，就会出现水潴留的一系列表现，如血压升高，下肢、颜面部水肿，体腔积液等。因此，干体重对血液透析的效果评估是至关重要的。

在透析治疗中，出现低血压现象的主要原因就是由于脱水致使血容量的减少。因为当进行超滤脱水时，血管中的血容量逐渐减少，血液浓度、蛋白质浓度将增加，水分从组织间隙和细胞内液向细胞外液转移，细胞外液向毛细血管内转移使毛细血管再充盈。但随着清除肌肝、尿素、尿酸等溶质，也使得毛细血管内血浆晶体渗透压迅速下降，导致水分从组织间隙和细胞外液向毛细血管内转移的速度下降，若此时超滤率过大，而毛细血管再充盈速度远远小于超滤速度，便会造成血容量急剧减少，这是低血压、肌肉痉挛产生的主要原因。因而，在透析过程中要根据患者的临床表现，实时调整脱水的超滤速度或停止脱水。透析过程中的超滤控制分为"单超"、"低超"、"停止超滤"三种运行模式。

（1）单超：为单纯超滤，是运用对流转运机制，通过容量控制或压力控制，使流经透析器或血滤器的血液等渗出水分的一种治疗方法。在单纯超滤治疗过程中，不需要使用透析液和置换液，只进行透析脱水。

选择执行"单超"模式时，水路停止向透析器供给透析液，此时，可单独设置单超时间和单超脱水量，不会影响总的透析时间和总的脱水量，当单超执行时间完成后系统会自动进入常规透析模式。

（2）低超：选择执行"低超"模式，水路正常向透析器提供透析液，此时，可单独设置低超时间和低超脱水量，同样，也不会影响总的透析时间和总的脱水量，当低超时间完成后会自动进入常规透析模式。

（3）停止超滤：选择执行"停止超滤"，透析模式不会改变，水路开始正常向透析器供液。

7. 回血操作 回血操作主要是用于透析治疗的完成阶段，目的是中断动脉血引出，将存留于管路和透析器内的血液回输至体内。回血操作时，首先长按"回血"键，系统进入回血模式，血泵的流速自动降为预置状态。然后，停止血泵转动，断开血路与患者动脉端的连接，将血路动脉端连接生理盐水；再次启动血泵，使管路和透析器余留的血液通过生理盐水回输至患者的静脉端。

注意，在回血过程中，各防护系统（除气泡防护）会自动失效，若有空气进入血液管路需要由操作人员进行监控并处理；回血操作时，勿将血路管从液位、气泡检测器上取下，设备气泡防护系统会进行一次有效防护，以防止人为监控失误对患者造成伤害。

8. 排液操作 卫生部《血液透析中心（室）医院感染预防控制规范》5.2.4 条款明确

有要求，透析机下机后应排空透析器膜内外及其管路中的液体。排液操作的具体步骤如下。

（1）排液操作前应确认回血已经结束，透析管路已与患者分离。

（2）系统进入预冲状态。

（3）将透析器倒置，使静脉端朝上。

（4）准备连接管。

（5）用连接管连接动静脉接头，红蓝夹子打开，其余夹子关闭，管路无折管。

（6）动静脉壶均正置，打开静脉壶上端侧支一个夹子，与大气相通（只需打开一个夹子即可，如该侧支有封堵螺帽，则需去除封堵螺帽）。

（7）启动血泵，长按"排液"按键，该按键变为橙色时，开始排液。

（8）观察膜内液体排空后（查看血液管路中液体排空），将蓝色旁路接头接回机器，进行膜外排液。

（9）观察透析器膜外液体排空后，再次长按"排液键"（排液键变为灰色），将红色旁路接头接回机器，拆除所有管路，排液结束。

（四）个性化透析

个性化透析为序贯透析方式，是为应对患者在透析治疗过程中经常出现的某类不良反应，建立起来有针对性的"序贯"透析方案，即将整个透析过程等分 10 个治疗单元（例如，透析全程 4h，每个单元为 24min）。随着治疗进程，透析机的控制系统能够根据编程预案，有次序地在不同时间段内实施预先设定的相关治疗模式，以纠正和预防不良反应，实现平稳透析。临床上，通常将这类自动调节的序贯透析方式以图表的形式表示出来，称之为"曲线"。

W-T2008-B 型血液透析机可以提供 8 组超滤曲线和钠浓度曲线的组合式治疗模式，如图 4-100 所示。

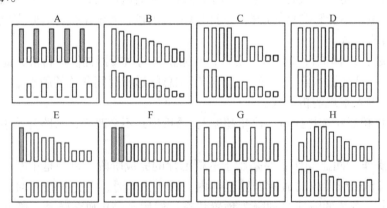

图 4-100　8 组超滤和钠浓度曲线

每一曲线的上为超滤曲线、下为钠浓度曲线；▮为单超脱水量

超滤曲线和钠浓度曲线的联合应用，有助于缓解和降低失衡综合征、低血压、肌肉痉挛、高血压、心衰等临床症状。其临床应用价值在于，可以针对不同个体，通过"一键式"操作，血液透析机便能够分时间段选择相应的工作参数与透析模式，自动完成透析治疗的全过程。

1. 超滤、钠浓度对血液透析的影响　超滤的意义在于脱水，脱水的目的是使患者达到干体重。透析初始期，患者体内多余水分主要潴留在细胞外液，但是，从血液中清除水分的透析脱水机制，决定了透析治疗仅能清除血液中的水分。然而，为达到在规定的治疗时间内实现干体重，有可能会要求采用较快的超滤脱水速率，若超滤脱水速度过快，即脱水速度大于细胞外液向毛细血管转移的速度，必然会造成脱水与血容量再充盈的失衡。也就是说，快速脱水会导致人体血管中血液所含有的水分减少，如果细胞外液不能及时向血液中补充水分，必然造成血容量降低。当血容量减少到一定程度，产生心血管供血不足，就会连锁出现低血压反应，因而，透析低血压（intra dialytic hypotension，IDH）又称为容量性低血压。有研究表明，脱水过多导致血容量下降超过 15% 时极易发生透析低血压反应，在透析治疗中有 10%～30% 的患者会不同程度地出现透析低血压。

脱水与再充盈是一对矛盾，欲要实现干体重，必须要以较快的速度进行超滤脱水；但超滤脱水过快，又有可能出现血容量再充盈的失衡，引发透析低血压。为解决这一矛盾，核心技术是设法提高细胞外液向毛细血管的转运速度，平衡临床超滤脱水速度。为解决这一矛盾，现代血液透析可以通过两种方法提高细胞外液向毛细血管的转运速度，进而平衡临床超滤脱水量，实现干体重。

（1）含糖透析液：透析液中含有一定浓度的葡萄糖，可以有效提升细胞的渗透压，增加细胞外液向毛细血管的转移速度。但是，由于含糖透析液容易生长细菌，不利于存储，因而它的应用受到限制。

（2）高钠透析液：有研究表明，提高透析液钠浓度使血液中保持较高的血钠水平，可以提高血浆晶体渗透压，同样也能有效增加细胞渗透压，使细胞内水分加速向细胞外转移，补充细胞外液，以有效提高细胞外液向毛细血管的转移速度，降低透析血容量失衡综合征的低血压发生率。但是，高钠透析后患者的血钠水平升高，导致透析间期口渴、多饮和体重增长过多，给下一次透析脱水带来困难。另外，长期高钠血症也可能会导致高血压的发生或加重，影响心功能。

2. 可调钠透析机制　近些年来，临床上开展了可调钠透析，目的是既维持透析中较高的血钠水平，又能避免高钠透析的不良后果。

可调钠透析是一种高-低钠序贯透析方式，其应用机制是将透析液钠浓度从透析开始至结束呈由高到低（曲线）的变化。根据溶质扩散原理，透析液钠浓度高于血钠浓度时，钠由透析液侧进入血液，血钠浓度逐渐上升；反之，采用低于血钠浓度时，血钠浓度将会逐渐恢复至正常水平。只要透析液钠浓度的起点和终点值选择合适，就能够在维持透析脱水期间血钠的高水平，且透析后血钠浓度迅速恢复到透析前水平，这一可调钠透析方式可降低患者的钠负荷，避免了透析间期的高钠反应。

3. 超滤曲线与钠浓度曲线　结合可调钠透析，W-T2008-B 型血液透析机可以提供与之配套的多组超滤曲线与钠浓度曲线联合应用治疗机制。

（1）曲线 A 模式：在曲线治疗模式中，X 轴表示时间，并将整个治疗等分成 10 个时间段，若透析治疗时间为 4h，则每个时间段为 24min。

曲线 A 模式，如图 4-101 所示。

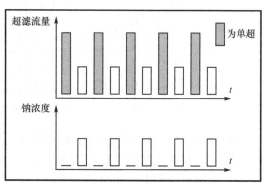

图 4-101　曲线 A 模式

曲线 A 模式主要针对透析治疗中的"失衡综合征","失衡综合征"常见于尿素和肌酐水平较高，尿毒症症状明显的患者，尤其多见于初次透析及透析诱导期。

初期（诱导期）开展血液透析的患者，由于长期蓄积在体内的代谢产物较多，血液透析时，在血液中以尿素为主的一些物质能够很快被清除，因此其浓度下降较快；但是，长期蓄积在脑组织之间的代谢产物因无法快速跨越血脑屏障，不能立即被有效清除，它的浓度仍然会较高，于是在脑组织和血液之间会形成较高的渗透压。水分会在高渗透压的作用下，通过血脑屏障致使急性脑水肿及脑缺氧。临床表现为透中及透后头痛、乏力、倦怠、恶心呕吐、血压升高、睡眠障碍等，重症者可有精神异常、癫痫样发作、昏迷甚至死亡，其症状简称"失衡综合征"。

目前，预防"失衡综合征"的有效方法是缩短透析治疗时间，使血液中的代谢产物不至于一次性清除太多，避免在脑组织和血液之间形成较高的代谢溶质浓度差。但是，血液透析初期（诱导期）的患者，通常伴有严重的水潴留，较短时间的透析治疗，很可能会因为不能及时缓解严重的水潴留而引发心衰。于是，需要增加透析治疗频率，即采用每天一次透析，治疗时间为 2h，使患者平安度过诱导期。

曲线 A 提供了一种诱导期治疗模式。曲线 A 在总计 4h 的治疗时间内，透析治疗仅进行 2h，另外 2h 为单超。由模式 A 曲线可见，模式 A 治疗分为 10 个时间段，每隔一个时间段（24min）进行一次单超与透析治疗模式的转换。例如，上一个时间段为透析，血液中的代谢溶质会被部分清除，但脱水量较少，不会形成较高的渗透压差；进入下一个时间段，模式转换为单超，因为单超模式只有超滤脱水不进行透析，此时血液中的代谢溶质浓度不会下降，相反，会因为脱水，血液的浓缩使代谢溶质浓度升高，并且在这一时间段，代谢溶质浓度高的脑组织侧的溶质透过血脑屏障会向血液中逐步弥散，以缓解脑组织与血液之间的渗透压差。如此反复运行，最终不仅能够完成预期的脱水量，解决严重水潴留引发的心衰症状，而且还能够解决血液透析的"失衡综合征"难题。

（2）曲线 B、C、D 模式：低血压是血液透析最为常见的并发症，主要临床表现为头晕、胸闷、面色苍白、出汗、黑矇、恶心呕吐、肌肉痉挛甚至意识丧失等，发生低血压的主要原因是超滤脱水过多、过快，造成有效血容量的减少。针对超滤脱水过多过快，W-T2008-B 型血液透析设备提供了递减式超滤曲线与钠浓度曲线联合治疗模式。

曲线 B、C、D 模式，如图 4-102 所示。

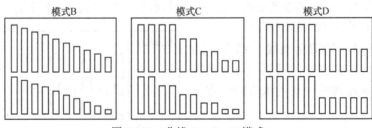

图 4-102　曲线 B、C、D 模式

曲线 B、C、D 模式大同小异，均为高到低钠序贯透析，高到低钠序贯透析采用单位时间脱水量和钠浓度从高到低的递减方式，能有效防止透析低血压的发生率。

针对透析过程中可能会发生低血压反应的患者，在透析起始时可以采用高钠透析（钠浓度＞150mmol/L），高钠有助于增大血液渗透压，能够提高细胞外液向毛细血管转移的速度，促进血管再充盈。随着透析治疗的延续，逐步降低钠浓度，使患者体内血钠浓度水平在透析结束时回到正常状态，可以避免因高血钠水平造成血液高渗状态引起的口渴，有利于控制患者透析间期体内的水分。

透析的起始期，患者体内水负荷较大，血管再充盈程度较好，采用起始高钠浓度，可以适度选用较高的超滤脱水速度，一般不会引起血容量再充盈失衡。随着治疗进程，钠浓度为逐步下降，血液渗透压也在降低，虽然细胞外液向毛细血管转移的速度会随之下降，但此时脱水速度也在同步降低，所以，并不会造成明显的血容量再充盈失衡，保证了平稳超滤脱水。

（3）曲线 E、F 模式：对于因严重水潴留引发的心衰、肺水肿症状患者或非初期（诱导期）的患者，透析治疗的首要任务是脱水，因而，为临床提供了如图 4-103 的曲线 E、F 模式，这类模式在透析起始的 1～2 个时间段要进行单超，目的是快速脱水。

由于单超不进行溶质的交换，可以排除因溶质交换对心血管产生的影响，通过前期的超滤脱水能够缓解患者的心衰症状，有利于后续的透析治疗。

（4）曲线 G 模式：如图 4-104 所示，主要用于透析过程中易出现高血压的患者。

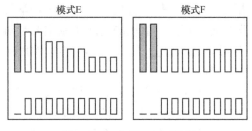
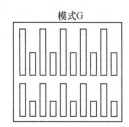

图 4-103　曲线 E、F 模式　　　　　图 4-104　曲线 G 模式

人体血管中血液的水成分减少也会使血液变黏稠，血液黏稠亦有可能导致部分患者的血管血流阻力上升，因而出现高血压反应。血液透析患者高血压的发生率高达 80%～90%，在透析过程中有 10%～20%患者会发生不同程度的血压升高，表现为，透析前血压正常，透析过程中血压逐渐升高；或者透析前血压高，透析过程中血压进一步升高。透析治疗中，血压较透析前升高>10/5（收缩压/舒张压）mmHg 可以被定义为透析过程高血压。

采用钠浓度为 140mmol/L 的透析液对患者进行治疗时，超滤会因脱水速度大于细胞外液向毛细血管转移的速度，致使血液变黏稠，造成外周血管血流阻力增高，随着透析脱水总量的增加，血液黏稠度和外周血管血流阻力进一步增高，容易发生透析高血压。尤其是对于患有严重高血压患者，临床上通常是通过降压药来解决血压升高问题。然而，曲线 G 模式提供了一种透析治疗的解决方案，即采用高钠（≥145mmol/L）高超滤量和低钠（≤140mmol/L）低超滤量的交替透析模式，以预防透析高血压。

在高钠高超滤量阶段，钠浓度增高，细胞外液向毛细血管转移的速度增加，血液容量充盈，能够满足较大的脱水量，避免因血液黏稠造成的高血压。但是，为防止长时间高钠透析有可能影响肾素血管紧张素系统活性增高、交感神经系统兴奋性上升引起的高血压，或长时间高钠透析对患者生理上的不适，在低钠低超滤量阶段，虽然降低了钠浓度，脱水量也随之降低，不会造成血容量再充盈的失衡。在应用曲线 G 模式时，临床上可根据患者的具体情况，根据情况设定适宜的高、低钠浓度和脱水量的差值，以改善透析中患者心血管的稳定性，实现良好的血压控制。

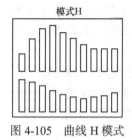

图 4-105　曲线 H 模式

（5）曲线 H 模式：图 4-105 所示的曲线 H 模式主要是用于透析前血压偏低的患者。由于透析前患者血压偏低，因而在透析的起始期，采用高钠（钠浓度＞150mmol/L）缓慢超滤，有助于增血液晶体渗透压，提高细胞外液向毛细血管转移的速度，促进血管再充盈，以维持血压。透析结束前，适当下调钠浓度曲线，可以避免透析后患者高血钠水平，造成血液高渗状态引起的口渴，利于控制患者透析间期体内的水分，纠正并改善患者的低血压症状。

第三节　连续性血液净化设备

连续性肾脏替代治疗（continuous renal replacement therapy，CRRT）是指可以数天替代肾脏功能，持续体外血液净化的治疗方法，其治疗技术包含所有连续性清除溶质、对人体多器官起支持作用的各种血液净化技术。CRRT 是一种长时间连续进行体外血液净化的生命支持技术，可以实现人工调节体内水分，维持电解质、酸碱度及游离状态溶质的平衡，清除代谢产物和毒素。与普通血液透析技术相比，CRRT 是一种更符合人体生理学特点的血液净化方式，具有连续不间断、血流动力学稳定等特点，溶质的清除机制主要是对流与超滤。连续性血液净化的常规治疗模式包括连续性血液滤过（CVVH）、连续性血液透析（CVVHD）、连续性血液透析滤过（CVVHDF）等。

CRRT 作为一种多器官功能支持技术，已经在重症医学中突显其独特疗效，当单一的器官支持治疗不能满足临床救治需要时，CRRT 通过对机体内环境的多渠道干预，能够显著缓解临床症状，改善预后。对于急救与重症医学而言，CRRT 的多种治疗机制可以快速稳定内环境，是一项不亚于机械通气、营养支持的重要生命支持技术。

一、CRRT 临床应用基础

CRRT 的核心治疗机制是模仿人体的肾功能（连续性的滤出与再吸收），主要运行 3 种治疗机制，即利用超滤原理清除体内过多的水分；以对流的方式清除中、小分子溶质；应用吸附技术过滤炎症介质。CRRT 通过连续且温和地应用一系列仿生理学治疗技术，能够有效滤除患者体内代谢废物，并维持体液量、平衡电解质和酸碱度，使患者的体内环境得以稳定，进而减小自体脏器的负荷，为功能恢复创造条件并赢得救治时间，以保护患者病理状态下的各主要器官免受进一步损伤。

（一）CRRT 仿生理学原理

CRRT 是现阶段模仿人体器官生理功能最为成功的专项技术，它利用现代工程学的技术手段，可以部分替代自体肾功能，完成对水分和各类溶质的连续性滤出与再吸收。

1. **模仿肾小球的滤过功能**　机体每天都需要进行着复杂的生物代谢，即摄入外来物质，通过分解与合成代谢，为机体提供所需的各种养分。与此同时，在机体内必然会产生物质代谢的终产物、多余的物质及进入体内的异物和药物等，这些代谢产物和毒性物质排出体外的过程称为排泄。人体排泄途径有呼吸器官、消化道、皮肤和肾脏，其中，肾脏是人体最为重要的排泄通道。肾脏通过生成尿液并排泄，可将机体代谢过程中产生的废物和多余水分排出体外，以保持体内环境的平衡与稳定。

肾小球实际上就是一个血液过滤器，其主要生理功能为形成超滤液（原尿），再由肾小管和集合管重吸收，生成终极排泄物即为尿液（终尿）。尿液生成的示意图，如图4-106所示。

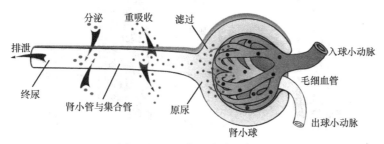

图 4-106 尿液生成的示意图

CRRT 的血液滤过功能（以对流的方式清除水分和溶质）就是模仿肾单位的滤过原理设计的，即利用超滤原理。血液的滤过方法是，将患者的血液引入至具有良好通透性并与肾小球滤过膜面积相当的半透膜滤器内，由于血液区和膜外间存在跨膜压（TMP）梯度，当血液通过滤器时，血浆除大分子蛋白质及血细胞等有形成分外，水分和大部分中小分子溶质（原尿）均被滤出，以达到清除潴留于血液中过多水分和溶质的治疗目的。

由于流经过滤器的血流仅有 200~300ml/min（占肾血流量的 1/6~1/4），故单独依靠动脉血压不可能滤出足够的液量，因而，CRRT 系统需要在动脉端用血泵加压，以及在半透膜的对侧由辅助泵（负压）形成一定的跨膜压。在临床应用中，跨膜压一般限定在 500mmHg 以内，由此可以使流经过滤器的血浆液体有 35%~45%被滤过，滤过率可达到 60~90ml/min，为肾小球滤过率的 1/2~3/4。血液滤过率的大小取决于滤过膜的面积、跨膜压和血流量，每次血滤治疗中，滤出液总量应达到 20L，才能实现较好的治疗效果。

2. 模仿重吸收功能　正常人两侧肾脏的血流量占全身血流量的 1/5~1/4，单位时间肾小球滤过的血浆量称为肾小球的滤过率，正常成人的肾小球滤过率为 120ml/min。两侧肾脏每日从肾小球滤过的血浆总量可达 150~180L，这部分滤过的血浆称为原尿。当原尿流经肾小管与集合管时，其中约 99%被重吸收（在近曲小管处，葡萄糖、氨基酸、维生素、多肽类物质和少量蛋白质等几乎被全部被吸收），因而正常人体每日排出的尿液（终尿）仅有 1500ml 左右。此外，肾小管还可直接排泄某些药物及毒素。

CRRT 模仿肾小管重吸收功能有多种方法，或多种方法并用。例如，如图 4-107 所示的半透膜弥散就是一种典型的重吸收。

由于透析液中配比有人体必需的物质，在透析治疗过程中，应用弥散原理不仅可以去除尿酸、肌酐等代谢产物，还能够根据渗透压补充相应的电解质（如钾、钠、钙、镁等）。另外，血浆置换也是常用的模仿重吸收方法，例如，首先分离血浆滤过液，根据电解质的渗透压（浓度），依靠溶质浓度梯度从高浓度侧向低浓度一侧转运的弥散，平衡（补充或滤除）各物质成分；还有一种方法更为简单、实用，即将血浆滤过液全部废弃，再通过置换液（补液）向血液中补充丢失的水分和相应物质成分。

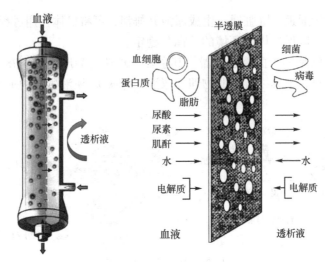

图 4-107　半透膜弥散

（二）CRRT 的技术要点

CRRT 是一种可以数小时甚至几天连续、温和进行体外血液净化的支持技术，目的是部分替代肾脏功能，清除代谢产物与毒素，人工调节体内水分，维持内环境稳定。与普通血液透析相比，CRRT 是一种更符合人体生理学特点的血液净化方式，不仅广泛用于急性肾衰竭，还是救治危重病症常用的辅助手段。

1. CRRT 与间断性血液透析的区别　间断性血液透析（intermittent hemodialysis，IHD）是指血流量大、作用时间短（3～4h），以清除中小分子溶质、可透性药物和毒素、平衡电解质为主的血液净化技术，临床需要提供透析液供水系统及血液透析和血液透析滤过等设备。

（1）间断性血液透析的应用特点：IHD 用水量较大，需要一整套水处理系统和供水管路。由于急性肾衰竭（acute renal failure，ARF）多发生在急救现场、ICU 病房、手术室或其他重症科室，患者病情危重不便搬动，因而，IHD 不适用于床旁临时性治疗。

应用 IHD 时，患者的血容量和溶质浓度波动较大。IHD 技术不能有效模拟肾功能，特别是重吸收功能，其清除毒素以中、小分子为主。

（2）CRRT 的技术优势：CRRT 可以模仿肾脏功能，采用较长时间、连续、缓慢、温和的方式清除体内水分与溶质，更符合人体的生理学状态；能够较好地维护血流动力学稳定，维持体液平衡，容量波动小，溶质清除率高，有利于营养改善，能清除细胞因子和炎症因子，可以改善危重病症及 ARF 患者的预后。

（3）CRRT 的器官支持作用：稳定内环境。CRRT 可迅速纠正钠和其他电解质的紊乱，对水的摄入量不受限制，由于采用持续、缓慢的对流方式清除溶质，比 IHD 更符合生理要求。

平衡液体和支持心脏。CRRT 容易达到液体平衡，降低组织和器官的水肿，恢复心脏理想的前-后负荷。有研究显示，CRRT 能恢复心肌的弹性，维持血流动力学的稳定性包括平均动脉压、心率、周围血管的阻力。

热能交换。体外循环有潜在的体温调节作用，可丢失 100KJ/h 的热能，以调节机体对炎症反应，并减少器官氧消耗。

脑保护功能。应用 IHD 时，由于快速的溶质清除容易导致脑水肿，加重脑损伤的因素包括低血压、败血症时的一些氨基酸代谢产物的蓄积，酸中毒；而 CRRT 可降低这方面的损伤。

骨髓支持。败血症和尿毒症都可导致骨髓抑制，尿毒症毒素的蓄积可影响红细胞的生成和血小板的功能，CRRT 可有效清除小分子、中分子毒素，恢复骨髓功能。

（4）CRRT 的主要支持技术：为模仿肾功能，实现长时间、连续、缓慢、温和的血液净化，CRRT 主要支持的技术包括建立血管通路、血泵应用、血液滤过器（膜）、置换液与置换液配送方式、抗凝等。

2. 置换液　由于血液滤过时，滤过液中溶质的浓度几乎与血浆相当，超滤率增加后，为保证液体平衡，需补充与细胞外液相似的液体，这个补充的液体即称为置换液或补液。置换液是血液滤过的专用置换药液，用于血液滤过治疗，可以替代肾的部分功能置换体内水分和电解质。置换液的基本配置要求是，置换液内电解质成分和浓度应与正常的血浆成分相似。

（1）置换液配方：置换液配方的原则是，根据人体细胞外液电解质成分及浓度进行配制，并应根据治疗目标的不同加以调节。置换液的必需成分包括钠、钙、碱基，可有成分为钾、磷酸盐、镁等。

置换液为复方制剂，每 1000ml 的组分中应含氯化钠（NaCl）5.92g，氯化钾（KCl）0.149g，氯化钙（CaCl$_2$·2H$_2$O）0.276g，乳酸钠（C$_3$H$_5$NaO$_3$）3.78g，氯化镁（MgCl$_2$·6H$_2$O）0.152g，葡萄糖（C$_6$H$_{12}$O$_6$·H$_2$O）1.5g。

（2）置换液的作用与剂量：通过体外循环注入大量的置换液，可连续不断地置换患者体内血浆滤液（原尿），进而直接、快速地清除有害物质，以大大提高危重病患的生存率。CRRT 治疗时需要较大量的置换液，通常为 1000～8000ml/h，每日可高达 140L。

（3）置换液的基本质量要求：置换液的渗透压应与血液渗透压相近，即等渗，为 280～300mmol/L；置换液应略偏碱性，pH 为 7～8，以便于透析时能够纠正患者的酸中毒；可以充分地消除体内代谢废物，如尿素、肌酐、尿酸及其他"尿毒症毒素"；对人体无毒无害，且容易配制和保存。

3. 置换液给予途径　为保证 CRRT 治疗的有效性，在超滤的对流过程中需要使用大量的置换液。置换液有两种注入方式，前稀释与后稀释。

置换液的给予途径，如图 4-108 所示。

（1）前稀释法：前稀释是置换液在进入滤器之前的输入方式，由于血液提前被稀释，与后稀释相比，可以降低血液黏滞度，不易发生凝血并减少血细胞损伤，但是，它的滤过效率较低，置换液的使用量需增加 15%，主要用于血细胞比容＞40%、有出血倾向的患者。

前稀释，如图 4-109 所示。

（2）后稀释法：后稀释法的置换液在滤器后的静脉管道中输入，与前稀释比较，清除效率较高，置换液用量也少，但容易发生凝血，超滤速度不能超过血流速度的 30%。因此，临床上也将前稀释称为滤器限制型，它的置换液流量限定为 3000～4000ml/h；后稀释为血流量限制型，置换液流量通常为 1500～2000ml/h。

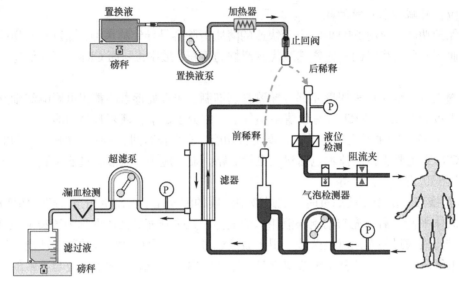

图 4-108 置换液的给予途径

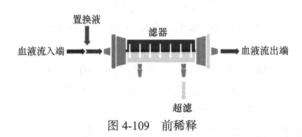

图 4-109 前稀释

二、CRRT 的构成与工作原理

CRRT 设备可以模仿人体的肾功能,通过其多组动力泵(血泵及多个辅助泵)、滤器和吸附柱,以及灵活的一次性外管路连接方式,几乎可以实现现代血液净化技术中的所有治疗模式。

CRRT 的转运(清除)机制主要包含分子/溶质和液体/溶液两大转运机制。分子/溶质转运机制涵盖了弥散、对流和吸附这三类现代常规的血液净化技术。由于溶液中溶质总是从浓度高向浓度低的一侧移动,依据浓度梯度差可以转运小分子物质,因而弥散是小分子溶质清除的主要机制;对流是指溶液中的溶剂随压力梯度差移动,可以用来分离与转运中大分子量的溶质;吸附将通过正负电荷的相互作用和透析膜表面的亲水性基团,可以选择性吸附某些蛋白质、毒物及药物(如 β_2-MG、补体、炎症介质、内毒素等),从而能够清除这些致病物质。CRRT 的液体/溶液的转运机制是超滤,是利用膜两侧的压力差使液体流动,意义在于清除体内多余的水分。

(一)CRRT 的基本构成

连续性血液净化设备,如图 4-110 所示。

连续性血液净化设备是支持 CRRT 肾脏替代治疗的专用设备,与血液透析机不同,CRRT 系统内部没有水路,可通过一次性管路耗材灵活地组成各种治疗模式。CRRT 常用

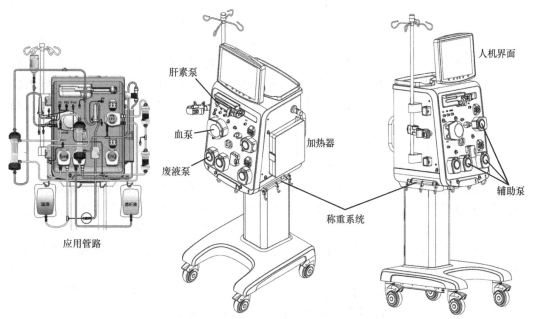

图 4-110 SWS-5000 型连续性血液净化设备

的治疗模式是，前后同时稀释-连续性静静脉血液透析滤过（PA-CVVHDF）、置换液双通道输入-前后同时稀释-连续性静静脉血液滤过（AB-PA-CVVHF）。

1. CRRT 设备的基本技术要求 为满足连续性血液净化的多种治疗需要，CRRT 对设备的基本技术要求如下。

（1）常备 5 个及 5 个以上的驱动泵，其中包括血泵（主泵）、肝素泵（微量泵）和多个辅助泵，辅助泵可用作置换液泵（也称为补液泵）、超滤泵、废液泵等，以便于构成多种治疗模式。

（2）内置加热装置，能够间接或直接对回输血液进行升温。

（3）有至少两个以上的独立电子称重系统，能够精确平衡液体。

（4）可以支持较大的置换量，高容量滤过可达 5000~6000ml/h。

（5）具有完善的安全检测及报警机制，如气泡、压力、漏血等报警。

2. CRRT 设备的整机构成 连续性血液净化设备由主控系统、血路系统、水路系统、称重系统、加热系统、监控系统、电源系统功能模块组成，这些功能模块通过总线连接到主控系统，各系统功能模块在主控系统的统一调度下协同工作。

主控系统相当于人的"大脑"，是信息处理中枢；总线如同人体的"神经网络"，是主控系统与各功能模块的信息传输通道；血路系统、液路系统、加热系统相当于人体的"四肢"，是执行单元，可以实现连续性血液净化的各种具体操作；称重系统相当于人的"耳朵、眼睛"，能够将所有悬挂液袋重量信息传送至主控系统；电源系统是"后勤"保障，为整机提供能源支持；监控系统相当于"监察员"，可以实时监控主控系统及各模块的运行状态及工作效率，并在必要时能够强制终止非法动作，以防错误操作和不受控动作继续运作，目的是提升设备使用的安全性。

3. 各模块的主要功能 血液净化治疗是将患者血液引出体外，综合利用跨膜（半透膜）弥散、对流、超滤或吸附等原理去除患者体内多余的水分、毒素、致病因子，并纠正电解质紊乱等，然后再将血液回输至人体的一个连续循环过程。

（1）主控系统：是整机的控制核心，包含输入设备（触摸屏）、输出设备（液晶屏）、中央处理器（CPU），主要作用是进行人机交互信息的处理及控制协调各系统模块（血路系统、液路系统、加热系统）工作状态。主控系统的触摸屏为用户提供了一个良好的信息输入平台，能够将用户的输入信息转化为主控系统的控制参数，并通过总线下发控制指令。

各执行模块可以通过总线将执行状况及称重系统的状态信息传递至主控系统，经分析、汇总和运算处理，以液晶屏幕界面或声光信号等方式反馈给设备操作人员。

（2）监控系统：包含报警喇叭、报警指示灯等，可以通过获取总线实时数据，实时监测各系统模块运行状态，其中包括监控主控系统运行状态，并且在必要时（主要是危及患者生命安全时）能够替代或者接管主控系统，强制停止血泵、关闭阻断夹，并通过报警喇叭和报警指示灯发出声光报警，提示仪器操作人员及时回血下机，以防危及患者生命安全的动作或不受控的执行动作继续。

（3）血路系统：包含动作执行部分（血泵电机、肝素泵电机、静脉回路阻断夹），状态检测部分（血泵状态检测、肝素泵状态检测、压力检测、漏血检测、静脉回路空气检测）。血路系统将执行主控系统关于血液回路的动作指令，如开或关血泵、阻断夹，控制血泵确保血泵状态与主控系统动作指令一致，为体外血液循环提供动力；实时收集检测血泵当前状态、血液回路血泵前端压力、滤器前端压力、滤器后端压力、滤器跨膜压力、漏血情况、回血气泡状态、阻断夹状态等，并将收集检测到的血液回路所有状态通过总线实时上报给主控系统。

（4）水路系统：包含动作执行部分（废液泵电机、补液泵电机、分流泵电机、功能泵电机），状态检测部分（废液泵电机、补液泵电机、分流泵电机、功能泵电机）。水路系统可执行主控系统关于液路系统动作指令，如开补液泵、废液泵等；控制置换液泵、废液泵等状态与主控系统动作指令一致，为置换液回路提供动力；实时收集检测液路各蠕动泵（包含废液泵、置换液泵、分流泵、功能泵）的运转状态，并将收集检测到的液路系统蠕动泵状态通过总线实时汇报给主控系统。

（5）称重系统：包含废液称重秤、补液称重秤、血浆称重秤、其他溶液秤。称重系统可以实时收集检测悬挂在该秤挂钩上的液袋重量（包含废液袋、置换液袋、血浆袋、其他溶液袋）数据，通过总线反馈给主控系统，主控系统根据相关液袋的重量变化，及时计算补入人体液体重量和从人体脱离出来的废液重量，并依据补入和脱离重量的平衡关系，发送控制命令到液路系统微调相关蠕动泵转速，以确保出入人体的液体平衡关系在正常范围内。

（6）加热系统：包含执行加热部分加热膜，状态检测部分温度传感。执行主控系统的加热指令，将经过加热装置的液体加热到合适的温度；温度传感器收集检测环境温度、加热后液体温度和加热装置自身温度，通过总线实时反馈给主控系统。

（7）电源系统：包含 AC-DC 转换器、后备蓄电池、电源管理。电源系统核心作用是将 220V 交流电转换为 24V 安全电压的直流电，然后提供给其他模块使用，为整机系统提供能源支持，并对后备蓄电池的充放电进行管理。系统开机后收集电源系统自身状态（如电网电源电压、蓄电池剩余电量等），通过总线实时将自身信息反馈给主控系统。

4. CRRT 的液路系统 CRRT 血液净化设备就是根据临床需要，通过控制各类液体（血液、置换液、废液等）的流量与流向，依据"秤"与"泵"的各种组合形式，构成不同的血液净化模式。因而，CRRT 设备的核心任务是通过中央处理器组成的主控系统，根据用户设置的运行参数、秤与泵的状态反馈，智能控制液路运转。

应用 CRRT 设备，实现前后同时稀释-连续静静脉血液透析滤过（PA-CVVHDF）治疗模式的液路系统，如图 4-111 所示（不同的治疗模式将采用不同的管路连接形式）。

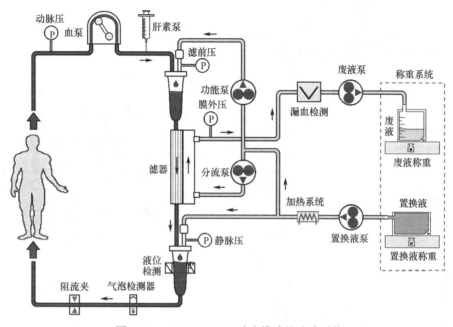

图 4-111 PA-CVVHDF 治疗模式的液路系统

前后同时稀释-连续静静脉血液透析滤过（PA-CVVHDF）的液路系统分为血液回路、补液回路与废液回路、称重系统四部分。

（1）血液回路：为人体血液体外管路的循环通道，血液流动的动力由血泵提供。血液流向是从人体动脉（或静脉）穿刺针流向透析器（滤器），经过透析器净化后的血液再由静脉穿刺针回输至人体。

（2）补液回路：也称为置换液回路，其管路内流动的是置换液，置换液配方应与人体生理浓度相符，与正常人体生理状况下血浆电解质基本一致（包含钾、钠、氯、钙、镁、磷、碱基、葡萄糖等），补液泵、分流泵、功能泵将置换液引入动脉壶、透析器、静脉壶等血液电解质交换场所，并且配合废液回路实现电解质交换，从而达到血液净化的治疗目的。

（3）废液回路：为废液流通管道，废液是置换液和血液电解质成分交换后需要丢弃的产物，流向是从透析器膜外到废液袋，废液回路由废液泵提供动力。

（4）称重系统：是 CRRT 设备的重要应用技术，它要求设备在使用过程中，必须实时监测和持续核算液体交换量（补入的置换液量和从透析器脱离出来的废液量），并根据交换量的计算结果，调整补液回路蠕动泵或废液回路蠕动泵的转速，从而实现体液动态平衡的临床效果。体液动态平衡是 CRRT 持续进行血液净化的基本保障，临床应用的基本要求是，CRRT 系统经过长时间的运行，不得产生体液累积误差。

（二）血液回路

血液回路是 CRRT 的血液通路，是将人体血液导出并引入透析器，经过对血液的净化处理再输回人体的路径。血液回路的基本运行要求是，必须保证血液在体外循环过程中不泄漏、不凝结、没有气泡混入。血液回路，如图 4-112 所示。

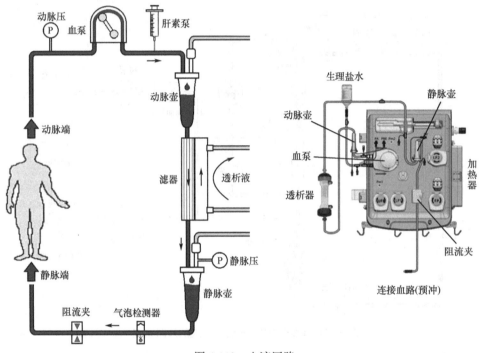

图 4-112　血液回路

在血液净化过程中，血液回路的血液流动路径为人体→动脉管→血泵→动脉壶（动脉除泡器、引入前稀释置换液）→透析器→静脉壶（静脉除泡器、引入后稀释置换液）→气泡检测→阻流夹→静脉管→人体。

1. 血泵　血泵是血液回路的动力源，作用是驱动引出体外的血液持续循环流动。现阶段，CRRT 的血泵及其他辅助动力泵均是选用蠕动泵的结构形式，蠕动泵的工作原理前面已经介绍，这里不再赘述。血泵的基本结构，如图 4-113 所示。

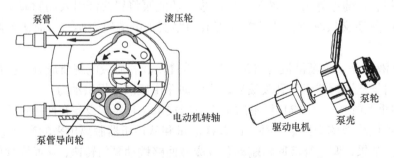

图 4-113　血泵的基本结构

血泵在临床应用中有两个需要关注的要点，一是血泵电机的转动速度，它直接影响体外循环的血流量；二是对于蠕动泵的滚压轮对泵管的挤压力度调整。

（1）血泵电机转速调整：目前，血泵电机大多选用无刷直流电动机，并通过主控系统的控制指令改变驱动电路的直流输出电压，由此，控制电机的启停并调整其转动速度。为了精准控制血泵电机的转速，血泵电机采用闭环控制方式，即在电机的转轴上安装有测速传感器（常用码盘方式或霍尔传感器），由于测速传感器的输出能够表达转速，主控系统可以依据测速传感器的输出数据，通过比对设定转速调整驱动电路的输出电压，进而实现转动速度的闭环调节。

霍尔测速传感器，如图 4-114 所示。

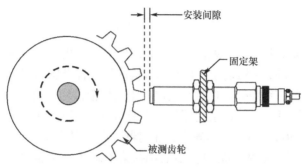

图 4-114 霍尔测速传感器

如图 4-114 所示，当金属齿经过霍尔传感器前端时，引起磁场变化，霍尔元件可以检测到磁场的变化，并转换成一个交变电信号，传感器内置电路对该信号进行放大、整形，输出矩形脉冲信号，通过测量脉冲信号的频率可以得知电动机的转动速度。

（2）蠕动泵对泵管的挤压力度调整：蠕动泵运行示意图，如图 4-115 所示。

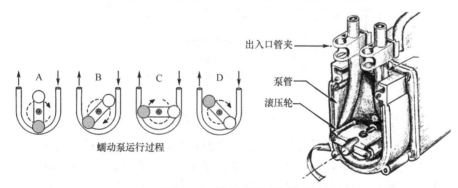

图 4-115 蠕动泵运行示意图

由于蠕动泵采用软泵管，运行时两个滚压轮通过交替挤压泵管，使泵管变形（压缩与复原），推动管内液体流动。滚压轮与泵壳之间的间隙关系到滚压轮对泵管的挤压力度，如果对泵管的挤压力度过小，将会弱化蠕动泵的驱动力，使血泵流量不足；反之，若泵管的挤压力度过大，会增加对血细胞的碾压，造成血细胞破坏。因而，在实际应用中应适时调整泵轮与泵壳的间隙，以保证对泵管的挤压力度适中。

2. 肝素泵 肝素泵的意义在于持续、微量的向动脉端（血液引出端）管路推注肝素剂，以防管路发生凝血。肝素泵，如图 4-116 所示。

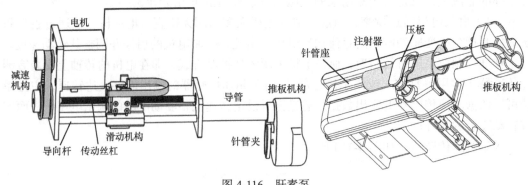

图 4-116 肝素泵

肝素泵就是微量泵，其运行原理是，主控系统发出驱动指令，步进电机启动，经减速机构降速驱使传动丝杠转动，旋转的丝杠与滑动机构内的开合半螺母配合，将丝杠的转动转换为开合半螺母沿滑杠的直线位移，通过直线位移带动推板机构推动注射器注入肝素药剂。

（1）确认注射器规格：肝素泵使用的容器是临床通用的注射器，根据需要可以安装10ml、20ml、30ml、50ml 四种不同规格的注射器，因而肝素泵必须能够自动识别注射器的规格。识别的方法是，首先要通过注射器选择菜单确认注射器的品牌（生产厂家），然后，安装注射器，叩上压板，系统可根据注射器的直径自动确认注射器的型号。

注射器型号检测，如图 4-117 所示。

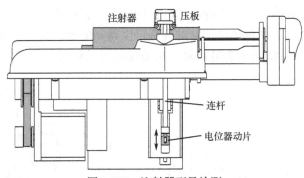

图 4-117 注射器型号检测

肝素泵的压板与电位器的动片同轴，当安装好注射器并叩上压板，由于不同规格注射器的管径不同，其连杆使电位器的动片发生不同的位移，位移不同，电位器对应的阻值也会不同，根据其阻值变化可以间接测量出注射器的直径，以识别注射器的型号。

（2）压力检测：在肝素泵的推板上装有压力传感器，通过检测压力传感器触力值的变化状况，可以分别判断注射器管路发生堵塞或者是注射器的注液已经用完。方法是，如果注射器出现堵塞现象，其管路压力会缓慢地逐渐增大；但若是管内药液已经用完，其压力将急剧上升，系统则会判断是管内药液用完，并报警、停止肝素泵推注。

3. 动静脉壶　动静脉壶包括动脉壶、静脉壶，是血液净化系统重要的安全监测与保护装置，目的是在体外血液循环管路中保留适量的空气存留空间，以利于排除管路气泡，并可以利用疏水性 PTFE 膜空气过滤器（疏水器）监测管路压力。由于静脉管路为静脉回流管，静脉壶流出的是经透析净化后将要回输到患者体内的血液，因而对静脉壶的要求会更高，增设了过滤网，过滤网可阻挡血块和混入血液中的较大体积气泡进入静脉血管。另外，动静脉壶还设有置换液接口和药物注入口。

动静脉壶，如图 4-118 所示。

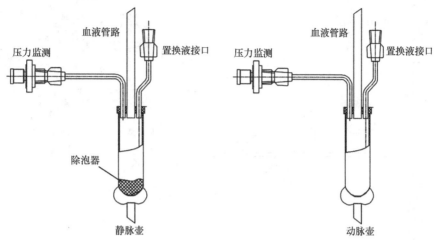

图 4-118　动静脉壶

4. 阻流夹　阻流夹类似于一个电磁阀，目的是当发生某些非正常的状况（如静脉回流管路发生气泡报警）下动作，立即阻断回输静脉管路。阻流夹，如图 4-119 所示。

阻流夹由电磁铁驱动。当电磁铁通电时，带动芯轴旋转，使阻断管路夹口开启，管路正常流通；当发现管路中有超量气泡时，电磁铁断电，芯轴在盘形弹簧的作用下回转，使偏心轴旋转一个角度，夹口可阻断静脉管路。

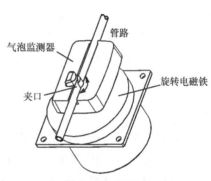

图 4-119　阻流夹

（三）水路

CRRT 的水路包括补液回路和废液回路，它与普通血液透析机不同，由于 CRRT 没有内部管路，其水路是通过一次性管路耗材与多个辅助泵连接而成，因而，它的管路更为灵活，安装过程也相对复杂。

1. 补液回路　补液回路是实现置换液（补液）、血浆等补入人体的液体通道。补液回路，如图 4-120 所示。

如图 4-120，悬挂在置换液称重挂钩的置换液，通过"置换液泵"引出（置换液引出流速=透析液流速设定值+前稀释流速设定值+后稀释流速设定值），经加热装置使置换液被预热至约 37℃，再分为三路。"功能泵"将加热后的一部分置换液引入动脉壶，作为前稀释置换液；"分流泵"将另一部分置换液引入到透析器膜外以作为透析液；剩余的液体为后稀释置换液，补入静脉壶。由此可见，补液回路通过控制各辅助泵的流量（转速），可以灵活的实现前稀释、后稀释、血液透析，以及前后同时稀释等功能。

（1）前稀释：补液回路若要实现前稀释，只需要将"分流泵"停止（透析液流量为零），"功能泵"与"置换液泵"的流速相同，此时，置换液全部进入动脉壶，即为前稀释。

（2）后稀释：同理，若将"分流泵"与"功能泵"停止，"置换液泵"输出的置换液全部进入静脉壶，即实现后稀释。

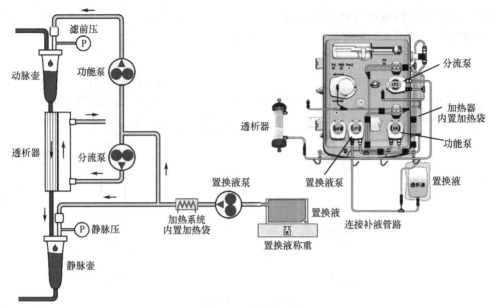

图 4-120　补液回路

（3）血液透析：如果将"功能泵"停止，"分流泵"与"置换液泵"流量相同，"置换液泵"输出的置换液全部进入透析器，即可实现单纯的血液透析。

（4）前后同时稀释：在临床应用中，CRRT 更多的是采用前后同时稀释-连续静静脉血液透析滤过的治疗模式。为此，"分流泵"、"功能泵"、"置换液泵"将选择不同的流量同时工作，其中，"功能泵"的流速控制前稀释流量，"分流泵"可以确定透析液流量，剩余流量即为后稀释的置换液流量。

2. 补液回路的流量控制　在 CRRT 治疗前，根据临床需要可以分别设置透析液流量、前稀释流量、后稀释流量等参数，这三个治疗参数共同决定了"置换液泵"的流量。理论上讲，如果"置换液泵"实际的流量与设定流量完全一致，那么置换液的流量就不需要调整和控制。但是，由于蠕动泵的实际流量会受到加工精度、压力、泵管疲劳度等因素影响，实现完全理想的流量（设定值与实际值完全一致）是不太可能的，因而，CRRT 治疗过程中总是存在不同程度的流量偏差，这个偏差将随着时间的累积会越来越大，即形成累积流量误差。例如，"置换液泵"的流量偏差为 2ml/min，那么 10h 以后，其累积流量误差可高达 1200ml，这是一个"不可容忍"的误差。

为此，CRRT 引用了置换液称重系统，目的是实时监测置换液流量误差，并通过调整"置换液泵"的转速来控制流量误差，以实现置换液流量的闭环控制。例如，置换液设置流量为 60ml/min，"置换液泵"的误差范围为±2ml/min，那么 1min 后置换液称重变化量为 58ml（理想变化量为 60ml）。由于置换液秤发现了实际流量比理想流量减少了 2ml，在下 1min 的时候主控系统会主动发送增加"置换液泵"流速指令，将下 1min"置换液泵"的流量调整为 62ml。如此循环，上 1min 的误差总是能在下 1min 给予适当弥补，从而解决了随时间误差的累计，这样无论治疗运行多长时间误差都会控制在 2ml 的范围内。

3. 废液回路　废液回路也称为超滤回路，主要是为了实现临床的脱水控制。在脱去人体多余水分的同时，若需要往人体中补充置换液时，超滤回路还会根据主控的命令进行体内体液平衡处理。废液回路，如图 4-121 所示。

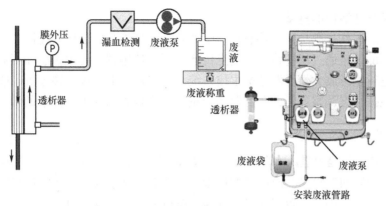

图 4-121　废液回路

废液回路的流动路径为透析器→漏血监测→废液泵→废液袋（废液桶）。由于"废液泵"的流量就是人体出液流量，因而，CRRT 实际的脱水量为

$$脱水流速 = 出液流速 - 各种入液流速之和$$

通过控制出液流速，即可控制治疗过程中的脱水量。有

$$废液泵流速 = 出液流速 = 各种入液流速之和 + 脱水流速$$

由此可见，"废液泵"的流速即是出液流速，是由用户设定的入液流速和脱水流速共同决定。以 PA-CVVHDF 治疗模式为例，入液流速为置换液流速，包含用户设定的前稀释流速、后稀释流速、透析液流速。那么，PA-CVVHDF 治疗模式的废液泵流速为

$$废液泵流速 = 置换液泵流速 + 脱水流速$$

为确保"废液泵"流速平稳，没有累积误差，废液回路也设有废液称重系统，其调控原理与置换液称重系统一致，这里不再重复赘述。

（四）称重系统

CRRT 称重系统的意义是实时监测各进出液体的重量，进而换算出流量。CRRT 称重系统，如图 4-122 所示。

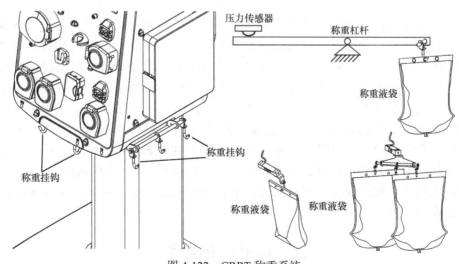

图 4-122　CRRT 称重系统

CRRT 的称重系统通常有 3～4 组独立的电子称重装置，根据需要可以分别计量补液、

废液、血浆及其他溶液的重量。

称重系统的工作过程是，将补液袋、废液袋、血浆袋等挂于称重挂钩上，根据杠杆原理，称重液体的重量通过杠杆将重力信息传递至压力传感器，压力传感器得到重量信号，经控制电路进行整形放大，再发送给主控系统，主控系统由内置软件分析、核算各液体的重量数据，根据情况调整各辅助泵的驱动流量，以实现脱水和平衡体液的治疗效果。

（五）加热系统

CRRT 加热系统是给进入水路的置换液持续加温的装置，目的是保障置换液的温度稳定，使补充到静脉回输管路的液体温度接近于人体的正常温度。在治疗过程中，置换液温度必须稳定在目标范围内，否则，温度过高，将可能导致患者溶血，重者危及生命；温度过低，会引起体温下降，使患者出现寒战。由于患者对温度的变化非常敏感，它直接关系治疗过程的舒适性，因此，置换液加热装置对于 CRRT 使用的安全性和稳定性有着重要的临床意义。

CRRT 加热系统，如图 4-123 所示。

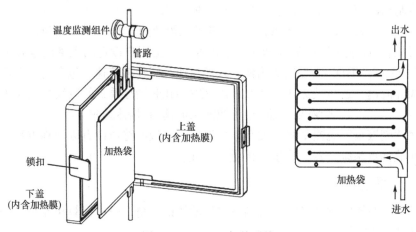

图 4-123　CRRT 加热系统

加热系统主要包括上盖、下盖、加热袋和温度监测组件，其中，上盖和下盖内覆盖一层加热膜，通过接入直流电可以使加热膜的电阻丝发热，以提供热量。加热袋是 CRRT 管路耗材的一段受热管路，为了增加受热面积，加热袋内部的管路设计成 S 字形流动形式，当关闭上盖、合上锁扣并通电，上下盖的加热膜会发热，可同时对加热袋加热。置换液的温度可以自行设定（一般需要控制在 37℃左右），其温度控制将由温度监测组件来完成。实际运行时，当监测到加热袋中的液体超过目标温度，温度监测组件内传感器的输出信号升高，控制电路将减少对加热膜的供电时长；反之，若加热袋中的液体没有达到目标温度，温度传感器的输出信号较低，控制电路可以增加对加热膜的供电时长。如此往复，通过对加热膜供电时长的调整，可以使加热袋内的液体温度稳定在设定范围。

三、CRRT 的应用

早期的 CRRT 主要是辅助治疗重症急性肾衰竭。随着技术的进步，CRRT 已用于全身过度炎症反应（如严重创伤、重症急性胰腺炎等）、脓毒血症、中毒和多脏器功能衰竭等危重症的救治。另外，对于重症患者并发的特殊情况，如严重电解质紊乱、高热等，CRRT也有良好的疗效。CRRT 不仅可以有效清除体内存在的一些致病性介质，而且通过调节免疫细胞和内皮细胞功能，重建水、电解质、酸碱和代谢平衡，可以有效维护危重患者内环境的稳定。目前，CRRT 已成为急性肾衰竭（ARF）、脓毒症（sepsis）和多器官功能障碍综合征（MODS）等危重病多器官功能支持治疗的重要手段之一。鉴于 CRRT 已广泛用于非肾脏病领域的重症治疗，所以将其命名为连续性血液净化（continuous blood purification，CBP）更为确切。

由于 CRRT 设备通常具有多组动力泵（血泵、多个辅助泵），因而，通过使用不同的一次性管路耗材和滤器、吸附柱，可以灵活地实现多种治疗模式。

1. CRRT 常用治疗模式 CRRT 常用的治疗模式，见表 4-4。

表 4-4 CRRT 常用的治疗模式

治疗模式	英文全称	缩写
连续性动-静脉血液滤过	continuous arteriovenous hemofiltration	CAVH
连续性静脉-静脉血液滤过	continuous veno-venous hemofiltration	CVVH
动-静脉缓慢连续性超滤	arteriovenous slow continuous ultrafiltration	AVSCUF
静脉-静脉缓慢连续性超滤	venovenous slow continuous ultrafiltration	VVSCUF
连续性动-静脉血液透析	continuous arteriovenous hemodialysis	CAVHD
连续性静-静脉血液透析	continuous venovenous hemodialysis	CVVHD
连续性动-静脉血液透析滤过	continuous arteriovenous hemodiafiltration	CAVHDF
连续性静脉-静脉血液透析滤过	continuous venovenous hemodiafiltration	CVVHDF

CRRT 几种常用模式比较，见表 4-5。

表 4-5 CRRT 常用模式比较

方式	原理	补充液体	清除物质
CVVH	对流为主，以跨膜压梯度（TMP）为驱动力	置换液（前稀释、后稀释）	中、小分子物质
CVVHD	弥散为主，以渗透压梯度为驱动力	透析液（同置换液成分）	小分子物质
CVVHDF	对流+弥散	透析液+置换液	中、小分子物质

CVVHDF 为连续性静脉-静脉血液透析滤过，是现代 CRRT 系统最为常用的一种治疗模式，因而以下仅以 CVVHDF 模式为例介绍 CRRT 的临床应用。

2. CVVHDF 模式的转运原理 CVVHDF 模式综合了 CVVHD（连续性静静脉血液透析）的溶质转运主要依赖于弥散和少量对流原理，以及 CVVH（连续性静静脉血液滤过）通过对流能够清除体内大分子物质、中分子物质、水分和电解质的转运机制，因而，这一转运模式不仅可以提高对小分子和中大分子物质的清除率，溶质的清除率也将大幅增加。

CVVHDF 模式，如图 4-124 所示。

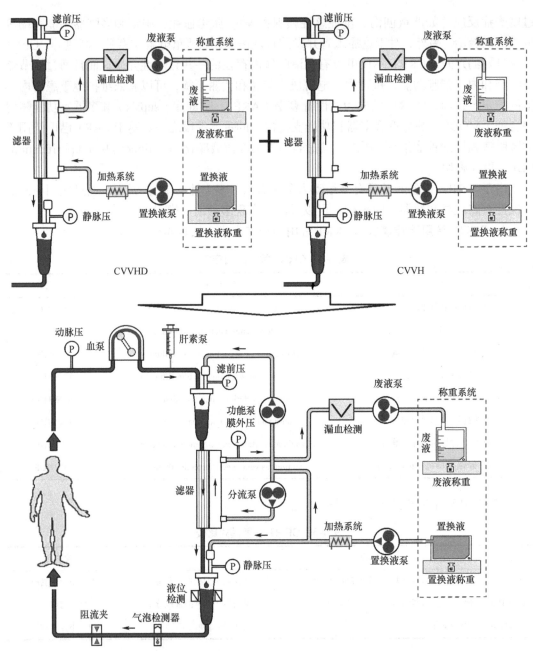

图 4-124 CVVHDF 模式

3. 安装管路

第一步：安装补液回路

安装补液回路，如图 4-125 所示。

安装过程如下。

（1）连接管路。

（2）将加热袋安装至加热器内。

（3）加热袋出口管路须经过温度监测组件。

（4）管路可靠安装到选择夹。

（5）分别安装功能泵、置换液泵和分流泵的泵管。

（6）置换液袋挂在称重的挂钩上，并将置换液泵的入口管路接至置换液袋。

第二步：安装废液回路

安装废液回路，如图 4-126 所示。

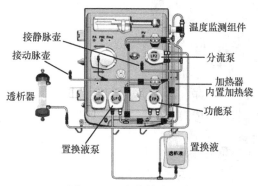

图 4-125　安装补液回路

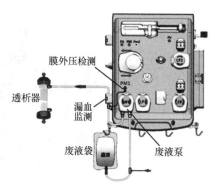

图 4-126　安装废液回路

安装过程如下。

（1）连接管路。

（2）压力检测接至 PM1。

（3）将废液管安装到漏血监测。

（4）安装废液泵泵管。

（5）废液袋挂在称重的挂钩上，并将废液泵的出口管路接至废液袋。

第三步：安装血液回路

安装血液回路，如图 4-127 所示。

安装过程如下。

（1）连接管路。

（2）动脉端连接生理盐水。

（3）动脉壶压力监测接至 PSE。

（4）滤前压力监测接至 PA。

（5）静脉壶压力监测接至 PV。

（6）静脉回路安装气泡监测、阻流夹。

第四步：确认管路连接

CVVHDF 模式最终的完整管路连接，如图
4-128 所示。

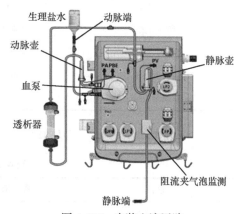

图 4-127　安装血液回路

确认管路连接正确，可以进行预冲过程。

4. 参数设置　CVVHDF 的参数设置包括治疗参数设置、抗凝参数设置和超滤参数设置。

（1）治疗参数设置：见表 4-6。

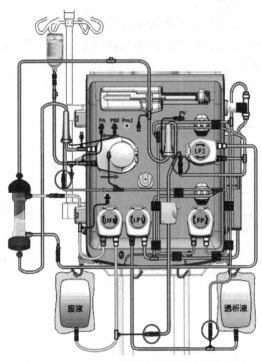

图 4-128　CVVHDF 模式最终的完整管路连接

表 4-6　治疗参数设置

参数名称	默认值	设置范围	分辨率
治疗时间	00：00	00：00～99：59	1min
加热温度	37.0℃	30～40℃	0.1℃
稀释方式	后稀释	前/后稀释	
液体输入总量	4500	0～12000	1ml/h
透析液流量	1500	0～12000	1ml/h
置换液流量	3000	0～12000	1ml/h

（2）抗凝参数设置：见表 4-7。

表 4-7　抗凝参数设置

参数名称	默认值	设置范围	分辨率
抗凝剂类型	肝素	不使用/肝素/柠檬酸	
肝素流量	0.0	0.0～10.0	0.1ml/h
首剂或追加量	0.0	0.0～20.0	0.1ml/h
抗凝剂提前停止时间	00：00	00：00～99：59	1min
注射器型号（ml）	20	10/20/30/50	

（3）超滤参数设置：见表 4-8。

表 4-8　超滤参数设置

参数名称	默认值	设置范围	分辨率
目标超滤	0	0～30000	1mL
超滤流速	0	0～2500	1mL/h
超滤流速上限	2500	0～3000	1mL/h

5. CRRT 的治疗剂量与血流速　治疗剂量是指 CRRT 应用过程中净化血液的总量。对于小分子溶质来说，置换液的流量接近血浆清除率，因此，临床上通常以置换液（置换液+透析液）的流量来间接表示单位时间 CRRT 的治疗剂量，即 ml/（kg·h）。

（1）影响治疗剂量的主要因素：CRRT 的治疗剂量应依据治疗目的、患者的代谢状态、心血管状态、营养支持需求、血管通路和血流量状况、有效治疗时间及疗效/医疗成本的比值来设定。一般来说，对于单纯急性肾衰竭的患者，治疗剂量设定为 20～35ml/（kg·h）较为合理；对于合并炎症反应综合征的患者，通常以清除炎症介质为治疗目的，因而，其治疗剂量可以＞50ml/（kg·h）。

（2）血流速：CRRT 血流速的设置主要取决于以下几个方面。

1）治疗模式：CRRT 的血流速一般从 50ml/min 开始逐渐增加，SCUF 和 CPFA 为100～150ml/min，CVVH 和 CVVHDF 可以为 200ml/min 以上。

2）置换液速度：前稀释时，置换液速度要低于血流量的 50%；后稀释时，置换液体速度要低于血流量的 20%～30%。

3）心血管状态：合并心排血量低下和血压低下的患者，血流量设定不易过高，并要兼顾考量血管通路的状况。

（3）根据治疗剂量计算置换液剂量和血流速度：如果患者体重 60kg，治疗剂量选择35ml/（kg·h），血细胞比容（Hct）为 30%，采用 CVVH 模式时，设置置换液剂量和血流速度。

在净除水量为 0、采用 100%后稀释时，治疗剂量即为血浆清除率（PC），有
$$置换液剂量 = 35ml/（kg·h）× 60kg = 2100ml/h$$
在滤过分数为 20%时，血浆流量为

$$血浆流量 = \frac{2100}{20\%} = 10500ml/h$$

根据血细胞比容 = 30%，有血液流量

$$血液流量 = \frac{10500ml}{1-30\%} = 15000ml/h$$

由此，可以得到血流速度为

$$血流速度 = \frac{15000ml}{60min} = 250ml/min$$

即体重为 60kg、血细胞比容为 30%的患者，采用 CVVH 治疗模式时，若设置置换液剂量为 2.1L/h、血流速度为 250ml/min，可以获得满意的治疗剂量 35ml/（kg·h）。

（4）根据置换液剂量和血流速度计算治疗剂量：体重 60kg、血细胞比容为 30%的患

者，采用 CVVH 模式时，若设置置换液的剂量为 4L/h、血流速度为 200ml/min、100%前稀释，那么获得的治疗剂量是多少。

由于

$$血液流量 = 200ml / min \times 60min = 12000ml / h$$

根据血细胞比容 $= 30\%$，得到

$$血浆流量 = 12000ml / h \times (1 - 30\%) = 8400ml / h$$

其滤过分数为

$$滤过分数 = \frac{前置换 + 后置换}{前置换 + 血液流量} = \frac{4L}{16L} = 25\%$$

由此，得到血浆清除率（PC）为

$$PC = \frac{血浆流量 \times 滤过分数}{患者体重} = \frac{8400ml / h \times 25\%}{60kg} = 35ml / (kg \cdot h)$$

即治疗剂量为 $35ml / (kg \cdot h)$。

第四节 血液灌流技术

血液灌流（hemoperfusion，HP）是将患者的血液引出体外，通过血液灌流器中具有特殊吸附能力的固态吸附剂，清除血液中内源性及外源性致病物质或毒素，然后再将净化后的血液回输给患者。HP 的血液体外循环过程与血液透析（HD）相似，两者区别仅在于血液的净化机制不同，其中，血液透析主要是依靠弥散、对流和超滤机制除去中小分子代谢废物及水分，而血液灌流通过吸附技术清除致病物质。

血液灌流机，如图 4-129 所示。

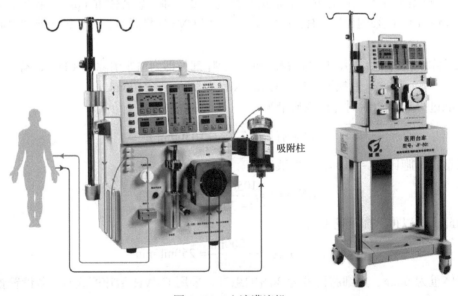

吸附柱

图 4-129 血液灌流机

一、吸附材料与灌流技术

吸附（adsorption）是血液净化技术中重要的溶质清除机制之一。近年来，随着对吸附技术研究的深入，吸附的临床应用得到快速拓展，日益突显出吸附在治疗学中独特的应用价值。血液吸附的核心支持技术主要有两个方面，一是血液体外循环技术，要将患者血液安全地引出到体外；二是具有吸附材料制成的吸附柱（灌流器），可以特异性选择或非特异性地吸附体内致病物质和毒素。

（一）吸附材料

血液灌流过程中，吸附材料（剂）直接接触人体血液或血浆，因此，在临床中应用的吸附材料必须满足以下条件。

（1）对人体无毒、安全。

（2）具备稳定的化学性质，与人体血液接触时，不发生化学和生理改变。

（3）吸附剂应具有较高的机械强度，颗粒结构稳定，不易变形、破碎和脱落。

（4）具有良好的血液相容性，不引起血栓，不破坏血细胞，不致使血浆蛋白变性，不破坏酶系统，不扰乱电解质系统，不引起免疫反应和过敏反应，不损害临近组织等。

（5）易消毒、灭菌和运输、储存。

（6）疗效明显、可靠，选择性高，工作表面积大。

1. 吸附材料分类　血液灌流的技术关键在于能够提供性能良好的吸附材料，因而，制备血液相容性好、吸附能力强、高选择性或特异性的吸附材料是生物医学和生物材料学的研究热点。目前，临床上应用的吸附材料按其吸附原理可分为以下几类。

（1）以物理吸附为主导的吸附剂。主要依靠物理吸附作用，通过孔径分布和材料极性的差异选择性地吸附目标物质，这类吸附剂以活性炭和中性大孔吸附树脂为主，对中、大分子致病物质具有明显的吸附作用。例如，HA 大孔树脂，如图 4-130 所示。

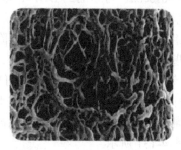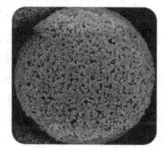

图 4-130　HA 大孔树脂

（2）以化学吸附为主导的吸附剂。在化学键力作用下产生的吸附为化学吸附，如BS-330 吸附柱采用自身带有正电性的季铵盐基团，与血浆中胆红素、胆汁酸以静电结合的形式实现选择性吸附。

（3）生物亲和起主导作用的吸附剂。主要是利用抗原-抗体反应或补体高度特异性结合清除目标物质，如 DNA 免疫吸附柱的吸附机制是抗原-抗体结合反应。

此外，吸附材料按载体类型的不同，还可分为活性炭、天然改性高分子吸附剂、合成高分子吸附剂及无机材料吸附剂等。表 4-9 为不同吸附材料的特点及其代表产品。

表 4-9　吸附剂类产品

吸附剂类型	产品名称	吸附剂来源	生产商	特点
活性炭	DNA 免疫吸附柱	树脂碳化	珠海健帆	发达的微孔结构和超大的比表面积，石油沥青等制备的活性炭对中分子吸附有限，球形碳化树脂因其孔径可调，更得到人们的关注，但均需包膜后使用
	炭肾	活性炭	廊坊爱尔	
	Homosorba	沥青	旭化成	
	DHP-1	沥青	可乐丽	
	Hemokalum	沥青	泰尔茂	
合成高分子吸附剂	一次性使用血液灌流器（HA 系列）	苯乙烯-二乙烯苯共聚物	珠海健帆	孔径丰富，比表面积高，化学稳定性好，机械强度高，可人为控制其化学和物理结构，可相对特异性地吸附血液中的毒物，一般为防止微粒脱落需包膜后使用
	Plasorba	苯乙烯-二乙烯苯共聚物	旭化成	
	Miro	聚丙烯	费森尤斯	
天然改性高分子吸附剂	Medisorba	微孔纤维素球	可乐丽	血液相容性好，无毒性，化学修饰容易，但强度较低，一般用于血浆灌流
	Liposorba	纤维素凝胶	Kaneka	
	LDL-Therasorb	琼脂糖	Therasorb Medical	
无机材料	Prosorba	硅胶球	Cypress Bioscience	与蛋白质生物相容性差，大孔硅胶价格较贵，表面活性基团少，导致其应用较少

2. 血液灌流器　血液灌流器为一次性使用的血液灌流耗材，是开展血液灌流的关键医疗器材。灌流器的外壳为塑料，内装已处理包膜吸附剂，密封并已消毒，属于国家三类医疗器械。血液灌流器有多种型号，因其内装吸附材料的不同会具有不同的临床功效，下面简介几种临床常用的血液灌流器。

（1）活性炭血液灌流器：活性炭孔径分布广，吸附能力强，对水溶性中、小分子具有无选择性的范德瓦耳斯力吸附作用，但其颗粒形状不规则，机械强度及生物相容性差，需包膜后使用。临床上主要用于治疗药物、百草枯、有机磷农药中毒，国内外的代表产品有爱尔的炭肾、旭化成的 Hemosoeba、可乐丽的 DHP-1 等。

（2）中性树脂血液灌流器：树脂血液灌流器的吸附剂一般是中性大孔吸附树脂，机械强度高，具有良好的生物相容性且吸附容量较大，其吸附性是由于范德华力和氢键的作用，而吸附选择性主要由树脂本身的孔型结构决定。目前，广泛应用于临床的树脂血液灌流器采用的是苯乙烯-二乙烯苯中性大孔树脂，其不带任何功能基团，机械强度高，比表面积大，对中、大分子物质具有选择性的吸附作用，亲脂疏水特性又决定了其对脂溶性物质的吸附优势。中性树脂血液灌流器对中大分子物质的清除能力优于活性炭灌流器，常见的是健帆的 HA 系列产品，如图 4-131 所示。

HA130　　　HA230　　　HA280　　　HA330　　　HA330-□

图 4-131　健帆的 HA 系列产品

（3）胆红素吸附柱：胆红素的相对分子质量为 584.67，分子式为 $C_{33}H_{364}N_4O_6$。胆红素吸附柱是通过疏水作用、离子键和氢键将血浆中的胆红素及胆汁酸吸附到内部充填的多孔阴离子交换树脂，从而治疗高胆红素血症。现阶段，临床上的胆红素吸附柱主要以阴离子交换树脂为主，代表产品有日本旭化成的 BR-350、紫波的 HB-H-6、健帆的 BS-330 和 HA330-Ⅱ等。有研究表明，胆红素吸附柱可以有效降低肝衰竭患者体内的胆红素和胆汁酸。

（4）内毒素吸附柱：细菌内毒素在生理 pH 条件下带负电荷，主要化学成分为脂多糖（LPS），位于 LPS 最外层的是具有亲水性的多糖和疏水性的类脂 A。目前，日本东丽医疗开发的 Toraymyxin PMX-20R 是专用于吸附内毒素的吸附柱，该灌流器所选用的吸附剂是以微孔聚苯乙烯纤维为载体，将多黏菌素 B 通过共价键固载到载体纤维上作为配基，这种结合方式稳固不易脱落，吸附剂安全且生物相容性好，通过类脂 A 与多黏菌素 B 之间的静电作用和疏水作用可达到清除内毒素的目的。

（5）生物亲和型吸附柱：生物亲和型吸附柱所填充的吸附剂主要包括抗原-抗体结合型、补体结合型和 Fc 端结合型，这种类型的血液灌流器具有亲和特异性高、吸附容量大等特点，主要依靠配基的高度特异性达到治疗疾病的目的，一般用于治疗免疫性疾病，如健帆的 DNA 免疫吸附柱，其吸附机制为抗原-抗体反应，主要是依靠固载于碳化树脂上的 DNA 抗原特异性地识别系统性红斑狼疮（SLE）患者体内的抗双链 DNA 抗体、抗核抗体及其免疫复合物，从而达到缓解 SLE 患者病情的目的。表 4-10 为常用的各种血液灌流器及其临床用途。

表 4-10　血液灌流器汇总表

生产厂家	产品名称	临床用途
费森尤斯	DALI	家族性高胆固醇血症
金宝	Adsorba	急性严重药物中毒
Cytosorbents	Betasorb	透析相关性淀粉样病变
	CytoSorb	脓毒症、脓毒症休克、严重烧伤和严重胰腺炎等
	Hemodefend	清除血液中污染物
Minntech	HLM-100	脓毒症、肝衰竭、药物过量
Pocard	ABO-Adsopak	ABO 血型不相容器官移植
	Ig-Adsopak	血液疾病、神经疾病、风湿病、心血管疾病
	LDL-Lipopak	家族性高胆固醇血症
	Lp（a）Lipopak	冠心病、动脉粥样硬化
JIMRO	Lp（a）Lipopak	冠心病、动脉粥样硬化
旭化成	Plasorba BR-350	高胆红素血症
	Immusorba PH-350	结缔组织疾病
钟渊 Kaneka	CTR	脓毒症、内毒素血症
	Liposorber LA15LA-40S	家族性高胆固醇血症
	Lixelle S	β_2-微球蛋白相关淀粉样变、慢性肾衰竭
健帆	HA 系列	重症肝炎、药物中毒、银屑病、高胆红素血症、急性肝病和慢性肾衰竭
	BS	高胆红素血症
	DNA	SLE

续表

生产厂家	产品名称	临床用途
爱尔	ZX	慢性肾衰竭、药物中毒
	AR	肝性脑病、急慢性肝衰竭
	YST	药物中毒、慢性肾衰竭
阳权	MHC-I、DHC-II	慢性肾衰竭、戒毒
博新	MG	慢性肾衰竭
	DX	高胆红素血症
康贝	YTS	药物、毒物中毒和戒毒
	RA	慢性肾衰竭
紫波	HB-H-6	高胆红素血症

由列表可见，现阶段血液灌流器在急慢性肾病、肝病、血液系统疾病、中毒、风湿性疾病、心血管疾病、重症胰腺炎、神经系统疾病及皮肤病等治疗方面，均有着不同程度的治疗效果。还有临床研究表明，部分血液灌流器的联合应用，可以更有效地缓解患者的病情，治疗效果更为显著。例如，应用双重血浆吸附系统 DPMAS（HA330-Ⅱ+BS-330）治疗形式，在肝病的治疗中较单一灌流模式更具疗效优势。

DPMAS 双重血浆吸附系统，如图 4-132 所示。

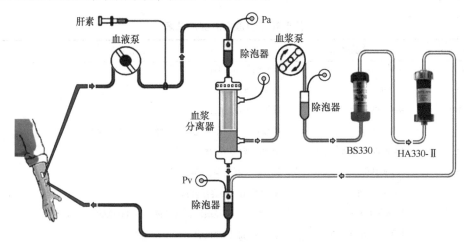

图 4-132　DPMAS 双重血浆吸附系统

因 DPMAS 双重血浆吸附模式具有独特的疗效，已被列入《非生物型人工肝治疗肝衰竭指南（2016 年版）》。

3. 免疫吸附　免疫吸附（immunoadsorption，IA）疗法是近年来发展较快的一种血液净化技术。免疫吸附将高度特异的抗原、抗体或有特定物理化学亲和力的物质（配基）与吸附材料（载体）结合制成的吸附柱，选择性或特异性地清除患者血液中的致病抗体、抗原或免疫复合物，从而达到净化血液、缓解病情的目的。

目前，免疫吸附剂常用的配基有葡萄球菌蛋白 A、特定的抗原 DNA、特定的抗体（抗人 LDL 抗体、抗人 IgG 抗体）、色氨酸等，配基常用的载体有琼脂糖、葡聚糖、树脂等，将配基固定于载体上所形成的吸附剂是免疫吸附柱的主要组成部分。

免疫吸附柱的关键是免疫吸附剂，根据吸附剂与被吸附物质间的作用原理，可将吸附剂分为生物亲和型和物化亲和型。其中，生物亲和型包括抗原固定型、抗体固定型、补体固定型、蛋白 A 固定型等；物化亲和型主要包括静电结合型和疏水结合型两种。将具有免疫活性的配基固定在载体上而制成的免疫吸附剂对特定物质有很强的吸附能力，可特异性地与致病因子结合，例如，将抗低密度脂蛋白（LDL）抗体固定在琼脂糖上可特异性地吸附血液中的 LDL，将 DNA 抗原固载于球形碳化树脂上可通过抗原-抗体反应有效治疗系统性红斑狼疮（SLE）等。表 4-11 中列出了免疫吸附柱的吸附剂信息及其临床应用。

表 4-11　免疫吸附柱

制造商	商品名	吸附剂（配基-载体）	临床应用
Asahi Medical	Immusorba TR-350	色氨酸-PVA 凝胶	多发性硬化症、重症肌无力
	Immusorba PH-350	苯丙氨酸-PVA 凝胶	类风湿关节炎、多发性硬化症
Fresenius	Immunosorb	蛋白 A-琼脂糖	风湿性疾病、血液疾病及扩张性心肌病等
	Prosorba	蛋白 A-硅凝胶	
	Coraffin	PDCM349+075 多肽-琼脂糖	遗传性扩张型心肌病、类风湿关节炎、硬皮病等
	Globaffin	PGAM146 多肽-琼脂糖	
	MIRO	C1q-聚羟甲基丙烯酸微球	SLE
Kaneka	Selesorb	硫酸葡聚糖-纤维素球	SLE
Kuraray	Medisorba MG	乙酰胆碱抗体受体-纤维素球	重症肌无力
珠海健帆	DNA 免疫吸附柱	DNA-碳化树脂	SLE

免疫吸附应用在疾病治疗中取得了很好的效果，通过比较 A 蛋白吸附柱、DNA 吸附柱对 SLE 的治疗效果，显示两种治疗方法对免疫球蛋白清除率差异有统计学意义，但随观察时间的延长，不同吸附柱治疗的狼疮活动控制效果差异无统计学意义。免疫吸附作为一种特异性清除体内抗体的治疗方法，其有效性、稳定性及安全性已被相关研究所肯定，它的应用不仅对重症肌无力有效，而且对难治性重症肌无力均有较为理想的疗效。采用 DNA 免疫吸附柱治疗吉兰-巴雷综合征（GBS），能高度选择性和特异性地清除患者血液循环中的致病介质，降低血浆中病理性抗体等免疫球蛋白，缓解 GBS 的临床症状。另外，免疫吸附具有无须置换液、疗效显著、安全、不良反应小等特点，为 GBS 的治疗提供了新的线索和途径。

（二）血液灌流模式

血液灌流有多种治疗形式，主要分为血液（全血）灌流和血浆灌流。

1. 血液灌流　血液灌流（HP）为全血灌流，是将患者血液引入到装有固态吸附剂的灌流器中，用以清除某些外源性或内源性毒素，然后再将净化的血液回输至体内。目前，血液灌流的治疗机制是吸附，故也被称为血液吸附，这一治疗方式主要用于药物过量及中毒抢救等。

血液灌流系统，如图 4-133 所示。

血液灌流通常采用单泵管理形式，因而支持设备和临床操作更为简单。

2. 血浆吸附　血浆吸附（plasma adsorption，PA）是通过血浆分离器将引出血液中的有形成分（白细胞、红细胞、血小板）与血浆分离，血浆流经具有特异吸附作用的吸附柱，吸附特定的致病物质，然后，再与有形成分一同回输至患者体内。

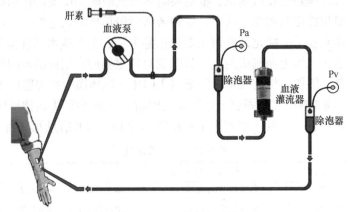

图 4-133 血液灌流系统

血浆吸附系统，如图 4-134 所示。

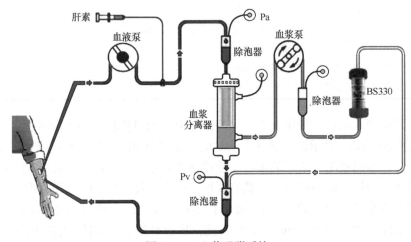

图 4-134 血浆吸附系统

与血液灌流相比，血浆吸附的优点是吸附剂不与血细胞接触，不会损伤血液中的有形成分，不良反应相对较少，并特异性吸附致病物质。但是，血浆吸附系统至少需要两个血泵（血液泵和血浆泵），对设备的要求较高，治疗费用也相对昂贵。

3. 血液灌流的联合治疗模式　血液灌流与其他血液净化模式的联合使用，可以构成更为丰富、疗效显著的治疗方式。

（1）血液灌流联合血液透析：维持性血液透析（maintenance hemodialysis，MHD）的患者多有并发症，导致生活质量下降，其原因与单纯血液透析对中、大分子毒素的清除率较低有关。对于慢性肾衰竭患者，血液灌流联合血液透析（HD+HP）较单纯血液透析可以清除更多的中、大分子毒素。

血液灌流联合血液透析系统，如图 4-135 所示。

血液灌流联合血液透析是将灌流器置于透析器前，灌流器吸附中、大分子毒素，然后血液进入透析器，清除小分子毒素物质。经临床应用表明，血液灌流联合血液透析是一种有效、快捷、经济的治疗措施，值得推广。

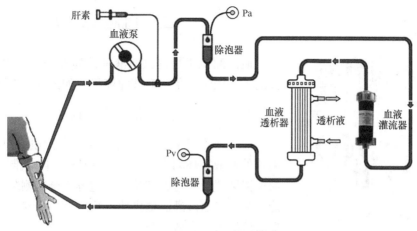

图 4-135　血液灌流联合血液透析系统

（2）连续性血浆吸附滤过（continuous plasma filtration absorption，CPFA）：是指全血由血浆分离器分离出血浆，经吸附柱吸附后与血细胞混合，再由透析器清除多余的水分和小分子毒素。CPFA 通常用树脂作为吸附剂，清除炎症介质和细胞因子等中、大分子物质。

连续性血浆吸附滤过（CPFA）系统，如图 4-136 所示。

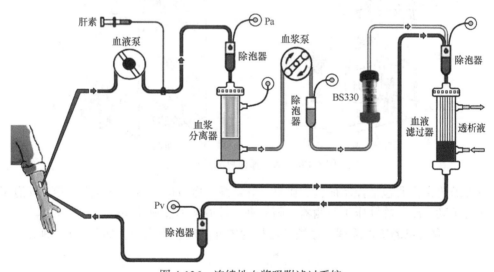

图 4-136　连续性血浆吸附滤过系统

CPFA 临床主要应用于合并脓毒血症的危重症患者，它的技术优势如下。

（1）溶质筛选系数高。CPFA 治疗时选用的活性炭、树脂等吸附剂对炎症等细胞因子有较强的吸附能力。

（2）生物相容性好。应用 CPFA 模式，血细胞不直接接触吸附剂，避免了生物不相容反应导致的中性粒细胞和补体活化及生物不相容反应。

（3）清除细胞因子和调整内环境平衡。脓毒血症、全身炎症反应综合征（SIRS）和多器官功能障碍综合征患者通常合并急性肾损伤、高分解代谢、电解质和酸碱平衡紊乱，CPFA 既能有效地清除细胞因子，又能纠正内环境失调。

二、血液灌流机

图 4-137　血液灌流机

血液灌流机是提供血液灌流体外循环动力与安全监控的专用医学设备。血液灌流机，如图 4-137 所示。

（一）血液灌流机的基本构成

血液灌流机是一类智能化的血液净化医疗设备，主要由体外血液循环动力装置、抗凝剂溶液自动推注装置、血液保温装置及压力、液位、气泡等安全监测装置等组成，能够为临床血液灌流提供体外循环动力和安全监测，以确保血液灌流的有效与安全。

血液灌流机的整机结构，如图 4-138 所示。

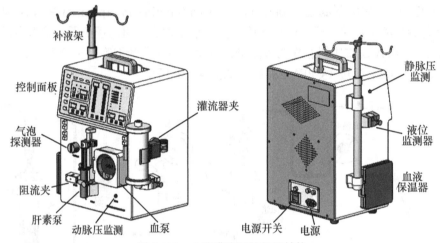

图 4-138　血液灌流机的整机结构

血液灌流机主要包括控制面板、血泵、肝素泵、血液保温器、液位监测器、气泡探测器、压力（动脉压、静脉压）监测器、阻流夹、补液架和灌流器夹等。

1. 血液灌流机的工作原理　血液灌流机的体外循环管路系统，如图 4-139 所示。

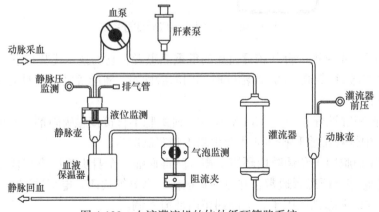

图 4-139　血液灌流机的体外循环管路系统

血液灌流机的基本工作原理是，引出患者动脉血，经血泵驱动进入体外循环的管路系统，在一次性血液灌流器内完成对有害物质的吸附并清除，然后，将净化后的血液依次流经液位监测器、血液保温器、气泡探测器和阻流夹，最后回输至患者的静脉。血液在体外循环过程中由肝素泵自动推注抗凝剂以防凝血，血液保温装置实时保持体外循环的血温接近于人体正常体温，以提高患者的舒适度，并通过动脉/静脉压监测、液位监测和气泡监测等装置实现对治疗过程的安全监管。

血液灌流机的核心是控制板系统，通过触动控制面板的按钮，主控板可以接受控制面板的相关指令，完成对血液灌流机的参数设定、功能模板启动和运行监控等。血液灌流机的主控板系统主要包括执行功能和检测功能两个部分，执行功能部分是确保血液灌流机按照预定指令运行（包括血泵运转、肝素流量控制、温度调控等），检测功能的意义在于通过实时监测管路压力、气泡与液位，确保治疗的安全与顺畅。

2. 血液灌流机的基本功能　血液灌流机的主要功能包括以下几点。

（1）血液流量和肝素剂推送流量控制，能够根据治疗所需，自行设定血液及肝素流量，血液流量可在 9～450ml/min（管径为 8mm），6～300ml/min（管径为 6mm）范围内调节。

（2）对体外循环血液进行在线加热，确保体外循环的血温适度。

（3）可进行静脉压和灌流器前压（动脉压）监控。

（4）具有压力、液位和气泡三重报警防护体系，可防止空气进入血液管道，当检测到管路内的气泡，及时报警并由阻流夹阻断静脉回血。

（5）具有加热器超温报警、加热自动停止等功能。

（二）血液灌流机的管路系统

管路系统是建立血液灌流机的体外血液循环通路。

1. 血泵　血液灌流机只有一个血泵（也称为单泵系统），血泵的功能是提供血液的循环动力。现阶段，用于体外循环的血泵主要有滚压泵和离心泵两种形式，血液灌流机使用更多的是滚压泵。滚压泵，如图 4-140 所示。

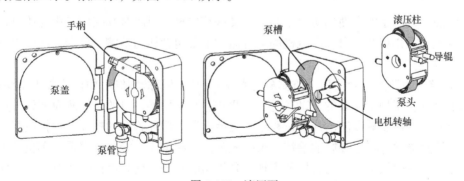

图 4-140　滚压泵

滚压泵的驱动部件是滚压柱和泵槽，泵管置于泵槽内，通过电机促使泵轴旋转，带动泵头的两个滚压柱交替挤压泵管，从而推动管内的血液按固定方向流动。在合理泵速下，血泵的流量与转速成正比，且泵槽半径越大，泵管内径越粗，血泵的流速越快。JF-800A 血液灌流机的血泵选用 24V 直流电动机，通过控制系统调节电动机的驱动电压，可以调整电动机的转动速度，使血泵的流量精度控制在设定范围。

在治疗过程中，如果出现供电故障等，导致血泵突然停转，此时可以使用泵头上的手柄手动转动泵头，以维持血泵继续旋转。具体操作步骤是打开泵盖，取出手柄→顺时针匀速转动手柄。

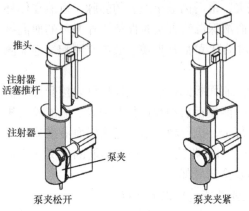

图4-141　肝素泵

2. 肝素泵　肝素泵是抗凝剂溶液的自动推注装置，在治疗过程中可以精准释放肝素剂。肝素泵，如图4-141所示。

3. 泵管调整　血液灌流机可以使用两种泵管，其中，大泵管的内径为8mm，小泵管为6mm，默认泵管是大泵管。如果使用大泵管，可直接安装管路；若采用小泵管则需要先将控制面板上的管径调整为"6"，然后，按图4-142所示的方法，先取出泵头，再应用配套的间隙尺重新调整泵头滚压柱的间隙，再安装管路。

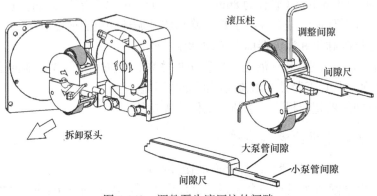

图4-142　调整泵头滚压柱的间隙

（三）血液灌流机的监管体系

血液灌流机属于安全使用等级最高的三类医疗器械，因而对其临床应用与质量控制有严格的管理与操作规范。血液灌流机的运行监管主要包括压力监测、气泡监测、液位监测和血液保温等。

1. 管路压力监测　管路压力监测分为灌流器前压(俗称动脉压，但监测并不是动脉压，它实际上是动脉压加上血泵的驱动压力)检测和静脉压检测，目的是监测血液体外循环管路的运行状况。在血液灌流治疗的过程中，难免会发生循环管路的松动、卷折或凝血等现象，这些管路异常，将直接影响治疗效果的充分性，甚至还可能发生严重的不良"事件"。循环管路一旦发生故障，最为直接的表现就是管路的压力变化，因而，实时监测管路压力是血液灌流机监管体系中最为重要的功能。

测压管路连接示意图，如图4-143所示。

为确保测压的安全与可靠，在测压管路中应用了压力保护罩和锥度接头。

（1）压力保护罩：是血液体外循环测压的基本装置，作用是可以避免血液进入测压接口导致交叉感染。压力保护罩实际上就是一个疏水器，通过内部的半透膜，可以阻隔血液进入测压端管路，并由气体传导管路的压力信息。

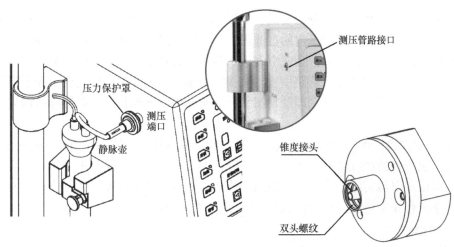

图 4-143　测压管路连接示意图

（2）锥度接头：为确保测压精度，测压管路的接口不能漏气。因而，在测压管路接口上选用一个锥度接头，当保护罩接头沿顺时针方向旋入灌流器前压和静脉压测压接口并拧紧，可使管路与锥度接头充分接触，不会发生漏气现象。

血液灌流机主要是通过动脉壶来检测灌流器前压，由静脉壶检测静脉压，当检测到的压力过高或过低时，可以分别反映出不同的管路故障，若超过设定的报警阈值，控制系统将会自动启动相关的报警。压力报警的原因及处理方法见表 4-12。

表 4-12　压力报警的原因及处理方法

报警信息	报警原因	处理方法
灌流器前压上限	（1）灌流器前压上限设置过低	（1）正确设置灌流器前压上限
	（2）治疗中出现异常，导致灌流器前压超过报警上限设置	（2）先检查动脉管路是否扭曲或灌流器是否有凝血倾向，然后理顺动脉管路或适当增加抗凝剂用量，防止灌流器凝血
灌流器前压下限	（1）灌流器前压下限设置过高	（1）正确设置灌流器前压下限
	（2）治疗中出现异常，导致灌流器前压低于报警下限设置	（2）检查灌流器管路接头是否漏气，或者静脉穿刺针是否脱落
静脉压上限	（1）静脉压上限设置过低	（1）正确设置静脉压上限
	（2）治疗中出现异常，导致静脉压力超过报警上限设置	（2）检查静脉管路是否扭曲或静脉壶内滤网堵塞导致凝血，再理顺静脉管路或采取措施解除静脉壶凝血
静脉压下限	（1）静脉压下限设置过高	（1）正确设置静脉压下限
	（2）治疗中出现异常，导致静脉压力低于报警下限设置	（2）检查静脉穿刺针是否脱落或灌流器发生凝血，再重新穿刺或采取措施解除灌流器凝血

2. **气泡检测**　血液灌流中，如果管路松动发生漏气、灌流器预冲排气不够充分或其他原因所致管路存有气泡，可能使空气进入人体，气泡进入人体是十分危险的，会发生气栓等不良后果。体外循环管路对气泡的检测主要采用非接触式气泡检测方式，常用的技术有电容式检测法、光电式检测法和超声检测法等。

气泡监测为最高优先级报警，当发生气泡报警，应首先按动阻流夹按钮，阻断静脉血回流，检查管路连接是否存在松动或脱落现象，然后采取相应的排气措施予以处置。

3. **液位检测**　液位是指血液在静脉壶内的血平面高度，目的是让静脉壶内存留一定量的空气，以便于管路排气和检测压力。液位检测，如图 4-144 所示。

维持适宜的液位高度是十分必要的，如果静脉壶内的液位过高，将会导致血液进入测压通路，有可能堵塞测压保护罩内的过滤膜，使得管路测压失准，造成误报或漏报警，增加了治疗的风险；若液位过低，会使空气进入管路，有发生气栓的危险。另外，造成液位过低的原因也可能是体外循环管路中发生某类漏血事故，为此，当检测到液面下降至光电传感器以下的位置时，系统会立即触发报警，并驱使阻流夹动作，阻断静脉血回流，以防空气直接进入患者的血液系统。

4. 血液保温器 由于血液离开人体后将在处于室温状态下的体外循环管路内流通，因而，在这一过程中的血液温度必然会有所下降，如果将低温血回输至患者体内，会引发不良反应。血液保温器实际上就是一个恒温加热装置，意义是通过加温装置使静脉回输血的温度接近于人体正常体温。血液保温器，如图 4-145 所示。

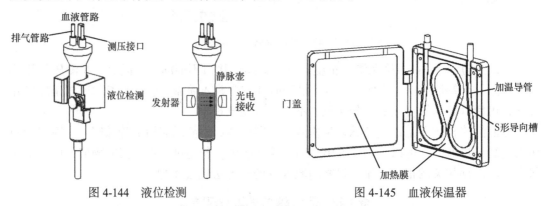

图 4-144　液位检测　　　　　图 4-145　血液保温器

血液保温器的核心器件是加热膜，为增加管路的受热面积，加温导管需卡入保温器的 S 形卡槽内，通过电热膜热传导方式对回输静脉管路中的血液进行适当增温。保温器可根据环境温度自动调节加热温度，并设有低温自动启动加热功能。

血液保温器的恒温原理是，通过热敏元件，探测加热器的温度，当超过系统设定的恒温温度区间时，系统对加热器超温进行报警，同时调整加热工作状态（温度过高，停止加温；温度过低，启动电加热）；当环境温度低于 20℃时，系统会发出环境温度低报警，并自动启动加热功能，如果环境温度恢复到 20℃以上，报警自动解除；若设备内温度高于45℃，系统也会对机器温度高进行报警。

第五节　腹膜透析与腹膜透析机

腹膜透析（peritoneal dialysis，PD，简称腹透）与血液透析一样，也是重要的肾脏替代治疗方法之一，不同的是腹膜透析不需要使用透析器，是利用自体腹膜为透析膜，以腹膜腔作为交换空间进行的透析治疗。腹膜透析具有许多独特的治疗优势，主要包括可以较长时间保留残余肾功能，血流动力学稳定，对中分子物质清除较好，肾移植后移植肾功能恢复延迟发生率也相对较低，尤其是可以用于居家治疗，使患者有更独立和自由的生活空间，社会回归率和生活质量高。此外，腹透患者通常单独使用自己专用的腹膜透析设备和一次性腹透双联系统，传染性病毒的感染率较低。

腹膜透析，如图 4-146 所示。

图 4-146　腹膜透析

腹膜透析治疗时，需要向患者腹腔灌注足够量的透析液并停留一段时间，使驻留在腹腔内的透析液与腹膜另一侧的毛细血管内血浆存有溶质浓度梯度和渗透压梯度，利用弥散、对流和超滤原理，实现溶质与水分的转运，经重复更新透析液，可以清除体内潴留的代谢产物和过多水分，纠正酸中毒与电解质紊乱，同时通过腹腔内透析液能够补充人体所必需的物质。

腹膜透析用于治疗急慢性肾衰竭及中毒症已有 70 余年历史，由于操作简便，可以不需特殊设备居家开展，相对于血液透析，腹透所占用的医疗资源较少，治疗费用也显著降低，因而应用广泛。

腹膜透析机是支持腹膜透析的专用医疗设备，它实际上就是一个输液泵，通过其内部的程控系统，可以对透析液进行恒温加热，并根据腹膜透析的临床要求，定时灌注或排出透析液，实现透析液的自动转运与循环。与手动腹膜透析相比，应用全自动腹膜透析（automated perito-neal dialysis，APD）系统进行透析治疗，具有白天不影响患者正常的活动、晚上不影响睡眠、操作简便、能最大限度地避免感染性疾病发生等优点。

一、腹膜透析的特点

腹膜透析几乎是与血液透析同时进入临床，然而，这一技术从诞生之初就面临着腹膜炎的挑战，以至于长期以来被认为"仅是血液透析的辅助与补充"。最初，只是少数不适合做血液透析的终末期肾衰竭患者才考虑应用腹膜透析治疗。直到 1979 年，出现持续非卧床腹膜透析（continuous cyclic peritoneal dialysis，CAPD）之后，临床对腹膜透析的认识开始逐渐改变，应用腹膜透析的人数逐年增加。特别是进入 20 世纪 90 年代，腹膜透析技术日趋成熟，腹膜炎已不再是困扰腹膜透析的难题，特别是双联双袋透析连接装置的引入，使腹膜透析患者可长期应用并且很少发生腹膜炎，由此腹膜透析逐渐成为早期透析患者的最佳选择。自动化腹膜透析和新型腹膜透析液的出现与发展，使腹膜透析的治疗得到进一步优化，现阶段腹膜透析在终末期肾衰竭患者的治疗中占有不可替代的地位。

1. 腹膜透析的优势　腹膜透析适用于急慢性肾衰竭、电解质或酸碱平衡紊乱、药物和毒物中毒等疾病，以及肝衰竭的辅助治疗，并可进行经腹腔给药、补充营养等。腹膜透析与血液透析相比，具备下列特点。

（1）持续性溶质交换，血液渗透压变化平稳，心血管状态稳定，更适用于合并心血管疾病、特别是血流动力学不稳定的患者。

（2）持续性超滤，患者血容量变化平稳，可以避免肾灌注不足和缺血，有利于患者残余肾功能的保护。

（3）对中分子尿毒症毒素的清除效果好。

（4）乙型病毒性肝炎、丙型病毒性肝炎等传染病的交叉感染危险性低。

（5）采取持续非卧床腹膜透析（CAPD）的治疗方式，经培训后患者可以自己完成治疗，只需定期门诊复查。

（6）持续非卧床腹膜透析不需要特殊的医疗仪器，可以节省血液透析所需的透析室、透析机、透析器和医护人力成本，降低治疗费用。

综上，由于腹膜透析无须血管穿刺，不依赖于支持设备，操作简单易学，治疗独立性强，生活自主，是肾脏替代疗法的重要组成部分。然而，腹透治疗的应用及患者数量各国间有较大的差异，例如，香港地区腹透使用率近80%，中国约20%，而埃及腹透使用率仅有0.02%。

2. 腹膜透析的局限性　由于腹膜是采用自体的生物膜，其有限的使用寿命决定了腹膜透析能坚持的时间远远低于血液透析。在腹膜透析的过程中，一旦患者残余肾功能明显下降或丧失、超滤下降或其他原因无法进行充分透析时，可转为腹膜透析+血液透析或血液透析，或接受肾移植。由此可以使患者在整个肾脏替代治疗过程中始终能获得各阶段最佳的治疗效果，保持较高的生活质量。腹膜透析、血液透析和肾移植三者并非互相排斥，而是互为补充和支持，应根据患者的具体情况选择个体化的最佳治疗方案。

下列情况不建议进行腹膜透析。

（1）慢性持续型或反复发作型腹腔感染或肿瘤广泛腹膜转移，导致患者腹膜广泛纤维化、粘连。

（2）严重的皮肤病、腹壁广泛感染或腹部大面积烧伤，没有合适部位置入腹膜透析导管。

（3）外科难以修复的疝、脐突出、腹裂、膀胱外翻等难以纠正的机械性问题。

（4）严重腹膜缺损。

（5）患者有精神障碍。

虽然，腹膜透析与血液透析的适应证相似，但它们各有利弊，应根据患者的原发病因、病情及医疗、经济条件等做出恰当选择。一般来说，对于高龄、心血管系统功能差者；建立血液透析血管通路困难者；出血倾向严重，不能行血液透析全身肝素化者；尿量较多者（腹膜透析有助于维持尿量、保护残余肾功能），应优先考虑采用腹膜透析。

二、腹膜透析原理

腹膜透析方式之所以能够在腹腔内完成透析治疗，主要是因为腹膜具有选择性通过溶质的特点，腹膜腔可以承载一定容量的液体。

腹膜透析的溶质转运示意图，如图 4-147 所示。

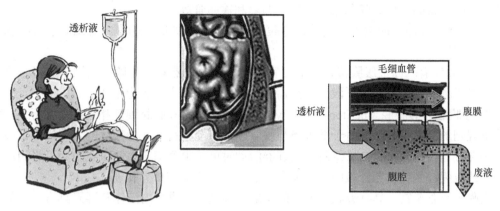

图 4-147 腹膜透析的溶质转运示意图

（一）腹膜与腹膜腔

腹膜与腹膜腔，如图 4-148 所示。

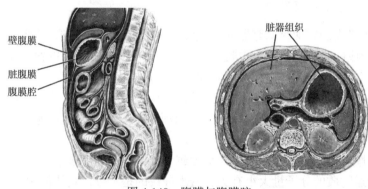

图 4-148 腹膜与腹膜腔

1. 腹膜 腹膜（peritoneum）是被覆于腹盆壁内表面及腹盆器官外表面的一层浆膜，其面积约与人体表面积相等。腹膜能分泌少量的浆液，起到润滑作用，可减轻脏器间的摩擦，还具有吸收、保护、支持、修复和防御功能。腹膜薄而光滑，呈半透明状，主要包括壁腹膜和脏腹膜。

（1）壁腹膜（parietal peritoneum）：为腹膜壁，按其所在部位的不同，分别称为膈腹膜、前腹膜壁层、后腹膜壁层和盆腔膜等。壁腹膜通常与腹壁各处连接疏松，在某些部位，为了适应内脏器官生理活动所呈现的形体变化，它们的联系甚至比较松散。例如，腹前壁下部和盆腔前部的壁腹膜，当膀胱充盈时，可逐渐远离腹前壁下部，随同膀胱高升，使充盈膀胱的前面无腹膜覆盖，直接毗邻腹前壁下部。

（2）脏腹膜（visceral peritoneum）：为腹膜脏层，是指覆盖于腹腔脏器表面的腹膜，它同脏器的结缔组织基质直接相连，紧附脏器，难以分离。实际上，脏腹膜就是许多内脏器官的浆膜层，从组织结构和功能方面都可视为器官的一部分，如胃、肠壁最外层的浆膜即为脏腹膜。

对于不同的腹腔内器官，脏腹膜覆盖的程度和方式有所不同，根据腹膜覆盖腹腔脏器表面的不同情况，可将腹内脏器分为以下三类。

1）表面几乎均被腹膜包绕的器官，称为腹膜内位器官，如胃、十二指肠上部、脾、空肠、回肠、盲肠、横结肠和乙状结肠、卵巢和输卵管等。

2）凡器官表面三面被腹膜覆盖，称腹膜间位器官，如肝、胆囊、升结肠、降结肠、子宫和膀胱等。

3）表面仅有一面被腹膜覆盖着的器官，称腹膜外位器官，如胰、输尿管、肾及肾上腺、十二指肠降部、直肠中下段，这类器官皆位于腹膜后方，固定于腹后壁。

2. 腹膜腔　腹膜腔（peritoneal cavity）是指由壁腹膜和脏腹膜互相延续、移行，共同围成不规则的潜在性腔隙。由于壁腹膜与脏腹膜是相互移行、互为连续的，它们都是腹膜腔的一部分。腹膜腔内有少量浆液，在脏器活动时可减少摩擦，男性腹膜腔为一封闭的腔隙；女性腹膜腔则藉输卵管腹腔口经输卵管、子宫、阴道与外界相通。

腹膜中血管丰富，具有吸收和渗出的功能。腹膜对于腹腔内液体和毒素具有一定的吸收能力，其中上腹部最强，盆腔较差。因此，当腹膜腔有感染时，常需采取半卧位，以使脓液积聚在盆腔内，从而减少毒素吸收，减轻症状。另外，腹膜和腹膜腔内浆液中含有大量的巨噬细胞，有防御功能。

（二）腹膜透析溶质转运

腹腔是体内最大的容纳腹内脏器的浆膜腔，壁腹膜覆盖于腹壁，脏腹膜覆盖着腹内脏器的外表面，形成网膜和肠系膜。腹膜毛细血管丰富，具有相当高的血流量，部分溶质可通过腹膜进行双向转运，由此，构成了腹膜透析的重要生理学基础。

腹膜透析时，溶质转运的基本原理为弥散与对流。影响溶质跨膜转运的因素包括腹膜内在通透性、腹膜两侧溶质浓度梯度等。弥散是腹膜透析溶质转运的重要方式之一，其转运速度受多种因素影响。

（1）与腹膜两侧的浓度差成正比，浓度越大，则弥散速度越快。

（2）与转运物质的分子量大小有关，透出最快的是水分，其他依次为尿素、钾、氯、钠、磷、肌酐、尿酸等。

在腹膜透析过程中，中、小分子物质 2h 即可达到平衡，分子稍大一些的物质，如肌酐需要约 4h；中分子物质透出的速度缓慢，如菊糖 8h 仅能透析出 45%。影响溶质对流的主要因素为腹膜透析超滤量。因此，了解腹膜透析时跨腹膜转运的病理生理机制对于提高透析效果、改善患者预后具有重要意义。

1. 腹膜的基本特征　腹膜是腹膜透析的物质基础，腹膜结构与功能的完整性是腹膜透析的前提条件。

（1）腹膜表面积：成人腹膜表面积为 $1\sim2m^2$，与成年人比较，婴儿每单位体重的腹膜表面积约是成年人的两倍。近年来，有学者曾对腹膜表面积进行测量，其结果也基本肯定了上述结论。一般壁腹膜仅占腹膜总表面积的 20%，而脏腹膜则占腹膜总表面积的 80%。

腹膜有效面积与腹膜毛细血管密度、毛细血管在腹膜间质上的空间排列有着密切关系，壁腹膜毛细血管密度（包括毛细血管后小静脉）比脏腹膜大得多，这说明，腹膜透析时溶质转运主要是通过壁腹膜来完成的。

（2）腹膜毛细血管：溶质由血液进入腹腔所必须经过的解剖结构中，连续性毛细血管内皮细胞和间质是最重要的溶质交换屏障。腹膜透析参与溶质交换的毛细血管面积仅占毛细血管总表面积的 0.1%。溶质跨腹膜毛细血管转运时，将会受到"血流限制"和"毛细血管膜限制"，对于腹膜透析，"血流限制"的影响相对较少，影响溶质转运的主要因素来自于"毛细血管膜限制"。

毛细血管膜（壁）是腹膜透析时溶质交换的重要屏障。腹膜的毛细血管膜上存在三种不同大小的孔道。

1）跨细胞通道（孔径<1.0nm），为仅允许水自由通过的一种超小通道，实质是水通道蛋白（aquaporin），也称为水通道蛋白。

2）小通道（孔径为 4～6nm），占孔道总面积的 90%～93%，可以限制血浆蛋白质的自由通过。

3）大通道（孔径>20nm），占孔道总面积的 5%～7%，可允许大分子溶质通过。

毛细血管基底膜除限制血浆蛋白质通过外，其他大部分溶质可以自由通过。在腹膜透析时，腹膜毛细血管壁上不同孔径的孔道还会发生动态变化。

2. 腹膜的通透性 腹膜存在阻碍溶质跨腹膜转运的复杂屏障系统，其中包括腹膜毛细血管内不流动的液体层、腹膜毛细血管、腹膜间质、腹膜间皮细胞及腹腔内不流动液体层等。因而，腹膜是一种生物半透膜，具有分泌、吸收、扩散和渗透等作用。根据杜南平衡（Donnan equilibrium）原理，将含有与机体细胞外液近似的电解质和葡萄糖等透析溶液通过透析管输入腹腔，腹膜毛细管内血浆及淋巴液中积聚的尿素、肌酐、钾、硫酸、磷酸盐、胍类中分子代谢物及其他电解质等，利用渗透压（浓度）梯度，经过腹膜可以弥散进入腹腔透析液，同时，透析液中的物质也同样能够通过腹膜进行交换（补充电解质），进而清除患者体内的氮质及其他代谢产物，保持水、电解质平衡，以部分代替肾脏的功能。

利用腹膜通透性透析，如图 4-149 所示。

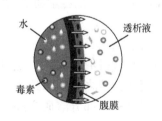

图 4-149 利用腹膜通透性透析

腹膜将腹膜毛细血管中的血液与腹腔内的透析液物理分隔，利用它们之间的渗透压梯度，通过弥散与对流机制使水分和溶质做跨膜转运，以达到清除体内代谢产物与水分的目的。渗透性是各类膜具有的重要特性，它取决于溶质选择性通过膜的速率。在腹膜透析系统中，腹膜的渗透性将受透析液成分的影响，主要包括 pH、可渗透分子浓度和缓冲液的类型；亦受血液或透析膜内源因素（如组胺、缓激肽、前列腺素、甲状旁腺激素、儿茶酚胺和其他物质等）的影响，腹膜增厚也可降低腹膜的渗透性。

3. 溶质转运模型 液体和溶质跨腹膜的转运途径非常复杂，在讨论液体、溶质的跨膜转运时，一般需要采用较简化的模式来描述腹膜透析的转运特征。为了解腹膜透析时溶质转运过程，目前提出了多种数学模型，其中临床上常用的模型有膜模型、三通道模型、扩展的三通道模型和分布模型等。

（1）膜模型（membrane model）：是最简单而实用的腹膜模式之一。在膜模式中，通常将腹膜定义为一层简单的膜屏障，分隔腹腔内的血液和透析液，并对液体和溶质的跨膜运动构成屏障。运用这种简化的膜模式，可以忽略液体和溶质跨膜运动途径，便于描述腹膜透析过程中溶质跨膜运动方面的变化。实际上，现代腹膜透析通常将腹膜描述为具有选择性通过的半透膜，应用的就是膜模式。

（2）三通道模型：腹膜溶质跨膜转运需通过圆柱状直径大小不一的通道进行，就此Rippe等提出了三通道模型（three pore model）理论。三通道模型将跨膜通道分为3级，超小通道对溶质具有不通透性；小通道（孔径<4～6nm）为内皮细胞上间隙，约占孔道总面积的90%，是小分子和中分子溶质的转运途径（限制血浆蛋白通过），渗透性液体流动主要是由小通道实现溶质的弥散与对流；大通道（孔径>20nm），在大分子溶质的对流转运中起重要作用。

（3）扩展的三通道模型（extended three pore model）：是对三通道模型的改进。溶质通过腹膜的屏障分为两层，具有不同大小孔道的毛细血管壁和均质的腹膜间质。溶质和水的转运分为两步，一是血液到间质；二是间质通过内部扩散到腹腔。

扩展的三通道道模型考虑了间质对溶质转运的影响，更加符合腹膜的结构生理功能，因此，能比三通道模型更合理地说明溶质转运的过程。

（三）腹膜透析超滤

通过在腹膜透析液中添加具有一定渗透性的物质，以形成透析液与机体血液之间的跨腹膜渗透压差，进而清除血液中多余的水分，这一过程称为腹膜透析超滤。腹膜透析超滤不仅能够清除体内过多水分，同时与溶质的对流转运有关。腹膜结构和功能的改变可引起腹膜超滤水平下降，导致容量超负荷，腹膜超滤功能下降达到一定程度则出现超滤衰竭，导致容量超负荷难以纠正，长期容量超负荷将引起左心室肥厚、高血压、心力衰竭等心血管系统并发症。

超滤是腹膜透析清除水分的主要机制，它包括渗透超滤、静水压超滤和淋巴回流超滤。渗透超滤是向腹膜透析液中加入一定量的渗透性物质，以使腹膜透析液的渗透压高于血液，形成透析液与血液之间的渗透压差，水分会由血液移向透析液中，达到超滤脱水的目的。水的超滤过程中部分溶质亦随之清除，这是超滤与对流共同的清除作用。静水压超滤是增加腹腔内的透析液灌注量或改变体位，以增加超滤效果。但腹膜透析与血液透析不同，主要依靠渗透超滤脱水而静水压的超滤作用甚小。淋巴回流对超滤量也有一定的影响，腹膜透析净超滤应为渗透超滤量减去淋巴回流量，淋巴回流量增多将导致渗透超滤减少。

影响腹膜透析的因素较多，但最主要的影响因素是透析液的渗透剂及透析液的留置时间。

1. 腹膜透析液的渗透剂　至今为止，腹膜透析尝试了多种渗透性物质，但现阶段临床上仍以葡萄糖作为主要的渗透性物质。一般腹膜透析液的葡萄糖含量有1.5%、2.5%、4.25%三种规格，高糖腹膜透析液脱水效果好，表现为高糖透析液的最大超滤率大，超滤的持续时间更长。

虽然，葡萄糖作为渗透剂可起有效超滤的作用，但会被腹膜吸收并参与体内代谢及焦糖化，因而，一些其他渗透剂也开始试用于临床。例如，7.5%右旋糖酐-70 为渗透剂的透析液（艾考糊精），其分子质量大（14 000～18 000Da），吸收率低，不易通过腹膜弥散，腹膜吸收缓慢，与葡萄糖腹膜透析液相比，长时间留腹超滤量仍呈线性增加。另外，也有应用氨基酸腹膜透析液的报道。尽管氨基酸腹膜透析液的跨毛细血管超滤率较高，能改善患者的营养状态，但由于淋巴吸收稍有增加，与葡萄糖腹膜透析液比较，它的超滤量没有明显增加，因而限制了它的临床应用。

2. 透析液留置时间　腹膜透析在透析开始时产生的超滤率为最大，以后随着透析液内葡萄糖不断经腹膜的吸收，超滤率逐渐下降。腹膜透析中，如果不考虑所用的透析液总量，频繁更换置换透析液（通常为 0.5h）可以得到最大的超滤率。

短时间交换时，每升透析液超滤量虽然没有留置 2～3h，但短留置时间、进行多次透析液交换，可以获得的超滤量远多于每次长时间留置的腹膜透析。例如，用 1.5% 葡萄糖透析液，3h 换一次，每次获 300ml 超滤量；但采用 0.5h 置换一次，每次获 125ml 超滤量，则 3h 的总超滤量有 750ml。所以，临床上对那些需要快速脱水的患者，除可以选用高糖透析液外，亦可采用短时间留腹、多次交换透析液的方式，以达到尽快脱水的目的。

（四）腹膜转运机制

腹膜转运途径，如图 4-150 所示。

溶质与水的交换途径为毛细血管的内皮细胞间孔→基底膜→上皮细胞孔→腹膜间质→腹膜间皮细胞间孔→腹膜组织层→腹膜腔。由于仅允许<20nm 的溶质通行，因而，对各种白蛋白清除极少。

腹膜的转运机制如下。

（1）小分子溶质依靠弥散机制，从毛细血管进入腹膜间质，再进入透析液中。

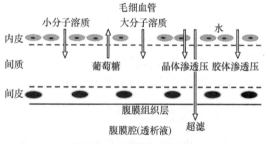

图 4-150　腹膜转运途径

（2）透析液中的葡萄糖借助弥散作用从腹腔进入腹膜间质，混合弥散出来的小分子溶质使间质晶体渗透压升高，对毛细血管内水分进行超滤，水分可以从毛细血管中移出。

（3）由于毛细血管中水分超滤对毛细血管中的大分子溶质又产生对流作用，大分子即可进入间质，使局部胶体渗透压升高，又进一步增强对水分的超滤，这样使得水和大分子溶质分别进入腹膜腔的透析液。

（4）随着透析液在腹膜腔内的存留，葡萄糖不断进入间质和毛细血管导致渗透梯度的下降，使对水的超滤作用下降。

通过上述过程，毛细血管内的水分被超滤出来，与此同时，通过弥散和对流机制可以转运小分子和大分子毒素，从而实现对潴留水分和毒素的转运与清除，在这一过程中透析液的葡萄糖将被机体吸收。

血循环与透析液的溶质交换，如图 4-151 所示。

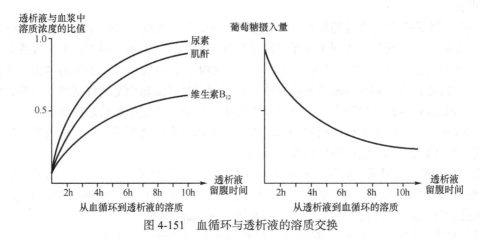

图 4-151 血循环与透析液的溶质交换

如图 4-151，腹膜透析是建立在血浆与透析液中溶质浓度平衡，以及腹膜对葡萄糖吸收作用的基础上。透析液和血浆中溶质浓度的比值（D/P），如肌酐、尿素、钾离子，随着血液中肌酐顺着浓度梯度弥散入腹膜腔内，随着透析液在腹腔的驻留，其尿素、肌酐的浓度逐渐增加；留腹期间透析液中葡萄糖的浓度随着腹膜对葡萄糖的吸收而降低。透析液留腹超过 10h，溶质交换趋于平缓，说明透析液和血浆中的溶质浓度达到平衡。

三、腹膜透析的临床应用

腹膜透析的核心任务就是"换液"。治疗过程中，向患者的腹腔灌入透析液，利用弥散、对流和超滤机制，清除体内潴留水分与代谢产物、平衡电解质，然后，将含有废物和多余水分的透析液排放出来，再引入新鲜的透析液。如此往复更换透析液，以达到清除体内代谢产物和多余水分的治疗目的。

（一）腹膜透析管路

腹膜透析需要在患者腹部建立一个安全的换液通路，以用来向腹腔灌注新鲜的透析液并排出留腹液。腹透管路系统，如图 4-152 所示。

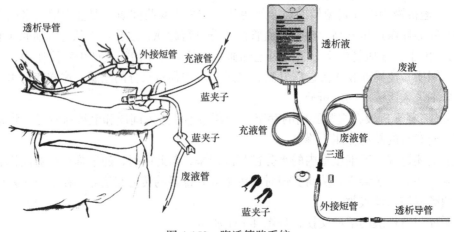

图 4-152 腹透管路系统

腹膜透析管路系统包括透析导管、外接短管、充液管和废液管，以及透析液袋、废液袋等。

1. 透析导管 透析导管是进入患者腹腔的永久性导管。最初安放时，需要做一个小型的外科小手术，将一条被称为"腹透管"的柔软、可弯曲的管子插入并留置于腹腔。管子的一端留在腹腔内，中间段埋在皮下，另一端在腹壁外面。对于腹透患者来说，透析导管是腹膜透析的"生命线"，是透析液进出腹腔的通路，通常为终生使用。透析导管，如图 4-153 所示。

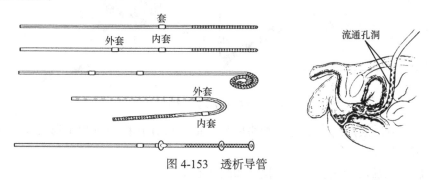

图 4-153 透析导管

腹膜透析导管上带两个涤纶套，以用来在腹壁固定导管。腹膜透析导管的放置与腹膜透析的充分性密切相关，手术时要求将透析导管的前端放置在膀胱直肠窝（子宫直肠窝）内，以保征引流的通畅。

2. 外接短管 外接短管的作用是对内连接透析导管、对外与透析管路连接，外接短管作为可替换导管，通常的使用寿命为半年期。外接短管，如图 4-154 所示。

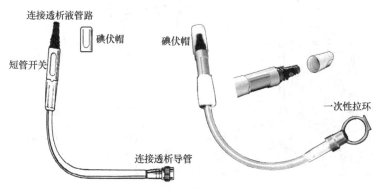

图 4-154 外接短管

外接短管的患者端有一个一次性拉环，将拉环拽下后可与患者的透析导管连接。使用时，首先拧开透析短管前面的小帽子（为一次性碘伏帽），在无菌状态下将短管与双联双袋透析液管路快速对接拧紧，再打开连接腹部的透析短管开关，可以排空患者腹腔内的透析液。然后，再将入水管路蓝夹子打开，排尽入水管路的空气，夹闭出水管路，打开透析短管开关，这时透析液可以进入腹腔。入液完毕，夹闭充液管路，关闭透析短管开关。取出并检查新的碘伏帽内部是否有碘伏，再将碘伏帽盖在透析液短管口处，拧紧。

3. 双联双袋透析液管路 双联双袋是目前被普遍认可和采用的腹膜透析液管路包装体系，由透析液袋、引流（废液）袋和管路等组成。由于采用一个手工连接点的设计，不仅方便了腹透换液，而且还大大降低了腹膜炎的发生率。

双联双袋透析液管路体系，如图 4-155 所示。

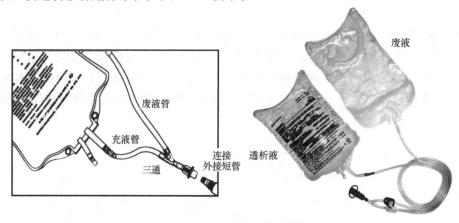

图 4-155　双联双袋透析液管路体系

双联双袋透析液管路为全封闭管路体系，能使液体在换液过程中形成完全密闭的通路，更好地防止污染。

4. 腹膜透析流程　腹膜透析流程，如图 4-156 所示。

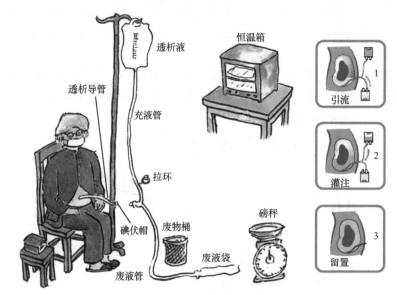

图 4-156　腹膜透析流程

腹膜透析的基本操作，有如下流程。

第一步：准备工作

（1）准备所需物品，包括腹膜透析液（应用前需加热）、碘伏帽，蓝夹子等。

（2）打开腹膜透析液外袋，取出腹膜透析液，检查接口拉环、管路、出口塞和透析液袋是否完好无损。

（3）取出身上的短管确保短管处于关闭状态。

（4）称量腹膜透析液、加温并记录。

第二步：连接管路

（1）悬挂透析液袋。

（2）取下外接短管上的碘伏帽。

（3）迅速将腹膜透析液与外接短管相连，连接时应将短管口朝下，旋拧腹膜透析液管路至短管完全密合。

第三步：引流

（1）悬挂透析液袋。

（2）用管路夹子夹住充液管路。

（3）将透析液袋的出口塞折断。

（4）将废液（引流）袋放至低位。

（5）外接短管的开关旋钮一半，当感到阻力时停止，开始引流。

（6）引流完毕后关闭废液管。

第四步：灌注

（1）打开短路旋钮开关开始灌注。

（2）灌注结束后关闭短管，再用一个管路夹子夹住充液管路。

第五步：分离管路

（1）撕开碘伏帽的外包装，检查帽盖内海绵是否浸润碘液。

（2）将短管与腹膜透析液管路分离。

（3）将外接短管朝下、旋紧碘伏帽至完全密合。

（4）称量透出液并做好记录。

透析液灌注完成并分离管路后即进入留置期，患者在此期间可以正常活动，待留置时间到时，再重复一次上述流程。

（二）腹膜透析治疗模式

将一定量腹膜透析液灌入腹腔内，停留一段时间后，再引流出腹腔的过程，称为一个腹膜透析周期。每个腹膜透析周期都包括入液期、留腹期和引流期。入液期是腹膜透析液经过透析管道系统进入腹腔的时间，一般1～2L透析液的入液时间仅需5～10min，如果入液时间过长，很可能是腹膜透析管道系统出现阻塞或扭曲。留腹期是腹膜透析液在腹腔内停留的时间，因为腹膜是生物性半透膜，在此期间，透析液与腹膜毛细血管内血浆通过弥散、对流与超滤机制进行物质交换，以清除多余水分和代谢废物。根据患者不同的腹膜转运特性及临床需要，透析液留腹时间会有所不同，形成了不同的腹膜透析方法（模式）。引流期是指透析液经过腹膜透析管道从腹腔内引流出来的时间，一般1～2L透析液引流完毕需10～15min，如果引流期延长，应检查引流管路是否通畅，腹腔内透析导管是否移位等。

目前，常规使用的腹膜透析模式主要有持续非卧床腹膜透析（CAPD）、间歇性腹膜透析（IPD）、夜间间歇性腹膜透析（NIPD）、持续循环腹膜透析（CCPD）和潮式腹膜透析（TPD），由自动循环式腹膜透析机操作时，又称为自动腹膜透析（APD）。

1. 间歇性腹膜透析 间歇性腹膜透析（intermittent peritoneal dialysis，IPD）方式中物质交换的停留弥散期是间歇性进行的，故称为间歇性腹膜透析。标准IPD是指患者卧床休息，每次向患者腹腔内灌入1L透析液，在腹腔内停留弥散30～60min后引流出所有的透析液。一个IPD的透析周期（入液期、停留弥散期和引流期）约需要1h，每个透析日透析

8～10h，或每星期透析时间不少于 36～42h，分 4～5 个透析日进行，一般夜间和透析间歇期腹腔内不保留透析液。

2. 持续非卧床腹膜透析　持续非卧床腹膜透析（continuous ambulatory peritoneal dialysis，CAPD）相对于 IPD 方案，最主要的不同是 CAPD 患者无须卧床，并持续进行透析。CAPD 的每个透析周期透析液停留弥散时间长，每天的透析周期次数少，进行 CAPD 的患者每天只在更换透析液的短暂时间内活动受限，其他时间可以从事日常活动，而 IPD 则需频繁进行换液操作，使患者活动受限。CAPD 患者除更换透析液的短时间外，一天中绝大多数时间腹腔内均留置有透析液，每周透析总时间可达 168h，而 IPD 方式每星期一般仅需30～50h，即使是腹膜透析机出现后的 NIPD，每星期一般亦只透析 70h。

目前，腹膜透析应用最多且最为广泛的仍是 CAPD 方法，约占全部腹膜透析人数的65%。

3. 自动腹膜透析　自动腹膜透析（automated peritoneal dialysis，APD）是一广义概念，泛指所有利用腹膜透析机进行腹膜透析液交换的各种腹膜透析形式。自动腹膜透析具有多种治疗方案供选择，主要包括持续循环式腹膜透析（continuous cyclic peritoneal dialysis，CCPD）、间歇性腹膜透析（intermittent peritoneal dialysis，IPD）、夜间间歇性腹膜透析（nightly intermittent peritoneal dialysis，NIPD）和潮式腹膜透析（tidal peritoneal dialysis，TPD）。临床上还可将各种透析方案组合使用，以提高透析效果。由于腹膜透析机的引入及技术的不断改进，使得自动腹膜透析形式更加丰富，与传统手工操作比较，其透析效果得到明显提高。

APD 与 CAPD 主要生理学差异是腹膜透析液留置腹腔的时间不同。大多数 CAPD 的透析周期透析液留置腹腔时间应足够长，小分子物质在腹膜透析液和血浆中能够达到基本平衡，而 APD 主要采用相对短的留置时间、更频繁地交换透析液的方法，所以其透析液的使用量更大、效果更好。APD 与 CAPD 的另一个不同点在于，APD 多在夜间患者休息时自动进行，卧位状态下患者可更好地耐受较大的腹腔内液体容积，使用较大容积的腹膜透析液有助于提高代谢废物的清除率和水的超滤。

（三）腹膜透析液

腹膜透析液（peritoneal dialysate）是腹膜透析治疗过程中重要的组成部分，除了要求与静脉制剂一样，具有无菌、无毒、无致热原，符合人体的生理特点外，还应与人体有着非常好的生物相容性，这样才能维持腹膜有较好的通透性，长期保持腹膜的膜透析效能，提高慢性肾衰竭腹膜透析患者的生存率。

1. 腹膜透析液的要求　对腹膜透析液的基本要求有以下几个方面。

（1）电解质成分及浓度与正常人血浆相似。

（2）含一定量的缓冲剂，可纠正机体代谢性酸中毒。

（3）腹膜透析液渗透压等于或高于正常人血浆渗透压。

（4）配方易于调整，允许加入适当的药物以适应不同病情的需要。

（5）一般不含钾，用前根据患者血清钾离子水平可添加适量氯化钾。

（6）制作质量要求如同静脉输液，应无致热原，无内毒素及细菌等。

2. 腹膜透析液基本成分　腹膜透析液的基本成分，见表 4-13。

表 4-13　腹膜透析液基本成分

成分	浓度
葡萄糖	1.5%、2.5%、4.25%
钠离子	132mmol/L
氯离子	96mmol/L
钙离子	1.25mmol/L、1.75mmol/L
镁离子	0.25mmol/L
醋酸/乳酸根/碳酸氢根	35~40mmol/L

注：渗透压为 346~485mmol/L，pH 为 5.0~7.0

3. 腹膜透析液的渗透压　对于终末期肾衰竭患者，腹膜透析必须清除体内过多的水分，而腹膜透析液渗透压梯度与体内水分的清除有着非常密切的关系，因此，必须在腹膜透析液中加入一定量的渗透剂。葡萄糖是目前腹膜透析使用最为广泛、常用的一种渗透剂。CAPD 患者由于膜透析液在腹腔内停留的时间较长，葡萄糖被吸收，使其渗透压梯度快速下降。因而，有学者建议在 CAPD 时应用一种新方法来进行超滤，例如，在高分子量物质组成的低渗透压腹膜透析液中加入少量低分子量物质，能起到一种协同作用。小分子量物质产生高渗透性作用，但能快速跨过腹膜，使其渗透压梯度迅速下降，而大分子量物质在腹膜透析液中停留的时间较长，但其渗透压强度较低。

目前，腹膜透析液使用的低分子量渗透剂主要有葡萄糖、甘油、木糖醇、山梨醇、果糖和氨基酸等；高分子量渗透剂为白蛋白、合成多聚体、血浆替代品、葡萄糖聚合体和肽类等。

四、腹膜透析机

腹膜透析机也称为腹膜透析循环机，是一类控制腹膜透析液自动进出腹腔的专用设备，通过腹膜透析机的控制系统，可以根据处方自动完成多种腹膜透析的治疗模式。腹膜透析机的全部操作由单片机实时管控，能够自动监测并记录每次的灌注量、留置时间、引流时间、流量及透析液温度。在过去的十几年里，西方发达国家利用腹膜透析机进行自动腹膜透析已成为肾脏替代治疗中增长最快的一种治疗形式。有资料显示，在欧美开展进行腹膜透析的患者中，有 33%选择自动腹膜透析，且有逐年增加趋势。

（一）腹膜透析机的特点与基本功能

现代腹膜透析机技术有了长足的进步，已经发展成由微处理器程序控制的智能化医学设备。因而，利用腹膜透析机进行自动腹膜透析已成肾衰竭患者安全、有效的替代治疗方法之一。

1. 腹膜透析机的设计要求　对自动腹膜透析机的基本设计要求如下。

（1）应该配备有一整套消毒、可靠传输透析液的密闭管路系统，以减少透析液的污染，防止感染性并发症。

（2）在腹膜透析时，应能精确地计量出入腹腔透析液的容量，以便能及时掌握患者体内水平衡状况，这就要求设备具有一套透析液进入与排出腹腔的计量装置。

（3）应配有透析液的加温及温控装置，能保证透析液温度在 37℃左右进入患者腹腔，使患者感觉舒适，透析效率亦可提高。

（4）具有透析液顺序流通管路系统及计时器，可以按照腹膜透析特定的液体流动周期（进液—留置腹腔—出液）顺序进行工作，并根据处方要求设置不同的注入量及留置时间。

（5）配备一整套完备的自动监测并报警装置，以保证透析治疗过程的安全性。

2. 支持个体化腹膜透析　全自动腹膜透析机为个体化腹膜透析提供了重要技术支撑，使得自动腹膜透析日益普及，因而，自动腹膜透析是目前所有透析治疗中应用增长最快的一种方式。自动腹膜透析的引入，使得患者能维持更长时间的腹膜透析；患者更容易于接受透析治疗；同时，自动腹膜透析还能够依据患者临床状况、腹膜特性和残余肾功能的变化等，灵活地调整透析治疗方案，更好地保证腹膜透析的充分性并维持营养平衡。

腹膜透析机能够支持各种自动腹膜透析（APD）模式，因而，从技术层面上解决了腹膜透析长期治疗的操作难题，特别是当患者的残余肾功能进行性下降，无法满足透析的充分性时，能够采用进一步加大透析液留腹量的方法来改善透析的充分性。由于 APD 利用夜晚的休息时间自动进行腹膜透析，白天患者及助手（家人）可不受任何约束地安排日常活动，因而提高了生活质量。自动腹膜透析的治疗，如图 4-157 所示。

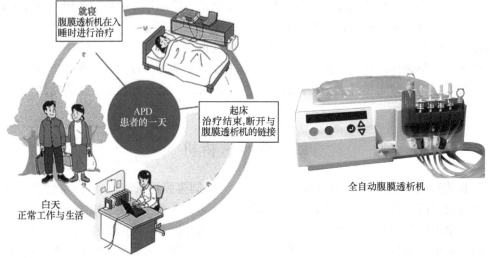

图 4-157　自动腹膜透析的治疗

3. 腹膜透析机的基本功能　腹膜透析机种类繁多，其中，功能相对复杂的设备，能够满足临床各种自动腹膜透析方法的治疗需求；也有些功能及操作较为简单设备，主要适用于家庭 APD 治疗。但是，无论哪种形式的腹膜透析机，最基本的功能就是能够自动控制透析液经无菌的一次性管路系统（管组）进出腹腔，可以控制与监测以下治疗变量。

（1）透析液灌入、留置、引流时间和总治疗时间。

（2）透析液灌入量和引流量。

（3）已完成的透析液交换次数和目前正在进行的交换次数。

（4）单次循环和累积循环的超滤量。

（5）透析液温度。

此外，腹膜透析机可通过指示灯、鸣警器、显示屏等装置，使操作者及时了解透析进程和某些异常状况。在腹膜透析过程中，一旦出现异常，腹膜透析机配备的报警装置能够及时发现并予以报警，同时能够自动关闭相关阀门，停止透析治疗，以保证患者透析过程的安全。

4. 腹膜透析机的评价 应用腹膜透析机进行 APD 治疗呈上升趋势，那么，进行 APD 必须有一台性能优良的腹膜透析机。目前，商品化的腹膜透析机种类较多，评价其性能的优劣，可以从以下几个方面加以衡量。

（1）操作的简单性。腹膜透析机性能优越的基本特征是操作简单、易学，非专业人员经简短培训就能够熟练操作，并可以处理常见的警报和故障，这是推广 APD 作为家庭腹膜透析的先决条件。

（2）居家使用的便利性。利用腹膜透析机可居家由患者自己或助手进行床旁操作，由此，患者可以个性化安排透析时间，通常是利用夜晚的休息时间自动完成腹膜透析，白天患者及助手均可不受约束地安排日常活动。

（3）弹性选择治疗方案。好的腹膜透析机应能提供具有弹性的治疗空间，以满足不同患者均能实现充分透析的需求。有研究表明，肾科医生要根据每一个患者的具体情况选择最适宜的治疗方式，这就要求腹膜透析机能适应患者的不同需要，提供弹性治疗方案的选择空间。

（4）安全性。这是对腹膜透析机的最重要要求，腹膜透析机必须具有完备的控制监测报警体系，当出现故障报警，应能够自动终止运行，尤其是利用夜间休息进行 APD 时，机器发出的警示讯号应足以提醒到患者或助手。

（5）性能价格比。以尽可能低的价格购置性能优越的腹膜透析机是选择 APD 治疗患者的共同愿望，腹膜透析机价格昂贵，配套使用的一次性透析管路亦价格不菲，这是限制 APD 在我国广泛开展的原因之一。

所以，评价一台腹膜透析机的优劣，应综合考量其操作简单性、居家便利性、弹性治疗空间和安全特性，以及经济承受能力等诸多因素。

（二）腹膜透析机的工作原理

腹膜透析机是实现腹膜透析液自动循环的智能设备，它的主要功能应包括以下三个方面。

（1）提供腹膜透析液的转运动力。

（2）自动调节透析液温度，使其接近于人体的正常体温。

（3）能够全程监测并记录腹膜透析的过程数据，如每次的灌注量、留置时间、引流时间、流量及透析液温度等。

为此，腹膜透析机主要有两个组成部分，主机和一次性管组，如图 4-158 所示。

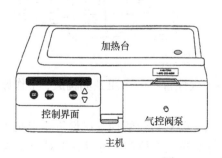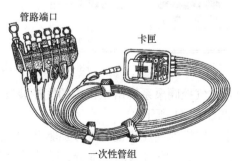

图 4-158 主机与一次性管组

1. **透析液转运** 腹膜透析的基本任务是根据处方要求转运透析液，因此，腹膜透析机核心技术的提升主要是围绕着透析液的转运方式和动力装置，现已从早期的重力灌注方式，发展到部分泵输送再到全部泵输送的动力系统。透析液转运的基本管路系统，如图4-159 所示。

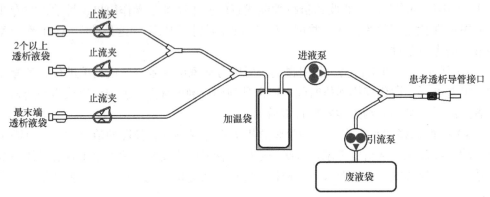

图 4-159　透析液转运的基本管路系统

由管路系统可见，若要实现透析液的自动转运，必须要有液体转运泵、控制阀和相应的管路。实现液体转运的方法很多，例如，血液透析机使用的滚压泵、CEMO 系统应用的离心泵等。由于腹膜透析具有它自身的特殊性，应用常规的滚压泵或离心泵及管路系统难以家庭普及。究其原因，一是腹膜透析是一个多管路系统，需要提供更多的管路接口，其中包括患者透析导管接口、加温端接口、引流（废液袋）接口、2 个以上的透析液转接口、最末端透析液接口等；二是考虑到腹膜透析居家使用的便利性，透析管路系统的安装不可能太复杂。因而，现代腹膜透析机采用的是一种独特的组合式气控阀泵系统。

2. **组合式气控阀泵系统** 腹膜透析机的组合式气控阀泵系统，如图 4-160 所示。

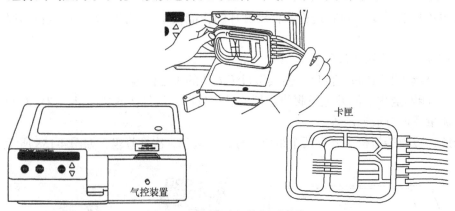

图 4-160　组合式气控阀泵系统

组合式气控阀泵系统由主机内的气控装置和一次性管组的卡匣共同构成，工作原理示意图，如图 4-161 所示。

其中，主机内气控装置可以分别驱动各气控阀，能够对位管控一次性管组卡匣中各管路的开关状态；气室分为两个部分，通过对其交替的充气与放气，可以分别对液室 A 和液室 B 实施挤压或抽吸，配合气控阀的开关动作，可以实现液体的转运。

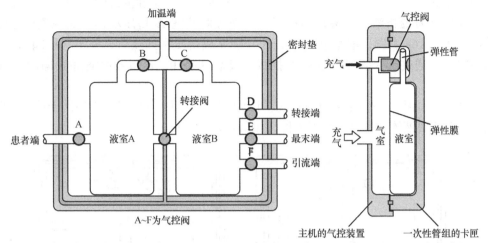

图 4-161 组合式气控阀泵系统工作原理示意图

（1）气控阀：是一个由压缩空气驱动的阀门，如图 4-162 所示。

当三通电磁阀通电，开关动作，与大气连接的常闭端关断、与储气罐连通的常开端闭合，压缩空气进入气室，推动活塞向前移动，进而通过挤压弹性管使管路阻断；反之，

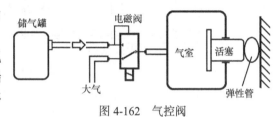

图 4-162 气控阀

电磁阀断电，与储气罐的管路断开，常闭端闭合，气室放气，活塞回缩，弹性管依靠自身的弹性，使管路开通。

（2）气控泵：由主机的气控装置和管组的卡匣组合而成，它通过控制气分别挤压或抽吸一次性管组的两个液室实现泵的功能。工作原理是，首先选通各气控阀的开关状态，例如，开始对患者灌注透析液，此时，气控阀 A、C 和液室 A、液室 B 中间的转接阀交替开启/关闭，其他气控阀均处于关闭状态。通过对两个气室的交替充气与放气，实现对液室 A、液室 B 的挤压或抽吸，如此往复，可以将加温端后的透析液输送至患者腹腔。

对患者灌注透析液，如图 4-163 所示。

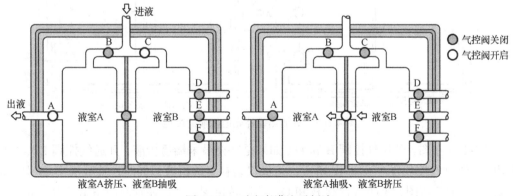

图 4-163 对患者灌注透析液

图 4-163 左图，开通气控阀 A 和 C、关闭转接阀，通过主机的气控装置对液室 B 抽吸，完成新鲜透析液的进液动作；同时，通过对液室 A 挤压动作，实现透析液的腹腔灌注。图 4-164 右图，液室 A、液室 B 分别完成挤压和抽吸后，关闭气控阀 A 和 C、开通转接阀，通过气控装置对液室 A 抽吸、液室 B 挤压，透析液由液室 B 向液室 A 的转运。

如果开始引流，气控阀 A、F 和转接阀交替开启/关闭，其他气控阀均处于关闭，可以完成对患者留腹液体的排放。引流过程，如图 4-164 所示。

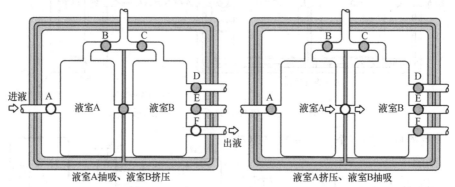

图 4-164　引流过程

具体的引流过程：图 4-164 左图，开通气控阀 A 和 F、关闭转接阀，通过气控装置对液室 B 挤压，排出液体；同时，抽吸液室 A 引出患者腹腔内的透析液。图 4-164 右图，关闭气控阀 A 和 F、开通转接阀，气控装置对液室 A 挤压、液室 B 抽吸，腹腔内的透析液由液室 A 流向液室 B。

同理，通过控制气控阀的开关状态和两个液室的交替挤压与抽吸，还可以在透析液留腹期间为加热端的液袋补充透析液或最末端透析液。对加热袋补充透析液的过程，如图 4-165 所示。

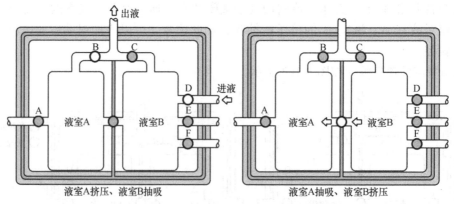

图 4-165　对加热袋补充透析液的过程

图 4-165 左图，开通气控阀 B 和 D（如果是补充最末端透析液，开通气控阀 E）、关闭转接阀，通过气控装置对液室 A 挤压，给加热袋补充透析液；同时，抽吸液室 B 引入透析液。图 4-165 右图，关闭气控阀 B 和 D、开通转接阀，气控装置对液室 B 挤压、液室 A 抽吸，将液室 B 的透析液引入液室 A。

3. **透析液的温度调节** 透析液温度调节的目的是使透析液接近于人体的正常温度。为此，腹膜透析机都设有透析液温控装置，如图 4-166 所示。

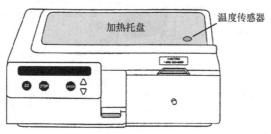

图 4-166 透析液温控装置

腹膜透析机的上部有一个加热托盘，通过控制加热托盘上电热膜的温度，可以对透析液进行加热。在使用过程中，首先要将装有透析液的透析液袋放置在托盘上（患者腹腔灌注的透析液均来自加热托盘上的透析液），当加热托盘工作时，透析液持续升温，同时，温度传感器实时监测透析液的温度，控制系统根据设定温度可以调控电热膜的温度，使得托盘上透析液的温度接近于人体正常体温。

4. **一次性管组** 为便于患者及家人居家应用，腹膜透析机都使用一次性管组（也称为抛弃式管组），如图 4-167 所示。

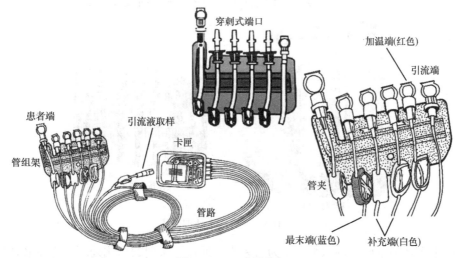

图 4-167 一次性管组

腹膜透析机的一次性管组包括管组架、卡匣和管路。管组架的用途是便于包装和临时性固定各路管接口；卡匣是一次性管组的核心器件，它将与主机的气控装置共同来实现透析液转运泵的功能；管路分为患者端、引流端和透析液引入端（有 4 个接口），其中，患者端用来连接透析短管，是腹透的患者通路；引流端为腹透废液的引流通道，需要连接废液袋；4 个透析液引入端可以分别连接 4 个透析液袋（供一次透析使用，治疗期间不再需要更换透析液），红色管夹的管路连接加热袋透析液，白色连接补充透析液，最末袋透析液连接至蓝色管夹管路。另外，4 个透析液引入端均采用穿刺式端口，可以用来连接透析液袋，并能保障其不受污染。

腹膜透析机的一次性管组安装非常简单，如图 4-168 所示。

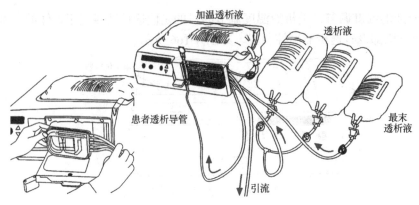

图 4-168 腹膜透析机的一次性管组安装

第六节 透析用水处理设备

血液透析是肾衰竭患者长期维持性治疗，在透析治疗的过程中需要使用大量的透析用水，每一次透析治疗的用水量为 120～150L。有临床共识，透析用水的纯净度是影响患者存活率及生存质量的关键因素，直接关系着透析治疗的安全性与充分性。为确保血液透析用水的质量要求，现代血液透析中心都配备了相应的透析用水处理系统，如图 4-169 所示。

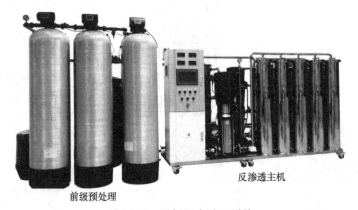

图 4-169 透析用水处理系统

透析用水处理系统是将原水（多为自来水）通过一系列的净化处理，为血液透析提供水质合格的透析用水。如果透析用水的质量不达标，会引发急、慢性并发症，直接影响透析患者的治疗安全。尽管透析的半透膜具有选择性通透特性，但是，若透析用水内的有害物质体积小于半透膜孔径，能够进入透析设备甚至人体，由此，不仅影响透析液电解质浓度，损坏透析设备，更为严重的是这些有害物质进入患者体内后，将导致败血症、热原反应、硬水综合征、慢性贫血、神经系统损害、透析性骨病及透析性脑病等各种近期或远期并发症。

不合格的透析用水在临床使用，会导致重大的透析事故和灾难，轻者引起各种急、慢性透析反应，有些遗留不可逆转的并发症；重者将造成个体或群体死亡事件。近年来，随着卫生法规的建立与健全，卫生管理部门对透析用水的质量有明确规定，制定了相关强制性国家标准，目的是要确保透析用水的质量和使用安全。

一、透 析 用 水

健康的肾脏直接从体内接收多余的水分和代谢废物，通过尿液将其排出体外，水的摄入与排尿维持着体内的水平衡。出于对人体安全的考虑，饮用水需要经过一定的处理（如烧开、过滤等）才可饮用。饮用水在进入血液之前都经历过肠道屏障作用，但是对于透析患者来说，水与血液的接触只是通过一道半透膜（透析膜），半透膜仅可以屏蔽较大微粒，对于通过它的物质性质（如微生物等）并没有选择能力。另外，与口服摄入水量（每周约14 L）相比，血液透析患者暴露于大量的透析液（每周300～400 L）当中。因此，临床上对透析用水的纯度要求更高，如果水内含有害物质，很容易通过半透膜进入患者血液，即使是浓度较低的有害物质，长期蓄积也可能导致慢性中毒。

（一）水中超标物质对人体的影响

水中超标物质主要包括微生物、无机盐和不溶性颗粒。

1. **微生物** 水中主要含有细菌、真菌、病毒等微生物及其释放和降解产物（如内毒素、外毒素等）。

（1）细菌：在水和透析液中常见的细菌（bacteria）是革兰阴性菌（G^-）和非结核性分枝杆菌，它们特别适应在水中的生存。由于这类细菌能形成一种叫生物膜（biofilm）的物质，使其附着于物体的表面，很难被清除，特别是反渗透膜、输送水管道、储水箱等地方。同时，这种生物膜能够保护细菌对抗消毒药剂的杀灭，而且还不断释放内毒素。革兰阴性菌在透析用水和透析液中存在，当有适宜的pH、营养和温度时，它们能够快速繁殖。如果透析膜出现破坏，细菌就可以进入患者的血液系统，引起毒血症；即使透析膜完好，细菌的产物和细胞膜的成分也可以通过透析器膜孔进入血液，引起患者的致热反应，出现发热、寒战、低血压、恶心等症状，严重者导致死亡。

细菌有很多种杀灭方法，主要有加热（如日常饮用水需要煮开）和化学杀菌，当然也可以通过水处理系统进行滤除。

（2）内毒素（endotoxin）：是革兰阴性菌细胞壁的成分，称为脂多糖（LPS），包括类脂A、肽聚糖（peptidoglycan）、胞壁酰肽（muramyl peptide），还有革兰阴性菌的外毒素等，当细菌自溶或菌体裂解后，内毒素便被释放出来。因为内毒素能引起透析患者的发热反应，所以它们又被称为致热原，由此可出现热原反应。透析患者长期与含有内毒素的水接触，可能引发慢性并发症，如免疫功能下降、淀粉样病变、动脉粥样硬化、血管疾病、分解代谢亢进等，同时也引起机体对促红细胞生成素的抵抗。因为内毒素不是一种活体，不可能被灭杀，也很难被清除。所以，要尽可能保持水和透析液系统处于流动状态，以避免内毒素的积累。在水处理系统中，去除内毒素的单元包括活性炭、反渗透膜和超滤膜、内毒素过滤器等。

（3）病毒（virus）：体积较大（大多数单个病毒粒子的直径约为100nm），一般不能通过完整的透析膜，但如果透析膜破损，将增加病毒进入血液的机会。病毒的杀灭方法主要有热消毒和化学消毒。

2. **化学物质** 水中的化学物质主要有残余氯、可溶性无机盐等。

（1）残余氯（Cl）：是指水中含氯化合物与游离氯的总和，含氯化合物如一氯胺

（NH_2Cl）、二氯胺（$NHCl_2$）等，是氯与存在水中的氨化合反应而生成；游离氯是指水溶性分子氯、次氯酸或次氯酸根或它们的混合物，它们的相对比例取决于水中 pH 和温度。

无论是测定水氯浓度、NaClO 浓度、有效氯、水中残余氯含量，实际上都是测定溶液中起氧化作用的氯含量。有效氯被用来进行饮用水的消毒，杀死水中的细菌、病毒和真菌。活性氯和氨反应生成活性氯胺，它具有氧化性（与氧发生反应破坏细胞壁），如果血液与高浓度活性氯胺接触，可发生溶血（红细胞破裂）导致急性贫血。

氯胺能够以弥散的方式通过透析膜，所以，要求透析用水中活性氯胺不能超过 0.1mg/L，游离活性氯不能超过 0.5mg/L，活性氯胺的测定方法比较复杂，可通过测定游离活性氯含量来间接监测活性氯胺的水平。

（2）可溶性无机盐：如果原水中的某些无机盐含量过高，或由于水处理的部分功能失效，可能会导致最终的反渗水或透析液中含有的离子增高和存在微量元素，这些成分的异常，将会引起一系列相关病变和并发症。可溶性无机盐分为无机离子、微量元素。

1）无机离子包括钠、钾、钙、镁，其中，钠离子增高引起头痛、口渴、高血压、肺水肿、精神错乱、心动过速、抽搐、昏迷；钾离子增高引起心脏传导阻滞；如果水中钙镁离子浓度过高，可引发"硬水综合征"，典型的症状有恶心、呕吐、发热感、血压高、头痛、神经错乱、癫痫、记忆丧失和记忆障碍。

2）微量元素主要包括铝、铜、锌、镉、砷、汞、铅、银、铁、硒、铬、硅和钡等。

铝：水中的铝主要来自于自来水中加入的硫酸铝（用于絮状物沉淀，使混浊水澄清），另外，铝还来源于水加热系统中的铝电极，透析管道系统中的铝泵等。除此之外，通过胃肠道进入体内的食物、饮水、药物中的铝也可以部分进入血液。当血清中铝含量＞500μg/L 时，可引起急性铝中毒。持续含量在 100～200μg/L，将导致慢性铝中毒，产生的并发症有铝脑病，铝相关骨病，抵抗红细胞生成素的小细胞低色素性贫血等。

铜：构成体内许多含铜的酶及含铜的生物活性蛋白质（如血浆铜蓝蛋白、血铜蛋白等），也是与造血有关酶的组成成分，参与氧化磷酸化作用、单胺的降解、黑色素合成、维生素 C 代谢等。铜中毒是由于透析水经过的管道中有铜离子的释放或在自来水中加入硫酸铜用于去除藻类。当浓度在 400～500μg/L 时，红细胞与游离铜接触可发生急性溶血，引起发热、严重贫血、肝损伤等。

锌：是将近 70 种酶的基本成分，在透析患者的血浆中，含量为 630～1020μg/L，引起透析水锌污染的来源与电镀水箱和水管中锌的释放有关。如果血浆中锌含量大于 7000μg/L，可引起发热、恶心、呕吐和严重贫血。现代水处理设备由于应用离子交换和反渗设备，保证患者的正常锌含量在 800～1200μg/L。发生低血浆锌的现象是由于透析引起锌的丢失或是口服硫酸亚铁影响肠道对锌的吸收。锌缺乏的主要症状是智力障碍、精神抑郁症、视觉障碍、伤口不能愈合、嗅觉减退、厌食等。

镉：是一种由于环境污染而普遍存在于人体内的微量元素，严重镉中毒可导致骨软化，透析患者慢性镉积累可引起顽固性贫血。

砷：慢性砷中毒可引起皮肤色素沉着、肝脏问题和神经系统的危害。一般情况下，在透析液中的砷浓度低于最低值。由于它与血清蛋白结合，所以容易蓄积。

汞：慢性汞中毒可以产生神经系统、肾脏疾病和口腔炎等问题，以及震颤、失眠和语言障碍等并发症。

铅：铅中毒有皮肤和胃肠的表现（急性腹痛、顽固性便秘），也有神经系统的表现（纹状肌麻痹）和红细胞的损伤，其典型表现是红细胞膜上的嗜酸性斑点。铅对透析用水的污染根据城市所处的地理位置不同而异。由于铅和蛋白结合，所以血液滤过透析不能去除铅。

银：对透析用水的污染与整体的微量元素有关，没有相关临床报道。

铁：高浓度的铁可以在许多地下水中以碳酸盐和硫酸盐的形式存在。铁在透析水中不能引起急性的并发症。但是，如果长时间与高浓度铁接触可引起含铁血黄素沉积症、贫血和骨病。

硒：是基本的微量元素，存在于谷胱甘肽过氧化酶内。这种酶能防止蛋白质、碳水化合物及脂类被氧化的危险。硒缺乏时可发生充血性心肌病、贫血、免疫功能改变、骨骼肌病变和增加心血管系统的发病率。在透析患者中发现，低硒的情况下，硒的水平和蛋白分解代谢速度成正比。因为硒与蛋白结合，透析不能去除硒。

铬：是人体需要的基本微量元素，但当它们以六价形式存在时有特殊毒性，可以使皮肤、鼻溃烂。

硅：是地球表面普遍存在的第二大元素，是位于线粒体中的基本微量元素。在透析患者血浆内可发现高浓度硅，可引起肾脏、骨骼和乳腺的疾病及贫血。

钡：污染透析用水常常伴有其他微量元素的增加，没有临床反应的报道。

（3）其他物质：水中还有其他物质，如硝基盐、亚硝基盐、亚硝胺、硫酸盐、氟化物等。

硝基盐、亚硝基盐、亚硝胺：因为有机肥料的大量使用，污染了地下水。高浓度的硝基盐可诱发正铁血红蛋白血症，引起发绀和血压下降。正铁血红蛋白的产生决定于大肠的微生物将硝酸盐转化为亚硝酸盐，亚硝酸盐被吸收引起血红蛋白直接氧化为无功能的正铁血红蛋白。这些物质的另一个潜在危害是致癌性。

硫酸盐：可诱发恶心、呕吐和代谢性酸中毒。

氟化物：氟的相对分子质量只有 19，可以很容易由透析液进入血液。城市自来水中通常包含有 53μmol/L 左右的氟。配制透析液的水中氟含量不能超过 11μmol/L，血液透析患者血清中氟含量不能超过 1.3μmol/L，透析患者的氟中毒与自来水中氟浓度过高有关。氟具有氧化性，可以直接干扰多种细胞代谢过程，也可以与有机物结合产生特殊的毒性。因为它是带负电荷离子，可以与阳离子有很强的结合力，降低钙、镁在血清中的含量。高氟的临床并发症开始是恶心、呕吐和心脏兴奋增强，随后发生迟缓性心律失常和手足抽搐。如果氟与钙结合可以干扰血液凝固，有出血点和使受伤部位增加出血危险性，如果不及时处理可能引起死亡。长期低水平的氟中毒可造成骨软化和骨质疏松。

3. 不溶性颗粒和纤维 水中含有大量的不溶性颗粒、纤维和胶体，如沙子、泥土等。在水处理过程中可以通过各种滤器将其去除。

（二）透析用水标准

透析用水的质量控制包括两个方面，一是水处理系统运行的稳定性，要求能够为临床血透治疗提供全过程用水；二是水处理系统生产出来的反渗水各项性能指标必须符合临床质控要求，如果水中细菌和内毒素数量超标，会引起相关不良后果。为此，2015 年修订了 YY0572-2015《血液透析及相关治疗用水》行业标准，从物理品质、化学品质、生物品质三个方面给出了明确要求和界定。

1. 微生物指标 透析用水所含细菌总数不得超过 100CFU/ml，内毒素不得超过 0.25EU/ml。

2. 化学污染物指标 透析用水中有毒化学物和透析溶液电解质的最大允许量，见表 4-14、表 4-15。

表 4-14 透析用水中有毒化学物的最大允许量

污染物	最高允许浓度（mg/L）
铝	0.01
总氯	0.1
铜	0.1
氟化物	0.2
铅	0.005
硝酸盐（氮）	2
硫酸盐	100
锌	0.1

表 4-15 透析溶液电解质的最大允许量

电解质	最高允许浓度（mmol/L）
钙	2
镁	4
钾	8
钠	70

表 4-16 透析用水中微量元素的最大允许量

污染物	最高允许浓度（mg/L）
锑	0.006
砷	0.005
钡	0.1
铍	0.0004
镉	0.001
铬	0.014
汞	0.0002
硒	0.09
银	0.005
铊	0.002

透析用水中微量元素的最大允许量，见表 4-16。

3. 电导率 处理水的电导率应 ≤10μs/cm（25℃）。

二、透析用水处理设备

为了保证临床透析用水的安全，透析用水处理经历了漫长、不断改进与技术提升的过程。水处理设备就是根据去除水源中有害和多余物质成分而形成的一个系统装置，在这个系统中，每个组成部分之间相互关联并且提供相互保护。

透析用水处理的技术进步，大致历程了三个发展阶段。

第一阶段，逐渐认识到钙、镁离子的超标将导致患者的"硬水综合征"，此阶段的设备在原有超过滤的基础上，特别强调了软化程序对于钙离子、镁离子的去除效果，对应的水处理设备总体工艺相对简单，主要包括各种精度的过滤装置和树脂软化罐或去阴阳离子床。当时的水处理设备还未形成独立配套的控制体系，只是采用了一些简单的继电控制，实现的功能也非常有限。

第二阶段，随着各地水源受污染程度的加剧，以及各种消毒液特别是氯、氯胺等可能导致患者不良反应的物质加入，透析用水的水质要求开始向纯水化进步，水处理工艺在保证软化的同时，强调了活性炭吸附有机毒素功能，并开始采用反渗透膜作为主要除盐、除菌的技术组件。在控制功能上，为了保护反渗透中压泵等装置的可靠运行，陆续应用以继电器、接触器及集成电路为核心的控制系统，初步实现了设备的自动控制功能。

第三阶段，随着关于各种污染物质对透析影响的研究深入，临床开始认识到微生物污染的严重危害，逐渐形成了以反渗透膜为核心，结合预处理和后处理、消毒为一体的综合性水处理设备系统。同时，提出了超纯透析用水的概念，部分设备还采用了二级反渗透或反渗透联合电去离子等更加先进的水处理技术，在完善各类化学消毒的基础上，出现了热消毒、臭氧消毒等新型杀菌消毒方法。实现了以微处理器为核心的现代控制系统，结合应用电导率、水位、压力等传感技术，可以实现完备的故障报警与功能切换、远程控制、恒压供水、自动消毒等一系列智能操作。

透析用水处理设备（不同厂家略有不同），如图 4-170 所示。

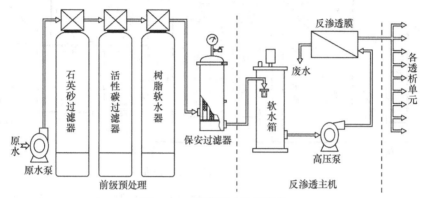

图 4-170 透析用水处理设备

透析用水处理设备的意义就是制备满足于临床血液透析需要的纯水（反渗水），它主要是由前级预处理、反渗透主机和用户管理系统等部分组成，前级预处理包括原水泵、石英砂过滤器、活性炭过滤器、树脂罐（软化器）等；反渗透主机包括高压泵、反渗透膜，其中又分为一级反渗透和二级反渗透，目前国内血液透析用水处理设备大多采用二级反渗透的供水形式；用户管理系统将为各透析单元提供安全的透析用水。

现阶段，水处理设备的用户管理系统主要有两种形式，即直供式和储水式。直供式就是水处理系统产生的反渗水直接通过管路供给到各透析单元；储水式则增加了一个储水箱，它首先将反渗透主机生产出来的反渗水注入具有一定容量的储水箱内，然后，再由循环泵供水。储水式用户管理系统，如图 4-171 所示。

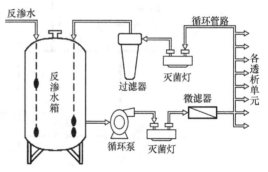

图 4-171 储水式用户管理系统

储水式用户管理系统的特点是，增加了一个反渗水箱作为缓冲，当系统出现故障或临时性停水，能够暂时维持透析供水，可以为应急处置故障赢得时间。但是，由于水中的细菌在合适的 pH、营养和温度的环境中繁殖速度较快，有资料表明，原水经过多种介质过滤、树脂软化、活性炭吸附去除水中的氯离子以后，水中细菌繁殖速度会成倍增长，所以水经过除氯以后，要保持流动状态，应尽量不要长时间滞留，避免水中细菌和内毒素的增加。目前已有共识，反渗水箱是影响水质重要的污染源，为此储水式供水系统还在反渗水箱的出水端增加了灭菌灯和微滤器等装置，以提高供水的安全性。现阶段，临床透析用水还是以采用直供式为主，不推荐使用储水式供水。

（一）前级预处理

前级预处理是制备透析用水的重要环节，主要是通过沉淀、沙石过滤、碳吸附、树脂离子交换等方法，去除水中微生物、化学物质和不溶颗粒物。

带原水箱的前级预处理系统，如图 4-172 所示。

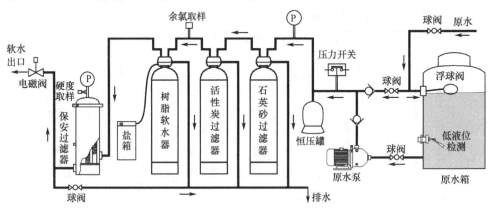

图 4-172 带原水箱的前级预处理系统

1. 原水供给系统 原水来自于生活用水（自来水），为保征用水安全和维持在水处理过程中所必需的水压，原水供给系统安装有原水箱和原水泵，并配置了一整套水位检测和水压保护装置。

原水供给系统，如图 4-173 所示。

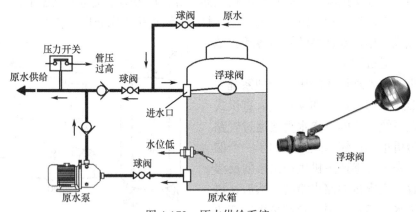

图 4-173 原水供给系统

（1）原水箱：用途是储存一定容量的自来水，以保证临时停水时不中断透析用水的供给。同时，原水箱还可以沉淀原水中的部分不溶性颗粒、纤维和胶体杂质等。为控制原水箱内的水位，在进水口安装有浮球阀，其工作原理是，当水箱内水位下降，阀腔内浮子下沉，将控制阀打开，水由控制阀流入水箱；反之，水位上升到控制线，浮子上浮，可以立即关闭注水。

（2）原水泵：原水泵的意义在于提升供水管路压力，目的是满足多介质过滤器、活性炭过滤器、软化器等预处理装置运行中所需要的供水压力和流量。为保征原水供给的安全，在原水供给系统内还安装有两个压力检测开关，其中，在原水供给端有一个压力开关，以实时监测供水管路压力，如果管压过高，压力开关输出一个电平信号，由控制电路关断原水泵；同理，若原水箱低位浮子动作或出现水位低报警，说明原水箱已经处于缺水状态，为避免在无水状态下原水泵继续运转而损坏，控制电路一旦检测到水位低限报警，则也要立即关断原水泵。

2. **恒压罐**　原水供给的功能是将自来水源源不断地引入至前级预处理系统，为保证管路中有足够的压力与水流量，原水泵将适时地泵水或停泵，那么，在原水泵开启或停止的瞬间，必然会对管路产生一定的水锤冲击。另外，如果对管路水压与流量的稳定性要求较高，原水泵的启停会更加频繁。由此，带来了两个问题，一是水锤冲击的震动会损伤管路和预处理装置；二是原水泵的频繁启动将影响使用寿命。因而，在供水系统与预处理的管路之间使用一个恒压罐，目的是缓解水锤冲击，维持水压与流量的稳定性，并可以有效降低原水泵的启动频率。恒压罐的缓冲效果，如图 4-174 所示。

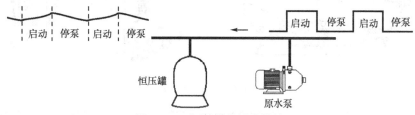

图 4-174　恒压罐的缓冲效果

恒压罐也称为隔膜式压力罐，广泛应用于中央空调、锅炉、热水器、恒压供水系统，可以缓冲管路压力波动，卸载水锤效应。当管路系统内水压变化时，压力罐气囊的自动膨胀与收缩会缓解水压变化，进而保证系统的水压稳定。恒压罐的作用类似于电路中的电容器，意义在于缓冲压力、稳定流量。

恒压罐，如图 4-175 所示。

恒压罐为隔膜式结构，由罐体、无毒橡胶内胆（氮气囊）、进/出水口及补气口等组成，罐体一般为碳钢材质，外面是防锈烤漆层，也有采用不锈钢材质；氮气囊为环保三元乙丙橡胶；气囊与罐体之间的预充气体出厂时已完成，一般无须加气。罐体中间的无毒橡胶内胆是一个完整的隔膜，可将罐体分成两部分，一部分为罐体与内胆间预充有一定压力的氮气，另一部分是用来储水的水室。

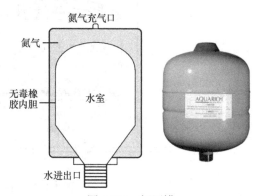

图 4-175　恒压罐

恒压罐的工作原理是，当水室引入液体致使压力升高，橡胶内胆因受压体积缩小储存有一定的能量，氮气囊的压力与管路水压维持平衡；如果管路压力再度升高，使管路压力再次大于预充氮气囊的压力，必然会有部分液体进入水室，液体进入水室后再度压缩气囊与罐体间的空间，使被压缩的气体压力进一步升高，当气囊压力升高到与管路压一致时，液体停止进入水室；反之，当管路压力下降，管路内压力低于气囊压，气囊通过释放能量而膨胀，会将水室内的水挤出，补充到外管路，直至外管路压力与气囊压相等，水室内的水才不再流出，从而能够保证在一定范围内管路的压力处于动态平衡状态。

3. 石英砂过滤器 石英砂过滤器（quartz sand filter）也称为沉淀物过滤器，是一种压力式高效过滤装置。当进水自上而下流经滤层时，利用其内部所填充的精制石英砂滤料，可以截留供水中 10μm 以上的颗粒，从而去除水中悬浮物及黏胶质颗粒，使水的浊度降低。石英砂过滤器的主要用途是去除水中的悬浮物、有机物、胶体、泥沙等。

石英砂过滤器，如图 4-176 所示。

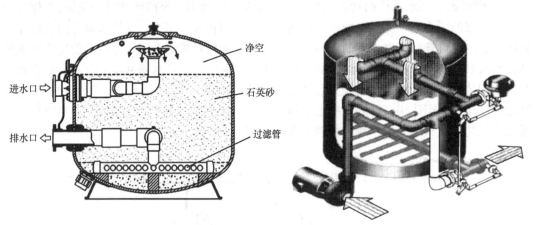

净空

石英砂

进水口 ⇨

排水口 ⇦

过滤管

图 4-176　石英砂过滤器

由于石英砂过滤器采用截留方式去除水中沉淀物，因而，可以通过反冲洗的方式来清除过滤的杂质，并松动石英砂介质。石英砂过滤器的反冲洗，如图 4-177 所示。

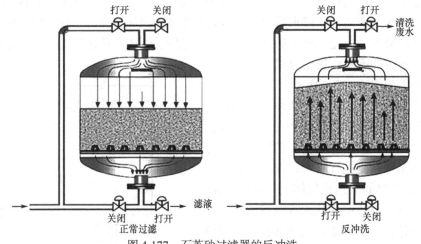

打开　关闭

关闭　打开

清洗废水

关闭　　打开

打开　　关闭

滤液

正常过滤

反冲洗

图 4-177　石英砂过滤器的反冲洗

石英砂过滤器的反冲洗原理就是逆向（由下往上）注入具有一定压力清水（自来水），使石英砂介质松动，将截留的颗粒物反冲并排出。

4. 活性炭过滤器 活性炭过滤器（activated carbon filter）是一种常用的吸附式水处理滤器，通过内部活性炭能够吸附前级过滤中无法去除的余氯，以防止后级反渗透膜受到余氯的氧化降解，同时，还可以吸附从前级石英砂过滤器泄漏过来的小分子有机性污染物，对水中异味、胶体及色素、重金属离子等也有明显的吸附作用。活性炭是由木头、残木屑、水果核、椰子壳、煤炭或石油底渣等物质在高温下干馏炭化而成，主要依靠物理吸附能力来去除杂物。活性炭的表面呈颗粒状，内部是多孔的，孔内有许多毛细管，1g 的活性炭内部表面积高达 700～1400m²。影响活性炭清除有机物能力的因素包括活性炭本身的面积、孔洞大小及被清除有机物的分子量及其极性。

活性炭过滤器，如图 4-178 所示。

活性炭表面颗粒的大小对吸附能力有着直接影响，一般来说，活性炭颗粒越小，过滤面积越大。所以，粉末状的活性炭总面积最大，吸附效果也最佳，但粉末状的活性炭很容易随水流出，且难以控制，故很少采用。颗粒状的活性炭因颗粒成形不易流动，水中有机物等杂质在活性炭过滤层中也不易阻塞，其吸附能力强，携带更换方便。活性炭的吸附效果和与水

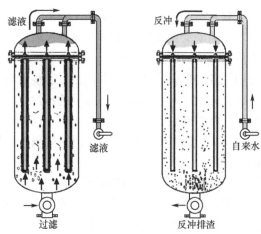

图 4-178　活性炭过滤器

接触的时间成正比，接触时间越长，过滤后的水质越好，一般去除游离氯的接触时间需要 6min，去除氯胺接触时间应达到 10min。

活性炭在使用初期，其吸附效果很高，但经过长时间应用，活性炭的吸附能力会不同程度地减弱，过滤效果也随之下降。当活性炭的吸附能力达到饱和，其吸附过多的杂质会掉落，污染下游的水质。所以，活性炭必须定期利用反冲排渣的方式清除吸附杂质。

5. 树脂软水器　所谓"硬水"是指水中含有较多的可溶性钙、镁化合物，水的硬度为溶解在水中的盐类物质的含量，即钙盐与镁盐的含量，其含量多的硬度大，反之，则为软化水。硬水并不对人体健康直接造成危害，但是会带来很多困扰，如用水器具上结垢等。

树脂软水器（resin softener）是利用内置的树脂罐，将水中的硬度离子进行置换，使其得到软化，目的是可以防止或减少后续管道及设备内部结垢，以延长设备的使用寿命。树脂软水器的工作原理是，利用钠型阳离子交换树脂中基团的交换作用，将水体中硬度成分（钙离子、镁离子）置换去除，以达到硬水的软化目的，经软化器处理后的水质硬度应小于 17.8mg/L。

树脂软水器，如图 4-179 所示。

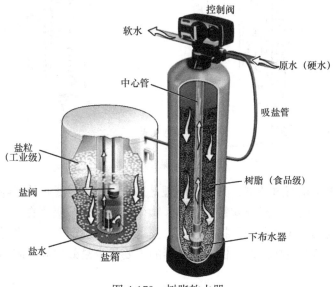

图 4-179　树脂软水器

软水器中装有树脂，树脂上有软性物质"钠"，可以与溶解在水中的钙、镁等硬性物质发生离子交换反应，而钠不会以水垢的形式堆积在物体表面上，所以，对与它接触的物体危害很小。树脂是一种多孔的、不可溶性交换材料，其内含有许多吸收正离子的负电荷交换位置，当树脂处于新生状态，这些电荷交换位置被带正电荷的钠离子占据。由于树脂具有优先结合带较强电荷阳离子的特性，因而，当含有比钠离子电荷更强钙、镁离子的水经过树脂贮槽时，钙、镁离子与树脂小珠接触，从交换位置上取代钠离子，经过离子交换，钙、镁离子会被吸附在软水器内的树脂上，从软化器中心管流出的水就是去掉了硬度离子的软化水。

当吸附钙、镁离子的树脂达到一定饱和程度，出水的硬度会增大，此时，软水器需要进行失效树脂的再生处理。树脂的再生处理是利用饱和氯化钠溶液（盐水）来完成。再生过程中，首先控制阀停止软水器的工作水流，由吸盐管引出的盐水与稀释水流混合，稀释后的盐水溶液流经树脂与附有钙离子、镁离子的树脂接触，尽管钙离子和镁离子带有的电荷比钠离子强，但浓盐溶液含有更多较弱电荷的钠离子，有取代数目较少的钙离子和镁离子的能力。这样，当钙离子、镁离子被取代交换，使树脂再生，为下一次软化工作做好准备，如此循环往复可实现硬水软化。

6. 保安过滤器 保安过滤器（cartridge filter）也称为精密过滤装置，通过内部安装的 PP 棉滤芯，可以滤除经多介质过滤后的细小物质（如微小的石英砂、活性炭颗粒等），以确保水质的过滤精度，保护反渗透膜元件不受大颗粒物质的破坏。保安过滤器主要用在前级多介质预处理过滤后，反渗透膜过滤设备之前。

保安过滤器，如图 4-180 所示。

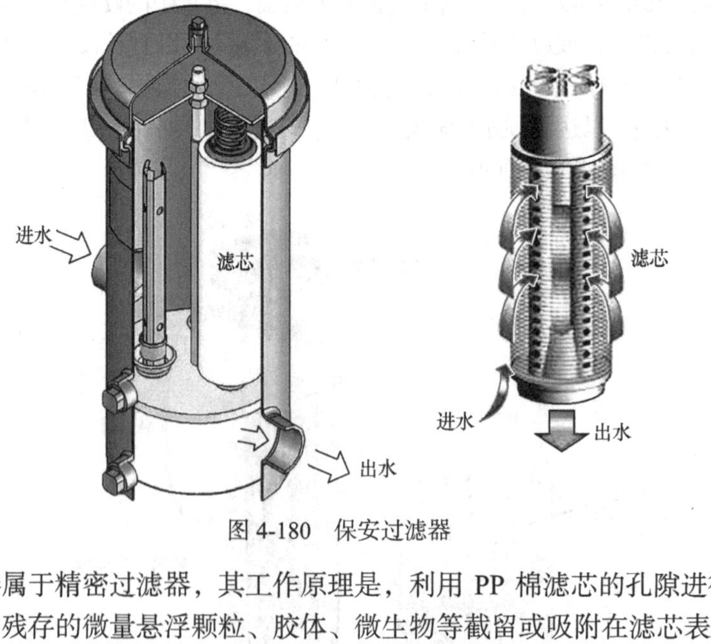

图 4-180 保安过滤器

保安过滤器属于精密过滤器，其工作原理是，利用 PP 棉滤芯的孔隙进行机械过滤，将前级水处理中残存的微量悬浮颗粒、胶体、微生物等截留或吸附在滤芯表面和孔隙中。随着制水时间的延长，滤芯因截留物的污染，其运行阻力逐渐上升，当运行至进出口水压差大于安全值时，需要更换滤芯。保安过滤器的主要优点是效率高、阻力小、滤芯可以随时更换。

7. 控制阀 前级预处理中的石英砂过滤器、活性炭过滤器和树脂软水器均采用截留式或吸附式的工作原理，在水处理的过程中其滤器或滤料（石英砂、活性炭、树脂）内必然会逐渐存留滞留（吸附）物，这些滞留物的增多将影响制水效果。为此，各过滤器、软水器需要定期冲洗排渣，以去除滤料中的滞留物。常用的冲洗排渣方法有正冲洗、反冲洗等，如图 4-181 所示。

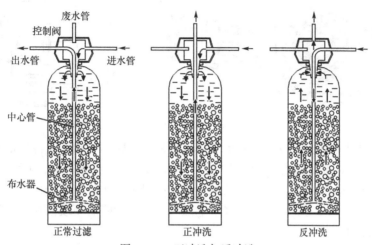

图 4-181 正冲洗与反冲洗

冲洗过程中，要关闭出水管、开通废水管，由进水管引入清水，通过清水（树脂软水器使用盐水）反复冲洗滤料，如果冲洗水流的方向与正常过滤一致为正冲洗，水流方向相反则为反冲洗，然后，再将冲洗下来的杂物沿废水管排出。由于过滤器或软水器有正常过滤、正冲洗和反冲洗等工作形式，其管路的连接方式也不尽相同，为减少外接管路并便于控制，现阶段水处理系统主要使用控制阀。

控制阀（control valve）是一个多通道、集成化的智能控制阀门组，作用是通过控制电机的旋转角度，调整阀体与阀芯的对应关系，进而改变水处理设备中各过滤器的水流通路及方向，目的是自动控制正常过滤（水软化）状态、反冲洗、正冲洗，以及软水器的吸盐慢洗、补水等阀门动作。

控制阀，如图 4-182 所示。

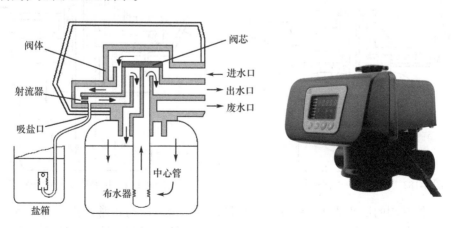

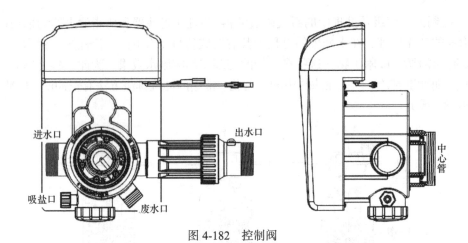

图 4-182　控制阀

　　控制阀采用单片机控制技术，由于阀体（静片）与阀芯（动片）各自带有不同的盲孔及通孔，随着其相对角度的改变，可以产生 5 种不同形式的流体通道，从而实现正常过滤、反冲洗和正冲洗、吸盐慢洗和补水等功能。控制阀是前级水处理系统中的关键控制器件，集多种功能为一体，改变了以往需要多个电磁阀、多条管路的烦琐模式，使得安装更为容易，操作更加简单。

　　（1）控制阀的正常运行状态：控制阀正常运行（过滤或软水）状态时的管路连通形式，如图 4-183 所示。

　　原水由进水口进入控制阀，经阀体流入罐内（中心管外侧），然后穿过滤器（石英砂或活性炭）或树脂，再由下布水器返回中心管，向上至阀体，经阀芯从出水口排出。

　　（2）控制阀的正冲洗状态：所谓"正冲洗"是指冲洗的水流方向与正常工作状态一致。此时，控制阀的连通方式是，原水由进水口进入控制阀，经阀体流入中心管的外侧罐内，穿过滤器（石英砂或活性炭）或树脂，通过下布水器返回中心管，向上至阀体，经阀芯从废水口排出。控制阀的正冲洗状态，如图 4-184 所示。

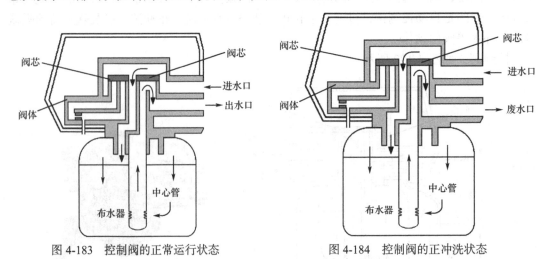

图 4-183　控制阀的正常运行状态　　　　　　图 4-184　控制阀的正冲洗状态

　　（3）控制阀的反冲洗状态：反冲洗是冲洗的水流方向与正常工作状态相反，控制阀的连通方式是，由进水口引入原水，经阀芯、中心管、下布水器进入罐内，再向上穿过滤器（石英砂或活性炭）或树脂，经阀体、阀芯从废水口排出。控制阀的反冲洗状态，如图 4-185 所示。

（4）软水器的吸盐慢洗状态：软水器的吸盐慢洗状态是，原水由进水口引入控制阀，经阀芯进入射流器，快速流向喷嘴出口，产生负压，从而将盐箱内的盐水吸引至阀体，并与原水汇合形成稀释盐水。稀释后的盐水由控制阀顶部向下流进罐体，经树脂层，穿过布水器，沿中心管向上至阀体、阀芯，最后从废水口排出。控制阀的吸盐慢洗状态，如图 4-186 所示。

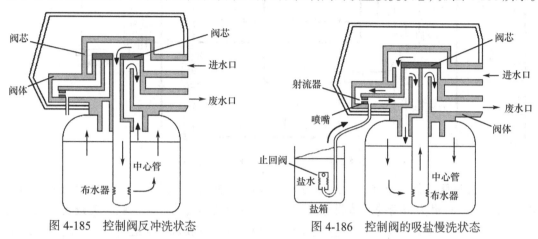

图 4-185　控制阀反冲洗状态　　　　　图 4-186　控制阀的吸盐慢洗状态

（5）盐箱补水状态：吸盐慢洗后，盐箱内的盐水量将减少，需要及时补充原水。盐箱补水状态是，原水由进水口引入控制阀，经阀芯进入喷嘴出口，再由吸盐口注入盐箱。控制阀盐箱补水状态，如图 4-187 所示。

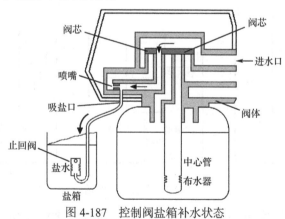

图 4-187　控制阀盐箱补水状态

（二）反渗透主机

反渗透主机是前级预处理系统的后续设备，是一种应用半透膜选择性通透（半透过）原理，以压力形成反渗透的膜分离技术，可以进一步去除水中固体溶解物、有机物、胶体、微生物等杂质，并利用膜材料的亲水性和对离子的排斥性，截留清除水中所含的离子。也就是说，现阶段主要是应用反渗透技术来制作合格的透析用水。

现代反渗透主机多采用双级反渗透制水模式，意义在于提供两级反渗透的水处理技术，能够更加充分地清除水中溶解性固体等物质，提供水质明显优于单级反渗透系统的透析用水。

双级反渗透主机的管路系统，如图 4-188 所示。

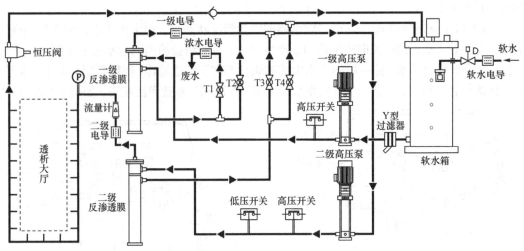

图 4-188　双级反渗透主机的管路系统

1. 反渗透膜组件　反渗透（reverse osmosis）又称为逆渗透，因与自然渗透方向相反而得名，是一种最为精密的液体膜分离技术。它的核心器件是反渗透膜，关键支持技术是建立膜两侧的压力差，即以压力差为推动力，利用反渗透膜选择通透特性，实现透析用水的进一步纯化。

（1）反渗透：为非自然现象，是在一定压力下，高浓度溶液中的溶剂通过半透膜，向低浓度溶液转运的物理现象。因而，若要实现反渗透，首先必须克服渗透压。

渗透与反渗透，如图 4-189 所示。

图 4-189　渗透与反渗透

渗透是指以半透膜隔开的两种不同浓度溶液（如图 4-189 中的浓水、纯水）平衡移动的自然现象，在没有外力的条件下，低浓度溶液一侧的水分子将通过半透膜到达浓度较高的另一侧，直至两边的浓度平衡。如果施加的外压力大于渗透压，水分子的移动方向将会相反，可以从高浓度流向低浓度一侧，这种人为的物理现象即为"反渗透"。实现反渗透的基本条件是建立膜两侧的反渗透压。

（2）反渗透膜（reverse osmosis membrane）：简称 RO 膜，是为实现反渗透而采用特殊工艺人工合成的一种半透膜。反渗透膜的孔径为纳米级，只有水溶液中的水分子能够通过，在净水系统中反渗透膜专指成形的反渗透膜滤芯组件。

反渗透膜的基本结构，如图 4-190 所示。

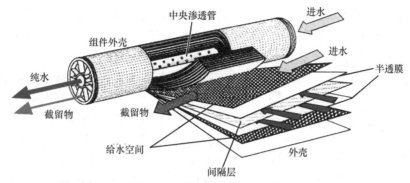

图 4-190 反渗透膜基本结构

反渗透膜采用半透性螺旋卷式膜，当通过前级预处理系统处理的软水以一定的压力被送至反渗透膜时，水透过膜上的微小孔径，经中心渗透管收集得到纯水，水中的截留物被反渗透膜截留，形成浓缩的截留液被去除。反渗透膜可去除原水中 98% 以上的溶解性固体、99% 以上的有机物及胶体、几乎 100% 的细菌、病毒、内毒素。

（3）反渗透膜组件：是由螺旋卷式反渗透膜组成的膜过滤器材，根据出水要求有不同的配置。反渗透膜组件主要包括反渗透膜元件、外壳（压力容器）、支架、软水入口、纯水出口和废水（浓水）出口等。

反渗透组件，如图 4-191 所示。

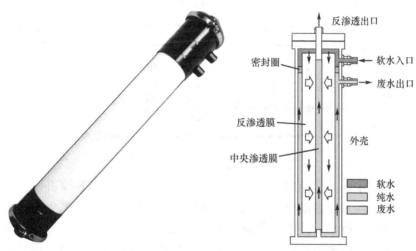

图 4-191 反渗透组件

软水由反渗透膜上部水道经膜过滤后形成反渗水（纯水）进入中央渗透管水道，其中大于反渗透膜孔的溶质（截留物）随一部分水流流出废水出口。

2. 软水箱 软水箱是储存经前级预处理系统过滤和软化处理后的软水容器，如图 4-192 所示。

软水箱中有高、中、低三个液位检测开关，用于控制进水电磁阀 D 和原水泵的工作状态。当软水箱的水位低于高水位时，电磁阀 D 开启并对软水箱进水，如果水位超过高水位则电磁阀关闭停止供水；

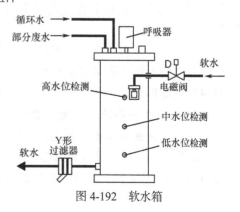

图 4-192 软水箱

若软水箱的水位低于中水位，原水泵立即开始增压供水，以加大进水量；如果软水箱的水位低于下限，反渗透主机立即发出缺水报警，并同时停止高压泵，直至软水箱的水位上升到中水位时才可以启动高压泵继续制水。

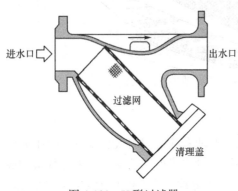

图 4-193　Y 形过滤器

软水箱有两路回水管路，一路是回收透析大厅的循环用水；另一路分别来自于一级反渗透膜和二级反渗透膜的部分废水，目的是提高软水的利用率。尽管软水经过了前级预处理系统，但也难免会有一些杂质，因而在软水箱的出口安装有一个 Y 形过滤器，目的是进一步对软水过滤以保护反渗透膜。

Y 形过滤器也称为除污器或过滤阀，是水输送管道系统不可缺少的过滤装置，主要用来清除软水中的杂质，保护双渗透主机。Y 形过滤器，如图 4-193 所示。

Y 形过滤器通过内部的过滤网可以除去软水中少量的固体颗粒，并便于清洗。当需要清洗过滤网时，只需卸下清理盖，取出过滤网筒，将其清洗后再重新装入即可。Y 形过滤器是一类便于清理与维护的过滤器，一般情况下不需要更换过滤网筒。

3. **一级反渗系统**　一级反渗水的运行管路，如图 4-194 所示。

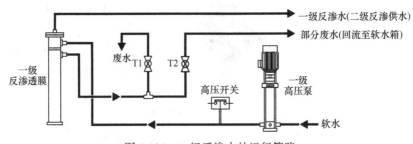

图 4-194　一级反渗水的运行管路

一级反渗透制水的工作原理是，软水箱供给的软水由一级高压泵升压，高压软水进入一级反渗透膜，经过反渗滤过，一级反渗水进入二级反渗系统；产生的浓水（废水）一部分直接由废水口排出，还有一部分回流至软水箱，目的是通过部分回收废水，可以提高软水的利用率。废水的直排量与回收量分别由两个调节阀 T1、T2 手动控制，其比例与当地的水源质量和在线电导率监测数据有关，如果水质较差，应适当增加废水的排放量。

一级高压泵有两级压力保护环节，一是水压过高保护，如果管路压力过高，高压开关动作，将使一级高压泵停止泵水；二是水位过低保护，当软水箱水位低于下限，一级高压泵也会立即停泵。

4. **二级反渗系统**　二级反渗水的运行管路，如图 4-195 所示。

二级反渗透的制水过程是，一级反渗水由二级高压泵升压进入二级反渗透膜，经反渗滤过，生产的二级反渗水直接进入透析大厅，为各透析单元供水。二级反渗透的废水也将通过两个调节阀 T3、T4 比例分配为两路，一部分回流至软水箱，其余随着同一级反渗水再一次进入二级反渗系统。

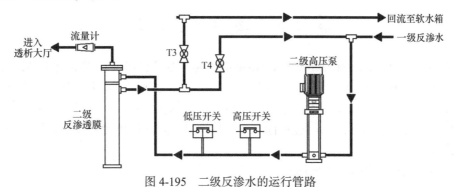

图 4-195 二级反渗水的运行管路

同理，二级高压泵也有两级压力保护，一是水压过高保护，如果管路压力过高，高压开关动作，将停止二级高压泵泵水；二是水位过低保护，当低压开关动作，说明一级反渗系统出现供水不足，系统也会立即终止二级高压泵泵水。

5. 电导率测量 由于纯水中的水分子会发生某种程度的电离现象，产生氢离子与氢氧根离子，所以，尽管纯水的导电能力很弱，但也具有可测定的电导率。水的电导率与水的纯度密切相关，水的纯度越高，其电导率越小，反之亦然。当空气中的二氧化碳等气体溶于水并与水相互作用后，可形成相应的离子，从而使水的电导率增高。当然，水中含有其他杂质时，也会使电导率明显增高。因而，电导率是评估透析用水质量的重要指标，通常要求透析用水的电导率低于 $10\mu s/cm$。

为在线监测制水质量，在双级反渗水的处理系统中安装有 4 级电导率检测装置，可以分别检测原水电导率、一级产水电导率、一级废水电导率和二级产水电导率。

（1）原水电导率：原水电导率检测装置位于软水树脂罐的软水输出管路，用于监测经前级预处理后原水的水质。不同地区原水的水质差异较大，即使为同一地区，处于不同时期（如汛期）的水质亦有可能发生变化。如果前级预处理不够充分，也会影响后级反渗透的水处理效果，以及影响反渗透膜的使用寿命。通过在线监测原水电导率，还可以评估前级预处理滤料的有效性和充分性。例如，当该地区水质中的铁、锰含量较高，可在前级石英砂过滤器中添加部分锰砂以加强对铁、锰的清除；若水中余氯较高，可以提高增加活性炭过滤器的数量加以改善；如果水的硬度较高，也可通过增加软水树脂罐得到改善。当然，亦可根据余氯和硬度的测试，通过强化对过滤器的冲洗及树脂罐的再生处理等日常维护，提高各滤器的过滤时效，如果判断填料可能已经失效则应及时更换。

（2）一级产水电导率：用于监测一级产水水质的变化，可用于判断前级预处理和一级反渗透膜的日常维护的有效性，并且结合浓水电导率调节浓水回收比例。例如，一级产水电导率偏高，可以增加废水的排放量。

（3）一级废水电导率：用于监测一级废水水质的变化，主要是为调节废水回收率提供依据。当废水回收率增高时，废水电导率也会随之增高，因此，废水电导率能直观反应回收率的适宜程度。

（4）二级产水电导率：二级产水即为透析用水，其电导率监测实为透析用水的最后水质评价。二级产水的电导率越低（通常为 $5\mu s/cm$ 以下），产水的质量越好。

第七节 透析器复用机

透析器复用机（dialyzer reprocessing machine）是对临床已经使用过的复用型透析器（一次性透析器不可复用）进行清洗、消毒与性能测试，使之达到可重复性使用的专用设备。透析器复用机为透析器的复用提供了一种有效、可靠的技术手段，从而摆脱传统的烦琐手工操作模式，使得透析器的复用过程标准化，从而可以降低透析治疗成本，提高透析器复用的安全性。

透析器复用机，如图 4-196 所示。

图 4-196 透析器复用机

一、透析器复用的意义与质量控制

透析器是透析治疗的核心器件，直接关系到血液透析的充分性与安全性，对于透析器的复用（reuse of dialyzer），必须遵循 2005 年 8 月由卫生部颁发的行业标准《血液透析器复用操作规范》，严格执行透析器的复用规范。

（一）透析器复用的利与弊

据不完全统计，我国现今有数十万患者正在依靠长期血液透析得以维持生命。随着大病医保政策的实施，血液透析得到迅速发展，透析技术、患者的生活质量及长远存活率均有明显提升，已经达到或接近发达国家水平。在血液透析治疗中，透析器是至关重要的消耗性器材，对于它的复用，以及复用后是否安全，一直备受临床关注。

1. 透析器复用的优点 透析器复用的初衷缘于经济原因，但随着对透析器复用研究的逐渐深入，发现透析器的复用对透析患者的生存状况、透析膜的生物相容性、透析器的溶质清除、透析处方的改变、透析相关的感染等有着诸多方面的影响。

（1）节省费用、减少医疗废物：透析器复用可以降低透析成本，使更多患者能够有能力接受相对廉价的透析治疗。不同型号和厂商的透析器市场售价为 80～150 元，长期透析患者通常每周需要进行三次透析治疗，若不采用透析器复用，每周透析器的费用要在 240～450 元，全年可高达 1 万～3 万元。由此可以估算，每年国内透析治疗中仅透析器一项的直接费用可达数十亿元人民币，产生的医疗废物超过千万只。若采用透析器的复用方式，可以大幅降低透析器费用，减少医疗废物。

（2）改善透析膜生物相容性：很多研究证实，血液与透析膜接触会出现补体系统激活、血细胞活化、细胞因子产生等现象，这一系列反应被称为透析膜的生物相容性。透析器的复用能够改善生物相容性，其机制在于血浆蛋白被吸附在透析膜表面，从而可以阻断血液与透析膜的直接接触，减弱补体反应。

（3）复用对溶质清除率影响很小：复用对透析器溶质清除效率的影响一直受到关注。目前认为，低通量透析器的复用对溶质清除率的影响不大，对于高通量透析器则还存在一些争议。各种透析器对小分子物质的清除主要是靠弥散，对中大分子物质的清除除了弥散以外，还依赖于对流和透析膜的吸附。复用改变透析器清除率的原因，一是消毒剂使透析膜的结构本身发生了改变；二是与吸附在透析膜表面的蛋白膜层有关。漂白剂（包括次氯酸钠）可以去除这层蛋白膜并改变透析器的膜孔结构，增加透析器对中大分子物质的清除效果。

透析器的复用在世界范围普遍存在，透析器复用的次数一般为5～20次（使用半自动复用程序，低通透析器复用次数不得超过5次，高通透析器不超过10次；使用全自动复用程序低通透析器复用次数不得超过10次，高通透析器不超过20次），重复使用的透析器在治疗效果上与单次性透析器相比无差异，在生物相容性还高于一次性透析器，如果将新的透析器在使用前预先进行复用处理，能够有效降低患者的首次使用综合征。

2. 复用的缺欠 透析器复用存留的部分清洗液可能导致相关综合征，例如，发热和寒战，福尔马林消毒液残留引起的血管通路侧上肢疼痛，消毒未完全时还可能发生菌血症及热原反应。存在传播传染性疾病的可能性，如乙型肝炎病毒（HBV）、丙型肝炎病毒（HCV）、艾滋病毒（HIV）及其他经血液传播的传染病。透析器经数次复用，蛋白质堵塞中空纤维，使得有效使用面积及清除率降低。

（二）透析器复用的质量管理

由于复用透析器可以降低治疗费用，改善生物相容性，因而，透析器的复用一直很普遍。透析器复用的核心问题不在于是否可以复用，而是复用过程中的质量控制，是否能够按照规范进行复用操作，以保证复用后透析器的安全性与透析治疗的充分性。

1. 透析器复用原则 根据2005年8月由卫生部颁布的行业标准《血液透析器复用操作规范》，要求可重复使用的透析器应有依法批准的明确标识，并由具有复用及相关资质的主管透析医师决定是否采用复用，医疗单位应对规范透析器复用负责。同时，在复用前要向患者或其委托人说明复用的意义，以及可能发生的不可预知危害，患者可自愿选择是否采取复用方式，并签署知情同意书。

2. 透析器复用不适用群体 以下患者的透析器禁止复用。

（1）乙型肝炎病毒抗原阳性患者。

（2）丙型肝炎病毒抗体阳性患者。

（3）艾滋病毒携带者或艾滋病患者。

（4）其他可能通过血液传播传染病的患者。

（5）对透析器复用消毒剂过敏的患者。

其他情况，如消毒后放置时间过久的透析器，危重患者或肾移植急性排异患者所使用的透析器，怀疑被细菌污染的透析器，没有注明患者姓名的透析器，以不当方法消毒过的透析器。

3. **透析器复用的风险与原因** 透析器复用不当,可能带来不同程度的临床风险,主要包括热原反应、交叉感染、消毒剂反应和清除率下降等。

（1）热原反应:透析器复用发生的热原反应与用水污染及消毒不彻底有关,透析器复用清洗过程中必须使用合格的透析用水;另外,热原反应的原因也可能是消毒不彻底、消毒液失效或二次污染。

（2）交叉感染:由复用透析器引发的交叉感染主要原因是乙型肝炎、丙型肝炎等可通过血液传播的传染病患者透析器违规复用导致。

（3）消毒剂反应:引起消毒剂反应的主要原因是消毒剂没有清洗干净（缺少必要的检测手段）,以及消毒剂反弹（没有保持预冲液流动）。因而,要求消毒剂残余量检测后的15min 内应开始透析,以防可能的消毒液浓度反跳。如果等待透析时间过长,应重新清洁、冲洗、测定消毒剂残余量,使之低于允许的最高限值。

（4）清除率下降:经过多次复用,蛋白质及血块可堵塞透析器的纤维膜或半透膜膜孔,致清除率下降,当血室容积与新透析器的比值低于80%应立即丢弃。

二、透析器复用机的工作原理

透析器复用机可以替代人工复用,能够对可重复使用的透析器自动进行冲洗、清洁、功能测试和灌注消毒液等,使透析器满足于临床的复用要求。本节将以成都威力生 W-F168-A 型透析器复用机为例,介绍透析器复用机的结构与工作原理。W-F168 型透析器复用机,如图 4-197 所示。

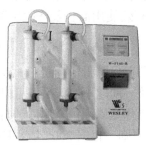

图 4-197 W-F168 型透析器复用机
A. W-F168-A 型; B. W-F168-B 型

（一）透析器复用机的工作流程

透析器复用的目的是清理透析器中空纤维膜中和透析液室残留的血液及其他成分（如蛋白）,并在线检测透析器复用后的性能。因而,透析器复用机必须具备两个基本功能,一是按照复用的冲洗、消毒流程,自动执行一系列的清理操作;二是对复用处理后的透析器进行性能测试,并给予评价。

1. **清洗流程** 经过透析治疗,透析器的透析液室和血室（中空纤维膜内）必然会残留部分血液,血液中的蛋白及凝固血液将可能堵塞纤维膜的孔道,造成透析器血室的容量下降。因此,当透析治疗结束,应立即进行透析器冲洗,及时清除残余血液,以保持中空纤维膜的通畅性并减少凝血。

（1）水冲洗:透析器从机器上拆卸后应立即用透析用水冲洗血室与透析液室,透析器的冲洗包括血室的正冲、反冲和透析液室冲，如图 4-198 所示。

正冲是将反渗水源接入透析器的血路，通过脉冲水流（水流的方向交替变化）反复冲洗血室；反冲是水源接到透析器的透析液一端，关闭另一端，使脉冲水流透过纤维膜，从血室的两个端口流出；透析液室冲洗是将血室的两个端口关闭，脉冲水流从透析器的透析液一端流向另一端，以清洗透析液室。

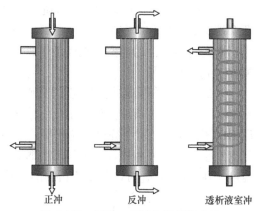

图 4-198　正冲、反冲和透析液室冲

（2）化学试剂清洗：是将预先配置的消毒液，通过化学清洗的方法进一步清除水冲洗过程未能除净的残余血凝块和蛋白沉淀等。

（3）消毒液灌注：透析器清洗完成，必须采用物理或化学方法进行消毒灭菌，目前常规的方法是灌注人工配制的高效消毒液。

（4）保存：灌注消毒液的透析器即可保存，保存期限应根据消毒剂浓度的测定结果而定，如超过期限或测定浓度低于有效浓度，则应重新灌注消毒液。

2. **性能检测**　透析器由内部透析膜和密封支撑结构组成，透析膜为中空纤维束，可将透析器分为透析液室和血室两部分，如图 4-199 所示。

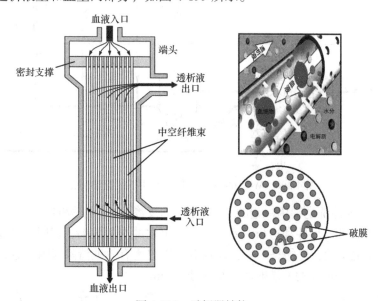

图 4-199　透析器结构

透析时，血液与透析液在膜两侧呈反方向流动，水和溶质通过半透膜进行物质交换，血液中的蛋白质、有形成分则不能穿透膜孔。如果半透膜的完整性被破坏，血液的有形成分将会穿越透析膜，形成漏血。另外，由于透析器的重复使用，其空心纤维内难免会不同程度地存有凝血块和蛋白沉积，将影响中空纤维的膜孔及容量，使透析器血室的容积减小，导致清除率下降。因而，透析器复用后的性能检测主要包括两项内容，血室容量测量和膜完整性测试。

（1）血室容量测量：透析器血室容量（容积）是指溶液灌满全部中空纤维膜及血室两个端头的容量和，它是反映空心纤维透析器转运能力的一个重要指标。常用的测试方法是，首先将透析器的血室内充满液体，再通过气泵驱出全部液体并收集、称重，由此可以换算得到血室容量。

（2）膜完整性测试：膜完整性测试也称为破膜测试，测试的方法是，通过气泵为血室加正压，或在透析液室产生负压，使膜两侧生成跨膜压梯度，开放透析液室，观察血室压力的下降速度。对于完好的透析膜，仅能透过极少量空气，血室加压后的压力下降较慢；只有中空纤维膜发生损伤，加压后会破裂，使其压力梯度迅速下降，根据心室压力的下降速度（压力曲线），可以判断透析膜的完整性。

（二）清洗工作原理

透析器复用机可以通过控制管路系统的工作状态，自动完成水冲洗、化学试剂清洗和消毒液灌注3个清洗步骤。W-F168-A 型透析器复用机的管路系统，如图 4-200 所示。

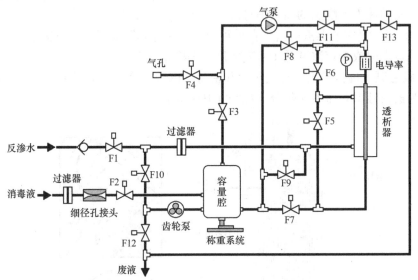

图 4-200　W-F168-A 型透析器复用机的管路系统

1. 水冲洗　水冲洗是利用一定的压力、流速的反渗水，冲洗透析器的血室和透析液室，水冲洗过程包括正冲、反冲和透析液室冲。为保证水冲洗的效果，复用机自动交替执行图4-201 所示的冲洗步骤，目的是产生脉动水流，以更为有效地清除吸附于透析器空心纤维膜壁上的杂质，这一过程的冲洗时间不得少于 2min。

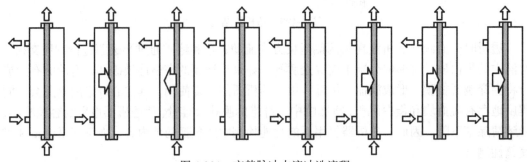

图 4-201　交替脉冲水流冲洗流程

透析器复用机通过控制管路系统各阀泵的工作状态，可以完成上述交替脉冲水流的自动冲洗全过程。

水冲洗管路系统，如图4-202所示。

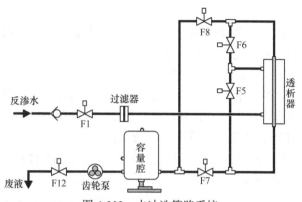

图4-202　水冲洗管路系统

水冲洗的管路系统需要交替执行3个步骤。

（1）冲洗透析液室：开启电磁阀F1，引入具有一定压力的反渗水，经过滤器进入透析器的透析液室；开通电磁阀F6、F8，流经透析液室的冲洗水流返回至容量腔；开启电磁阀F12、启动齿轮泵，流入容量腔的冲洗污水由废液口排出。

（2）冲洗血室：开启电磁阀F1，引入反渗水进入透析液室；开通电磁阀F5，由透析液室另一端流出的反渗水进入血室；开启电磁阀F8，冲洗水流返回至容量腔；同理，开启电磁阀F12、启动齿轮泵，排出废液。

（3）反冲洗：开启电磁阀F1，引入反渗水进入透析液室；开通电磁阀F7、F8，建立跨膜压，反渗水将经由中空纤维膜的膜孔进入血室，再经F7、F8管路返回至容量腔；开启电磁阀F12和齿轮泵，排出废液。

2. 化学试剂清洗　化学试剂清洗的目的是进一步清除水冲洗过程未能除净的残留物。化学试剂清洗的基本步骤是，首先在容量腔内吸入一定量的消毒液，再按配比吸入一定量的反渗水，形成稀释消毒溶液，然后，使用稀释后的消毒溶液清洗透析器。

化学试剂清洗的管路系统，如图4-203所示。

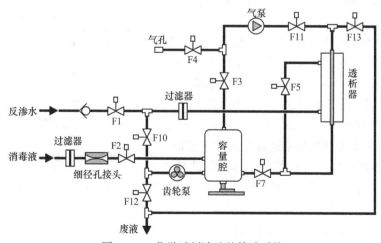

图4-203　化学试剂清洗的管路系统

（1）吸入消毒液：开启电磁阀 F3、F11、F13，并启动气泵，使容量腔内产生一定的负压；开通电磁阀 F2，由于容量腔为负压状态，消毒液可经过滤器、细径孔接头进入容量腔，由于细径孔接头的管径是已知的，通过限定电磁阀 F2 的开启时间，可以确定吸入的消毒液剂量。

（2）稀释消毒液：开启电磁阀 F1、F10，并启动齿轮泵，反渗水进入容量腔，同理，可以通过控制电磁阀 F1 的开通时间限定吸入稀释液（反渗水）的容量；开启电磁阀 F3、F4，对容量腔进行排气，以保证进水的通畅。

（3）消毒液冲洗：开启电磁阀 F10 并启动齿轮泵，容量腔内稀释后的消毒液经齿轮泵、F10、过滤器管路进入透析液室；开启电磁阀 F5，由透析液室另一端流出的消毒液进入血室；开通电磁阀 F13，冲洗后消毒液由废液口排出。

3. 消毒液灌注　消毒液灌注是向已经完成清洗并通过检测的透析器内灌注消毒液，目的是便于安全存放。消毒液灌注主要有两个步骤，一是配制消毒液，二是灌注消毒液。

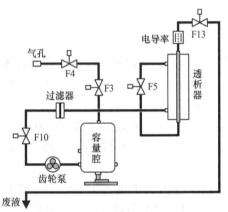
图 4-204　灌注消毒液的管路

（1）配制消毒液：配制消毒液的方法如同化学试剂的稀释步骤。

（2）灌注消毒液：灌注消毒液的管路，如图 4-204 所示。

开启电磁阀 F10 和齿轮泵，可将容量罐内稀释的消毒液经由齿轮泵、F10、过滤器管路进入透析液室；开通电磁阀 F5，消毒液进入血室；开启电磁阀 F13，可将透析器内的空气或清洗液挤压出废液口。为确保透析器内灌满消毒液，在血室的出口端有一个电导率测试探头，可以在线监测消毒液的灌注状况。

（三）性能检测

复用后的透析器必须经过严格的性能测试，检测合格后才可以使用。复用透析器的性能检测包括两项内容，一是破膜压力测试，另一是血室容量测试。

1. 破膜压力测试　破膜压力的测试管路，如图 4-205 所示。

破膜压力的测试原理是，开启电磁阀 F4、F11，气泵对透析器充气，将充气的压力加至 250～300mmHg；开通电磁阀 F9、F3、F4，透析器内的压力通过中空纤维膜、电磁阀 F9、容量腔和电磁阀 F3、F4 相关管路泄压，同时监测压力下降情况，根据压力变化曲线可以判断半透膜是否发生破损。

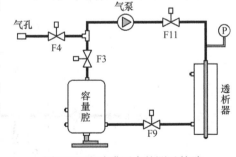
图 4-205　破膜压力的测试管路

2. 血室容量测试　透析器血室容量测试是测量全部中空纤维膜及血室两个端头的总容量。透析器复用后，其容量至少应是原有初始容量的 80% 为合格。

血室容量的测试管路，如图 4-206 所示。

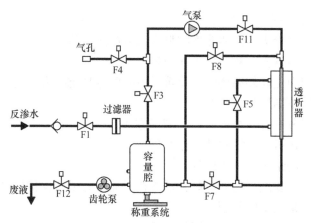

图 4-206 血室容量测试管路

血室容量的测试分为 3 步，透析器充满液体、排空容量腔、利用气泵将透析器内的液体全部挤压到容量腔，并对其称重。

（1）透析器充满液体：开启电磁阀 F1，反渗水经过滤器进入透析液室；开通电磁阀 F5，由透析液室另一端流出的反渗水进入血室；开启电磁阀 F8，反渗水流返回至容量腔。通过这一过程，透析器内已经充满了液体。

（2）排空容量腔：开通电磁阀 F3、F4，容量腔与气孔连通，以便于排空液体；开启齿轮泵、F12，排空容量腔内的液体。

（3）利用将透析器血室内的液体全部挤压到容量腔，并对齐称重。开启电磁阀 F4、F11、F7，并启动气泵，通过压缩气将透析器血室内的液体全部挤压至容量腔内（由于 F5 关闭、半透膜完好，压缩气仅挤出透析器血室内的液体）；利用称重系统测量容量腔内的液体重量，即可换算出透析器血室的容量。

习 题 四

（1）表述血液净化定义及主要应用技术。

（2）血液主要的成分与生理功能？

（3）说明血液成分分选技术的意义。

（4）在血液净化中弥散、对流意义是什么？

（5）渗透与反渗透区别？

（6）说明微滤、超滤和反渗透的区别。

（7）吸附技术的定义及分类。

（8）物质能否透过半透膜主要取决因素是什么？

（9）活性炭定义、吸附原理及吸附分子种类？

（10）血液净化技术有哪些？

（11）表述血液透析、血液滤过、血液灌流、血浆置换的基本工作原理，它们的主要区别？

（12）血浆吸附与血液吸附的区别是什么？

（13）血浆吸附与血浆置换区别？

（14）人工肝支持系统的定义？

（15）人工肝技术分类？说明非生物型人工肝的主要机制。

（16）说明白蛋白透析的意义与工作原理。

（17）临床血液净化体外循环的主流抗凝方式？选择抗凝方式的主要原则？

（18）透析器基本结构与分类？

（19）透析液成分有哪些？透析液的制备方法？

（20）表述血液透析机的结构及工作原理。

（21）说明血泵的结构及工作原理。

（22）为什么血泵要进行闭环控制？透析机对血泵有哪些保护措施？

（23）说明肝素泵的工作原理。

（24）说明电导率的测量原理，影响电导率准确测量的主要因素是什么？

（25）表述平衡腔的结构及工作流程。

（26）什么是超滤？说明跨膜压与超滤的关系。

（27）血液透析滤过定义及工作机制？

（28）置换液补入的途径？表述其临床意义。

（29）说明连续性肾脏替代疗法仿生理学的原理。

（30）表述连续性肾脏替代疗法的构成及工作原理。

（31）说明连续性血液透析滤过模式的转运原理。

（32）连续性肾脏替代疗法血流速的设置主要取决因素？

（33）如果患者体重60kg，治疗剂量选择35ml/（kg·h），血细胞比容（Hct）＝30%，采用连续性血液滤过模式时，置换液剂量和血流速度设置为多少？

（34）体重60kg、血细胞比容＝30%的患者，采用连续性血液滤过模式时，若设置置换液的剂量为4L/h、血流速度为200ml/min、100%前稀释，那么获得的治疗剂量是多少？

（35）表述血液灌流的工作机制，简述血液灌流机的基本原理。

（36）简述血液灌流机的管路系统及其功能，灌流机的运行监管主要有哪些？

（37）简述腹膜透析的工作原理，什么腹膜透析的特点。

（38）腹膜透析的管路包括哪几部分？简述腹膜透析的基本操作流程。

（39）表述一体化气控阀的工作原理。

（40）简述微量元素铝、铜、锌、镉、砷、汞、铅、铁和硒中毒引起的病症。

（41）透析用水处理设备由哪些部分组成？

（42）说明恒压罐的工作原理，它的作用是什么？

（43）石英砂过滤器的主要用途是什么？

（44）简述树脂软水器的工作原理。

（45）反渗透膜组件主要有哪些？

（46）简述一级反渗系统的工作原理。

（47）透析器复用由哪些优缺点？

（48）简述透析器复用机的工作流程。

（49）血室容量测量和膜完整性测试的方法分别是什么？

参 考 文 献

白人驹，徐克. 2013. 医学影像学. 北京：人民卫生出版社

柏树令，应大君. 2013. 系统解剖学. 8 版. 北京：人民卫生出版社

蔡映云. 2002. 机械通气及临床应用. 上海：上海科学技术出版社

曹湧. 2007. 全人工心脏测试系统的研究. 重庆大学

常瑜，路长鸿，赵玉红，等. 2011. 人工心脏起搏治疗缓慢性心律失常疗效分析及随访程控. 中国循证心血管医学杂志，第 3 卷第 1 期

陈安宇，史学涛. 2016. 医用传感器. 3 版. 北京：科学出版社

陈灏珠，何梅先，魏盟. 2016. 实用心脏病学. 5 版. 上海：上海科学技术出版社

陈荣昌. 2016. 呼吸力学监测：指导机械通气决策. 中华重症医学电子杂志，第 2 卷第 4 期

邓年华. 2016. 浅谈 5S 管理法在 ICU 仪器设备管理中的应用与体会. 医药卫生，第 2 卷第 7 期

董德长. 1999. 实用肾脏病学. 上海：上海科技出版社

董文祥. 2008. ICU 病房的设置和管理. 医疗装备，第 21 卷第 10 期

董泽华，邦旭，李堃. 2011. 重症监护病房（ICU）的设置和仪器设备及实际管理. 黑龙江医药，第 24 卷第 3 期

董泽华，苏媛，李望. 2011. 重症监护病房（ICU）的发展前景. 黑龙江医药，第 24 卷第 4 期

方丕华. 2015. 临床心脏起搏、除颤与再同步治疗. 北京：北京大学医学出版社

付平. 2016. 连续性肾脏替代治疗. 北京：人民卫生出版社

高长青. 2017. 中国机器人微创心血管外科的历史、现状与展望. 中国医疗器械信息，第 23 卷第 7 期

葛均波，周达新，潘文志. 2013. 经导管心脏瓣膜治疗术. 上海：上海科学技术出版社

宫美慧，蒋树林，李咏梅，等. 2015. 人工膜肺氧合器临床应用研究及发展趋势. 现代生物医学进展，第 15 卷第 21 期

郭军涛，季家红，侯开江，等. 2006. 正压呼吸机的通气模式与选型策略. 医疗设备信息，第 21 卷第 1 期

郭军涛. 2004. 呼吸机测控系统的研究. 中国人民解放军军事医学科学院

郭兆香. 2007. 医院综合 ICU 建设与管理的实践. 中国卫生资源，第 10 卷第 5 期

国家心血管病中心. 2017. 中国心血管病报告 2016. 北京：中国大百科全书出版社

黑乍则，等. 2008. 经导管心脏瓣膜修复术，王显，李新明译. 北京：人民军医出版社

胡盛寿. 2005. 临床微创心脏外科技术. 合肥：安徽科学技术出版社

霍勇，韩雅玲. 2013. 血流动力学监测与主动脉内球囊反搏技术. 北京：中华医学电子音像出版社

吉志丽. 2014. 医用呼吸机压力控制通气模式的建模与仿真. 中北大学

纪平，陈君辉，杨逢瑜. 2013. 立式离心泵磁悬浮轴承的性能分析与应用. 机械设计，第 30 卷第 11 期

黎磊石，季大玺. 2004. 连续性血液净化. 南京：东南大学出版社

李德旺，仇原鹰，盛英. 2006. 呼吸力学参数测量方法的研究. 生物医学工程学杂志，第 23 卷第 4 期

李国荣，朱晓东，彭远仪，等. 2008. 叶轮泵式全人工心脏的结构设计及流体力学特性. 生物医学工程与临床，第 12 卷第 3 期

李萍，江时森，张华，等. 2011. 心脏起搏器植入术后患者临床症状原因分析. 医学研究生学报，第 24 卷第 3 期

李文侠，王川. 2009. 呼吸机常用的通气模式及参数调整. 中国医疗器械杂志，第 33 卷第 1 期

林善炎. 2001. 当代肾脏病学. 上海：上海科技教育出版社

刘伏友，彭佑铭. 2000. 腹膜透析. 2 版. 北京：人民卫生出版社

刘强，苏白海. 2014. 血液透析器膜材料研究现状及展望. 华西医学

刘文豪，金振晓，魏旭峰，等.2016. 便携式人工心肺辅助装置的体外氧合性能测试. 中国体外循环杂志，第 14 卷第 3 期

刘晓红，黄惠君，李腾，等.2007. 呼吸力学监测在肺透明膜病机械通气中的意义. 中国妇幼保健，第 22 卷第 14 期

刘学军.2010. 血液透析实用技术手册.2 版. 北京：中国协和医科大学出版社

刘燕.2012. 体外循环技术.4 版. 北京：北京大学医学出版社

刘元生.2015. 心肺复苏 2015 年指南与解读. 临床心电学杂志，第 24 卷第 6 期

刘志.2005. 呼吸衰竭呼吸力学监测及临床意义. 中华医学会急诊医学分会. 中华医学会急诊医学分会全国第 11 届创伤复苏中毒学术会议论文集. 中华医学会急诊医学分会

刘志红.2011. 血液净化技术新进展与发展设想. 解放军医学杂志，第 36 卷第 2 期

龙村，侯晓彤，赵举.2016. ECMO·体外膜肺氧合.2 版. 北京：人民卫生出版社

龙村，李欣，于坤.2017. 现代体外循环学. 北京：人民卫生出版社

陆铸今，张灵恩.2001. 呼吸力学监测在儿科监护室中的应用. 中国实用儿科杂志，第 16 卷第 7 期

漆小平，董海龙，付峰.2016. 手术室设备. 北京：科学出版社

漆小平，付峰.2013. 医用电子仪器. 北京：科学出版社

漆小平，邱广斌，崔景辉.2014. 医学检验仪器. 北京：科学出版社

屈正.2008. 现代机械辅助循环治疗心力衰竭. 北京：科学技术文献出版社

瞿捷.2010. 浅谈急救设备在使用和维护中存在的问题和对策. 医疗装备，第 23 卷第 3 期

沈洪，刘中民.2013. 急诊与灾难医学.2 版. 北京：人民卫生出版社

沈清瑞.1999. 血液净化与肾移植. 北京：人民卫生出版社

宋莉，颜红兵，王健，等.2009. 主动脉内球囊反搏术在急性心肌梗死治疗中的应用和对近期预后的影响. 中国介入心脏病学杂志，第 17 卷第 1 期

宋燕波.2006. ICU 仪器设备的安全管理. 护理学报，第 13 卷第 10 期

宋一璇，姚青松.2012. 心脏传导系统病理图谱. 广州：广东科技出版社

唐成左，樊庆福.2006. 人工心肺机. 生物医学工程学进展，第 27 卷第 4 期

王斌全，赵晓云.2007. ICU 的建立与发展. 护理研究，第 21 卷第 7 期

王国民.2013. 外科机器人技术引领未来手术. 复旦学报，第 40 卷第 6 期

王建峰.2004. 呼吸力学监测新技术. 医疗装备，第 17 卷第 10 期

王启瑜.2014. 重症监护病房（ICU）的发展和临床科学管理. 黑龙江医药，第 27 卷第 3 期

王耀平，汤黎明，吴敏.2003. ICU 病房建设与设备配置. 医疗卫生装备，第 24 卷第 5 期

王质刚.2006. 血液净化设备工程与临床. 北京：人民军医出版社

王质刚.2009. 血液（浆）吸附疗法. 北京：北京科学技术出版社

王质刚.2013. 血液净化学.3 版. 北京：北京科学技术出版社

吴立群，宿燕岗.2012. 心律失常介入治疗. 北京：北京大学医学出版社

夏文俊，姜学革.2005. 智能化呼吸机控制技术与临床应用. 医疗卫生装备，第 26 卷第 5 期

夏文俊.2005. 智能化呼吸机控制理论及机械通气技术的应用. 医疗设备信息，第 20 卷第 6 期

许海兵.2013. 呼吸机常用参数的设置原则. 医疗装备，第 26 卷第 8 期

燕何，恩斯特.2014. 心脏电生理解剖实用手册. 北京：北京大学医学出版社

燕何恩斯特 著，吴书林 译.2014. 心脏电生理解剖实用手册. 北京：北京大学医学出版社

杨宝峰，臧伟进，吴立玲.2015. 心血管系统. 北京：人民卫生出版社

杨剑，易定华，刘维永.2010. 胸主动脉疾病的血管腔内及杂交治疗病例教程. 北京：人民军医出版社

姚尚龙，龙村.2009. 体外循环原理与实践.3 版. 北京：人民卫生出版社

姚泰，赵志奇，朱大年，等.2015. 人体生理学.4 版. 北京：人民卫生出版社

易定华，徐志云，王辉山.2016. 心脏外科学.2 版. 北京：人民军医出版社

余学清.2007. 腹膜透析治疗学. 北京：科技技术文献出版社.

约瑟夫森.2011. 临床心脏电生理学（技术和理论）. 郭继鸿，等 译. 天津：天津科技翻译出版公司

张铂. 2009. 浅快呼吸指数在两种自主呼吸实验方法中的临床研究. 天津医科大学，第 21 卷第 7 期

张玲玲，陈功. 2008. ICU 医疗设备的安全管理. 医疗装备，第 21 卷第 12 期

张书华，秦英智. 1997. 对我国综合 ICU 的基本设施的探讨. 生物医学工程与临床

张珍方，纪晓莲. 2013. 重症监护病房（ICU）的组成和管理模式探讨. 黑龙江医药，第 26 卷第 4 期

郑劲平. 2007. 肺功能学基础与临床. 广州：广东科技出版社

朱妙章，唐朝枢，袁文俊，等. 2011. 心血管生理学基础与临床. 2 版. 北京：高等教育出版社

朱涛，庄一渝，朱小莹，等. 2014. 院内急救三级干预模式的构建及其作用探讨. 中华急诊医学杂志，第 23 卷第 11 期

Amatsantos IJ，Ribeiro HB，Urena M，et al. 2015. Prosthetic valve endocarditis after transcatheter valve replacement：a systematic review. Jacc Cardiovascular Interventions，8（2）：334-346

Anastasiadis K，Murkin J，Antonitsis P，et al. 2016. Use of minimal invasive extracorporeal circulation in cardiac surgery：principles，definitions and potential benefits. A position paper from the Minimal invasive Extra-Corporeal Technologies international Society（MiECTiS）. Interactive Cardiovascular & Thoracic Surgery，22（5）：647

Arabia FA，Moriguchi JD. 2014. Machines versus medication for biventricular heart failure：Focus on the total artificial heart. Future cardiology，10：593-609

Armignacco P，Lorenzin A，et al. 2015. Wearable devices for blood purification：Principles，miniaturization，and technical challenges. Seminars in Dialysis，28：125-130

Athappan G，Gajulapalli RD，et al. 2014. Influence of transcatheter aortic valve replacement strategy and valve design on stroke after transcatheter aortic valve replacement：A meta-analysis and systematic review of literature. Journal of the American College of Cardiology，63：2101-2110

Atkins DL，Berger S，et al. 2015. Part 11：Pediatric basic life support and cardiopulmonary resuscitation quality：2015 American heart association guidelines update for cardiopulmonary resuscitation and emergency cardiovascular care. Circulation，136 Suppl 2（2）：S167

Atkins DL，de Caen AR，et al. 2017. 2017 American heart association focused update on pediatric basic life support and cardiopulmonary resuscitation quality：an update to the American heart association guidelines for cardio pulmonary resuscitation and emergency cardiovascular care. Circulation

Aubin H，Petrov G，et al. 2016. A supraInstitutional Network for remote extracorporeal life support：An aetrospective cohort study. Jacc Heart Failure，4（9）：698-708

Barker LE. 1991. The total artificial heart. AACN Clinical Issues in Critical Care Nursing，2：587-597

Baumgartner H，Falk V，et al. 2017. 2017 ESC/EACTS guidelines for the management of valvular heart disease：The task force for the management of valvular heart disease of the European Society of Cardiology（ESC）and the European Association for Cardio-Thoracic Surgery（EACTS）. European Heart Journal，38（36）：2739

Beloncle F，Piquilloud L，et al. 2017. A diaphragmatic electrical activity-based optimization strategy during pressure support ventilation improves synchronization but does not impact work of breathing. Critical Care，21：21

Bosma KJ，Read BA，et al. 2016. A pilot randomized trial comparing weaning from mechanical ventilation on pressure support versus proportional assist ventilation. Critical Care Medicine，44：1098-1108

Bradshaw PJ，Stobie P，Einarsdóttir K，et al. 2015. Using quality indicators to compare outcomes of permanent cardiac pacemaker implantation among publicly and privately funded patients. Internal Medicine Journal，45（8）：813-820

Bruce CR，Allen NG，et al. 2014. Challenges in deactivating a total artificial heart for a patient with capacity. Chest，145：625-631

Carriere V，Cantin D，et al. 2015. Effects of inspiratory pressure rise time and hypoxic or hypercapnic breathing on inspiratory laryngeal constrictor muscle activity during nasal pressure support ventilation. Critical Care Medicine，43：296-303

Carteaux G，Cordoba-Izquierdo A，et al. 2016. Comparison between neurally adjusted ventilatory assist and pressure support ventilation levels in terms of respiratory effort. Critical Care Medicine, 44: 503-511

Castellanos A. 2015. Clinical cardiac electrophysiology: Techniques and interpretations. Lea & Febiger

Cheng A, Eppich W, et al. 2014. Debriefing for technology-enhanced simulation: a systematic review and meta-analysis. Med Educ, 48 (7): 657-666

Cheng A, Rodgers DL, et al. 2012. Evolution of the pediatric advanced life support course: enhanced learning with a new debriefing tool and web-based module for pediatric advanced life support instructors. Pediatr Crit Care Med, 13 (5): 589-595

Ciftci F. 2017. Evaluation of the feasibility of average volume-assured pressure support ventilation in the treatment of acute hypercapnic respiratory failure associated with chronic obstructive pulmonary disease: A pilot study. Journal of Critical Care, 40: 282

Cook JA, Shah KB, et al. 2015. The total artificial heart. Journal of Thoracic Disease, 7: 2172-2180

Copeland JG. 2013. Syncardia total artificial heart: Update and future. Texas Heart Institute journal, 40: 587-588

de Caen AR, Berg MD, et al. 2015. Part 12: Pediatric advanced life support: 2015 American heart association guidelines update for cardiopulmonary resuscitation and emergency cardiovascular care (Reprint). Circulation, 132 (2): 526-542

Dieberg G, Smart NA, King N. 2016. Minimally invasive cardiac surgery: A systematic review and meta-analysis. International Journal of Cardiology, 223: 554

Du ZD, Hijazi ZM, Kleinman C S, et al. 2002. Comparison between transcatheter and surgical closure of secundum atrial septal defect in children and adults - Results of a multicenter nonrandomized trial. Journal of the American College of Cardiology, 39 (11): 1836-1844

Einspruch EL, Lynch B, et al. 2007. Retention of CPR skills learned in a traditional AHA Heartsaver course versus 30-min video self-training: a controlled randomized study. Resuscitation, 74 (3): 476-486

Erdal Cavusoglu MD, Kini A S, et al. 2014. Current status of rotational atherectomy. Catheterization & Cardiovascular Interventions, 7 (4): 345-353

Ericsson KA. 2004. Deliberate practice and the acquisition and maintenance of expert performance in medicine and related domains. Acad Med, 79 (10) (suppl.): S70-S81

Fang Q, Guo T, Jackson K, et al. 2005. Combined cardiac resynchronization and implantable cardioversion defibrillation. Zhonghua Xin Xue Guan Bing Za Zhi, 33 (1): 22

Field JM, Hazinski MF, et al.2010. Part 1: Executive summary of 2010 AHA guidelines for CPR and ECC. Circulation

Gaitan BD, Thunberg CA, et al. 2011. Development, current status, and anesthetic management of the implanted artificial heart. Journal of Cardiothoracic and Vascular Anesthesia, 25: 1179-1192

Gass A, Palaniswamy C, et al. 2014. Peripheral venoarterial extracorporeal membrane oxygenation in combination with intra-aortic balloon counterpulsation in patients with cardiovascular compromise. Cardiology, 129: 137-143

Ghannoum M, Nolin TD, et al. 2011. Blood purification in toxicology: Nephrology's ugly duckling. Advances in Chronic kidney Disease, 18: 160-166

Gilotra NA, Stevens GR. 2014. Temporary mechanical circulatory support: A review of the options, indications, and outcomes. Clinical Medicine Insights Cardiology, 8 (Suppl. 1): 75-85

Goldstein DJ, Seldomridge JA, et al. 1995. Use of aprotinin in LVAD recipients reduces blood loss, blood use, and perioperative mortality. Annals of Thoracic Surgery, 59 (5): 1063-1068

Gooley RP, Talman AH, et al. 2015. Comparison of self-expanding and mechanically expanded transcatheter aortic valve prostheses. JACC. Cardiovascular Interventions, 8: 962-971

Gray NA, Selzman CH. 2006. Current status of the total artificial heart. American Heart Journal. 152: 4-10

Grieco DL, Dell'Anna AM, Antonelli M. 2016. Adaptive support ventilation from intubation to extubation: A word of caution. Chest, 149: 280-281

Grover FL, Vemulapalli S, et al. 2017. 2016 annual report of the society of thoracic surgeons/american college of cardiology transcatheter valve therapy registry. Journal of the American College of Cardiology, 69: 1215-1230

Grube E, Sinning JM, Vahanian A. 2014. The year in cardiology 2013: Valvular heart disease (focus on catheter-based interventions). European Heart Journal, 35: 490-495

Guy TS. 1998. Evolution and current status of the total artificial heart: The search continues. ASAIO Journal, 44: 28-33

Hamm CW, Arsalan M, Mack MJ. 2016. The future of transcatheter aortic valve implantation. European Heart Journal, 37: 803-810

Hanke JS, Rojas SV, et al. 2015. Heartware left ventricular assist device for the treatment of advanced heart failure. Future Cardiology, 12 (1): 17-26

Hess S, Bren V. 2013. Essential components of an infection prevention program for outpatient hemodialysis centers. Seminars in Dialysis, 26: 384-398

Horvath D, Byram N, Karimov JH, et al. 2016. Mechanism of self - regulation and in vivo performance of the cleveland clinic continuous - flow total artificial heart. Artificial Organs

Hou G, Yu K, et al. 2016. Safety research of extracorporeal membrane oxygenation treatment on cardiogenic shock: A multicenter clinical study. Minerva Cardioangiologica, 64: 121-126

Hu J, Liu S, et al. 2016. Protection of remote ischemic preconditioning against acute kidney injury: A systematic review and meta-analysis. Critical Care, 20: 111

Hunt EA, Duval-Arnould JM, et al. 2014. Pediatric resident resuscitation skills improve after "rapid cycle deliberate practice" training. Resuscitation, 85 (7): 945-951

Iii NAME, Page R, Boyden P, et al. 2016. Heart rhythm society scientific program committee. Heart Rhythm, 4 (10): e1-e9

Jordaens L, Vertongen P, Wassenhove E V, et al. 2010. Antitachycardia pacing. Pacing & Clinical Electrophysiology, 20 (8): 2121-2124

Joseph PO, Mary AP, 李春盛. 2009. 心肺复苏. 北京: 人民卫生出版社

Jumean M, Pham DT, Kapur NK. 2015. Percutaneous bi-atrial extracorporeal membrane oxygenation for acute circulatory support in advanced heart failure. Catheterization and Cardiovascular Interventions: Official Journal of the Society for Cardiac Angiography & Interventions, 85: 1097-1099

Kellum JA, Gomez H, et al. 2016. Acute dialysis quality initiative (adqi) xiv sepsis phenotypes and targets for blood purification in sepsis: The Bogota Consensus. Shock, 45: 242-248

Khorsandi M, Dougherty S, et al. 2016. A 20-year multicentre outcome analysis of salvage mechanical circulatory support for refractory cardiogenic shock after cardiac surgery. Journal of Cardiothoracic Surgery, 11: 151

Khorsandi M, Dougherty S, et al. 2017. Extra-corporeal membrane oxygenation for refractory cardiogenic shock after adult cardiac surgery: A systematic review and meta-analysis. Journal of Cardiothoracic Surgery, 12: 55

Khorsandi M, Shaikhrezai K, et al. 2016. Advanced mechanical circulatory support for post-cardiotomy cardiogenic shock: A 20-year outcome analysis in a non-transplant unit. Journal of Cardiothoracic Surgery, 11: 29

Kilgannon JH, Jones AE, et al. 2010. Association between arterial hyperoxia following resuscitation from cardiac arrest and in-hospital mortality. JAMA, 303: 2165-2171

Kim HK, Jeong MH, et al. 2016. Clinical outcomes of the intra-aortic balloon pump for resuscitated patients with acute myocardial infarction complicated by cardiac arrest. Journal of Cardiology, 67: 57-63

Kimata N, Tsuchiya K, et al. 2015. Differences in the characteristics of dialysis patients in japan compared with those in other countries. Blood Purification, 40: 275-279

Kleinman ME, Brennan EE, et al. 2015. Part 5: Adult basic life support and cardiopulmonary resuscitation quality: 2015 American heart association guidelines update for cardiopulmonary resuscitation and emergency cardiovascular care. Circulation, 132 (18 Suppl 2): S414

Knops RE, Tjong FV, et al. 2015. Chronic performance of a leadless cardiac pacemaker: 1-year follow-up of the LEADLESS trial. Journal of the American College of Cardiology, 65 (15): 1497-1504

La Milia V, Virga G, et al. 2013. Functional assessment of the peritoneal membrane. Journal of Nephrology, 26 Suppl 21: 120-139

Landau C, Lange RA, Hillis L D. 1994. Percutaneous transluminal coronary angioplasty. New England Journal of Medicine, 330 (14): 981

Lee JM, Park J, et al. 2015. The efficacy and safety of mechanical hemodynamic support in patients undergoing high-risk percutaneous coronary intervention with or without cardiogenic shock: Bayesian approach network meta-analysis of 13 randomized controlled trials. International Journal of Cardiology, 184: 36-46

Lee JW, Ahn HJ, et al. 2017. Extracorporeal CDR and intra-aortic balloon pumping in tachycardia-induced cardiomyopathy complicating cardiac arrest. The American Journal of Emergency Medicine, 35: 1208 e1205-e1207

Link M S, Berkow LC, et al. 2015. Part 7: Adult advanced cardiovascular life support: 2015 American heart association guidelines update for cardiopulmonary resuscitation and emergency cardiovascular care. Circulation, 136 Suppl 2 (18 Suppl 3): S196

Link MS, Berkow LC, et al. 2015. Part 7: Adult advanced cardiovascular life support: 2015 American heart association guidelines update for cardiopulmonary resuscitation and emergency cardiovascular care. Circulation, 132 (2): 444-464

Liu Z J, Chao WU, Feng-Hua H U, et al. 2016. The application of project management approach in the Da Vinci robot operation system. Hospital Administration Journal of Chinese People's Liberation Army

Loforte A, Murana G, et al. 2016. Role of intra-aortic balloon pump and extracorporeal membrane oxygenation in early graft failure after cardiac transplantation. Artificial Organs, 40: E136-145

Lynch B, Einspruch EL, et al. 2005. Effectiveness of a 30-min CPR self-instruction program for lay responders: a controlled randomized study. Resuscitation, 67 (1): 31-43

Mahmud E, Dominguez A, Bahadorani J. 2016. First-in-human robotic percutaneous coronary intervention for unprotected left main stenosis. Catheterization and Cardiovascular Interventions: Official Journal of the Society for Cardiac Angiography & Interventions, 88: 565-570

Mancini ME, Cazzell M, et al. 2009. Improving workplace safety training using a self-directed CPR- AED learning program. AAOHN J, 57 (4): 159-167

Marinoni M, Cianchi G, et al. 2017. Retrospective analysis of transcranial Doppler patterns in veno-arterial extracorporeal membrane oxygenation patients: Feasibility of cerebral circulatory arrest diagnosis. ASAIO journal.

Matsuura Y, Fukunaga S, Sueda T. 1996. Past, present, and future of total artificial heart development at research institute of replacement medicine, Hiroshima University School of Medicine. Artificial Organs, 20: 1073-1092

McGaghie WC, Issenberg SB, et al. 2011. Medical education featuring mastery learning with deliberate practice can lead to better health for individuals and populations. Acad Med, 86 (11): e8-e9

Meani P, Gelsomino S, et al. 2017. Modalities and effects of left ventricle unloading on extracorporeal life support: A review of the current literature. European Journal of Heart failure, 19 Suppl 2: 84-91

Moini C, Sidia B, Poindron D, et al. 2016. Cardiac permanent pacemaker after transcatheter aortic valve implantation: A predictive and scientific review. Annales De Cardiologie Et Dangeiologie, 65 (5): 346

Morris RJ. 2008. Total artificial heart concepts and clinical use. Seminars in Thoracic and Cardiovascular Surgery, 20: 247-254

Motola I, Devine LA, et al. 2013. Simulation in healthcare education: a best evidence practical guide. AMEE Guide No. 82. Med Teach, 35 (10): e1511-e1530

Neirynck N, Glorieux G, et al. 2013. Review of protein-bound toxins, possibility for blood purification therapy. Blood Purification, 35 Suppl 1: 45-50

Neumar RW, Eigel B, et al. 2015. American heart association response to the 2015 institute of medicine report on strategies to improve cardiac arrest survival. Circulation, 132（11）: 1049.

Nikolaev VG, Samsonov VA. 2014. Analysis of medical use of carbon adsorbents in china and additional possibilities in this field achieved in ukraine. Artificial Cells, Nanomedicine, and Biotechnology, 42: 1-5

Nishimura RA, Otto CM, Bonow R O, et al. 2017. 2017 AHA/ACC focused update of the 2014 AHA/ACC guideline for the management of patients with valvular heart disease: A report of the American college of cardiology/American heart association task force on clinical practice guidelines. Journal of the American College of Cardiology, 70（2）: 252

Nishimura RA, Otto CM, et al. 2014. 2014 AHA/ACC guideline for the management of patients with valvular heart disease: A Report of the American College of Cardiology/American Heart Association Task Force on Practice Guidelines. Circulation, 129: e521-e643

Nishiyama C, Iwami T, et al. 2009. Effectiveness of simplified chest compression-only CPR training program with or without preparatory self-learning video: a randomized controlled trial. Resuscitation, 80（10）: 1164-1168

Nishiyama C, Iwami T, et al. 2015. Effectiveness of simplified 15-min refresher BLS training program: a randomized controlled trial. Resuscitation, 90: 56-60

Nuding S, Werdan K. 2017. Iabp plus ecmo-is one and one more than two? Journal of Thoracic Disease, 9: 961-964

Parissis H, Graham V, et al. 2016. IABP: History-evolution-pathophysiology-indications: what we need to know. Journal of Cardiothoracic Surgery, 11（1）: 122

Pellegrini JA, Moraes RB, et al. 2016. Spontaneous breathing trials with t-piece or pressure support ventilation. Respiratory Care, 61: 1693-1703

Perkins G D, Handley A J, et al. 2015. Adult basic life support and automated external defibrillation. Notfall & Rettungsmedizin, 18（8）: 748-769

Pieri M, Contri R, et al. 2015. The contemporary role of impella in a comprehensive mechanical circulatory support program: A single institutional experience. BMC Cardiovascular Disorders, 15: 126

Platis A, Larson DF. 2009. Cardiowest temporary total artificial heart. Perfusion, 24: 341-346

Pletsch-Assuncao R, Caleffi Pereira M, et al. 2017. Accuracy of invasive and noninvasive parameters for diagnosing ventilatory overassistance during pressure support ventilation. Critical Care Medicine.

Praz F, Windecker S, et al. 2015. Expanding indications of transcatheter heart valve interventions. JACC. Cardiovascular Interventions, 8: 1777-1796

Prendergast TJ, Puntillo KA. 2002. Withdrawal of life support: intensive caring at the end of life. Jama, 288（21）: 2732

Prodhan P, Kalikivenkata G, et al. 2015. Risk factors for prolonged mechanical ventilation for children on ventricular assist device support. The Annals of Thoracic Surgery, 99: 1713-1718

Ramee S, Anwaruddin S, et al. 2016. The rationale for performance of coronary angiography and stenting before transcatheter aortic valve replacement: From the interventional section leadership council of the American College of Cardiology. JACC. Cardiovascular Interventions, 9: 2371-2375

Reardon MJ, Van Mieghem NM, et al. 2017. Surgical or transcatheter aortic-valve replacement in intermediate-risk patients. New England Journal of Medicine, 376（14）: 1321

Reddy VY. 2016. A leadless cardiac pacemaker. New England Journal of Medicine, 374（6）: 593

Ronco C, Giomarelli P. 2011. Current and future role of ultrafiltration in CRS. Heart Failure Reviews, 16: 595-602

Ronco C, Piccinni P, et al. 2010. Rationale of extracorporeal removal of endotoxin in sepsis: Theory, timing and technique. Contributions to Nephrology, 167: 25-34

Roppolo LP, Heymann R, et al. 2011. A randomized controlled trial comparing traditional training in cardiopulmonary resuscitation（CPR）to self-directed CPR learning in first year medical students: the two-person CPR study. Resuscitation, 82（3）: 319-325

Roppolo LP, Pepe PE, et al. 2007. Prospective, randomized trial of the effectiveness and retention of 30-min layperson training for cardiopulmonary resuscitation and automated external defibrillators: the American airlines study. Resuscitation, 74 (2): 276-285

Rowles JR, Mortimer BJ, Olsen DB. 1993. Ventricular assist and total artificial heart devices for clinical use in 1993. ASAIO Journal, 39: 840-855

Ryan TD, Jefferies JL, et al. 2015. The evolving role of the total artificial heart in the management of end-stage congenital heart disease and adolescents. Asaio Journal, 61 (1): 8

Sanghavi P, Jena AB, et al. 2015. Outcomes after out-of-hospital cardiac arrest treated by basic vs advanced life support. Journal of Emergency Medicine, 49 (2): 259

Sansone GR, Frengley JD, et al. 2017. Relationship of the duration of ventilator support to successful weaning and other clinical outcomes in 437 prolonged mechanical ventilation patients. Journal of Intensive Care Medicine, 32: 283-291

Santise G, Panarello G, et al. 2014. Extracorporeal membrane oxygenation for graft failure after heart transplantation: A multidisciplinary approach to maximize weaning rate. The International Journal of Artificial Organs, 37: 706-714

Santoro A, Grazia M, Mancini E. 2013. The double polymethylmethacrylate filter(delete system)in the removal of light chains in chronic dialysis patients with multiple myeloma. Blood Purification, 35 Suppl 2: 5-13

Scheiermann P, Czerner S, et al. 2016. Combined lung and liver transplantation with extracorporeal membrane oxygenation instead of cardiopulmonary bypass. Journal of Cardiothoracic & Vascular Anesthesia, 30 (2): 437-442

Shah M, Patnaik S, et al. 2017. Trends in mechanical circulatory support use and hospital mortality among patients with acute myocardial infarction and non-infarction related cardiogenic shock in the united states. Clinical Research in Cardiology: Official Journal of the German Cardiac Society.

Shinozaki K, Nonogi H, et al. 2016. Strategies to improve cardiac arrest survival: a time to act. Acute Medicine & Surgery, 3 (2): 61-64

Singh V, Damluji AA, et al. 2016. Elective or emergency use of mechanical circulatory support devices during transcatheter aortic valve replacement. Journal of Interventional Cardiology, 29: 513-522

Song JH, Park GH, Lee SY, et al. 2005. Effect of sodium balance and the combination of ultrafiltration profile during sodium profiling hemodialysis on the maintenance of the quality of dialysis and sodium and fluid balances. Journal of the American Society of Nephrology, 16 (1): 237-246

Spratt JR, Raveendran G, et al. 2016. Novel percutaneous mechanical circulatory support devices and their expanding applications. Expert Review of Cardiovascular Therapy, 14: 1133-1150

Stone GW, Marsalese D, et al. 1997. A prospective, randomized evaluation of prophylactic intraaortic balloon counterpulsation in high risk patients with acute myocardial infarction treated with primary angioplasty. Second Primary Angioplasty in Myocardial Infarction(PAMI-II)Trial Investiga. Journal of the American College of Cardiology, 29 (7): 1459-1467

Sullivan BL, Bartels K, Hamilton N. 2016. Insertion and management of temporary pacemakers. Seminars in Cardiothoracic & Vascular Anesthesia, 20 (1): 52

Sun T, Guy A, Sidhu A, et al. 2017. Veno-arterial extracorporeal membrane oxygenation (VA-ECMO) for emergency cardiac support. Journal of Critical Care, 44: 31

Sunagawa G, Horvath DJ, et al. 2016. Future prospects for the total artificial heart. Expert review of medical devices, 13: 191-201

Surawicz B, Childers R, et al. 2009. AHA/ACCF/HRS recommendations for the standardization and interpretation of the electrocardiogram, Part III: intraventricular conduction disturbances. Circulation, 119: e235-e240

Tam MK, Wong WT, et al. 2016. A randomized controlled trial of 2 protocols for weaning cardiac surgical patients receiving adaptive support ventilation. Journal of Critical Care, 33: 163-168

Tarrass F, Benjelloun M, et al. 2010. Current understanding of ozone use for disinfecting hemodialysis water treatment systems. Blood Purification, 30: 64-70

Tarrass F, Benjelloun M, et al. 2010. Water conservation: An emerging but vital issue in hemodialysis therapy. Blood Purification, 30: 181-185

Tarzia V, Buratto E, et al. 2014. Surgical implantation of the cardiowest total artificial heart. Annals of Cardiothoracic Surgery, 3: 624-625

Tom Kenny. 2009. The nuts and bolts of paced ECG interpretation. Wiley-Blackwell

Travers AH, Perkins GD, et al. 2015. Part 3: adult basic life support and automated external defibrillation: 2015 international consensus on cardiopulmonary resuscitation and emergency cardiovascular care science with treatment recommendations. Circulation, 132 (16 Suppl 1): S51-83

Unverzagt S, Buerke M, et al. 2011. Intra-aortic balloon pump counterpulsation(IABP)for myocardial infarction complicated by cardiogenic shock. The Cochrane Library. John Wiley & Sons, Ltd, CD007398

Vasku J, Dobsak P. 2003. Total artificial heart: The adaptation and pathophysiological deviations in the recipient. Artificial Organs, 27: 14-20

Vilar E, Farrington K, et al. 2011. Optimizing home dialysis: Role of hemodiafiltration. Contributions to Nephrology, 168: 64-77

Villa G, Neri M, et al. 2016. Nomenclature for renal replacement therapy and blood purification techniques in critically ill patients: Practical applications. Critical Care, 20: 283

Vitacca M, Kaymaz D, et al. 2017. Non-invasive ventilation during cycle exercise training in patients with chronic respiratory failure on long-term ventilatory support: A randomized controlled trial, Respirology

Wall HK, Beagan BM, et al. 2008. Addressing stroke signs and symptoms through public education: the Stroke Heroes Act FAST campaign. Prev Chronic Dis, 5 (2): A49

Wampler R. 2015. Total artificial heart. Asia Pacific Biotech News, 11 (5): 281-282

White R J. 2015. Artificial heart: a medical miracle. Artificial Organs, 26 (12): 1007-1008

Yoder BA, Albertine KH, et al. 2016. High-frequency ventilation for non-invasive respiratory support of neonates. Seminars in Fetal & Neonatal Medicine, 21: 162-173

Yokoi H. 2017. Long-term clinical follow-up after rotational atherectomy for Coronary arterial stenosis in Kawasaki disease. Kawasaki Disease. Springer Japan, 373-379

You T, Yi K, Ding ZH, et al. 2017. Transcatheter closure, mini-invasive closure and open-heart surgical repair for treatment of perimembranous ventricular septal defects in children: a protocol for a network meta-analysis. Bmj Open, 7 (6): e015642

Zhang J, Luo Q, Zhang H, et al. 2016. Physiological significance of well-tolerated inspiratory pressure to chronic obstructive pulmonary disease patient with hypercapnia during noninvasive pressure support ventilation. Copd, 13: 734-740